普通高等教育规划教材

"十三五"江苏省高等学校重点教材
（编号：2020-1-016）

物理化学 第二版

夏海涛 主编
王明艳 周丽华 副主编

化学工业出版社
·北京·

内容简介

《物理化学》（第二版）内容包括气体的 pVT 关系、热力学第一定律、热力学第二定律、多组分系统热力学、化学平衡、相平衡、电化学、统计热力学初步、化学动力学基础、界面现象和胶体化学共十一章。

本书符合应用型人才培养目标的要求；融入大量教学经验，充分反映改革成果；内容精炼、流畅；本次修订尤其在化学平衡和相平衡章节中加入了热力学原理的应用；对提高教学水平、增强教学效果必将起到良好的作用。

本书可作为高等工科院校化学、化工、材料、环境、生物、制药、食品和纺织等专业的教材，也可作为自学考试者和相关工程技术人员的参考书。

图书在版编目（CIP）数据

物理化学/夏海涛主编；王明艳，周丽华副主编. —2 版. —北京：化学工业出版社，2022.3（2025.2重印）

普通高等教育规划教材 “十三五”江苏省高等学校重点教材

ISBN 978-7-122-40913-3

Ⅰ. ①物… Ⅱ. ①夏…②王…③周… Ⅲ. ①物理化学-高等学校-教材 Ⅳ. ①O64

中国版本图书馆 CIP 数据核字（2022）第 037822 号

责任编辑：杨 菁 胡全胜 闫 敏　　文字编辑：林 丹 张瑞霞

责任校对：李雨晴　　装帧设计：张 辉

出版发行：化学工业出版社（北京市东城区青年湖南街 13 号 邮政编码 100011）

印 装：北京天宇星印刷厂

787mm×1092mm 1/16 印张 26 字数 672 千字 2025 年 2 月北京第 2 版第 3 次印刷

购书咨询：010-64518888　　售后服务：010-64518899

网 址：http：//www.cip.com.cn

凡购买本书，如有缺损质量问题，本社销售中心负责调换。

定 价：**78.00 元**

前言

物理化学是高等工科院校化学、化工、材料、环境、生物、制药、食品和纺织等专业的必修专业基础课，对建立严谨的化学基础理论起着十分重要的作用。

《物理化学》（第二版）在多组分系统热力学一章中对偏摩尔量的引入和应用进行重新整合，增强其对后续概念的引导作用；在化学平衡一章中增加了一些对平衡移动影响因素的讨论；在相平衡一章中增加了二元相图的基本规律内容；进一步增强了热力学理论在化学平衡和相平衡中的应用，增强了理论在具体实践中的应用；在化学动力学基础一章中，提出了通用型和指定型反应速率的概念，避免学习与应用中普遍存在使用速率方程和速率常数表示的混淆问题，增加了过渡状态理论对活化能和指前因子的讨论。为了适应教学要求，通过对各章中最基本的概念、公式和理论内容进行提炼，在各章后都提供一套翔实的与课堂内容相配套的习题及部分习题参考答案。

编者在本书的编写中融入了多年的教学经验。在编写过程中采纳了江苏海洋大学物理化学教研室教师们以及同学们的宝贵意见，在此表示深深的谢意。

本次再版由江苏海洋大学夏海涛担任主编，江苏海洋大学王明艳、周丽华担任副主编；哈尔滨工业大学刘振琦、哈尔滨工程大学李茹民参加编写。其中王明艳编写第一、七章，夏海涛编写第二、三、四章和第八章，周丽华编写第六章，李茹民编写第五、九章和第十章，刘振琦编写第十一章，江苏海洋大学卢伯南对一些章节内容及各章的习题提出了宝贵意见。王明艳、周丽华对全书进行校对。夏海涛统编定稿，对一些章节的理论和习题部分进行充实，并绘制了各章的图示。

再版力求系统完整、概念严谨、理论正确且便于教学，但限于水平，不妥之处在所难免，恳请广大师生和各界读者提出宝贵意见。

编者

第一版前言

几年来，淮海工学院投入了相当的人力和财力，进行了工科化学系列课程的改革研究与实践。本书是淮海工学院 2012 年校级立项规划教材，是物理化学——校级精品课程建设的部分成果，是化学工程与工艺专业——教育部国家特色专业建设点的建设成果，是江苏省首批人才培养模式创新实验基地——化学工程与工艺应用型人才培养模式创新实验基地建设的部分成果，是化学工程与工艺专业、材料化学专业和制药工程专业——江苏省特色专业建设的部分成果，是“十二五”江苏省高等学校重点专业建设的部分成果。

本教材的编写符合课程大纲，符合应用型人才培养的目标；融入大量教学经验，充分反映改革成果；内容精炼、流畅，对提高教学水平、增强教学效果必将起到良好的作用。

本书作为应用型人才培养的工科物理化学教材，特别注重基本概念、基本理论和基本原理的严谨性，建立了一套完整的物理化学知识结构，深入浅出地将本学科研究方法融入本教材的各个章节之中，既体现在基本概念和基本公式的推导演绎过程之中，又体现在基本的例题与习题之中，使较为复杂的公式、概念更易被理解和掌握。例如以状态函数方法为基础，循序渐进，使读者领会到热力学在物理化学中的重要地位；重视微分方法的应用，有利于提高读者对基本概念的深层次的理解；采用微分的方法定义“摩尔反应焓”，有利于理解化学变化过程的吉布斯函数变、焓变和熵变的意义；引入 Planck 方程讨论了相变焓与温度的关系，从理论上阐述了“四大平衡”的热力学问题；在传统电化学基础上增加了金属腐蚀内容，加深了对电化学的理解与应用。

本书由淮海工学院夏海涛任主编；参加编写工作的还有哈尔滨工业大学刘振琦，哈尔滨工程大学李茹民，淮海工学院王明艳、周丽华。其中王明艳编写第一、七章，夏海涛编写第二、三、四章和第八章，李茹民编写第五、九章和第十章，周丽华编写第六章，刘振琦编写第十一章。淮海工学院卢伯南对一些章节提出了宝贵意见，在此表示感谢。全书由夏海涛统编定稿，对一些章节的理论和习题部分进行充实，并绘制了各章的图示。

本书可作为高等工科院校化学化工、材料、生物、环境、纺织等专业的教材，也可作为自学考试者和相关工程技术人员的参考书。

虽然编者力求系统完整、概念严谨、理论正确和便于教学，但限于水平，不妥之处在所难免，恳请广大师生和各界读者提出宝贵意见。

编者

目录

第一章

气体的 pVT 关系

物质的聚集状态一般可分为三种，即气体、液体和固体。气体与液体均可流动，统称为流体；液体和固体又统称为凝聚态。三种状态中，固体虽然结构较复杂，但粒子排布的规律性较强，对它的研究已有了较大的进展；液体的结构最复杂，人们对其认识还很不充分；气体则最为简单，最容易用分子模型进行研究，故对它的研究最多，也最为透彻。

无论物质处于哪一种聚集状态，都有许多宏观性质，如压力 p、体积 V、温度 T、密度 ρ、热力学能 U 等。众多宏观性质中，p、V、T 三者是物理意义非常明确、易于直接测定的基本性质。对于一定量的纯物质，只要 p、V、T 中任意两个量确定后，第三个量即随之确定，此时就说物质处于一定的状态。处于一定状态的物质，各种宏观性质都有确定的值和确定的关系。联系 p、V、T 之间关系的方程称为状态方程。状态方程的建立常成为研究物质其他性质的基础。

液体和固体两种凝聚态，其体积随压力和温度的变化均较小，即等温压缩系数 $\kappa_T=-\dfrac{1}{V}\left(\dfrac{\partial V}{\partial p}\right)_T$ 和体膨胀系数 $\alpha_V=\dfrac{1}{V}\left(\dfrac{\partial V}{\partial T}\right)_p$ 都较小，故在通常的物理化学计算中常忽略其体积随压力和温度的变化。与凝聚态相比，气体具有较大的等温压缩系数 κ_T 和体膨胀系数 α_V，在改变压力和温度时，体积变化较大。因此一般的物理化学中只讨论气体的状态方程。根据讨论的 p、T 范围及使用精度的要求，通常把气体分为理想气体和真实气体分别讨论。

第一节　理想气体状态方程

1. 理想气体状态方程的表述

从 17 世纪中期，人们开始研究低压下（$p<1\text{MPa}$）气体的 pVT 关系。发现了三个对各种气体均适用的经验定律：

(1) 波意耳（Boyle）定律　在物质的量和温度恒定的条件下，气体的体积与压力成反比，即

$$pV=\text{常数}\quad (n,T\ \text{一定})$$

(2) 盖·吕萨克（Gay-Lussac）定律　在物质的量和压力恒定的条件下，气体的体积与热力学温度成正比，即

$$V/T=\text{常数}\quad (n,p\ \text{一定})$$

(3) 阿伏伽德罗（Avogadro）定律　在相同的温度、压力下，1mol 任何气体占有相同的体积，即

$$V/n=\text{常数} \quad (T,p\text{ 一定})$$

将上述三个经验定律相结合，整理可得到如下的状态方程

$$pV=nRT \tag{1.1a}$$

式(1.1a) 称为理想气体状态方程。式中 p 的单位为 Pa，V 的单位为 m^3，n 的单位为 mol，T 的单位为 K，R 称为摩尔气体常数，经过实验测定其值为：

$$R=8.314510\text{Pa}\cdot\text{m}^3\cdot\text{mol}^{-1}\cdot\text{K}^{-1}$$

因 $1\text{Pa}\cdot\text{m}^3=1\text{J}$，故

$$R=8.314510\text{J}\cdot\text{mol}^{-1}\cdot\text{K}^{-1}$$

在一般计算中，可取 $R=8.314\text{J}\cdot\text{mol}^{-1}\cdot\text{K}^{-1}$。因为摩尔体积 $V_m=V/n$，气体的物质的量 n 又可表示为气体的质量 m 与它的相对摩尔质量 M 之比（$n=m/M$），所以理想气体状态方程又常采用以下两种形式：

$$pV_m=RT \tag{1.1b}$$

$$pV=(m/M)RT \tag{1.1c}$$

而密度 $\rho=m/V$，故通过式(1.1a)～式(1.1c) 可进行气体 p，V，T，n，W，M，ρ 之间的有关计算。

例 1.1 用管道输送天然气，当输送压力为 200kPa，温度为 25℃时，管道内天然气的密度为多少？假设天然气可看作是纯的甲烷。

解： 因甲烷的摩尔质量 $M=16.04\times10^{-3}\text{kg}\cdot\text{mol}^{-1}$，由式(1.1c) 可得：

$$\rho=\frac{m}{V}=\frac{pM}{RT}=\frac{200\text{Pa}\times10^3\times16.04\times10^{-3}\text{kg}\cdot\text{mol}^{-1}}{8.315\text{Pa}\cdot\text{m}^3\cdot\text{mol}^{-1}\cdot\text{K}^{-1}\times(25+273.15)\text{K}}=1.294\text{kg}\cdot\text{m}^{-3}$$

2. 理想气体模型

(1) 分子间力　无论以何种状态存在的物质，其内部的分子之间都存在着相互作用。相互作用包括分子之间的相互吸引与相互排斥。按照兰纳德-琼斯（Lennard-Jones）的理论，两个分子间的排斥作用与距离 r 的 12 次方成反比，而吸引作用与距离 r 的 6 次方成反比。以 E 代表两分子间总的相互作用势能，则可表示如下：

$$E=E_{\text{吸引}}+E_{\text{排斥}}=-\frac{A}{r^6}+\frac{B}{r^{12}} \tag{1.2}$$

式中，A，B 分别为吸引和排斥常数，其值与物质的分子结构有关。将式(1.2) 以图的形式表示，即为著名的兰纳德-琼斯势能曲线，如图 1.1 所示。由图可知，当两个分子相距较远时，它们之间几乎没有相互作用。随着 r 的减小，开始分子间表现为相互吸引作用，当 $r=r_0$ 时，吸引作用达到最大。分子进一步靠近时，则排斥作用很快上升为主导作用。

气体分子之间的距离较大，故分子间的相互作用较小；液体和固体的存在，正是分子间有相互吸引作用的证明；而液体、固体的难于压缩，又证明了分子间在近距离时表现出的排斥作用。

(2) 理想气体模型　理想气体状态方程是由研究低压下气体的行为导出的。但各气体在适用理想气体状态方程时多少有些偏差，压力越低，偏差越小，在极低压力下理想气体状态方程可较准确地描述气体的行为。极低的压力意味着分子之间的距离非常大，由图 1.1 可知，此时分子之间的相互作用非常小；又意味着分子本身所占的体积与此时气体所具有的非常大的体积相比可忽略不计，因而分子可近似被看作是没有体积的质点。于是从极低压力下气体的行为出发，抽象提出理想气体的概念。理想气体在微观上具有以下两个特征：

① 分子之间无相互作用力；

② 分子本身不占有体积。

理想气体可以认为是真实气体在压力趋于零时的极限情况。严格说来，只有符合理想气体模型的气体才能在任何温度和压力下均服从理想气体状态方程，因此把在任何温度、压力下均服从理想气体状态方程的气体称为理想气体。然而，实际上绝对的理想气体是不存在的，它只是一种假想的气体。但是把较低压力下的气体作为理想气体处理，把理想气体状态方程用作低压气体近似服从的、最简单的 pVT 关系，却具有重要的实际意义。至于在多大压力范围可以使用 $pV=nRT$ 来计算各种真实气体的 pVT 关系，尚无明确的界限。因为这不仅与气体的种类和性质有关，还取决于对计算结果所要求的精度。通常，在低于几千个千帕的压力下，理想气体状态方程往往能满足一般的工程计算需要。此外，易液化的气体如水蒸气、氨气、二氧化碳等适用的压力范围要窄些；而难液化的气体如氦气、氢气、氮气、氧气等所适用的压力范围相对较宽。

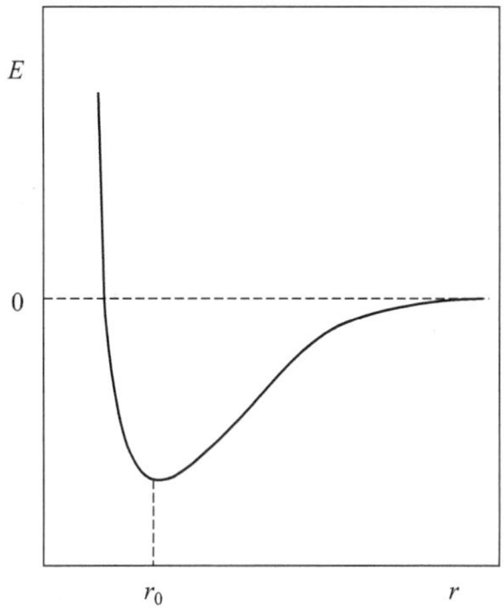

图 1.1　兰纳德-琼斯势能曲线

3. 摩尔气体常数

理想气体状态方程中的摩尔气体常数 R 的准确数值，是通过实验测定出来的。因真实气体只有在压力趋于零时才严格服从理想气体状态方程，所以原则上应测量一定量的气体在压力趋于零时的 p，V，T 数据，代入理想气体状态方程，算出 R 的数值。但在压力趋于零时，数据不易测准，所以 R 值的确定实际是采用外推法来进行的。首先测量某些真实气体在一定温度 T 下于不同压力 p 时的摩尔体积 V_m，然后将 V_m 对 p 作图，外推到 $p\to 0$ 处，求出所对应的 pV_m 值，进而计算 R 值。图 1.2 表示了一些气体在 300K 下的 pV_m-p 曲线。按照玻意耳定律，理想气体 pV_m 应不随 p 而变化，如图中虚线所示。而真实气体在不同 p 下却有着不同的 pV_m 值。不过不同的真实气体尽管 pV_m-p 等温线的形状不同，但在 $p\to 0$ 时，pV_m 却趋于一共同值：$2494.35\text{J}\cdot\text{mol}^{-1}$，所以由此可得：

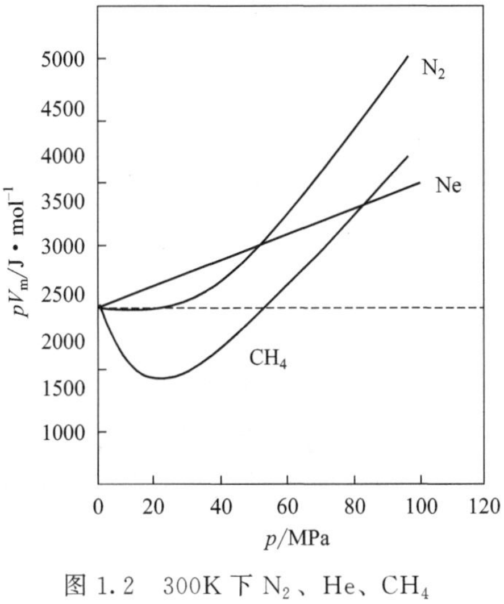

图 1.2　300K 下 N_2、He、CH_4 的 pV_m-p 等温线

$$R=\lim_{p\to 0}(pV_m)_T/T=2494.35\text{J}\cdot\text{mol}^{-1}/300\text{K}=8.3145\text{J}\cdot\text{mol}^{-1}\cdot\text{K}^{-1}$$

在其他温度条件下进行类似的测定，所得 R 值完全相同。这一事实表明：在压力趋于零的极限条件下，各种气体的 pVT 行为均服从 $pV_m=RT$ 的定量关系，R 是一个对各种气体都适用的常数。因理想气体是分子间没有相互作用力、分子本身又没有体积的气体，所以将一种气体分子换成另一种气体分子将不影响气体的 pVT 关系，故理想气体状态方程及气体常数 R 可适用于压力趋于零时的各种气体是必然的结论。

第二节　理想气体混合物

将几种不同的纯理想气体混合在一起，即形成了理想气体混合物。本节讨论理想气体混合物的 pVT 关系。

1. 混合物的组成

混合物比纯物质多了组成变量。组成有多种表示法，这里先介绍其中的 3 种。

(1) 摩尔分数 x 或 y　物质 B 的摩尔分数定义为

$$x_B(\text{或 } y_B) \overset{\text{def}}{=} n_B / \sum_A n_A \tag{1.3}$$

即物质 B 的摩尔分数等于 B 的物质的量与混合物的总的物质的量之比，其量纲为一。显然 $\sum_B x_B = 1$ 或 $\sum_B y_B = 1$。本书对气体混合物的摩尔分数用 y 表示，对液体混合物的摩尔分数用 x 表示，以便区分。

(2) 质量分数 w_B　物质 B 的质量分数定义为

$$w_B \overset{\text{def}}{=} m_B / \sum_A m_A \tag{1.4}$$

即物质 B 的质量分数等于 B 的质量与混合物的总质量之比，其量纲为一。显然 $\sum_B w_B = 1$。

(3) 体积分数 φ_B　物质 B 的体积分数定义为

$$\varphi_B \overset{\text{def}}{=} x_B V_{m,B}^* / \left(\sum_A x_A V_{m,A}^* \right) \tag{1.5}$$

式中，$V_{m,A}^*$ 表示在一定温度、压力下纯物质 A 的摩尔体积。

故物质 B 的体积分数等于混合前纯 B 的体积与混合前各纯组分体积总和之比，其量纲为一，$\sum_B \varphi_B = 1$。

2. 理想气体状态方程对理想气体混合物的应用

由于理想气体的分子之间没有相互作用，分子本身又没有体积，故理想气体的 pVT 性质与气体的种类无关。一种理想气体的部分分子被另一种理想气体的分子所置换，形成理想气体混合物后，理想气体的 pVT 性质并不改变，只是 $pV=nRT$ 中的 n 此时代表的是混合物中总的物质的量，所以理想气体混合物的状态方程为：

$$pV = nRT = \left(\sum_B n_B \right) RT \tag{1.6a}$$

及

$$pV = \frac{m}{M_{mix}} RT \tag{1.6b}$$

式中，n_B 为混合物中某种气体的物质的量；m 为混合物的总质量；M_{mix} 为混合物的摩尔质量；p，V 为混合物的总压及总体积。

混合物的摩尔质量定义为：

$$M_{mix} \overset{\text{def}}{=} \sum_B y_B M_B \tag{1.7}$$

式中，M_B 为混合物中某一组分 B 的摩尔质量。

混合物的摩尔质量等于混合物中各物质的摩尔质量与其摩尔分数的乘积之和。

因混合物中任一物质 B 的质量 $m_B=n_BM_B$，而 $n_B=y_Bn$，所以混合物的总质量 m 与 M_{mix} 有如下关系：

$$m=\sum_B m_B=\sum_B n_BM_B=n\sum_B y_BM_B=nM_{mix}$$

因此
$$M_{mix}=m/n=\sum_B m_B/\sum_B n_B \tag{1.8}$$

即混合物的摩尔质量又等于混合物的总质量除以混合物的总的物质的量。

式(1.7) 和式(1.8) 都可以用来计算混合物的摩尔质量 M_{mix}。

3. 道尔顿定律

对于混合气体，无论是理想的还是非理想的，都可用分压的概念来描述其中某一种气体所产生的压力，或者说某一种气体对总压力的贡献。分压的数学定义为：

$$p_B\overset{\text{def}}{=}y_Bp \tag{1.9}$$

即混合气体中某一组分 B 的分压 p_B 等于它的摩尔分数 y_B 与总压 p 的乘积。因为混合气体中各种气体的摩尔分数之和 $\sum_B y_B=1$，所以各种气体的分压之和即等于总压：

$$p=\sum_B p_B \tag{1.10}$$

式(1.9) 及式(1.10) 对所有混合气体都适用，即使是高压下远离理想状态的气体混合物也同样适用。

对于理想气体混合物，已有式(1.6a)：$pV=\left(\sum_B n_B\right)RT$，将 $y_B=n_B/\sum_B n_B$ 以及分压的定义式(1.9) 代入，可得

$$p_B=n_BRT/V \tag{1.11}$$

即理想气体混合物中某一组分 B 的分压等于该组分单独存在于混合气体的温度 T 及总体积 V 的条件下所具有的压力。而混合气体的总压即等于各组分单独存在于混合气体的温度、体积条件下产生压力的总和。这即为道尔顿定律，它是道尔顿（Dalton）于 1810 年发现的，亦称为道尔顿分压定律或分压定律。显然，道尔顿定律从原则上讲只适用于理想气体混合物，不过对于低压下的真实气体混合物也可以近似适用。式(1.11) 常用来近似计算低压下真实气体混合物中某一组分的分压。

由于真实气体的分子之间是有相互作用的，且在混合气体中的相互作用不同于在纯气体中的，所以在压力相对较高时，这种差别不可忽略，此时混合物中某气体的分压将不等于它单独存在时的压力，故分压定律和式(1.11) 都不再适用。

例 1.2 今有 300K、104.365kPa 的湿烃类混合气体（含水蒸气的烃类混合气体），其中水蒸气的分压为 3.167kPa。现欲得到除去水蒸气的 1kmol 干烃类混合气体，试求：

（1）应从湿烃混合气体中除去水蒸气的物质的量；

（2）所需湿烃类混合气体的初始体积。

解：（1）设湿烃类混合气体中烃类混合气（A）和水蒸气（B）的分压分别为 p_A，p_B。

$p_B=3.167\text{kPa}$，$p_A=p-p_B=101.198\text{kPa}$。由公式 $p_B=y_Bp=\dfrac{n_B}{\sum n_B}p$，可得

$$\frac{n_B}{n_A}=\frac{p_B}{p_A}$$

其中 n_A，n_B 分别为同样温度、体积中烃类混合气体和水蒸气的物质的量。现 $n_A=1\text{kmol}$，故得：

$$n_B=\frac{p_B}{p_A}n_A=\frac{3.167\text{kPa}}{101.198\text{kPa}}\times1000\text{mol}=31.30\text{mol}$$

（2）所求初始体积为 V

$$V=\frac{nRT}{p}=\frac{n_ART}{p_A}=\frac{n_BRT}{p_B}=\frac{31.30\text{mol}\times8.314\text{Pa}\cdot\text{m}^3\cdot\text{mol}^{-1}\cdot\text{K}^{-1}\times300\text{K}}{3.167\times10^3\text{Pa}}=24.65\text{m}^3$$

4. 阿马加定律

对理想气体混合物，除有道尔顿分压定律外，还有与之相应的阿马加（Amagat）分体积定律。该定律为：理想气体混合物的总体积 V 为各组分分体积 V_B^* 之和。其数学表达式为：

$$V=\sum_B V_B^* \tag{1.12}$$

由理想气体混合物的状态方程（1.6a）很容易证明阿马加定律：

$$V=nRT/p=\left(\sum_B n_B\right)RT/p=\left(\sum_B n_BRT/p\right)=\left(\sum_B V_B^*\right)$$

其中

$$V_B^*=n_BRT/p \tag{1.13}$$

式(1.13）表明理想气体混合物中物质B的分体积 V_B^* 等于纯气体B在混合物的温度及总压条件下所占有的体积。阿马加定律表明理想气体混合物的体积具有加和性，在相同温度、压力下，混合后的总体积等于混合前各组分的体积之和。将式(1.13）及式(1.11）与式(1.6a)和式(1.3）相结合，可有：

$$y_B=\frac{V_B^*}{V}=\frac{p_B}{p} \tag{1.14}$$

即理想气体混合物中某一组分B的分体积与总体积之比或分压与总压之比等于该组分的摩尔分数 y_B。阿马加定律是19世纪阿马加在研究低压混合气体时发现的。从原则上讲，它只适用于理想气体混合物，但对低压下的真实混合气体也近似适用。式(1.13）常用来计算低压下真实气体混合物中某一组分的分体积。高压下，混合前后气体的体积一般将发生变化，阿马加定律不再适用。这时需引入偏摩尔体积的概念进行加和计算，详见第四章。

第三节　气体的液化及临界参数

1. 液体的饱和蒸气压

理想气体分子间没有相互作用力，所以在任何温度、压力下都不可能使其液化。而真实气体则不同，其分子间相互作用力随分子间距离的变化情况如图1.1兰纳德-琼斯曲线所示。降低温度和增加压力都可使气体的摩尔体积减小，即分子间距离减小，这使得分子间引力增加，最终导致气体变成液体。在一个密封容器中，当温度一定时，某一物质的气体和液体可达成一种动态平衡，即单位时间内由气体分子变为液体分子的数目与由液体分子变为气体分子的数目相同，宏观上说即气体的凝结速度与液体的蒸发速度相同。把这种状态称为气液平衡。处于气液平衡时的气体称为饱和蒸气，液体称为饱和液体。在一定温度下，与液体成平衡状态的饱和蒸气所具有的压力称为饱和蒸气压。

表 1.1 列出了水、乙醇和苯在不同温度下的饱和蒸气压。由表 1.1 可知，不同物质在同一温度下可具有不同的饱和蒸气压，所以饱和蒸气压首先是由物质的本性所决定的。而对于任一种物质来说，不同温度下具有不同的饱和蒸气压，所以饱和蒸气压是温度的函数。由表 1.1 可以看出，饱和蒸气压是随温度的升高而急速增大的。当液体饱和蒸气压与外界压力相等时，液体沸腾，此时相应的温度称为液体的沸点。习惯将 101.325kPa 外压下的沸点称为正常沸点。如水的正常沸点为 100℃，乙醇的正常沸点为 78.4℃，苯的正常沸点为 80.1℃。在 101.325kPa 的压力下，如果将水从 20℃加热，随温度上升，水的饱和蒸气压会不断上升，当加热到 100℃时，水的饱和蒸气压达到 101.325kPa，这时不仅液体表面的水分子可以汽化，液体内部的水分子也可以汽化产生气泡，所以液体在沸点时沸腾。在高原地带，外界的大气压较低，故水的沸点较低。而在压力高于 101.325kPa 下加热水（如在高压容器中），水的沸点又会相应升高。

表 1.1　水、乙醇和苯在不同温度下的饱和蒸气压

水		乙醇		苯	
t/℃	p^*/kPa	t/℃	p^*/kPa	t/℃	p^*/kPa
20	2.338	20	5.671	20	9.9712
40	7.376	40	17.395	40	24.411
60	19.916	60	46.008	60	51.993
80	47.343	78.4	101.325	80.1	101.325
100	101.325	100	222.48	100	181.44
120	198.54	120	422.35	120	308.11

在一定温度下，在某一气液共存的系统中，如果蒸气的压力小于其饱和蒸气压，液体将蒸发变为气体，直至蒸气压力增至该温度下的饱和蒸气压，达到气液平衡为止。反之，如果蒸气的压力大于饱和蒸气压，则蒸气将部分凝结为液体，直至蒸气的压力降至该温度下的饱和蒸气压，达到气液平衡为止。只要压力不太高，有其他不溶于液体的惰性气体存在时液体的蒸发和气体的凝结也是如此。水在 20℃时的饱和蒸气压为 2.338kPa，在大气环境中尽管有其他气体存在，只要大气中水的分压小于 2.338kPa，液体水就会蒸发成水蒸气。反之，如果大气中水蒸气的分压大于同温度下水的饱和蒸气压，水蒸气就会凝结成液体水。秋夜温度降低，使大气中水蒸气的分压大于饱和蒸气压，于是结出露珠。把大气中水蒸气的压力达到其饱和蒸气压时的情况，称为相对湿度为 100%。北方冬季的相对湿度一般在 30%左右，液体水很容易蒸发为水蒸气；而夏季的相对湿度最高时可达到约 90%，几近于饱和蒸气压，这时液体水不再容易变为水蒸气。这就是人们在冬季感觉气候干燥，夏季感觉天气闷热的原因。

和液体类似，固体也存在饱和蒸气压。固体升华成蒸气，蒸气凝华成固体的现象，与液气之间的蒸发、凝结现象是类似的，这里就不再介绍了。

2. 临界参数

液体的饱和蒸气压随温度的升高而增大，因而温度越高，使气体液化所需的压力也越大。实验证明，每种液体都存在有一个特殊的温度，在该温度以上，无论加多大压力，都不可能使气体液化。把这个温度称为临界温度，以 T_c 或 t_c 表示。所以临界温度是使气体能够液化所允许的最高温度。

很显然，在临界温度以上，由于不再有液体存在，如以饱和蒸气压对温度作图，曲线将终止于临界温度。将临界温度 T_c 时的饱和蒸气压称为临界压力，以 p_c 表示。所以临界压力是在临界温度下使气体液化所需要的最低压力。在临界温度和临界压力下，物质的摩尔体积称为临界摩尔体积，以 $V_{m,c}$ 表示。临界温度、临界压力下的状态称为临界状态。

T_c、p_c、$V_{m,c}$ 统称为物质的临界参数，是物质的特性参数，某些纯物质的临界参数列于附录五中。

3. 真实气体的 p-V_m 图及气体的液化

一定条件下真实气体的液化过程以及存在着临界点的情况，可以从根据实验数据绘制的 p-V_m 图上清楚地看出来。图 1.3 是纯气体 p-V_m 一般规律的示意图。图上每条曲线都是等温线，即真实气体在一定温度下摩尔体积随压力的变化情形。不同的物质因性质不同，p-V_m 图会有所差异，但图 1.3 所示的基本规律对各种气体都是相同的。p-V_m 等温线一般可以划分为 $T>T_c$、$T=T_c$ 及 $T<T_c$ 三种类型。

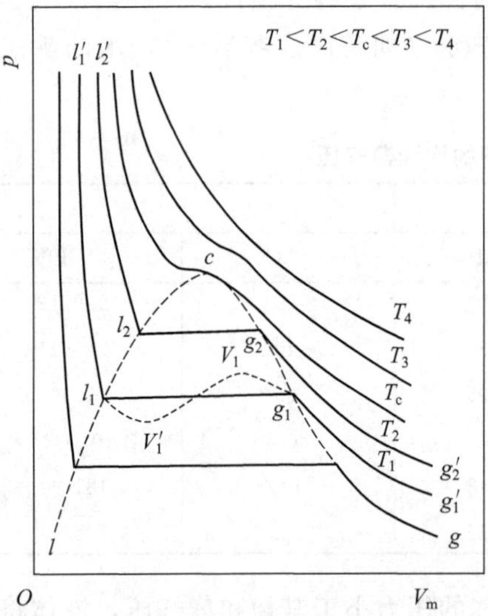

图 1.3　真实气体 p-V_m 等温线示意图

（1）$T<T_c$ 时　以 T_1 等温线为例，其中 $g_1'g_1$ 段表示气体的摩尔体积随压力的增加而减小的情形。当压力增加到状态点 g_1 时，气体为饱和蒸气，压力为饱和蒸气压，体积为饱和蒸气的摩尔体积 $V_m(g)$。恒温继续压缩，气体开始不断液化，产生状态点为 l_1 的饱和液体，其摩尔体积为 $V_m(l)$。由于温度一定时液体的饱和蒸气压一定，故只要有气相存在，压力就维持在饱和蒸气压值不变。l_1g_1 水平线段表示气-液两相共存时的情况。这时的摩尔体积是气-液两相共存时的摩尔体积。若气相、液相的物质的量分别为 $n(g)$、$n(l)$，总物质的量为 $n=n(g)+n(l)$，则：

$$V_m=\frac{n(g)V_m(g)}{n}+\frac{n(l)V_m(l)}{n}$$

随着气体不断变为液体，摩尔体积不断减小，当达到状态点 l_1 时，气体全部液化，均变为饱和液体，摩尔体积为饱和液体的摩尔体积 $V_m(l)$。再继续加压则为液体的恒温压缩，由于液体的可压缩性很小，所以液体的压缩曲线 l_1l_1' 很陡。

（2）$T=T_c$ 时　温度升高，例如 T_2 等温线，形状与 T_1 等温线相似，只是气-液共存的水平线段较 T_1 线段缩短，这是由于温度升高饱和蒸气压增大，饱和气体的摩尔体积减小，而饱和液体的摩尔体积增大，造成气、液两相的摩尔体积之差减小。随温度升高，水平线段越来越短，直至达到 $T=T_c$ 时，水平线段缩为一点，成为一个拐点 c。c 点即是临界点，它所对应的温度、压力、摩尔体积就是 T_c、p_c、$V_{m,c}$，此时气、液两相的摩尔体积及其他性质完全相同，因而界面消失，气态和液态已经不能区分。这就是临界状态。$T=T_c$ 等温线在临界点处，数学上有：

$$\left(\frac{\partial p}{\partial V_m}\right)_{T_c}=0 \qquad \left(\frac{\partial^2 p}{\partial V_m^2}\right)_{T_c}=0$$

这个特征在以后讨论真实气体状态方程时将会用到。

(3) $T>T_c$时　以T_4曲线为例，此时气体无论加多大压力也不能变为液体，等温线为一条光滑的曲线。

由以上讨论可知，图1.3中lcg虚线所包含的区域为气-液两相共存区，lcg曲线以外为单相区。既然在临界点气液已不可区分，在单相区内气态或液态是连续的，并不存在着气相区与液相区的分界线。只能说lcg曲线外左下方为液态，cg曲线右方为气态。

温度、压力略高于临界点的状态，称为超临界状态。处于超临界状态的流体密度很大，具有溶解性能。在恒温变压或恒压变温时，体积变化很大，改变了溶解性能，故可用于提取某些物质，这种技术称为超临界萃取。

第四节　真实气体状态方程

在压力较高时，将理想气体状态方程用于真实气体将产生偏差。为了描述真实气体的pVT性质，曾提出过上百种状态方程。这里主要介绍范德瓦耳斯方程，简述维里方程及其他几个方程。真实气体的状态方程一般有一个共同的特点，就是它们均是在理想气体状态方程的基础上经过修正得出的，在压力趋于零时，可还原为理想气体状态方程。

1. 真实气体的pV_m-p图及玻意耳温度

如图1.2所示，一定温度下理想气体的pV_m值是不随压力变化的，而真实气体的pV_m却是随压力的增加而变化。在某一温度下，不同气体pV_m-p曲线一般可有三种类型，pV_m随p的增加而增加；pV_m随p的增加，开始不变，然后增加；pV_m随p的增加，开始先下降，然后再上升。对同一种气体测量不同温度下的pV_m-p曲线，也会出现这三种情况。图1.4为气体这三种pV_m-p曲线的示意图。如图所示，任何气体都有一个特殊的温度T_B，称为玻意耳温度。在玻意耳温度下，当压力趋于零时，pV_m-p等温线的斜率为零。玻意耳温度的定义为：

$$\lim_{p\to 0}\left[\frac{\partial(pV_m)}{\partial p}\right]_{T_B}=0 \qquad (1.15)$$

每一种气体都有自己的玻意耳温度，在该温度下，气体在几百千帕的压力范围内可较好地符合理想气体状态方程或符合玻意耳定律。玻意耳温度一般为气体临界温度的2～2.5倍。

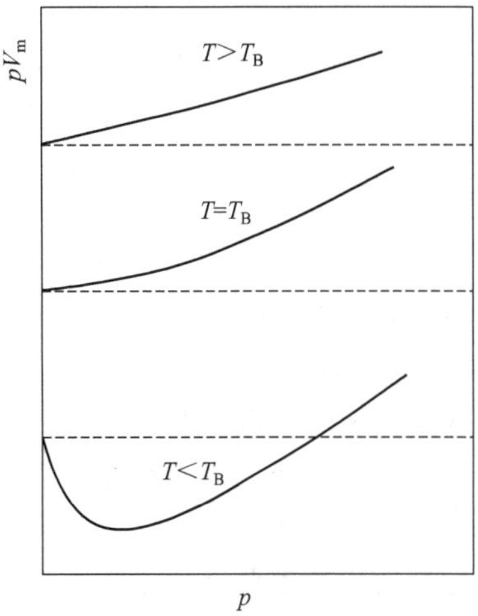

图1.4　气体在不同温度下的pV_m-p曲线示意图

图1.2及图1.4中pV_m-p曲线的三种类型可用高于、等于、低于玻意耳温度来划分。

三种不同曲线的存在可用真实气体的分子之间具有相互作用和分子本身占有体积来说明。压力是气体分子在做无规则热运动时碰撞器壁的结果。理想气体的压力，是在气体分子间无相互作用条件下的压力。对于真实气体，由本章第一节可知，分子之间在一般条件下是有相互吸引作用的。对于不靠近器壁的气体分子，由于受到来自四面八方的引力，故总的来看，引力的作用相互抵消了。而靠近器壁的分子，因只受到内部分子的吸引，故受到的净的引力是不对称的，即受到的是一个将其拉向内部的引力。这种向内的引力，减弱了气体分子对器壁的碰撞，使得真实气体的 pV_m 与理想气体相比趋于减小。另外，由于真实气体分子本身占有体积，气体的 V_m 不再是 1mol 分子自由活动的空间，而是自由活动空间加上因分子本身占有体积而不可压缩的空间。这样 1mol 真实气体实际所占空间要大于理想气体的 V_m。在压力升高时，体积效应变得越来越不可忽略。这种作用使得真实气体的 pV_m 与理想气体相比趋于增大。由此可知，真实气体的 pV_m 随 p 的变化是受两个相反因素制约的。由于温度对这两种因素的影响不一样，所以有三种类型的 pV_m-p 曲线出现。在 $T<T_B$ 时，随着压力由低到高，开始是引力作用占主导地位，而后是体积效应起主导作用，故 pV_m 随 p 的变化在经历一最小值后，随 p 的增加而增加；在 $T=T_B$ 时，开始时两种作用相互抵消，而后体积效应起主导作用，故 pV_m-p 曲线开始有一水平过渡，然后随压力而上升；在 $T>T_B$ 时，始终是体积效应起主导作用，故 pV_m 随 p 从一开始就呈上升趋势。

不同气体具有不同的玻意耳温度，所以在某一相同温度下，不同气体会表现出不同的 pV_m-p 曲线，如图 1.2 所示。

2. 范德瓦耳斯方程

描述真实气体的状态方程一般可分为两类，一类是纯经验公式；另一类则是有一定物理模型基础的半经验方程。后一类中最有代表性的是范德瓦耳斯方程。

（1）范德瓦耳斯方程　1873 年荷兰科学家范德瓦耳斯（van der Waals）从理想气体与真实气体的差别出发，用硬球模型来处理真实气体，提出了压力修正项（a/V_m^2）及体积修正项 b，得出了适用于中低压力下的真实气体状态方程式。理想气体的压力是分子间无相互作用力时表观的压力，理想气体的摩尔体积是每摩尔气体分子自由活动的空间。范德瓦耳斯认为真实气体处在实际的 p、V_m、T 条件时，如果分子间的相互吸引力不复存在，则表现出的压力应高于压力 p，为 $p+a/V_m^2$；由于分子本身占有体积，所以每摩尔气体分子的自由活动空间应小于它的摩尔体积 V_m，为 V_m-b。将修正后的压力、摩尔体积代入理想气体状态方程的对应项，即得

$$\left(p+\frac{a}{V_m^2}\right)(V_m-b)=RT \tag{1.16a}$$

式(1.16a) 即为著名的范德瓦耳斯方程。将 $V_m=V/n$ 代入式(1.16a)，经整理可得适用于气体物质的量为 n 的范德瓦耳斯方程

$$\left(p+\frac{n^2a}{V^2}\right)(V-nb)=nRT \tag{1.16b}$$

式中，a、b 称为范德瓦耳斯常数。某些气体的范德瓦耳斯常数见附录四。压力修正项（a/V_m^2）又称作内压力，说明分子间相互吸引力对压力的影响反比于 V_m^2，也就是反比于分子间距离 r 的六次方。一般说来，分子间引力越大，则 a 值越大。a 的单位是 $Pa\cdot m^6\cdot mol^{-2}$。范德瓦耳斯认为，常数 a 只与气体种类有关，与温度条件无关。

体积修正项 b 表示每摩尔真实气体因分子本身占有体积而使分子自由活动空间减小的数值。显然，常数 b 应与气体性质有关，也是物质的一种特性常数。b 的单位是 $m^3\cdot mol^{-1}$。范德瓦耳斯还曾按照硬球模型，进一步导出 b 是 1mol 硬球气体分子本身体积的 4 倍，范德瓦耳斯认为常数 b 也与气体的温度无关。真实气体当压力 $p\to 0$ 时，$V_m\to\infty$，此时范德瓦耳斯方程中（$p+a/V_m^2$）及（V_m-b）两项分别化简为 p 及 V_m，还原为理想气体状态方程。从现代理

论来看，范德瓦耳斯对内压力反比于 V_m^2，以及 b 的导出等观点都不尽完善，所以范德瓦耳斯方程是一种简化了的真实气体的数学模型。人们常常把任何温度、压力条件下均服从范德瓦耳斯方程的气体称作范德瓦耳斯气体。各种真实气体的范德瓦耳斯常数 a 与 b，可由实验测定的 p、V_m、T 数据拟合得出，也可以通过气体的临界参数求取。精确测定表明，a、b 除了与气体种类有关外，还与气体的温度有关，甚至不同的拟合方法也会得出不同的数值。

（2）范德瓦耳斯常数与临界参数的关系　前曾叙述临界温度 T_c 下的 p-V_m 等温线在临界点处的一阶、二阶导数均为零，即 $\left(\dfrac{\partial p}{\partial V_m}\right)_{T_c}=0$，$\left(\dfrac{\partial^2 p}{\partial V_m^2}\right)_{T_c}=0$。将范德瓦耳斯方程（1.16a）写成 T_c 下的 p-V_m 的函数关系

$$p=\frac{RT_c}{V_m-b}-\frac{a}{V_m^2}$$

对其进行一阶、二阶求导，并令其导数为零，则有

$$\left(\frac{\partial p}{\partial V_m}\right)_{T_c}=\frac{-RT_c}{(V_m-b)^2}+\frac{2a}{V_m^3}=0$$

$$\left(\frac{\partial^2 p}{\partial V_m^2}\right)_{T_c}=\frac{2RT_c}{(V_m-b)^3}-\frac{6a}{V_m^4}=0$$

联立求解，解得的 V_m 值即临界摩尔体积 $V_{m,c}$，再将其代入上式及范德瓦耳斯方程式(1.16a)，可得

$$V_{m,c}=3b,\quad T_c=8a/(27Rb),\quad p_c=a/(27b) \tag{1.17}$$

式(1.17) 表明范德瓦耳斯常数 a、b 与气体的临界参数的关系。由于 $V_{m,c}$ 较难测准，故一般可由 p、T_c 求算 a、b：

$$a=27R^2T^2/(64p_c)\qquad b=RT_c/(8p_c) \tag{1.18}$$

（3）范德瓦耳斯方程的应用　如果用范德瓦耳斯方程来计算 p-V_m 等温线，可发现在临界温度以上时，计算所得 p-V_m 等温线与实验所得 p-V_m 等温线符合较好，但在临界温度以下的气-液两相共存区则有较大差别。由范德瓦耳斯方程计算的 p-V_m 等温线在该区域内出现一个极大值和一个极小值，如图 1.3 中 $g_1V_1V_1'l_1$ 的 S 形曲线所示，这与实际情况应为水平线段不相符。随温度升高，极大值与极小值逐渐靠拢，最后至临界温度 T_c 时，两点汇聚成 T_c 曲线上的拐点 c，即临界点。不过 S 形曲线中 g_1V_1 和 $V_1'l_1$ 线中的部分线段却分别有着过饱和蒸气和过热液体 pVT 关系的含义。

用范德瓦耳斯方程求解真实气体的 pVT 关系时，首先要有该气体的范德瓦耳斯常数 a 与 b。但在由已知温度 T、压力 p 求摩尔体积 V_m 时，遇到解一元三次方程的问题。当 $T>T_c$ 时，在任何 p 下，均得一个实根和两个虚根，虚根无意义；当 $T=T_c$，且 $p=p_c$ 时，得三个相等的实根，即临界摩尔体积 $V_{m,c}$，其他压力下得一个实根及两个虚根；当 $T<T_c$ 时，p 为该温度的饱和蒸气压 p^s 时，可得三个不等实根，其中最大的为饱和蒸气的 V_m(g)，最小的为饱和液体的 V_m(l)，p 小于该温度下的饱和蒸气压 p_s 时，或得三个实根，其中最大的即为所求的解，或得一个实根及两个虚根。

范德瓦耳斯方程提供了一种真实气体的简化模型，从理论上分析了真实气体与理想气体的区别，是被人们公认的处理真实气体的经典方程。实践表明，许多气体在几个兆帕的中压范围内，其 pVT 性质能较好地服从范德瓦耳斯方程，计算精度要高于理想气体状态方程。但由于范德瓦耳斯方程未考虑温度对 a、b 值的影响，故在压力较高时，还不能满足工程计算上的需要。值得指出的是，范德瓦耳斯提出的从分子间相互作用力与分子本身体积两方面来修正其

pVT 的思想与方法，为以后建立某些更准确的真实气体状态方程奠定了一定的基础。

例 1.3 若甲烷在 203K、2533.1kPa 条件下服从范德瓦耳斯方程，试求其摩尔体积。

解： 式(1.16a) 所示范德瓦耳斯方程可整理成

$$V_m^3-(b+RT/p)V_m^2+(a/p)V_m-ab/p=0$$

由题可知，CH_4 的 $T=203K$，$p=2533.1\times10^3 Pa$，它的范德瓦耳斯常数可由附录四查出

$$a=0.2303Pa\cdot m^6\cdot mol^{-2}\qquad b=0.431\times10^{-4}m^3\cdot mol^{-1}$$

这些数值代入上式，可整理得

$$V_m^3-7.094\times10^{-4}V_m^2+9.092\times10^{-8}V_m-3.918\times10^{-12}=0$$

因该题中 $T>T_c$，故解此三次方程可得一实根：$V_m=5.594\times10^{-4}m^3\cdot mol^{-1}$。

3. 维里方程

维里一词来源于拉丁文 virial，是“力”的意思。维里方程是卡末林-昂尼斯（Kammerlingh-Onnes）于 20 世纪初作为纯经验方程提出的。一般有两种形式：

$$pV_m=RT\left(1+\frac{B}{V_m}+\frac{C}{V_m^2}+\frac{D}{V_m^3}+\cdots\right)\tag{1.19}$$

$$pV_m=RT(1+B'p+C'p^2+D'p^3+\cdots)\tag{1.20}$$

式中，B、C、D、…与 B'、C'、D'、…分别称为第二、第三、第四……维里系数。它们都是温度 T 的函数，并与气体的本性有关。

式(1.19) 和式(1.20) 中的维里系数有不同的数值和单位，其值通常由实测的 pVT 数据拟合得出。当压力 $p\to0$，体积 $V_m\to\infty$时，维里方程还原为理想气体状态方程。虽然维里方程表示成无穷级数的形式，但实际上通常只用最前面的几项进行计算。在计算精度要求不高时，有时只用到第二项即可，所以第二维里系数较其他维里系数更为重要。维里方程最初虽然完全是一个经验方程，但后来从统计力学的角度得到了证明，所以维里方程已由原来的纯经验式发展为具有一定理论意义的方程。第二维里系数反映了两个气体分子间的相互作用对气体 pVT 关系的影响，第三维里系数则反映了三分子相互作用引起的偏差。因此，通过由宏观 pVT 性质测定拟合得出的维里系数，可建立起宏观的 pVT 性质与微观领域的势能函数之间的联系。

4. 其他重要方程举例

除范德瓦耳斯方程和维里方程外，还有许多其他描述真实气体行为的状态方程。它们大多是从范德瓦耳斯方程或维里方程的基础出发，引入更多的参数来修正真实气体与理想气体的偏差，以提高计算精度。下面再简单介绍其中几个较为重要的状态方程。

（1）R-K（Redlich-Kwong）方程

$$\left[p+\frac{a}{T^{1/2}V_m(V_m+b)}\right](V_m-b)=RT\tag{1.21}$$

式中，a、b 为常数，但不同于范德瓦耳斯方程中的常数。

该方程适用于烃类等非极性气体，且适用的 T、p 范围较宽。对极性气体精度较差。

（2）B-W-R（Benedict-Wehh-Rubin）方程

$$p=\frac{RT}{V_m}+\left(B_0RT-A_0-\frac{C_0}{T^2}\right)\frac{1}{V_m^2}+(bRT-a)\frac{1}{V_m^3}+a\alpha\frac{1}{V_m^6}+\frac{c}{T^2V_m^3}\left(1+\frac{\gamma}{V_m^2}\right)e^{-\gamma/V_m^2}\tag{1.22}$$

式中，A_0、B_0、C_0、α、γ、a、b、c 均为常数，该方程为 8 参数状态方程。

一般说来，方程中的参数越多，方程的计算精确度越高，但计算越麻烦。随着计算机的普及，计算多参数方程已并非难事。B-W-R 方程较适用于碳氢化合物及其混合物的计算，不仅适用于气相，且适用于液相。

（3）贝塞罗（Berthelot）方程

$$\left(p+\frac{a}{TV_m^2}\right)(V_m-b)=RT \tag{1.23}$$

很显然，该方程是在范德瓦耳斯方程的基础上，考虑了温度对分子间相互吸引力的影响而提出的。

第五节　对应状态原理及普遍化压缩因子图

理想气体状态方程是一个不涉及各种气体各自特性的普遍化方程。真实气体状态方程中常含有与气体种类有关的特性常数，如范德瓦耳斯常数、维里系数等等。能否导出一个普遍化的真实气体状态方程，这一直是从事工程计算的人们颇感兴趣的课题，而对应状态原理在这方面给了人们很大的启迪。

1. 压缩因子

描述真实气体的 pVT 性质中，最简单、最直接、最准确、适用的压力范围也最广泛的状态方程，是将理想气体状态方程用压缩因子 Z 加以修正，即

$$pV=ZnRT \tag{1.24a}$$

或

$$pV_m=ZRT \tag{1.24b}$$

由此可知，压缩因子的定义为

$$Z=\frac{pV}{nRT}=\frac{pV_m}{RT} \tag{1.24c}$$

压缩因子的量纲为 1。很显然，Z 的大小反映出真实气体对理想气体的偏差程度，即 $Z=\frac{V_m\text{（真实）}}{V_m\text{（理想）}}$。对于理想气体，在任何温度、压力下，$Z$ 恒等于 1。当 $Z<1$ 时，说明真实气体的 V_m 比同样条件下理想气体的为小，此时真实气体比理想气体易于压缩；反之，当 $Z>1$ 时，说明真实气体的 V_m 比同样条件下理想气体的为大，此时真实气体比理想气体难于压缩。因此 Z 可以反映出真实气体压缩的难易程度。

根据压缩因子的定义，对比式(1.19) 及式(1.20) 可知，维里方程实际上即是将压缩因子 Z 表示成 V_m 和 p 的级数关系，即

$$Z=1+\frac{B}{V_m}+\frac{C}{V_m^2}+\frac{D}{V_m^3}+\cdots$$

$$Z=1+B'p+C'p^2+D'p^3+\cdots$$

引入压缩因子的概念后，表示真实气体对理想情况的偏差随压力的变化，就可以不用 pV_m-p 等温线，而用 Z-p 等温线。由于任何气体在 $p\to 0$ 时均接近理想气体，故 Z-p 图中所有真实气体在任何温度下的曲线，在 $p\to 0$ 时均趋于 $Z=1$ 这一点。Z-p 图中等温线的形状与 pV_m-p 图中曲线的形状是相同的。

真实气体的压缩因子在一般计算中可用下面将要讲到的压缩因子图的方法来求。在精确计算时，则需通过实测真实气体的 pVT 数据，然后由定义式(1.24c) 来求算。许多真实气体的

pVT 数据可由手册和文献查出。值得一提的是，以前受技术条件的制约，气体的 pVT 数据多是中低压范围的。随着科学技术的进步，测量几十甚至几百兆帕下的气体的 pVT 数据已不是难事。所以现在有许多气体在高压下的 pVT 数据可以从手册或文献中查到。实际工作中，可根据需要作出某种气体在某一温度下的 Z-p 曲线或将 Z-p 关系用计算机关联，然后求出工作压力下 Z 的数值，代入式(1.24a) 来计算真实气体 pVT 的数值。在压力变化范围较大的情况下，计算机关联可采用分段进行的方法，以提高关联的精度。

将压缩因子概念应用于临界点，可得出临界压缩因子 Z_c：

$$Z_c = \frac{p_c V_{m,c}}{RT_c} \tag{1.25}$$

将实测各物质的 p_c、$V_{m,c}$ 和 T_c 值代入上式可得大多数物质的 Z_c 值在 0.26～0.29 内，见附录五。

若将临界参数与范德瓦耳斯常数之间的关系式(1.17) 代入上式，可得

$$Z_c = 3/8 = 0.375$$

这一结果表明：若范德瓦耳斯方程能够精确描述各真实气体，则各种气体应有相同的 Z_c 值。由实验测得的大多数气体的 Z_c 值与 0.375 有较大偏离，这说明范德瓦耳斯气体模型只是一个近似的模型，与气体的真实情况还有一定的距离。但这一结果却反映出气体的临界压缩因子 Z_c 大体上是一个与气体性质无关的常数，暗示了各种气体在临界状态下的性质具有一定的普遍规律，这为以后在工程计算中建立一些普遍化的 pVT 经验关系奠定了一定的基础。

2. 对应状态原理

各种真实气体虽然性质不同，但在临界点时却有一共同性质，即临界点处的饱和蒸气与饱和液体无区别。以临界参数为基准，将气体的 p、V_m、T 分别除以相应的临界参数，则有：

$$p_r = p/p_c \qquad V_r = V/V_c \qquad T_r = T/T_c \tag{1.26}$$

式中，p_r、V_r、T_r 分别称为对比压力、对比体积和对比温度，又统称为气体的对比参数。注意对比温度必须使用热力学温度。对比参数反映了气体所处状态偏离临界点的倍数。三个量的量纲均为 1。

范德瓦耳斯指出，各种不同的气体，只要有两个对比参数相同，则第三个对比参数必定（大致）相同，这就是对应状态原理。人们把具有相同对比参数的气体称为处于相同的对应状态。

范德瓦耳斯将式(1.26) 所示的对比参数代入范德瓦耳斯方程 (1.16a)，得到

$$p_r p_c = \frac{RT_r T_c}{(V_r V_{m,c} - b)} - \frac{a}{V_r^2 V_{m,c}^2}$$

然后将式(1.18) 所示范德瓦耳斯常数 a、b 与临界参数的关系代入上式，整理后得

$$p_r = \frac{8T_r}{3V_r - 1} - \frac{3}{V_r^2} \tag{1.27}$$

式(1.27) 中已不再出现与物性有关的常数 a、b，因而具有普遍性，称为普遍化范德瓦耳斯方程。在普遍化方程中，不同气体的特性实际上隐含在对比状态参数中，方程的准确性也决不会超出范德瓦耳斯方程的水平，它应当是对应状态原理的一种具体函数形式。这种推导揭示了一种把实际气体的 pVT 关系进行普遍化的方法，对其他普遍化关系的建立有一定的启发。

3. 普遍化压缩因子图

把对比状态参数的表达式(1.26) 引入压缩因子的定义式(1.24c)，并结合式(1.25) 可得

$$Z=\frac{pV_m}{RT}=\frac{p_cV_{m,c}}{RT_c}\times\frac{p_rV_r}{T_r}=Z_c\frac{p_rV_r}{T_r} \tag{1.28}$$

实验表明，大多数气体的临界压缩因子 Z_c 在 0.27～0.29 的范围内，可近似作为常数处理。式(1.28) 说明无论气体的性质如何，处在相同对应状态的气体，具有相同的压缩因子。换句话说，也就是当不同气体处在偏离其临界状态程度相同的状态时，它们偏离理想气体的程度也相同。已知对比参数 p_r、T_r、V_r 中只有两个是独立变量，所以可将 Z 表示为两个对比参数的函数。通常选 p_r、T_r 为变量

$$Z=f(p_r,T_r) \tag{1.29}$$

荷根（O. A. Hongen）及华德生（K. M. Watson）在 20 世纪 40 年代用若干种无机、有机气体实验数据的平均值，描绘出图 1.5 所示的等 T_r 线，表达了式(1.29) 的普遍化关系，称为双参数普遍化压缩因子图。由于此普遍化压缩因子图适用于各种气体，故由图中查到的压缩因子的准确性并不高，但可满足工业上的应用。

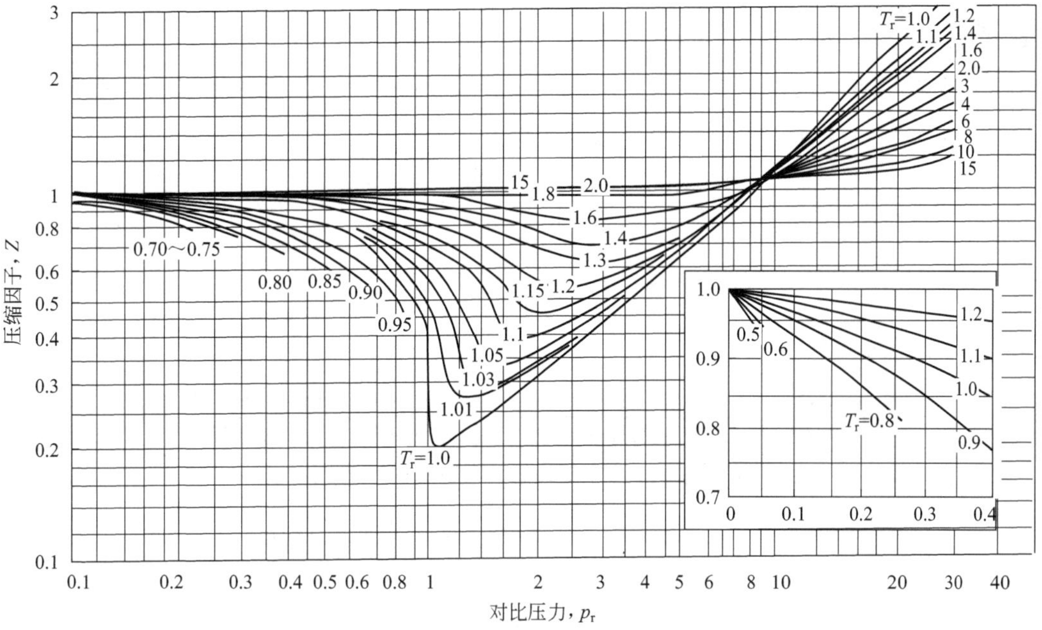

图 1.5　双参数普遍化压缩因子图

由图 1.5 可知，在任何 T_r 下，当 $p_r\to0$ 时，$Z\to1$；而在 p_r 相同时，T_r 越大，Z 偏离 1 的程度越小，这说明低压高温的气体更接近理想气体。$T_r<1$ 时，Z-p_r 曲线均中断于某一 p_r 点，这是因为 $T_r<1$ 的真实气体升压到饱和蒸气压时会液化。在 T_r 不太高时，大多数 Z-p_r 曲线随 p_r 的增加先下降后上升，经历一个最低点。这反映出真实气体在加压过程中从开始的较易压缩转变到后来的较难压缩的情况，其原因如本章第四节中所述。

普遍化压缩因子图有很大的实用价值，因为只要知道了真实气体所处状态及临界参数，即可从图上查出 Z 值，然后通过式(1.24b) $pV_m=ZRT$ 对真实气体进行计算。在应用时会遇到下面三种情况。

① 由 p、T 求 Z 和 V_m　这是最常用也是最简单的一类情况，可直接使用普遍化压缩因子图。先找出所需的 T_r 等温线，然后读出所求 p_r 下的 Z 值，由式(1.24b) 即可计算得 V_m。

② 由 T、V_m 求 Z 和 p_r　这种情况需通过在压缩因子图上作辅助线来求解。因 T、V_m 已

知，故有

$$Z=\frac{pV_m}{RT}=\frac{p_cV_m}{RT}\times p_r$$

式中，$\frac{p_cV_m}{RT}$为常数，故 Z 与 p_r 为直线关系。将该直线绘在图 1.5 上，该线与图上所求 T_r 的等温线的交点所对应的 Z 和 p 即为所求。具体计算见例 1.3。

③ 由 p、V_m 求 Z 和 T_r　这种情况需作辅助图。因 p、V_m 已知，故有

$$Z=\frac{pV_m}{RT}=\frac{pV_m}{RT_c}\times\frac{1}{T_r}$$

式中，$\frac{pV_m}{RT_c}$为一常数。在坐标纸上先按上式给出 Z-T 曲线，再由普遍化的压缩因子图找出给定 p 下的 Z 与 T_r 关系并将其绘于同一坐标纸上，两线交点处所对应的 Z 和 T_r 即为所求。具体计算见例 1.4。

例 1.4 应用压缩因子图求 80℃条件下，1kg 体积为 $10dm^3$ 的乙烷气体的压力。

解： 由附录查得乙烷的 $T_c=32.181℃$，$p_c=4.872MPa$。乙烷的摩尔质量 $M=30.07\times10^{-3}kg\cdot mol^{-1}$，故题目给出的乙烷的摩尔体积为

$$V_m=\frac{V}{n}=\frac{VM}{m}=\frac{10dm^3\times30.07\times10^{-3}kg\cdot mol^{-1}}{1kg}=0.3007dm^3\cdot mol^{-1}$$

$$T_r=\frac{T}{T_c}=\frac{273.15+80}{273.15+32.18}=1.157$$

由上面分析可知

$$Z=\frac{p_cV_m}{RT}\times p_r=\frac{4.872\times10^6Pa\times0.3007\times10^{-3}m^3\cdot mol^{-1}}{8.315Pa\cdot m^3\cdot mol^{-1}\cdot K^{-1}\times353.15K}p_r$$

按此式在普遍化压缩因子图上作 Z-p_r 辅助线，如图 1.6 所示。

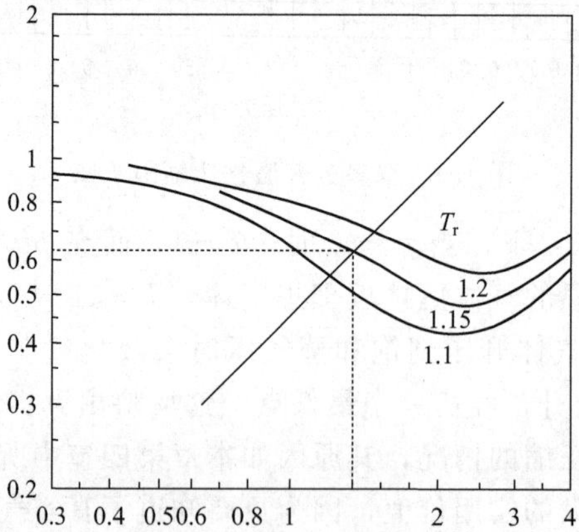

图 1.6　Z-p_r 辅助线

内插法估计 $T_r=1.157$ 的 Z-p_r 线与上述 $Z=0.4989p_r$ 线相交于 $Z=0.64$、$p_r=1.28$ 点。故所求压力

$$p=p_rp_c=(1.28\times4.872)MPa=6.24MPa$$

或　　$p=\dfrac{ZRT}{V_m}=\dfrac{0.64\times8.315\text{Pa}\cdot\text{m}^3\cdot\text{mol}^{-1}\cdot\text{K}^{-1}\times353.15\text{K}}{0.3007\times10^{-3}\text{m}^3\cdot\text{mol}^{-1}}=6.25\text{MPa}$

例 1.5 已知甲烷在 $p=14.186\text{MPa}$ 下，$c=6.02\text{mol}\cdot\text{dm}^{-3}$，试用普遍化压缩因子图求其温度。

解： 由附录查得甲烷的 $T_c=-82.62℃$，$p_c=4.596\text{MPa}$。$V_m=1/c$。由上面分析可得

$$Z=\frac{pV_m}{RT}=\frac{pV_m}{RT_c}\times\frac{1}{T_r}=\frac{p}{cRT_c}\times\frac{1}{T_r}$$

$$=\frac{14.186\times10^6\text{Pa}}{6.02\text{mol}\cdot\text{m}^{-3}\times10^3\times8.315\text{Pa}\cdot\text{m}^3\cdot\text{mol}^{-1}\cdot\text{K}^{-1}\times190.53\text{K}}\times\frac{1}{T_r}=1.487/T_r$$

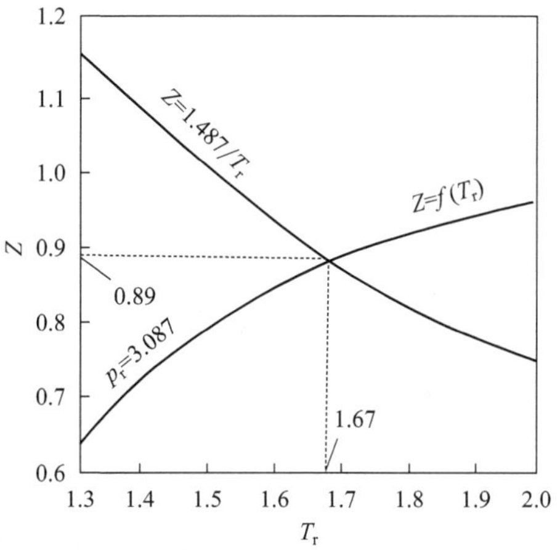

图 1.7　$Z\text{-}T_r$ 关系及 $Z=1.487/T_r$ 曲线

$$p_r=p/p_c=14.186/4.596=3.087$$

从压缩因子图上查得 $p_r=3.087$ 时 Z 与 T_r 的关系如下：

Z	0.64	0.72	0.86	0.94	0.97
T_r	1.3	1.4	1.6	1.8	2.0

将 $Z\text{-}T_r$ 关系及 $Z=1.487/T_r$ 曲线绘于坐标纸上，如图 1.7 所示。两曲线的交点坐标为 $Z=0.89$，$T_r=1.67$，于是得

$$T=T_rT_c=1.67\times190.53\text{K}=318.2\text{K}$$

或　　$T=\dfrac{p}{Z_cR}=\dfrac{14.186\times10^6\text{Pa}}{0.89\times6.02\times10^3\text{mol}\cdot\text{m}^{-3}\times8.315\text{Pa}\cdot\text{m}^3\cdot\text{mol}^{-1}\cdot\text{K}^{-1}}=318.4\text{K}$

习　题

一、选择题

1. 理想气体状态方程式实际上概括了三个实验定律，它们是（　　）。

(A) 玻意耳定律、分压定律和分体积定律

(B) 玻意耳定律、盖·吕萨克定律和分压定律

(C) 玻意耳定律、盖·吕萨克定律和阿伏伽德罗定律

(D) 玻意耳定律、分体积定律和阿伏伽德罗定律

2. 在温度一定的抽空容器中，分别加入 0.3mol N_2、0.1mol O_2 及 0.1mol Ar，容器内总压力为 101.325kPa，则此时 O_2 的分压力为（　　）。

（A）20.265kPa　（B）40.53kPa　（C）60.795kPa　（D）33.775kPa

3. 在临界点处，饱和液体的摩尔体积 $V_m(l)$ 与饱和气体的摩尔体积 $V_m(g)$ 的关系是（　　）。

（A）$V_m(l)=V_m(g)$　（B）$V_m(l)<V_m(g)$　（C）$V_m(l)>V_m(g)$

4. 理想气体的液化行为是：（　　）。

（A）不能液化　（B）低温高压下才能液化

（C）低温下能液化　（D）高压下能液化

5. 温度越高、压力越低的真实气体，其压缩因子 Z（　　）1。

（A）$<$　（B）$>$　（C）$=$　（D）$\rightarrow$

6. 对比温度 T_r，定义为温度 T 和下列哪个温度的比值？（　　）。

（A）玻意耳温度 T_B　（B）沸腾温度 T_b

（C）临界温度 T_c　（D）273.15K

7. 若某实际气体的体积小于同温同压同量的理想气体的体积，则其压缩因子 Z 应为（　　）。

（A）等于零　（B）等于1　（C）小于1　（D）大于1

8. 在高温高压下一种实际气体若其分子所占有的空间的影响可用体积因子 b 来表示，则描述该气体的较合适的状态方程是（　　）。

（A）$pV_m=RT+b$　（B）$pV_m=RT-b$

（C）$pV_m=RT+bp$　（D）$pV_m=RT-bp$

9. 在 273K 和 101325Pa 下，$1dm^3$ H_2 的质量最接近于下列哪个值？（　　）

（A）0.089g　（B）0.12g　（C）1.0g　（D）10g

10. 根据定义，恒压热胀系数 $\alpha=\dfrac{1}{V}\left(\dfrac{\partial V}{\partial T}\right)_p$，相对压力系数 $\beta=\dfrac{1}{p}\left(\dfrac{\partial p}{\partial T}\right)_V$，恒温压缩系数 $\kappa=-\dfrac{1}{V}\left(\dfrac{\partial V}{\partial p}\right)_T$；则 α、β 和 κ 三者间的关系为（　　）。

（A）$\alpha\beta=p\kappa$　（B）$\alpha=p\beta\kappa$　（C）$\alpha\kappa=\beta/p$　（D）$\alpha\beta\kappa=1$

（答：1C，2A，3A，4A，5D，6C，7C，8C，9A，10B）

二、计算题

1. 在 273.15K 和 101325Pa 下，若 CCl_4 的蒸气可近似作为理想气体处理，则其体积质量（密度）为多少？（已知 C 和 Cl 的原子量分别为 12.01 及 35.45）

答：$6.863kg\cdot m^{-3}$

2. 对一开口烧瓶在 7℃时所盛的气体，加热至多高温度时，即可使其三分之一的气体逸出？

答：420K

3. 自行车轮胎气压为 $2\times101325Pa$，其温度为 10℃。若骑自行车时，由于摩擦生热使轮胎内温度升高至 35℃，体积增加 5%时轮胎内气压为多少？

答：2.1×10^5Pa

4. 在压力为 50kPa、温度为 T 时，一个容积为 $2dm^3$ 的容器内装有 N_2 的物质的量为 n，当加入 0.01mol O_2 后，为使容器内压力保持不变，必须使容器内气体冷却至 10℃，试计算 n

和 T。

答：0.03248mol；370.3K

5. 两个相连的容器内都含有 N_2。当它们同时被浸入沸水中时，气体的压力为 $0.5\times101325Pa$。如果一个容器被浸在冰和水的混合物中，而另一个仍浸在沸水中，则气体的压力为多少？（设两容器体积相等）

答：$0.423\times101325Pa$

6. 人长期吸入 Hg 蒸气会引起肾的损伤，因此空气中 Hg 含量不应超过 $0.01mg\cdot m^{-3}$。设由于空气流通，空气中 Hg 蒸气的分压力只是其饱和蒸气压的 10%。当室温为 25℃时，实验室中残留的 Hg 产生的蒸气是否超过允许值。（已知 25℃时 Hg 的蒸气压为 0.24Pa，Hg 的原子量为 200.6）

答：$1.9mg\cdot m^{-3}$

7. 在 0℃、101.325kPa 下某气体的体积质量（密度）为 $1.9804kg\cdot m^{-3}$，若将该气体 1.000g 置于 $1dm^3$ 的容器内，则在 10℃时的压力为多少？

答：53.04kPa

8. 求 0℃、101.325kPa 下 $1.000m^3$ N_2 的物质的量及其在 25℃、200kPa 下的体积和体积质量（密度）。（已知 N_2 的原子量为 14.01。）

答：44.62mol；$0.5530m^3$；$2.261kg\cdot m^{-3}$

9. 氧的范德瓦耳斯常数 $a=137.8\times10^{-3}m^6\cdot Pa\cdot mol^{-2}$，$b=3.183\times10^{-5}m^3\cdot mol^{-1}$，问在一只容积为 $20dm^3$ 能承受最高压力为 15.2MPa 的储氧钢筒内，盛有 1.64kg 氧时，能允许的最高温度为多少？（已知 O_2 的摩尔质量为 $32.0g\cdot mol^{-1}$）

答：615.8K

10. 在 100℃、101.325kPa 下水蒸气的体积质量（密度）为 $0.5963g\cdot dm^{-3}$。①在这种情况下，水蒸气的摩尔体积为多少？②当假定为理想气体时，其摩尔体积为多少？③压缩因子为多少？（H_2O 的分子量 $M_r=18.02$）

答：$30.22dm^3\cdot mol^{-1}$；$30.62dm^3\cdot mol^{-1}$；0.987

第二章

热力学第一定律

第一节　热力学基本概念

1. 热力学概论

热力学是物理化学的重要内容之一，热力学所研究的是处在一定已知宏观条件下，由大量粒子组成的客体，其主要基础是热力学第一定律和热力学第二定律。热力学第一定律的本质是能量守恒，揭示了能量转化过程中在数量上的守恒关系，是定量研究各种形式能量转化的基础。热力学第二定律从能量转化具有的特点，揭示自发过程的共同特征，并且论证了在一定条件下过程的方向和限度。这两个定律是人类长期实践经验的归纳和总结，属于唯象定律。主要解决的问题：在一定条件下变化过程的能量效应问题及变化过程的方向和限度问题。

2. 系统和环境

将研究的那部分物质（可以是实际的，也可以是想象的），即研究的对象称为系统或体系。环境是系统以外与之相联系的那部分物质，环境又称为外界。系统与环境的界限可以是看得见的，也可以是通过空间想象划定的，具体的界限的选择完全是为了方便和研究对象的要求而定。

系统与环境之间的联系包括两者之间的物质交换和能量交换（热和功）。根据两者之间联系情况的不同，可把系统分成以下三种。

(1) 隔离系统　系统与环境既无物质交换，又无能量交换的系统称为隔离系统或孤立系统。环境对隔离系统中发生的一切变化不会有任何影响。

(2) 封闭系统　系统与环境间无物质交换，但可以有能量交换的系统称为封闭系统。

(3) 敞开系统　系统与环境间既有能量交换又有物质交换的系统称为敞开系统。敞开系统又称为开放系统。

明确所研究的系统属于何种系统是十分重要的。由于处理问题的对象不同，描述系统的变量不同，所适用的热力学公式有所不同，解决问题的难易程度就会不同。

封闭系统是最常遇到的系统，因而是研究的重点。本书除非特别说明，所讨论的系统均为封闭系统。

世界上一切事物是相互联系，相互依赖，相互制约的，因此不可能有绝对的隔离系统。但是为了研究问题的方便，在适当的条件下，可以近似地把一个系统看成是隔离系统。

如图 2.1 所示：瓶内的水是研究的系统，保温瓶玻璃部分的保温效果非常好。①当保温瓶的塞子隔热很好且无微孔时，可认为瓶内的水与环境无物质交换和能量交换，这时的系统可认为是隔离系统，如图 2.1(a) 所示。②保温瓶的塞子虽无微孔但与环境有能量交换，这时的系统可认为是封闭系统，如图 2.1(b) 所示。③若保温瓶的塞子有许多微孔，则与环境既有物质交换又有能量交换，这时的系统可认为是敞开系统，如图 2.1(c) 所示。

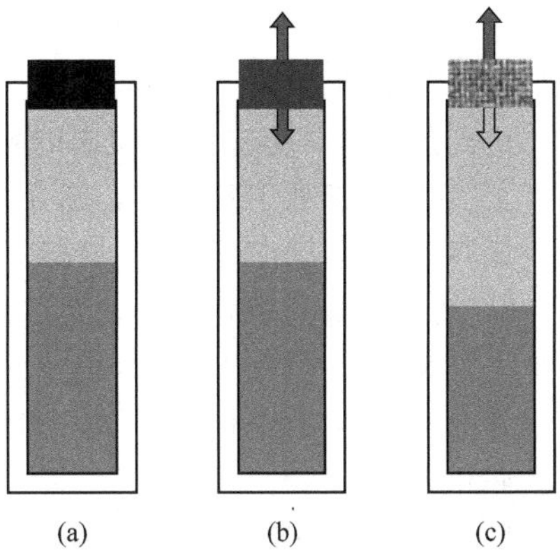

图 2.1　系统的分类

3. 状态和状态函数

(1) 系统的状态和状态函数　这里所说的状态指的是系统内部所处的样子，即热力学状态。热力学采用系统的所有宏观性质来描述系统的状态，即系统的所有的宏观性质确定后，系统就处于确定的状态，系统的宏观性质只取决于它现在所处的状态而与其形成的历史无关；系统确定后，系统的宏观性质具有确定的值。在热力学中，将具有这种特性的物理量称为状态函数，状态函数是系统的单值函数。如纯物质单相系统有各种状态函数，如温度 T、压力 p、体积 V、密度 ρ、恒压热容 C_p、黏度 η、热力学能 U 等。

状态函数有如下两个重要的性质。

① 状态函数 X 值取决于状态，状态改变，状态函数的值也要发生改变。若系统始态时状态函数值为 X_1，变化到终态时该状态函数值变为 X_2，则由始态到终态该状态函数的变化值 ΔX 为 X_2-X_1，ΔX 只取决于始态和终态，而与变化的经历无关。

② 状态函数的微变 $\mathrm{d}X$ 为全微分。全微分的积分与积分途径无关，即

$$\Delta X=\int_{X_1}^{X_2}\mathrm{d}X=X_2-X_1 \tag{2.1}$$

全微分为偏微分之和：

$$\mathrm{d}X=\left(\frac{\partial X}{\partial x}\right)_y\mathrm{d}x+\left(\frac{\partial X}{\partial y}\right)_x\mathrm{d}y \tag{2.2}$$

例如 $V=nRT/p$，则

$$\mathrm{d}V=\left(\frac{\partial V}{\partial T}\right)_p\mathrm{d}T+\left(\frac{\partial V}{\partial p}\right)_T\mathrm{d}p \tag{2.3}$$

利用这两个特征，可判断某函数是否为状态函数。

(2) 广度量（容量性质）和强度量　按宏观性质（状态函数）的数值是否与物质的数量有关，将其分为广度量和强度量。凡宏观性质与物质的数量成正比的称为广度量，如 V、C_p、U 等，系统的某种广度性质是系统的各个部分该性质的总和。在数学上广度性质是物质的量的一次函数。凡宏观性质与物质的数量无关的称为强度量，如 T、p、ρ、η 等，强度量不具有加和性，其值取决于系统的特性，与系统中物质的量无关。在数学上强度性质是物质的量的零次函数。

任何两个广度量相除得一强度量，或者广度量乘以强度量仍为广度量。如系统中所含物质的量是一个单位，即 1mol，则广度性质就成为强度性质。例如，体积、热力学能是广度性质，而摩尔体积、摩尔热力学能就是强度性质。

4. 平衡态与平衡态的描述

平衡态是指系统内部各部分本身的宏观性质不随时间改变，而且不存在外界或内部的某些作用使系统内以及系统与环境之间有任何宏观流（物质流和能量流）与化学反应等发生的状

态。也称热力学平衡态。不满足上述条件的状态称为非平衡态。承认平衡态的存在是热力学的一个假设，是热力学系统具有状态函数的理论基础。平衡态是热力学的基本概念之一。

达到热力学平衡态时，应同时包含下列平衡：

① 系统内部处于热平衡，当系统内部不存在绝热壁的条件下，系统有单一的温度。

② 系统内部处于力平衡，当系统内部不存在刚性壁的条件下，系统有单一的压力。

③ 系统内部处于相平衡，系统内部物理和化学性质均匀一致的部分称为相。相平衡是指系统内宏观上没有任何一种物质从一个相转移到另一个相。

④ 系统内部处于化学平衡，即宏观上系统内部的化学反应已经停止，系统的组成不随时间而变化。

描述一个处于平衡态系统的状态，一种最忠实的方法就是将系统的热力学函数全部描述出来，这时系统的状态自然就确定了。显然这种方法十分笨拙且不科学。经验表明，系统的各种状态函数间并不是彼此无关的，通常只需要指定其中的几个，其余的也就随之确定了。最少需要几个独立的状态函数，只凭热力学不能回答这个问题。而是根据具体系统以及所研究的问题由经验确定。

在除了压力以外没有其他广义力的条件下，对于由一定量的纯物质构成的单相系统，经验表明，只需指定任意两个能独立改变的性质，即可确定系统的状态。例如对液态的纯水，若指定温度和压力，则密度、黏度、摩尔体积等等，就都有确定的数值。

如果选系统的性质 x 和 y 作为两个独立变量，则系统的其他性质 X 就是这两个变量的函数，即

$$X=f(x,y)$$

例如，物质的量为 n 的某种物质，两个独立变量选为温度 T 和压力 p 时，其状态即可由 T、p 来确定。状态确定后，其他性质如体积 V 即有确定的值，$V=f(T,p)$，若该物质为理想气体，则

$$V=nRT/p$$

5. 热力学过程

在一定条件下，系统从一个状态变化到另一个状态，称为系统发生了一个热力学过程，简称为过程。过程前的状态称为始态，过程后的状态称为终态。而将实现这一过程的具体步骤的组合称为途径。实现同一始终态的过程可以有不同的途径。某一途径由几个步骤组成时，某些步骤可以是实际的或假想的中间态。系统的过程可分为 p、V、T 变化过程，相变化过程，化学变化过程等。

(1) 几种主要的 p、V、T 变化过程

① 恒温过程（定温过程） 系统的变化过程中始态、终态的温度相等，且过程中的温度等于环境的温度，$T_1=T_2=T_{su}$。

定温变化，仅仅是 $T_1=T_2$，而过程中温度可不恒定。

② 恒容过程（定容过程） 系统的变化过程中体积保持不变，$V_1=V_2$。

③ 恒压过程（定压过程） 系统的变化过程中始态、终态的压力相等，且过程中的压力等于环境的压力，$p_1=p_2=p_{su}$。

定压变化，仅仅是 $p_1=p_2$，而过程中压力可不恒定。

④ 绝热过程 系统的变化过程中，与环境间的能量仅仅有功的形式，而无热的形式。

⑤ 循环过程 系统的状态经一系列的变化步骤后又回到始态的过程叫循环过程。

⑥ 反抗恒外压过程 系统在体积变化的过程中所反抗环境的压力为一常数。

⑦ 自由膨胀过程（向真空膨胀） 系统在体积膨胀的过程中所反抗环境的压力等于零。

（2）相变化过程 相变化过程是指系统内发生聚集状态的变化过程。如液体的汽化、气体的液化、固体的溶化、液体的凝固等等。

熟知各种变化的特点对一个变化过程设计具体的变化途径十分重要，一个途径中的具体步骤可以是真实存在的也可以是虚拟的。有时并不一定给出过程进行的条件，要计算这样的过程中某些状态函数的变化时，常需要虚拟途径。求出虚拟途径中状态函数的变化，也就是求出该过程状态函数的变化。这种利用“状态函数变化只取决于始终态而与途径无关”的方法称为状态函数法。

有时途径与过程并不严格区分，不仅常将途径称为过程，甚至将步骤亦称为过程。

6. 液（或固）体的饱和蒸气压

在相变化过程中，有关液体或固体的饱和蒸气压的概念是十分重要的。设在某一密闭恒容的容器中装有一种纯液体，并且此密闭的容器与温度为 T 的巨大热源相接触，容器中的液体分子在不断地运动着，液体中具有较高能量的分子由液相跑到气相中而汽化，气相中的气体的压力逐渐增大，气相中的分子同样在不断运动着，当其碰到液体表面时气体分子有可能会被液化。当在单位时间内，由液体汽化的分子数与由气体液化的分子数相等时，测量出的蒸气的压力不再随时间而变化，此时系统处于气液两相平衡，称为相平衡。此时气相的压力称为该液体在温度 T 下的饱和蒸气压，简称为蒸气压。

液体的蒸气压等于外压时的温度称为液体的沸点，外压为 101.325kPa 时的沸点称为正常沸点。

第二节 热力学第一定律的表述

1. 功

当系统在广义力的作用下，产生了广义的位移时，就做了广义功。一般说来，做功的结果是系统的状态发生了改变。

功的符号为 W，单位为 J。功的计量是以环境为准的，规定系统得到环境所做的功时 $W>0$，环境以功的形式失去能量；环境得到系统所做的功时 $W<0$，环境以功的形式得到能量。在物理化学中，功分为体积功和非体积功。体积功（又称为膨胀功）是在一定的环境压力下，系统的体积发生变化而与环境交换的能量。除了体积功以外的一切其他形式的功，如电功、表面功等统称为非体积功（又称非膨胀功、其他功）。非体积功以符号 W' 表示。功是与过程有关的量，它不是状态函数，对微小过程的功以 δW 表示。

体积功示意如图 2.2 所示。在带活塞的气缸中有一定量的气体，此气体为系统。气缸的内截面积为 A_s，活塞至气缸底部的长度为 l，即气体的体积为 $V=A_s l$。

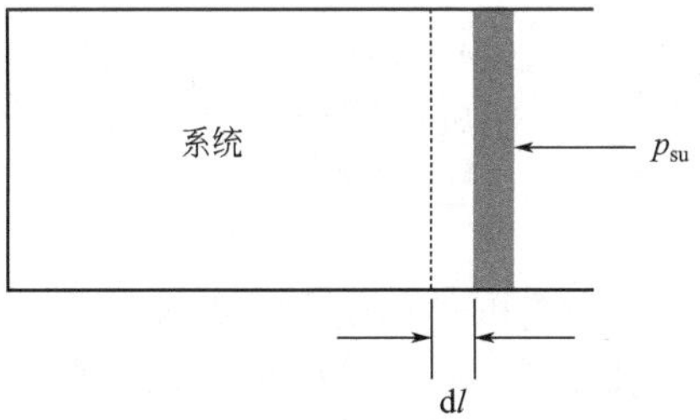

图 2.2 体积功示意图

假设活塞无质量、与气缸壁无摩擦，今在环境压力为 p_{su} 下移动了 dl 的距离，根据功的定义

$$|\delta W|=|F\mathrm{d}l| \tag{2.4}$$

式中，F 为外力。将 $F=p_{su}A_s$ 代入式(2.4)，得

$$|\delta W| = |F\mathrm{d}l| = |p_{su}A_s\mathrm{d}l|$$
$$= |p_{su}\mathrm{d}(A_s l)| \tag{2.5}$$

因为 $\mathrm{d}(A_s l)=\mathrm{d}V$，为系统体积的变化量，代入式(2.5) 得

$$|\delta W| = |p_{su}\mathrm{d}V| \tag{2.6}$$

这就是体积功的定义式。

按功的符号规定，当系统 $p<p_{su}$，系统体积缩小时，$\mathrm{d}V<0$，$\delta W>0$，系统得到功；当系统 $p>p_{su}$，系统体积增大时，$\mathrm{d}V>0$，$\delta W<0$，系统对环境做功。

所以功的计算表达式为

$$\delta W \overset{\text{def}}{=} -p_{su}\mathrm{d}V \tag{2.7}$$

当系统由始态 $p_1V_1T_1$ 变化到终态 $p_2V_2T_2$，这一过程的体积功是所有各体积变化时的体积功之和，即

$$W = -\sum_{V_1}^{V_2} p_{su}\mathrm{d}V \tag{2.8}$$

当发生微小的体积变化时，式(2.8) 可用积分代替加和

$$W = -\int_{V_1}^{V_2} p_{su}\mathrm{d}V \tag{2.9}$$

对于恒外压过程（环境压力恒定的过程），则式(2.9) 为

$$W = -p_{su}\Delta V$$

式(2.8)、式(2.9) 是计算功的基本公式，针对具体过程的性质对式(2.7) 进行化简。

因为功不是状态函数，所以不能说系统的某一状态有多少功，只有当系统进行一过程时才能说过程的功等于多少。当系统发生一微小变化时，对于状态函数，如热力学能 U，从始态到终态，其热力学能变记作 $\mathrm{d}U$。而过程的功既然不是状态函数，就不能写成 $\mathrm{d}W$，而只能写成 δW，以示区别。

对于同一始终态，途径不同时，功的值也不同。因此若只知始终态，而未给出过程的具体途径，无法求功的大小，并且也不能任意虚拟途径求实际过程的功。

例 2.1 某理想气体的始态 $T=300\mathrm{K}$，$p_1=200\mathrm{kPa}$，$n=1\mathrm{mol}$，经过如下两个不同的途径恒温膨胀到同样的终态，$p_2=50\mathrm{kPa}$。求两途径的系统做的功。

a. 反抗 50kPa 的恒外压一次膨胀到终态；

b. 先反抗 100kPa 的恒外压膨胀到中间平衡态，然后再反抗 50kPa 的恒外压膨胀到终态。

解：

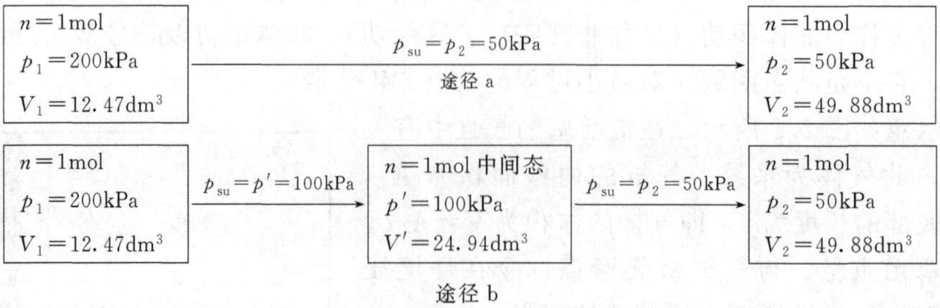

由理想气体的状态方程 $pV=nRT$ 计算始态、中间态和终态的体积，见上面的两个途径。

途径 a　对于恒外压过程，则式(2.9) 为化简为

$$W_a = -p_{su}\Delta V = -p_2(V_2-V_1) = -50\mathrm{kPa}\times(49.88\mathrm{dm}^3-12.47\mathrm{dm}^3) = -1870.5\mathrm{J}$$

途径 b 同理可得

$$W_b = -\sum p_{su}\Delta V = -p'(V'-V_1) - p_2(V_2-V')$$
$$= -100\text{kPa}\times(24.94\text{dm}^3 - 12.47\text{dm}^3) - 50\text{kPa}\times(49.88\text{dm}^3 - 24.94\text{dm}^3)$$
$$= -2494\text{J}$$

计算表明，$W_a \neq W_b$，可见同一始终态，因途径不同，系统所做的功就不相同。

2. 热

由于系统与环境之间温度差的存在，导致两者之间交换的能量称为热，热的符号为 Q，单位为 J。热的计量以环境为准，当系统温度低于环境温度时，系统从环境吸热，$Q>0$；当系统温度高于环境温度时，系统向环境放热，$Q<0$。热不是状态函数。只有系统进行一过程时，才与环境有热交换。微量热记作 δQ，而不能记作 $\mathrm{d}Q$，一定量的热记作 Q。只知始终态，而不知过程的具体途径，无法计算过程的热，也不能任意虚拟途径求算过程的实际热。

按照系统内变化的类型，对过程的热给予不同的特定名称，如混合热、溶解热、熔化热、蒸发热、反应热等等。

热是过程中系统与环境交换的能量。系统内不同部分之间交换的能量就不应再称为热。如高温气体 A 和低温气体 B 在绝热下混合，现在气体 A 和气体 B 加在一起是系统，就不应说气体 A 放出的热等于气体 B 吸收的热，因为过程绝热，$Q=0$。

3. 热力学能

功和热是能量传递的两种不同的形式。

焦耳（J. P. Joule）从 1840 年到 1848 年做了各种实验，证明了使一定量的物质（即系统）从同样始态升高同样的温度达到相同的终态，在绝热情况下所需要的各种形式的功（如机械功、电功等），无论直接或分成几步进行在数量上是完全相同的。这些实验表明，系统具有一个反映其内部能量的函数，这一函数值只取决于始态和终态，故是一个状态函数。这个函数就是热力学能，也称为内能，以符号 U 表示此状态函数，单位为 J。

若始态时系统的热力学能值为 U_1，终态时热力学能值为 U_2，则在绝热情况下

$$\Delta U = U_2 - U_1 = W\text{(封闭,绝热)} \tag{2.10}$$

式(2.10) 为热力学能的定义式。

热力学研究宏观静止的系统，不涉及系统整体的势能和整体的动能。故热力学能即为系统内部的一切能量。

一定量的物质在确定的状态时，热力学能值就为确定的。虽然热力学能的数值还是不知道的，但是热力学能是状态函数，所关心的是状态变化后，热力学能的变化值，即当系统从始态（其热力学能为 U_1）经一过程变化到终态（其热力学能为 U_2），则无论经历什么途径，过程的热力学能变 $\Delta U = U_2 - U_1$ 即已确定。热力学能是广度量。但摩尔热力学能 $U_m = U/n$ 为强度量，单位为 $\text{J}\cdot\text{mol}^{-1}$。

4. 热力学第一定律的数学表达式

热力学第一定律就是普遍的能量守恒与转化原理在热力学上的具体表现。如系统由状态（1）变到状态（2），在过程中，系统与环境交换的热为 Q、交换的功为 W，则系统的热力学能的变化为

$$\Delta U = U_2 - U_1 = Q + W \tag{2.11}$$

即有 $$\Delta U = Q + W \tag{2.12}$$

将功分为体积功和非体积功 W'，上式表示为

$$\Delta U = Q - \sum p_{su} dV + W' \tag{2.13}$$

式(2.12) 和式(2.13) 的微分形式为

$$dU = \delta Q + \delta W \tag{2.14}$$

$$dU = \delta Q - p_{su} dV + \delta W' \tag{2.15}$$

式(2.12)～式(2.15) 称为热力学第一定律的数学表达式。

热力学第一定律是人类长期实践的经验总结。从热力学第一定律所得到的结论还没有发现与事实相矛盾的情况。要想制造一种机器，它既不靠外界提供能量，又不减少本身的能量，却可以不断地向外做功，这种机器称为第一类永动机。热力学第一定律断言，第一类永动机是不可能实现的。

第三节　恒容热、恒压热、焓

1. 恒容热

恒容热是系统在恒容（$dV=0$）且非体积功为零（$W'=0$）的过程中与环境交换的热，其符号为 Q_V。

恒容是指在整个过程中系统的体积永远维持不变。

式(2.15) 写成如下形式

$$\delta Q_V = dU + p_{su} dV - \delta W' \tag{2.16}$$

根据恒容热的定义，有 $dV=0$，$\delta W'=0$，得恒容热为

$$\delta Q_V = dU (\text{封闭系统}, dV=0, W'=0) \tag{2.17}$$

积分式为

$$Q_V = \Delta U (\text{封闭系统}, dV=0, W'=0) \tag{2.18}$$

式(2.18) 表明：恒容过程的始终态一定，热力学能的变化值就是确定的，过程的热也是确定的，并且在量值上等于过程的热力学能变，而与实现过程的具体途径无关。

2. 恒压热

恒压热是系统在恒压（$dp=0$）且非体积功为零（$W'=0$）的过程中与环境交换的热，其符号为 Q_p。

恒压是指系统压力等于环境压力且维持恒定不变，即 $p=p_{su}=$定值。

将式(2.15) 改写成如下形式

$$\delta Q_p = dU + p_{su} dV - \delta W' \tag{2.19}$$

根据恒压热的定义，$p=p_{su}=$定值，非体积功为零，$\delta W'=0$，得恒压热为

$$\delta Q_p = dU + p dV = dU + d(pV) = d(U+pV) \tag{2.20}$$

定义

$$H \overset{\text{def}}{=} U + pV \tag{2.21}$$

并将 H 称为焓。于是有

$$\delta Q_p = dH (\text{封闭系统}, dp=0, W'=0) \tag{2.22}$$

积分式为

$$Q_p = \Delta H(\text{封闭系统}, dp=0, W'=0) \tag{2.23}$$

式(2.23) 表明：过程的恒压热在量值上等于过程的焓变。焓也是系统的状态函数，所以对任意恒压过程的热，其量值与实现该过程的具体途径无关。

恒容热与热力学能变的关系及恒压热与焓变的关系，都是热力学第一定律在特殊过程中的具体形式。几种重要过程的热力学第一定律列入表 2.1。

表 2.1　封闭系统热力学第一定律的几种特殊形式

过程	热力学第一定律
无功与热的任何过程	$\Delta U=0$；　$dU=0$
非体积功为零的任何过程	$\Delta U=Q+W$；　$dU=\delta Q+\delta W$
非体积功为零的绝热过程	$\Delta U=W$；　$dU=\delta W$
非体积功为零的恒容过程	$\Delta U=Q_V$；　$dU=\delta Q_V$
非体积功为零的恒压过程	$\Delta U=Q_p-p\Delta V$；　$dH=\delta Q_p$

3. 焓

按定义，系统的焓等于系统的热力学能与系统的压力与体积乘积之和。系统的状态一定，则系统的U、p、V均确定，系统的H也就确定，故焓H是状态函数，其单位为 J。因为一定状态下系统的热力学能不知道，所以该状态下的焓值也不知道。U是广度量，pV是广度量，由式(2.21) 可知焓是广度量。但摩尔焓$H_m = H/n$是强度量，单位分别为$J\cdot mol^{-1}$。

当系统的状态发生微变时，其焓的微变为

$$dH = dU + p\,dV + V\,dp \tag{2.24}$$

根据焓的定义式(2.21)，过程中系统的焓变$\Delta H = H_2 - H_1$，有

$$H_2 - H_1 = (U_2 + p_2V_2) - (U_1 + p_1V_1)$$

即

$$\Delta H = \Delta U + \Delta(pV) \tag{2.25}$$

式(2.25) 表明过程的焓变ΔH与过程的热力学能变ΔU之间的关系，式中$\Delta(pV) = p_2V_2 - p_1V_1$。例如，对于理想气体，温度由$T_1$变为$T_2$时$\Delta(pV) = p_2V_2 - p_1V_1 = nRT_2 - nRT_1 = nR\Delta T$，此时$\Delta H = \Delta U + nR\Delta T$。

对于系统内只有凝聚态物质发生的pVT变化、相变化和化学变化，通常在变化前后体积和压力改变不大，除非特别要求，一般可以认为$\Delta(pV)\approx 0$。

第四节　热　　容

1. 热容的概念

热容的定义为：物质的量一定的系统，在某温度T时，不发生化学变化和相变化及非体积功为零（$W'=0$）的条件下，系统升高单位热力学温度时所吸收的热，以符号C表示，单位为$J\cdot K^{-1}$，即

$$C(T) \overset{\text{def}}{=} \frac{\delta Q}{dT}$$

如不特别说明，热容是指在不发生相变化、化学变化和非体积功为零时δQ与dT之比。

一般主要应用于纯物质的热容。

按照加热时过程是恒压还是恒容，将热容区分为恒压热容 C_p 和恒容热容 C_V。

恒压热容 C_p 的定义为

$$C_p=\frac{\delta Q_p}{\mathrm{d}T} \tag{2.26}$$

恒容热容 C_V 的定义为

$$C_V=\frac{\delta Q_V}{\mathrm{d}T} \tag{2.27}$$

根据 $\delta Q_V=\mathrm{d}U$ 和 $\delta Q_p=\mathrm{d}H$，则有恒压热容 C_p 和恒容热容 C_V 的定义式

$$C_V=\left(\frac{\mathrm{d}U}{\mathrm{d}T}\right)_V \qquad C_p=\left(\frac{\mathrm{d}H}{\mathrm{d}T}\right)_p \tag{2.28}$$

热容是广度量，与物质的数量有关。因此，引入摩尔恒压热容 $C_{p,\mathrm{m}}=C_p/n$ 及摩尔恒容热容 $C_{V,\mathrm{m}}=C_V/n$，两者的单位均为 $\mathrm{J\cdot mol^{-1}\cdot K^{-1}}$。$C_{p,\mathrm{m}}$ 和 $C_{V,\mathrm{m}}$ 是强度性质。

物质的摩尔恒压热容是温度和压力的函数。通常将处于标准压力 $p^\ominus=100\mathrm{kPa}$ 下的摩尔恒压热容称为标准摩尔恒压热容，其符号为 $C_{p,\mathrm{m}}^\ominus$，上角标“$\ominus$”代表标准态。热容是实验上的可测量，是热力学的基本数据之一。

摩尔恒压热容与温度的函数关系，通常可以表示成如下的经验式

$$C_{p,\mathrm{m}}^\ominus=a+bT+cT^2+dT^3+\cdots \tag{2.29}$$

$$C_{p,\mathrm{m}}^\ominus=a'+b'T+\frac{c'}{T^2}+\cdots \tag{2.30}$$

式中，a、b、c、d 及 a'、b'、c' 均为系数，具有不同的单位。使用这些公式时要注意所适用的温度范围。

为了计算上的方便，还需引入平均摩尔恒压热容 $\overline{C}_{p,\mathrm{m}}$

$$\overline{C}_{p,\mathrm{m}}=\int_{T_1}^{T_2}C_{p,\mathrm{m}}\mathrm{d}T/(T_2-T_1) \tag{2.31}$$

不同温度范围内，物质的平均摩尔恒压热容不同。

在一般计算中若温度变化不大，常将摩尔恒压热容视为不变。

2. C_p 与 C_V 的关系

由定义 C_p 与 C_V 的差

$$\begin{aligned}C_p-C_V&=\left(\frac{\partial H}{\partial T}\right)_p-\left(\frac{\partial U}{\partial T}\right)_V=\left\{\frac{\partial(U+pV)}{\partial T}\right\}_p-\left(\frac{\partial U}{\partial T}\right)_V\\&=\left(\frac{\partial U}{\partial T}\right)_p+p\left(\frac{\partial V}{\partial T}\right)_p-\left(\frac{\partial U}{\partial T}\right)_V\end{aligned} \tag{2.32}$$

物质的量一定时，纯物质的热力学能是 T、V 的函数：$U=f(T,V)$ 则有

$$\mathrm{d}U=\left(\frac{\partial U}{\partial T}\right)_V\mathrm{d}T+\left(\frac{\partial U}{\partial V}\right)_T\mathrm{d}V \tag{2.33}$$

在恒压下，式(2.33) 两边除以 $\mathrm{d}T$ 得

$$\left(\frac{\partial U}{\partial T}\right)_p=\left(\frac{\partial U}{\partial T}\right)_V+\left(\frac{\partial U}{\partial V}\right)_T\left(\frac{\partial V}{\partial T}\right)_p \tag{2.34}$$

将式(2.34) 代入式(2.32)，得

$$C_p - C_V = \left\{\left(\frac{\partial U}{\partial V}\right)_T + p\right\}\left(\frac{\partial V}{\partial T}\right)_p \tag{2.35}$$

因为$\left(\frac{\partial V}{\partial T}\right)_p$和$\left(\frac{\partial U}{\partial V}\right)_T$大于零，所以$C_p - C_V > 0$❶。

这两个热容的差值是由两个方面引起的，一是反抗物质本身分子之间的引力所做的功$\left(\frac{\partial U}{\partial V}\right)_T\left(\frac{\partial V}{\partial T}\right)_p$，二是在恒压下加热时物质体积增大对环境做的功$p\left(\frac{\partial V}{\partial T}\right)_p$。因此升高单位温度时，恒压比恒容从环境吸收更多的热。

一般来说，对固体及液体，前一因素为主。对于气体，后一因素为主。至于理想气体，因分子之间无相互作用力，前一因素并不存在，只有后一项起作用。

若理想气体没有给出其摩尔热容时，在常温下，对单原子理想气体，$C_{V,\mathrm{m}} = \frac{3}{2}R$，$C_{p,\mathrm{m}} = \frac{5}{2}R$；对双原子理想气体，$C_{V,\mathrm{m}} = \frac{5}{2}R$，$C_{p,\mathrm{m}} = \frac{7}{2}R$。理想气体的这一性质将在第八章统计热力学初步中介绍。

对于由B，C，…形成的理想气体混合物，其摩尔热容可按下式计算

$$C_{p,\mathrm{m}} = \sum_{\mathrm{B}} y_{\mathrm{B}} C_{p,\mathrm{m}}(\mathrm{B})$$

$$C_{V,\mathrm{m}} = \sum_{\mathrm{B}} y_{\mathrm{B}} C_{V,\mathrm{m}}(\mathrm{B})$$

即理想气体混合物的摩尔热容等于各气体摩尔热容与其摩尔分数的乘积之和。有了摩尔热容的数值后，对于各种变温过程就可以计算过程的热。

（1）恒容变温过程　恒容过程温度从T_1变温到T_2，因非体积功等于零，根据式(2.17)和式(2.28)分离变量，可得

$$\delta Q_V = \mathrm{d}U = nC_{V,\mathrm{m}}\mathrm{d}T \tag{2.36}$$

积分

$$Q_V = \Delta U = \int_{T_1}^{T_2} nC_{V,\mathrm{m}}\mathrm{d}T\ (\text{封闭系统,恒容,}W'=0) \tag{2.37}$$

将物质的$C_{V,\mathrm{m}}$与温度T的关系式代入，积分即可。

恒容过程　$W = 0 \quad \Delta H = \Delta U + V\Delta p$

对于理想气体，$V\Delta p = nR\Delta T$，故

$$\Delta H = \Delta U + nR\Delta T$$

（2）恒压变温过程　恒压过程温度从T_1变温到T_2，因非体积功等于零，根据式(2.21)和式(2.28)分离变量，可得

$$\delta Q_p = \mathrm{d}H = nC_{p,\mathrm{m}}\mathrm{d}T \tag{2.38}$$

积分

$$Q_p = \Delta H = \int_{T_1}^{T_2} nC_{p,\mathrm{m}}\mathrm{d}T\ (\text{封闭系统,恒压,}W'=0) \tag{2.39}$$

此过程　$W = -p\Delta V \quad \Delta U = \Delta H - p\Delta V$

对理想气体

$$W = -p\Delta V = -nR\Delta T \qquad \Delta U = \Delta H - nR\Delta T$$

❶ 液体水在0～4℃之间例外，这时，$(\partial V/\partial T)_p < 0$，所以此时水的$C_p - C_V < 0$。

第五节 可逆过程

1. 准静态过程

系统由始态变化到终态的过程是由一连串无限邻近且无限接近于平衡态的状态构成的，则这样的过程称为准静态过程。

如图 2.3(a) 所示，以理想气体恒温膨胀过程为例，设有一个汽缸内装有理想气体，汽缸与恒温热源接触，以使平衡时系统的温度与环境的温度相等。假设活塞无重量，可以自由运动，且与器壁没有摩擦力。始态时活塞上放有四个重物，且达到平衡态，此时气体的压力 p_1 等于环境的压力 p_{su}，以下分别讨论几种恒温膨胀过程和膨胀后再使系统压缩到始态的过程。

(1) 过程Ⅰ　将活塞的重物同时取走三个，如图 2.3(a) 所示，环境的压力降到 p_2，系统在反抗恒定压力 p_2 下体积由 V_1 膨胀到 V_2，系统始终态的温度都是 T，此过程的体积功

$$W_{Ⅰ膨胀}=-p_{su}\Delta V=-p_2(V_2-V_1)$$

其大小相当于图 2.3(b) 中的阴影的面积。

沿原途径使系统复原，即在上述终态上同时加上取走的三个重物，系统回到始态，此过程的体积功

$$W_{Ⅰ压缩}=-p_1(V_1-V_2)$$

相当于图 2.3(c) 阴影的面积，系统经循环过程的总功 $W_Ⅰ=W_{Ⅰ膨胀}+W_{Ⅰ压缩}>0$，相当于图 2.3(d) 阴影的面积，按热力学第一定律有 $W_Ⅰ=-Q_Ⅰ$，过程的热 $Q_Ⅰ<0$，由此可见，环境失去功而得到相同数值的热，环境没有回到原来的状态。

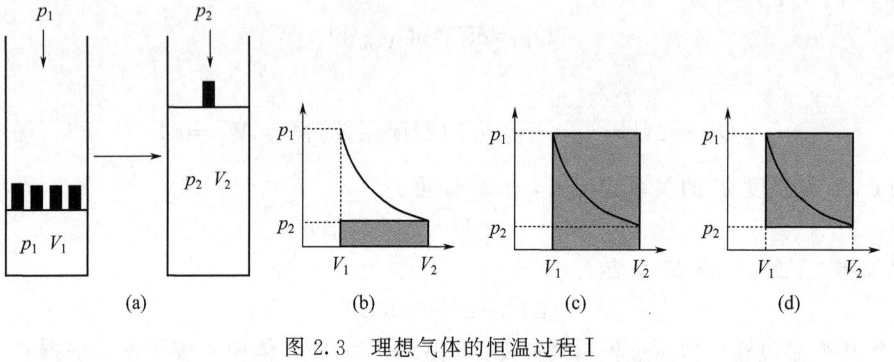

图 2.3　理想气体的恒温过程Ⅰ

(2) 过程Ⅱ　如图 2.4(a) 所示将活塞上的重物分三次取走，每次取一个，同理，系统由始态到终态，此过程的体积功

$$W_{Ⅱ膨胀}=-p'\Delta V_1-p''\Delta V_2-p_2\Delta V_3=-p'(V'-V_1)-p''(V''-V')-p_2(V_2-V'')$$

其大小相当于图 2.4(b) 阴影的面积。沿原途径使系统复原，即在上述终态上每次加一个重物共加三次，系统回到始态，此过程的体积功

$$W_{Ⅱ压缩}=-p''(V''-V_2)-p'(V'-V'')-p_1(V_1-V')$$

其大小相当于图 2.5(c) 阴影的面积。系统经循环过程的总功 $W_Ⅱ=W_{Ⅱ膨胀}+W_{Ⅱ压缩}>0$，相当于图 2.4(d) 阴影的面积，按热力学第一定律有 $W_Ⅱ=-Q_Ⅱ$，过程的热 $Q_Ⅱ<0$，同样，环境失去功而得到相同数值的热，环境没有回到原来的状态。

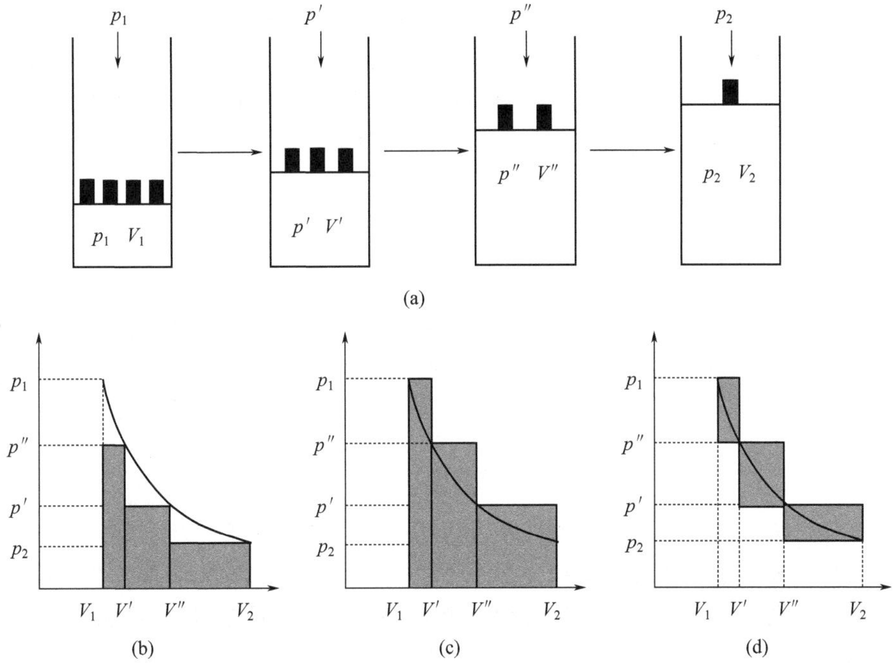

图 2.4　理想气体的恒温过程Ⅱ

(3) 过程Ⅲ　可以想象如果活塞上放置一堆质量无限小的沙粒，如图 2.5(a) 所示，开始时系统处于平衡态，系统压力 p_1 等于环境的压力 p_{su}，取走一个沙粒后，环境的压力减小无限小量 $\mathrm{d}p$，此过程环境的压力比系统的压力小 $\mathrm{d}p$，即 $p_{su}=p-\mathrm{d}p$，在此压力下系统的体积膨胀 $\mathrm{d}V$，重新达到平衡态。重复以上过程，沙粒一个一个取走，直到系统的体积膨胀到 V_2，系统和环境的压力都是 p_2，系统达到终态。在过程的任一瞬间，系统的压力 p 与环境的压力 p_{su} 相差一个无限小 $\mathrm{d}p$，由于每次膨胀的推动力都为无限小，过程进展得无限缓慢，系统与环境无限接近于热平衡，可以认为 $T=T_{su}$。也就是说上述过程是由一连串无限接近平衡的状态构成的。这样的过程称为恒温下的准静态过程。

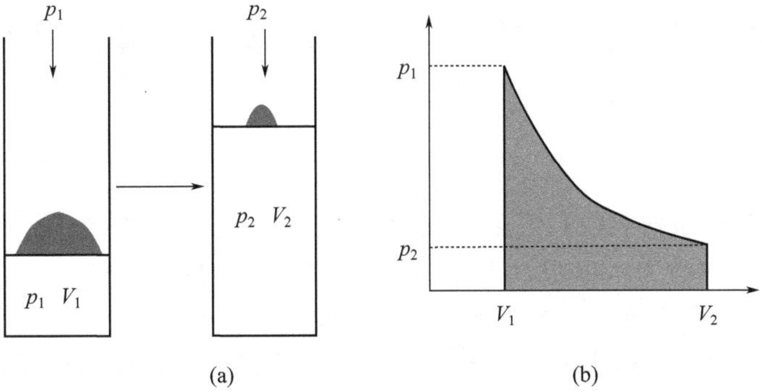

图 2.5　恒温下的准静态过程

在上述过程中，根据式(2.9)，此过程的体积功

$$W_{膨胀}=-\int_{V_1}^{V_2}p_{su}\mathrm{d}V=-\int_{V_1}^{V_2}(p-\mathrm{d}p)\mathrm{d}V$$

$$=-\int_{V_1}^{V_2}p\,\mathrm{d}V$$

其大小相当于图 2.5(b) 阴影的面积。系统对环境做功 ($-W$) 为最大。

可以想象在上述的终态，在活塞上添加一粒无限微小的沙粒，环境的压力增加一无限小的压力 $\mathrm{d}p$，系统将被压缩直到系统的压力与环境的压力相等，系统达到新的平衡状态，依次类推，将原来取走的沙粒逐一加到活塞上，系统将回到原来的始态，此过程的体积功

$$W_{压缩}=-\int_{V_2}^{V_1}p_{su}\mathrm{d}V=-\int_{V_2}^{V_1}(p+\mathrm{d}p)\mathrm{d}V$$
$$=-\int_{V_2}^{V_1}p\mathrm{d}V$$

其大小相当于图 2.5(b) 阴影的面积，环境对系统做最小功。系统经循环过程的总功 $W=W_{膨胀}+W_{压缩}=0$，按热力学第一定律有 $W=-Q=0$，也就是说，系统经一恒温下准静态膨胀、压缩循环过程后，不仅系统回到原来的状态，而且环境也回到原来的状态。

2. 可逆过程

一个系统经过某个过程后，系统与环境发生了变化，如果系统和环境都完全复原而不引起其他变化，则称原来的过程是可逆过程。如果不论用何种方法都不能使系统和环境完全复原而不引起其他变化，则原过程称为不可逆过程。可逆过程是一种假想的理想化的过程，实际上并不存在。所见到的实际过程均为不可逆过程，上述的准静态过程就是一个可逆过程。对可逆过程的讨论在热力学中有着重要的意义，可逆过程有如下几个特点。

① 可逆过程的推动力无限小，系统内部无限接近于平衡态，系统与环境的相互作用无限接近于平衡，过程进行得无限缓慢；

② 可逆过程结束后，系统若沿原途径逆向进行回复到原状态，则环境也同时回复到原状态；

③ 可逆过程系统对环境做最大功（环境对系统做最小功）。

可逆过程功计算表达式中用系统的压力代替环境的压力，即

$$W_{可逆}=-\int_{V_2}^{V_1}p\mathrm{d}V \tag{2.40}$$

第六节　热力学第一定律对理想气体的应用

1. 焦耳实验

1843 年焦耳做了一系列实验。实验装置为用一个二通旋塞将两个铜容器连接起来，如图 2.6(a) 所示。两个容器置于水槽中，实验前，一个容器 A 球抽成真空，一个容器 B 充以常压下的气体，旋塞 C、D 均关闭，水中放入温度计及搅拌器。系统处于平衡态。

实验时将旋塞 D 打开，B 球中的气体向 A 球中自由膨胀，达到新的平衡态。如图 2.6(b) 所示。

实验结果，温度计指示的水温未变，即空气的温度没有变化。

2. 理想气体的热力学能

对实验结果进行分析：

因为水温未变，说明系统与环境之间没有热交换，即

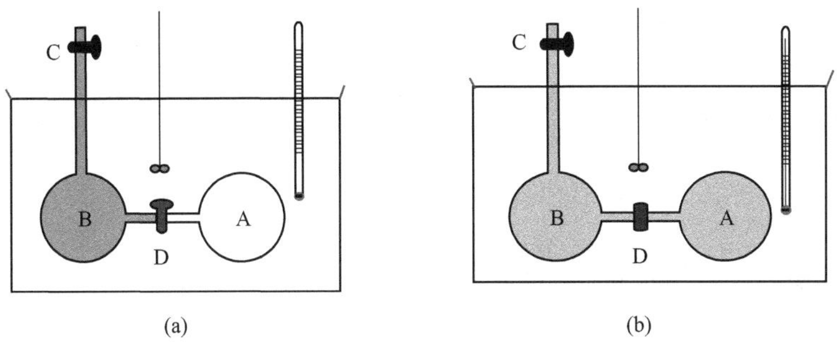

图 2.6　焦耳实验示意图

$$\delta Q=0$$

又因为气体由 B 球向 A 球自由膨胀，则

$$\delta W=0$$

根据热力学第一定律即式(2.14)，可得

$$\mathrm{d}U=0$$

由式(2.33) 及 $\mathrm{d}U=0$，$\mathrm{d}T=0$，必然有 $\left(\frac{\partial U}{\partial V}\right)_T\mathrm{d}V=0$。现气体体积增大，$\mathrm{d}V\neq 0$，于是得

$$\left(\frac{\partial U}{\partial V}\right)_T=0 \tag{2.41}$$

式(2.41) 说明在温度一定的条件下，气体的热力学能与气体的体积变化无关，因而与气体的压力变化无关。即

$$\left(\frac{\partial U}{\partial p}\right)_T=\left(\frac{\partial U}{\partial V}\right)_T\left(\frac{\partial V}{\partial p}\right)_T=0 \tag{2.42}$$

不过这一结论是不准确的。因为焦耳实验时气体的压力较低，且是真实气体，约为 2MPa，水槽中的水量相对较大，约为 7.5kg，气体自由膨胀后若与环境水交换了少量的热，尚不足以使水的温度改变由温度计观测出来。

理想气体是一个抽象概念，随着焦耳实验所用气体的压力的降低，气体接近理想气体，因此可以外推至 $p\to 0$ 时，式(2.41) 就是正确的，此时气体即为理想气体。故焦耳实验的结论对于理想气体是正确的，即一定量理想气体的热力学能只是温度的函数，与气体的体积、压力大小无关，即

$$U=f(T) \tag{2.43}$$

则根据状态函数的性质，必有

$$\mathrm{d}U=\left(\frac{\partial U}{\partial T}\right)_V\mathrm{d}T$$

则

$$\mathrm{d}U=nC_{V,\mathrm{m}}\mathrm{d}T \tag{2.44}$$

$$\Delta U=\int_{T_1}^{T_2}nC_{V,\mathrm{m}}\mathrm{d}T\quad (理想气体,W'=0) \tag{2.45}$$

应用这一公式于理想气体变温过程虽然不限定恒容，但要注意，如果不是恒容，$\Delta U\neq Q$。

理想气体热力学能只是温度的函数这一特性可以用理想气体模型解释。气体的热力学能是分子的动能和分子间作用的势能之和，因为理想气体分子之间无相互作用力，因而不存在分子之间的势能，其热力学能只是分子的平动能、转动能、振动能及分子内部的其他能量之和，而这些能量均只取决于温度而与体积无关。

低压下的真实气体在进行热力学计算时，如不作特殊要求，可应用式(2.44) 和式(2.45)，近似按理想气体对待。

因 $C_{p,\mathrm{m}}$与 $C_{V,\mathrm{m}}$的关系为

$$C_{p,\mathrm{m}}-C_{V,\mathrm{m}}=\left\{\left(\frac{\partial U_{\mathrm{m}}}{\partial V_{\mathrm{m}}}\right)_T+p\right\}\left(\frac{\partial V_{\mathrm{m}}}{\partial T}\right)_p$$

对理想气体$\left(\frac{\partial U_{\mathrm{m}}}{\partial V_{\mathrm{m}}}\right)_T=0$ 与 $V_{\mathrm{m}}=\frac{RT}{p}$代入上式，可得

$$C_{p,\mathrm{m}}-C_{V,\mathrm{m}}=R \tag{2.46}$$

3. 理想气体的焓

对于一定量的理想气体来说，既然热力学能只是温度的函数，因 $pV=nRT$，即 pV 值只取决于温度，由焓的定义式 $H=U+pV$ 可知，一定量理想气体的焓也只是温度的函数，而与气体的压力和体积大小无关。即

$$\left(\frac{\partial H}{\partial p}\right)_T=\left[\frac{\partial(U+pV)}{\partial p}\right]_T=\left(\frac{\partial U}{\partial p}\right)_T+\left[\frac{\partial(nRT)}{\partial p}\right]_T=0$$

同样有

$$\left(\frac{\partial H}{\partial V}\right)_T=\left(\frac{\partial H}{\partial p}\right)_T\left(\frac{\partial p}{\partial V}\right)_T=0 \tag{2.47}$$

或写作

$$H=f(T) \tag{2.48}$$

则有

$$\mathrm{d}H=\left(\frac{\partial H}{\partial T}\right)_p\mathrm{d}T$$

$$\mathrm{d}H=nC_{p,\mathrm{m}}\mathrm{d}T \tag{2.49}$$

$$\Delta H=\int_{T_1}^{T_2}nC_{p,\mathrm{m}}\mathrm{d}T \quad (\text{理想气体}, W'=0) \tag{2.50}$$

应用式(2.50) 于理想气体变温过程虽不限定恒压，但要注意，如果过程不恒压，$\Delta H\neq Q$。

低压下的真实气体，如不作特殊要求，亦可按理想气体应用式(2.50)。

对比式(2.37) 和式(2.39) 与式(2.45) 和式(2.50)，虽然形式相同，但要注意它们之间的内在区别。

4. 理想气体恒温可逆过程

理想气体恒温过程 $\Delta U=0$，$\Delta H=0$，$Q=-W$。

膨胀过程 $W<0$、$Q>0$，气体对环境做功、吸热；压缩过程 $W>0$、$Q<0$，气体得功放热。

对可逆膨胀压缩过程，由于环境压力与系统压力相差一无限小值，在计算体积功时就可以用系统压力 p 代替环境压力，即可逆体积功

$$\delta W_{\mathrm{r}}=-p\mathrm{d}V \tag{2.51}$$

$$W_{\mathrm{r}}=-\int_{V_1}^{V_2}p\mathrm{d}V \tag{2.52}$$

在应用式(2.51) 时应将系统压力表示成体积的函数。

对于物质的量为 n 的理想气体，在温度 T 下从始态 p_1、V_1，恒温可逆变至终态 p_2、V_2 时的体积功为

$$W_r=-\int_{V_1}^{V_2}p\,dV=-\int_{V_1}^{V_2}\frac{nRT}{V}dV=-nRT\int_{V_1}^{V_2}\frac{dV}{V}$$

积分得
$$W_r=-nRT\ln\frac{V_2}{V_1} \tag{2.53}$$

或
$$W_r=nRT\ln\frac{p_2}{p_1} \tag{2.54}$$

例 2.2 某理想气体的始态 $p_1=202.65\text{kPa}$，0℃，$n=1\text{mol}$，经过如下Ⅰ、Ⅱ两个途径达到终态 $p_2=101.325\text{kPa}$，50℃。

Ⅰ. 先恒温可逆膨胀再恒压加热；Ⅱ. 先恒压加热再恒温可逆膨胀，计算两个途径的 Q、W、ΔU、ΔH。

解： Ⅰ、Ⅱ两个途径如下所示

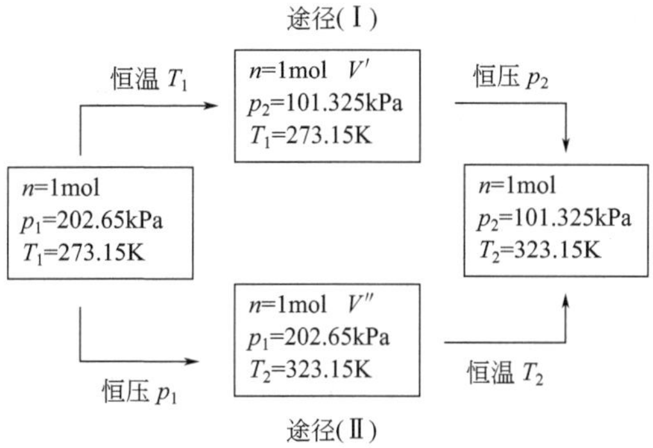

途径Ⅰ

恒温可逆膨胀过程，理想气体恒温过程，所以 $\Delta U_1=0$，$\Delta H_1=0$，

$$Q_1=-W_1=\int_{V_1}^{V'}p\,dV=nRT\ln\frac{V'}{V_1}=nRT_1\ln\frac{p_1}{p_2}$$
$$=[1\times8.314\times273.15\ln(2/1)]\text{J}=1574\text{J}$$

恒压过程
$$W_2=-p_2(V_1-V')=-nR(T_2-T_1)$$
$$=[-1\times8.314\times(323.15-273.15)]\text{J}=-415.7\text{J}$$
$$\Delta H_2=Q_{p_2}=\int_{T_1}^{T_2}C_p\,dT=(5/2)R(T_2-T_1)$$
$$=[2.5\times8.314\times(323.15-273.15)]\text{J}=1039\text{J}$$
$$\Delta U_2=Q_{p_2}+W_2=1039\text{J}-415.7\text{J}=623.3\text{J}$$

因此过程Ⅰ
$$W_{\text{Ⅰ}}=W_1+W_2=-1574\text{J}-415.7\text{J}=1989.7\text{J}$$
$$Q_{\text{Ⅱ}}=Q_1+Q_2=1574\text{J}+1039\text{J}=2613\text{J}$$
$$\Delta U_{\text{Ⅰ}}=\Delta U_1+\Delta U_2=0+623.3\text{J}=623.3\text{J}$$
$$\Delta H_{\text{Ⅰ}}=\Delta H_1+\Delta H_2=0+1039\text{J}=1039\text{J}$$

途径Ⅱ

恒压加热过程
$$W_1=-p_1(V''-V_1)-nR(T_2-T_1)$$
$$=-1\times8.314(323.15-273.15)\text{J}=-415.7\text{J}$$
$$\Delta H_1=Q_{p_1}=\int_{T_1}^{T_2}C_p\,dT=(5/2)R(T_2-T_1)$$
$$=[(5/2)\times8.314\times(323.15-273.15)]\text{J}=1039\text{J}$$

$$\Delta U_1=Q_{p1}+W_1=1039\text{J}-415.7\text{J}=623.3\text{J}$$

恒温可逆过程 $\Delta U_2=0$，$\Delta H_2=0$

$$Q_2=-W_2=\int_{V''}^{V_2}p\,\mathrm{d}V=nRT\ln\frac{V_2}{V''}=nRT_2\ln\frac{p_1}{p_2}$$

$$=1\times8.314\times323.15\times\ln(2/1)\text{J}=1862\text{J}$$

因此过程Ⅱ

$$W_{\text{Ⅱ}}=W_1+W_2=-415.7\text{J}-1862\text{J}=2278\text{J}$$

$$Q_{\text{Ⅱ}}=Q_1+Q_2=1039\text{J}+1862\text{J}=2901\text{J}$$

$$\Delta U_{\text{Ⅱ}}=\Delta U_1+\Delta U_2=623.3\text{J}+0=623.3\text{J}$$

$$\Delta H_{\text{Ⅱ}}=\Delta H_1+\Delta H_2=1039\text{J}+0=1039\text{J}$$

由计算可知两个过程的功和热不等，而状态函数热力学能和焓的变化值与变化的途径无关，只与始终态有关。

5. 理想气体绝热过程

（1）理想气体绝热过程　根据热力学第一定律，$Q=0$，则 $\Delta U=W$

而

$$\Delta U=\int_{T_1}^{T_2}nC_{V,\text{m}}\mathrm{d}T \tag{2.55}$$

当 $C_{V,\text{m}}$ 为常数时，则有

$$W=nC_{V,\text{m}}(T_2-T_1) \tag{2.56}$$

无论绝热过程是否可逆上式均成立。

（2）理想气体绝热可逆过程　$\delta Q_\text{r}=0$，$\delta W_\text{r}=-p\,\mathrm{d}V$，将两者代入热力学第一定律关系式得

$$\mathrm{d}U=\delta Q_\text{r}+\delta W_\text{r}=-p\,\mathrm{d}V$$

因理想气体的热力学能只是温度的函数，$\mathrm{d}U=nC_{V,\text{m}}\mathrm{d}T$，且 $p=nRT/V$，代入上式得

$$nC_{V,\text{m}}\mathrm{d}T=-(nRT/V)\mathrm{d}V$$

整理后得

$$C_{V,\text{m}}\frac{\mathrm{d}T}{T}+R\,\frac{\mathrm{d}V}{V}=0$$

即

$$C_{V,\text{m}}\mathrm{d}\ln T+R\,\mathrm{d}\ln V=0$$

上式两边除以 $C_{V,\text{m}}$，且因理想气体 $C_{p,\text{m}}-C_{V,\text{m}}=R$，可得

$$\mathrm{d}\ln T+\frac{C_{p,\text{m}}-C_{V,\text{m}}}{C_{V,\text{m}}}\mathrm{d}\ln V=0$$

定义 $\dfrac{C_{p,\text{m}}}{C_{V,\text{m}}}=\gamma$，$\gamma$ 称为热容比，上式化简为

$$\mathrm{d}\ln T+(\gamma-1)\mathrm{d}\ln V=0$$

设热容与温度无关，积分上式可得

$$\ln T+(\gamma-1)\ln V=\text{常数}$$

或

$$TV^{\gamma-1}=\text{常数} \tag{2.57}$$

将 $T=\dfrac{pV}{nR}$ 和 $V=\dfrac{nRT}{p}$ 分别代入上式可得

$$pV^{\gamma}=\text{常数} \tag{2.58}$$

$$T^{\gamma}p^{1-\gamma}=\text{常数} \tag{2.59}$$

式(2.57)～式(2.59) 这三个公式描述了理想气体绝热条件下发生可逆过程时，系统的

pVT 变化所遵循的规律，称为理想气体绝热可逆过程方程式。

理想气体从同一始态出发，若分别经绝热可逆膨胀及恒温可逆膨胀到相同的压力的终态，由于绝热可逆过程系统的温度降低，故气体的体积小于恒温可逆过程时的体积。因而在 $p\text{-}V_m$ 图上，绝热可逆过程的 $p\text{-}V_m$ 曲线比恒温可逆过程的 $p\text{-}V_m$ 曲线更陡，如图 2.7 所示。

理想气体绝热可逆过程的体积功可以由始终态的温度按 $W=\Delta U=nC_{V,m}(T_2-T_1)$ 求得，也可以由可逆体积功的公式即式（2.52）计算。这时要将压力表示成体积的函数

$$W=-\int_{V_1}^{V_2}p\,\mathrm{d}V$$

将 $pV^\gamma=$ 常数代入，积分可得

$$W=\frac{p_1V_1^\gamma}{\gamma-1}\left(\frac{1}{V_2^{\gamma-1}}-\frac{1}{V_1^{\gamma-1}}\right) \tag{2.60}$$

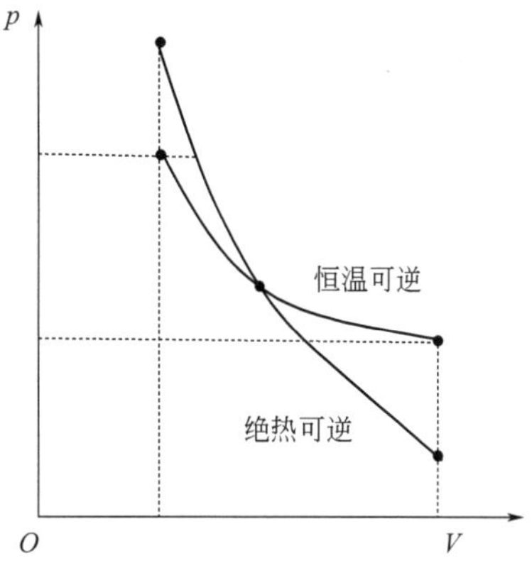

图 2.7 理想气体恒温可逆膨胀与绝热可逆膨胀的 $p\text{-}V$ 曲线的对比

将 $p_1V_1^\gamma=p_2V_2^\gamma$ 及 $\gamma=C_{p,m}/C_{V,m}$ 代入上式整理化简，可得 $W=nC_{V,m}(T_2-T_1)$。

例 2.3 1mol 双原子理想气体从始态 25℃、101.325kPa，经绝热可逆压缩到体积为 6dm³，试求终态的温度和过程的 W、ΔU、ΔH。

解： 变化过程设计如下：

$$
\boxed{
\begin{array}{l}
n=1\text{mol}\\
p_1=101.325\text{kPa}\\
T_1=298.15\text{K}\\
V_1
\end{array}
}
\xrightarrow{\text{绝热可逆压缩}}
\boxed{
\begin{array}{l}
n=1\text{mol}\\
p_2\\
T_2\\
V_2=6\text{dm}^3
\end{array}
}
$$

由理想气体状态方程可得 $\quad V_1=\dfrac{nRT}{p_1}=\dfrac{1\times8.314\times298.15}{101.325}\text{dm}^3=24.46\text{dm}^3$

由绝热过程方程式（2.57）可得 $\quad T_1V_1^{\gamma-1}=T_2V_2^{\gamma-1}$

其中 $\gamma=\dfrac{C_{p,m}}{C_{V,m}}=\dfrac{7/2R}{5/2R}=1.4$，则由上式得

$$T_2=\frac{T_1V_1^{\gamma-1}}{V_2^{\gamma-1}}=\frac{298.15\times24.46^{(1.4-1)}}{6^{(1.4-1)}}\text{K}=523.07\text{K}$$

$$p_2=\frac{nRT_2}{V_2}=\frac{1\times8.314\times523.07}{6}\text{kPa}=724.8\text{kPa}$$

因绝热 $Q=0$，

$$W=\Delta U=\int_{T_1}^{T_2}nC_{V,m}\mathrm{d}T=nC_{V,m}(T_2-T_1)$$
$$=[1\times(5/2)\times8.314\times(523.07-298.15)]\text{J}=4675\text{J}$$
$$\Delta H=\int_{T_1}^{T_2}nC_{p,m}\mathrm{d}T=nC_{p,m}(T_2-T_1)$$
$$=1\times(7/2)\times8.314\times(523.07-298.15)\text{J}=6545\text{J}$$

例 2.4 1mol 双原子理想气体从始态 25℃、101.325kPa，在恒外压 724.8kPa（例 2.3 终

态的压力）下绝热压缩至平衡态，试求终态的温度和过程的 W、ΔU、ΔH。

解： 变化过程设计如下：

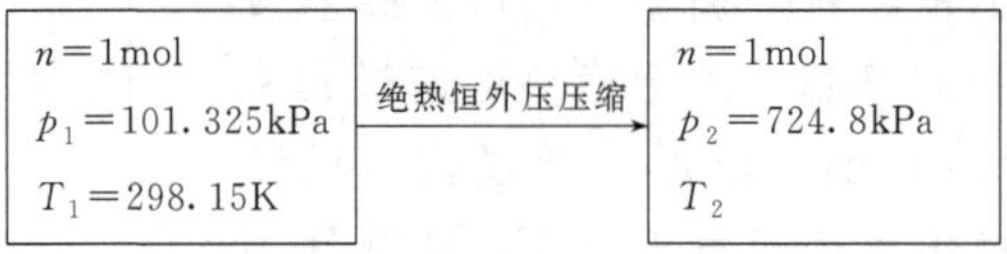

$$
\boxed{\begin{array}{l} n=1\text{mol} \\ p_1=101.325\text{kPa} \\ T_1=298.15\text{K} \end{array}} \xrightarrow{\text{绝热恒外压压缩}} \boxed{\begin{array}{l} n=1\text{mol} \\ p_2=724.8\text{kPa} \\ T_2 \end{array}}
$$

$$
\mathrm{d}U = \delta W = -p_{su}\mathrm{d}V
$$

$$
nC_{V,m}\mathrm{d}T = -p_{su}\mathrm{d}V, \quad nC_{V,m}\Delta T = -p_{su}\Delta V
$$

$$
nC_{V,m}(T_2-T_1) = -p_2(V_2-V_1) = -p_2\left(\frac{nRT_2}{p_2} - \frac{nRT_1}{p_1}\right)
$$

$$
C_{V,m}(T_2-T_1) = -RT_2 + \frac{p_2}{p_1}RT_1
$$

$$
T_2 = \frac{R \times \dfrac{p_2}{p_1} + C_{V,m}}{R + C_{V,m}} T_1
$$

$$
T_2 = 822.31\text{K}
$$

$$
W = \Delta U = \int_{T_1}^{T_2} nC_{V,m}\mathrm{d}T = nC_{V,m}(T_2-T_1)
$$

$$
= \left[1 \times \frac{5}{2} \times 8.314 \times (822.31-298.15)\right]\text{J} = 10.895\text{kJ}
$$

$$
\Delta H = \int_{T_1}^{T_2} nC_{p,m}\mathrm{d}T = nC_{p,m}(T_2-T_1)
$$

$$
= \left[1 \times \frac{7}{2} \times 8.314 \times (822.31-298.15)\right]\text{J} = 15.253\text{kJ}
$$

由例 2.3 和例 2.4 可知，绝热可逆过程和绝热不可逆过程不能由同一始态出发达到同一终态。同理，等温可逆过程和绝热可逆过程不能由同一始态达到同一终态。（学习完热力学第二定律后，请读者自行证明）

第七节　热力学第一定律在化学变化过程中的应用

1. 反应进度

化学反应进行的程度可用反应进度 ξ 表示，在讨论化学变化时，反应进度是一个非常重要的物理量。对任一化学反应式可写成

$$
-\nu_D D - \nu_E E \Longrightarrow \nu_F F + \nu_L L \tag{2.61}
$$

$$
0 = \nu_F F + \nu_L L + \nu_D D + \nu_E E
$$

$$
0 = \sum_B \nu_B B \tag{2.62}
$$

式中，ν_D、ν_E、ν_F、ν_L 是所给化学反应式中各物质的计量系数，是无量纲量。对反应物，ν_B 取负值，生成物取正值。

对于反应 $0 = \sum_B \nu_B B$，反应进度的定义式为

$$
\mathrm{d}\xi = \mathrm{d}n_B/\nu_B \tag{2.63}
$$

式中，下标代表任一组分；n_B 为反应方程式中任一物质 B 的物质的量；ν_B 为该物质在方程中的化学计量数。ξ 的量纲为 mol。

将式(2.63) 积分，反应进度为 ξ_0 时，B 的物质的量为 $n_{B,0}$；反应进度为 ξ 时，B 的物质的量为 n_B，则

$$\int_{\xi_0}^{\xi} d\xi = \int_{n_{B,0}}^{n_B} \frac{dn_B}{\nu_B}$$

则有

$$\Delta\xi = \xi - \xi_0 = (n_B - n_{B,0})/\nu_B$$

$$\Delta\xi = \Delta n_B/\nu_B \tag{2.64}$$

若规定反应开始时 $\xi_0 = 0$，则

$$\xi = \frac{n_B - n_{B,0}}{\nu_B} \tag{2.65}$$

则有

$$n_B = n_{B,0} + \nu_B \xi \tag{2.66}$$

由式(2.63) 和式(2.65) 可知，一确定的化学反应的反应进度与选用哪种物质表示无关。即

$$\xi = \frac{\Delta n_D}{\nu_D} = \frac{\Delta n_E}{\nu_E} = \frac{\Delta n_F}{\nu_F} = \frac{\Delta n_L}{\nu_L} \tag{2.67}$$

或

$$d\xi = \frac{dn_D}{\nu_D} = \frac{dn_E}{\nu_E} = \frac{dn_F}{\nu_F} = \frac{dn_L}{\nu_L} \tag{2.68}$$

对于同一反应，物质 B 的 Δn_B 一定，因化学反应方程式写法不同，ν_B不同，故反应进度 ξ 不同。

例如，当 Δn_B 一定时，对反应

$$H_2(g) + \frac{1}{2}O_2(g) \xlongequal{\quad} H_2O(l)$$

$$\Delta\xi = \Delta n(H_2)/\nu(H_2) = -1\text{mol}/(-1) = 1\text{mol}$$

而对

$$2H_2(g) + O_2(g) \xlongequal{\quad} 2H_2O(l)$$

$$\Delta\xi = \Delta n(H_2)/\nu(H_2) = -1\text{mol}/(-2) = 0.5\text{mol}$$

所以应用反应进度时必须指明化学反应方程式。

2. 摩尔反应焓

(1) 首先考虑每一个反应物和产物都处在相同温度和压力下的纯物质　设进行如下反应。

$$0 = \sum_B \nu_B B$$

在温度 T 和压力 p 恒定的条件下，化学反应的焓变与参与反应的物质的量的改变有关，还与反应进度 ξ 的改变有关。

设在 T、p 恒定下，反应进度由 ξ 变化到 $\xi + d\xi$，$H_m^*(B,T,p)$ 是物质B在 T、p 下的摩尔焓，$n_{B,0}$是物质 B 反应开始时的物质的量，n_B是反应进度为 ξ 时物质 B 的物质的量。

则在 T、p、ξ 状态时，化学反应系统的焓为

$$H(T,p,\xi) = \sum_B n_B H_m^*(B,T,p) = \sum_B (n_{B,0} + \nu_B \xi) H_m^*(B,T,p)$$

在 T、p、$\xi + d\xi$ 状态时，化学反应系统的焓为

$$H(T,p,\xi+\mathrm{d}\xi)=\sum_{\mathrm{B}}\{n_{\mathrm{B},0}+\nu_{\mathrm{B}}(\xi+\mathrm{d}\xi)\}H_{\mathrm{m}}^{*}(\mathrm{B},T,p)$$

则，当反应进度由 ξ 变化到 $\xi+\mathrm{d}\xi$ 时，化学反应系统的焓变为

$$\mathrm{d}H=H(T,p,\xi+\mathrm{d}\xi)-H(T,p,\xi)=\sum_{\mathrm{B}}\nu_{\mathrm{B}}H_{\mathrm{m}}^{*}(\mathrm{B},T,p)\mathrm{d}\xi \tag{2.69}$$

即

$$\left(\frac{\partial H}{\partial \xi}\right)_{T,p}=\sum_{\mathrm{B}}\nu_{\mathrm{B}}H_{\mathrm{m}}^{*}(\mathrm{B},T,p) \tag{2.70}$$

$\left(\frac{\partial H}{\partial \xi}\right)_{T,p}$ 是化学反应系统的强度性质，称为摩尔微分反应焓，是状态函数，对反应物和产物都处在相同温度和压力下的纯物质的化学反应系统，它只是 T、p 的函数。$\left(\frac{\partial H}{\partial \xi}\right)_{T,p}$ 常用符号 $\Delta_{\mathrm{r}}H_{\mathrm{m}}$ 表示，常称为摩尔反应焓，单位是 $\mathrm{J\cdot mol^{-1}}$，即

$$\Delta_{\mathrm{r}}H_{\mathrm{m}}=\left(\frac{\partial H}{\partial \xi}\right)_{T,p}=\sum_{\mathrm{B}}\nu_{\mathrm{B}}H_{\mathrm{m}}^{*}(\mathrm{B},T,p) \tag{2.71}$$

需要注意的是化学反应系统焓 H 随反应进度 ξ 的变化率，不是化学反应系统的终态焓与始态焓的差，因为反应进度 ξ 与化学方程式的写法有关，所以 $\Delta_{\mathrm{r}}H_{\mathrm{m}}$ 也与化学方程式的写法有关。

由于纯物质的摩尔焓值是温度、压力的函数，因此物理化学中规定了物质的标准态，标准态的压力规定为 $p^{\ominus}=100\mathrm{kPa}$。气体的标准态是在标准压力下表现出理想气体性质的状态，液体、固体的标准态是标准压力下的纯液体、纯固体状态。对标准态的温度没有具体规定，通常是选在 25℃。在书写处于标准态的物理量时是在其相应的符号上标以 $^{\ominus}$。

因此，在一定温度下化学反应的标准摩尔反应焓就是在该温度下各自处在纯态及标准压力下的反应物，反应生成同样温度下各自处在纯态及标准压力下的产物，这一过程的摩尔反应焓，即标准摩尔反应焓为

$$\Delta_{\mathrm{r}}H_{\mathrm{m}}^{\ominus}=\sum\nu_{\mathrm{B}}H_{\mathrm{m}}^{\ominus}(\mathrm{B}) \tag{2.72}$$

式中，$H_{\mathrm{m}}^{\ominus}(\mathrm{B})$ 为反应中任一物质 B 的标准摩尔焓。

（2）混合物反应的摩尔反应焓　对于式(2.62)，反应如表示的是混合物化学反应系统，设在 T、p 恒定下，反应进度由 ξ 变化到 $\xi+\mathrm{d}\xi$，$H_{\mathrm{B}}(\mathrm{B},T,p)$ 是物质 B 在 T、p 下的反应系统中的偏摩尔焓，$n_{\mathrm{B},0}$ 是物质 B 反应开始时的量，n_{B} 是反应进度为 ξ 时物质 B 的量。

则，在 T、p、ξ 状态时，化学反应系统的焓为

$$H(T,p,\xi)=\sum_{\mathrm{B}}n_{\mathrm{B}}H_{\mathrm{B}}(\mathrm{B},T,p,\xi)=\sum_{\mathrm{B}}(n_{\mathrm{B},0}+\nu_{\mathrm{B}}\xi)H_{\mathrm{B}}(\mathrm{B},T,p,\xi)$$

在 T、p、$\xi+\mathrm{d}\xi$ 状态时，化学反应系统的焓为

$$H(T,p,\xi+\mathrm{d}\xi)=\sum_{\mathrm{B}}\{n_{\mathrm{B},0}+\nu_{\mathrm{B}}(\xi+\mathrm{d}\xi)\}H_{\mathrm{B}}(\mathrm{B},T,p,\xi+\mathrm{d}\xi)$$

因 $\mathrm{d}\xi$ 是无限小量，不会引起各物质的偏摩尔焓发生变化，即

$$H_{\mathrm{B}}(\mathrm{B},T,p,\xi)=H_{\mathrm{B}}(\mathrm{B},T,p,\xi+\mathrm{d}\xi)$$

则，当反应进度由 ξ 变化到 $\xi+\mathrm{d}\xi$ 时，化学反应系统的焓变为

$$\mathrm{d}H=H(T,p,\xi+\mathrm{d}\xi)-H(T,p,\xi)=\sum_{\mathrm{B}}\nu_{\mathrm{B}}H_{\mathrm{B}}(\mathrm{B},T,p,\xi)\mathrm{d}\xi$$

$$\left(\frac{\partial H}{\partial \xi}\right)_{T,p}=\sum_{B}\nu_B H_B(B,T,p,\xi)$$

$$\Delta_r H_m=\left(\frac{\partial H}{\partial \xi}\right)_{T,p}=\sum_{B}\nu_B H_B(B,T,p,\xi) \tag{2.73}$$

有关 $\Delta_r H_m$ 在反应物和产物都处在相同温度和压力下的纯物质的反应系统的描述，对混合物反应系统仍然成立。

任意化学反应的标准摩尔（微分）热力学量变是指参与反应的物质各自处在标准状态下的摩尔微分热力学量变，以符号 $\Delta_r X_m^{\ominus}$ 表示，X 代表热力学量。如化学反应的标准摩尔反应熵 $\Delta_r S_m^{\ominus}$，化学反应的标准摩尔反应吉布斯函数 $\Delta_r G_m^{\ominus}$ 等。

并且，化学反应的任意广度量 X 的摩尔微分量变的公式皆为

$$\Delta_r X_m=\left(\frac{\partial X}{\partial \xi}\right)_{T,p}=\sum_{B}\nu_B X_B \tag{2.74}$$

式中，X 代表 U、V、H、S、A、G 等；X_B 是物质的偏摩尔量，如是纯物质 B，X_B 就是摩尔量 X_m^*，如是纯物质 B 处于标准态，X_B 就是标准摩尔量 $X_m^{\ominus}$，此时 $\Delta_r X_m$ 写成 $\Delta_r X_m^{\ominus}$。

$\Delta_r X_m$ 和 $\Delta_r X_m^{\ominus}$ 是化学反应的摩尔微分热力学量变，不可理解为化学反应的终态和始态的摩尔热力学量代数和的差值。

3. 摩尔反应焓与温度的关系——基希霍夫公式

对任一化学反应式可写成

$$0=\sum_{B}\nu_B B$$

$$\Delta_r H_m=\left(\frac{\partial H}{\partial \xi}\right)_{T,p}=\sum_{B}\nu_B H_B(B,T,p,\xi)$$

$\Delta_r H_m$ 仍然是温度、压力和反应进度 ξ 的函数，因此上式两边对 T 偏微商，得

$$\left(\frac{\partial \Delta_r H_m}{\partial T}\right)_{p,\xi}=\left\{\frac{\partial}{\partial T}\left(\frac{\partial H}{\partial \xi}\right)_{T,p}\right\}_{p,\xi}=\left\{\frac{\partial}{\partial \xi}\left(\frac{\partial H}{\partial T}\right)_{p,\xi}\right\}_{T,p}$$

$$=\left(\frac{\partial C_p}{\partial \xi}\right)_{T,p}=\sum_{B}\nu_B C_{p,m}(B)=\Delta C_{p,m} \tag{2.75}$$

此式就是著名的基希霍夫公式。

在 p、ξ 恒定的条件下式(2.75) 可写成

$$d\Delta_r H_m=\Delta C_{p,m}dT \tag{2.76}$$

温度从 T_1 积到 T_2 得

$$\Delta_r H_m(T_2)-\Delta_r H_m(T_1)=\int_{T_1}^{T_2}\Delta C_{p,m}dT$$

或

$$\Delta_r H_m(T_2)=\Delta_r H_m(T_1)+\int_{T_1}^{T_2}\Delta C_{p,m}dT \tag{2.77}$$

如果处于标准态，上式可写成

$$\Delta_r H_m^{\ominus}(T_2)=\Delta_r H_m^{\ominus}(T_1)+\int_{T_1}^{T_2}\Delta C_{p,m}^{\ominus}dT \tag{2.78}$$

具体积分式要看各物质的标准摩尔恒压热容与温度的函数关系式。

若反应物及产物的标准摩尔恒压热容均可表示成式(2.29) 的形式

$$C_{p,\mathrm{m}}^{\ominus}=a+bT+cT^2$$

则

$$\Delta C_{p,\mathrm{m}}^{\ominus}=\Delta a+\Delta bT+\Delta cT^2 \tag{2.79}$$

其中 $\Delta a=\sum_{\mathrm{B}}\nu_{\mathrm{B}}a_{\mathrm{B}}$，$\Delta b=\sum_{\mathrm{B}}\nu_{\mathrm{B}}b_{\mathrm{B}}$，$\Delta c=\sum_{\mathrm{B}}\nu_{\mathrm{B}}c_{\mathrm{B}}$

将式(2.79) 代入式(2.78) 中，可得不定积分

$$\Delta_{\mathrm{r}}H_{\mathrm{m}}^{\ominus}(T)=\Delta H_0+\Delta aT+\frac{1}{2}\Delta bT^2+\frac{1}{3}\Delta cT^3 \tag{2.80}$$

式中，ΔH_0 为积分常数，将某一温度以及该温度下的标准摩尔反应焓代入，即可求出。

上述基希霍夫积分式适用于在所讨论的温度区间所有反应物及产物均不发生相变化的情形。若在所讨论的温度范围内反应物或产物之中一种或几种发生相变化，就需要按照状态函数法，设计途径，结合有关物质在相变温度下的摩尔相变焓，求算另一温度下的标准摩尔反应焓。

第八节 相变化过程

系统内物理和化学性质完全相同的均匀部分称为相，不同的均匀部分属于不同的相，相与相之间存在着界面。如密闭容器中 T、p 状态下液态水和水蒸气共存，由于液态水和水蒸气密度不同，液态水是液相，水蒸气是气相，系统内共两相。系统中的物质从一相转移至另一相的过程，称为相变化过程。

纯物质的相变化是在恒定压力和恒定温度且 $W'=0$ 的条件下进行的，如在 101.325kPa 下固体的熔化和液体的蒸发。因变化前后系统的体积也要发生变化，故相变化的同时系统与环境之间必然有热和功的交换。在此条件下的相变热为恒压热，等于相变过程的相变焓。即

$$Q_p=\Delta_{\alpha}^{\beta}H$$

式中，α、β分别为始态和终态的相态。

1. 相变焓

物质的量为 n 的物质 B 在恒定的压力和温度下，由 α 相转变为 β 相，转变前 B(α) 的摩尔焓为 $H_{\mathrm{B}}^{\alpha}(\mathrm{B},T,p,n_{\mathrm{B}}^{\alpha})$，转变后 B(β) 的摩尔焓为 $H_{\mathrm{B}}^{\beta}(\mathrm{B},T,p,n_{\mathrm{B}}^{\beta})$，变化过程如下：

$$\mathrm{B}(\alpha)\longrightarrow\mathrm{B}(\beta)$$

过程的摩尔相变焓变写作

$$\Delta_{\alpha}^{\beta}H_{\mathrm{m}}=\left(\frac{\partial H}{\partial\xi}\right)_{T,p}=H_{\mathrm{B}}^{\beta}(\mathrm{B},T,p,n_{\mathrm{B}}^{\beta})-H_{\mathrm{B}}^{\alpha}(\mathrm{B},T,p,n_{\mathrm{B}}^{\alpha})$$

如果物质 B 在恒定的压力和温度下，由 α 相转变为 β 相，纯物质 B 的相变过程的摩尔相变焓变写作

$$\Delta_{\alpha}^{\beta}H_{\mathrm{m}}^{*}=\left(\frac{\partial H}{\partial\xi}\right)_{T,p}=H_{\mathrm{m}}^{*\beta}(\mathrm{B},T,p)-H_{\mathrm{m}}^{*\alpha}(\mathrm{B},T,p) \tag{2.81}$$

对于熔化、蒸发、升华及晶型转变这四种过程，相变焓的符号：摩尔熔化焓为 $\Delta_{\mathrm{fus}}H_{\mathrm{m}}$，摩尔蒸发焓为 $\Delta_{\mathrm{vap}}H_{\mathrm{m}}$，摩尔升华焓为 $\Delta_{\mathrm{sub}}H_{\mathrm{m}}$，不同晶型之间的摩尔转变焓为 $\Delta_{\mathrm{trs}}H_{\mathrm{m}}$，但要注明晶型转变的方向，如某固体物质从 α 型转变为 β 型，则摩尔转变焓为 $\Delta_{\mathrm{trs}}H_{\mathrm{m}}(\alpha\rightarrow\beta)$。摩尔

相变焓是热力学基础热数据。在相平衡温度和平衡压力下的相变，可以认为是恒温恒压可逆相变过程。

文献中给出的摩尔熔化焓、摩尔转变焓是在大气压力下熔点和转变点时的值，物质的熔点和转变点受压力的影响很小，故一般不注明压力。对于蒸发过程，外压对液体的沸点影响很大，故除了极少数物质给出了不同温度下的摩尔蒸发焓以外，一般只给出正常沸点下的摩尔蒸发焓，正常沸点是指外压为 101.325kPa 下的沸点。有关相变焓与温度的关系见第三章第十节。

2. 相变过程功的计算

如果物质 B 在恒定的压力和温度下，由 α 相转变为 β 相，则过程的功为

$$W=-p(V_\beta-V_\alpha)$$

如果 β 相为气体，α 相为凝聚相（液相或固相），此时 $V_\beta \gg V_\alpha$，上式可写成

$$W=-pV_\beta$$

如果气相可视为理想气体，则有

$$W=-pV_\beta=-nRT$$

3. 相变过程热力学能的计算

因为 $\Delta H=\Delta U+\Delta(pV)=\Delta U+p\Delta V$，所以 $\Delta U=\Delta H-p\Delta V=Q_p-p\Delta V$，如果 β 相为气体，α 相为凝聚相，气相可视为理想气体，则

$$\Delta U=Q_p-nRT$$

第九节　摩尔溶解焓、摩尔稀释焓及摩尔混合焓

1. 摩尔溶解焓

在一定温度、压力下，一定量的纯溶质 B 溶解在一定量的纯溶剂 A 中的焓变，称为该物质 B 的溶解焓，以符号 $\Delta_{sol}H$ 表示。

在标准压力 $p^\ominus=100$kPa 下，B 的溶解焓与其物质的量 n 之比，称为 B 的标准摩尔溶解焓 $\Delta_{sol}H_m^\ominus$，即 $\Delta_{sol}H_m^\ominus=\Delta_{sol}H/n$。

摩尔溶解焓除了与溶质溶剂的种类、溶质的量和溶剂的量有关外，还与系统所处的温度及压力有关。

通常文献上给出的是在常压下 25℃或其他温度时溶质溶于水中形成不同组成水溶液时的摩尔溶解焓。

2. 摩尔稀释焓

在一定温度和压力下向一定量组成为 b_1 的溶液中加入同样的纯溶剂，使其稀释至组成为 b_2 的溶液，该过程的焓变称为 B 溶液自 b_1 至 b_2 的稀释焓。用 $\Delta_{dil}H$ 表示。

在标准压力 $p^\ominus=100$kPa 下，稀释焓与溶质的物质的量之比称为标准摩尔稀释焓 $\Delta_{dil}H_m^\ominus$，即 $\Delta_{dil}H_m^\ominus=\Delta_{dil}H/n$。

摩尔稀释焓除了与始态和终态的浓度有关外，还与系统所处的温度及压力有关。

3. 摩尔混合焓

在一定温度和压力下，两种（或两种以上）相同聚集状态的纯物质，相互混合生成一定组成的均相混合物，该过程的焓变称为这两种物质的混合焓，用 $\Delta_{mix}H$ 表示。在标准压力 $p^{\ominus}=100kPa$ 下混合焓与混合物的总物质的量之比，即为标准摩尔混合焓，用 $\Delta_{mix}H_m^{\ominus}$ 表示，它的数值与混合物的组成有关。

第十节 由标准摩尔生成焓和标准摩尔燃烧焓计算标准摩尔反应焓

式(2.72) 是标准摩尔反应焓的求算方法。因为物质的标准摩尔焓的绝对值尚无法得知，因此不能用式(2.72) 进行计算。

焓是状态函数，系统在一定温度下，由标准状态下的反应物变到标准状态下的产物时，焓的改变值是确定的。因此对反应物及产物均采用热力学量的相对值加以解决，规定了物质的标准摩尔生成焓，对有机化合物还规定了标准摩尔燃烧焓，从而可以计算化学反应的标准摩尔反应焓。

1. 标准摩尔生成焓及由标准摩尔生成焓计算标准摩尔反应焓

物质 B 的生成反应定义为

$$0=\sum_{D}\nu_D D+B \tag{2.82}$$

式中，D 为反应物，为一定温度下的稳定单质；B 为产物，且计量系数 $\nu_B=1$。

规定物质 B 生成反应的摩尔反应（微分）焓为该物质的摩尔生成焓，用符号 $\Delta_f H_m$ 表示。如果物质 B 生成反应中，反应物和产物 B 均处在各自的标准态，则生成反应的标准摩尔反应焓为该物质的标准摩尔生成焓，用符号 $\Delta_f H_m^{\ominus}$ 表示。

文献中给出的是 25℃下的值。在此温度及标准压力下，稀有气体的稳定单质为单原子气体；氢、氧、氮、氟、氯的稳定单质为双原子气体；溴和汞的稳定单质为液态 $Br_2(l)$ 和 $Hg(l)$；其余元素的稳定单质均为固态。需要注意的是碳的稳定单质为石墨，即 C（石墨），而非金刚石；硫的稳定单质为正交硫，即 S（正交），而非单斜硫；磷比较特殊，虽然红磷(P) 是较白磷更为稳定的相态，但因白磷容易制得，故过去一直选择白磷作为标准参考态，近些年来，有的文献已改用红磷（P）作为标准参考态。应用时，一定要注意选用的是哪种磷作为标准参考态。

例如：按照定义，下述反应

$$C(石墨,298K,p^{\ominus})+O_2(g,298K,p^{\ominus}) = CO_2(g,298K,p^{\ominus})$$

$$\frac{1}{2}H_2(g,298K,p^{\ominus}) = H(g,298K,p^{\ominus})$$

$$O_2(g,298K,p^{\ominus}) = O_2(g,298K,p^{\ominus})$$

的标准摩尔反应焓，即分别为 $CO_2(g)$、$H(g)$ 和 $O_2(g)$ 的标准摩尔生成焓，一个化合物的生成焓不是这个化合物的绝对焓，而是作为产物相对于它的稳定反应物单质的相对焓。显然，稳定态单质的标准摩尔生成焓等于零，这是式(2.82) 的必然结果而不是规定。

任一化学反应 $-\nu_D D-\nu_E E = \nu_F F+\nu_L L$ 的全部反应物和全部产物均可由相同种类相同

数量的稳定单质生成。因此可设计如下途径，计算反应的标准摩尔反应焓。

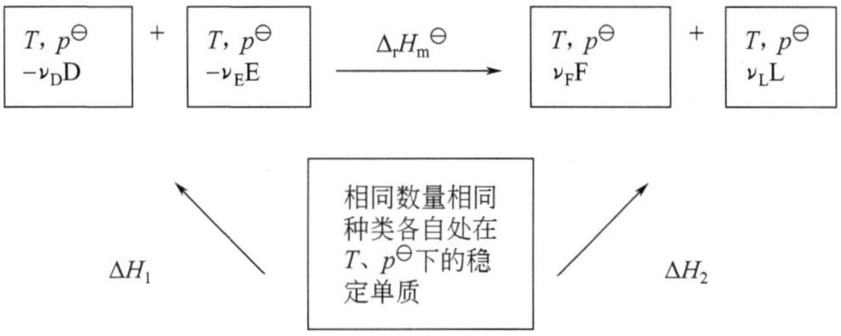

$$\Delta H_1 = -\nu_D \Delta_f H_m^{\ominus}(D) - \nu_E \Delta_f H_m^{\ominus}(E)$$

$$\Delta H_2 = \nu_F \Delta_f H_m^{\ominus}(F) + \nu_L \Delta_f H_m^{\ominus}(L)$$

因为　$\Delta H_1 + \Delta_r H_m^{\ominus} = \Delta H_2$

所以　$\Delta_r H_m^{\ominus} = \Delta H_2 - \Delta H_1$

$$= \nu_F \Delta_f H_m^{\ominus}(F) + \nu_L \Delta_f H_m^{\ominus}(L) + \nu_D \Delta_f H_m^{\ominus}(D) + \nu_E \Delta_f H_m^{\ominus}(E)$$

即有

$$\Delta_r H_m^{\ominus} = \sum_B \nu_B \Delta_f H_m^{\ominus}(B) \qquad (2.83)$$

式(2.83)表明，在一定温度下化学反应的标准摩尔反应焓，等于同样温度下反应前后各物质的标准摩尔生成焓与其化学计量数的乘积之和。

式(2.83)也可应用标准反应焓和标准摩尔生成焓的定义直接得到。

2. 标准摩尔燃烧焓和由标准摩尔燃烧焓计算标准摩尔反应焓

对于有机化合物，除了定义标准摩尔生成焓以外，还定义了标准摩尔燃烧焓。燃烧反应定义为

$$0 = -B + \nu_{O_2} O_2 + \sum_F \nu_F F \qquad (2.84)$$

式中，B与O_2为反应物；F为生成物。它们都是稳定的氧化物或稳定的元素单质。一定温度下，燃烧反应的标准摩尔反应焓，称为物质B在该温度下的标准摩尔燃烧焓，用符号$\Delta_c H_m^{\ominus}$表示。

在室温下对有机物的燃烧产物有所规定：有机物中C的燃烧产物为CO_2(g)，H的燃烧产物为H_2O(l)，N的燃烧产物为N_2(g)。其他元素，一般规定S的燃烧产物为SO_2(g)，Cl的燃烧产物为一定组成的盐酸水溶液HCl(aq)等等。但也有一些书刊中有不同的规定，应当注意。

例如：下列反应

$$CH_4(g,298K,p^{\ominus}) + 2O_2(g,298K,p^{\ominus}) = CO_2(g,298K,p^{\ominus}) + 2H_2O(l,298K,p^{\ominus})$$

$$C_2H_5OH(l,298K,p^{\ominus}) + 3O_2(g,298K,p^{\ominus}) = 2CO_2(g,298K,p^{\ominus}) + 3H_2O(l,298K,p^{\ominus})$$

$$C_6H_5C_2H_3(g,298K,p^{\ominus}) + 10O_2(g,298K,p^{\ominus}) = 8CO_2(g,298K,p^{\ominus}) + 4H_2O(l,298K,p^{\ominus})$$

的标准摩尔反应焓即分别为气态甲烷（CH_4，g）、液态乙醇（C_2H_5OH，l）和气态苯乙烯（$C_6H_5C_2H_3$，g）的标准摩尔燃烧焓。

显然按照这一规定CO_2(g)的标准摩尔生成焓即为C（石墨）的标准摩尔燃烧焓，H_2O(l)的标准摩尔生成焓即为H_2(g)的标准摩尔燃烧焓。一个有机物的标准摩尔燃烧焓同样不是这个化合物的绝对焓，而是作为反应物相对于处于标准态的燃烧产物和氧气的相对焓。显然CO_2(g)、H_2O(l)、SO_3(g)的标准摩尔燃烧焓为零，这是式(2.84)的必然结果而不是规定。

有机化学反应，在全部反应物和在全部产物中均含有相同数量的C、H，或还有O、N及

其他原子。所有反应物和产物完全燃烧后均得到同样数量的 CO_2(g)、H_2O(l) 及其他规定的燃烧产物，示意如下，其中各物质的温度均相同。

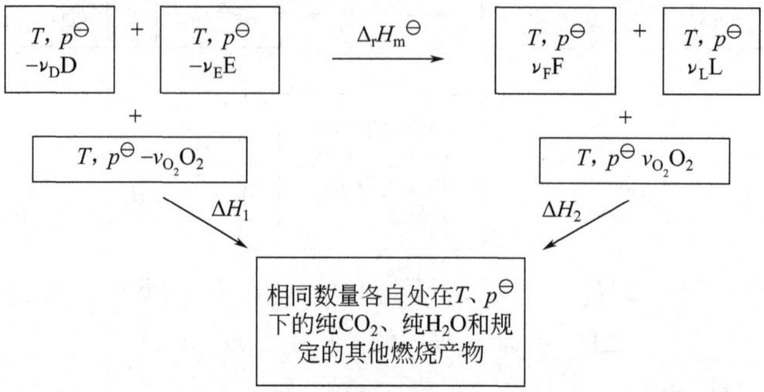

$$\Delta H_1 = -\nu_D \Delta_c H_m^{\ominus}(D) - \nu_E \Delta_c H_m^{\ominus}(E)$$

$$\Delta H_2 = \nu_F \Delta_c H_m^{\ominus}(F) + \nu_L \Delta_c H_m^{\ominus}(L)$$

因为 $\Delta H_1 = \Delta H_2 + \Delta_r H_m^{\ominus}$

所以 $\Delta_r H_m^{\ominus} = \Delta H_1 - \Delta H_2$

$$= -\nu_D \Delta_c H_m^{\ominus}(D) - \nu_E \Delta_c H_m^{\ominus}(E) - \nu_F \Delta_c H_m^{\ominus}(F) - \nu_L \Delta_c H_m^{\ominus}(L)$$

即

$$\Delta_r H_m^{\ominus} = -\sum_B \nu_B \Delta_c H_m^{\ominus}(B) \tag{2.85}$$

式(2.85) 表明，在一定温度下有机化学反应的标准摩尔反应焓，等于同样温度下反应前后各物质的标准摩尔燃烧焓与其化学计量数的乘积之和的负值。

式(2.85) 也可应用标准反应焓和标准摩尔燃烧焓的定义直接得到。

例 2.5 已知如下数据

物质	$\Delta_f H_m^{\ominus}$(298.15K)/kJ·mol^{-1}	$\Delta_c H_m^{\ominus}$(298.15K)/kJ·mol^{-1}
H_2O(g)	−241.82	
H_2O(l)	−285.83	
CH_4(g)		−890.31

计算反应 $CH_4(g) + 2H_2O(g) = CO_2(g) + 4H_2(g)$ 的 $\Delta_c H_m^{\ominus}$ (298.15K)。

解： 过程为

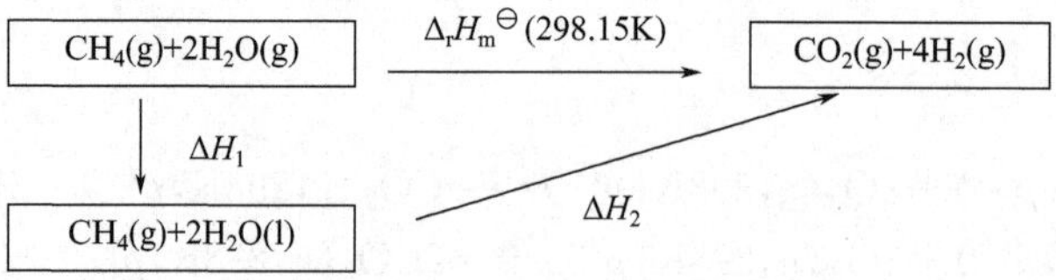

$$\Delta_r H_m^{\ominus}(298.15K) = \Delta H_2 + \Delta H_1$$

由生成反应和燃烧反应可知，氢气的燃烧热等于水 (l) 的生成热，因此

$$\Delta H_2 = \Delta_c H_m^{\ominus}(CH_4, 298.15K) - 4\Delta_c H_m^{\ominus}(H_2, 298.15K)$$

$$= [-890.31 - 4\times(-285.83)]\text{kJ}\cdot\text{mol}^{-1} = 253.01\text{kJ}\cdot\text{mol}^{-1}$$

$$\Delta H_1 = 2\Delta_f H_m^{\ominus}[H_2O(l), 298.15K] - 2\Delta_f H_m^{\ominus}[H_2O(g), 298.15K]$$

$$= [2\times(-285.83) - 2\times(-241.82)]\text{kJ}\cdot\text{mol}^{-1} = -88.02\text{kJ}\cdot\text{mol}^{-1}$$

则

$$\Delta_r H_m^{\ominus}(298.15K) = 253.01\text{kJ}\cdot\text{mol}^{-1} + (-88.02\text{kJ}\cdot\text{mol}^{-1})$$

$$= 164.99\text{kJ}\cdot\text{mol}^{-1}$$

3. 恒容反应热与恒压反应热之间的关系

恒温恒容反应热与恒温恒压反应热分别称为恒容反应热 Q_V 与恒压反应热 Q_p，实验测量的往往是恒容反应热 Q_V，但大多数化学反应是在恒压下进行的，所以需要知道恒容反应热 Q_V 与恒压反应热 Q_p 之间的关系。由式(2.18) 和式(2.23) 可得

$$Q_p - Q_V = \Delta H - \Delta U \tag{2.86}$$

式(2.86) 代表着由同一始态出发，经历两个不同的过程，达到两个不同终态的热效应之差，这两个终态仅有压力或体积的差别。具体的过程设计如下：

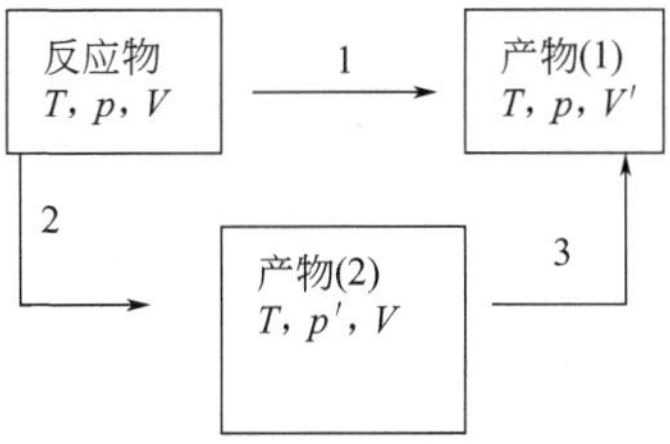

由上图可知：$\Delta H_1 = \Delta H$，$\Delta U_2 = \Delta U$，代入式(2.86)，得

$$Q_p - Q_V = \Delta H - \Delta U = \Delta H_1 - \Delta U_2 = \Delta U_1 + \Delta(pV)_1 - \Delta U_2 \tag{2.87}$$

产物（1）和产物（2）间相当于恒温过程，热力学能受体积或压力的影响可忽略不计，$\Delta U_3 \approx 0$，即有

$$\Delta U_1 \approx \Delta U_2$$

代入式(2.87)，得

$$Q_p - Q_V = \Delta(pV)_1 = p\Delta V$$

Q_p 与 Q_V 之差等于恒压过程中系统对环境做的功。

对于凝聚系统，$\Delta(pV) \approx 0$，$Q_p \approx Q_V$。

对于有气态物质参加的化学反应，恒温下的恒容反应热 $Q_V = \Delta U$，恒压反应热 $Q_p = \Delta H$，两者可能不同也可能相同。若反应物及产物中的气态物质均适用理想气体状态方程式时，则有

$$Q_p - Q_V = p\Delta V = \Delta n(\text{g})RT = \Delta\xi \sum_{\text{B}} \nu_{\text{B}}(\text{g})RT$$

或

$$Q_{p,\text{m}} - Q_{V,\text{m}} = \sum_{\text{B}} \nu_{\text{B}}(\text{g})RT \tag{2.88}$$

4. 盖斯定律

1840 年，在热力学的完整的理论未建立之前，盖斯在大量实验的基础之上总结出一项重要的规律："多个反应代数和所得到的反应的摩尔热力学量变等于这些反应各自的摩尔热力学量变的代数和"，这就是著名的盖斯定律。也就是说，对于一个化学反应，不管是一步完成还是分成几步完成，热力学量变的值不变，实际上盖斯定律是热力学状态函数特性的必然结果。盖斯定律已经不局限于 $\Delta U = Q_V$ 和 $\Delta H = Q_p$，而是扩展到任一热力学的广度状态变量上。

根据盖斯定律，对于多个热化学反应方程式可以像普通的多个代数方程式一样进行加减运算，而对应的热力学量变也进行相应的计算。为获得热力学量变的数据提供了极大的方便，可使一些不易测量或无法测量的化学反应热力学量变通过易测量的化学反应热力学量变进行计算。

例如，在 298K、$p^{\ominus}$ 下反应

(1) $C(石墨)+O_2(g) \longrightarrow CO_2(g)$，$\Delta H_{m,1}=-393.50kJ \cdot mol^{-1}$

(2) $CO(g)+\frac{1}{2}O_2(g) \longrightarrow CO_2(g)$，$\Delta H_{m,2}=-282.96kJ \cdot mol^{-1}$

(3) $C(石墨)+\frac{1}{2}O_2(g) \longrightarrow CO(g)$

反应（3）的速率很慢，并且很难控制仅生成 $CO(g)$ 而不生成 $CO_2(g)$，所以反应（3）的 $\Delta H_{m,3}$ 无法测得。根据盖斯定律则有，反应（3）=反应(1)－反应（2），所以

$$\Delta H_{m,3}=\Delta H_{m,1}-\Delta H_{m,2}=-110.54kJ \cdot mol^{-1}$$

第十一节　焦耳-汤姆孙效应

真实气体的分子间有相互作用力，使其热力学性质不同于理想气体热力学性质，真实气体的 H 不只是 T 的函数，还是 p 的函数。因而真实气体的 U 也不只是 T 的函数，还是 V 的函数。焦耳（Joule）和汤姆孙（Thomson）的实验证实了这一点。

1. 焦耳-汤姆孙实验

焦耳-汤姆孙实验如图 2.8 所示。

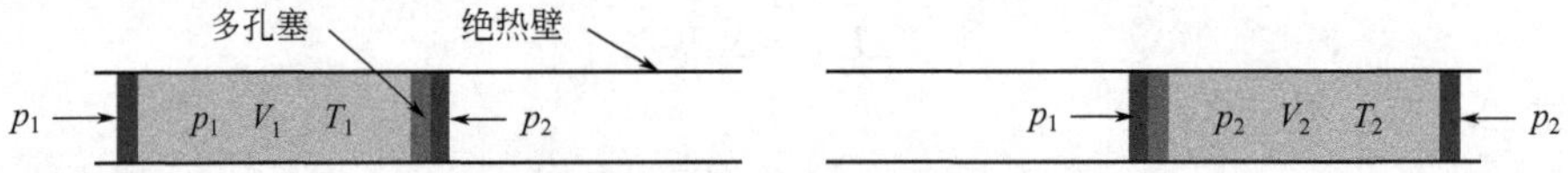

图 2.8　焦耳-汤姆孙实验

在一绝热圆筒中部有一刚性绝热多孔塞，多孔塞的作用是使气体不能很快地通过，并在多孔塞的两侧能够维持一定的不同压力。圆筒的两端各有一绝热活塞。实验气体封闭于两活塞之间。左、右活塞外各维持恒定的压力 p_1、p_2，$p_1>p_2$，用温度计测量多孔塞左、右两侧的温度 T_1、T_2。把左侧压力和温度恒定在 T_1、p_1 的某种气体，连续不断地压过多孔塞到达右侧，气体在多孔塞右侧的压力恒定在 p_2。当气体通过一定的时间达到稳态后，可测得左右两侧气体的温度分别稳定在 T_1 和 T_2。这个过程称为节流过程，此过程是不可逆过程。

2. 节流膨胀的热力学特征及焦耳-汤姆孙系数

设过程中有物质的量为 n 的气体通过多孔塞，分别用 T_1、p_1、V_1、U_1 和 T_2、p_2、V_2、U_2 表示气体节流前后的温度、压力、体积和热力学能，在节流过程中环境对系统做的功为

$$W=p_1V_1-p_2V_2 \tag{2.89}$$

将式(2.89) 代入热力学第一定律 $\Delta U=Q+W$，且节流膨胀过程绝热，$Q=0$。则

$$U_2-U_1=p_1V_1-p_2V_2$$

得
$$U_2+p_2V_2=U_1+p_1V_1$$

即
$$H_2=H_1 \tag{2.90}$$

由式(2.90) 可知，节流过程中气体始态和终态的焓相等，是一个等焓过程。需要注意的是，节流过程不是恒焓过程，因在过程中气体不处于平衡态，没有确定的焓值。

真实气体经过节流膨胀过程后，温度和压力发生了变化，温度和压力所引起焓的变化恰好相抵消，表明真实气体的焓不只是温度的函数，还是压力的函数，即 $H=f(T,p)$。同时也可

以说明真实气体的热力学能也不只是温度的函数，还是体积的函数 $U=f(T,V)$。气体节流膨胀后的致冷能力或致热能力反映在温差与压力差之比。因此，针对一定状态 T、p 下的某真实气体而言，定义

$$\mu_{J-T}=\left(\frac{\partial T}{\partial p}\right)_H \tag{2.91}$$

并称之为焦耳-汤姆孙系数，或节流膨胀系数。μ_{J-T}的单位为 $K\cdot Pa^{-1}$。

由于膨胀过程 $dp<0$，故当 $\mu_{J-T}>0$ 时，$dT<0$，表明节流膨胀后致冷；当 $\mu_{J-T}<0$ 时，$dT>0$，表明节流膨胀后致热；而当 $\mu_{J-T}=0$ 时，$dT=0$，即节流膨胀后温度不变。理想气体因焓只是温度的函数，在任何状态下节流膨胀时均有 $\mu_{J-T}=0$。

3. 焦耳-汤姆孙实验的热力学分析

为了分析节流效应的规律，可以做一系列的实验，固定高压气体的温度和压力而改变节流后的气体的压力，得到一系列的等焓状态，将这些状态连接得到一条光滑的曲线，即为等焓线。再改变高压气体的温度和压力做同样的实验，可得到另一等焓线，将每条等焓线的最高点连接起来，得到 $\mu_{J-T}=0$ 的曲线，此线称为转换曲线。见图 2.9。

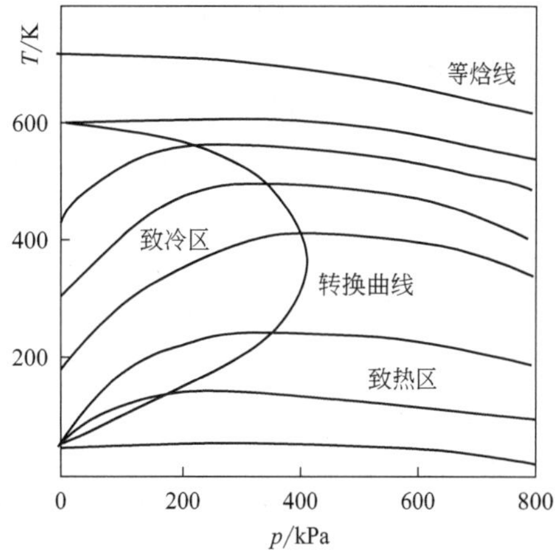

图 2.9　N_2 的等焓线和转换曲线

在该曲线的一侧 $\mu_{J-T}>0$，是致冷区，另一侧 $\mu_{J-T}<0$，是致热区。

真实气体的摩尔焓 H_m 是温度 T、压力 p 的函数，即 $H_m=f(T,p)$，对其求全微分

$$dH_m=\left(\frac{\partial H_m}{\partial T}\right)_p dT+\left(\frac{\partial H_m}{\partial p}\right)_T dp$$

每条等焓线上 $dH_m=0$，于是有

$$\mu_{J-T}=\left(\frac{\partial T}{\partial p}\right)_H=-\frac{(\partial H_m/\partial p)_T}{(\partial H_m/\partial T)_p} \tag{2.92}$$

将 $H_m=U_m+pV_m$ 代入式(2.92)，并且 $(\partial H_m/\partial T)_p=C_{p,m}$，得

$$\begin{aligned}\mu_{J-T}&=-\frac{(\partial U_m/\partial p)_T+[\partial(pV)/\partial p]_T}{C_{p,m}}\\&=\left\{-\frac{(\partial U_m/\partial p)_T}{C_{p,m}}\right\}+\left\{-\frac{[\partial(pV)/\partial p]_T}{C_{p,m}}\right\}\end{aligned} \tag{2.93}$$

由式(2.93) 可知，μ_{J-T}的正负号即由$\left\{-\frac{(\partial U_m/\partial p)_T}{C_{p,m}}\right\}$与$\left\{-\frac{[\partial(pV)/\partial p]_T}{C_{p,m}}\right\}$两项和确定。其中的 $C_{p,m}>0$，在一般温度、压力条件下，真实气体分子间相互吸引，在恒温下使气体压力减小，要克服分子间的吸引力，故气体的摩尔热力学能要增大，所以 $(\partial U_m/\partial p)_T<0$。故第一项总为正值，$[\partial(pV_m)/\partial p]_T$则与真实气体的 T、p 有关。这可从气体的 pV_m-p 恒温线上求出，它决定于气体本身性质及温度和压力。当$\left[\frac{\partial(pV_m)}{\partial p}\right]_T<0$ 时，第二项也为正值，则 $\mu_{J-T}>0$，此时气体经节流膨胀后产生致冷效果；当$\left[\frac{\partial(pV_m)}{\partial p}\right]_T$的值由较大的负值逐渐增大，

经过零后变为正值，而 μ_{J-T} 由正经过零后变为负，经过转换曲线温度进入致热区。所以，为使气体经节流膨胀达到致冷的目的，应根据真实气体的特性选择合适的温度、压力条件。

对于理想气体因其焓只是温度的函数，在任何状态下的节流膨胀过程时均有 $\mu_{J-T}=0$，即温度不发生变化。

习　题

一、选择题

1. 下列陈述中，正确的是（　　）。

（A）虽然 Q 和 W 是过程量，但由于 $Q_V=\Delta U$，$Q_p=\Delta H$，而 U 和 H 是状态函数，所以 Q_V 和 Q_p 是状态函数

（B）热量是因温度差而传递的能量，它总是倾向于从含热量较多的高温物体流向含热量较少的低温物体

（C）两物体之间只有存在温差，才可传递能量，反过来系统与环境间发生热量传递后，必然要引起系统温度变化

（D）封闭系统与环境之间交换能量的形式非功即热

2. 物质的量为 n 的纯理想气体，该气体的哪一组物理量确定之后，其他状态函数方有定值（　　）。

（A）p　　（B）V　　（C）T，p　　（D）T，U

3. 对于理想气体的热力学能有下述四种理解（　　）。

（1）状态一定，热力学能也一定

（2）对应于某一状态的热力学能是可以直接测定的

（3）状态改变时，热力学能一定跟着改变

（4）对应于某一状态，热力学能只有一个数值，不可能有两个或两个以上的数值其中正确的是（　　）。

（A）（1），（2）　　（B）（3），（4）　　（C）（2），（4）　　（D）（1），（4）

4. 恒容下，一定量的理想气体，当温度升高时热力学能将（　　）。

（A）降低　　（B）增加　　（C）不变　　（D）不能确定

5. 若一气体的方程为 $pV_m=RT+\alpha p$（$\alpha>0$，常数），则（　　）。

（A）$\left(\frac{\partial U}{\partial p}\right)_V=0$　　（B）$\left(\frac{\partial U}{\partial V}\right)_T=0$　　（C）$\left(\frac{\partial U}{\partial T}\right)_V=0$　　（D）$\left(\frac{\partial U}{\partial T}\right)_p=0$

6. 系统的状态改变了，其热力学能值（　　）。

（A）不一定改变　　（B）必定不变

（C）必定改变　　（D）状态与热力学能无关

7. 在一定 T、p 下，气化焓 $\Delta_{vap}H$、熔化焓 $\Delta_{fus}H$ 和升华焓 $\Delta_{sub}H$ 的关系如下，哪一个错误？（　　）

（A）$\Delta_{sub}H>\Delta_{vap}H$　　（B）$\Delta_{sub}H>\Delta_{fus}H$

（C）$\Delta_{vap}H=\Delta_{vap}H+\Delta_{fus}H$　　（D）$\Delta_{vap}H>\Delta_{sub}H$

8. 苯在一个刚性的绝热容器中燃烧，则（　　）。

$$C_6H_6(l)+(15/2)O_2(g)\longrightarrow 6CO_2+3H_2O(g)$$

（A）$\Delta U=0$，$\Delta H<0$，$Q=0$　　（B）$Q=0$，$\Delta U\neq0$，$\Delta H\neq0$

（C）$Q=0$，$\Delta U=0$，$\Delta H=0$　　（D）$\Delta U=0$，$\Delta H>0$，$W=0$

9. 一可逆热机与另一不可逆热机在其他条件都相同时，燃烧等量的燃料，则可逆热机拖动的列车运行的速度（　　）。

(A) 较快　　(B) 较慢　　(C) 速度一样　　(D) 不能比较

10. 化学反应在只做体积功的等温等压条件下，若从反应物开始进行反应，则此反应（　　）。

(A) 热力学不可逆过程　　(B) 是热力学可逆过程

(C) 是否可逆不能确定　　(D) 不能进行的过程

11. 凡是在孤立系统中进行的变化，其 ΔU 和 ΔH 的值一定是（　　）。

(A) $\Delta U>0$，$\Delta H>0$　　(B) $\Delta U<0$，$\Delta H<0$

(C) $\Delta U=0$，$\Delta H=0$　　(D) $\Delta U=0$，ΔH 大于、小于或等于零不确定

12. 某系统在非等压过程中加热，吸热 Q，温度从 T_1 升至 T_2，则此过程的焓增量 ΔH 为（　　）。

(A) $\Delta H=Q$　　(B) $\Delta H=0$

(C) $\Delta H=\Delta U+\Delta(pV)$　　(D) ΔH 等于别的值

13. 恒压下，无相变的单组分封闭系统的焓值随温度的升高而（　　）。

(A) 减少　　(B) 增加　　(C) 不变　　(D) 不一定

14. 非理想气体进行绝热自由膨胀时，下述答案中哪一个错误？（　　）

(A) $\Delta H=0$　　(B) $W=0$　　(C) $\Delta U=0$　　(D) $Q=0$

15. 有关焓的说法，下述哪一种说法错误？（　　）

(A) 焓是定义的一种具有能量量纲的热力学量

(B) 只有在某些特定条件下，焓变 ΔH 才与系统吸热相等

(C) 焓是状态函数

(D) 焓是系统能与环境能进行热交换的能量

16. 当系统将热量传递给环境之后，系统的焓（　　）。

(A) 减少　　(B) 增加　　(C) 不变　　(D) 不一定改变

17. 理想气体从相同始态分别经绝热可逆膨胀和绝热不可逆膨胀到达相同的压力，则其终态的温度、体积和系统的焓变必定是（　　）。

(A) $T_{可逆}>T_{不可逆}$，$V_{可逆}>V_{不可逆}$，$\Delta H_{可逆}>\Delta H_{不可逆}$

(B) $T_{可逆}<T_{不可逆}$，$V_{可逆}<V_{不可逆}$，$\Delta H_{可逆}<\Delta H_{不可逆}$

(C) $T_{可逆}<T_{不可逆}$，$V_{可逆}>V_{不可逆}$，$\Delta H_{可逆}<\Delta H_{不可逆}$

(D) $T_{可逆}<T_{不可逆}$，$V_{可逆}<V_{不可逆}$，$\Delta H_{可逆}>\Delta H_{不可逆}$

18. 下列过程可应用公式 $\Delta H=Q$ 进行计算的是（　　）。

(A) 不做非体积功，始末压力相同但中间压力有变化的过程

(B) 不做非体积功，一直保持体积不变的过程

(C) 273.15K、p 下液态水结成冰的过程

(D) 恒容下加热实际气体

19. 对于理想气体下述结论中正确的是（　　）。

(A) $\left(\frac{\partial H}{\partial T}\right)_V=0$　$\left(\frac{\partial H}{\partial V}\right)_T=0$　　(B) $\left(\frac{\partial H}{\partial V}\right)_T=0$　$\left(\frac{\partial H}{\partial p}\right)_T=0$

(C) $\left(\frac{\partial H}{\partial T}\right)_p=0$　$\left(\frac{\partial H}{\partial V}\right)_T=0$　　(D) $\left(\frac{\partial H}{\partial T}\right)_p=0$　$\left(\frac{\partial H}{\partial p}\right)_T=0$

20. 理想气体从同一始态（p_1，V_1）出发，经等温可逆压缩或绝热可逆压缩，使其终态均达到体积为 V_2，此二过程做的功的绝对值应是（　　）。

(A) 恒温功大于绝热功　　(B) 恒温功小于绝热功

(C) 恒温功等于绝热功　　(D) 无法确定关系

21. 对于封闭系统在指定始终态间的绝热可逆途径只能有（　　）。

(A) 一条　　(B) 二条　　(C) 三条　　(D) 三条以上

22. 1mol 单原子理想气体，当其经历一循环过程后，功 $W=400$J，则该过程的热量 Q 为（　　）。

(A) 0　　(B) 因未指明是可逆过程，无法确定

(C) 400J　　(D) -400J

23. 系统经历卡诺循环后，试判断下列哪一种说法是错误的？（　　）

(A) 系统本身没有任何变化　　(B) 系统和环境都没有任何变化

(C) 系统复原了，但环境并未复原　　(D) 环境复原了，但系统并未复原

24. 下述哪一种说法正确？（　　）

(A) 理想气体的焦耳-汤姆孙系数 μ 不一定为零

(B) 非理想气体的焦耳-汤姆孙系数 μ 一定不为零

(C) 使非理想气体的焦耳-汤姆孙系数 μ 为零的 p、T 值只有一组

(D) 理想气体不能用作电冰箱的工作介质

25. 对于一定量的理想气体，下列过程中不可能发生的是（　　）。

(A) 恒温下绝热膨胀　　(B) 恒压下绝热膨胀

(C) 吸热而温度不变　　(D) 吸热，同时体积又缩小

26. 范德瓦耳斯气体的 $\left(\dfrac{\partial U}{\partial V}\right)_T$ 等于（　　）。

(A) n^2a/V^2　　(B) n^2a/V　　(C) na/V　　(D) n^2a^2/V^2

27. 若以 B 代表化学反应中任一组分，$n_{B,0}$ 和 n_B 分别表示任一组分 B 在 $\xi=0$ 及反应进度为 ξ 时的物质的量，则定义反应进度为（　　）。

(A) $\xi=n_{B,0}-n_B$　　(B) $\xi=(n_B-n_{B,0})/\nu_B$

(C) $\xi=n_B-n_{B,0}$　　(D) $\xi=(n_{B,0}-n_B)/\nu_B$

28. 欲测定有机物燃烧热 Q_p，一般使反应在氧弹中进行，实测得热效应为 Q_V。公式 $Q_p=Q_V+nRT$ 中的 T 为（　　）。

(A) 氧弹中的最高燃烧温度　　(B) 浸泡氧弹水的温度

(C) 外水套中之水温　　(D) 298.2K

29. 下述说法哪个是正确的？（　　）

(A) 水的生成热即是氧的燃烧热　　(B) 水蒸气的生成热即是氧的燃烧热

(C) 水的生成热即是氢气的燃烧热　　(D) 水蒸气的生成热即是氢气的燃烧热

30. 石墨的燃烧热（　　）。

(A) 等于 CO 的生成热　　(B) 等于 CO_2 的生成热

(C) 等于金刚石的燃烧热　　(D) 等于零

（答：1. D，2. C，3. D，4. B，5. B，6. A，7. D，8. D，9. B，10. A，11. D，12. C，13. B，14. A，15. D，16. D，17. B，18. C，19. B，20. B，21. A，22. D，23. B　D，24. D，25. B，26. A，27. B，28. C，29. C，30. B）

二、计算题

1. 5mol 的理想气体，压力 1013.25kPa，温度 300K，分别求出恒温时下列过程的功：

（1）向真空中膨胀；

（2）在外压力 101.325kPa 下体积胀大 $1dm^3$；

（3）在外压力 101.325kPa 下膨胀到该气体压力也是 101.325kPa；

（4）恒温可逆膨胀至气体的压力为 101.325kPa。

答：（1）0；（2）−101.325J；（3）−11.22kJ；（4）−28.72kJ

2. 1mol 理想气体，始态体积为 $25dm^3$，温度为 373.15K，分别通过下列等温膨胀过程到终态体积为 $100dm^3$，试计算系统所做的功：（1）可逆膨胀；（2）向真空膨胀；（3）先在外压等于体积为 $50dm^3$ 时气体的平衡压力下，使气体膨胀到 $50dm^3$，再在外压等于体积为 $100dm^3$ 时气体的平衡压力下进行膨胀。

答：（1）$W=-4.302$kJ；（2）$W=0$；（3）$W=-3.102$kJ

3. 1mol 理想气体从 p_1、V_1、T 分两步膨胀到 p_2、V_2、T，第一步在恒温下反抗外压 p' 膨胀到 V'，第二步再反抗外压 p_2 膨胀到终态。求：（1）系统所做的功；（2）p'为何值时系统对环境做的功最大，最大功为多少？

答：（1）$W=RT\left(2-\dfrac{p'}{p_1}-\dfrac{p_2}{p'}\right)$；（2）$p'=(p_1p_2)^{1/2}$，$W_{max}=2RT\left[1-\left(\dfrac{p_2}{p_1}\right)^{1/2}\right]$

4. 25℃时将 1mol 氧气恒温可逆压缩，从 101.325kPa 压缩到 1013.25kPa，试计算过程的功。如果被压缩了的气体反抗外压为 101.325kPa 恒温膨胀到原来的状态，问此膨胀的功为多少。

答：$W_1=5.708$kJ、$W_2=-2.231$kJ

5. 一汽缸内有 5mol 理想气体，温度为 298.15K，压力为 10132.5kPa。（1）气体恒温可逆膨胀到压力为 101.325kPa 的平衡态；（2）恒温膨胀过程分三步进行：第一步反抗 5066.25kPa 的恒外压；第二步反抗 2026.5kPa 的恒外压；第三步反抗 101.325kPa 的恒外压。计算上述两过程系统吸收的热量。

答：（1）$Q=57.1$kJ；（2）$Q=25.4$kJ

6. 绝热箱中有一隔板将绝热箱分成 A、B 两部分，如图 2.10 所示。

（1）若 A 内有气体，B 为真空，问当隔板抽出后 Q、W、ΔU 的变化如何？（2）若 A、B 内都有气体但压力不等，问当隔板抽出后 Q、W、ΔU 又将如何变化？

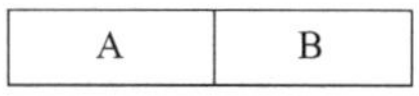

图 2.10 绝热箱

答：$Q=0$，$W=0$，$\Delta U=0$

7. 1mol 单原子理想气体，始态 $p_1=202.65$kPa，$T_1=298.15$K，经下述两个不同的途径达到终态 $p_2=101.325$kPa，$T_2=348.15$K，分别计算两个途径的 Q、W、ΔU 和 ΔH，计算结果说明什么问题。（1）先恒压加热再恒温可逆膨胀；（2）先恒温可逆膨胀再恒压加热。

答：（1）$Q=3046$J，$W=-2422$J，$\Delta U=623.5$J，$\Delta H=1039$J；

（2）$Q=2758$J，$W=-2134$J，$\Delta U=623.5$J，$\Delta H=1039$J

8. 2mol 单原子理想气体，由 600K、1000kPa 对抗恒外压 100kPa 绝热膨胀到 100kPa。计算该过程的 Q、W、ΔU 和 ΔH。

答：$Q=0$，$W=-5.387$kJ，$\Delta U=-5.387$kJ，$\Delta H=-8.979$kJ

9. 1mol 双原子理想气体，经历了如图 2.11 所示的循环，从状态 1 途经状态 2 和状态 3 回到状态 1 的过程，请填注下表。

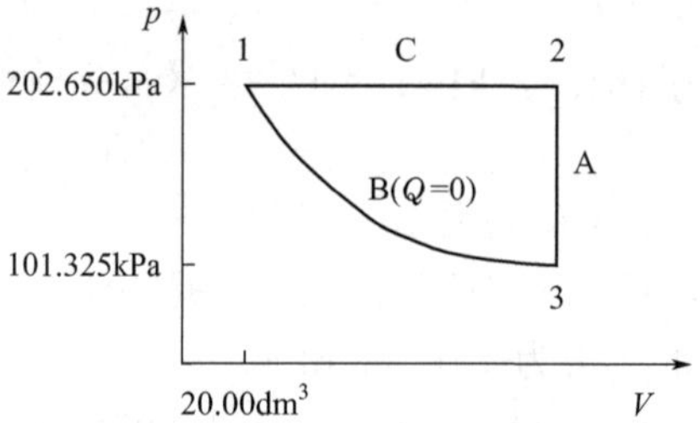

图 2.11 循环过程

状态	p/kPa	V/dm^3	T/K
1			
2			
3			

过程	过程性质	Q/J	W/J	ΔU/J
A(2→3)				
B(3→1)				
C(1→2)				

答：

状态	p/kPa	V/dm^3	T/K
1	202.650	20.00	487.49
2	202.650	32.81	799.73
3	101.325	32.81	399.86

过程	过程性质	Q/J	W/J	ΔU/J
A(2→3)	恒容可逆	−8311	0	−8311
B(3→1)	绝热可逆	0	1821	1821
C(1→2)	恒压可逆	9086	−2596	6490

10. 如图 2.12 所示，一圆筒置于一绝热包壳中，圆筒的中部有一无摩擦的绝热活塞，活塞将圆筒分成左右体积各为 20dm^3，分别装有 25℃、101.325kPa 的双原子理想气体，现在筒的右端缓缓加热，当右侧气体的压力为 202.650kPa 时，试计算：

(1) 左侧气体的最终温度？

(2) 右侧气体对左侧气体做多少功？

(3) 右侧气体的最终温度？

(4) 对气体需供给多少热量？

图 2.12 绝热包壳

答：(1) $T=363.45$K；(2) $W=1.109$kJ；(3) $T=829.18$K；(4) $Q=10.13$kJ

11. 1mol 理想气体由 202.65kPa、10dm^3 恒容升温，使压力升高到 2026.5kPa，再恒压压缩至体积为 1dm^3。求整个过程的 W、Q、ΔU 及 ΔH。

答：$W=18.24$kJ，$Q=-18.24$kJ，$\Delta U=0$，$\Delta H=0$

12. 1mol H_2O(l) 在 373.15K、101.325kPa 下汽化为气体，求该过程的 Q、W、ΔU 和 ΔH。已知水在 373.15K、101.325kPa 时的汽化热为 40.64kJ·mol^{-1}（气体可视为理想气体，液体的体积与气体相比可以略去）。

答：$W=-3.10$kJ，$Q=40.64$kJ，$\Delta U=37.54$kJ，$\Delta H=40.64$kJ

13. 10mol 理想气体从 2×10^6 Pa、$1\times10^{-3}\,m^3$ 恒容降温使压力降到 2×10^5 Pa，再恒压膨胀到 $1\times10^{-2}\,m^3$。求整个过程的 W、Q、ΔU、ΔH。

答：$W=-1.8$kJ，$Q=1.8$kJ，$\Delta U=0$，$\Delta H=0$

14. 10mol 某理想气体从 25℃加热到 200℃，试计算 ΔU、ΔH。已知此理想气体的恒容摩尔热容为 28.28J·K^{-1}·mol^{-1}。

答：$\Delta U=49.49$kJ，$\Delta H=64.04$kJ

15. 某双原子理想气体，经历如图 2.13 所示过程，求各个过程及循环过程的 Q、W、ΔU。已知：$p_1=2\times10^5$Pa、$V_1=3000$dm^3、$T_1=100$K；$p_2=4\times10^5$Pa、$V_2=6000$dm^3、$T_2=400$K。

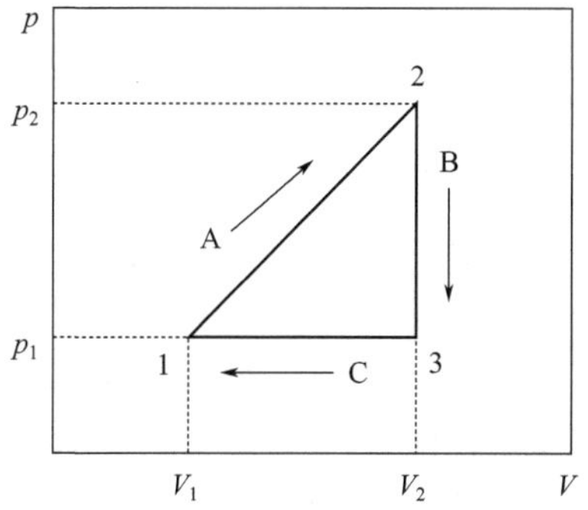

图 2.13 循环过程

答：$W_A=-9\times10^5$J，$\Delta U_A=45\times10^5$J，$Q_A=54\times10^5$J；
$W_B=0$，$\Delta U_B=-3\times10^6$J，$Q_B=-3\times10^6$J；
$W_C=6\times10^5$J，$\Delta U_C=-1.5\times10^6$J，$Q_C=-2.1\times10^6$J

16. 1mol 单原子理想气体，始态为 202.65kPa、11.2dm^3，经 pT＝常数的可逆过程压缩到终态为 405.3kPa。求：(1) 终态的体积和温度；(2) ΔU 和 ΔH；(3) W。

答：(1) $T=136.5$K，$V=2.8$dm^3；(2) $\Delta U=-1702$J，$\Delta H=-2837$J；(3) $W=2270$J

17. 已知反应 C(石墨)＋H_2O(g)$\longrightarrow$CO(g)＋H_2(g) 的 $\Delta_r H_m^\ominus$(298.15K)＝133kJ·mol^{-1}，计算该反应在 398.15K 时的 $\Delta_r H_m^\ominus$。各物质在 298.15～398.15K 的摩尔恒压热容为：

物质	$C_{p,m}^\ominus$/J·K^{-1}·mol^{-1}	物质	$C_{p,m}^\ominus$/J·K^{-1}·mol^{-1}
C(石墨)	8.64	CO(g)	29.11
H_2O(g)	33.54	H_2(g)	28.0

答：$\Delta_r H_m^\ominus$(398.15K)＝134.5kJ·mol^{-1}

18. 已知下列反应在 $p^\ominus$、25℃时的标准摩尔反应焓：

$1/2Cl_2(g)+KI(aq)$ ══ $KCl(aq)+1/2I_2$　　$\Delta_r H_m^\ominus=-109.66$kJ·mol^{-1}

$1/2H_2(g)+1/2Cl_2(g)$ ══ $HCl(g)$　　$\Delta_r H_m^\ominus=-92.05$kJ·mol^{-1}

$HCl(g)+(aq)$ ══ $HCl(aq)$　　$\Delta_r H_m^\ominus=-72.43$kJ·mol^{-1}

$KOH(aq)+HCl(aq)$ ══ $KCl(aq)$　　$\Delta_r H_m^\ominus=-57.49$kJ·mol^{-1}

$KOH(aq)+HI(aq)$ ══ $KI(aq)$　　$\Delta_r H_m^\ominus=-57.20$kJ·mol^{-1}

$HI(g)+(aq)$ ══ $HI(aq)$　　$\Delta_r H_m^\ominus=-80.37$kJ·mol^{-1}

求气态碘化氢的标准生成焓 $\Delta_f H_m^\ominus$。

答：$\Delta_f H_m^\ominus$[HI(g)]＝25.27kJ·mol^{-1}

第三章

热力学第二定律

热力学第一定律指出了能量守恒和转化及在转化过程中各种能量具有的当量关系，确定了系统有一个状态函数热力学能的存在，并断言“在隔离系统中，不论发生什么过程，能量总是守恒的”。热力学第一定律只反映客观事物的一个重要侧面，在不违背热力学第一定律的条件下，不能判断自然界进行的过程的方向性。

本章在热力学第二定律的基础上，推导出一个重要的状态函数——熵，并且得出熵判据。热力学第二定律的内容深刻而丰富，并断言“在绝热封闭系统中，可逆过程熵不变，不可逆过程熵增加”。同时引入两个新的状态函数，亥姆霍兹函数和吉布斯函数。

在熵判据的基础上，当系统处于恒温恒容且非体积功为零，或恒温恒压且非体积功为零的条件下，又得出系统发生自发过程的判据，即亥姆霍兹函数判据和吉布斯函数判据。

在综合热力学第一定律和热力学第二定律之后，推导出热力学能、熵、亥姆霍兹函数和吉布斯函数这四个状态函数随平衡系统状态变化的热力学基本方程。

第一节　卡诺循环

把通过工作物质从高温热源吸热、向低温热源放热并对环境做功的循环操作的机器称为热机。热机是将热转化为功的机器，其能流图如图 3.1 所示。

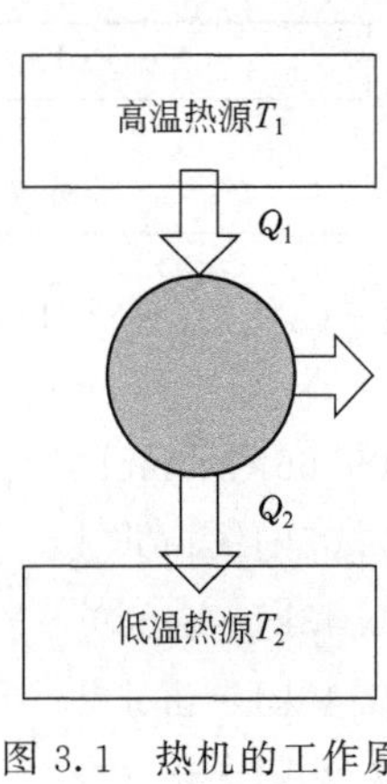

图 3.1　热机的工作原理

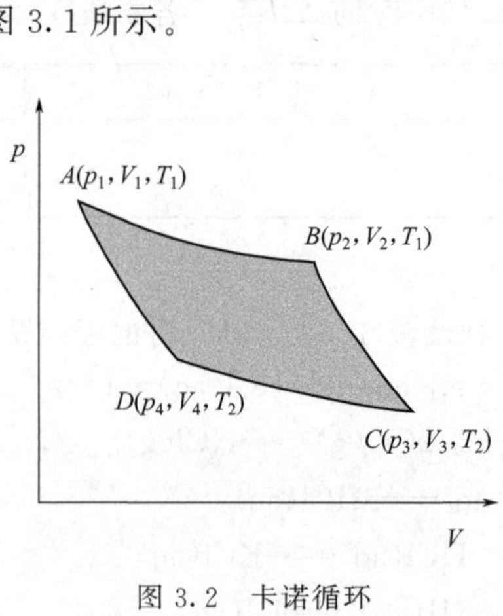

图 3.2　卡诺循环

将在一次循环中，热机对环境所做的功$-W$与其从高温热源吸收的热Q_1之比称为热机效率，其符号为η

$$\eta = -W/Q_1 \tag{3.1}$$

其量纲为一。工作于同一高温热源和同一低温热源之间的不同热机，其热机效率不同，但应以可逆热机的热机效率为最大。1824 年法国年轻的工程师卡诺专门研究热转化为功的规律，设想了一部理想热机。该热机是由两个温度下的恒温可逆过程和两个绝热可逆过程组成的可逆循环，称为卡诺循环。如图 3.2 所示。

以一定量的理想气体为热机工作物质，推导出可逆热机效率与高温热源及低温热源温度间的关系。

（1）恒温可逆膨胀　物质的量为 n 的理想气体，在高温热源 T_1 下，从状态 $A(T_1, p_1, V_1)$，恒温可逆膨胀到状态 $B(T_1, p_2, V_2)$，系统从高温热源吸热并对外做功

$$Q_1 = -W_1 = \int_{V_1}^{V_2} p\,\mathrm{d}V = nRT_1 \ln \frac{V_2}{V_1} \tag{3.2}$$

系统所做的功在 p-V 图上等于图 3.2 中曲线 AB 下的面积。

（2）绝热可逆膨胀　系统从状态 B 绝热可逆膨胀降温到低温热源 T_2 下的状态 $C(T_2, p_3, V_3)$。

$$Q' = 0, \quad W' = \Delta U' = n\int_{T_1}^{T_2} C_{V,\mathrm{m}}\,\mathrm{d}T$$

因为此过程是绝热的，所以系统对外做功要消耗热力学能。系统做的功相当于图 3.2 中 BC 线下面的面积。

（3）恒温可逆压缩　系统在低温热源 T_2 下从状态 C 恒温可逆压缩到状态 $D(T_2, p_4, V_4)$。

$$Q_2 = -W_2 = \int_{V_3}^{V_4} p\,\mathrm{d}V = nRT_2 \ln \frac{V_4}{V_3} \tag{3.3}$$

这一过程中，系统放热到温度为 T_2 的低温热源。环境对系统做的功相当于曲线 DC 下面的面积。

（4）绝热可逆压缩　系统从状态 D 绝热可逆压缩升温回到状态 A。环境对系统做功使系统的热力学能增加。

$$Q'' = 0 \quad W'' = \Delta U'' = n\int_{T_2}^{T_1} C_{V,\mathrm{m}}\,\mathrm{d}T$$

环境对系统做的功相当于图 3.2 中曲线 AD 下面的面积。

在这四个状态中，状态 A 和 D 在一条绝热线上，状态 B 和 C 在另一条绝热线上。以上四个步骤构成一个循环。

将理想气体绝热可逆过程方程式(2.57) 应用于这两条绝热线，有

$$T_1 V_2^{\gamma-1} = T_2 V_3^{\gamma-1} \text{ 与 } T_1 V_1^{\gamma-1} = T_2 V_4^{\gamma-1}$$

两式相除得

$$\frac{V_2}{V_1} = \frac{V_3}{V_4} \tag{3.4}$$

对于循环过程 $\Delta U = 0$，则卡诺循环过程系统对环境所做的功为

$$-W = Q = Q_1 + Q_2 \tag{3.5}$$

将式(3.2)、式(3.3) 代入式(3.5) 得

$$-W = nRT_1 \ln \frac{V_2}{V_1} + nRT_2 \ln \frac{V_4}{V_3} \tag{3.6}$$

将式(3.4) 式代入式(3.6) 得

$$-W = nR(T_1 - T_2) \ln \frac{V_2}{V_1} \tag{3.7}$$

根据热机效率的定义，将式(3.2)、式(3.7) 代入式(3.1)，于是得出卡诺循环的热机效率为

$$\eta=-\frac{W}{Q_1}=\frac{Q_1+Q_2}{Q_1}=\frac{T_1-T_2}{T_1} \tag{3.8}$$

可见卡诺循环的热机效率只取决于高、低温热源的温度。低温热源和高温热源温度之比越小，热机效率越高。若低温热源温度不变，高温热源的温度越高，从高温热源传出同样热量对环境所做的功越多，效率越高。这说明温度越高，热的品质越高，功可以全部转化为热，而热转化为功则有着一定的限制。正是这种热功转换的限制，使得物质状态的变化存在着一定的方向和限度。热力学第二定律就是通过热功转换的限制来研究过程进行的方向和限度。

由式(3.8) 还可以整理出

$$\frac{Q_1}{T_1}+\frac{Q_2}{T_2}=0 \tag{3.9}$$

此式表明卡诺循环的热温商之和等于零。

因卡诺循环是可逆循环，每一步骤均是可逆的。式中，T_1、T_2 为两热源的温度，也是第 1 步和第 3 步中系统的温度；Q_1、Q_2 是相应步骤的可逆热。

卡诺循环是可逆循环，因可逆过程系统对环境做最大功，故卡诺热机的热机效率最大。一切工作于同样高温热源和同样低温热源间的其他可逆热机，均有与卡诺热机相同的热机效率，而一切不可逆热机的热机效率均要小于卡诺热机的热机效率。

第二节 自发过程的共同特征——不可逆性

所谓“自发过程”是指能够自动发生的过程，不需要人为加入功和外界帮助的条件，任其自然，不去管它，即可发生的过程，而自发过程的逆过程则是不能自动进行的。自然界中存在许许多多的自发过程，它们一旦发生之后，其后果是不能消除的。

1. 有限温差的热传导过程

热源 A 的温度为 T_1，热源 B 的温度为 T_2，$T_1>T_2$。两物体由一个导热棒连接，在一定的时间内，有热量 Q 从热源 A 自动地流向热源 B，这是一个自发过程。然而欲使热量 Q 从低温热源流回高温热源，若不借助外力，则这样的过程是不会自动发生的。正向过程能自动发生，若逆过程不能自动发生，那就表明过程具有方向性。这种方向性，就是指过程的不可逆性，自发过程发生后，系统和环境所产生的后果不能自动消除，这种后果是指系统和环境的状态所发生的一切变化。

可以利用外力来实现上述自发过程的逆过程，可用一个制冷机，环境对此机器做 W 的功，从低温热源取出热量为 Q，并有 $Q'=Q+W$ 的热量流入高温热源，再从高温热源流出数量为 W 的热到环境。这样两个热源和导热棒都恢复了原态，但是，环境中却消耗了数量为 W 的功，而得到了数量为 W 的热，虽然环境中的能量并未减少或增加，但能量的形式改变了。环境是否恢复原态，取决于等量的热是否可以转化为等量的功，而不引起其他变化。

2. 膨胀过程的方向性

一定量的理想气体，在恒温的条件下总能自动向真空膨胀，而充满整个空间。其后果是气体的状态改变了，气体不可能自动恢复到原来状态。可以用一个恒温无摩擦的准静态压缩过程

使系统恢复原态，但是又产生新的后果，环境失去功 W，而得到等量的热 $Q=W$，要使环境复原，就又遇到同样的情况。

3. 摩擦生热的方向性

焦耳实验是一个摩擦生热的例子。环境中的重物下降，带动搅拌器旋转，旋转的搅拌叶与水摩擦所产生的热传给了系统的水，水温升高。然而经验表明，水温自动降低，重物自动升高的过程永远不会发生。同样水可将所得到那部分热传给环境，水回到原来状态，但是又产生新的后果，环境失去功 W，而得到等量的热 $Q=W$，要使环境复原，就又遇到同样的情况。

以上的例子表明，自发过程的后果具有可通性或后果的转移性。过程完成后，系统与环境所留下的后果，可以通过各种各样的过程转移为其他系统或环境的后果，而原来的后果消失。

4. 高压气体向低压气体的扩散过程

两球之间以二通活塞相隔开，两球内充以同种气体，温度相同，A 球中气体压力为 p_1，B 球中气体压力为 p_2，$p_1>p_2$。打开活塞使两球连通后，A 球中的气体要自动地扩散到 B 球中，直到两球中的压力相等，达到平衡态。相反的过程不可能自动发生。当然，在允许产生其他变化时，可以使系统恢复原态，但要产生新的后果，在环境中产生无法消除的后果。

5. 溶质自高浓度向低浓度的扩散过程

两容器中分别盛有温度相同、浓度为 c_1、c_2 的同种类型溶液，$c_1>c_2$。两容器用虹吸管相连通后，溶质会自动地从 A 容器通过虹吸管扩散到 B 容器中，直到两容器中溶质的浓度相等为止。相反的过程不可能自动发生。当然，在允许产生其他变化时，可以使系统恢复原态，但要产生新的后果，在环境中产生无法消除的后果。

从上面的例子可以看出，在自然条件下，从某一状态到另一状态能否自发进行是有方向的。采取一定方法可以使系统恢复原状态，但环境则消耗了功。环境消耗的功等量地变成了环境的热，环境没有恢复原来的状态，因此自发过程的共同特征是热力学的不可逆性。一个自发过程发生后，不可能使系统和环境都恢复到原来的状态而不留下任何变化，也就是说自发过程是有方向性的，是不可逆的。

第三节　热力学第二定律的概念

自然界自动进行的过程其种类十分繁多，从中选择一个自动进行的过程，阐明它所产生的后果不论利用什么方法也不能自动消除，即不能使得参与过程的系统和环境恢复原来状态，并且不再引起其他变化（后果），这样得到一个普遍原理就是热力学第二定律。热力学第二定律是人类长期生产实践和科学实验的总结，是在研究热功转换的基础上于 19 世纪中叶提出来的。此定律有很多种说法，各种说法均是等效的。这里只介绍其中的两种。

（1）克劳修斯说法　“不可能以热的形式将能量从低温物体传到高温物体，而不产生其他变化。”

克劳修斯说法反映了传热过程的不可逆性。

（2）开尔文说法　“不可能以热的形式将单一热源的能量完全转变为功，而不产生其他变化。”

开尔文说法表述了功转化为热这一过程的不可逆性，断定了热与功不是完全等价的，功可以无条件地完全转化为热，而热则不能无条件地完全转化为功。

历史上人们曾幻想制造出一种从单一热源吸热而对外不断做功的机器，并称之为第二类永动机。开尔文说法表明：第二类永动机是不可能造成的。

热力学第二定律的每一种说法都是等效的，违反一种必违反另一种；第一种说法正确，第二种也必然正确。利用它可以判断过程的方向性或不可逆性。也就是说，当一个过程发生后，系统与环境发生了变化，如果不论用什么方法都不可能使系统与环境完全恢复原来状态，而不引起其他变化，就称原来的变化过程是不可逆过程。

第四节　熵及熵增原理

1. 卡诺定理

在相同高低温两个热源之间工作的所有热机中，以可逆热机的热机效率为最大。这就是卡诺定理。卡诺热机就是一种可逆热机。

虽然卡诺定理是在热力学第二定律建立之前建立的，但要证明卡诺定理却需要热力学第二定律。为了证明卡诺定理，这里采用反证法。假设任意热机的热机效率 η_E 大于卡诺热机的热机效率 η_R。将此任意热机与逆向运行的卡诺热机（因卡诺热机是可逆热机）在两热源间联合操作。如图 3.3(c) 所示。

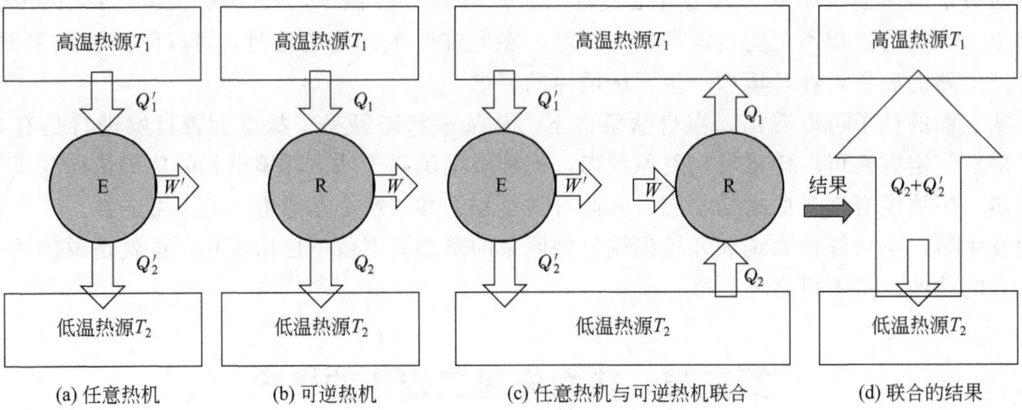

图 3.3　可逆热机与不可逆热机

以热机为系统，任意热机见图 3.3(a)，从高温热源 T_1 吸热 Q_1'（$Q_1'>0$），向低温热源 T_2 放热 Q_2'（$Q_2'<0$），向环境做功 W'（$W'<0$）；可逆热机见图 3.3(b)，调节卡诺热机从高温热源 T_1 吸热 Q_1（$Q_1>0$），向低温热源 T_2 放热 Q_2（$Q_2<0$），向环境做功 W（$W<0$），使 $W'=W$。

现令卡诺热机逆向运转，见图 3.3(c)，则卡诺热机从低温热源 T_2 吸热 Q_2（$Q_2>0$），向高温热源 T_1 放热 Q_1（$Q_1<0$），环境对卡诺热机做功 W（$W>0$），此时 $W'=-W$。即环境没有功的得与失。

先假设任意热机（E）的效率大于可逆热机（R）的效率，即

$$\eta_E>\eta_R \tag{3.10}$$

根据热机效率的定义式(3.1) 有

$$\left|\frac{W'}{Q'_1}\right|>\left|\frac{W}{Q_1}\right| \quad 或 \quad \frac{|W'|}{|Q'_1|}>\frac{|W|}{|Q_1|} \quad |Q_1|>|Q'_1|$$

即有

$$-Q_1>Q'_1$$

或

$$Q'_1+Q_1<0 \tag{3.11}$$

根据热力学第一定律，一个循环后，任意热机

$$Q'_1+Q'_2+W'=0 \tag{3.12}$$

可逆热机

$$Q_1+Q_2+W=0 \tag{3.13}$$

式(3.12) 与式(3.13) 相加得

$$Q'_1+Q_1=-(Q'_2+Q_2)<0$$

即有

$$Q'_1+Q_1<0 \quad 和 \quad Q'_2+Q_2>0$$

从系统角度来看，从低温热源吸热 Q'_2+Q_2，向高温热源放热 Q'_1+Q_1。系统循环后，没有做任何功，能量以热的形式由低温热源流向高温热源，而没有引起任何变化，见图 3.3(d)。这是违反了热力学第二定律的克劳修斯说法。所以假设式(3.10) $\eta_E>\eta_R$是不正确的。因此应有

$$\eta_E\leqslant\eta_R \tag{3.14}$$

根据卡诺定理可以推论：在高温、低温两热源间工作的所有可逆热机，其热机效率必然相等，与工作物质及其变化的类型无关。

可证明如下：假设任意两个可逆热机 R_1 和 R_2 工作在同温热源与同温的冷源之间，若以 R_1 带动 R_2 使 R_2 逆转，同上可证明 $\eta_{R_1}\leqslant\eta_{R_2}$；若以 R_2 带动 R_1 使 R_1 逆转，同上可证明 $\eta_{R_2}\leqslant\eta_{R_1}$，因此只能有 $\eta_{R_1}=\eta_{R_2}$。结合式(3.14)，则有：任意热机中的不可逆热机的效率 η_I 小于可逆热机的效率。即

$$\eta_I<\eta_R \tag{3.15}$$

热机的工作物质可以是真实气体，也可以是易挥发的液体，除了 pVT 变化外，还可以有相变化，如液体的蒸发和气体的凝结，也可以有化学变化，如气相化学反应。但是，只要高温热源和低温热源的温度确定，则工作于此两热源之间的热机，无论何种工作物质，无论何种变化，只要每一步均是可逆的，则所有热机的热机效率均相同。

由热机效率定义，对可逆热机

$$\eta_R=\frac{-W}{Q_1}=\frac{Q_1+Q_2}{Q_1}=\frac{T_1-T_2}{T_1}=1-\frac{T_2}{T_1} \quad (可逆循环) \tag{3.16}$$

整理可得

$$\frac{Q_2}{T_2}+\frac{Q_1}{T_1}=0 \quad (可逆循环) \tag{3.17}$$

而对不可逆热机

$$\eta_I=\frac{Q_1+Q_2}{Q_1}=1+\frac{Q_2}{Q_1} \quad (不可逆循环) \tag{3.18}$$

因 $\eta_I<\eta_R$，式(3.16) 与式(3.18) 相比较，有 $1+\frac{Q_2}{Q_1}<1-\frac{T_2}{T_1}$

即

$$\frac{Q_1}{T_1}+\frac{Q_2}{T_2}<0 \quad （不可逆循环） \tag{3.19}$$

式(3.17) 和式(3.19) 可表示成

$$\frac{Q_1}{T_1}+\frac{Q_2}{T_2}\leqslant 0\begin{pmatrix}<不可逆循环\\=可逆循环\end{pmatrix} \tag{3.20}$$

式中，T_1、T_2 为高、低温热源的温度，可逆时等于系统的温度。

对于无限小的循环为

$$\frac{\delta Q_1}{T_1}+\frac{\delta Q_2}{T_2}\leqslant 0\begin{pmatrix}<不可逆循环\\=可逆循环\end{pmatrix} \tag{3.21}$$

对于任意循环，应有

$$\sum\left(\frac{\delta Q}{T}\right)\leqslant 0\begin{pmatrix}<不可逆循环\\=可逆循环\end{pmatrix} \tag{3.22}$$

或

$$\oint\left(\frac{\delta Q}{T}\right)\leqslant 0\begin{pmatrix}<不可逆循环\\=可逆循环\end{pmatrix} \tag{3.23}$$

2. 熵

不仅卡诺循环的热温商之和等于零，而且可以证明任意可逆循环的热温商之和均等于零。设有任意可逆循环，如图 3.4 中的封闭曲线所示。今以许多绝热可逆线（斜率较大的曲线）和许多恒温可逆线（斜率较小的曲线）将该任意可逆循环分割成许多由两条绝热可逆线和两条恒温可逆线构成的小卡诺循环。并且使得每两条绝热可逆线与一条恒温可逆线构成的折线 $ABCDE$ 可逆过程，与被分割下的任意可逆循环中 AE 可逆过程的始终态相同，做的功相同，热效应也相同。两个相邻的小卡诺循环之间的公共绝热可逆线，都是左侧小卡诺循环的绝热可逆膨胀线和右侧小卡诺循环的绝热可逆压缩线的部分重叠，由于重叠部分相互抵消，这些小卡诺循环的总和形成了沿着该任意可逆循环曲线的封闭折线。当绝热可逆线和恒温可逆线无限多，使得卡诺循环无限小且无限多时，封闭折线实际上就和任意可逆循环曲线相重合。即折线经历的循环过程和任意可逆循环相同。因此，任意可逆循环，均可用无限多个无限小的卡诺循

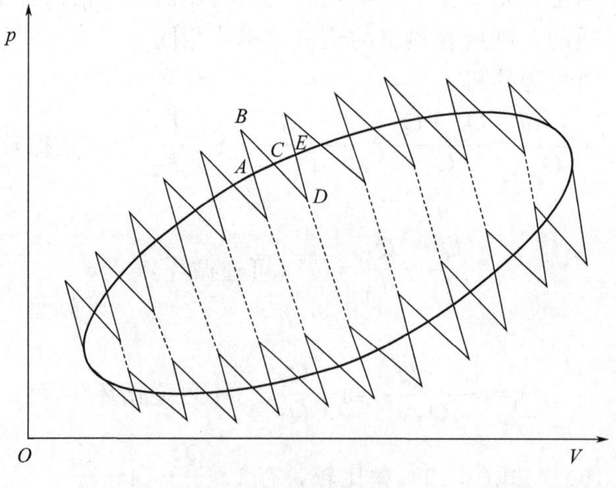

图 3.4　任意可逆循环

环之和代替。

根据式(3.21)，每一个小卡诺循环的热温商之和应等于零。于是有

$$\frac{\delta Q_1}{T_1}+\frac{\delta Q_2}{T_2}=0 \quad \frac{\delta Q_3}{T_3}+\frac{\delta Q_4}{T_4}=0 \quad \frac{\delta Q_5}{T_5}+\frac{\delta Q_6}{T_6}=0\cdots\cdots \tag{3.24}$$

式中，T_1、T_2、T_3、…分别为各小卡诺循环的热源的温度；δQ_1、δQ_2、δQ_3、…分别为各小卡诺循环中与热源交换的热。

上面各式相加，得

$$\sum_i \frac{\delta Q_i}{T_i}=0 \tag{3.25}$$

式中，δQ_i 为小卡诺循环中与热源交换的热，因过程是可逆的，该热为可逆热，并且 T_i 也是系统的温度。在极限情况下，上式可写成

$$\oint\left(\frac{\delta Q}{T}\right)_{\mathrm{R}}=0 \tag{3.26}$$

此式表明：任意可逆循环的热温商之和为零。

按积分定理，若沿封闭曲线的环积分为零，则所积变量应当是某一函数的全微分。

如图 3.5 所示，系统由状态 A 沿可逆途径 R_1 到达状态 B，再由状态 B 沿另一可逆途径 R_2 回到状态 A 构成一可逆循环。根据式(3.26)

$$\oint\left(\frac{\delta Q}{T}\right)_{\mathrm{R}}=\int_A^B\left(\frac{\delta Q}{T}\right)_{\mathrm{R}_1}+\int_B^A\left(\frac{\delta Q}{T}\right)_{\mathrm{R}_2}=0$$

即

$$\int_A^B\left(\frac{\delta Q}{T}\right)_{\mathrm{R}_1}+\int_B^A\left(\frac{\delta Q}{T}\right)_{\mathrm{R}_2}=0$$

故得

$$\int_A^B\left(\frac{\delta Q}{T}\right)_{\mathrm{R}_1}=\int_A^B\left(\frac{\delta Q}{T}\right)_{\mathrm{R}_2} \tag{3.27}$$

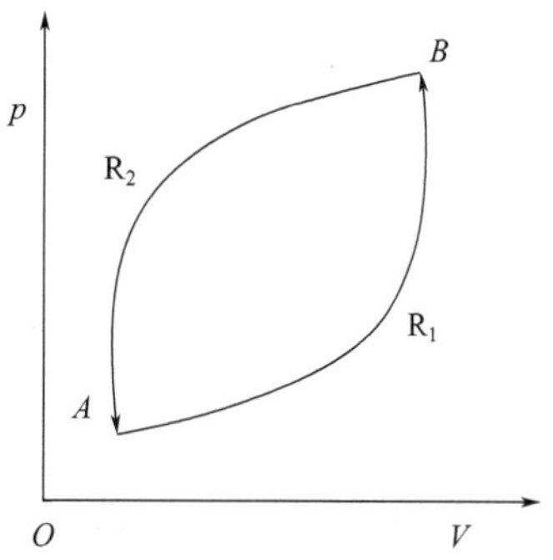

图 3.5 可逆循环

式(3.27) 说明 $(\delta Q/T)_{\mathrm{R}}$ 的积分值只取决于过程的始、终态而与过程的途径无关，表明它是某一状态函数的全微分。

以 S 代表此状态函数，并称之为熵，并用 S_A 和 S_B 分别代表始态和终态的熵，则

$$S_B-S_A=\Delta S=\int_A^B\left(\frac{\delta Q}{T}\right)_{\mathrm{R}} \tag{3.28}$$

或

$$\Delta S=\sum_i\left(\frac{\delta Q_i}{T_i}\right)_{\mathrm{R}} \tag{3.29}$$

若 A、B 代表两个十分接近的平衡态，上式写成微分形式

$$\mathrm{d}S=\left(\frac{\delta Q}{T}\right)_{\mathrm{R}} \tag{3.30}$$

式(3.30) 即为熵的定义式。式中，δQ 为系统与环境交换的可逆热；T 为系统的温度；$\left(\frac{\delta Q}{T}\right)_{\mathrm{R}}$ 代表系统的可逆热温商。式(3.28) 是计算过程熵变的基本公式。

熵是状态函数，其单位为 $\mathrm{J\cdot K^{-1}}$，是广度量。一定状态下物质的熵与物质的量成正比，$S/n=S_{\mathrm{m}}$，称为摩尔熵，单位为 $\mathrm{J\cdot mol^{-1}\cdot K^{-1}}$。一定状态下物质的熵值是不知道的，只能计算一过程的熵变。

熵函数是个极为重要的热力学量，是物质的性质，是状态函数，是广度量，是构成系统的

大量粒子集合体现出的性质，个别粒子没有熵的概念。系统的状态一定，有确定的 p、V、T、U、H 值，也有确定的 S 值。

低温下的晶体恒压加热成高温下的气体的过程，整个过程都在吸热，因而这是熵不断增大的过程。晶体中的分子（原子或离子）按一定方向、距离规则地排列，分子只能在其平衡位置附近振动。在熔化时，分子的能量大到可以克服周围分子对它的束缚，能在一定空间运动，汽化后的气体可在空间自由运动。从晶体到液体再到气体的变化，物质分子的有序度连续减小，无序度逐渐增大。在一定温度下，气体膨胀过程可逆热也大于零，也是熵增大过程，无序度也增大。

可见无序度增大的过程是熵增大的过程，因此可以说，熵是量度系统无序度的函数。

3. 克劳修斯不等式

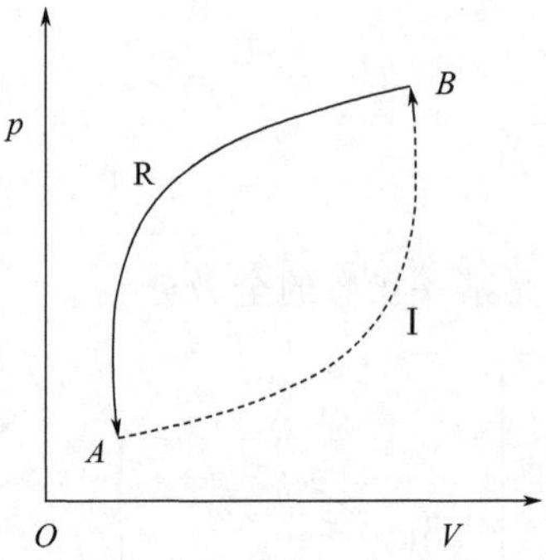

图 3.6　不可逆循环

见图 3.6，从状态 A 到状态 B，经某一不可逆途径（Ⅰ），也可经某一可逆途径（R），令可逆途径逆向进行，使之与不可逆途径构成循环。在循环中，只要有一步为不可逆时，整个循环即为不可逆循环。

从状态 A 到状态 B 经不可逆途径（Ⅰ）的热温商为 $\int_A^B\left(\frac{\delta Q}{T}\right)_{\text{I}}$，从状态 B 到状态 A 经可逆途径（R）的热温商为 $\int_B^A\left(\frac{\delta Q}{T}\right)_{\text{R}}$。根据式(3.23)，对此不可逆循环有

$$\int_A^B\left(\frac{\delta Q}{T}\right)_{\text{I}}+\int_B^A\left(\frac{\delta Q}{T}\right)_{\text{R}}<0$$

对于可逆途径，热温商是状态函数，则

$$\int_B^A\left(\frac{\delta Q}{T}\right)_{\text{R}}=-\int_A^B\left(\frac{\delta Q}{T}\right)_{\text{R}}$$

故有

$$\int_A^B\left(\frac{\delta Q}{T}\right)_{\text{R}}>\int_A^B\left(\frac{\delta Q}{T}\right)_{\text{I}} \tag{3.31}$$

即同样始终态间，可逆过程的热温商大于不可逆过程的热温商。

根据熵的定义式(3.28)，可逆热温商即熵变，故从状态 A 到状态 B 的熵变

$$\Delta S=\int_A^B\left(\frac{\delta Q}{T}\right)_{\text{R}}>\int_A^B\left(\frac{\delta Q}{T}\right)_{\text{I}} \tag{3.32}$$

可写成

$$\Delta S\geqslant\int_A^B\left(\frac{\delta Q}{T}\right)\begin{pmatrix}>\text{不可逆过程}\\=\text{可逆过程}\end{pmatrix} \tag{3.33}$$

微分式

$$\mathrm{d}S\geqslant\frac{\delta Q}{T}\begin{pmatrix}>\text{不可逆过程}\\=\text{可逆过程}\end{pmatrix} \tag{3.34}$$

或

$$\Delta S\geqslant\sum_A^B\frac{\delta Q}{T}\begin{pmatrix}>\text{不可逆过程}\\=\text{可逆过程}\end{pmatrix} \tag{3.35}$$

式(3.34) 和式(3.35) 称为克劳修斯不等式。δQ 为实际过程中的热效应，T 是环境的温度。可逆过程中用等号，此时 δQ 是可逆过程中的热效应，系统的温度等于环境的温度。克劳修斯不等式可用以判断过程的可逆性，它也是热力学第二定律的数学表达式。

克劳修斯不等式表明了计算过程熵变的原则：因过程的熵变等于可逆过程的热温商，所以，要想求算过程的熵变，必须计算可逆过程的热温商，对于不可逆过程的熵变，只能设计一条可逆途径，其热温商是这个不可逆过程的熵变，绝不能用不可逆过程的实际热温商计算熵变。

例 3.1 将一容器用一隔板分成体积相等的两部分，一部分装有 1mol 25℃、101.325kPa 的双原子理想气体，另一部分为真空，当将隔板抽去后，系统达到新的平衡态，试计算过程的熵变。

解： 过程示意如下

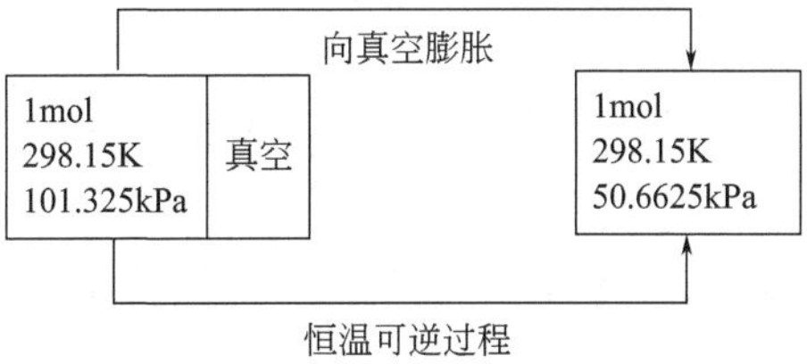

实际过程是理想气体向真空膨胀，所以 $\Delta U=0$，$W_{实际}=0$，$Q_{实际}=0$，实际过程的热温商为零。为了求上述过程的熵变，设计一恒温可逆过程，$\Delta U=0$

$$Q=-W=\int_{V_1}^{V_2} p\,\mathrm{d}V=nRT\ln\frac{V_2}{V_1}=nRT\ln\frac{p_1}{p_2}$$

$$=1\mathrm{mol}\times 8.314\mathrm{J}\cdot\mathrm{K}^{-1}\cdot\mathrm{mol}^{-1}\times 298.15\mathrm{K}\ln(101.325/50.6625)=1718\mathrm{J}$$

$$\Delta S=Q/T=1718\mathrm{J}/298.15\mathrm{K}=5.763\mathrm{J}\cdot\mathrm{K}^{-1}$$

即过程的熵变为 $5.763\mathrm{J}\cdot\mathrm{K}^{-1}$。

4. 熵判据——熵增原理

由克劳修斯不等式即式(3.33) 可以得出结论：在绝热情况下，$\delta Q=0$，系统发生不可逆过程时，其熵值增大；系统发生可逆过程时，其熵值不变；熵值减小的过程是不可能发生的。此即熵增原理。

对绝热系统，有

$$\mathrm{d}S\geqslant 0\begin{pmatrix}>\text{不可逆过程}\\=\text{可逆过程}\end{pmatrix}\quad 或\quad \Delta S\geqslant 0\begin{pmatrix}>\text{不可逆过程}\\=\text{可逆过程}\end{pmatrix}\tag{3.36}$$

若封闭系统与环境之间不绝热，系统可以发生熵减小的过程。但将此系统与环境合在一起形成一个隔离系统时，系统与环境之间没有功和热的交换，隔离系统与其外界当然是绝热的。因此，作为隔离系统，则只能发生熵增过程，而不可能发生熵减的过程。因此，熵增原理可表示为

$$\Delta S_{\mathrm{iso}}=\Delta S_{\mathrm{sys}}+\Delta S_{\mathrm{su}}\geqslant 0\begin{pmatrix}>\text{不可逆过程}\\=\text{可逆过程}\end{pmatrix}\tag{3.37}$$

$$\mathrm{d}S_{\mathrm{iso}}=\mathrm{d}S_{\mathrm{sys}}+\mathrm{d}S_{\mathrm{su}}\geqslant 0\begin{pmatrix}>\text{不可逆过程}\\=\text{可逆过程}\end{pmatrix}\tag{3.38}$$

式中，下标 iso、sys 和 su 分别代表隔离系统、系统和环境。

熵增原理又可表述为“一个隔离系统的熵永不减少。”

对一个隔离系统，外界不能对其进行干扰，整个系统处于“不去管它，任其自然”的情况，因此隔离系统中发生的不可逆过程，必定是自发过程。任何自发过程都是由非平衡态趋向

于平衡态，达到平衡态时熵函数达到最大值，一个系统如果已经达到平衡态，则其中进行的任何过程都是可逆的。隔离系统熵值减小的过程是不可能发生的。因此有

$$\Delta S_{\text{iso}}=\Delta S_{\text{sys}}+\Delta S_{\text{su}}\geqslant 0\begin{pmatrix}>\text{自发过程}\\=\text{平衡状态}\end{pmatrix} \tag{3.39}$$

$$\mathrm{d}S_{\text{iso}}=\mathrm{d}S_{\text{sys}}+\mathrm{d}S_{\text{su}}\geqslant 0\begin{pmatrix}>\text{自发过程}\\=\text{平衡状态}\end{pmatrix} \tag{3.40}$$

作为热源与功源的环境通常由大量的不发生相变化和化学变化的物质所构成。它处于热力学平衡态。当环境与系统间交换了一定量的热和功之后，其温度、压力只发生极其微小的变化，甚至可以看作不变，因而认为环境内部不存在着不可逆变化。所以，通过熵判据即可判断系统进行的过程可逆与否。

第五节　单纯 *pVT* 变化熵变的计算

物质 p、V、T 变化过程，是指无相变化和化学变化的单纯的变压、变体积或变温的过程，或温度、压力和体积都在变化的过程。

1. 环境熵变

可以认为环境是由处于热力学平衡态的不发生相变化和化学变化的物质所构成，对于封闭系统，将环境与系统进行热交换的部分看成是一个巨大的热源，并且总是假设热源都是足够大和体积不变，在传热过程中温度始终保持不变。对环境来说，无论热量是可逆地还是不可逆地流入流出，两者相等，对环境熵变的计算不必考虑它与系统的热交换的可逆性，也就是说，不管系统中进行的过程是否可逆，环境的熵变的计算均为

$$\mathrm{d}S_{\text{su}}=\frac{-\delta Q_{\text{sys}}}{T_{\text{su}}}\quad\text{或}\quad\Delta S_{\text{su}}=-\int\frac{\delta Q_{\text{sys}}}{T_{\text{su}}}$$

T_{su}不变，则

$$\Delta S_{\text{su}}=\frac{-Q_{\text{sys}}}{T_{\text{su}}} \tag{3.41}$$

Q_{sys}是实际过程中系统与环境交换的热量。

2. 恒压变温过程熵变

系统恒压变温过程热的计算公式为 $\delta Q_p=\mathrm{d}H=nC_p\mathrm{d}T$，因为这时过程的热的计算已经与过程无关，不管过程可逆与否。因此恒压过程的熵变为

$$\Delta S=\int_{T_1}^{T_2}\frac{nC_{p,\text{m}}\mathrm{d}T}{T} \tag{3.42}$$

式中，$C_{p,\text{m}}$为温度 T 的函数；T_2、T_1 分别是终态和始态的温度。

3. 恒容变温过程熵变

系统恒容变温过程的热计算公式为 $\delta Q_V=\Delta U=nC_{V,\text{m}}\mathrm{d}T$，因为这时过程的热的计算已经与过程无关，不管过程可逆与否。因此恒容过程的熵变为

$$\Delta S=\int_{T_1}^{T_2}\frac{nC_{V,\text{m}}}{T}\mathrm{d}T \tag{3.43}$$

式中，$C_{V,\mathrm{m}}$为温度 T 的函数；T_2、T_1 分别是终态和始态的温度。

4. 理想气体 pVT 变化过程熵变

理想气体的状态方程服从 $pV=nRT$，且 $C_{p,\mathrm{m}}-C_{V,\mathrm{m}}=R$。当 $C_{p,\mathrm{m}}$不随压力及温度变化时，在这种情况下，理想气体从始态 p_1、V_1、T_1 变到末态 p_2、V_2、T_2 的 ΔS 有着简单的关系式。

理想气体不可逆的 p、V、T 变化总可以设计成相应的可逆变化，当 $\delta W'=0$，而 $\mathrm{d}U=nC_{V,\mathrm{m}}\mathrm{d}T$，$\delta W=-p\,\mathrm{d}V$，因此，理想气体 pVT 变化过程的熵变公式为

$$\mathrm{d}S=\frac{\delta Q_{\mathrm{R}}}{T}=\frac{\mathrm{d}U+p\,\mathrm{d}V}{T}=\frac{nC_{V,\mathrm{m}}\mathrm{d}T+p\,\mathrm{d}V}{T}$$

即

$$\mathrm{d}S=\frac{nC_{V,\mathrm{m}}\mathrm{d}T}{T}+\frac{nR\,\mathrm{d}V}{V} \tag{3.44}$$

将 $pV=nRT$ 两边取对数，再微分得$\dfrac{\mathrm{d}p}{p}+\dfrac{\mathrm{d}V}{V}=\dfrac{\mathrm{d}T}{T}$，又因 $C_{p,\mathrm{m}}-C_{V,\mathrm{m}}=R$，再结合式(3.44) 整理可得

$$\mathrm{d}S=\frac{nC_{p,\mathrm{m}}\mathrm{d}T}{T}-\frac{nR\,\mathrm{d}p}{p} \tag{3.45}$$

$$\mathrm{d}S=\frac{nC_{V,\mathrm{m}}\mathrm{d}p}{p}+\frac{nC_{p,\mathrm{m}}\mathrm{d}V}{V} \tag{3.46}$$

对式(3.44)～式(3.46) 积分可得

$$\Delta S=nC_{V,\mathrm{m}}\ln\frac{T_2}{T_1}+nR\ln\frac{V_2}{V_1} \tag{3.47}$$

$$\Delta S=nC_{p,\mathrm{m}}\ln\frac{T_2}{T_1}-nR\ln\frac{p_2}{p_1} \tag{3.48}$$

$$\Delta S=nC_{V,\mathrm{m}}\ln\frac{p_2}{p_1}+nC_{p,\mathrm{m}}\ln\frac{V_2}{V_1} \tag{3.49}$$

式(3.47)～式(3.49) 是计算理想气体 p、V、T 变化过程熵变的通式。这三个公式可合成一个假行列式，$\Delta S=n\begin{bmatrix} C_{p,\mathrm{m}} & p & -\ln\dfrac{p_2}{p_1} \\ C_{V,\mathrm{m}} & V & \ln\dfrac{V_2}{V_1} \\ -R & T & \ln\dfrac{T_2}{T_1} \end{bmatrix}$，当要求解 p、V、T 中某两个变量变化引起的熵的变化时，可将剩下的那个变量所在的行和列划去，剩下的二阶行列式的结果即为所求的熵变。如求 p、T 的变化引起的熵变，结果为

$$\Delta S=n\begin{bmatrix} C_{p,\mathrm{m}} & p & -\ln\dfrac{p_2}{p_1} \\ C_{V,\mathrm{m}} & V & \ln\dfrac{V_2}{V_1} \\ -R & T & \ln\dfrac{T_2}{T_1} \end{bmatrix}$$

即

$$\Delta S=n\begin{vmatrix} C_{p,\mathrm{m}} & -\ln\dfrac{p_2}{p_1} \\ -R & \ln\dfrac{T_2}{T_1} \end{vmatrix}=C_{p,\mathrm{m}}\ln\frac{T_2}{T_1}-R\ln\frac{p_2}{p_1} \tag{3.50}$$

式(3.47) 和式(3.48) 可用于恒容、恒压变温过程的熵的计算和理想气体恒温过程熵变的计算。式(3.47) ~式(3.49) 令 $\Delta S=0$ 时与理想气体绝热可逆过程方程是等价的，计算有关变量更为方便，绝热可逆过程即是恒熵过程。

因理想气体分子间无相互作用，每一种气体的状态不会因有其他组分气体的存在而受到影响。故混合理想气体中每一种气体的熵变按该气体单独存在时状态变化的熵变计算。但应当注意，对于混合物中任一组分来说，公式中的 p 则为该组分的分压力。

例 3.2 1mol 单原子理想气体始态为 273.15K、$p^{\ominus}$，经绝热不可逆反抗 $0.5p^{\ominus}$ 的恒外压膨胀到平衡态。计算过程的 Q、W、ΔU、ΔH、ΔS。

解:

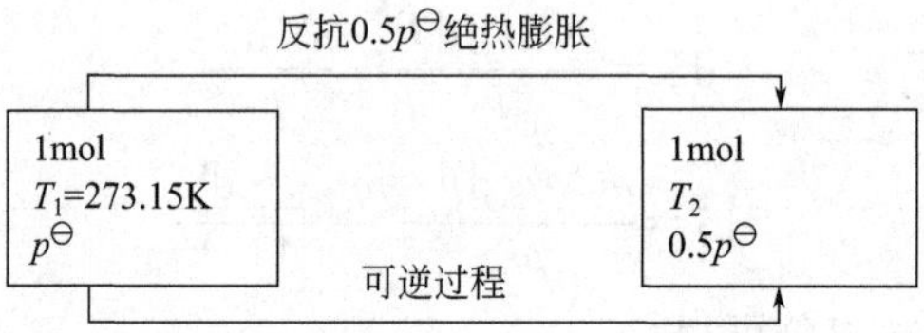

实际过程是一绝热不可逆过程，过程的 Q、W 需要根据具体的过程计算，因绝热，所以 $Q=0$

$$\Delta U=W$$

$$nC_{V,\mathrm{m}}(T_2-T_1)=-p_{\mathrm{su}}(V_2-V_1)$$

$$n\,\frac{3}{2}R(T_2-T_1)=-nR\left(T_2-T_1\frac{p_2}{p_1}\right)$$

$$\frac{3}{2}(T_2-273.15\mathrm{K})=-T_2+273.15\mathrm{K}\times 0.5$$

$$T_2=218.52\mathrm{K}$$

$$\Delta U=nC_{V,\mathrm{m}}(T_2-T_1)=(3/2)R(218.52\mathrm{K}-273.15\mathrm{K})=-681.3\mathrm{J}$$

$$\Delta H=nC_{p,\mathrm{m}}(T_2-T_1)=(5/2)R(218.52\mathrm{K}-273.15\mathrm{K})=-1135\mathrm{J}$$

求解过程的熵变，需要设计可逆过程，计算理想气体 pVT 变化的式(3.47)～式(3.49)，适用于理想气体的可逆和不可逆过程的熵变的计算（对不可逆已经设计成可逆过程）。因此根据式(3.48)，过程的熵变为

$$\begin{aligned}\Delta S&=nC_{p,\mathrm{m}}\ln\frac{T_2}{T_1}-nR\ln\frac{p_2}{p_1}\\&=1\mathrm{mol}\times(5/2)\times 8.314\mathrm{J}\cdot\mathrm{K}^{-1}\cdot\mathrm{mol}^{-1}\ln(218.52/273.15)-1\mathrm{mol}\times 8.314\mathrm{J}\cdot\mathrm{K}^{-1}\cdot\mathrm{mol}^{-1}\times\ln(0.5/1)\\&=1.113\mathrm{J}\cdot\mathrm{K}^{-1}\end{aligned}$$

第六节　纯物质相变过程熵变的计算

计算相变过程的熵变时，首先要确定给定的相变过程是可逆相变还是不可逆相变。

1. 可逆相变

纯物质两相平衡时，相平衡温度是相平衡压力的函数。当压力确定时，相平衡温度才能确定，反之亦然。在两相平衡压力和温度下的相变，即是可逆相变，此时相变焓 $\Delta_{\alpha}^{\beta}H$ 在量值上等于可逆热 Q_R。所以纯物质 B 在两相平衡压力和温度下从 α 相变到 β 相的相变熵 $\Delta_{\alpha}^{\beta}S$ 就等于相变焓 $\Delta_{\alpha}^{\beta}H$ 与相变温度之比：

$$\mathrm{B}(\alpha)\xrightarrow{T,p}\mathrm{B}(\beta)$$

$$\Delta_{\alpha}^{\beta}S=\Delta_{\alpha}^{\beta}H/T \tag{3.51}$$

可以用此式从熔点下的熔化焓计算熔化熵，从一定压力时沸点下的蒸发焓计算蒸发熵等。

2. 不可逆相变

不是在相平衡温度或相平衡压力下的相变即为不可逆相变。

表 3.1 常见的不可逆相变

凝固	蒸发	凝结	蒸发
在常压、低于熔点的温度下过冷液体凝固成固体的过程	在一定温度、低于液体饱和蒸气压力下的液体蒸发成蒸气的过程	在一定温度、高于液体饱和蒸气压力下的过饱和蒸气凝结成液体的过程	在一定压力、高于沸点的温度下过热液体的蒸发过程等，均属于不可逆相变过程

表 3.1 列出常见的不可逆相变情况，对于常见物质的两相平衡的温度和压力，要作为常识加以记忆，如水的正常沸点为 101.325kPa、100℃，正常凝固点为 101.325kPa、0℃等。

计算不可逆相变过程的熵变，通常必须设计一条包括可逆相变步骤在内的可逆途径，此可逆途径的热温商才是该不可逆过程的熵变。这是计算不可逆过程熵变的准则。

例 3.3 将 1mol 苯蒸气由 79.9℃、40kPa 冷凝变为 50℃、100kPa 的液态苯，求过程的熵变。已知苯在 100kPa 下的沸点为 79.9℃，此时的汽化焓为 30.878kJ · mol^{-1}，液态苯的热容为 140.3J · K^{-1} · mol^{-1}，苯蒸气认为是理想气体。

解： 实际过程是一个既不恒温也不恒压的不可逆相变过程，为了求过程的熵变，需要设计一条包含已给可逆相变（苯在 100kPa 下的沸点为 79.9℃）在内的可逆过程计算过程的熵变。具体过程设计如下

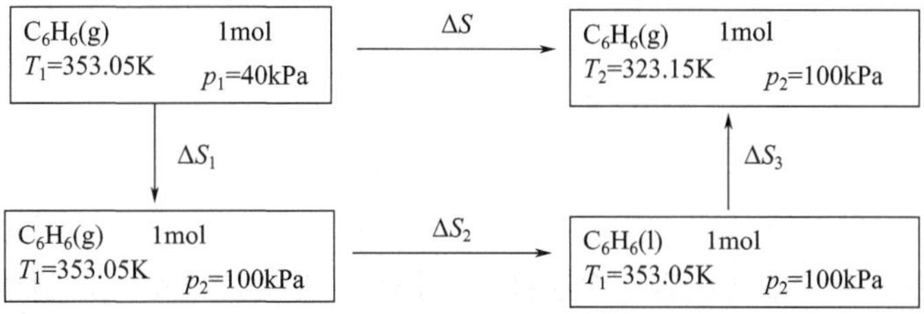

$$\Delta S=\Delta S_1+\Delta S_2+\Delta S_3=nR\ln\frac{p_1}{p_2}+\frac{-n\Delta_{\mathrm{vap}}H_{\mathrm{m}}}{T_1}+nC_{\mathrm{p,m}}(\mathrm{l})\ln\frac{T_2}{T_1}$$

$$=1\mathrm{mol}\times 8.314\mathrm{J\cdot K^{-1}\cdot mol^{-1}}\times\ln(40/100)+(-1\mathrm{mol}\times 30878\mathrm{J\cdot mol^{-1}})/353.05\mathrm{K}$$
$$+1\mathrm{mol}\times 140.3\mathrm{J\cdot K^{-1}\cdot mol^{-1}}\times\ln(323.15/353.05)$$
$$=100.7\mathrm{J\cdot K^{-1}}$$

不可逆相变过程的形式很多，应当熟知哪些是可逆相变过程，才能将不可逆相变过程设计

成包含可逆相变在内的一个可逆途径，计算设计的可逆途径的熵变，就是不可逆相变过程的熵变。如某压力下的熔点、沸点，某温度下的饱和蒸气压等对应的相变过程，可以认为是可逆相变过程。常见的可逆相变见表 3.2。

表 3.2 常见的可逆相变

熔点	沸点	蒸气压	蒸气压	晶型转变点
一定压力下的固体的熔点。对应可逆相变过程。 $s \rightleftharpoons l$	一定压力下的液体的沸点。对应可逆相变过程。 $l \rightleftharpoons g$	一定温度下的液体的饱和蒸气压。对应可逆相变过程。 $l \rightleftharpoons g$	一定温度下的固体的饱和蒸气压。对应可逆相变过程。 $s \rightleftharpoons g$	一定压力下的晶型转变点。对应可逆相变过程。 $s_1 \rightleftharpoons s_2$

第七节 热力学第三定律和化学变化过程熵变的计算

热力学第二定律只下了熵变的定义，而没有给出熵的定义，因此只能求熵变，不能求出熵的绝对值。如果把各种物质的熵值列成表，则求熵变就很方便了。但是实际上熵的绝对值是不知道的。为此采取相对值的办法，确定物质的熵值。

化学变化通常是不可逆的，化学反应热也是不可逆热，要想由熵变的定义式计算化学反应的熵变，原则上必须设计含有一个可逆化学变化步骤在内的可逆途径。能斯特热定理的发现和热力学第三定律的提出，以及物质标准摩尔熵值的确立，使得化学变化熵变的计算得以实现且简单。

1. 热力学第三定律

1906 年能斯特（Nernst）根据里查德（Richards）研究凝聚态系统在等温等压下的电池电动势与温度的关系，得出如下结论：凝聚系统在恒温化学变化过程的熵变随着热力学温度趋于 0K 而趋于零。用公式表示

$$\lim_{T \to 0K} \Delta_r S(T) = 0 \tag{3.52}$$

或

$$\Delta_r S(0K) = 0 \tag{3.53}$$

这就是能斯特热定理，称之为热力学第三定律。

1912 年布朗克（Planck）经其他学者补充，对能斯特热定理进行了修正，进一步认为随着热力学温度趋于 0K 时，纯物质完美晶体的熵值为零。用公式表示

$$\lim_{T \to 0K} S_m^*(\text{完美晶体}, T) = 0 \tag{3.54}$$

或

$$S_m^*(\text{完美晶体}, 0K) = 0 \tag{3.55}$$

因为如果物质不纯，该物质中杂质的存在会使该物质的熵增加，完美晶体的规定则是针对某些物质晶体可能存在着无序排列而言，而这种无序排列同样会使熵增大。例如，NO 分子晶体中分子的规则排列顺序应为 NO NO NO…，但若有的分子反向排列成 NO ON NO…，则熵要增大。前者规则排列的晶体为完美晶体，后者不规则排列的晶体则不是完美晶体。

2. 规定熵和标准熵

在热力学第三定律基础上，相对于 S_m^*(完美晶体，0K)＝0，求得纯物质 B 在某一状态的熵称为该物质 B 在该状态的规定熵。而在标准态下温度 T 时的规定熵，则称为该物质 B 在 T

时的标准熵 $S^{\ominus}$。

（1）晶体的标准摩尔熵　在恒定 $p^{\ominus}$ 下，纯物质晶体的标准摩尔熵变为

$$dS_m^{\ominus}=\frac{C_{p,m}^{\ominus}dT}{T}$$

设晶体在 0K 与 T 之间无相变，对上式进行积分

$$S_m^{\ominus}(T)-S_m^{\ominus}(0K)=\int_{0K}^{T}\frac{C_{p,m}^{\ominus}dT}{T}$$

根据热力学第三定律，S_m^*（完美晶体，0K）=0，故得

$$S_m^{\ominus}(T)=\int_{0K}^{T}\frac{C_{p,m}^{\ominus}dT}{T} \tag{3.56}$$

这就是计算纯晶体物质的标准摩尔熵的公式。实验测得不同温度 T 的 $C_{p,m}^{\ominus}$，以 $\frac{C_{p,m}^{\ominus}}{T}-T$ 图，用图解积分的方法求 $S_m^{\ominus}(T)$。

（2）气体物质的标准摩尔熵　1mol 纯物质在恒温 $p^{\ominus}$ 下，从 0K 的完美晶体变为 T 时的气体，一般经过如下所示过程

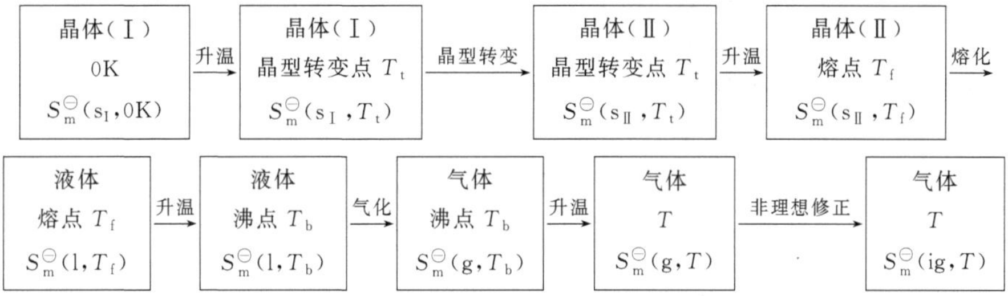

将 0K 下的完美晶体在 100kPa 下加热到温度 T，由晶体、液、气态时的 $C_{p,m}^{\ominus}(c)$、$C_{p,m}^{\ominus}(l)$、$C_{p,m}^{\ominus}(g)$，T_t 下的 $\Delta_{trs}H_m^{\ominus}$，$T_f$ 下的 $\Delta_{fus}H_m^{\ominus}$，$T_b$ 下的 $\Delta_{vap}H_m^{\ominus}$，即可求得该气体物质在温度 T 时的 $S_m^{\ominus}(g,T)$。

$$S_B^{\ominus}(pg,T)=\int_{0K}^{T_t}\frac{C_{p,m}^{\ominus}[c(Ⅰ)]dT}{T}+\frac{\Delta_{trs}H_m^{\ominus}}{T_{trs}}+\int_{T_{trs}}^{T_f}\frac{C_{p,m}^{\ominus}[c(Ⅱ)]dT}{T}+\frac{\Delta_{fus}H_m^{\ominus}}{T_f}+$$
$$\int_{T_f}^{T_b}\frac{C_{p,m}^{\ominus}(l)dT}{T}+\frac{\Delta_{vap}H_m^{\ominus}}{T_b}+\int_{T_b}^{T}\frac{C_{p,m}^{\ominus}(g)dT}{T}+\Delta_g^{pg}S_m^{\ominus}(T) \tag{3.57}$$

式(3.57)中 $\Delta_g^{pg}S_m(T)$ 是在温度 T 下，将 100kPa 该物质的实际气体换算成理想气体时的熵变。因为对气态物质的标准态是 100kPa 下理想状态时的气体。

例 3.4 已知 25℃时 $H_2O(l)$ 和 $H_2O(g)$ 的标准摩尔生成焓分别为 −285.830kJ · mol^{-1} 和 −241.818kJ · mol^{-1}，在此温度下水的饱和蒸气压为 3.166kPa，$H_2O(l)$ 的标准摩尔熵为 69.91J · mol^{-1} · K^{-1}。求在 25℃时 $H_2O(g)$ 的标准摩尔熵，假设水蒸气为理想气体。

解： 在 25℃时，设计计算过程如下：

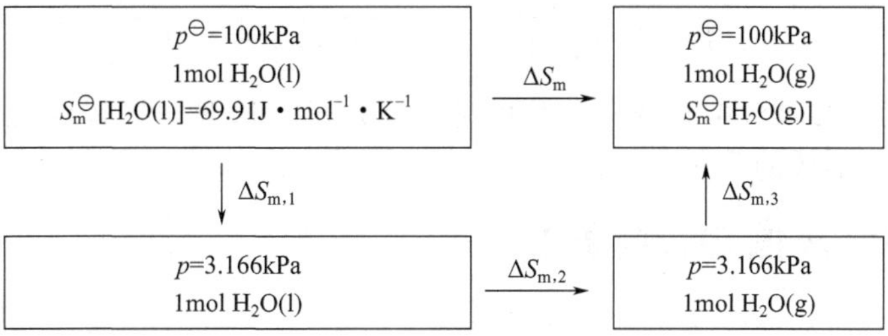

则 $$\Delta S_m=\Delta S_{m,1}+\Delta S_{m,2}+\Delta S_{m,3}=S_m^{\ominus}(H_2O,g)-S_m^{\ominus}(H_2O,l)$$

可得 $$S_m^{\ominus}(H_2O,g)=S_m^{\ominus}(H_2O,l)+\Delta S_{m,1}+\Delta S_{m,2}+\Delta S_{m,3}$$

$$\Delta S_{m,1}\approx 0,\Delta S_{m,2}=\frac{\Delta H_{m,2}}{T},\quad \Delta S_{m,3}=-R\ln\frac{p^{\ominus}}{p}$$

$$\begin{aligned}S_m^{\ominus}(H_2O,g)&=S_m^{\ominus}(H_2O,l)+\frac{\Delta H_{m,2}}{T}-R\ln\frac{p^{\ominus}}{p}\\&=69.91\mathrm{J\cdot mol^{-1}\cdot K^{-1}}+\frac{-241.818\mathrm{kJ\cdot mol^{-1}}-(-285.830\mathrm{kJ\cdot mol^{-1}})}{298.15\mathrm{K}}-\\&\quad 8.314\mathrm{J\cdot mol^{-1}\cdot K^{-1}}\ln\frac{100\mathrm{kPa}}{3.166\mathrm{kPa}}\\&=188.82\mathrm{J\cdot mol^{-1}\cdot K^{-1}}\end{aligned}$$

3. 标准摩尔反应熵的计算

根据热力学第三定律，$\Delta_r S(0K)=0$ 及 0K 时纯物质完美晶体的摩尔熵等于零，这就为计算化学变化过程的熵变奠定了基础，即可求解标准摩尔反应熵。

在标准状态下，温度 T 时，对任一化学反应 $-\nu_D D-\nu_E E=\!=\!=\nu_F F+\nu_L L$ 的反应物和产物各自处于标准态，设计如下过程

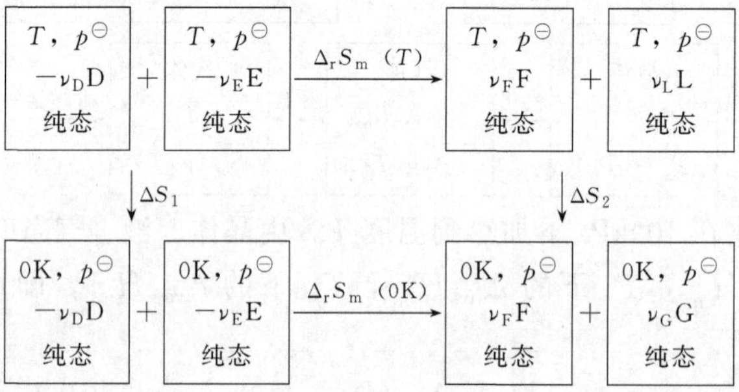

$$\Delta S_1=-\nu_D[S_m^{\ominus}(D,0K)-S_m^{\ominus}(D,T)]-\nu_E[S_m^{\ominus}(E,0K)-S_m^{\ominus}(E,T)]$$
$$\Delta_r S_m(0K)=0$$
$$\Delta S_2=\nu_F[S_m^{\ominus}(F,0K)-S_m^{\ominus}(F,T)]+\nu_L[S_m^{\ominus}(L,0K)-S_m^{\ominus}(L,T)]$$
$$\Delta_r S_m(T)=\Delta_r S_m(0K)+\Delta S_1-\Delta S_2$$

整理得

$$\Delta_r S_m^{\ominus}(T)=\sum_B \nu_B[S_m^{\ominus}(B,T)-S_m^{\ominus}(B,0K)]$$

$$\Delta_r S_m^{\ominus}(T)=\sum_B \nu_B S_m^{\ominus}(B,T) \tag{3.58}$$

需要注意的是，式(3.58) 虽然是通过状态函数法求的化学反应的标准摩尔反应熵，但其仍是式(2.74) 代表的含义。即

$$\Delta_r S_m^{\ominus}(T)=\left(\frac{\partial S}{\partial \xi}\right)_{T,p}=\sum_B \nu_B S_m^{\ominus}(B,T)$$

式(3.58) 表明，在某温度下化学变化的标准摩尔反应熵等于同样温度各自处在纯态的标准摩尔熵与其化学计量数的乘积之和。

4. 标准摩尔反应熵随温度的变化

任意温度下纯物质的标准摩尔熵及标准摩尔反应熵的问题已经解决，所以标准摩尔反应熵

随温度的变化已经不是问题，但是文献中提供的多数是纯物质在 298.15K 下的标准摩尔熵，可以求得该温度下的化学反应的标准摩尔反应熵。所以有必要以此为起点求其他温度下的标准摩尔反应熵，因此需要讨论温度对标准摩尔反应熵的影响。

根据式(3.56)，对于纯物质 B，在温度为 298.15K 时，如不发生相变其标准摩尔熵可表示为

$$S_{\mathrm{m}}^{\ominus}(\mathrm{B}, 298.15\mathrm{K})=\int_{0\mathrm{K}}^{298.15\mathrm{K}} \frac{C_{p,\mathrm{m}}^{\ominus}(\mathrm{B})\mathrm{d}T}{T} \tag{3.59}$$

温度为 T 时的标准摩尔熵为

$$S_{\mathrm{m}}^{\ominus}(\mathrm{B}, T)=\int_{0\mathrm{K}}^{T} \frac{C_{p,\mathrm{m}}^{\ominus}(\mathrm{B})\mathrm{d}T}{T} \tag{3.60}$$

式(3.60) 减式(3.59) 整理得

$$S_{\mathrm{m}}^{\ominus}(\mathrm{B}, T)=S_{\mathrm{m}}^{\ominus}(\mathrm{B}, 298.15\mathrm{K})+\int_{298.15\mathrm{K}}^{T} \frac{C_{p,\mathrm{m}}^{\ominus}(\mathrm{B})\mathrm{d}T}{T}$$

对于任意的化学反应 $-\nu_{\mathrm{D}}\mathrm{D}-\nu_{\mathrm{E}}\mathrm{E} = \nu_{\mathrm{F}}\mathrm{F}+\nu_{\mathrm{G}}\mathrm{G}$，根据式(3.58)

$$\Delta_{\mathrm{r}}S_{\mathrm{m}}^{\ominus}(T)=\sum_{\mathrm{B}}\nu_{\mathrm{B}}S_{\mathrm{m}}^{\ominus}(\mathrm{B}, T)$$

则有

$$\Delta_{\mathrm{r}}S_{\mathrm{m}}^{\ominus}(T)=\sum_{\mathrm{B}}\nu_{\mathrm{B}}S_{\mathrm{m}}^{\ominus}(\mathrm{B}, 298.15\mathrm{K})+\int_{298.15\mathrm{K}}^{T} \frac{\Delta C_{p,\mathrm{m}}^{\ominus}\mathrm{d}T}{T} \tag{3.61}$$

物质 B 的 $C_{p,\mathrm{m}}^{\ominus}(\mathrm{B})=a+bT+cT^2$，则 $\Delta C_{p,\mathrm{m}}^{\ominus}=\Delta a+\Delta bT+\Delta cT^2$

这样可由式(3.58) 先求出 298.15K 时的标准摩尔反应熵，再由上式求得某一温度下的标准摩尔反应熵。

将式(3.61) 对 T 进行微分，可得

$$\frac{\mathrm{d}\Delta_{\mathrm{r}}S_{\mathrm{m}}^{\ominus}(T)}{\mathrm{d}T}=\frac{\Delta C_{p,\mathrm{m}}^{\ominus}}{T} \tag{3.62}$$

将式(3.62) 进行积分，在温度区间 T_1 至 T_2 内，若所有反应物及产物均不发生相变化，则

$$\Delta_{\mathrm{r}}S_{\mathrm{m}}^{\ominus}(T_2)=\Delta_{\mathrm{r}}S_{\mathrm{m}}^{\ominus}(T_1)+\int_{T_1}^{T_2}(\Delta_{\mathrm{r}}C_{p,\mathrm{m}}^{\ominus}/T)/\mathrm{d}T \tag{3.63}$$

如在温度 T_1 至 T_2 内，若某一反应物和产物发生相变化，再加上此物质相变化的熵变即可。

将 $\Delta C_{p,\mathrm{m}}^{\ominus}=\Delta a+\Delta bT+\Delta cT^2$ 代入式(3.62)，可得不定积分式

$$\Delta_{\mathrm{r}}S_{\mathrm{B}}^{\ominus}(T)=C+\Delta a\ln T+\Delta bT+\frac{1}{2}\Delta cT^2 \tag{3.64}$$

式(3.64) 中 C 为积分常数，将某一温度下的标准摩尔反应熵代入即可求得 C。

第八节 亥姆霍兹函数和吉布斯函数

1. 亥姆霍兹函数

对一个封闭系统，设进行恒温过程，由热力学第一定律 $\mathrm{d}U=\delta Q+\delta W$，及热力学第二定律 $\mathrm{d}S \geqslant \frac{\delta Q}{T_{\mathrm{su}}}\begin{pmatrix} > \text{不可逆过程} \\ = \text{可逆过程} \end{pmatrix}$，恒温过程系统始终态的温度相等且等于环境的温度，即

$T_1 = T_2 = T_{su}$，两个定律联合，则有

$$TdS - dU \geqslant -\delta W$$

整理可得

$$-d(U-TS) \geqslant -\delta W \begin{pmatrix} >\text{不可逆过程} \\ =\text{可逆过程} \end{pmatrix} \tag{3.65}$$

或

$$-\Delta(U-TS) \geqslant -W \begin{pmatrix} >\text{不可逆过程} \\ =\text{可逆过程} \end{pmatrix} \tag{3.66}$$

定义

$$A \overset{\text{def}}{=} U-TS \tag{3.67}$$

A 称为亥姆霍兹（Helmholtz）函数，因为 U、T、S 都是状态函数，所以 A 也是状态函数，它是广度性质，单位是J。摩尔亥姆霍兹函数 $A_m = A/n$，单位为$J \cdot mol^{-1}$，绝对值不知道，且不是守恒量。

式(3.65) 和式(3.66) 可写成

$$-dA_T \geqslant -\delta W \begin{pmatrix} >\text{不可逆过程} \\ =\text{可逆过程} \end{pmatrix} \quad (\text{恒温}) \tag{3.68}$$

$$-\Delta A_T \geqslant -W \begin{pmatrix} >\text{不可逆过程} \\ =\text{可逆过程} \end{pmatrix} \quad (\text{恒温}) \tag{3.69}$$

式(3.68) 和式(3.69) 说明，在恒温过程中，封闭系统所能做的最大功等于系统的亥姆霍兹函数的减少。如果过程是可逆的，则过程所做的功（总功）等于系统亥姆霍兹函数的减少（$-\Delta A_T$）；如果过程是不可逆的，则过程所做的功（总功）小于系统亥姆霍兹函数的减少（$-\Delta A_T$）。因此可用式(3.68) 和式(3.69) 判断恒温过程的可逆性，系统不可能发生亥姆霍兹函数增大的过程。

在恒温恒容条件下，体积功为零，总功 W 等于非体积功 W'，式(3.68) 和式(3.69) 可写成

$$-dA_{T,V} \geqslant -\delta W' \begin{pmatrix} >\text{不可逆过程} \\ =\text{可逆过程} \end{pmatrix} (\text{恒温,恒容}) \tag{3.70}$$

$$-\Delta A_{T,V} \geqslant -W' \begin{pmatrix} >\text{不可逆过程} \\ =\text{可逆过程} \end{pmatrix} (\text{恒温,恒容}) \tag{3.71}$$

式(3.70) 和式(3.71) 说明，在恒温恒容过程中，如果过程是可逆的，则过程所做的非体积功等于系统亥姆霍兹函数的减少（$-\Delta A_{T,V}$）；如果过程是不可逆的，则过程所做的非体积功小于系统亥姆霍兹函数的减少（$-\Delta A_{T,V}$）。可用式(3.70) 和式(3.71) 判断恒温恒容过程的可逆性，系统不可能发生亥姆霍兹函数增大的过程。

在恒温恒容及非体积功 $W'=0$ 的条件下，式(3.70) 和式(3.71) 可写成

$$-\Delta A_{T,V,W'=0} \geqslant 0 \begin{pmatrix} >\text{自发过程} \\ =\text{平衡状态} \end{pmatrix} (\text{恒温,恒容},W'=0) \tag{3.72}$$

$$-dA_{T,V,W'=0} \geqslant 0 \begin{pmatrix} >\text{自发过程} \\ =\text{平衡状态} \end{pmatrix} (\text{恒温,恒容},W'=0) \tag{3.73}$$

式(3.72) 和式(3.73) 称为亥姆霍兹函数判据。

亥姆霍兹函数判据表明：在恒温恒容且非体积功为零的条件下，系统亥姆霍兹函数减小的过程能够自动进行，即自发过程总是向亥姆霍兹函数减小的方向进行；亥姆霍兹函数不变时处于平衡状态，此时亥姆霍兹函数达到最小值；系统不可能发生亥姆霍兹函数增大的过程。

2. 吉布斯函数

对一个封闭系统，在恒温恒压过程中，系统始终态的温度相等和始终态的压力相等且分别等于环境的温度及压力，即 $T_1=T_2=T_{su}$，$p_1=p_2=p_{su}$，体积功 $\delta W_{体积}=-p\mathrm{d}V$，或 $W_{体积}=-p\Delta V$。

由热力学第一定律 $\mathrm{d}U=\delta Q+\delta W_{体积}+\delta W'$，则

$$\mathrm{d}U=\delta Q-p\mathrm{d}V+\delta W'$$

热力学第二定律 $\mathrm{d}S\geqslant\dfrac{\delta Q}{T_{su}}\begin{pmatrix}>不可逆\\=可逆\end{pmatrix}$，两个定律联合，则有

$$T\mathrm{d}S-\mathrm{d}U-p\mathrm{d}V\geqslant-\delta W' \tag{3.74}$$

整理上式可得

$$-\mathrm{d}(U-TS+pV)\geqslant-\delta W'\begin{pmatrix}>不可逆过程\\=可逆过程\end{pmatrix} \tag{3.75}$$

或

$$-\Delta(U-TS+pV)\geqslant-W'\begin{pmatrix}>不可逆过程\\=可逆过程\end{pmatrix} \tag{3.76}$$

定义

$$G\overset{\mathrm{def}}{=}U-TS+pV=H-TS=A+pV \tag{3.77}$$

G 称为吉布斯（Gibbs）函数，因为 U、T、S、p、V 都是状态函数，所以 G 也是状态函数，它是广度性质，单位是 J。摩尔亥姆霍兹函数 $G_m=G/n$，单位为 $\mathrm{J\cdot mol^{-1}}$，绝对值不知道，且不是守恒量。

式(3.75) 和式(3.76) 可写成

$$-\mathrm{d}G_{T,p}\geqslant-\delta W'\begin{pmatrix}>不可逆过程\\=可逆过程\end{pmatrix}(恒温,恒压) \tag{3.78}$$

或

$$-\Delta G_{T,p}\geqslant-W'\begin{pmatrix}>不可逆过程\\=可逆过程\end{pmatrix}(恒温,恒压) \tag{3.79}$$

式(3.78) 和式(3.79) 说明，在恒温恒压过程中，如果过程是可逆的，则过程所做的非体积功等于系统吉布斯函数的减小（$-\Delta G_{T,p}$）；如果过程是不可逆的，则过程所做的非体积功小于系统吉布斯函数的减小（$-\Delta G_{T,p}$）。可用式(3.78) 和式(3.79) 判断恒温恒压过程的可逆性，系统不可能发生吉布斯函数增大的过程。

如果封闭系统在恒温恒压过程中非体积功等于零（$W'=0$），式(3.78) 和式(3.79) 可写成

$$-\mathrm{d}G_{T,p,W'=0}\geqslant0\begin{pmatrix}>自发过程\\=平衡状态\end{pmatrix}(恒温,恒压,W'=0) \tag{3.80}$$

$$-\Delta G_{T,p,W'=0}\geqslant0\begin{pmatrix}>自发过程\\=平衡状态\end{pmatrix}(恒温,恒压,W'=0) \tag{3.81}$$

式(3.81）和式(3.82）称为吉布斯函数判据。

吉布斯函数判据表明：在恒温恒压且非体积功为零的条件下，系统吉布斯函数减小的过程能够自动进行，即自发过程总是向吉布斯函数减小的方向进行；吉布斯函数不变时处于平衡状态，此时吉布斯函数达到最小值；系统不可能发生吉布斯函数增大的过程。

用亥姆霍兹函数和吉布斯函数在相应的条件下作判据时，只需计算系统的热力学函数的变化值，不需要计算环境的熵变，并且应用十分广泛。

3. 三种判据的比较

到此已经介绍了五个热力学函数，即 U、H、S、A 和 G。热力学能和熵是基本热力学函数，其他的是组合而成的热力学函数，但每个函数都有其特殊的位置。作为判据，熵判据是基本判据。

（1）熵判据　对隔离系统或绝热系统

$$\mathrm{d}S \geqslant 0 \begin{pmatrix} >\text{不可逆过程} \\ =\text{可逆过程} \end{pmatrix}_{\text{绝热系统}}, \quad \mathrm{d}S \geqslant 0 \begin{pmatrix} >\text{自发过程} \\ =\text{平衡状态} \end{pmatrix}_{\text{隔离系统}}$$

在隔离系统中，如果发生了不可逆过程，则必定是自发过程，并向熵增加的方向进行，直到熵达到最大值而系统达到平衡状态。当系统达到平衡状态之后，如有任何过程发生，都必定是可逆的。隔离系统是热力学能和体积不变的。所以熵判据可写成

$$\mathrm{d}S_{U,V} \geqslant 0 \begin{pmatrix} >\text{自发过程} \\ =\text{平衡状态} \end{pmatrix}_{\text{隔离系统}}$$

（2）亥姆霍兹判据　对封闭系统

$$-\mathrm{d}A_{T,V,W'=0} \geqslant 0 \begin{pmatrix} >\text{自发过程} \\ =\text{平衡状态} \end{pmatrix}_{\text{封闭系统}}$$

亥姆霍兹判据是在特殊条件下由熵判据衍生出来的，在等温等容非体积功为零的条件下，系统的自发过程是向亥姆霍兹函数减小的方向进行，直到系统达到平衡状态。

（3）吉布斯判据　对封闭系统

$$-\mathrm{d}G_{T,p,W'=0} \geqslant 0 \begin{pmatrix} >\text{自发过程} \\ =\text{平衡状态} \end{pmatrix}_{\text{封闭系统}}$$

吉布斯判据也是在特殊条件下由熵判据衍生出来的，在等温等压非体积功为零的条件下，系统的自发过程是向吉布斯函数减小的方向进行，直到系统达到平衡状态。

应当注意，这三个判据共用七种形式三个层次，分别适用于各自相应的条件，判断的层次是不同的，即过程是否可逆、过程是自发过程还是处在平衡状态。过程不可能进行的三个层次决不可混淆，否则就犯原则性的错误。自发进行的过程只能用上述三个判据，及相应的条件。一个过程是否是可逆过程还要利用这三个判据的另外四种形式及相应的条件。不满足这七种不等式的方向是不可能进行的过程。如 $\Delta G>0$ 的过程能否进行，在恒温恒压非体积功不为零的条件下讨论，需要利用式(3.79)，只要满足 $-\Delta G_{T,p} \geqslant -W'$ 过程即可进行，环境对系统做非体积功，$W'>0$，在 $-\Delta G_{T,p} \geqslant -W'$，即 $W' \geqslant \Delta G_{T,p}$ 成立的条件下过程是可以进行的，当然 $\Delta G>0$ 的过程是可以进行的，$-\Delta G_{T,p} > -W'$ 时过程是不可逆过程，$-\Delta G_{T,p} = -W'$ 的过程是可逆过程。在恒温恒压非体积功为零的条件下讨论，则需利用式(3.81)，$-\Delta G_{T,p,W'=0} \geqslant 0$，则 $\Delta G>0$ 的过程不满足不等式的要求，因此 $\Delta G>0$ 的过程就是不可能发生的。不可在混淆条件和判据的情况下讨论一些概念性的问题。在恒温恒压下，吉布斯函数判据之间的关系可表示为图 3.7，$-\Delta G_{T,p,W'=0} \geqslant 0$ 判据仅是 $-\Delta G_{T,p} \geqslant -W'$ 的一个特例。

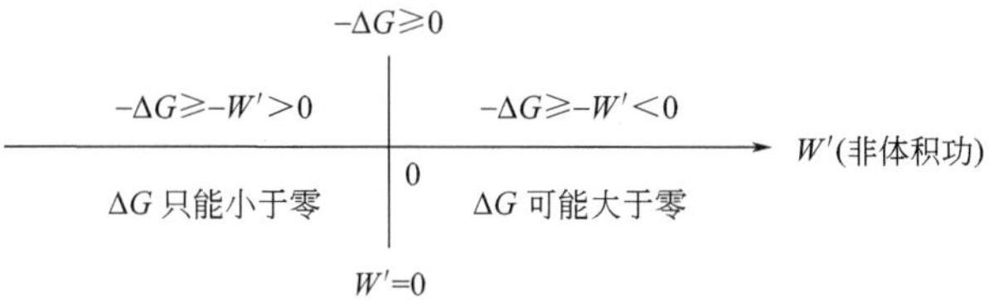

图 3.7　吉布斯函数判据

例 3.5 1mol、100℃、101.325kPa 的水向真空蒸发为 100℃、101.325kPa 的水蒸气，试计算过程的 ΔG，并判断过程的方向性。

解： 因 G 是状态函数，所以设计可逆过程计算其变化值，100℃、101.325kPa 正是水与水蒸气的相平衡的条件，故过程如下：

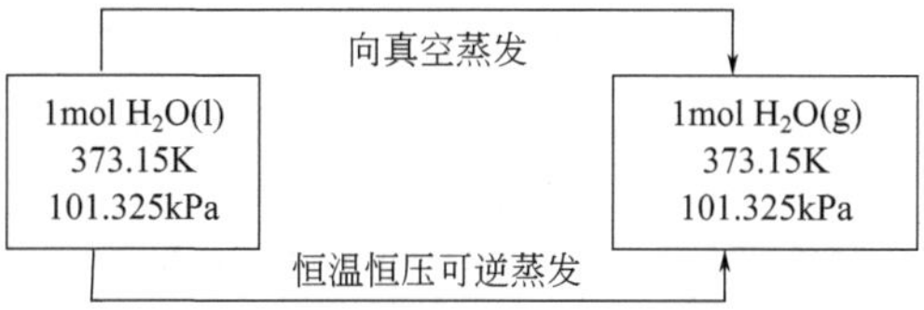

对所设计的恒温恒压可逆蒸发过程，根据吉布斯函数判据可得 $\Delta G=0$，即实际过程的 $\Delta G=0$。但是实际过程不满足吉布斯函数判据的条件，所以不能用 ΔG 来判断过程的性质。

实际过程是一个恒温过程，符合亥姆霍兹函数判据的条件，即可用式(3.69)

$-\Delta A_T \geqslant -W \begin{pmatrix} >\text{不可逆过程} \\ =\text{可逆过程} \end{pmatrix}$ 判断过程的可逆性。

实际过程是向真空蒸发，$W=0$，并且液态水的摩尔体积远小于水蒸气的摩尔体积，水蒸气视为理想气体。则

$$\Delta G=\Delta A+\Delta(pV)=0$$

$$\begin{aligned}\Delta A &= -\Delta(pV)=p_1V_1-p_2V_2 \approx -p_2V_2=-nRT \\ &= -1\text{mol}\times 8.314\text{J}\cdot\text{K}^{-1}\cdot\text{mol}^{-1}\times 373.15\text{K}=-3102\text{J}\end{aligned}$$

则有 $-\Delta A > -W$，所以实际过程是不可逆的。

例 3.6 已知如下数据，判断在 10℃、101.325kPa 下，白锡和灰锡何者稳定。

	$\Delta_r H_m^{\ominus}(298\text{K})/\text{J}\cdot\text{mol}^{-1}$	$S_m^{\ominus}(298\text{K})/\text{J}\cdot\text{K}^{-1}\cdot\text{mol}^{-1}$	$C_p/\text{J}\cdot\text{K}^{-1}\cdot\text{mol}^{-1}$
白锡	0	52.30	26.15
灰锡	−2197	44.76	25.73

解： 以 1mol 锡为系统，设计如下过程

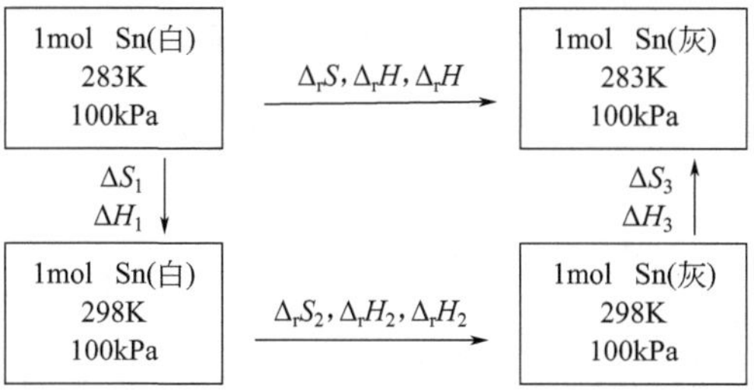

$$\Delta H_1=\int_{283}^{298} nC_{p(白)}\mathrm{d}T=1\mathrm{mol}\times 26.15\mathrm{J}\cdot\mathrm{K}^{-1}\cdot\mathrm{mol}^{-1}\times(298\mathrm{K}-283\mathrm{K})=392\mathrm{J}$$

$$\Delta S_1=\int_{283}^{298}\frac{nC_{p(白)}}{T}\mathrm{d}T=1\mathrm{mol}\times 26.15\mathrm{J}\cdot\mathrm{K}^{-1}\cdot\mathrm{mol}^{-1}\times\ln(298/283)=1.35\mathrm{J}\cdot\mathrm{K}^{-1}$$

根据式(2.83) 和（式 3.58）可得

$$\Delta_r H_2=1\mathrm{mol}\times(-2197\mathrm{J}\cdot\mathrm{mol}^{-1}-0)=-2197\mathrm{J}\cdot\mathrm{mol}^{-1}$$

$$\Delta_r S_2=1\mathrm{mol}\times(44.76\mathrm{J}\cdot\mathrm{K}^{-1}\cdot\mathrm{mol}^{-1}-52.30\mathrm{J}\cdot\mathrm{K}^{-1}\cdot\mathrm{mol}^{-1})=-7.54\mathrm{J}\cdot\mathrm{K}^{-1}$$

$$\Delta_r G_2=\Delta_r H_2-T\Delta_r S_2=-2197\mathrm{J}+298\mathrm{K}\times 7.54\mathrm{J}\cdot\mathrm{K}^{-1}=49.9\mathrm{J}$$

$-\Delta_r G_2<0$，说明在 25℃、101.325kPa 下白锡是稳定的。

$$\Delta H_3=\int_{298}^{283} nC_{p(灰)}\mathrm{d}T=1\mathrm{mol}\times 25.73\mathrm{J}\cdot\mathrm{K}^{-1}\cdot\mathrm{mol}^{-1}\times(283\mathrm{K}-298\mathrm{K})=-386\mathrm{J}$$

$$\Delta S_3=\int_{298}^{283}\frac{nC_{p(灰)}}{T}\mathrm{d}T=1\mathrm{mol}\times 25.73\mathrm{J}\cdot\mathrm{K}^{-1}\cdot\mathrm{mol}^{-1}\times\ln(283/298)=-1.33\mathrm{J}\cdot\mathrm{K}^{-1}$$

因为 $\Delta_r H=\Delta H_1+\Delta H_2+\Delta H_3=(392-2197-386)\mathrm{J}=-2191\mathrm{J}$

$$\Delta_r S=\Delta S_1+\Delta S_2+\Delta S_3=(1.35-7.54-1.33)\mathrm{J}\cdot\mathrm{K}^{-1}=-7.52\mathrm{J}\cdot\mathrm{K}^{-1}$$

$$\Delta_r G=\Delta_r H-T\Delta_r S=-2191\mathrm{J}+283\mathrm{K}\times 7.52\mathrm{J}\cdot\mathrm{K}^{-1}=-63\mathrm{J}$$

所以 10℃、101.325kPa 下 $-\Delta G>0$，说明灰锡是稳定的。

此题的解法也可先计算反应焓与温度的关系及 298K、101.325kPa 时的 $\Delta_r G$，然后利用式(3.111) 吉布斯-亥姆霍兹方程解出 283K、101.325kPa 时 $\Delta_r G$，有关计算留给读者。

4. 恒温过程亥姆霍兹函数变、吉布斯函数变的计算

根据式(3.67) 和式(3.77) 这两个函数的定义式，在恒温的条件下，有

$$\mathrm{d}A_T=\mathrm{d}U-T\mathrm{d}S \tag{3.82}$$

$$\mathrm{d}G_T=\mathrm{d}H-T\mathrm{d}S \tag{3.83}$$

或

$$\Delta A_T=\Delta U-T\Delta S \tag{3.84}$$

$$\Delta G_T=\Delta H-T\Delta S \tag{3.85}$$

由式(3.84) 和式(3.85) 可知，对于任一恒温过程，如果求得该过程的 ΔU、ΔH 及 ΔS，即可求得该过程的 ΔA 及 ΔG。

(1) 理想气体恒温过程　理想气体恒温过程，有 $\Delta U=0$，$\Delta H=0$。

由式(3.84)，$\Delta A_T=-T\Delta S$，由式(3.85)，$\Delta G_T=-T\Delta S$，又因理想气体恒温过程的熵变为

$$\Delta S=nR\ln\frac{V_2}{V_1}=-nR\ln\frac{p_2}{p_1}$$

故得

$$\Delta A_T=-nRT\ln\frac{V_2}{V_1} \tag{3.86}$$

$$\Delta G_T=nRT\ln\frac{p_2}{p_1} \tag{3.87}$$

$$\Delta G_T=\Delta A_T \tag{3.88}$$

式(3.88) 是常用的公式。

凝聚态物质恒温变压过程，在压力改变不大时，ΔA、ΔG 分别近似等于零或可以忽略。

(2) 恒温恒压 ($W'=0$) 可逆相变　因 $\Delta H=T\Delta S$，由式(3.85) 可得

$$\Delta G=0 \tag{3.89}$$

由定义式(3.77) 可得

$$\Delta A=-p\Delta V$$

至于$-p\Delta A$ 等于多少，要看相变的类型。如凝聚态之间的相变，如熔化、晶型转变，因 $\Delta V\approx 0$，所以 $\Delta A\approx 0$；对于有气相参与的相变，如蒸发、升华，蒸气压力不大时，则

$$p\Delta V=[\Delta n(\mathrm{g})]RT$$

式中，$\Delta n(\mathrm{g})$ 为相变过程中气态物质的物质的量 $n(\mathrm{g})$ 的改变量。

对于非平衡态之间的相变过程，这是一个不可逆过程。由于吉布斯函数和亥姆霍兹函数都是状态函数，并且对它们的变化值的计算还包含熵变的计算，所以计算时应设计一条包括可逆相变步骤在内的途径。这就要求改变相变前后两相的温度或压力。温度、压力对系统吉布斯函数的影响见下节。

例 3.7 将一容器用一隔板分成体积相等的两部分，一部分装有 1mol 25℃101.325kPa 的双原子理想气体，另一部分为真空，当将隔板抽去后，系统达到新的平衡态，试计算过程的 ΔA、ΔG。

解： 过程示意如下：

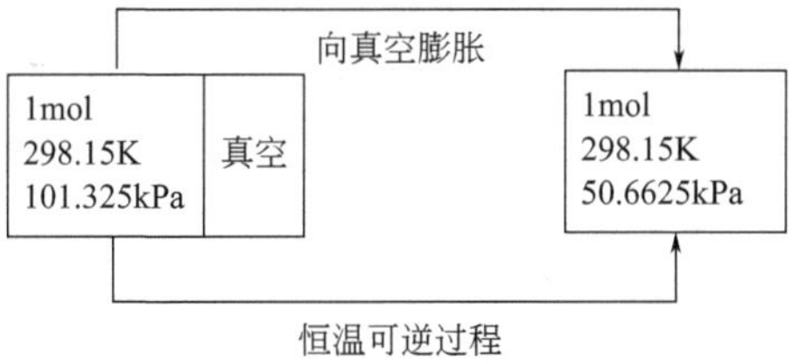

实际过程是理想气体向真空膨胀，$\Delta U=0$，$\Delta H=0$，过程的熵变在例 3.1 已经计算为 $\Delta S=5.763\mathrm{J\cdot K^{-1}}$

因 $\Delta A=\Delta U-T\Delta S$，所以过程的 $\Delta A=-T\Delta S=-1718\mathrm{J}$

同理得 $\Delta G=-T\Delta S=-1718\mathrm{J}$

如按热力学基本方程可计算如下

$$\Delta A=-\int_{V_1}^{V_2}p\,\mathrm{d}V=-nRT\ln\frac{V_2}{V_1}=-nRT\ln\frac{p_1}{p_2}=-1718\mathrm{J}$$

$$\Delta G=\int_{p_1}^{p_2}V\,\mathrm{d}p=nRT\ln\frac{p_2}{p_1}=-1718\mathrm{J}$$

两种计算的结果是一致的，由熵变计算是按设计的可逆过程计算的，所以 ΔA、ΔG 也是按同样的途径计算的，用热力学基本方程计算也是按可逆过程计算的，这也是热力学基本方程的使用条件。A、G 是状态函数，所以设计过程的 ΔA、ΔG 等于实际过程的 ΔA、ΔG。

第九节　热力学基本方程

本节将介绍封闭热力学平衡系统的热力学基本方程，这些基本方程都是从热力学第一定律、第二定律联合得到的。

1. 热力学基本方程的表述

热力学封闭系统在不做非体积功的条件下，经微小的可逆过程从一个平衡态变到另一个平衡态，将 $\delta W'=0$、$p_{su}=p$ 及 $\delta Q_r=T\mathrm{d}S$ 代入热力学第一定律公式：$\mathrm{d}U=\delta Q-p_{su}\mathrm{d}V+\delta W'$ 得

$$\mathrm{d}U=T\mathrm{d}S-p\mathrm{d}V \tag{3.90}$$

此式为热力学第一定律和第二定律的综合式。从此式出发还可以得出另外的三个方程式。

由焓的定义式 $H=U+pV$，则 $\mathrm{d}H=\mathrm{d}U+p\mathrm{d}V+V\mathrm{d}p$，将式(3.90) 代入，得

$$\mathrm{d}H=T\mathrm{d}S+V\mathrm{d}p \tag{3.91}$$

同理，由亥姆霍兹函数的定义式 $A=U-TS$，吉布斯函数的定义式 $G=U+pV-TS$，可得

$$\mathrm{d}A=-S\mathrm{d}T-p\mathrm{d}V \tag{3.92}$$

$$\mathrm{d}G=-S\mathrm{d}T+V\mathrm{d}p \tag{3.93}$$

式(3.90)～式(3.93) 称为热力学基本方程。

从推导可知，热力学基本方程的适用条件为封闭的热力学平衡系统的可逆过程。适用于无相变化、无化学变化的平衡系统（纯物质或多组分、单相或多相）发生的单纯 pVT 变化的可逆过程，也适用于相平衡和化学平衡系统同时发生 pVT 变化及相变化和化学变化的可逆过程。

状态函数的变化只取决于状态的变化，故从同一始态到同一末态间不论过程是否可逆，均可设计成可逆过程，状态函数的变化就由热力学基本方程计算。因此可逆的条件就不是必要条件。这四个方程式是等价的，它包含着不做非体积功的热力学封闭系统的全部信息。

热力学基本方程是热力学中重要的公式，有着广泛的应用，应熟练掌握公式的适用条件及用法。

由热力学基本方程可导出许多非常重要的公式。因为 U、H、A、G 都是状态函数，对上述系统，可以用两个独立变量描述这个系统的状态。所以，热力学能可写成熵和体积的函数

$$U=U(S,V)$$

写成全微分的形式

$$\mathrm{d}U=\left(\frac{\partial U}{\partial S}\right)_V\mathrm{d}S+\left(\frac{\partial U}{\partial V}\right)_S\mathrm{d}V \tag{3.94}$$

与式(3.90) 相比可得

$$\left(\frac{\partial U}{\partial S}\right)_V=T \text{ 和} \left(\frac{\partial U}{\partial V}\right)_S=-p \tag{3.95}$$

由其他三个热力学基本方程式(3.91) $\mathrm{d}H=T\mathrm{d}S+V\mathrm{d}p$，式(3.92) $\mathrm{d}A=-S\mathrm{d}T-p\mathrm{d}V$，式(3.93) $\mathrm{d}G=-S\mathrm{d}T+V\mathrm{d}p$，根据同样的原理可得

$$\left(\frac{\partial H}{\partial S}\right)_p=T \tag{3.96}$$

$$\left(\frac{\partial H}{\partial p}\right)_S=V \tag{3.97}$$

$$\left(\frac{\partial A}{\partial T}\right)_V=-S \tag{3.98}$$

$$\left(\frac{\partial A}{\partial V}\right)_T=-p \tag{3.99}$$

$$\left(\frac{\partial G}{\partial T}\right)_p=-S \tag{3.100}$$

$$\left(\frac{\partial G}{\partial p}\right)_T=V \tag{3.101}$$

这 8 个微分称为对应系数关系式，在公式的推导方面应用较多，后两个更为重要。

2. 麦克斯韦关系式

设 z 为 x，y 的连续函数，$z=f(x,y)$，其全微分为

$$dz=\left(\frac{\partial z}{\partial x}\right)_y dx+\left(\frac{\partial z}{\partial y}\right)_x dy \tag{3.102}$$

$$dz=M dx+N dy$$

其中 $M=\left(\frac{\partial z}{\partial x}\right)_y N=\left(\frac{\partial z}{\partial y}\right)_x$，因 $\left[\frac{\partial}{\partial y}\left(\frac{\partial z}{\partial x}\right)\right]_x=\left[\frac{\partial}{\partial x}\left(\frac{\partial z}{\partial y}\right)\right]_y$，即二阶偏微商与微分的顺序无关，故有 $\left(\frac{\partial M}{\partial y}\right)_x=\left(\frac{\partial N}{\partial x}\right)_y$

根据这个原理，由 $dU=TdS-pdV$、$dH=TdS+Vdp$、$dA=-SdT-pdV$、$dG=-SdT+Vdp$ 得

$$\left(\frac{\partial T}{\partial V}\right)_S=-\left(\frac{\partial p}{\partial S}\right)_V \tag{3.103}$$

$$\left(\frac{\partial T}{\partial p}\right)_S=\left(\frac{\partial V}{\partial S}\right)_p \tag{3.104}$$

$$\left(\frac{\partial S}{\partial V}\right)_T=\left(\frac{\partial p}{\partial T}\right)_V \tag{3.105}$$

$$-\left(\frac{\partial S}{\partial p}\right)_T=\left(\frac{\partial V}{\partial T}\right)_p \tag{3.106}$$

这四个等式称为麦克斯韦（Maxwell）关系式。

麦克斯韦关系式把一些不能直接测量的偏微商用易于直接测量的偏微商表示，并应用于热力学关系式的推导中。例如恒温下压力对物质熵值的影响，可通过物质的体膨胀系数来计算。热膨胀系数 $\alpha=\frac{1}{V}\left(\frac{\partial V}{\partial T}\right)_p$，故从式(3.106) 可得

$$\left(\frac{\partial S}{\partial p}\right)_T=-V\alpha$$

则

$$\Delta S=S_2-S_1=-\int_{p_1}^{p_2} V\alpha dp$$

3. 吉布斯-亥姆霍兹方程

将 $\frac{G}{T}$ 对 T 求导，并应用 $G=H-TS$，$dG=-SdT+Vdp$，得

$$d\left(\frac{G}{T}\right)=\frac{TdG-GdT}{T^2}=\frac{T(-SdT+Vdp)-GdT}{T^2}=\frac{TVdp-(G+TS)dT}{T^2}$$

整理得

$$d\left(\frac{G}{T}\right)=-\frac{H}{T^2}dT+\frac{V}{T}dp \tag{3.107}$$

恒压时 $dp=0$，上式写成

$$\left[\frac{\partial(G/T)}{\partial T}\right]_p=-\frac{H}{T^2} \tag{3.108}$$

同理，将$\frac{A}{T}$对 T 求导，并应用 $A=U-TS$，$dA=-SdT-pdV$ 可得

$$d\left(\frac{A}{T}\right)=\frac{TdA-AdT}{T^2}=\frac{T(-SdT-pdV)-AdT}{T^2}=\frac{-TpdV-(A+TS)dT}{T^2}$$

整理得

$$d\left(\frac{A}{T}\right)=-\frac{U}{T^2}dT-\frac{p}{T}dV \tag{3.109}$$

恒容时 $dV=0$，上式写成

$$\left[\frac{\partial(A/T)}{\partial T}\right]_V=-\frac{U}{T^2} \tag{3.110}$$

式(3.108) 和式(3.110) 称为吉布斯-亥姆霍兹方程，式(3.108) 主要用于求算恒温恒压下相变化和化学变化的 ΔG 以及 ΔG 与 T 的关系。对系统的状态 1（T，p，G_1，H_1）和状态 2（T，p，G_2，H_2）分别应用式(3.108) 可得

$$\left[\frac{\partial(G_1/T)}{\partial T}\right]_p=-\frac{H_1}{T^2}\text{和}\left[\frac{\partial(G_2/T)}{\partial T}\right]_p=-\frac{H_2}{T^2}$$

上两式相减可得十分常用的吉布斯-亥姆霍兹方程

$$\left[\frac{\partial(\Delta G/T)}{\partial T}\right]_p=-\frac{\Delta H}{T^2} \tag{3.111}$$

如求化学反应的标准摩尔反应吉布斯函数与温度的关系时，应用上式，得

$$\left[\frac{\partial(\Delta_r G_m^\ominus/T)}{\partial T}\right]_p=-\frac{\Delta_r H_m^\ominus}{T^2} \tag{3.112}$$

将上式变为

$$d\left(\frac{\Delta_r G_m^\ominus}{T}\right)_p=-\frac{\Delta_r H_m^\ominus}{T^2}dT \tag{3.113}$$

已知标准摩尔反应焓与温度的关系，及某一温度（T_1）下的标准摩尔反应吉布斯函数，如 $\Delta_r G_m^\ominus$（298.15K）的值，就可利用式(3.113) 求得某一温度（T_2）下的标准摩尔反应吉布斯函数。即

$$\frac{\Delta_r G_m^\ominus(T_2,p)}{T_2}-\frac{\Delta_r G_m^\ominus(T_1,p)}{T_1}=-\int_{T_1}^{T_2}\frac{\Delta_r H_m^\ominus(T,p)}{T^2}dT \tag{3.114}$$

式(3.90)～式(3.92)、式(3.107) 和式(3.109) 这些方程都称为特性方程，在选择适当独立的状态函数的情况下，只需要一个热力学函数就可以将均相系统的全部平衡性质唯一确定下来，这种热力学函数称为系统的特性函数。见表 3.3。

表 3.3　常见的特性方程

特性函数	独立变量	基本方程
U	S,V	$dU=TdS-pdV$
H	S,p	$dH=TdS+Vdp$
A	T,V	$dA=-SdT-pdV$
G	T,p	$dG=-SdT+Vdp$
$\frac{A}{T}$	T,V	$d\left(\frac{A}{T}\right)=-\frac{U}{T^2}dT-\frac{p}{T}dV$
$\frac{G}{T}$	T,p	$d\left(\frac{G}{T}\right)=-\frac{H}{T^2}dT+\frac{V}{T}dp$

如 $dG=-SdT+Vdp$，G 为特性函数，T、p 为独立变量，直接可得

$$S=-\left(\frac{\partial G}{\partial T}\right)_p \quad 和 \quad V=\left(\frac{\partial G}{\partial p}\right)_T$$

及

$$U=G+TS-pV=G-T\left(\frac{\partial G}{\partial T}\right)_p-p\left(\frac{\partial G}{\partial p}\right)_T$$

$$H=G+TS=G-T\left(\frac{\partial G}{\partial T}\right)_p$$

$$A=G-pV=G-p\left(\frac{\partial G}{\partial p}\right)_T$$

$$C_p=-T\left(\frac{\partial^2 G}{\partial T^2}\right)_p$$

其他热力学函数都可表示成 T、p、G 及其偏微分的关系。

从热力学基本方程式(3.90) 和式(3.93) 中可以看出，变量 T 与 S，p 与 V 总是同在一项之中，将其称为共轭函数。对理解麦克斯韦（Maxwell）关系式(3.103)～式(3.106) 是有益的。如

$\left(\frac{\partial T}{\partial p}\right)_S=\left(\frac{\partial V}{\partial S}\right)_p$ 可写成 $\left(\frac{\partial T}{\partial p}\right)_S^V$，这时对角方向上的变量就是共轭函数，然后横向交换即可，如有 T 与 p 交换时微分变号，如

$$\left(\frac{\partial T}{\partial p}\right)_S^V=\left(\frac{\partial V}{\partial S}\right)_p \quad 和 \quad \left(\frac{\partial T}{\partial V}\right)_S^p=-\left(\frac{\partial p}{\partial S}\right)_V \tag{3.115}$$

当相应特性函数的独立变量不变时，利用特性函数的改变值判断变化过程的可逆性和变化的方向。对于组成不变的封闭系统，在非体积功为零时，可以作为判据。如：

$$dS_{U,V}\geqslant 0;\ dS_{H,p}\geqslant 0;\ dU_{S,V}\leqslant 0;\ dH_{S,p}\leqslant 0;\ dA_{T,V}\leqslant 0;\ dG_{T,p}\leqslant 0$$

4. 热力学状态方程

对热力学基本方程 $dU=TdS-pdV$，在恒温下等式两边同除以 dV 可得

$$\left(\frac{\partial U}{\partial V}\right)_T=T\left(\frac{\partial S}{\partial V}\right)_T-p$$

由麦克斯韦关系式 $\left(\frac{\partial S}{\partial V}\right)_T=\left(\frac{\partial p}{\partial T}\right)_V$，代入上式得

$$\left(\frac{\partial U}{\partial V}\right)_T=T\left(\frac{\partial p}{\partial T}\right)_V-p \tag{3.116}$$

同理对热力学基本方程 $dH=TdS+Vdp$，在恒温下等式两边同除以 dp 可得

$$\left(\frac{\partial H}{\partial p}\right)_T=T\left(\frac{\partial S}{\partial p}\right)_T+V$$

由麦克斯韦关系式 $\left(\frac{\partial S}{\partial p}\right)_T=-\left(\frac{\partial V}{\partial T}\right)_p$，代入上式得

$$\left(\frac{\partial H}{\partial p}\right)_T=-T\left(\frac{\partial V}{\partial T}\right)_p+V \tag{3.117}$$

式(3.116) 和式(3.117) 称为热力学状态方程。

例 3.8 某气体的状态方程为：$pV_m = RT + \alpha p$。式中 α 为常数，试推导在恒温条件下，该气体的热力学能、焓与压力的关系。

解： 由式(3.116) $\left(\frac{\partial U}{\partial V}\right)_T = T\left(\frac{\partial p}{\partial T}\right)_V - p$

将气体的状态方程 $pV_m = RT + \alpha p$ 代入上式得

$$\left(\frac{\partial U}{\partial V}\right)_T = \frac{RT}{V_m - \alpha} - p = 0$$

因此，符合此状态方程的气体的热力学能与体积无关，只是温度的函数。

由式(3.117) $\left(\frac{\partial H}{\partial p}\right)_T = -T\left(\frac{\partial V}{\partial T}\right)_p + V$

将气体的状态方程 $pV_m = RT + \alpha p$ 代入上式得

$$\left(\frac{\partial H}{\partial p}\right)_T = V_m - \frac{RT}{p} = \alpha$$

即 $dH = \alpha dp$

积分上式，得 $H = \alpha p + c$

因此，符合此状态方程的气体的焓是温度和压力的函数。

5. 其他重要的关系式

对纯物质和组成不变的单相系统，状态函数 z 是两个独立变量 x、y 的函数，$z = f(x, y)$，其全微分

$$dz = \left(\frac{\partial z}{\partial x}\right)_y dx + \left(\frac{\partial z}{\partial y}\right)_x dy$$

当 $dz = 0$ 时可得，

$$\left(\frac{\partial z}{\partial x}\right)_y \left(\frac{\partial x}{\partial y}\right)_z = -\left(\frac{\partial z}{\partial y}\right)_x$$

故

$$\left(\frac{\partial z}{\partial x}\right)_y \left(\frac{\partial x}{\partial y}\right)_z \left(\frac{\partial y}{\partial z}\right)_x = -1 \tag{3.118}$$

或

$$\left(\frac{\partial z}{\partial x}\right)_y = -\frac{\left(\frac{\partial y}{\partial x}\right)_z}{\left(\frac{\partial y}{\partial z}\right)_x} \tag{3.119}$$

式(3.118) 称为状态函数的循环关系式。如

$$\left(\frac{\partial p}{\partial V}\right)_T \left(\frac{\partial V}{\partial T}\right)_p \left(\frac{\partial T}{\partial p}\right)_V = -1 \text{ 或} \left(\frac{\partial p}{\partial V}\right)_T = -\frac{\left(\frac{\partial T}{\partial V}\right)_p}{\left(\frac{\partial T}{\partial p}\right)_V}$$

根据恒压热容的定义有 $C_p = \left(\frac{\partial H}{\partial T}\right)_p = \left(\frac{\partial H}{\partial S}\right)_p \left(\frac{\partial S}{\partial T}\right)_p$，结合式(3.96) 得

$$C_p = T\left(\frac{\partial S}{\partial T}\right)_p ; \quad \left(\frac{\partial S_m}{\partial T}\right)_p = \frac{C_{p,m}}{T} \tag{3.120}$$

同理，根据恒容热容的定义有 $C_V = \left(\frac{\partial U}{\partial T}\right)_V = \left(\frac{\partial U}{\partial S}\right)_V \left(\frac{\partial S}{\partial T}\right)_V$，结合式(3.95) 得

$$C_V=T\left(\frac{\partial S}{\partial T}\right)_V; \quad \left(\frac{\partial S_m}{\partial T}\right)_V=\frac{C_{V,m}}{T} \tag{3.121}$$

如将 S 写成 T、p 的函数，即 $S=S(T,p)$ 则

$$dS=\left(\frac{\partial S}{\partial T}\right)_p dT+\left(\frac{\partial S}{\partial p}\right)_T dp \tag{3.122}$$

结合式(3.120) 和式(3.106) 及理想气体状态方程 $pV=nRT$，上式变为

$$dS=\frac{C_p}{T}dT-\left(\frac{\partial V}{\partial T}\right)_p dp=C_p\,d\ln T+nR\,d\ln p \tag{3.123}$$

即 $dS=nC_{p,m}d\ln T+nR\,d\ln p$，对理想气体设 $C_{p,m}$ 与温度无关，对上式在（T_1，p_1）和（T_2，p_2）两个状态间积分可得

$$\Delta S=nC_{p,m}\ln\frac{T_2}{T_1}-nR\ln\frac{p_2}{p_1} \tag{3.124}$$

式(3.124) 与式(3.48) 的结果完全相同。同理，$S=S(T, V)$，$S=S(p, V)$，同样可得到式(3.46) 和式(3.47) 的结果。具体的推导留给读者完成。

此外，还需要掌握一些简单关系式。如恒压热膨胀系数 α 和恒温压缩系数 χ 的定义式

$$\alpha=\frac{1}{V}\left(\frac{\partial V}{\partial T}\right)_p, \quad \chi=-\frac{1}{V}\left(\frac{\partial V}{\partial p}\right)_T \tag{3.125}$$

及它们与热容之间的关系

$$C_p-C_V=\frac{TV\alpha^2}{\chi} \tag{3.126}$$

对全微分式(3.102)，当某状态函数 u 恒定时，有

$$\left(\frac{\partial z}{\partial x}\right)_u=\left(\frac{\partial z}{\partial x}\right)_y+\left(\frac{\partial z}{\partial y}\right)_x\left(\frac{\partial y}{\partial x}\right)_u \tag{3.127}$$

例如

$$dU=\left(\frac{\partial U}{\partial T}\right)_V dT+\left(\frac{\partial U}{\partial V}\right)_T dV$$

在 p 一定时，两边除以 dT，得

$$\left(\frac{\partial U}{\partial T}\right)_p=\left(\frac{\partial U}{\partial T}\right)_V+\left(\frac{\partial U}{\partial V}\right)_T\left(\frac{\partial V}{\partial T}\right)_p \tag{3.128}$$

由热力学基本方程可导出许许多多有用的方程式，对于简单的 pVT 变化，结合给定的条件，可直接应用这些方程，因此熟练掌握热力学基本方程及一些必要的热力学函数之间的偏微分关系是学好物理化学的关键，也是解题的捷径。

例 3.9 求证：

$$\left(\frac{\partial C_V}{\partial V}\right)_T=T\left(\frac{\partial^2 p}{\partial T^2}\right)_V$$

证明：因为 $\left(\frac{\partial C_V}{\partial V}\right)_T=\left[\frac{\partial}{\partial V}\left(\frac{\partial U}{\partial T}\right)_V\right]_T=\left[\frac{\partial}{\partial T}\left(\frac{\partial U}{\partial V}\right)_T\right]_V$

又因为式(3.116) 热力学状态方程有 $\left(\frac{\partial U}{\partial V}\right)_T=T\left(\frac{\partial p}{\partial T}\right)_V-p$

所以 $\left(\frac{\partial C_V}{\partial V}\right)_T=\left\{\frac{\partial}{\partial T}\left[T\left(\frac{\partial p}{\partial T}\right)_V-p\right]\right\}_V=T\left(\frac{\partial^2 p}{\partial T^2}\right)_V+\left(\frac{\partial p}{\partial T}\right)_V-\left(\frac{\partial p}{\partial T}\right)_V=T\left(\frac{\partial^2 p}{\partial T^2}\right)_V$

例 3.10 求证：

$$\left(\frac{\partial p}{\partial V}\right)_S=\gamma\left(\frac{\partial p}{\partial V}\right)_T$$

证明：利用循环关系式(3.119) 和式(3.120) 及式(3.121) 可得

$$\left(\frac{\partial p}{\partial V}\right)_S=-\frac{\left(\frac{\partial S}{\partial V}\right)_p}{\left(\frac{\partial S}{\partial p}\right)_V}=-\frac{\left(\frac{\partial S}{\partial T}\right)_p\left(\frac{\partial T}{\partial V}\right)_p}{\left(\frac{\partial S}{\partial T}\right)_V\left(\frac{\partial T}{\partial p}\right)_V}=-\frac{\frac{C_p}{T}\left(\frac{\partial T}{\partial V}\right)_p}{\frac{C_V}{T}\left(\frac{\partial T}{\partial p}\right)_V}$$

$$=\frac{C_p}{C_V}\left(\frac{\partial p}{\partial V}\right)_T=\gamma\left(\frac{\partial p}{\partial V}\right)_T$$

6. 由热力学基本方程计算纯物质 pVT 变化过程的 ΔA，ΔG

在四个热力学基本方程中常用到式(3.92) 和式(3.93)，特别是后者。在恒温下，两式分别变成

$$\mathrm{d}A_T=-p\,\mathrm{d}V \tag{3.129}$$

$$\mathrm{d}G_T=V\mathrm{d}p \tag{3.130}$$

对气态物质，如理想气体，将 $pV=nRT$ 代入上式，积分得

$$\Delta A_T=-\int_{V_1}^{V_2}p\,\mathrm{d}V=-nRT\ln\frac{V_2}{V_1} \tag{3.131}$$

$$\Delta G_T=\int_{p_1}^{p_2}V\mathrm{d}p=nRT\ln\frac{p_2}{p_1} \tag{3.132}$$

可将式(3.131) 和式(3.132) 与式(3.86) 和式(3.87) 相对比，可知式(3.131) 和式(3.132) 的推导比较简单且易得。

对凝聚态物质，因物质的等温压缩率很小，体积可以认为不变，在压力改变不大时

$$\Delta A_T=-\int_{V_1}^{V_2}p\,\mathrm{d}V\approx 0 \tag{3.133}$$

$$\Delta G_T=\int_{p_1}^{p_2}V\mathrm{d}p\approx 0 \tag{3.134}$$

压力改变较大时，ΔG 不容忽略。

纯物质恒容变温过程：$\mathrm{d}A=-S\mathrm{d}T$

及恒压变温过程：$\mathrm{d}G=-S\mathrm{d}T$

这里 S 是系统的熵值。由于熵的绝对值不知，故不能用规定熵值代入积分。

在讨论恒压下温度对吉布斯函数变的影响时，可将偏导数写成式(3.112) 的形式，如式(3.100) $\left(\frac{\partial G}{\partial T}\right)_p=-S$ 写成$\left(\frac{\partial \Delta G}{\partial T}\right)_p=-\Delta S$，积分可得

$$\Delta G(T_2)-\Delta G(T_1)=-\int_{T_1}^{T_2}\Delta S\mathrm{d}T \tag{3.135}$$

式中，ΔS 为 T 的函数；ΔG、ΔS 分别为变化过程的吉布斯函数变和熵变，可以是相变过程或化学变化。

在讨论恒温下压力对吉布斯函数变的影响时，可将偏导数式(3.101) $\left(\frac{\partial G}{\partial p}\right)_T=V$ 写成 $\left(\frac{\partial \Delta G}{\partial p}\right)_T=\Delta V$，只要知道 ΔV 与 p 的关系，在恒温下，已知 p_1 时的 ΔG_1，就可求得 p_2 时的

ΔG_2。即

$$\Delta G_2(T)=\Delta G_1(T)+\int_{p_1}^{p_2}\Delta V\mathrm{d}p \tag{3.136}$$

第十节　克拉佩龙方程

1. 克拉佩龙方程的表述

根据吉布斯函数判据式(3.81)，当非体积功等于零时，纯物质B在两相平衡温度和压力的条件下达相平衡，$\Delta G_{\mathrm{m}}=0$。以α相和β相分别代表纯物质固、液、气相的任何一种，也可以是两种不同的晶型。纯物质单相的状态是由两个变量决定的，因而状态函数也是两个变量的函数。

假设两相平衡温度 T 和 p，因 $\Delta G_{\mathrm{m}}=0$，所以两相的摩尔吉布斯函数相等

$$G_{\mathrm{m}}^{*}(\alpha)=G_{\mathrm{m}}^{*}(\beta) \tag{3.137}$$

因吉布斯函数是温度和压力的函数，当两相平衡温度改变了 $\mathrm{d}T$，则平衡压力也需改变 $\mathrm{d}p$，两相达到新的平衡，两相的摩尔吉布斯函数分别改变了 $\mathrm{d}G_{\mathrm{m}}^{*}(\alpha)$ 和 $\mathrm{d}G_{\mathrm{m}}^{*}(\beta)$，两相的摩尔吉布斯函数仍然相等，即

$$G_{\mathrm{m}}^{*}(\alpha)+\mathrm{d}G_{\mathrm{m}}^{*}(\alpha)=G_{\mathrm{m}}^{*}(\beta)+\mathrm{d}G_{\mathrm{m}}^{*}(\beta) \tag{3.138}$$

由式(3.137) 和式(3.138) 得

$$\mathrm{d}G_{\mathrm{m}}^{*}(\alpha)=\mathrm{d}G_{\mathrm{m}}^{*}(\beta) \tag{3.139}$$

将热力学基本方程式(3.93) 应用于每一个相，有

$$\mathrm{d}G_{\mathrm{m}}^{*}(\alpha)=-S_{\mathrm{m}}^{*}(\alpha)\mathrm{d}T+V_{\mathrm{m}}^{*}(\alpha)\mathrm{d}p \tag{3.140}$$

$$\mathrm{d}G_{\mathrm{m}}^{*}(\beta)=-S_{\mathrm{m}}^{*}(\beta)\mathrm{d}T+V_{\mathrm{m}}^{*}(\beta)\mathrm{d}p \tag{3.141}$$

$S_{\mathrm{m}}^{*}(\alpha)$、$V_{\mathrm{m}}^{*}(\alpha)$、$S_{\mathrm{m}}^{*}(\beta)$、$V_{\mathrm{m}}^{*}(\beta)$ 分别是纯物质的摩尔熵和摩尔体积，将式(3.140) 和式(3.141) 代入式(3.139)，得

$$-S_{\mathrm{m}}^{*}(\alpha)\mathrm{d}T+V_{\mathrm{m}}^{*}(\alpha)\mathrm{d}p=-S_{\mathrm{m}}^{*}(\beta)\mathrm{d}T+V_{\mathrm{m}}^{*}(\beta)\mathrm{d}p$$

整理得

$$\frac{\mathrm{d}p}{\mathrm{d}T}=\frac{S_{\mathrm{m}}^{*}(\beta)-S_{\mathrm{m}}^{*}(\alpha)}{V_{\mathrm{m}}^{*}(\beta)-V_{\mathrm{m}}^{*}(\alpha)} \tag{3.142}$$

令 $\Delta_{\alpha}^{\beta}S_{\mathrm{m}}^{*}=S_{\mathrm{m}}^{*}(\beta)-S_{\mathrm{m}}^{*}(\alpha)$，$\Delta_{\alpha}^{\beta}V_{\mathrm{m}}^{*}=V_{\mathrm{m}}^{*}(\beta)-V_{\mathrm{m}}^{*}(\alpha)$，代入式(3.142) 得

$$\frac{\mathrm{d}p}{\mathrm{d}T}=\frac{\Delta_{\alpha}^{\beta}S_{\mathrm{m}}^{*}}{\Delta_{\alpha}^{\beta}V_{\mathrm{m}}^{*}} \tag{3.143}$$

又因为 $\Delta_{\alpha}^{\beta}S_{\mathrm{m}}^{*}=\Delta_{\alpha}^{\beta}H_{\mathrm{m}}^{*}/T$，代入式(3.143) 整理得

$$\frac{\mathrm{d}p}{\mathrm{d}T}=\frac{\Delta_{\alpha}^{\beta}H_{\mathrm{m}}^{*}}{T\Delta_{\alpha}^{\beta}V_{\mathrm{m}}^{*}} \tag{3.144}$$

此式即克拉佩龙（Clapeyron）方程。它表示了纯物质两相平衡时温度与压力变化的函数关系。

在推导方程式过程中未加任何假设，因此方程表示纯物质两相平衡的共性。在两相平衡共存时，由于有摩尔吉布斯函数相等的限制，温度、压力两个变量中只有一个变量能独立改变，一个变量该变时，另一个变量要按式(3.144) 的要求而改变，否则必然有一个相消失而不能两

相共存。

2. 固液平衡、固固平衡积分式

在讨论熔化平衡、晶型转变两相平衡时，经常讨论的是压力对熔点和转变温度的影响，因此将式(3.144)写成如下形式

$$\frac{\mathrm{d}T}{\mathrm{d}p}=\frac{T\Delta_{\alpha}^{\beta}V_{\mathrm{m}}^{*}}{\Delta_{\alpha}^{\beta}H_{\mathrm{m}}^{*}} \tag{3.145}$$

摩尔相变体积差 $\Delta_{\alpha}^{\beta}V_{\mathrm{m}}^{*}$ 很小，熔化平衡 $\Delta_{\mathrm{fus}}H_{\mathrm{m}}^{*}$ 很大，因而 $\mathrm{d}T/\mathrm{d}p$ 很小，说明外压对熔点的影响很小；而晶型转变平衡 $\Delta_{\mathrm{trs}}H_{\mathrm{m}}^{*}$ 较小，因而 $\mathrm{d}T/\mathrm{d}p$ 较熔化平衡的为大。

积分式(3.145)需要知道 $\Delta_{\alpha}^{\beta}H_{\mathrm{m}}^{*}$、$\Delta_{\alpha}^{\beta}V_{\mathrm{m}}^{*}$ 与 T 或 p 的关系。对此类型系统，在压力变化不大时可以将 $\Delta_{\alpha}^{\beta}H_{\mathrm{m}}^{*}$、$\Delta_{\alpha}^{\beta}V_{\mathrm{m}}^{*}$ 当作常数，而不会引起较大的误差，此时积分可得

$$\ln\frac{T_2}{T_1}=\frac{\Delta_{\alpha}^{\beta}V_{\mathrm{m}}^{*}}{\Delta_{\alpha}^{\beta}H_{\mathrm{m}}^{*}}(p_2-p_1) \tag{3.146}$$

熔化过程 $\Delta_{\mathrm{fus}}H_{\mathrm{m}}^{*}>0$，从式(3.145)可知：当熔化后体积增大即 $\Delta_{\mathrm{fus}}V_{\mathrm{m}}^{*}>0$，增加压力，熔点升高，大多数物质具有这一性质；当熔化后体积减小，即 $\Delta_{\mathrm{fus}}V_{\mathrm{m}}^{*}<0$，增加压力，则熔点降低，少数物质如水等具有这一性质。

例 3.11 冰和水的体积质量（密度）分别为 $917\mathrm{kg\cdot m^{-3}}$ 和 $1000\mathrm{kg\cdot m^{-3}}$。已知在 0.1MPa 下冰的熔点为 0℃，冰的摩尔熔化焓 $\Delta_{\mathrm{fus}}H_{\mathrm{m}}=6008\mathrm{J\cdot mol^{-1}}$。试求在 2MPa 的外压下，冰的熔点为多少？已知 H_2O 的分子量 $M_{\mathrm{r}}=18.0152$。

解:

冰熔化过程摩尔体积的变化为 $\Delta_{\mathrm{fus}}V_{\mathrm{m}}=M_{\mathrm{r}}(\mathrm{H_2O})\left(\frac{1}{\rho_1}-\frac{1}{\rho_{\mathrm{s}}}\right)$

将数据代入式(3.146)中

$$\ln\frac{T_2}{T_1}=\left[\frac{1}{6008}\times 18.0152\times 10^{-3}\left(\frac{1}{1000}-\frac{1}{917}\right)\times(2.0-0.1)\times 10^{6}\right]$$

$$T_2=273.01\mathrm{K}$$

即冰的熔点为 −0.14℃。

3. 克劳修斯-克拉佩龙方程

将克拉佩龙方程应用于液气平衡、固气平衡的纯物质系统，特点是其中的一个相为气相。以液气平衡为例。将式(3.144)写成如下形式

$$\frac{\mathrm{d}p}{\mathrm{d}T}=\frac{\Delta_{\mathrm{vap}}H_{\mathrm{m}}^{*}}{T[V_{\mathrm{m}}^{*}(\mathrm{g})-V_{\mathrm{m}}^{*}(\mathrm{l})]} \tag{3.147}$$

$\Delta_{\mathrm{vap}}H_{\mathrm{m}}^{*}>0$，$\Delta_{\mathrm{vap}}V_{\mathrm{m}}^{*}=V_{\mathrm{m}}^{*}(\mathrm{g})-V_{\mathrm{m}}^{*}(\mathrm{l})>0$，故 $\mathrm{d}p/\mathrm{d}T>0$，表明温度升高，液体的饱和蒸气压增大。

在远低于临界温度下，若 $V_{\mathrm{m}}^{*}(\mathrm{g})\gg V_{\mathrm{m}}^{*}(\mathrm{l})$，近似有

$$\Delta_{\mathrm{vap}}V_{\mathrm{m}}^{*}\approx V_{\mathrm{m}}^{*}(\mathrm{g}) \tag{3.148}$$

蒸气压力不是很大时蒸气近似当作理想气体，故

$$V_{\mathrm{m}}^{*}(\mathrm{g})=RT/p \tag{3.149}$$

将这两个近似条件式(3.148) 和式(3.149) 代入式(3.147)，整理得

$$\frac{\mathrm{d}p}{\mathrm{d}T}=\frac{\Delta_{\mathrm{vap}}H_{\mathrm{m}}^{*}}{RT^{2}/p}$$

即

$$\frac{\mathrm{d}\ln p}{\mathrm{d}T}=\frac{\Delta_{\mathrm{vap}}H_{\mathrm{m}}^{*}}{RT^{2}} \tag{3.150}$$

此即克劳修斯-克拉佩龙方程的微分式。

若在两不同温度 T_1、T_2 间 $\Delta_{\mathrm{vap}}H_{\mathrm{m}}^{*}$ 可视为定值，将上式积分即可得到克劳修斯-克拉佩龙方程的定积分式

$$\ln\frac{p_2}{p_1}=-\frac{\Delta_{\mathrm{vap}}H_{\mathrm{m}}^{*}}{R}\left(\frac{1}{T_2}-\frac{1}{T_1}\right) \tag{3.151}$$

式中，p_2、p_1 分别为温度 T_1、T_2 下液气平衡时的压力，即饱和蒸气压。

式(3.150) 的不定积分式为

$$\ln p=-\frac{\Delta_{\mathrm{vap}}H_{\mathrm{m}}^{*}}{RT}+C \tag{3.152}$$

积分常数 C 可由 $\Delta_{\mathrm{vap}}H_{\mathrm{m}}^{*}$ 及某一定温度下液体的饱和蒸气压来确定。

由式(3.152) 可知，作 $\ln p$-$1/T$ 图，可得一直线，由此直线的斜率 $-\Delta_{\mathrm{vap}}H_{\mathrm{m}}^{*}/R$，即可求得液体的 $\Delta_{\mathrm{vap}}H_{\mathrm{m}}^{*}$，由易测得的量 T、p 求得难测得量 $\Delta_{\mathrm{vap}}H_{\mathrm{m}}^{*}$。

关于摩尔蒸发焓，有一个近似规则称为特鲁顿（Trouton）规则，即

$$\frac{\Delta_{\mathrm{vap}}H_{\mathrm{m}}^{*}}{T_{\mathrm{b}}}\approx 88\mathrm{J\cdot K^{-1}\cdot mol^{-1}} \tag{3.153}$$

式中，T_{b} 是正常沸点。

在缺少摩尔蒸发焓时可以用其进行近似计算，若分子之间没有缔和现象，则能较好地符合于这个规则。

例 3.12 已知某液体 A 在 0℃和 100℃时的蒸气压分别为 1.79kPa 和 170kPa。试计算：(1) 液体 A 在此温度范围内的摩尔汽化焓；(2) 液体 A 的正常沸点。

解：(1) 由克劳修斯-克拉佩龙方程的定积分式(3.151)

$$\ln\frac{p_2}{p_1}=-\frac{\Delta_{\mathrm{vap}}H_{\mathrm{m}}^{*}}{R}\left(\frac{1}{T_2}-\frac{1}{T_1}\right)$$

将 $T_1=273.15\mathrm{K}$，$T_2=373.15\mathrm{K}$；$p_1=1.79\mathrm{kPa}$ 和 $p_2=170\mathrm{kPa}$ 代入上式，整理得

$$\Delta_{\mathrm{vap}}H_{\mathrm{m}}^{*}=\frac{R\ln\dfrac{p_2}{p_1}}{-\left(\dfrac{1}{T_2}-\dfrac{1}{T_1}\right)}=\frac{8.314\mathrm{J\cdot K^{-1}\cdot mol^{-1}}\times\ln\dfrac{170}{1.79}}{-\left(\dfrac{1}{373.15\mathrm{K}}-\dfrac{1}{273.15\mathrm{K}}\right)}=38.59\mathrm{kJ\cdot mol^{-1}}$$

(2) 正常沸点是指压力为 101.325kPa 时，气液两相平衡时的温度，选择 $T_1=100$℃，$p_1=170\mathrm{kPa}$；$p_2=101.325\mathrm{kPa}$，计算 T_2。将数据代入式(3.151)

$$\ln\frac{101.325}{170}=-\frac{38.59\times10^{3}}{8.314}\left(\frac{1}{T_2}-\frac{1}{373.15}\right)$$

解得 $T_2=358.25\mathrm{K}$，即沸点为 85℃。

4. 相变焓与温度的关系——Planck 方程

纯物质的摩尔相变焓与相变时的温度和压力有关，而相平衡时的温度和压力满足克拉佩龙方程（3.144)，即温度和压力只有一个独立可变，温度改变时压力也随之改变，因此相变焓与温度的关系不满足基希霍夫公式(2.75）的条件。文献给出纯物质在熔点下的熔化焓和在正常沸点下的蒸发焓数据。但有时需要其他温度下的相变焓数据，这可以通过某已知温度下的相变焓和相变前后两相的热容随温度变化的函数关系，利用状态函数变化与途径无关的特性，通过设计途径的方法进行计算。

设纯物质的 α 与 β 两相达相平衡，当两相平衡的温度由 $T \rightarrow T+\mathrm{d}T$ 时，压力必相应地由 $p \rightarrow p+\mathrm{d}p$，α 与 β 两相达新的相平衡状态，因为摩尔相变焓是温度和压力的函数 $\Delta_\alpha^\beta H_\mathrm{m}^* = f(T, p)$，所以有

$$\mathrm{d}(\Delta_\alpha^\beta H_\mathrm{m}) = \left(\frac{\partial \Delta_\alpha^\beta H_\mathrm{m}}{\partial T}\right)_p \mathrm{d}T + \left(\frac{\partial \Delta_\alpha^\beta H_\mathrm{m}}{\partial p}\right)_T \mathrm{d}p$$

$$= \Delta_\alpha^\beta C_{p,\mathrm{m}} \mathrm{d}T + \left(\frac{\partial H_\mathrm{m}^\beta}{\partial p} - \frac{\partial H_\mathrm{m}^\alpha}{\partial p}\right)_T \mathrm{d}p \tag{3.154}$$

根据热力学状态方程式(3.117）有

$\left(\frac{\partial H_\mathrm{m}^\beta}{\partial p}\right)_T = -T\left(\frac{\partial V_\mathrm{m}^\beta}{\partial T}\right)_p + V_\mathrm{m}^\beta$ 和 $\left(\frac{\partial H_\mathrm{m}^\alpha}{\partial p}\right)_T = -T\left(\frac{\partial V_\mathrm{m}^\alpha}{\partial T}\right)_p + V_\mathrm{m}^\alpha$，代入式(3.154)，得

$$\mathrm{d}(\Delta_\alpha^\beta H_\mathrm{m}) = \Delta_\alpha^\beta C_{p,\mathrm{m}} \mathrm{d}T + \left[\Delta_\alpha^\beta V_\mathrm{m} - T\left(\frac{\partial \Delta_\alpha^\beta V_\mathrm{m}}{\partial T}\right)_p\right]\mathrm{d}p \tag{3.155}$$

根据式(3.144）有 $\mathrm{d}p = \frac{\Delta_\alpha^\beta H_\mathrm{m}}{T\Delta_\alpha^\beta V_\mathrm{m}}\mathrm{d}T$，代入式(3.155）得

$$\mathrm{d}(\Delta_\alpha^\beta H_\mathrm{m}) = \Delta_\alpha^\beta C_{p,\mathrm{m}} \mathrm{d}T + \left[\Delta_\alpha^\beta V_\mathrm{m} - T\left(\frac{\partial \Delta_\alpha^\beta V_\mathrm{m}}{\partial T}\right)_p\right]\frac{\Delta_\alpha^\beta H_\mathrm{m}}{T\Delta_\alpha^\beta V_\mathrm{m}}\mathrm{d}T$$

即

$$\frac{\mathrm{d}(\Delta_\alpha^\beta H_\mathrm{m})}{\mathrm{d}T} = \Delta_\alpha^\beta C_{p,\mathrm{m}} + \left[\Delta_\alpha^\beta V_\mathrm{m} - T\left(\frac{\partial \Delta_\alpha^\beta V_\mathrm{m}}{\partial T}\right)_p\right]\frac{\Delta_\alpha^\beta H_\mathrm{m}}{T\Delta_\alpha^\beta V_\mathrm{m}}$$

$$= \Delta_\alpha^\beta C_{p,\mathrm{m}} + \frac{\Delta_\alpha^\beta H_\mathrm{m}}{T} - \Delta_\alpha^\beta H_\mathrm{m}\left(\frac{\partial \ln \Delta_\alpha^\beta V_\mathrm{m}}{\partial T}\right)_p \tag{3.156}$$

此式称为 Planck 方程，它表示摩尔相变焓随温度变化的规律，对任意两相平衡都成立。下面讨论两种情况的近似表达式。

(1) 升华焓和气化焓与温度的关系　两相平衡中有一相是气相时，并假设气体为理想气体，则 $\Delta_\alpha^\beta V_\mathrm{m} = V_\mathrm{m}^\mathrm{g} - V_\mathrm{m}^\alpha \approx V_\mathrm{m}^\mathrm{g} = RT/p$，代入式(3.156）得

$$\frac{\mathrm{d}(\Delta_\alpha^\beta H_\mathrm{m})}{\mathrm{d}T} = \Delta_\alpha^\beta C_{p,\mathrm{m}} \tag{3.157}$$

此式与基希霍夫公式形式上相同，但物理意义和应用范围与基希霍夫公式不同。

(2) 熔化焓和固相间的相转变焓与温度的关系　对于只有凝聚相态的相变，假设 $\Delta_\alpha^\beta V_\mathrm{m}$ 与温度 T 无关，此时式(3.156）近似为

$$\frac{\mathrm{d}(\Delta_\alpha^\beta H_\mathrm{m})}{\mathrm{d}T} = \Delta_\alpha^\beta C_{p,\mathrm{m}} + \frac{\Delta_\alpha^\beta H_\mathrm{m}}{T} \tag{3.158}$$

5. 外压对液体饱和蒸气压的影响

在讨论一定温度下纯液体（B）液气两相平衡时，液体的压力即等于其饱和蒸气压，也是液体所受的外压，如果气相中有不溶于该液体的其他惰性气体（D）存在，液体所承受的压力就要大于液体的饱和蒸气压，此时液体饱和蒸气压也应改变。

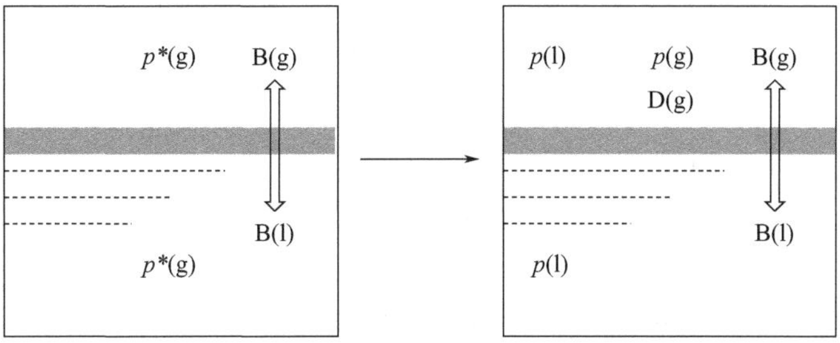

图 3.8　外压对液体饱和蒸气压的影响

如图 3.8 所示，假设在液气之间有一刚性半透膜，膜的两侧分别为某纯液体和其蒸气与不溶于该液体的其他惰性气体组成的气相，半透膜的作用是只允许蒸气分子透过而不允许液体分子和不溶于该液体的其他惰性气体透过。气相的外压即为液体所受的压力 $p(\mathrm{l})$。

设在一定温度 T、外压 $p(\mathrm{l})$ 下液体的饱和蒸气压为 $p(\mathrm{g})$，根据纯物质液气平衡时的条件，液体的摩尔吉布斯函数 $G_{\mathrm{m}}(\mathrm{l})$ 与气体的摩尔吉布斯函数 $G_{\mathrm{m}}(\mathrm{g})$ 相等，即

$$G_{\mathrm{m}}(\mathrm{g})=G_{\mathrm{m}}(\mathrm{l})$$

当外压改变 $\mathrm{d}p(\mathrm{l})$，引起液体摩尔吉布斯函数改变 $\mathrm{d}G_{\mathrm{m}}(\mathrm{l})$，变至 $G_{\mathrm{m}}(\mathrm{l})+\mathrm{d}G_{\mathrm{m}}(\mathrm{l})$，同时饱和蒸气压力必然也改变了 $\mathrm{d}p(\mathrm{g})$，使气体摩尔吉布斯函数改变至 $G_{\mathrm{m}}(\mathrm{g})+\mathrm{d}G_{\mathrm{m}}(\mathrm{g})$，并且两相的摩尔吉布斯函数仍然相等：

$$G_{\mathrm{m}}(\mathrm{g})+\mathrm{d}G_{\mathrm{m}}(\mathrm{g})=G_{\mathrm{m}}(\mathrm{l})+\mathrm{d}G_{\mathrm{m}}(\mathrm{l})$$

即有 $\mathrm{d}G_{\mathrm{m}}(\mathrm{g})=\mathrm{d}G_{\mathrm{m}}(\mathrm{l})$

根据热力学基本方程式(3.93)，$\mathrm{d}G_{\mathrm{m}}=-S_{\mathrm{m}}\mathrm{d}T+V_{\mathrm{m}}\mathrm{d}p$，在恒温下 $\mathrm{d}G_{\mathrm{m}}(\mathrm{l})=V_{\mathrm{m}}(\mathrm{l})\mathrm{d}p(\mathrm{l})$，$\mathrm{d}G_{\mathrm{m}}(\mathrm{g})=V_{\mathrm{m}}(\mathrm{g})\mathrm{d}p(\mathrm{g})$，于是

$$V_{\mathrm{m}}(\mathrm{l})\mathrm{d}p(\mathrm{l})=V_{\mathrm{m}}(\mathrm{g})\mathrm{d}p(\mathrm{g})$$

即

$$\frac{\mathrm{d}p(\mathrm{g})}{\mathrm{d}p(\mathrm{l})}=\frac{V(\mathrm{l})}{V(\mathrm{g})} \tag{3.159}$$

此式表明，液体的饱和蒸气压将随液体所受的压力的增大而增大。一般情况下由于 $V_{\mathrm{m}}(\mathrm{g})\gg V_{\mathrm{m}}(\mathrm{l})$，液体的饱和蒸气压增加很小，外压增加不大时，通常可以忽略。而在接近临界温度时，因 $V_{\mathrm{m}}(\mathrm{g})$ 与 $V_{\mathrm{m}}(\mathrm{l})$ 比较接近，外压对液体饱和蒸气压的影响较大。

若蒸气近似视为理想气体，$V_{\mathrm{m}}(\mathrm{g})=RT/p(\mathrm{g})$，代入式(3.159) 得

$$\frac{\mathrm{d}\ln p(\mathrm{g})}{\mathrm{d}p(\mathrm{l})}=\frac{V_{\mathrm{m}}(\mathrm{l})}{RT} \tag{3.160}$$

$V_{\mathrm{m}}(\mathrm{l})$ 可以认为不随 $p(\mathrm{l})$ 改变，对上式积分，在外压 $p^*(\mathrm{g})$、$p(\mathrm{l})$ 下饱和蒸气压分别为 $p^*(\mathrm{g})$、$p(\mathrm{g})$，$p^*(\mathrm{g})$ 代表没有不溶于该液体的其他惰性气体时的液体的饱和蒸气压。对式(3.160) 积分

$$\int_{p^*(g)}^{p(g)} \mathrm{d}\ln p(g) = \int_{p^*(g)}^{p(l)} \frac{V_m(l)}{RT} \mathrm{d}p(l)$$

得

$$\ln \frac{p(g)}{p^*(g)} = \frac{V_m(l)}{RT}[p(l) - p^*(g)] \tag{3.161}$$

$p(g)$ 是有惰性气体时的蒸气压，由上式可知，因 $p(l) > p^*(g)$，所以 $p(g) > p^*(g)$。

习　题

一、选择题

1. 理想气体绝热向真空膨胀，则（　　）。

(A) $\Delta S=0$，$W=0$　(B) $\Delta U=0$，$\Delta H=0$　(C) $\Delta U=0$，$\Delta G=0$　(D) $\Delta G=0$，$\Delta H=0$

2. 系统的熵变 ΔS 是

(1) 不可逆过程热温商之和　(2) 可逆过程热温商之和　(3) 与过程有关的状态函数　(4) 与过程无关的状态函数，以上正确的是（　　）。

(A) (1)，(2)　(B) (2)，(3)　(C) (2)　(D) (4)

3. 理想气体经可逆与不可逆两种绝热过程（　　）。

(A) 可以从同一始态出发达到同一终态

(B) 不可以达到同一终态

(C) 不能断定 (A)、(B) 中哪一种正确

(D) 可以达到同一终态，视绝热膨胀还是绝热压缩而定

4. 对实际气体的节流膨胀过程，有（　　）。

(A) $\Delta U=0$　(B) $\Delta H=0$　(C) $\Delta S=0$　(D) $\Delta G=0$

5. $p^{\ominus}$、273.15K 时，水凝结为冰，可以判断系统的下列热力学量中何者一定为零？（　　）

(A) ΔU　(B) ΔH　(C) ΔS　(D) ΔG

6. 在绝热条件下，用大于气筒内的压力迅速推动活塞压缩气体，此过程的熵变为（　　）。

(A) 大于零　(B) 等于零　(C) 小于零　(D) 不能确定

7. 纯液体苯在其正常沸点等温蒸发，则（　　）。

(A) $\Delta_{vap}U=\Delta_{vap}H$，$\Delta_{vap}A=\Delta_{vap}G$，$\Delta_{vap}S>0$

(B) $\Delta_{vap}U<\Delta_{vap}H$，$\Delta_{vap}A<\Delta_{vap}G$，$\Delta_{vap}S<0$

(C) $\Delta_{vap}U>\Delta_{vap}H$，$\Delta_{vap}A>\Delta_{vap}G$，$\Delta_{vap}S<0$

(D) $\Delta_{vap}U<\Delta_{vap}H$，$\Delta_{vap}A<\Delta_{vap}G$，$\Delta_{vap}S>0$

8. 1mol 理想气体在室温下进行恒温不可逆膨胀 ($Q=0$)，使系统体积增大一倍，则 $\Delta_{系统}S/\mathrm{J\cdot K^{-1}\cdot mol^{-1}}$、$\Delta S_{环境}/\mathrm{J\cdot K^{-1}\cdot mol^{-1}}$、$\Delta S_{隔离}/\mathrm{J\cdot K^{-1}\cdot mol^{-1}}$ 为（　　）。

(A) 5.76　−5.76　0　(B) 5.76　0　5.76

(C) 0　0　0　(D) 0　5.76　5.76

9. 在 270K、101.325kPa 下，1mol 过冷水经等温等压过程凝结为同样条件下的冰，则系统及环境的熵变应为（　　）。

(A) $\Delta_{系统}S<0$，$\Delta_{环境}S<0$　(B) $\Delta_{系统}S>0$，$\Delta_{环境}S>0$

(C) $\Delta_{系统}S>0$，$\Delta_{环境}S<0$　(D) $\Delta_{系统}S<0$，$\Delta_{环境}S>0$

10. 对理想气体等温可逆过程，其计算熵变的公式是（　　）。

(A) $\Delta S=nR\ln(V_2/V_1)$　(B) $\Delta S=nRT\ln(V_2/V_1)$

(C) $\Delta S=nR\ln(p_2/p_1)$　(D) $\Delta S=nRT\ln(p_1/p_2)$

11. 298K、$p^{\ominus}$下，双原子理想气体的体积 $V_1=48.91\mathrm{dm}^3$，经等温自由膨胀到 $2V_1$，其过程的 ΔS 为（　　）。

（A）$5.765\mathrm{J \cdot K^{-1}}$　（B）$11.53\mathrm{J \cdot K^{-1}}$　（C）$23.06\mathrm{J \cdot K^{-1}}$　（D）0

12. 在 101.325kPa 条件下，385K 的水变为同温下的水蒸气，对该变化过程，下列各式中哪个正确？（　　）

（A）ΔS(系统)＋ΔS(环境)＞0　（B）ΔS(系统)＋ΔS(环境)＜0

（C）ΔS(系统)＋ΔS(环境)＝0　（D）ΔS(系统)＋ΔS(环境)的值不能确定

13. 在标准压力 $p^{\ominus}$ 和 268.15K 时，冰变为水，系统的熵变 ΔS 应（　　）。

（A）大于零　（B）小于零　（C）等于零　（D）无法确定

14. 在 N_2 和 O_2 混合气体的绝热可逆压缩过程中，系统的热力学函数变化值在下列结论中正确的是（　　）。

（A）$\Delta U=0$　（B）$\Delta A=0$　（C）$\Delta G=0$　（D）$\Delta S=0$

15. 将 1mol 甲苯在 101.325kPa、110℃（正常沸点）下与 110℃的热源接触，使它向真空容器中蒸发，完全变成 101.325kPa 下的蒸气。该过程的（　　）。

（A）$\Delta S_{\mathrm{m}}=0$　（B）$\Delta H_{\mathrm{m}}=0$　（C）$\Delta G_{\mathrm{m}}=0$　（D）$\Delta U_{\mathrm{m}}=0$

16. 室温下，$10p^{\ominus}$的理想气体绝热节流膨胀至 $5p^{\ominus}$的过程有：

（1）$W>0$　（2）$Q=0$　（3）$T_1>T_2$　（4）$\Delta S>0$

其正确的答案应是（　　）。

（A）(3)、(4)　（B）(2)、(4)　（C）(1)、(3)　（D）(1)、(2)

17. 理想气体与温度为 T 的大热源接触做等温膨胀，吸热 Q，所做的功是变到相同终态的最大功的 20%，则系统的熵变为（　　）。

（A）Q/T　（B）0　（C）$5Q/T$　（D）$-Q/T$

18. 某化学反应在 300K、$p^{\ominus}$下于烧杯中进行，放热 $60\mathrm{kJ \cdot mol^{-1}}$，若在相同条件下安排成可逆电池进行，吸热 $6\mathrm{kJ \cdot mol^{-1}}$，则该系统的熵变为（　　）。

（A）$-200\mathrm{J \cdot K^{-1} \cdot mol^{-1}}$　（B）$200\mathrm{J \cdot K^{-1} \cdot mol^{-1}}$

（C）$-20\mathrm{J \cdot K^{-1} \cdot mol^{-1}}$　（D）$20\mathrm{J \cdot K^{-1} \cdot mol^{-1}}$

19. 理想气体在等温条件下，经恒外压压缩至稳定，此变化中的系统熵变 ΔS 及环境熵变 ΔS 应为（　　）。

（A）ΔS(系统)＞0，ΔS(环境)＜0　（B）ΔS(系统)＜0，ΔS(环境)＞0

（C）ΔS(系统)＞0，ΔS(环境)＝0　（D）ΔS(系统)＜0，ΔS(环境)＝0

20. 在 101.3kPa 下，110℃的水变为 110℃的水蒸气，吸热 Q_p，在该相变过程中下列哪个关系式不成立？（　　）

（A）ΔS(系统)＋ΔS(环境)＞0　（B）ΔS(环境)不确定

（C）ΔS(系统)＞0　（D）ΔG(环境)＜0

21. 在 $p^{\ominus}$下，263K 的过冷水凝结成 263K 的冰，则（　　）。

（A）$\Delta S>0$　（B）$\Delta S<0$　（C）$\Delta S=0$　（D）无法确定

22. 封闭系统中，若某过程的 $\Delta A=0$，应满足的条件是（　　）。

（A）绝热可逆，且 $W'=0$ 的过程　（B）等温等压，且 $W'=0$ 的可逆过程

（C）等容等压，且 $W'=0$ 的过程　（D）等温等容，且 $W'=0$ 的可逆过程

23. 在 300℃时，2mol 某理想气体的吉布斯函数 G 与亥姆霍兹函数 A 的差值为（　　）。

（A）$G-A=1.247\mathrm{kJ}$　（B）$G-A=4.988\mathrm{kJ}$

(C) $G-A=2.494\text{kJ}$ (D) $G-A=9.977\text{kJ}$

24. 理想气体等温过程的 ΔA（　　）。

(A) $>\Delta G$ (B) $<\Delta G$ (C) $=\Delta G$ (D) 不能确定

25. 在一简单的（单组分，单相，各向同性）封闭系统中，恒压只做膨胀功的条件下，吉布斯函数值随温度升高如何变化？（　　）

(A) $(\partial G/\partial T)_p<0$ (B) $(\partial G/\partial T)_p>0$

(C) $(\partial G/\partial T)_p=0$ (D) 视具体系统而定

26. 下列函数中为强度性质的是（　　）。

(A) C_V (B) $(\partial G/\partial p)_T$ (C) $(\partial U/\partial V)_T$ (D) S

27. 从热力学基本关系式可导出 $(\partial U/\partial S)_V$ 等于（　　）。

(A) $(\partial U/\partial V)_S$ (B) $(\partial A/\partial V)_T$ (C) $(\partial H/\partial S)_p$ (D) $(\partial G/\partial T)_p$

28. 下列四个关系式中，哪一个不是麦克斯韦关系式？（　　）

(A) $(\partial T/\partial V)_S=(\partial V/\partial S)_p$ (B) $(\partial T/\partial p)_S=(\partial V/\partial S)_p$

(C) $(\partial S/\partial V)_T=(\partial p/\partial T)_V$ (D) $(\partial S/\partial p)_T=-(\partial V/\partial T)_p$

29. $(\partial G/\partial p)_{T,n}=(\partial H/\partial p)_{S,n}$，该式的使用条件为（　　）。

(A) 等温过程 (B) 等熵过程

(C) 等温等熵过程 (D) 任何热力学均相平衡系统，$W'=0$

30. 某气体的状态方程为 $pV_m=RT+\alpha p$，其中 α 为大于零的常数，该气体经恒温膨胀，其内能（　　）。

(A) 减少 (B) 增大 (C) 不变 (D) 不能确定

31. 某气体状态方程为 $p=f(V)T$，$f(V)$ 仅表示体积的函数，恒温下该气体的熵随体积 V 的增加而（　　）。

(A) 下降 (B) 增加 (C) 不变 (D) 难以确定

32. 对于不做非体积功的封闭系统，下面关系式中不正确的是（　　）。

(A) $(\partial H/\partial S)_p=T$ (B) $(\partial U/\partial V)_S=p$

(C) $(\partial H/\partial p)_S=V$ (D) $(\partial A/\partial T)_V=-S$

33. 范德瓦耳斯气体绝热向真空膨胀后，气体的温度（　　）。

(A) 上升 (B) 下降 (C) 不变 (D) 无法确定

34. 某实际气体的状态方程 $pV_m=RT+bp$，式中 b 为大于零的常数，当该气体经绝热向真空膨胀后，气体的温度（　　）。

(A) 上升 (B) 下降 (C) 不变 (D) 无法确定

35. 大多数物质的液体在正常沸点时的摩尔气化熵为（　　）。

(A) $20\text{J}\cdot\text{K}^{-1}\cdot\text{mol}^{-1}$ (B) $25\text{J}\cdot\text{K}^{-1}\cdot\text{mol}^{-1}$

(C) $88\text{J}\cdot\text{K}^{-1}\cdot\text{mol}^{-1}$ (D) $175\text{J}\cdot\text{K}^{-1}\cdot\text{mol}^{-1}$

36. 苯的正常沸点为 80℃，估计它在沸点左右温度范围内，温度每改变 1℃，蒸气压的变化百分率约为（　　）。

(A) 3% (B) 13% (C) 47% (D) 难以确定

（答：1B，2C，3B，4B，5D，6A，7D，8B，9D，10A，11B，12A，13A，14D，15C，16B，17C，18D，19B，20B，21B，22D，23B，24C，25A，26C，27C，28A，29D，30C，31B，32B，33B，34C，35C，36A）

二、计算题

1. 卡诺热机工作在 $T_1=900K$ 的高温热源和 $T_2=300K$ 的低温热源之间。求：(1) 热机效率；(2) 当向低温热源放热 100kJ 时，求系统从高温热源吸收的热量及对环境做的功。

答：$\eta=0.6667$，$Q=300kJ$，$W=-200kJ$

2. 某可逆热机工作在 $T_1=400K$ 的高温热源和 $T_2=300K$ 的低温热源之间，已知每一循环热机向低温热源放热 1kJ，求热机效率、热机所做的功。

答：$\eta=0.25$，$W=-333.3J$

3. 在 10g 100℃的水中加入 1g 0℃的冰，求过程的 ΔS。已知冰的熔化热为 $6025J\cdot mol^{-1}$，水的热容 $C_{p,m}=75.31J\cdot K^{-1}\cdot mol^{-1}$。

答：$\Delta S=0.4618J\cdot K^{-1}$

4. 298K、101.325kPa 下双原子理想气体的体积 $V_1=48.9dm^3$，试求下列过程后气体的 ΔS。(1) 自由膨胀到 $2V_1$；(2) 反抗恒外压等温膨胀到 $2V_1$；(3) 等温可逆膨胀到 $2V_1$；(4) 绝热自由膨胀到 $2V_1$；(5) 绝热可逆膨胀到 $2V_1$；(6) 反抗恒外压绝热膨胀到 $2V_1$；(7) 在 101.325kPa 下加热到 $2V_1$。

答：$\Delta S_1=11.53J\cdot K^{-1}$；$\Delta S_2=\Delta S_3=\Delta S_4=11.53J\cdot K^{-1}$；
$\Delta S_5=0$；$\Delta S_6=3.95J\cdot K^{-1}$；$\Delta S_7=40.34J\cdot K^{-1}$

5. 4mol 单原子理想气体从始态 750K、150kPa，先恒容冷却使压力降至 50kPa，再恒温可逆压缩到 100kPa。求整个过程的 Q、W、ΔU、ΔH、ΔS。

答：$Q=-30.70kJ$，$W=5.763kJ$，$\Delta U=-24.94kJ$，
$\Delta H=-41.57$，$\Delta S=-77.85J\cdot K^{-1}$

6. 2mol 双原子理想气体从始态 300K、$50dm^3$，先恒容加热到 400K，再恒压加热到体积增大到 $100dm^3$，求整个过程的 Q、W、ΔU、ΔH、ΔS。

答：$Q=27.44kJ$，$W=-6651J$，$\Delta U=20.79kJ$，$\Delta H=29.10kJ$，$\Delta S=52.30J\cdot K^{-1}$

7. 1mol O_2 克服 101325Pa 的恒定外压做绝热膨胀，直到达到平衡为止，初始温度为 200℃，初始体积为 $20dm^3$，假定氧气为理想气体，试计算该膨胀过程中氧气的熵变。

答：$\Delta S=1.175J\cdot K^{-1}$

8. 如下图所示，气缸外壁和理想活塞绝热，固定隔板导热良好，可随时保持两侧温度相等，A、B 是单原子理想气体，$n_1=n_2=2mol$；$p_1=p_2=1000kPa$；$T_1=T_2=400K$，除去销钉后 B(g) 反抗恒定的外压 $p_{su}=100kPa$ 膨胀至平衡态，计算终态温度 T 及过程的 W、ΔS。

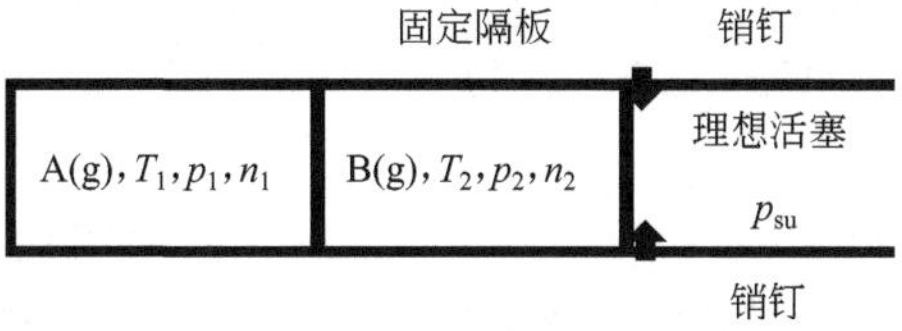

答：$T=310K$，$\Delta S=21.33J\cdot K^{-1}$

9. 将 298.2K 1mol O_2(g) 从 101.325kPa 绝热可逆压缩到 607.95kPa，试求 Q、W、ΔU、ΔH、ΔA、ΔG、ΔS、$\Delta S_{隔离}$。已知 $S_m^{\ominus}(O_2, g, 298K)=205.03J\cdot K^{-1}\cdot mol^{-1}$。

答：$Q=0$，$W=4142J$，$\Delta U=4142J$，$\Delta H=5799J$，
$\Delta A=-36720J$，$\Delta G=-35063J$，$\Delta S=0$，$\Delta S_{隔离}=0$

10. (1) 将 298.2K 1mol O_2 从 101.325kPa 等温可逆压缩到 607.95kPa，试求 Q、W、ΔU、ΔH、ΔA、ΔG、ΔS、$\Delta S_{环境}$。

(2) 若反抗 607.95kPa 的恒外压等温压缩到终态，求上述热力学函数的变化值。

答：(1) $Q=-4443\text{J}$，$W=4443\text{J}$，$\Delta U=0$，$\Delta H=0$，$\Delta A=4443\text{J}$，$\Delta G=4443\text{J}$，$\Delta S=-14.90\text{J}\cdot\text{K}^{-1}$，$\Delta S_{环境}=14.90\text{J}\cdot\text{K}^{-1}$

(2) $Q=-12.40\text{kJ}$，$W=12.40\text{kJ}$，$\Delta U=0$，$\Delta H=0$，$\Delta A=4443\text{J}$，$\Delta G=4443\text{J}$，$\Delta S=-14.90\text{J}\cdot\text{K}^{-1}$，$\Delta S_{环境}=41.58\text{J}\cdot\text{K}^{-1}$

11. 一直到 $1000p^{\ominus}$，氮气仍服从下列状态方程式：$pV_m=RT+bp$，式中常数 $b=3.90\times10^{-2}\text{dm}^3\cdot\text{mol}^{-1}$。在 500K，1mol N_2 (g) 从 $1000p^{\ominus}$ 等温可逆膨胀到 $p^{\ominus}$。计算 ΔU_m、ΔH_m、ΔG_m、ΔA_m 及 ΔS_m。

答：$\Delta U_m=0$，$\Delta H_m=-3.948\text{kJ}\cdot\text{mol}^{-1}$，$\Delta G_m=-32.66\text{kJ}\cdot\text{mol}^{-1}$，$\Delta A_m=-28.72\text{kJ}\cdot\text{mol}^{-1}$，$\Delta S_m=57.42\text{J}\cdot\text{mol}^{-1}\cdot\text{K}^{-1}$

12. 1mol 单原子理想气体从始态的 p_1、V_1、T_1 出发，经过一个绝热不可逆过程到达终态，该终态的温度为 273K，压力为 $p^{\ominus}$，熵值为 $S^{\ominus}(273\text{K})=188.3\text{J}\cdot\text{K}^{-1}\cdot\text{mol}^{-1}$。

已知该过程的 $\Delta S=20.92\text{J}\cdot\text{K}^{-1}\cdot\text{mol}^{-1}$，系统对环境做功为 1255J。

(1) 求始态的 p_1、V_1、T_1；

(2) 求气体的 ΔU、ΔH、ΔG。

答：(1) $p_1=2.7187\times10^6\text{kPa}$，$V_1=1.13\times10^{-3}\text{m}^3$，$T_1=373.6\text{K}$

(2) $\Delta U=-1255\text{J}$，$\Delta H=-2091\text{J}$，$\Delta G=9036\text{J}$

13. 有一绝热恒容容器，中间用导热隔板将容器分为体积相同的两部分，分别充以 N_2(g) 和 O_2(g)，如下图。

1mol N_2(g) 293K	1mol O_2(g) 283K

(1) 求体系达到热平衡时的 ΔS；

(2) 达热平衡后将隔板抽去，求体系的 $\Delta_{mix}S$。N_2(g) 和 O_2(g) 皆可视为理想气体。

答：(1) $\Delta S=0.006\text{J}\cdot\text{K}^{-1}$；(2) $\Delta_{mix}S=11.53\text{J}\cdot\text{K}^{-1}$

14. 绝热恒容容器中有一绝热耐压隔板，隔板一侧容积为 50dm^3，内有 2mol N_2 (g)，温度为 200K，另一侧容积为 125dm^3，内有 4molN_2、2molO_2，温度为 400K，今将容器的绝热隔板撤去，使系统达到平衡态，求过程的 ΔS。

答：$\Delta S=44.22\text{J}\cdot\text{K}^{-1}$

15. 在绝热恒压容器中，将 5mol 40℃的水与 5mol 0℃的冰混合，求平衡后的温度，以及此体系的 ΔH 和 ΔS。已知冰的摩尔熔化热为 $6024\text{J}\cdot\text{mol}^{-1}$，水的等压摩尔热容为 $75.3\text{J}\cdot\text{K}^{-1}\cdot\text{mol}^{-1}$。

答：$\Delta H=0$，$\Delta S=3.68\text{J}\cdot\text{K}^{-1}$

16. 将 1mol 苯蒸气由 79.9℃、40kPa 冷凝为 60℃、100kPa 的液态苯，求此过程的 ΔS。(已知苯的标准沸点即 100kPa 下的沸点为 79.9℃；在此条件下，苯的汽化焓为 $30.878\text{kJ}\cdot\text{mol}^{-1}$；液态苯的热容为 $140\text{J}\cdot\text{K}^{-1}\cdot\text{mol}^{-1}$)

答：$\Delta S=103.2\text{J}\cdot\text{K}^{-1}$

17. 在 298.15K、101.325kPa 条件下，1mol 过冷水蒸气变为同温同压下的水，试求过程的 ΔG。已知 298.15K 时水的蒸气压为 3167Pa。

答：$\Delta G=-8590\text{J}$

18. 计算−5℃、101.325kPa 下 1mol 液态水变为固态冰的 ΔG。已知−5℃时水的饱和蒸气压为 421.70Pa，冰的饱和蒸气压为 401.70Pa。

答：$\Delta G=-108$J

19. 将一玻璃球放入真空容器中，球中已封入 1mol 水（101.3kPa，373K），真空容器内部恰好容纳 1mol 的水蒸气（101.3kPa，373K），若保持整个体系的温度为 373K，小球被击破后，水全部汽化成水蒸气，计算 Q、W、ΔU、ΔH、ΔS、ΔG、ΔA。根据计算结果，这一过程是自发的吗？用哪一个热力学性质作为判据？试说明之。已知水在 101.3kPa、373K 时的蒸发热为 $40668.5\text{J}\cdot\text{mol}^{-1}$。

答：$Q=37.57$kJ，$W=0$，$\Delta U=37.576$kJ，$\Delta H=40668.5$J，
$\Delta S=109.0\text{J}\cdot\text{K}^{-1}$，$\Delta G=0$，$\Delta A=-3101$J

20. 苯的正常沸点为 353K，摩尔气化焓是 $\Delta_{vap}H_m=30.77\text{kJ}\cdot\text{mol}^{-1}$，今在 353K、$p^{\ominus}$ 下，将 1mol 液态苯真空等温蒸发为同温同压的苯蒸气（设为理想气体）。

（1）计算该过程中苯吸收的热量 Q 和做的功 W；

（2）求苯的摩尔气化吉布斯自由能 $\Delta_{vap}G_m$ 和摩尔气化熵 $\Delta_{vap}S_m$；

（3）求环境的熵变；

（4）使用哪种判据可以判别上述过程可逆与否？并判别之。

答：（1）$W=0$，$Q=27.83$kJ；（2）$\Delta_{vap}S_m=87.2\text{J}\cdot\text{K}^{-1}$，$\Delta_{vap}G_m=0$；
（3）$\Delta S_{环境}=-78.9\text{J}\cdot\text{K}^{-1}$；（4）$\Delta S_{总}=8.3\text{J}\cdot\text{K}^{-1}$

21. 373K、$2p^{\ominus}$ 的水蒸气可以维持一段时间，但这是一种亚平衡态，称作过饱和态，它可自发地凝聚，过程是：

$$H_2O(g,100℃,202650Pa)\longrightarrow H_2O(l,100℃,202650Pa)$$

求水的 $\Delta_g^lH_m$、$\Delta_g^lS_m$、$\Delta_g^lG_m$。已知水的摩尔蒸发热 $\Delta_{vap}H_m$ 为 $40.60\text{kJ}\cdot\text{mol}^{-1}$，假设水蒸气为理想气体，液态水是不可压缩的。

答：$\Delta_g^lH_m=-40.6\text{kJ}\cdot\text{mol}^{-1}$，$\Delta_g^lS_m=-103\text{J}\cdot\text{K}^{-1}\cdot\text{mol}^{-1}$，
$\Delta_g^lG_m=-2.18\text{kJ}\cdot\text{mol}^{-1}$

22. 在 298K、101.325kPa 下，金刚石的摩尔燃烧焓为 $-395.26\text{kJ}\cdot\text{mol}^{-1}$，摩尔熵为 $2.42\text{J}\cdot\text{K}^{-1}\cdot\text{mol}^{-1}$。石墨的摩尔燃烧焓为 $-393.38\text{kJ}\cdot\text{mol}^{-1}$，摩尔熵为 $5.690\text{J}\cdot\text{K}^{-1}\cdot\text{mol}^{-1}$。

（1）求在 298K、101325Pa 下，石墨变为金刚石的 $\Delta_rG_m^{\ominus}$；

（2）若金刚石和石墨的密度分别为 $3510\text{kg}\cdot\text{m}^{-3}$ 及 $2260\text{kg}\cdot\text{m}^{-3}$，并设密度不随压力而变化，则在 298K 下，若使石墨变为金刚石，至少需要多大压力？

答：（1）$\Delta_rG_m^{\ominus}=2.852\text{kJ}\cdot\text{mol}^{-1}$；（2）$1.51\times10^9$Pa

23. 若 1kg 斜方硫（S_8）转变为单斜硫（S_8）时体积增加 0.0138dm^3。斜方硫和单斜硫在 25℃时标准摩尔燃烧焓分别为 $-296.7\text{kJ}\cdot\text{mol}^{-1}$ 和 $-297.1\text{kJ}\cdot\text{mol}^{-1}$；在 100kPa 的压力下，两种晶型的正常转化温度为 96.7℃。请判断在 100℃、500kPa 下，硫的哪一种晶型稳定？设两种晶型的 $C_{p,m}$ 相等，且两种晶型转变的体积增加值为常数。

答：$\Delta_rG_m=-3.392\text{J}\cdot\text{mol}^{-1}$，单斜硫稳定

24. 已知−5℃固态苯的饱和蒸气压为 $0.0225p^{\ominus}$，在−5℃、$p^{\ominus}$ 下，1mol 过冷液态苯凝固时 $\Delta_l^sS=-35.46\text{J}\cdot\text{K}^{-1}$，放热 9860J。求：−5℃时液态苯的饱和蒸气压，设苯蒸气为理想气体。

答：$p=2669$Pa

25. 取 273.15K、$3p^{\ominus}$ 的 O_2(g) 10dm^3，绝热膨胀到压力 $p^{\ominus}$，分别计算下列两种过程的 ΔG。

(1) 绝热可逆膨胀;

(2) 将外压力骤减至 $p^{\ominus}$，气体反抗外压力进行绝热不可逆膨胀，假定 $O_2(g)$ 为理想气体。已知氧气的摩尔标准熵 $S_m^{\ominus}(298K)=205.0J \cdot K^{-1} \cdot mol^{-1}$。

答:(1) $\Delta G=17.33kJ$;(2) $\Delta G=11.37kJ$

26. 将装有 0.1mol 乙醚液体的微小玻璃泡放入一个与 35℃热源相接触的恒温恒容容器中，其中含有 35℃、101.325kPa、$10dm^3$ 的氮气，将小玻璃泡击碎，乙醚全部汽化，与氮气形成理想气态混合物，已知乙醚的正常沸点为 35℃，气化焓为 $25.01kJ \cdot mol^{-1}$。试计算:(1) 乙醚的分压及过程的 ΔH、ΔS、ΔG;(2) 氮气的 ΔH、ΔS、ΔG。

答:(1) $p=25.62kPa$，$\Delta H=2.501kJ$，$\Delta S=9.259J \cdot K^{-1}$，$\Delta G=-325.16J$;(2) $\Delta H \doteq 0$，$\Delta S=0$，$\Delta G=0$

27. 证明

(1) $$\left(\frac{\partial V}{\partial T}\right)_S=-\frac{1}{\gamma-1}\left(\frac{\partial V}{\partial T}\right)_p$$

(2) $$\left(\frac{\partial C_p}{\partial p}\right)_T=-T\left(\frac{\partial^2 V}{\partial T^2}\right)_p$$

(3) $$C_p-C_V=T\left(\frac{\partial V}{\partial T}\right)_p\left(\frac{\partial p}{\partial T}\right)_V$$

第四章 多组分系统热力学

热力学基本方程是热力学理论框架的中心，前两章讨论的只是组成不变的系统，若是环境与系统有物质交换的敞开系统，或是有相变化和化学变化的封闭系统，各物质的量也是决定系统状态的变量。

多组分系统可以是单相的或多相的。对多相系统，可以把它分成几个多组分单相系统。因此，从多组分单相系统热力学出发加以研究。

多组分单相系统是由两种或两种以上物质以分子大小的粒子相互均匀混合而成的均匀系统，而这样的系统分为混合物和溶液。对混合物中任意组分选用同样的标准态加以研究；而对溶液将组分区分为溶剂和溶质，并且对二者选用不同的标准态加以研究。

按聚集状态的不同，混合物分为气态混合物、液态混合物和固态混合物；溶液则分为气态溶液（即混合气体）、液态溶液和固态溶液（固溶体）。

液体与液体以任意比例相互混合成均相即形成混合物，气体、液体或固体溶于液体溶剂中即形成溶液。按溶质的导电性能，又把溶液分为电解质溶液和非电解质溶液。

本章只讨论混合物及非电解质溶液，如不特别指明，混合物即指液态混合物，溶液即指液态溶液。

第一节 偏摩尔量

组分 B 的某一偏摩尔量 X_{B} 是指在一定温度、压力下，一定组成的混合物（或溶液）中单位物质的量的 B 对系统的 X 的贡献。

1. 偏摩尔量的由来

多组分单相热力学系统中一个非常重要的概念是偏摩尔量。各广度量 V、U、H、S、A 和 G 均有偏摩尔量。除了质量外，系统的其他广度性质在一般的情况下不具有加和性。

例如在一定温度、压力下，纯液体 B 和纯液体 C 的摩尔体积分别为 $V_{\mathrm{m,B}}^{*}$ 和 $V_{\mathrm{m,C}}^{*}$，两液体的物质的量分别为 n_{B} 和 n_{C}。则混合前系统的体积为 $V^{*}=n_{\mathrm{B}}V_{\mathrm{m,B}}^{*}+n_{\mathrm{C}}V_{\mathrm{m,C}}^{*}$，两液体性质差别较为明显时，混合物的体积 V 不等于混合前的体积，即 $V\neq n_{\mathrm{B}}V_{\mathrm{m,B}}^{*}+n_{\mathrm{C}}V_{\mathrm{m,C}}^{*}$。造成不等的原因是 B 和 C 的分子结构大小不同及分子之间的相互作用力不同，使得混合后分子之间更加紧密或更加松弛，并且这种变化还与两者的相对量有关系。为了表述这种差异，提出了偏摩尔量的概念。

2. 偏摩尔量的定义

在由组分 B，C，D，…形成的多组分单相热力学系统中，任一广度量 X 是 T，p，n_{B}，

n_C，n_D，…的函数，即

$$X=X(T,p,n_B,n_C,n_D,\cdots)$$

任一广度量 X 是关于 n_B，n_C，n_D，…的一次函数。根据奇函数的 Euler 定理则有：

$$X(T,p,n_B,n_C,n_D,\cdots)=\sum_B n_B\left(\frac{\partial X}{\partial n_B}\right)_{T,p,n_C,n_D,\cdots} \tag{4.1}$$

偏摩尔量的定义：
$$X_B\overset{\text{def}}{=}\left(\frac{\partial X}{\partial n_B}\right)_{T,p,n_C,n_D,\cdots} \tag{4.2}$$

X_B 称为物质 B 该广度性质的偏摩尔量。

式中下标 T，p，n_C，n_D，…表示除了组分 B 的物质的量以外，温度和压力及其余各组分的物质的量 n_C，n_D，…均不改变。为简便起见，用下标 $n_{C\neq B}$ 表示除了组分 B 以外其余各组分的物质的量 n_C，n_D，…均不改变。即：

$$X_B\overset{\text{def}}{=}\left(\frac{\partial X}{\partial n_B}\right)_{T,p,n_{C\neq B}} \tag{4.3}$$

因此式(4.2) 可写成

$$X=\sum_B n_B X_B \tag{4.4}$$

按定义式(4.3) 对多组分单相热力学系统有：

$$V_B=\left(\frac{\partial V}{\partial n_B}\right)_{T,p,n_{C\neq B}} \tag{4.5}$$

称为物质 B 的偏摩尔体积。

$$U_B=\left(\frac{\partial U}{\partial n_B}\right)_{T,p,n_{C\neq B}} \tag{4.6}$$

称为物质 B 的偏摩尔热力学能。

$$H_B=\left(\frac{\partial H}{\partial n_B}\right)_{T,p,n_{C\neq B}} \tag{4.7}$$

称为物质 B 的偏摩尔焓。

$$S_B=\left(\frac{\partial S}{\partial n_B}\right)_{T,p,n_{C\neq B}} \tag{4.8}$$

称为物质 B 的偏摩尔熵。

$$A_B=\left(\frac{\partial A}{\partial n_B}\right)_{T,p,n_{C\neq B}} \tag{4.9}$$

称为物质 B 的偏摩尔亥姆霍兹函数。

$$G_B=\left(\frac{\partial G}{\partial n_B}\right)_{T,p,n_{C\neq B}} \tag{4.10}$$

称为物质 B 的偏摩尔吉布斯函数。

根据定义式(4.3)，可知某物质 B 的偏摩尔量的含义，即物理意义是在恒温、恒压下，于足够大量的某一定组成多组分单相热力学系统中加入单位物质的量 B（这时混合物的组成可视为不变）时所引起系统广度量 X 的增量；或是在恒温、恒压下，在有限量的多组分单相热力学系统中加入 dn_B 后，系统广度性质改变了 dX，dX 与 dn_B 的比值就是物质 B 的偏摩尔量。

将偏摩尔量的定义式(4.3) 式代入式(4.1) 中可得：

$$X=\sum_B n_B X_B \tag{4.11}$$

此式说明：在一定温度、压力下，多组分单相热力学系统的任一广度量 X 等于形成该混合物的各组分在该组成下的偏摩尔量 X_B 与其物质的量 n_B 的乘积之和。称为偏摩尔量的加和式。

例如对于多组分单相热力学系统，根据式(4.11) 有

$$G=\sum_B n_B G_B, H=\sum_B n_B H_B, S=\sum_B n_B S_B$$

上面讨论的是多组分单相热力学系统中任一组分的偏摩尔量，适用于混合物及溶液。偏摩尔量是多组分热力学系统的重要热力学量，需要注意的是：

① 只有广度性质才有偏摩尔量，偏摩尔量是强度性质，纯物质的偏摩尔量等于摩尔量。

② 只有恒温恒压下系统的广度量随某一组分的物质的量的变化率才能称为偏摩尔量。

③ 只有均相系统某物质 B 才有偏摩尔量的概念，不存在系统的偏摩尔量。

④ 对多相系统需指明是哪个相中哪种物质的偏摩尔量。

偏摩尔量是强度性质，应是关于物质的量 n_B，n_C，n_D…的零次奇函数，根据 Euler 奇函数定理，则有：

$$\sum_B n_B \left(\frac{\partial X_D}{\partial n_B}\right)_{T,p,n_{C\neq B}}=0 \tag{4.12}$$

因为

$$\begin{aligned}\left(\frac{\partial X_D}{\partial n_B}\right)_{T,p,n_{C\neq B}} &= \left[\frac{\partial}{\partial n_B}\left(\frac{\partial X}{\partial n_D}\right)_{T,p,n_{C\neq D}}\right]_{T,p,n_{C\neq B}} = \left[\frac{\partial}{\partial n_D}\left(\frac{\partial X}{\partial n_B}\right)_{T,p,n_{C\neq B}}\right]_{T,p,n_{C\neq D}} \\ &= \left(\frac{\partial X_B}{\partial n_D}\right)_{T,p,n_{C\neq D}}\end{aligned} \tag{4.13}$$

将式(4.13) 代入式(4.12) 中可得：

$$\sum_B n_B \left(\frac{\partial X_B}{\partial n_D}\right)_{T,p,n_{C\neq D}}=0 \tag{4.14}$$

称为偏摩尔量微分的相关性。对 A 和 B 二组分系统，则有：

$$n_A\left(\frac{\partial X_A}{\partial n_A}\right)_{T,p}+n_B\left(\frac{\partial X_B}{\partial n_A}\right)_{T,p}=0 \text{ 或 } x_A\left(\frac{\partial X_A}{\partial x_A}\right)_{T,p}+x_B\left(\frac{\partial X_B}{\partial x_A}\right)_{T,p}=0 \tag{4.15}$$

$$n_A\left(\frac{\partial X_A}{\partial n_B}\right)_{T,p}+n_B\left(\frac{\partial X_B}{\partial n_B}\right)_{T,p}=0 \text{ 或 } x_A\left(\frac{\partial X_A}{\partial x_B}\right)_{T,p}+x_B\left(\frac{\partial X_B}{\partial x_B}\right)_{T,p}=0 \tag{4.16}$$

式(4.15) 和式(4.16) 说明对于二组分系统，两个组分的偏摩尔量的微分值是相反符号或同时为零。偏摩尔量可以是正数也可以是负数。

3. 偏摩尔量的测定方法

(1) 解析法 如果通过实验可精确地获得某一广度性质与系统的某一物质 B 的物质的量之间的关系，则通过求微分即可得到物质 B 的某一性质的偏摩尔量。

(2) 切线法 以二组分的偏摩尔体积为例，在一定温度、压力下，向物质的量为 n_C 的液体组分 C 中不断地加入组分 B 形成混合物，测量出加入 B 物质的量 n_B 不同时混合物的体积 V。以 V 为纵坐标，n_B 为横坐标作图，可得一条曲线，在曲线上的一点作曲线切线，此切线的斜率即为该点对应组成下的偏摩尔体积 $\left(\frac{\partial V}{\partial n_B}\right)_{T,p,n_C}$，即组成为 $x_B=n_B/(n_B+n_C)$ 的混合物中组分 B 的偏摩尔体积 V_B。由式(4.11) 求 C 的偏摩尔体积。

(3) 截距法

定义：
$$V_m=\frac{V}{n_A+n_B} \quad \text{或} \quad V=(n_A+n_B)V_m \tag{4.17}$$

V_m 是系统的平均摩尔体积或系统的摩尔体积。将实验数据整理成 V_m 与 x_B 的关系，然后以 V_m 对 x_B 作图（图 4.1）。对于一定组成的系统，在曲线上任意一点 p 作切线 IJ，该线在 $x_B=0$ 对应的纵轴上的截距即为该点对应组成时的 V_A，在 $x_B=1$ 对应的纵轴上的截距即为该点对应组成时的 V_B。

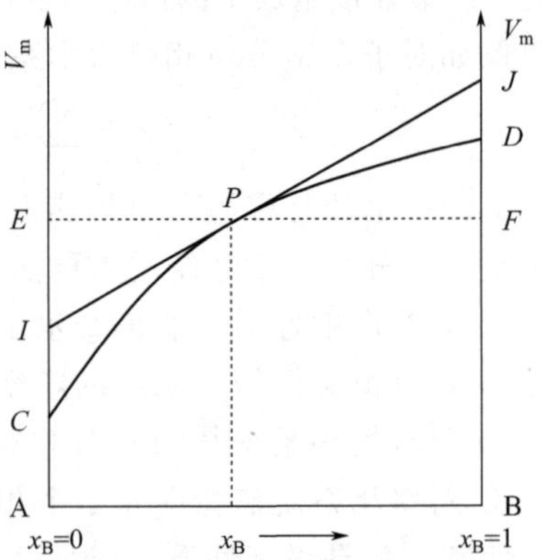

图 4.1　截距法求偏摩尔量

图 4.1 中切线的斜率为$\frac{\partial V_m}{\partial x_B}$，$EP=x_B$，$AI=AE-IE$，$AE=V_m$，$IE=x_B\frac{\partial V_m}{\partial x_B}$，因此

$$AI=AE-IE=V_m-x_B\frac{\partial V_m}{\partial x_B} \tag{4.18}$$

将 $V=(n_A+n_B)V_m$ 对 n_A 求偏微分，得

$$V_A=\frac{\partial V}{\partial n_A}=\frac{\partial V_m}{\partial n_A}(n_A+n_B)+V_m=\frac{\partial V_m}{\partial x_B}\frac{\partial x_B}{\partial n_A}(n_A+n_B)+V_m$$

因 $x_B=\frac{n_B}{n_A+n_B}$，所以$\frac{\partial x_B}{\partial n_A}=-\frac{n_B}{(n_A+n_B)^2}$代入上式，整理得

$$V_A=V_m-x_B\frac{\partial V_m}{\partial x_B} \tag{4.19}$$

与式(4.18) 相比可得

$$V_A=AE-IE$$

同理可得

$$V_B=BF+FJ$$

即 V_A 和 V_B 为切线在相应纵轴上的截距。

例 4.1 在 25℃时 1kg 水（A）中溶解有醋酸（B），当醋酸的质量摩尔浓度 b_B 介于 0.16mol·kg^{-1}和 2.5mol·kg^{-1}之间时，溶液的总体积：$V/\text{cm}^3=1002.935+51.832[b_B/\text{mol}\cdot\text{kg}^{-1}]+[0.1394(b_B/\text{mol}\cdot\text{kg}^{-1})^2]$。

求：

(1) 把水（A）和醋酸（B）的偏摩尔体积分别表示成 b_B 的函数关系式；

(2) $b_B=1.5\text{mol}\cdot\text{kg}^{-1}$时水和醋酸的偏摩尔体积。

解：(1) 根据题意有：$b_B=n_B/\text{kg}$

$$V_B=\left(\frac{\partial V}{\partial n_B}\right)=\left(51.832+2\times0.1394\frac{n_B}{\text{kg}}\times\frac{1}{\text{mol}\cdot\text{kg}^{-1}}\right)\text{cm}^3\cdot\text{mol}^{-1}$$
$$=(51.832+0.2788n_B/\text{mol})\text{cm}^3\cdot\text{mol}^{-1}$$

$$V_A=\frac{V-n_BV_B}{n_A}=\frac{\left[1002.935+51.832\frac{n_B}{\text{mol}}+0.1394\left(\frac{n_B}{\text{mol}}\right)^2\right]-51.832\frac{n_B}{\text{mol}}-0.2788\left(\frac{n_B}{\text{mol}}\right)^2}{n_A}\cdot\text{cm}^3$$

$$=\frac{1002.935-0.1394\left(\frac{n_B}{\text{mol}}\right)^2}{\frac{1000}{18.02}\text{mol}}\cdot\text{cm}^3=\left[18.073-0.00251\left(\frac{n_B}{\text{mol}}\right)^2\right]\text{cm}^3\cdot\text{mol}^{-1}$$

（2）$n_B=1.5\text{mol}$ 代入上述 V_A 和 V_B 表达式之中可得

$$V_A=18.0692\text{cm}^3\cdot\text{mol}^{-1}\qquad V_B=52.2502\text{cm}^3\cdot\text{mol}^{-1}$$

4. 同一组分的各种偏摩尔量之间的关系

有关组成不变封闭系统中热力学函数之间存在的函数关系，如 $H=U+pV$，$A=U-TS$，$G=U+pV-TS=H-TS=A+pV$，以及 $\left(\frac{\partial G}{\partial p}\right)_T=V$，$\left(\frac{\partial G}{\partial T}\right)_p=-S$ 等，这些公式均适用于纯物质或组成不变的系统。将这些公式对多组分单相热力学系统任一组分 B 取偏导数，可知各偏摩尔量之间也有着同样的关系，即

$$H_B=U_B+pV_B \tag{4.20}$$

$$A_B=U_B-TS_B \tag{4.21}$$

$$G_B=U_B+pV_B-TS_B=H_B-TS_B=A_B+pV_B \tag{4.22}$$

$$\left(\frac{\partial G_B}{\partial p}\right)_T=V_B \tag{4.23}$$

$$\left(\frac{\partial G_B}{\partial T}\right)_p=-S_B \tag{4.24}$$

根据偏摩尔量的定义式对 $G=H-TS$ 进行微分，得

$$G_B=\left(\frac{\partial G}{\partial n_B}\right)_{T,p,n_{C\neq B}}=\left(\frac{\partial H}{\partial n_B}\right)_{T,p,n_{C\neq B}}-T\left(\frac{\partial S}{\partial n_B}\right)_{T,p,n_{C\neq B}}$$

即

$$G_B=H_B-TS_B$$

又如

$$\left(\frac{\partial G_B}{\partial p}\right)_T=V_B$$

$$V_B=\left(\frac{\partial V}{\partial n_B}\right)_{T,p,n_{C\neq B}}=\left[\frac{\partial(\partial G/\partial p)_{T,n_B}}{\partial n_B}\right]_{T,p,n_{C\neq B}}=\left[\frac{\partial(\partial G/\partial n_B)_{T,p,n_{C\neq B}}}{\partial p}\right]_{T,n_B}=\left(\frac{\partial G_B}{\partial p}\right)_{T,n_B}$$

即

$$\left(\frac{\partial G_B}{\partial p}\right)_T=V_B$$

5. 吉布斯-杜亥姆方程

对偏摩尔量的加和式(4.11) 式微分：得

$$\mathrm{d}X=\sum_B n_B\mathrm{d}X_B+\sum_B X_B\mathrm{d}n_B \tag{4.25}$$

因为 $X=X(T,p,n_A,n_B,n_C,\cdots)$ 是状态函数，有

$$\mathrm{d}X=\left(\frac{\partial X}{\partial T}\right)_{p,n_B}\mathrm{d}T+\left(\frac{\partial X}{\partial p}\right)_{T,n_B}\mathrm{d}p+\sum_B X_B\mathrm{d}n_B \tag{4.26}$$

式(4.26) 与式(4.25) 相比较得

$$-\left(\frac{\partial X}{\partial T}\right)_{p,n_B}\mathrm{d}T-\left(\frac{\partial X}{\partial p}\right)_{T,n_B}\mathrm{d}p+\sum_B n_B\mathrm{d}X_B=0 \tag{4.27}$$

将此式除以 $n=\sum_B n_B$ 可得

$$-\left(\frac{\partial X_m}{\partial T}\right)_{p,n_B}\mathrm{d}T-\left(\frac{\partial X_m}{\partial p}\right)_{T,n_B}\mathrm{d}p+\sum_B x_B\mathrm{d}X_B=0 \tag{4.28}$$

式(4.27) 和式(4.28) 均称为广义的吉布斯-杜亥姆方程。其中 X 可以是 V、U、H、S、

A、G 等。

若系统处于恒温恒压条件下，吉布斯-杜亥姆方程可写成

$$\sum_B n_B dX_B = 0 \tag{4.29}$$

$$\sum_B x_B dX_B = 0 \tag{4.30}$$

若为两种物质的系统混合物，则有

$$x_B dX_B + x_C dX_C = 0 \tag{4.31}$$

由此可见，在恒温恒压下，偏摩尔量之间不是彼此无关的，当混合物的组成发生微小变化时，如果一组分的偏摩尔量增大，则另一组分的偏摩尔量必然减小，其变化需满足吉布斯-杜亥姆方程。常用的是关于吉布斯函数 G 的吉布斯-杜亥姆方程，即

$$-\left(\frac{\partial G}{\partial T}\right)_{p,n_B} dT - \left(\frac{\partial G}{\partial p}\right)_{T,n_B} dp + \sum_B n_B dG_B = 0 \tag{4.32}$$

或

$$S dT - V dp + \sum_B n_B dG_B = 0 \tag{4.33}$$

第二节 化 学 势

多组分单相热力学系统中另一个非常重要的概念是化学势。

1. 化学势的定义

在各偏摩尔量中，以偏摩尔吉布斯函数应用最广泛，多组分单相热力学系统中组分 B 的偏摩尔吉布斯函数 G_B 又称为 B 的化学势，并用符号 μ_B 表示。所以化学势的定义式为

$$\mu_B \overset{\text{def}}{=} G_B = \left(\frac{\partial G}{\partial n_B}\right)_{T,p,n_{C\neq B}} \tag{4.34}$$

2. 多组分单相系统的热力学公式

对多组分单相系统吉布斯函数 G 表示成 T、p 及物质的量 n_B、n_C、n_D、…的函数，即

$$G = G(T, p, n_B, n_C, n_D, \cdots) \tag{4.35}$$

根据式(4.26) 有

$$dG = \left(\frac{\partial G}{\partial T}\right)_{p,n_B} dT + \left(\frac{\partial G}{\partial p}\right)_{T,n_B} dp + \sum_B \left(\frac{\partial G}{\partial n_B}\right)_{T,p,n_{C\neq B}} dn_B \tag{4.36}$$

在组成不变的情况下，对比式(3.100) 和式(3.101) 有

$$\left(\frac{\partial G}{\partial T}\right)_{p,n_B} = -S \qquad \left(\frac{\partial G}{\partial p}\right)_{T,n_B} = V$$

$$dG = -S dT + V dp + \sum_B \left(\frac{\partial G}{\partial n_B}\right)_{T,p,n_{C\neq B}} dn_B \tag{4.37}$$

再结合式(4.34)，可得

$$dG = -S dT + V dp + \sum_B \mu_B dn_B \tag{4.38}$$

根据焓的定义式 $G = H - TS$，则

$$dG = dH - T dS - S dT$$

代入式(4.38) 整理得

$$dH = TdS + Vdp + \sum_B \mu_B dn_B \tag{4.39}$$

$H=H(S,p,n_B,n_C,n_D,\cdots)$，全微式为

$$dH = \left(\frac{\partial H}{\partial S}\right)_{p,n_B} dS + \left(\frac{\partial H}{\partial p}\right)_{S,n_B} dp + \sum_B \left(\frac{\partial H}{\partial n_B}\right)_{S,p,n_{C\neq B}} dn_B \tag{4.40}$$

结合$\left(\frac{\partial H}{\partial S}\right)_{p,n_B}=T$，$\left(\frac{\partial H}{\partial p}\right)_{S,n_B}=V$

$$dH = TdS + Vdp + \sum_B \left(\frac{\partial H}{\partial n_B}\right)_{S,p,n_{C\neq B}} dn_B \tag{4.41}$$

式(4.39) 与式(4.41) 相比可得

$$\sum_B \left(\frac{\partial H}{\partial n_B}\right)_{S,p,n_{C\neq B}} dn_B = \sum_B \mu_B dn_B \tag{4.42}$$

要使式(4.42) 保持恒等，则两边 dn_B 前的系数必须相等，故得

$$\left(\frac{\partial H}{\partial n_B}\right)_{S,p,n_{C\neq B}} = \mu_B \tag{4.43}$$

同理，因为 $H=U+pV$，$G=A+pV$；$U=U(S,V,n_B,n_C,n_D,\cdots)$，$A=A(T,V,n_B,n_C,n_D,\cdots)$；

$\left(\frac{\partial U}{\partial S}\right)_{V,n_B}=T$，$\left(\frac{\partial U}{\partial V}\right)_{S,n_B}=-p$；$\left(\frac{\partial A}{\partial T}\right)_{V,n_B}=-S$，$\left(\frac{\partial A}{\partial V}\right)_{T,n_B}=-p$，可得

$$dU = TdS - pdV + \sum_B \mu_B dn_B \tag{4.44}$$

$$dA = -SdT - pdV + \sum_B \mu_B dn_B \tag{4.45}$$

$$\mu_B = \left(\frac{\partial G}{\partial n_B}\right)_{T,p,n_{C\neq B}} = \left(\frac{\partial H}{\partial n_B}\right)_{S,p,n_{C\neq B}} = \left(\frac{\partial U}{\partial n_B}\right)_{S,V,n_{C\neq B}} = \left(\frac{\partial A}{\partial n_B}\right)_{T,V,n_{C\neq B}} \tag{4.46}$$

式(4.46) 都称为化学势的定义式。但只有$\left(\frac{\partial G}{\partial n_B}\right)_{T,p,n_{C\neq B}}$是偏摩尔量，其余三个均不是偏摩尔量。

式(4.38)、式(4.39)、式(4.44) 和式(4.45) 均是多组分单相系统的热力学基本方程，不仅适用于变组成的封闭系统，也适用于开放系统（此时熵变包含由于物质交换所引起的熵变）。

需要注意的是：

① 化学势是状态函数，是强度性质，绝对值不能确定。不同物质的化学势的大小不能进行比较。

② 只有均相系统某物质 B 才有化学势的概念，不存在系统的化学势。

③ 对多相系统需指明是哪个相哪种物质的化学势。

3. 多组分多相系统的热力学公式

式(4.38)、式(4.39)、式(4.44) 和式(4.45) 均是多组分单相系统的热力学公式，现在将其应用到多组分多相系统，系统中含 α、β…等相，并仅讨论各相的温度和压力相等的多相系统，此时多组分多相系统的焓、亥姆霍兹函数、吉布斯函数、物质的量、体积、热力学能、系统的熵，有

$$n=\sum_\alpha n(\alpha),\quad V=\sum_\alpha V(\alpha),\quad U=\sum_\alpha U(\alpha),\quad S=\sum_\alpha S(\alpha)$$

$$H=\sum_{\alpha}H(\alpha)=U+pV$$

$$A=\sum_{\alpha}A(\alpha)=U-TS$$

$$G=\sum_{\alpha}G(\alpha)=U-TS+pV$$

以吉布斯函数为例，对多组分多相系统中的 α、β、…，每一个相，根据式(4.38) 应用于各相，再求和，则有

$$\mathrm{d}G=-S\mathrm{d}T+V\mathrm{d}p+\sum_{\alpha}\sum_{\mathrm{B}}\mu_{\mathrm{B}}(\alpha)\mathrm{d}n_{\mathrm{B}}(\alpha) \tag{4.47}$$

与此类似，对热力学能、焓、亥姆霍兹函数，有

$$\mathrm{d}U=T\mathrm{d}S-p\mathrm{d}V+\sum_{\alpha}\sum_{\mathrm{B}}\mu_{\mathrm{B}}(\alpha)\mathrm{d}n_{\mathrm{B}}(\alpha) \tag{4.48}$$

$$\mathrm{d}H=T\mathrm{d}S+V\mathrm{d}p+\sum_{\alpha}\sum_{\mathrm{B}}\mu_{\mathrm{B}}(\alpha)\mathrm{d}n_{\mathrm{B}}(\alpha) \tag{4.49}$$

$$\mathrm{d}A=-S\mathrm{d}T-p\mathrm{d}V+\sum_{\alpha}\sum_{\mathrm{B}}\mu_{\mathrm{B}}(\alpha)\mathrm{d}n_{\mathrm{B}}(\alpha) \tag{4.50}$$

式(4.47)～式(4.50) 这四个公式适用于封闭的多组分多相系统发生 pVT 变化、相变化和化学变化过程。当然也适用于开放系统。

4. 化学势判据及其应用举例

在多组分多相封闭系统中，物质B可以从某一相转移到另一相，其变化方向需用化学势判据。

根据吉布斯函数判据，在恒温恒压及非体积功为零时，$-\mathrm{d}G_{T,p}\geqslant 0\begin{pmatrix}>\text{自发}\\=\text{平衡}\end{pmatrix}$，由式(4.47) 在恒温恒压及非体积功为零时，可得

$$-\sum_{\alpha}\sum_{\mathrm{B}}\mu_{\mathrm{B}}(\alpha)\mathrm{d}n_{\mathrm{B}}(\alpha)\geqslant 0\begin{pmatrix}>\text{自发}\\=\text{平衡}\end{pmatrix}\quad(\mathrm{d}T=0,\mathrm{d}p=0,\delta W'=0) \tag{4.51}$$

根据亥姆霍兹函数判据，在恒温恒容及非体积功为零时，$-\mathrm{d}A_{T,V}\geqslant 0\begin{pmatrix}>\text{自发}\\=\text{平衡}\end{pmatrix}$，由式(4.50) 可得

$$-\sum_{\alpha}\sum_{\mathrm{B}}\mu_{\mathrm{B}}(\alpha)\mathrm{d}n_{\mathrm{B}}(\alpha)\geqslant 0\begin{pmatrix}>\text{自发}\\=\text{平衡}\end{pmatrix}\quad(\mathrm{d}T=0,\mathrm{d}V=0,\delta W'=0) \tag{4.52}$$

式(4.51) 和式(4.52) 分别是在恒温恒压、恒温恒容且非体积功为零下，由始态发生相变化或化学变化至末态时过程可能性的判据，称为化学势判据。

如在多组分多相封闭系统中，在某一定的温度、压力下，物质 B 可以从某一相转移到另一相，来说明化学势判据的具体应用。

设物质 B 在系统中的 α、β 两不同的相态之中存在，两相中 B 具有相同的分子形式，化学势分别为 $\mu_{\mathrm{B}}(\alpha)$ 和 $\mu_{\mathrm{B}}(\beta)$。在此温度、压力下，B 由 α 相转移到 β 相的物质的量 $\mathrm{d}n_{\mathrm{B}}(\beta)$ 为无限小，且 $\mathrm{d}n_{\mathrm{B}}(\beta)>0$，因而 $\mathrm{d}n_{\mathrm{B}}(\alpha)=-\mathrm{d}n_{\mathrm{B}}(\beta)<0$。

应用式(4.51)，即

$$-\sum_{\alpha}\sum_{\mathrm{B}}\mu_{\mathrm{B}}(\alpha)\mathrm{d}n_{\mathrm{B}}(\alpha)\geqslant 0\begin{pmatrix}>\text{自发}\\=\text{平衡}\end{pmatrix}$$

有

$$-[\mu_{\mathrm{B}}(\alpha)\mathrm{d}n_{\mathrm{B}}(\alpha)+\mu_{\mathrm{B}}(\beta)\mathrm{d}n_{\mathrm{B}}(\beta)]\geqslant 0\begin{pmatrix}>\text{自发}\\=\text{平衡}\end{pmatrix}$$

$$-[\mu_{\mathrm{B}}(\beta)-\mu_{\mathrm{B}}(\alpha)]\mathrm{d}n_{\mathrm{B}}(\beta)\geqslant 0\begin{pmatrix}>\text{自发}\\=\text{平衡}\end{pmatrix}$$

若此相变化能自发进行，则有

$$\mu_B(\alpha) > \mu_B(\beta) \tag{4.53}$$

若两相处于相平衡状态，则有

$$\mu_B(\alpha) = \mu_B(\beta) \tag{4.54}$$

由上述分析可知，若在恒温恒压且非体积功为零条件下，物质 B 在两相中具有相同的分子形式，当物质 B 的化学势在两相中不等时，则变化自发进行的方向必然是从化学势高的一相转变到化学势低的一相，即向着化学势减小的方向进行；当物质 B 的化学势在两相中相等时，则物质 B 在两相中处于平衡状态。

应用式(4.52)，在恒温恒容且非体积功为零条件下，可得到相同的结果。

5. 热力学系统的热力学平衡条件

在第一章曾经描述过达到热力学平衡态时的条件，现从热力学系统的平衡判据获得热力学系统平衡的条件。

设一隔离系统由 1、2 两部分组成，各部分的状态用（V，U，n_B，n_C，n_D，…）表示，系统的熵为

$$S = S_1(U_1, V_1, n_B, n_C, n_D, \cdots) + S_2(U_2, V_2, n_B, n_C, n_D, \cdots) \tag{4.55}$$

在平衡态附近发生无限小的变化，则

$$dV_1 + dV_2 = 0; dn_{B,1} + dn_{B,2} = 0, \cdots; dU_1 + dU_2 = 0 \tag{4.56}$$

熵在平衡附近的变化为

$$\begin{aligned} dS &= dS_1 + dS_2 \\ &= \left\{\left(\frac{\partial S_1}{\partial U_1}\right)_{V,n_B} dU_1 + \left(\frac{\partial S_1}{\partial V_1}\right)_{U,n_B} dV_1 + \sum_B \left(\frac{\partial S_1}{\partial n_{B,1}}\right)_{U,V,n_{C\neq B}} dn_{B,1}\right\} \\ &\quad + \left\{\left(\frac{\partial S_2}{\partial U_2}\right)_{V,n_B} dU_2 + \left(\frac{\partial S_2}{\partial V_2}\right)_{U,n_B} dV_2 + \sum_B \left(\frac{\partial S_2}{\partial n_{B,2}}\right)_{U,V,n_{C\neq B}} dn_{B,2}\right\} \end{aligned} \tag{4.57}$$

根据式(4.44)，对每一部分则可有

$$dS = \frac{1}{T}dU + \frac{1}{T}p\,dV - \frac{1}{T}\sum_B \mu_B dn_B \tag{4.58}$$

故可得

$$\left(\frac{\partial S}{\partial U}\right)_{V,n_B} = \frac{1}{T}, \left(\frac{\partial S}{\partial V}\right)_{U,n_B} = \frac{p}{T}, \left(\frac{\partial S}{\partial n_B}\right)_{U,V,n_{C\neq B}} = -\frac{\mu_B}{T} \tag{4.59}$$

将式(4.58) 和式(4.56) 代入式(4.57) 中得

$$dS = \left(\frac{1}{T_1} - \frac{1}{T_2}\right) dU_1 + \left(\frac{p_1}{T_1} - \frac{p_2}{T_2}\right) dV_1 + \sum_B \left(\frac{\mu_{B,2}}{T_2} - \frac{\mu_{B,1}}{T_1}\right) dn_{B,1} \tag{4.60}$$

因 dU_1、dV_1、$dn_{B,1}$、…，各自是独立地变动，故当平衡时 $dS=0$，可得平衡条件是 $T_1=T_2$，$p_1=p_2$，$\mu_{B,1}=\mu_{B,2}$，$\mu_{C,1}=\mu_{C,2}$，$\mu_{D,1}=\mu_{D,2}$，…。即：达到热力学平衡时，各部分的温度、压力及各部分同种物质的化学势相等（代表的是相平衡和化学平衡）。

第三节 气体的化学势

1. 纯理想气体的化学势

在温度 T 下，设有 1mol 纯理想气体，纯物质化学势等于该物质的摩尔吉布斯函数，即

$$\mu^*(\mathrm{pg},T)=G_\mathrm{m}^*$$

式中，$\mu^*(\mathrm{pg},T)$ 是纯理想气体在温度 T 时的化学势。

因为吉布斯函数绝对值不知道，所以在化学热力学中选择一个标准状态作为计算的基准。气体的标准态是在标准压力 $p^\ominus=100\mathrm{kPa}$ 下具有理想气体性质的纯气体，对温度没有规定。该状态下的化学势称为标准态化学势，以符号 $\mu_\mathrm{B}^\ominus(\mathrm{g},T)$ 表示。对于纯气体则省略下标 B。气体的标准态化学势是温度的函数。

由公式 $\mathrm{d}\mu=\mathrm{d}G_\mathrm{m}=-S_\mathrm{m}\mathrm{d}T+V_\mathrm{m}\mathrm{d}p$，因 $\mathrm{d}T=0$，有

$$\mathrm{d}\mu^*(\mathrm{pg},T)=\mathrm{d}G_\mathrm{m}^*=V_\mathrm{m}^*\mathrm{d}p=\frac{RT}{p}\mathrm{d}p=RT\mathrm{dln}p \tag{4.61}$$

积分

$$\int_{\mu^\ominus(\mathrm{g},T)}^{\mu^*(\mathrm{pg},T)}\mathrm{d}\mu^*=RT\int_{p^\ominus}^{p}\mathrm{dln}p$$

得

$$\mu^*(\mathrm{pg},T)=\mu^\ominus(\mathrm{g},T)+RT\ln\frac{p}{p^\ominus} \tag{4.62}$$

简化为

$$\mu^*(\mathrm{pg})=\mu^\ominus(\mathrm{g})+RT\ln\frac{p}{p^\ominus} \tag{4.63}$$

2. 理想气体混合物中任一组分的化学势

一定温度下理想气体混合物中任一组分 B 的标准态是该气体单独存在处于与混合物具有相同温度及标准压力下的状态。对于理想气体混合物，因分子之间无相互作用力，分子本身不占有体积，因此任一组分的性质与其单独占据混合气体总体积的性质相同，所以理想气体混合物中任一组分 B 的化学势的表达式与该气体在纯态时的化学式表达式相同，其压力为组分 B 在混合物中的分压 p_B。（用 y_C 代表气相组成）

如理想气体混合物的组成为 y_C，总压力为 p，则 B 的分压 $p_\mathrm{B}=y_\mathrm{B}p$。组分 B 的化学势为

$$\mu_\mathrm{B}(\mathrm{pg},T,p,y_\mathrm{C})=\mu_\mathrm{B}^\ominus(\mathrm{g},T)+RT\ln\frac{p_\mathrm{B}}{p^\ominus} \tag{4.64}$$

简化为

$$\mu_\mathrm{B}(\mathrm{pg})=\mu_\mathrm{B}^\ominus(\mathrm{g})+RT\ln\frac{p_\mathrm{B}}{p^\ominus} \tag{4.65}$$

3. 纯真实气体的化学势

一定温度下，按气体的标准态的规定，在某一温度 T 下，真实气体的标准态是标准压力 $p^\ominus$ 下的假想的纯态理想气体状态。在压力较低时，可近似应用式(4.63)，误差较小。在压力较高时，应用式(4.63) 将引起较大的误差。但是由于真实气体的状态方程的形式较为复杂且不同气体其形式也不同，使得化学势的表达式十分复杂且多种多样，为此 1901 年路易斯 (Lewis) 提出了逸度（$\widetilde{p}$）的概念。

逸度的定义

$$\widetilde{p}\overset{\mathrm{def}}{=}p^\ominus\exp\frac{\mu^*(\mathrm{g})-\mu^\ominus(\mathrm{g},T)}{RT} \tag{4.66}$$

则纯真实气体的化学势

$$\mu^*(\mathrm{g},T)=\mu^{\ominus}(\mathrm{g},T)+RT\ln\frac{\widetilde{p}}{p^{\ominus}} \tag{4.67}$$

简化为

$$\mu^*(\mathrm{g})=\mu^{\ominus}(\mathrm{g})+RT\ln\frac{\widetilde{p}}{p^{\ominus}} \tag{4.68}$$

式中，$\widetilde{p}$ 为真实气体的逸度；$\mu^*(\mathrm{g})$ 为真实气体的化学势。由此可见，其形式与理想气体的化学势的表达形式一样，只是用逸度代替了压力。

4. 真实气体混合物中任一组分的化学势

真实气体混合物中任一组分的化学势表达式为

$$\mu_{\mathrm{B}}(\mathrm{g},T,p,y_{\mathrm{C}})=\mu_{\mathrm{B}}^{\ominus}(\mathrm{g},T)+RT\ln\frac{\widetilde{p}_{\mathrm{B}}}{p^{\ominus}} \tag{4.69}$$

其中

$$\widetilde{p}_{\mathrm{B}}=y_{\mathrm{B}}\widetilde{p}^* \tag{4.70}$$

式(4.69) 简化为

$$\mu_{\mathrm{B}}(\mathrm{g})=\mu_{\mathrm{B}}^{\ominus}(\mathrm{g})+RT\ln\frac{\widetilde{p}_{\mathrm{B}}}{p^{\ominus}} \tag{4.71}$$

式中，y_{B} 为混合气体中组分 B 的摩尔分数；$\widetilde{p}^*$ 为在相同的温度、压力下纯 B 的逸度。由式(4.65) 和式(4.68) 相对比可知，理想气体的逸度与压力相等。

式(4.70) 称为路易斯-兰德尔（Lewis-Randall）规则。

5. 逸度与逸度因子

求逸度实际上就是求逸度系数，逸度系数的定义为

$$\varphi\overset{\mathrm{def}}{=}\widetilde{p}/p \text{ 和 } \varphi_{\mathrm{B}}\overset{\mathrm{def}}{=}\widetilde{p}_{\mathrm{B}}/p \tag{4.72}$$

如图 4.2 所示，因理想气体压力与逸度相等，理想气体的压力与逸度的关系为图中的一直线，在一定的条件下真实气体的压力与逸度的关系为图中的曲线。

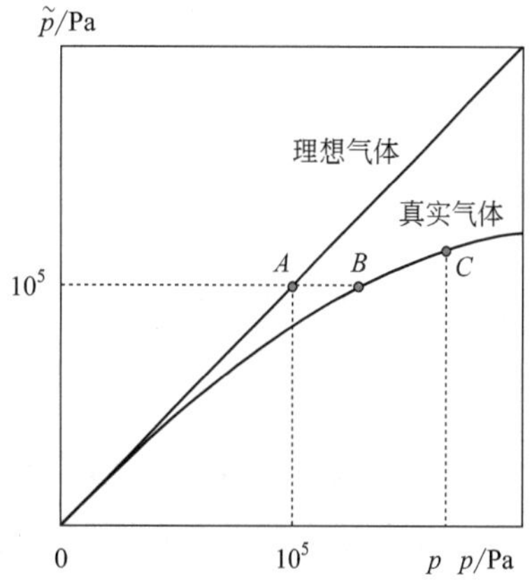

图 4.2　逸度随压力的变化

A 点是气体的标准态，化学势为 $\mu^{\ominus}(\mathrm{g},T)$，虽然 B 点的逸度也等于 1，但不是标准态。在一定温度 T 和某压力 p 下，真实气体的状态点为图中的 C 点，化学势为 $\mu^*(\mathrm{g})$。为求得 $\mu^*(\mathrm{g})$ 与 $\mu^{\ominus}(\mathrm{g},T)$ 的关系，可以恒温降压从 C 点到压力为零，在压力为零时消除分子间的相互作用使气体由非理想气体变为理想气体，再恒温压缩至压力为 $p^{\ominus}$ 的标准态的 A 点，则过程的吉布斯函数的差值即为 $\mu^{\ominus}(\mathrm{g},T)-\mu^*(\mathrm{g})$，即

$$\begin{aligned}
\mu^{\ominus}(\mathrm{g},T)-\mu^*(\mathrm{g}) &= \int_p^0 V_{\mathrm{m}}^*\,\mathrm{d}p+\int_0^{p^{\ominus}} V_{\mathrm{m}}^*(\mathrm{pg})\,\mathrm{d}p \\
&= -\int_0^p V_{\mathrm{m}}^*\,\mathrm{d}p+\left[\int_0^p V_{\mathrm{m}}^*(\mathrm{pg})\,\mathrm{d}p-\int_{p^{\ominus}}^p V_{\mathrm{m}}^*(\mathrm{pg})\,\mathrm{d}p\right] \\
&= -\int_{p^{\ominus}}^p V_{\mathrm{m}}^*(\mathrm{pg})\,\mathrm{d}p-\int_0^p [V_{\mathrm{m}}^*-V_{\mathrm{m}}^*(\mathrm{pg})]\,\mathrm{d}p \\
&= -\int_{p^{\ominus}}^p V_{\mathrm{m}}^*(\mathrm{pg})\,\mathrm{d}p-\int_0^p \left(V_{\mathrm{m}}^*-\frac{RT}{p}\right)\mathrm{d}p
\end{aligned}$$

$$\mu^*(\mathrm{g})=\mu^{\ominus}(\mathrm{g},T)+\int_{p^{\ominus}}^{p}V_{\mathrm{m}}^*(\mathrm{pg})\mathrm{d}p+\int_0^p\left(V_{\mathrm{m}}^*-\frac{RT}{p}\right)\mathrm{d}p$$

即

$$\mu^*(\mathrm{g})=\mu^{\ominus}(\mathrm{g},T)+RT\ln\frac{p}{p^{\ominus}}+\int_0^p\left(V_{\mathrm{m}}^*-\frac{RT}{p}\right)\mathrm{d}p$$

与式(4.67) $\mu^*(\mathrm{g},T)=\mu^{\ominus}(\mathrm{g},T)+RT\ln\dfrac{\tilde{p}}{p^{\ominus}}$相比，整理可得纯真实气体的逸度

$$\tilde{p}=p\exp\int_0^p[V_{\mathrm{m}}^*/(RT)-1/p]\mathrm{d}p \tag{4.73}$$

逸度系数为

$$\varphi=\exp\int_0^p[V_{\mathrm{m}}^*/(RT)-1/p]\mathrm{d}p \tag{4.74}$$

式中，V_{m}^*是纯真实气体的摩尔体积。

同理，真实气体混合物中组分 B 的逸度为

$$\tilde{p}_{\mathrm{B}}=p_{\mathrm{B}}\exp\int_0^p[V_{\mathrm{B}}/(RT)-1/p]\mathrm{d}p \tag{4.75}$$

组分 B 的逸度系数为

$$\varphi_{\mathrm{B}}=\exp\int_0^p[V_{\mathrm{B}}/(RT)-1/p]\mathrm{d}p \tag{4.76}$$

式中，V_{B} 是混合真实气体组分 B 的偏摩尔体积。

6. 逸度系数的计算

逸度的计算归根结底是逸度系数的计算，因为知道了逸度系数后，即可按公式(4.72) 式求得逸度。

$$\tilde{p}=\varphi p \tag{4.77}$$

计算出逸度。

(1) 状态方程法　对式(4.74) 取对数可得

$$\ln\varphi=\int_0^p[V_{\mathrm{m}}^*/(RT)-1/p]\mathrm{d}p=\frac{1}{RT}\int_0^p(V_{\mathrm{m}}^*-RT/p)\mathrm{d}p \tag{4.78}$$

对于纯气体，将真实气体的 V_{m}^* 与压力 p 的函数关系代入式(4.78) 积分，即得该气体在所需压力下的 φ。对混合真实气体将摩尔体积 V_{m}^* 换成 V_{B} 即可。

(2) 图解积分法　在一定的温度下（对混合物还需组成一定），测得不同压力 p 下的 V_{m}^* 后作 (V_{m}^*-RT/p)-p 图，进行图解积分，即得该气体在所需压力下的 φ。

(3) 对应状态法　将纯真实气体的状态方程写成 $pV_{\mathrm{m}}^*=zRT$ 的形式，z 代表压缩系数，其大小表示真实气体与理想气体的偏离程度。则将 $V_{\mathrm{m}}^*=zRT/p$ 代入式(4.78)，得

$$\begin{aligned}\ln\varphi&=\frac{1}{RT}\int_0^p(zRT/p-RT/p)\mathrm{d}p\\&=\int_0^p(z-1)\mathrm{d}p/p\end{aligned} \tag{4.79}$$

因对比温度 $T_{\mathrm{r}}=\dfrac{T}{T_{\mathrm{c}}}$，对比压力 $p_{\mathrm{r}}=\dfrac{p}{p_{\mathrm{c}}}$，$T_{\mathrm{c}}$、$p_{\mathrm{c}}$ 为气体的临界温度和临界压力，则有 $\mathrm{d}p/p=\mathrm{d}p_{\mathrm{r}}/p_{\mathrm{r}}$，于是得到

$$\ln\varphi=\int_0^{p_r}(z-1)\mathrm{d}p_r/p_r \tag{4.80}$$

不同气体在同样的对比温度 T_r、对比压力 p_r 下有大致相同的压缩因子，因此有大致相同的逸度系数。绘出不同 T_r 下的 φ-p_r 曲线，对任何真实气体均适用，即可求得一定 T_r，不同 p_r 下纯气体的 φ 值。具体的细节见有关专著。

例 4.2 若气体的状态方程式为 $pV_m(1-\beta p)=RT$，求其逸度系数的表示式。

解： 由状态方程可得 $z=\dfrac{pV_m}{RT}=\dfrac{1}{1-\beta p}$，代入式(4.79)

$$\ln\varphi=\int_0^p(z-1)\mathrm{d}\ln p$$

$$\ln\varphi=\int_0^p\left(\frac{1}{1-\beta p}-1\right)\mathrm{d}\ln p=\int_0^p\left(\frac{\beta p}{1-\beta p}\right)\mathrm{d}\ln p=-\int_0^p\left(\frac{1}{1-\beta p}\right)\mathrm{d}(1-\beta p)$$
$$=-\ln(1-\beta p)$$

$$\varphi=\frac{1}{1-\beta p}$$

第四节　拉乌尔定律和亨利定律

1. 液态混合物、溶液的液气平衡

设由组分 A、B、C、…形成的液态混合物或溶液在一定的温度下达到液气平衡，液相组成用摩尔分数 x_A、x_B、x_C、…表示，气相组成用摩尔分数 y_A、y_B、y_C、…表示，在混合气体的总压力（即蒸气压）不是很大时，各组分的分压符合 $p_A=y_Ap$、$p_B=y_Bp$、$p_C=y_Cp$，气体的总压力为各组分分压之和。对二组分形成的液态混合物或溶液，常以 A 代表溶剂，B 代表溶质。液态混合物和溶液的一个重要性质是它们的蒸气压。本章讨论的溶液指的是非电解质溶液。

2. 拉乌尔定律

1886 年拉乌尔（Raoult）在研究溶剂中加入非挥发电解质的溶质时，发现溶剂的蒸气压降低了。根据大量实验得出结论：在恒定的温度下，稀溶液中溶剂的平衡蒸气压等于同一温度下纯溶剂的饱和蒸气压与溶液中溶剂的摩尔分数的乘积，用公式表示，即

$$p_A=p_A^*x_A \tag{4.81}$$

式中，p_A^* 为在同样温度下纯溶剂的饱和蒸气压；x_A 为溶液中溶剂的摩尔分数。此即拉乌尔定律。

拉乌尔定律是一个经验式，只适用于稀溶液。

3. 亨利定律

1803 年亨利（Henry）通过实验发现，在一定温度下气体在液体溶剂中的溶解度与该气体的压力成正比，这一规律对于稀溶液中挥发性溶质也同样适用。用公式表示，即

$$p_B=k_{x,B}x_B \tag{4.82}$$

式中，x_B 为溶液中溶质的摩尔分数；$k_{x,B}$ 为亨利系数，它与温度、压力及溶剂和溶质的性质有关。此即亨利定律。

溶质 B 在溶剂 A 中溶液的组成可以用 B 的摩尔分数 x_B、质量摩尔浓度 b_B、物质的量浓度 c_B 等表示，因此亨利定律还有以下几种形式。如

$$p_B = k_{b,B} b_B \tag{4.83}$$

$$p_B = k_{c,B} c_B \tag{4.84}$$

因此，亨利定律可表述为：在一定温度下，稀溶液中挥发性溶质在气相中的平衡分压与其在溶液中的摩尔分数（或质量摩尔浓度、物质的量浓度）成正比。比例系数称为亨利系数。

由于亨利定律中溶液组成标度的不同，亨利系数的单位也不同，k_x、k_b、k_c 的单位分别为 Pa、$Pa \cdot mol^{-1} \cdot kg$、$Pa \cdot mol^{-1} \cdot m^3$。

应当注意：尽管亨利定律式(4.82) 与拉乌尔定律式(4.81) 形式类似，组成均用摩尔分数表示，但式(4.81) 中的 p_A^* 为纯溶剂 A 在同样温度下的饱和蒸气压，而式(4.82) 中的 $k_{x,B}$ 并不等于纯溶质 B 在同样温度下的液体饱和蒸气压。此外，在应用亨利定律时，溶质在溶液中和在气相中的分子的形式必须相同。如 HCl 溶于水中离解为 H^+、Cl^- 与气相的分子形态 HCl 不同，此时不能应用亨利定律。

拉乌尔定律适用于溶剂，亨利定律适用于溶质，并且只有对无限稀的溶液即理想稀溶液才是准确的，但在溶质的摩尔分数接近于 0（即稀溶液）的很小范围内两个定律还是近似成立的。如果溶剂 A 和溶质 B 的性质比较接近，适用的范围也较宽些。混合物及溶液的组成常用的表示法如表 4.1 所示。

表 4.1 常用的几种浓度的定义

名称	符号	定义	单位
物质 B 的质量分数	w_B	物质 B 的质量与混合物的质量之比	无量纲
物质 B 的摩尔分数	x_B	物质 B 的物质的量与混合物的物质的量之比	无量纲
物质 B 的质量摩尔浓度	b_B	溶液中溶质 B 的物质的量除以溶剂的质量	$mol \cdot kg^{-1}$
物质 B 的物质的量浓度	c_B	物质 B 的物质的量除以混合物的体积	$mol \cdot m^{-3}$

4. 拉乌尔定律与亨利定律的对比

系统由 A、B 两种液体在一定温度 T 下混合而成，纵坐标为压力 p，横坐标为组成 x_B；p_A^* 和 p_B^* 分别代表纯液体 A 和 B 的饱和蒸气压；$k_{x,A}$ 和 $k_{x,B}$ 分别代表 A 溶于 B 的溶液和 B 溶于 A 的溶液中溶质的亨利系数，图 4.3 中两条实线分别为 A 和 B 在气相中的蒸气分压 p_A 和 p_B 与组成的关系。

图 4.3 中左、右两侧各有一稀溶液区，在左侧稀溶液区：A 为溶剂，服从拉乌尔定律 $p_A = p_A^* x_A$；B 为溶质，服从亨利定律 $p_B = k_{x,B} x_B$。

在右侧稀溶液区：B 为溶剂，服从拉乌尔定律 $p_B = p_B^* x_B$；A 为溶质，服从亨利定律 $p_A = k_{x,A} x_A$。而中间部分 A、B 的蒸气压对两个定律都不服从，对拉乌尔定律产生正偏差（如图 4.3 所示的情况），也可产生负偏差。

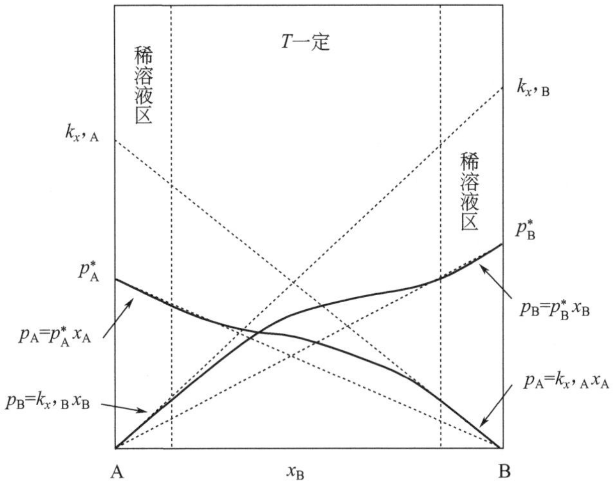

图 4.3　拉乌尔定律与亨利定律

第五节　理想液态混合物

1. 理想液态混合物的定义

若液态混合物中任一组分在全部组成范围内都服从拉乌尔定律，则该混合物称为理想液态混合物，简称为理想混合物。从分子水平上可以认为，形成混合物的各物质的物理性质极为相近，各种分子之间的相互作用力与它们各自处于纯态时同种分子之间的相互作用力相同，对于某一物质 B 来讲，其周围 B 物质所占的分数由原来纯物质的 1 变为 x_B，其余任何性质没有发生变化，因而混合物中组分 B 的蒸气压必然由纯液态 B 的饱和蒸气压 p_B^* 变为 $p_\text{B}^* x_\text{B}$。于是理想液态混合物的定义式

$$p_\text{B}=p_\text{B}^* x_\text{B} \quad (0 \leqslant x_\text{B} \leqslant 1) \tag{4.85}$$

2. 理想液态混合物中任一组分的化学势

求解混合物及溶液中任一组分的化学式势的表达式的四个原则是：任一组分在液气两相平衡时化学势相等；气相某组分的化学势表达式；某组分的饱和蒸气压与液相组成的关系。满足以上三个原则即可求得任一组分的化学式势的表达式。见图 4.4。

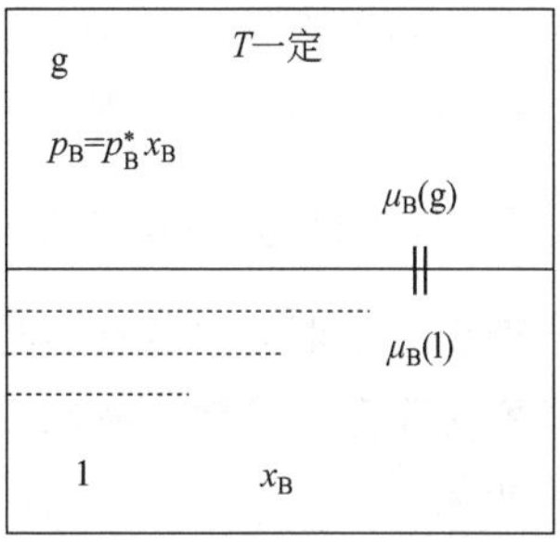

图 4.4　求 B 组分化学势示意图

在温度 T 下，组分 B，C，D，…形成理想液态混合物，各组分的摩尔分数分别为 x_B，x_C，x_D，…。

原则一：气、液两相平衡时，理想液态混合物中任一组分 B 在液相中的化学势 $\mu_\text{B}(\text{mix},T,p,x_\text{C})$ 等于它在气相中的化学势 $\mu_\text{B}(\text{pg},T,p,y_\text{C})$，（用 x_C 表示液相组成）即

$$\mu_\text{B}(\text{mix},T,p,x_\text{C})=\mu_\text{B}(\text{pg},T,p,y_\text{C}) \tag{4.86}$$

原则二：若与理想液态混合物成平衡的蒸气压力 p 不大，可以近似认为是理想气体混合物，则按照式(4.64)

$$\mu_B^{\ominus}(pg, T, p, y_C)=\mu_B(g, T)+RT\ln\frac{p_B}{p^{\ominus}} \tag{4.87}$$

原则三：液相组成与气相组成之间的关系，将理想液态混合物的定义式 $p_B=p_B^* x_B$ 代入式(4.86) 得

$$\mu(mix, T, p, x_C)=\mu_B^{\ominus}(g, T)+RT\ln\frac{p_B^*}{p^{\ominus}}+RT\ln x_B \tag{4.88}$$

对于纯液体 B，即 $x_B=1$，液体的饱和蒸气压为 p_B^*，故在温度 T、压力 p 下纯液体 B 的化学势为

$$\mu_B^*(l, T, p)=\mu_B^{\ominus}(g, T)+RT\ln\frac{p_B^*}{p^{\ominus}} \tag{4.89}$$

将式(4.89) 代入式(4.88)，有

$$\mu_B(mix, T, p, x_C)=\mu_B^*(l, T, p)+RT\ln x_B \tag{4.90}$$

简写为

$$\mu_B=\mu_B^*+RT\ln x_B \tag{4.91}$$

原则四：某一温度时，液相组成的浓度为 1 时的状态的化学势与标准态的化学势的差值为 $dG_m=V_m dp$。因理想液态混合物中组分 B 的标准态规定为同样温度 T、压力为标准压力 $p^{\ominus}$ 下的纯液体，其标准化学势为 $\mu_B^{\ominus}(l, T)$，可由热力学基本方程求出 $\mu_B^*(l, T, p)$ 与 $\mu_B^{\ominus}(l, T)$ 的关系。对纯液体 B 应用 $dG_m=-S_m dT+V_m dp$，因 $dT=0$，对其进行积分，ΔG_m 即为 $\mu_B^*(l, T, p)$ 与 $\mu_B^{\ominus}(l, T)$ 的差。

$$\mu_B^*(l, T, p)=\mu_B^{\ominus}(l, T)+\int_{p^{\ominus}}^{p} V_{m,B}^*(l, T)dp \tag{4.92}$$

式中，$V_{m,B}^*(l, T)$ 为纯液态 B 在温度 T 下的摩尔体积。

将式(4.92) 代入式(4.90)，最后得到一定温度下理想液态混合物中任一组分 B 的化学势与混合物组成的关系式：

$$\mu_B(mix, T, p, x_C)=\mu_B^{\ominus}(l, T)+RT\ln x_B+\int_{p^{\ominus}}^{p} V_{m,B}^*(l, T)dp \tag{4.93}$$

通常情况下，p 与 $p^{\ominus}$ 相差不大，式(4.93) 中的积分项可以忽略，故该式可近似写作

$$\mu_B(mix, T, p, x_C)=\mu_B^{\ominus}(l, T)+RT\ln x_B \tag{4.94}$$

简写为

$$\mu_B=\mu_B^{\ominus}+RT\ln x_B \tag{4.95}$$

除非特别需要，今后将经常使用这一公式。式(4.91) 在理论推导时更为方便。

按照这四项基本原则，可以推导出任何液相混合物中任一组分的化学势表达式。

3. 理想液态混合物的混合性质

理想液态混合物的混合性质指的是在恒温恒压下由物质的量分别为 n_B、n_C 的纯液体 B 和 C 等相互混合形成理想液态混合物这一过程中，系统的某些热力学函数的变化，如 V、H、S、G 的变化。

(1) $\Delta_{mix}V=0$　从化学势表达式(4.91) 出发，应用热力学公式导出该组分在理想液态混合物中的偏摩尔量与同样温度压力下纯液态时摩尔量之间的关系，即可得到混合前后系统的热力学性质的变化。

根据式(4.91) $\mu_B=\mu_B^*+RT\ln x_B$，在一定温度、混合物的组成不变的情况下，对 p 求偏

导数

$$\left(\frac{\partial \mu_{\mathrm{B}}}{\partial p}\right)_{T,x}=\left\{\frac{\partial}{\partial p}(\mu_{\mathrm{B}}^{*}+RT\ln x_{\mathrm{B}})\right\}_{T,x}=\left(\frac{\partial \mu_{\mathrm{B}}^{*}}{\partial p}\right)_{T} \tag{4.96}$$

根据式(4.23)，有$\left(\frac{\partial \mu_{\mathrm{B}}}{\partial p}\right)_{T,x}=V_{\mathrm{B}}$及$\left(\frac{\partial \mu_{\mathrm{B}}^{*}}{\partial p}\right)_{T,x}=V_{\mathrm{m,B}}^{*}$，代入式(4.96)，得

$$V_{\mathrm{B}}=V_{\mathrm{m,B}}^{*} \tag{4.97}$$

上式说明理想液态混合物中任一组分的偏摩尔体积等于该组分纯液体在同样温度、压力下的摩尔体积，将上式对所有物质求和，可得

$$\sum_{\mathrm{B}} n_{\mathrm{B}} V_{\mathrm{B}}=\sum_{\mathrm{B}} n_{\mathrm{B}} V_{\mathrm{m,B}}^{*} \tag{4.98}$$

所以混合过程系统体积的变化为

$$\Delta_{\mathrm{mix}} V=\sum_{\mathrm{B}} n_{\mathrm{B}} V_{\mathrm{B}}-\sum_{\mathrm{B}} n_{\mathrm{B}} V_{\mathrm{m,B}}^{*}=0 \tag{4.99}$$

即几种纯液体恒温恒压混合成理想液态混合物时混合前后系统的体积不变。

(2) $\Delta_{\mathrm{mix}} H=0$　将式(4.91) 除以 T

$$\frac{\mu_{\mathrm{B}}}{T}=\frac{\mu_{\mathrm{B}}^{*}}{T}+R\ln x_{\mathrm{B}} \tag{4.100}$$

在恒压、组成不变的条件下，求上式对 T 的偏导数：

$$\left\{\frac{\partial(\mu_{\mathrm{B}}/T)}{\partial T}\right\}_{p,x}=\left\{\frac{\partial}{\partial T}\left(\frac{\mu_{\mathrm{B}}^{*}}{T}+R\ln x_{\mathrm{B}}\right)\right\}_{p,x}=\left\{\frac{\partial(\mu_{\mathrm{B}}^{*}/T)}{\partial T}\right\}_{p}$$

因式(3.108) $\left\{\frac{\partial(G/T)}{\partial T}\right\}_{p}=-\frac{H}{T^{2}}$，得

$$\left\{\frac{\partial(\mu_{\mathrm{B}}/T)}{\partial T}\right\}_{p,x}=-\frac{H_{\mathrm{B}}}{T^{2}} \quad 和 \quad \left\{\frac{\partial(\mu_{\mathrm{B}}^{*}/T)}{\partial T}\right\}_{p}=-\frac{H_{\mathrm{m,B}}^{*}}{T^{2}}$$

故

$$H_{\mathrm{B}}=H_{\mathrm{m,B}}^{*} \tag{4.101}$$

上式说明理想液态混合物中任一组分的偏摩尔焓等于该组分纯液体在同样温度、压力下的摩尔焓。所以混合过程系统焓的变化为

$$\Delta_{\mathrm{mix}} H=\sum_{\mathrm{B}} n_{\mathrm{B}} H_{\mathrm{B}}-\sum_{\mathrm{B}} n_{\mathrm{B}} H_{\mathrm{m,B}}^{*}=0 \tag{4.102}$$

式中，$\Delta_{\mathrm{mix}} H$ 为恒温恒压下的焓变，称为混合焓。几种纯液体在恒温恒压下混合成理想液态混合物时，混合前后系统的焓不变，因而混合热等于零。

(3) $\Delta_{\mathrm{mix}} S=-nR\sum_{\mathrm{B}} x_{\mathrm{B}}\ln x_{\mathrm{B}}$　在恒压、组成不变的条件下，将式(4.91) 对 T 求偏导数：

$$\left(\frac{\partial \mu_{\mathrm{B}}}{\partial T}\right)_{p,x}=\left\{\frac{\partial}{\partial T}(\mu_{\mathrm{B}}^{*}+RT\ln x_{\mathrm{B}})\right\}_{p,x}=\left(\frac{\partial \mu_{\mathrm{B}}^{*}}{\partial T}\right)_{p}+R\ln x_{\mathrm{B}} \tag{4.103}$$

根据式(4.24) 有$\left(\frac{\partial \mu_{\mathrm{B}}}{\partial T}\right)_{p,x}=-S_{\mathrm{B}}$，$\left(\frac{\partial \mu_{\mathrm{B}}^{*}}{\partial T}\right)_{p}=-S_{\mathrm{m,B}}^{*}$，代入式(4.103)，得

$$S_{\mathrm{B}}=S_{\mathrm{m,B}}^{*}-R\ln x_{\mathrm{B}} \tag{4.104}$$

混合过程的系统熵变，即混合熵为

$$\Delta_{\mathrm{mix}} S=\sum_{\mathrm{B}} n_{\mathrm{B}} S_{\mathrm{B}}-\sum_{\mathrm{B}} n_{\mathrm{B}} S_{\mathrm{m,B}}^{*}=-\sum_{\mathrm{B}} n_{\mathrm{B}} R\ln x_{\mathrm{B}}$$

即

$$\Delta_{\text{mix}}S=-n\sum_{\text{B}}x_{\text{B}}R\ln x_{\text{B}} \tag{4.105}$$

式中，n 为系统总的物质的量。

将液体混合成理想液态混合物的混合熵与理想气体恒温恒压混合成理想气体混合物的混合熵的公式对比，可知两混合熵变的公式在形式上是相同的。

因 $0<x_{\text{B}}<1$，故混合熵 $\Delta_{\text{mix}}S>0$，说明液体混合成理想液态混合物时，系统的熵增大。又因 $\Delta_{\text{mix}}H=0$，$\Delta_{\text{mix}}V=0$，系统与环境无热交换和功的交换，系统为隔离系统，所以混合过程是一个自发过程。

(4) $\Delta_{\text{mix}}G=RT\sum_{\text{B}}n_{\text{B}}\ln x_{\text{B}}$　由 $\Delta_{\text{mix}}G=\Delta_{\text{mix}}H-T\Delta_{\text{mix}}S$，将前面导出的 $\Delta_{\text{mix}}H$ 及 $\Delta_{\text{mix}}S$ 代入得出摩尔混合吉布斯函数为

$$\Delta_{\text{mix}}G=RT\sum_{\text{B}}n_{\text{B}}\ln x_{\text{B}} \tag{4.106}$$

理想气体混合物可以看成是理想液态混合物的一个特例，所以理想气体混合物的混合性质与理想液态混合物的混合性质相同。

因 $0<x_{\text{B}}<1$，故恒温恒压下液体混合成理想液态混合物的过程，吉布斯函数变 $\Delta_{\text{mix}}G<0$，说明混合过程为自发过程。

例 4.3 液体 B 与液体 C 可以形成理想液态混合物。在常压及 25℃下向总量 $n=10\text{mol}$，组成 $x_{\text{C}}=0.4$ 的 B、C 液态混合物中加入 14mol 的纯液体 C，形成新的混合物。求过程的 ΔG、ΔS。

解： 根据题意过程设计如下

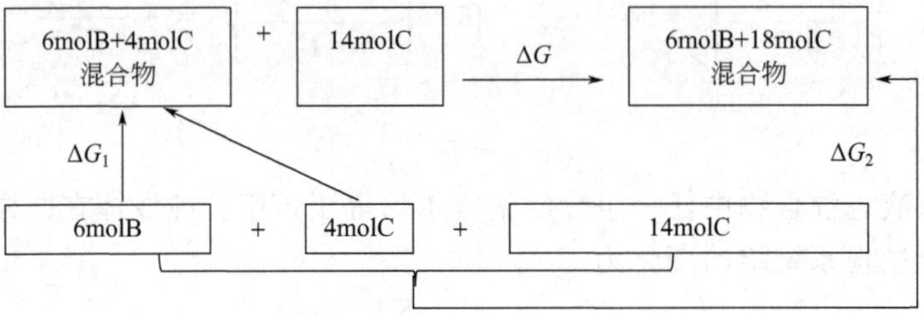

$$\begin{aligned}\Delta G&=\Delta G_2-\Delta G_1\\&=RT\left(6\text{mol}\times\ln\frac{6}{24}+18\text{mol}\times\ln\frac{18}{24}\right)-RT\left(4\text{mol}\times\ln\frac{4}{10}+6\text{mol}\times\ln\frac{6}{10}\right)\\&=-16.77\text{kJ}<0\end{aligned}$$

$$\Delta S=-\frac{\Delta G}{T}=-\frac{-16.77\times10^3}{298}\text{J}\cdot\text{K}^{-1}=56.25\text{J}\cdot\text{K}^{-1}$$

第六节　理想稀溶液

在一定的温度下，溶剂和溶质分别服从拉乌尔定律和亨利定律的溶液称为理想稀溶液。在理想稀溶液中，溶质分子之间的距离非常远，每一个溶剂分子或溶质分子周围几乎没有溶质分子而完全是溶剂分子。

1. 溶剂的化学势

若在一定温度 T 下，与理想稀溶液成平衡的气体为理想气体混合物，因溶剂服从拉乌尔定律，所以溶剂化学势表达式的推导方法与理想液态混合物中任一组分化学势的推导方法相同。

在温度 T、压力 p 下，理想稀溶液中溶剂的组成为 x_A 时，溶剂 A 的化学势表示式可写成与式(4.91)、式(4.93) 和式(4.95) 相同的形式，因此只要将三个公式中表示任一组分 B 的下角标换成表示溶剂 A 的下角标，即可得到 A 的化学势为

$$\mu_A=\mu_A^*+RT\ln x_A \tag{4.107}$$

$$\mu_A=\mu_A^\ominus+RT\ln x_A+\int_{p^\ominus}^{p}V_{m,A}^*\mathrm{d}p \tag{4.108}$$

在 p 与 $p^\ominus$ 相差不大的情况下 A 的化学势为

$$\mu_A=\mu_A^\ominus+RT\ln x_A \tag{4.109}$$

式中，$\mu_A^\ominus$ 为溶剂的标准态化学势，该标准态为纯 A(l) 在 T、$p^\ominus$ 的状态。

2. 溶质的化学势

在一定温度和压力下，原则一：溶液中溶质 B 的化学势 μ_B（溶质，T，p，b_C）和与之成平衡的气相中 B 的化学势 $\mu_B(g,T,p,y_C)$ 相等；原则二：将气相看作理想气体；原则三：按亨利定律式(4.83)，气相中 B 的分压力 $p_B=k_{b,B}b_B$。结合式(4.63)，可得

$$\begin{aligned}\mu_B(\text{溶质},T,p,b_C)&=\mu_B(g,T,p,y_C)=\mu_B^\ominus(g,T)+RT\ln\frac{p_B}{p^\ominus}\\&=\mu_B^\ominus(g,T)+RT\ln\frac{k_{b,B}b_B}{p^\ominus}\\&=\mu_B^\ominus(g,T)+RT\ln\frac{k_{b,B}b^\ominus}{p^\ominus}+RT\ln\frac{b_B}{b^\ominus}\end{aligned} \tag{4.110}$$

式中，$b^\ominus=1\text{mol}\cdot\text{kg}^{-1}$，称为溶质的标准质量摩尔浓度；$\mu_B^\ominus(g,T)+RT\ln\dfrac{k_{b,B}b^\ominus}{p^\ominus}$ 为温度 T、压力 p 下，$b^\ominus=1\text{mol}\cdot\text{kg}^{-1}$ 时符合亨利定律的状态下的化学势。

溶液中溶质的标准态 $\mu_B^\ominus$（溶质，T，$b^\ominus$）是指在标准压力 $p^\ominus=100\text{kPa}$ 及标准质量摩尔浓度 $b^\ominus=1\text{mol}\cdot\text{kg}^{-1}$ 下具有理想稀溶液性质的状态。因为在 $b^\ominus=1\text{mol}\cdot\text{kg}^{-1}$ 时的溶液上挥发性溶质 B 的蒸气压已不符合亨利定律，即 $p_B\neq k_{b,B}b_B$，所以溶质 B 的标准态是一种虚拟的假想状态。

原则四：$\mu_B^\ominus(g,T)+RT\ln\dfrac{k_{b,B}b^\ominus}{p^\ominus}$ 与 $\mu_B^\ominus(\text{溶质},T,b^\ominus)$ 两者的差值为 $\int_{p^\ominus}^{p}V_B^\infty(\text{溶质})\mathrm{d}p$

$$\mu_B^\ominus(g,T)+RT\ln\frac{k_{b,B}b^\ominus}{p^\ominus}-\mu_B^\ominus(\text{溶质},T,b^\ominus)=\int_{p^\ominus}^{p}V_B^\infty(\text{溶质})\mathrm{d}p \tag{4.111}$$

式中，V_B^∞（溶质）为该温度下无限稀的溶液中溶质 B 的偏摩尔体积，在一定温度下是压力的函数。

将式(4.111) 代入式(4.110)，得溶质 B 在溶液中化学势的表达式

$$\mu_B(\text{溶质},T,p,b_C)=\mu_B^\ominus(\text{溶质},T,b^\ominus)+RT\ln(b_B/b^\ominus)+\int_{p^\ominus}^{p}V_B^\infty(\text{溶质})\mathrm{d}p \tag{4.112}$$

在 p 与 $p^{\ominus}$ 相差不大时，可忽略积分项，简化后可得理想稀溶液中溶质 B 的化学势

$$\mu_B(溶质)=\mu_B^{\ominus}(溶质)+RT\ln(b_B/b^{\ominus}) \qquad (4.113)$$

这是常用的公式。

溶质 B 的标准态如图 4.5 所示。图中曲线为溶质 B 在气相中的分压力 p_B 与溶液组成 b_B 的关系。虚斜线为亨利定律表示的 p_B-b_B 直线关系。可以看出，在标准态 $b^{\ominus}$ 时，亨利定律已经不成立，不是实际存在的状态。

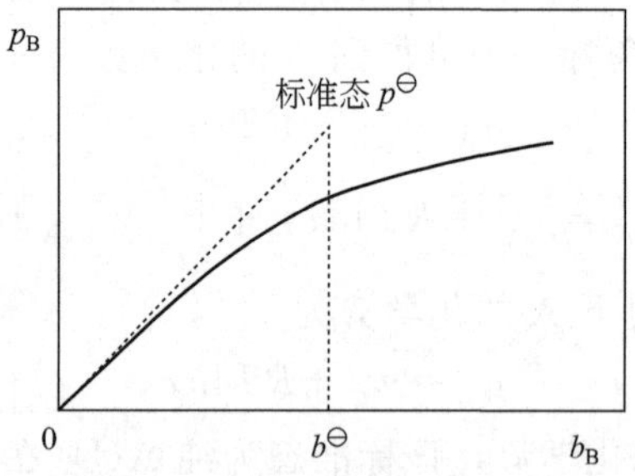

图 4.5 溶质的标准态

溶质的组成标度以 x_B 表示时，因 $p_B=k_{x,B}x_B$，经过与上面类似的推导，可得

$$\mu_B(溶质,T,p,x_C)=\mu_B^{\ominus}(g,T)+RT\ln(k_{x,B}/p^{\ominus})+RT\ln x_B \qquad (4.114)$$

用摩尔分数表示溶质的浓度时，标准态是标准压力 $p^{\ominus}=100\text{kPa}$ 及 $x_B=1$ 且具有理想稀溶液性质的状态。这种状态是在温度 T、标准压力 $p^{\ominus}$ 下的一种假想的纯液体 B 的状态。这种标准化学势记作 $\mu_B^{\ominus}$（溶质，T，$x_B=1$）。式中 $\mu_B^{\ominus}(g,T)+RT\ln(k_{x,B}/p^{\ominus})$ 与 $\mu_B^{\ominus}$（溶质，T，$x_B=1$）的差为

$$\mu_B^{\ominus}(g,T)+RT\ln(k_{x,B}/p^{\ominus})-\mu_B^{\ominus}(溶质,T,x_B=1)=\int_{p^{\ominus}}^{p}V_B^{\infty}(溶质)\mathrm{d}p$$

代入式(4.114) 中整理，溶质的化学势表达式

$$\mu_B(溶质,T,p,x_C)=\mu_B^{\ominus}(溶质,T,x_B=1)+RT\ln x_B+\int_{p^{\ominus}}^{p}V_B^{\infty}(溶质)\mathrm{d}p \qquad (4.115)$$

在 p 与 $p^{\ominus}$ 相差不大时，简化后理想稀溶液中溶质 B 的化学势

$$\mu_B(溶质)=\mu_B^{\ominus}(溶质)+RT\ln x_B \qquad (4.116)$$

以摩尔分数表示浓度时的标准态如图 4.6 所示。

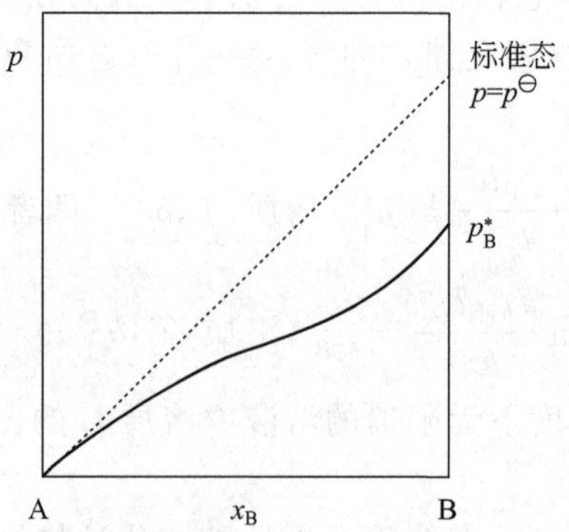

图 4.6 用摩尔分数表示浓度时溶质的标准态

例 4.4 求证：在一定的温度、压力下，当溶质在共存的两不互溶液体间成平衡时，若形成理想稀溶液，则溶质在两液相中的质量摩尔浓度之比为一常数。

证明：溶质 B 在 α、β 两相中具有相同的分子形式，在一定温度压力下，B 在 α、β 两相中的质量摩尔浓度分别为 $b_B(\alpha)$ 和 $b_B(\beta)$。当 B 在两相中均形成理想稀溶液时，根据式(4.113)，省略式中标注的“（溶质）”，有

$$\mu_B(\alpha)=\mu_B^{\ominus}(\alpha)+RT\ln[b_B(\alpha)/b^{\ominus}]$$

$$\mu_B(\beta)=\mu_B^{\ominus}(\beta)+RT\ln[b_B(\beta)/b^{\ominus}]$$

B 在 α、β 两相间达相平衡时化学势相等，即 $\mu_B(\alpha)=\mu_B(\beta)$，故有

$$\mu_B^{\ominus}(\alpha)+RT\ln[b_B(\alpha)/b^{\ominus}]=\mu_B^{\ominus}(\beta)+RT\ln[b_B(\beta)/b^{\ominus}]$$

整理得

$$\ln[b_B(\alpha)/b_B(\beta)]=[\mu_B^{\ominus}(\beta)-\mu_B^{\ominus}(\alpha)]/(RT)$$

因在一定温度下压力变化不是很大，故上式右边为常数，即

$$b_B(\alpha)/b_B(\beta)=K(T)$$

这就是能斯特（Nernst）分配定律。

第七节 理想稀溶液的依数性

稀溶液中溶剂的蒸气压下降、凝固点降低（析出固态纯溶剂）、沸点升高（溶质不挥发）和渗透压的数值，仅与理想稀溶液中所含溶质的质点数有关，这些性质为理想稀溶液的依数性。

1. 溶剂蒸气压下降

对二组分理想稀溶液（组分的多少不影响讨论的结论），溶剂服从拉乌尔定律即

$$p_A=p_A^*x_A=p_A^*(1-x_B)$$

则有

$$\Delta p_A=p_A^*-p_A=p_A^*x_B$$

即稀溶液溶剂的蒸气压下降值与溶液中溶质的摩尔分数成正比，比例系数为同温度下纯溶剂的饱和蒸气压。

2. 凝固点降低（析出固体纯溶剂）

在一定的压力下，固态纯溶剂与溶液成平衡时的温度，称为溶液的凝固点。溶液的凝固点不仅与溶液的组成有关，还与析出固体的组成有关。在溶剂与溶质不形成固态溶液（固溶体）的条件下，当溶剂(A)中溶有少量溶质(B)形成理想稀溶液时，则从溶液中析出固态纯溶剂 A 的温度，即溶液的凝固点，就会低于纯溶剂在同样外压下的凝固点，这种现象称为凝固点降低，也是理想稀溶液的依数性之一。

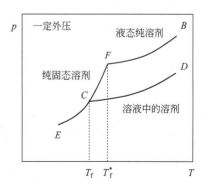

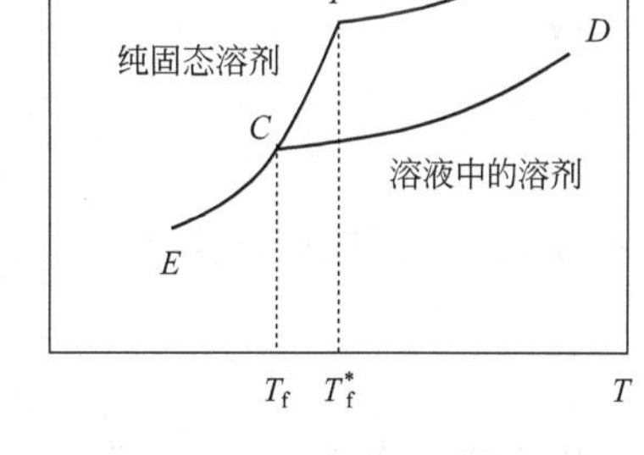

图 4.7 凝固点降低示意图

如图 4.7 所示，图中的三条曲线均是在恒定的外压（通常在大气压力）下的溶剂 A 的蒸气压曲线。EF 线为固态纯 A 的蒸气压曲线，FB 线为液态纯 A 的蒸气压曲线。两曲线相交于 F 点，纯 A 液态、固态的蒸气压相等，

F 点对应的温度 T_f^* 为纯溶剂 A 的凝固点。CD 线为溶液中 A 的蒸气压曲线，与 EF 线交于 C 点，C 点对应的温度 T_f 为溶液的凝固点。显然 $T_f<T_f^*$。理想稀溶液凝固点降低的依数性定量关系可用热力学基本原理推得。

在恒定外压（通常为大气压力）下，溶质 B 与溶剂形成理想稀溶液，组成为 x_A，溶液的凝固点为 T_f，溶剂 A 在固态纯 A 和溶液中的化学势相等：

$$\mu_A^*(s,T,p)=\mu_A(l,T,p,x_C) \tag{4.117}$$

简写为

$$\mu_A^*(s)=\mu_A(l) \tag{4.118}$$

若使溶液的组成由 x_A 变至 x_A+dx_A，溶液的凝固点由 T_f 变至 T_f+dT_f，则纯固体 A 和溶液中溶剂 A 的化学势也分别变至 $\mu_A^*(s)+d\mu_A^*(s)$ 和 $\mu_A(l)+d\mu_A(l)$，并且两者仍然相等，即

$$\mu_A^*(s)+d\mu_A^*(s)=\mu_A(l)+d\mu_A(l) \tag{4.119}$$

对比式(4.118) 和式(4.119) 可知，必然

$$d\mu_A^*(s)=d\mu_A(l) \tag{4.120}$$

在恒定外压下，固态纯 A 的化学势只是温度的函数，而溶液中 A 的化学势则是温度和组成的函数，故分别写成全微分有

$$\left(\frac{\partial\mu_A^*(s)}{\partial T}\right)_p dT=\left(\frac{\partial\mu_A(l)}{\partial T}\right)_{p,x_A} dT+\left(\frac{\partial\mu_A(l)}{\partial x_A}\right)_{T,p} dx_A$$

因为 $\mu_A(l)=\mu_A^*(l)+RT\ln x_A$，并对组分 A 应用公式 $\left(\frac{\partial\mu_A}{\partial T}\right)_{p,x_A}=-S_A$，得

$$-S_{m,A}^*(s)dT=-S_A(l)dT+RT\,d\ln x_A$$

整理得

$$[S_A(l)-S_{m,A}^*(s)]dT=RT\,d\ln x_A \tag{4.121}$$

式中，$S_{m,A}^*(s)$ 为固态纯 A 的摩尔熵；$S_A(l)$ 为溶液中 A 的偏摩尔熵。

$S_A(l)-S_{m,A}^*(s)$ 为固态纯 A 变为溶液中溶剂 A 的摩尔熔化熵，并且熔化为可逆过程，则

$$S_A(l)-S_{m,A}^*(s)=[H_A(l)-H_{m,A}^*(s)]/T \tag{4.122}$$

式中，$H_A(l)$ 为组成 x_B 的溶液中 A 的偏摩尔焓；$H_{m,A}^*(s)$ 为固态纯 A 的摩尔焓；$H_A(l)-H_{m,A}^*(s)$ 为固态纯 A 变为溶液中溶剂 A 的摩尔熔化焓。对于理想稀溶液中的溶剂可以认为 $H_A(l)\approx H_{m,A}^*(l)$，所以 $H_A(l)-H_{m,A}^*(s)\approx H_{m,A}^*(l)-H_{m,A}^*(s)=\Delta_{fus}H_{m,A}^*$，即近似等于纯溶剂的摩尔熔化焓，代入式(4.122) 中，将结果代入式(4.121)，得

$$d\ln x_A=\frac{\Delta_{fus}H_{m,A}^*}{RT^2}dT \tag{4.123}$$

或

$$\left(\frac{\partial\ln x_A}{\partial T}\right)_p=\frac{\Delta_{fus}H_{m,A}^*}{RT^2} \tag{4.124}$$

设纯溶剂的凝固点为 T_f^*，对式(4.123) 由（$x_A=1$，T_f^*）积分到（x_A，T_f）

$$\int_1^{x_A}d\ln x_A=\int_{T_f^*}^{T_f}\frac{\Delta_{fus}H_{m,A}^*}{RT^2}dT$$

因为温度变化很小，可认为 $\Delta_{fus}H_{m,A}^*$ 不随温度而变，得

$$\ln x_A = -\frac{\Delta_{fus}H_{m,A}^*}{R}\left(\frac{1}{T_f}-\frac{1}{T_f^*}\right) = -\frac{\Delta_{fus}H_{m,A}^*}{R}\left(\frac{T_f^*-T_f}{T_f T_f^*}\right) \tag{4.125}$$

令 $\Delta T_f = T_f^* - T_f$，$T_f T_f^* = (T_f^*)^2$，代入上式，得

$$-\ln x_A = \frac{\Delta_{fus}H_{m,A}^*}{R(T_f^*)^2}\Delta T_f \tag{4.126}$$

由于理想稀溶液 x_B 很小，所以 $-\ln x_A = -\ln(1-x_B) \approx x_B$

而 $x_B = b_B/(1/M_A + b_B) \approx M_A b_B$，代入式(4.126) 中，整理得

$$\Delta T_f = \frac{R(T_f^*)^2 M_A}{\Delta_{fus}H_{m,A}^*} b_B \tag{4.127}$$

令

$$K_f = \frac{R(T_f^*)^2 M_A}{\Delta_{fus}H_{m,A}^*} \tag{4.128}$$

称为凝固点降低系数，将式(4.128) 代入式(4.127) 中，则

$$\Delta T_f = K_f b_B \tag{4.129}$$

这就是稀溶液的凝固点降低公式。式中 K_f 的数值仅与溶剂的性质有关。在常压下可以用 $\Delta_{fus}H_{m,A}^{\ominus}$ 代替 $\Delta_{fus}H_{m,A}^*$。

3. 沸点升高（溶质不挥发）

沸点是液体饱和蒸气压等于外压时的温度。若纯溶剂 A 中加入不挥发的溶质 B，根据拉乌尔定律，溶液的蒸气压即溶液中溶剂 A 的蒸气压要小于同样温度下纯溶剂 A 的蒸气压。

图 4.8 为在恒定外压（通常是在大气压力）下纯液体 A 和溶液中 A 的蒸气压曲线。从图可以看出，理想稀溶液的蒸气压曲线在纯溶剂蒸气压曲线之下。在某一定的外压下，溶液的沸点 T_b 高于纯溶剂的沸点 T_b^*，即 $T_b > T_b^*$。这种现象称为沸点升高。

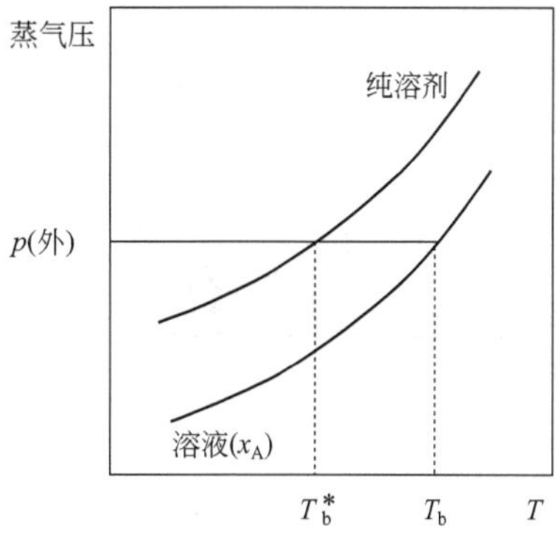

图 4.8　沸点升高示意图

不挥发性溶质的稀溶液的沸点升高值 ΔT_b 与溶液的组成 x_A 的关系式，可用与推导凝固点降低的相同方法得出：

$$\mathrm{d}\ln x_A = -\frac{\Delta_{vap}H_{m,A}^*}{RT^2}\mathrm{d}T \tag{4.130}$$

或

$$\left(\frac{\partial \ln x_A}{\partial T}\right)_p = -\frac{\Delta_{vap}H_{m,A}^*}{RT^2} \tag{4.131}$$

令 $\Delta T_b = T_b - T_b^*$，称为沸点升高值，$T_b T_b^* \approx (T_b^*)^2$，则有

$$\Delta T_b = \frac{R(T_b^*)^2 M_A}{\Delta_{vap}H_{m,A}^*} b_B \tag{4.132}$$

令

$$K_b = \frac{R(T_b^*)^2 M_A}{\Delta_{vap}H_{m,A}^*} \tag{4.133}$$

称为凝固点降低系数，则

$$\Delta T_b = K_b b_B \tag{4.134}$$

这就是稀溶液的沸点升高公式。式中 K_b 的数值仅与溶剂的性质有关。在常压下可以用 $\Delta_{vap}H^{\ominus}_{m,A}$ 代替 $\Delta_{vap}H^*_{m,A}$。

需注意的是凝固点降低和沸点升高，其条件是凝固的固体是纯溶剂和气相是纯的溶剂气体，否则凝固点和沸点有可能降低或升高，有下式读者可自行证明。

$$\left(\frac{\partial \ln x_A/x'_A}{\partial T}\right)_p = \frac{\Delta_{fus}H^*_{m,A}}{RT^2} \quad 和 \quad \left(\frac{\partial \ln y_A/x_A}{\partial T}\right)_p = \frac{\Delta_{vap}H^*_{m,A}}{RT^2}$$

x'_A 和 y_A 分别是凝固出固体中溶剂的摩尔分数和气相中溶剂的摩尔分数，当两者都为 1 时即变成式(4.124) 和式(4.131)。

4. 渗透压

在一定温度下用一个只能使溶剂透过而不能使溶质透过的刚性透热的半透膜把纯溶剂与理想稀溶液隔开，溶剂就会通过半透膜渗透到溶液中使溶液液面上升，直到溶液液面升到一定高度达到平衡状态，两边的温度相等，但压力可以不等。为了阻止左边的溶剂透过半透膜进入溶液，维持两边的液面在同一高度，需在溶液一方施加额外的压力，以增加右边溶液中溶剂的化学势，使左右两边的溶剂的化学势相等，达到渗透平衡。在溶液一方施加的额外的压力称为渗透压 Π。如图 4.9 所示。

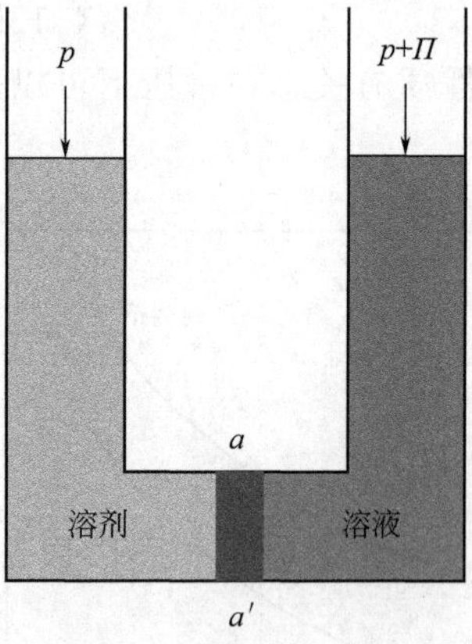

图 4.9 溶液渗透压示意图

此时有

$$\mu^*_A(l,T,p) = \mu_A(l,T,p+\Pi,x_C) \tag{4.135}$$

溶液中溶剂的化学势为式(4.107) 或式(4.90)

$$\mu_A(l,T,p+\Pi,x_C) = \mu^*_A(l,T,p+\Pi) + RT\ln x_A$$

代入式(4.135)，得

$$\mu^*_A(l,T,p) = \mu^*_A(l,T,p+\Pi) + RT\ln x_A \tag{4.136}$$

在恒温下，根据热力学基本方程可知 $d\mu^*_A = V^*_{A,m}dp$，所以

$$\mu^*_A(l,T,p+\Pi) - \mu^*_A(l,T,p) = \int_p^{p+\Pi} V^*_{A,m}dp \tag{4.137}$$

将式(4.137) 代入式(4.136) 中，可得

$$-RT\ln x_A = \int_p^{p+\Pi} V^*_{A,m}dp \tag{4.138}$$

在压力变化不是很大时 $V^*_{A,m}$ 可认为是常数，则积分上式得

$$V^*_{A,m}\Pi = -RT\ln x_A \tag{4.139}$$

对于二组分理想稀溶液，因为 $-\ln x_A = -\ln(1-x_B) \approx x_B$，$x_B = \frac{n_B}{n_A+n_B} \approx \frac{n_B}{n_A}$，代入式(4.139)，得

$$n_A V^*_{A,m}\Pi = n_B RT \tag{4.140}$$

而溶液很稀，所以 $n_A V^*_{A,m}$ 为溶液的总体积 V。

$$\Pi V = n_B RT \tag{4.141}$$

或

$$\Pi = c_B RT \tag{4.142}$$

式中，c_B 是溶液中溶质的浓度。

式(4.142) 称为范特霍夫（van't Hoff）渗透压公式。

由此可以看出，溶液渗透压的大小只由溶液中溶质的浓度决定，而与溶质的本性无关，故渗透压也是溶液的依数性质。从形式上看，渗透压公式与理想气体状方程式是相似的。以上讨论的是理想稀溶液的依数性，对非理想溶液只要将相应的浓度换成活度即可应用。需要注意的是有些书上定义的稀溶液实际上就是理想稀溶液。

四个依数性之间的关系为

$$-\ln x_A = x_B = \frac{\Delta p}{p_A^*} = \frac{\Delta_{fus} H_m}{RT_f^{*2}} \Delta T_f = \frac{\Delta_{vap} H_m}{RT_b^{*2}} \Delta T_b = \frac{\Pi V_m^*}{RT}$$

第八节　真实液态混合物、真实溶液

真实液态混合物也称为非理想液态混合物，其中任意组分均不服从拉乌尔定律；真实溶液也称为非理想溶液，其溶剂不服从拉乌尔定律、溶质不服从亨利定律。这两种系统都对理想液态混合物或理想稀溶液产生了偏差，为了保持与理想系统化学势公式在形式上的一致性，路易斯（Lewis）引入了活度的概念。

1. 真实液态混合物

将理想液态混合物中组分 B 的化学势表示式中用活度 a_B 代替摩尔分数 x_B，即可表示真实液态混合物中组分 B 的化学势。即

$$\mu_B = \mu_B^* + RT\ln a_B \tag{4.143}$$

$$\mu_B = \mu_B^* + RT\ln x_B \gamma_B \tag{4.144}$$

式中，γ_B称为活度系数。

由式(4.144) 可知，γ_B是对组分 B 偏离理想性的量度，实际上是对溶液中组分 B 的浓度进行了非理想的修正，使得理想液态混合物中组分 B 的化学势公式也适用于真实液态混合物中的组分 B。因此活度相当于有效浓度。

活度的定义为

$$a_B \stackrel{\text{def}}{=} \exp \frac{\mu_B - \mu_B^*}{RT} \tag{4.145}$$

μ_B^* 代表了纯液态 B 在一定温度 T、压力 p 下的化学势，当 $x_B \to 1$ 时，必然 $a_B \to 1$，于是有活度系数的定义为以下两式相结合：

$$\gamma_B = a_B / x_B \tag{4.146}$$

$$\lim_{x_B \to 1} \gamma_B = \lim_{x_B \to 1} (a_B / x_B) = 1 \tag{4.147}$$

由于标准态压力定为 $p^\ominus$，故压力 p 下的化学势

$$\mu_B = \mu_B^\ominus + RT\ln a_B + \int_{p^\ominus}^{p} V_{m,B}^* \mathrm{d}p \tag{4.148}$$

在常压下，积分项近似为零，故近似有

$$\mu_B = \mu_B^\ominus + RT\ln a_B \tag{4.149}$$

真实液态混合物中组分 B 的标准态为温度 T、标准压力 $p^\ominus$下的纯液体 B，$\mu_B^\ominus$为温度 T

下标准态时 B 的化学势。由此可见，真实液态混合物中组分 B 的标准态与理想液态混合物中组分 B 的标准态相同。这种规定标准态的方法称为规定Ⅰ，规定Ⅰ中包括如下内容

$$a_B \overset{\text{def}}{=} \exp\frac{\mu_B - \mu_B^*}{RT}, \gamma_B = a_B/x_B, \lim_{x_B \to 1}\gamma_B = \lim_{x_B \to 1}(a_B/x_B) = 1$$

2. 真实溶液

对真实溶液中溶剂的标准态的规定采用规定Ⅰ的内容，因此真实溶液中溶剂的化学势和活度系数为

$$\mu_A = \mu_A^* + RT\ln a_A \tag{4.150}$$

$$\mu_A = \mu_A^* + RT\ln x_A\gamma_A \tag{4.151}$$

$$\gamma_A = a_A/x_A \tag{4.152}$$

$$\lim_{x_A \to 1}\gamma_A = \lim_{x_A \to 1}(a_A/x_A) = 1 \tag{4.153}$$

在常压下，化学势可近似表示为：$\mu_A = \mu_A^{\ominus} + RT\ln a_A$。

为了使真实溶液中溶质的化学势表示式与理想稀溶液中溶质的形式式(4.111) 相同，也是以溶质的活度 a_B 代替 $b_B/b^{\ominus}$ 或 x_B，因此在温度 T、压力 p 下真实溶液中溶质的化学势表示为

$$\mu_B(\text{溶质}, T, p, b_C) = \mu_B^{\ominus}(\text{溶质}, T, b^{\ominus}) + RT\ln a_B + \int_{p^{\ominus}}^{p} V_B^{\infty}(\text{溶质})\mathrm{d}p \tag{4.154}$$

$$\mu_B(\text{溶质}, T, p, b_C) = \mu_B^{\ominus}(\text{溶质}, T, b^{\ominus}) + RT\ln(\gamma_B b_B/b^{\ominus}) + \int_{p^{\ominus}}^{p} V_B^{\infty}(\text{溶质})\mathrm{d}p \tag{4.155}$$

式中

$$\gamma_B = a_B/(b_B/b^{\ominus}) \tag{4.156}$$

称为溶质 B 的活度系数。并且

$$\lim_{\sum_B b_B \to 0}\gamma_B = \lim_{\sum_B b_B \to 0}\left[\frac{a_B}{(b_B/b^{\ominus})}\right] = 1 \tag{4.157}$$

式中，$\sum_B b_B \to 0$ 的条件表示：不仅所要讨论的那种溶质 B 的 b_B 趋于零，还要求溶液中其他溶质的 b 也同时趋于零。

真实溶液中溶质的标准态 $\mu_B^{\ominus}$（溶质，T，$b^{\ominus}$）是指在标准压力 $p^{\ominus} = 100\text{kPa}$ 及标准质量摩尔浓度 $b^{\ominus} = 1\text{mol}\cdot\text{kg}^{-1}$ 下具有理想稀溶液性质的状态。因为在 $b^{\ominus} = 1\text{mol}\cdot\text{kg}^{-1}$ 时的溶液上挥发性溶质 B 的蒸气压已不符合亨利定律，即 $p_B \neq k_{b,B}b_B$，所以溶质 B 的标准态是一种虚拟的假想状态。这种规定标准态的方法称为规定Ⅱ。由此可见，对真实溶液溶剂的标准态采用规定Ⅰ，溶质的标准态采用规定Ⅱ。

在 p 与 $p^{\ominus}$ 相差不大时，式(4.154) 及式(4.155) 可分别简化并表示成

$$\mu_B(\text{溶质}) = \mu_B^{\ominus}(\text{溶质}) + RT\ln a_B \tag{4.158}$$

$$\mu_B(\text{溶质}) = \mu_B^{\ominus}(\text{溶质}) + RT\ln(\gamma_B b_B/b^{\ominus}) \tag{4.159}$$

当溶质的浓度用 x_B 表示时，真实溶液中溶质 B 的化学势可表示为

$$\mu_B(\text{溶质}, T, p, x_C) = \mu_B^{\ominus}(\text{溶质}, T, x_B = 1) + RT\ln a_B + \int_{p^{\ominus}}^{p} V_B^{\infty}(\text{溶质})\mathrm{d}p \tag{4.160}$$

$$\mu_B(\text{溶质}, T, p, x_C) = \mu_B^{\ominus}(\text{溶质}, T, x_B = 1) + RT\ln(\gamma_B x_B) + \int_{p^{\ominus}}^{p} V_B^{\infty}(\text{溶质})\mathrm{d}p \tag{4.161}$$

式中

$$\gamma_B=\frac{a_B}{x_B} \tag{4.162}$$

称为溶质 B 的活度系数。并且

$$\lim_{\sum_B x_B\to 0}\gamma_B=\lim_{\sum_B x_B\to 0}\left[\frac{a_B}{x_B}\right]=1 \tag{4.163}$$

式中，$\sum_B x_B\to 0$ 的条件表示：不仅所要讨论的那种溶质 B 的 x_B 趋于零，还要求溶液中其他溶质的 x 也同时趋于零。

真实溶液中用摩尔分数表示溶质的浓度时的标准态 $\mu_B^{\ominus}$（溶质，T，$x_B=1$）是指在标准压力 $p^{\ominus}=100\text{kPa}$ 及 $x_B=1$ 且具有理想稀溶液性质的状态。这种状态是在温度 T、标准压力 $p^{\ominus}$下的一种假想的纯液体 B 的状态。这种规定标准态的方法也属于规定Ⅱ。这种规定的标准态是一个客观上不能实现的状态。但这并不影响计算，因计算的仅是状态函数的改变值。

在 p 与 $p^{\ominus}$相差不大时，式(4.160) 及式(4.161) 可分别简化并表示成

$$\mu_B(\text{溶质})=\mu_B^{\ominus}(\text{溶质})+RT\ln a_B \tag{4.164}$$

$$\mu_B(\text{溶质})=\mu_B^{\ominus}(\text{溶质})+RT\ln(\gamma_B x_B) \tag{4.165}$$

3. 活度系数的求法

(1) 蒸气压法　真实液态混合物的各组分和真实溶液中的溶剂按规定Ⅰ规定标准态时，A 的化学势 $\mu_A(\text{l})$ 为

$$\mu_A(\text{l})=\mu_A^*(\text{l})+RT\ln a_A \tag{4.166}$$

在压力不大的条件下，气相可以认为是理想气体混合物，气相中 A 的化学势表示式为

$$\mu_A(\text{pg})=\mu_A^{\ominus}(\text{g})+RT\ln\frac{p_A}{p^{\ominus}}=\mu_A^{\ominus}(\text{g})+RT\ln\frac{p_A^*}{p^{\ominus}}+RT\ln\frac{p_A}{p_A^*} \tag{4.167}$$

达平衡时 A 在两相中的化学势相等，即 $\mu_A(\text{l})=\mu_A(\text{pg})$，则由式(4.167) 得

$$\mu_A(\text{l})=\mu_A^{\ominus}(\text{g})+RT\ln\frac{p_A^*}{p^{\ominus}}+RT\ln\frac{p_A}{p_A^*} \tag{4.168}$$

根据式(4.89)

$$\mu_A^{\ominus}(\text{g})+RT\ln\frac{p_A^*}{p^{\ominus}}=\mu_A^*(\text{l})$$

代入式(4.168) 中得

$$\mu_A(\text{l})=\mu_A^*(\text{l})+RT\ln\frac{p_A}{p_A^*} \tag{4.169}$$

式(4.169) 与式(4.166) 对比，得

$$a_A=p_A/p_A^* \tag{4.170}$$

活度系数为

$$\gamma_A=\frac{a_A}{x_A}=\frac{p_A}{p_A^* x_a} \tag{4.171}$$

(2) 凝固点降低法　在理想稀溶液中有关依数性的一些公式，只要将其中的摩尔分数换成活度，即可用于求解活度。如式(4.124) 改为

$$\left(\frac{\partial \ln a_{\mathrm{A}}}{\partial T}\right)_p=\frac{\Delta_{\mathrm{fus}} H_{\mathrm{m,A}}^*}{R T^2} \tag{4.172}$$

或式(4.126) 改为

$$-\ln a_{\mathrm{A}}=\frac{\Delta_{\mathrm{fus}} H_{\mathrm{m,A}}^*}{R\left(T_{\mathrm{f}}^*\right)^2} \Delta T_{\mathrm{f}} \tag{4.173}$$

然后按 $a_{\mathrm{A}}=\gamma_{\mathrm{A}} x_{\mathrm{A}}$，即可求得活度系数 γ_{A}。

(3) 吉布斯-杜亥姆公式法　这是吉布斯-杜亥姆公式的一个重要的应用，例如对于二组分系统，先求得溶剂 A 的活度系数，然后即可用此公式求溶质 B 的活度系数。

在恒温恒压下，根据吉布斯-杜亥姆公式(4.31) 有

$$x_{\mathrm{A}} \mathrm{d}\mu_{\mathrm{A}}+x_{\mathrm{B}} \mathrm{d}\mu_{\mathrm{B}}=0$$

将式(4.151) 和式(4.165) 代入，则有

$$x_{\mathrm{A}}(RT \mathrm{d}\ln\gamma_{\mathrm{A}}+RT \mathrm{d}\ln x_{\mathrm{A}})+x_{\mathrm{B}}(RT \mathrm{d}\ln\gamma_{\mathrm{B}}+RT \mathrm{d}\ln x_{\mathrm{B}})=0$$

$$x_{\mathrm{A}}\left(\mathrm{d}\ln\gamma_{\mathrm{A}}+\frac{\mathrm{d}x_{\mathrm{A}}}{x_{\mathrm{A}}}\right)+x_{\mathrm{B}}\left(\mathrm{d}\ln\gamma_{\mathrm{B}}+\frac{\mathrm{d}x_{\mathrm{B}}}{x_{\mathrm{B}}}\right)=0$$

$$x_{\mathrm{A}} \mathrm{d}\ln\gamma_{\mathrm{A}}+\mathrm{d}x_{\mathrm{A}}+x_{\mathrm{B}} \mathrm{d}\ln\gamma_{\mathrm{B}}+\mathrm{d}x_{\mathrm{B}}=0$$

因 $x_{\mathrm{A}}+x_{\mathrm{B}}=1$，所以 $\mathrm{d}x_{\mathrm{A}}+\mathrm{d}x_{\mathrm{B}}=0$，因此上式为

$$x_{\mathrm{A}} \mathrm{d}\ln\gamma_{\mathrm{A}}+x_{\mathrm{B}} \mathrm{d}\ln\gamma_{\mathrm{B}}=0$$

$$\mathrm{d}\ln\gamma_{\mathrm{B}}=-\frac{x_{\mathrm{A}}}{x_{\mathrm{B}}} \mathrm{d}\ln\gamma_{\mathrm{A}}$$

$$\mathrm{d}\ln\gamma_{\mathrm{B}}=-\frac{x_{\mathrm{A}}}{1-x_{\mathrm{A}}} \mathrm{d}\ln\gamma_{\mathrm{A}} \tag{4.174}$$

如始态为纯的溶剂 A，则 $\gamma_{\mathrm{B},1}=1$，$\gamma_{\mathrm{A},1}=1$，即 $\ln\gamma_{\mathrm{B},1}=0$，$\ln\gamma_{\mathrm{A},1}=0$。以 $\frac{x_{\mathrm{A}}}{1-x_{\mathrm{A}}}$ 对 $\ln\gamma_{\mathrm{A}}$ 作图，从 $x_{\mathrm{A},1}=1$ 到 $x_{\mathrm{A},2}$ 的曲线下的面积，求出 $\ln\gamma_{\mathrm{B},2}$ 的值。为了避免积分出现无限大，积分从 $x_{\mathrm{A},1}=1-\varepsilon$ 开始，ε 为一个很小的数。即

$$\ln\gamma_{\mathrm{B},2}=-\int_{1-\varepsilon}^{x_{\mathrm{A},2}} \frac{x_{\mathrm{A}}}{1-x_{\mathrm{A}}} \mathrm{d}\ln\gamma_{\mathrm{A}}$$

求活度的方法还有电动势等方法，在电化学中进行介绍。

习　题

一、选择题

1. 已知挥发性纯溶质 A 液体的蒸气压为 67Pa，纯溶剂 B 的蒸气压为 26665Pa，该溶质在此溶剂的饱和溶液中的物质的量分数为 0.02，则此饱和溶液（假设为理想液体混合物）的蒸气压为（　　）。

(A) 600Pa　　(B) 26133Pa　　(C) 26198Pa　　(D) 599Pa

2. 已知 373.2K 时，液体 A 的饱和蒸气压为 133.32kPa，另一液体 B 可与 A 构成理想液体混合物。当 A 在溶液中的物质的量分数为 0.5 时，A 在气相中的物质的量分数为 2/3，则在 373.2K 时，液体 B 的饱和蒸气压应为（　　）。

(A) 66.66kPa　　(B) 88.88kPa　　(C) 133.32kPa　　(D) 266.64kPa

3. 已知 373K 时液体 A 的饱和蒸气压为 133.24kPa，液体 B 的饱和蒸气压为 66.62kPa。设 A 和 B 形成理想混合物，当 A 在溶液中的物质的量分数为 0.5 时，在气相中 A 的物质的量

分数为（ ）。

（A）1 （B）1/2 （C）2/3 （D）1/3

4. 在恒温抽空的玻璃罩中封入两杯液面相同的糖水（A）和纯水（B）。经历若干时间后，两杯液面的高度将是（ ）。

（A）A杯高于B杯 （B）A杯等于B杯

（C）A杯低于B杯 （D）视温度而定

5. 已知373K时，液体A的饱和蒸气压为5×10^4Pa，液体B的饱和蒸气压为10^5Pa，A和B构成理想液体混合物，当A在溶液中的物质的量分数为0.5时，气相中B的物质的量分数为（ ）。

（A）1/1.5 （B）1/2 （C）1/2.5 （D）1/3

6. 关于亨利定律，下面的表述中不正确的是（ ）。

（A）若溶液中溶剂在某浓度区间遵从拉乌尔定律，则在该浓度区间组分B必遵从亨利定律

（B）温度越高、压力越低，亨利定律越正确

（C）因为亨利定律是稀溶液定律，所以任何溶质在稀溶液范围内都遵守亨利定律

（D）温度一定时，在一定体积的溶液中溶解的气体体积与该气体的分压力无关

7. 273.15K、101.3kPa下，$1dm^3$水中能溶解49mol氧或23.5mol氮。在标准情况下，$1dm^3$水中能溶解多少空气？（ ）

（A）25.5mol （B）28.6mol （C）96mol （D）72.5mol

8.（1）溶液的化学势等于溶液中各组分的化学势之和

（2）对于纯组分，化学势等于其摩尔吉布斯函数

（3）理想稀溶液各组分在其全部浓度范围内服从Henry定律

（4）理想混合物各组分在其全部浓度范围内服从Raoult定律

上述诸说法正确的是（ ）。

（A）（1）（2） （B）（2）（3） （C）（2）（4） （D）（3）（4）

9. 真实气体的标准态是（ ）。

（A）$f=p^\ominus$的真实气体 （B）$p=p^\ominus$的真实气体

（C）$f=p^\ominus$的理想气体 （D）$p=p^\ominus$的理想气体

10. 下述说法哪一个正确？某物质在临界点的性质（ ）。

（A）与外界温度有关 （B）与外界压力有关

（C）与外界物质有关 （D）是该物质本身特性

11. 设N_2和O_2皆为理想气体。它们的温度、压力相同，均为298K、$p^\ominus$，则这两种气体的化学势应该（ ）。

（A）相等 （B）不一定相等

（C）与物质的量有关 （D）不可比较

12. 今有298K、$p^\ominus$的N_2（状态Ⅰ）和323K、$p^\ominus$的N_2（状态Ⅱ）各一瓶，问哪瓶N_2的化学势大？（ ）

（A）$\mu(\text{Ⅰ})>\mu(\text{Ⅱ})$ （B）$\mu(\text{Ⅰ})<\mu(\text{Ⅱ})$

（C）$\mu(\text{Ⅰ})=\mu(\text{Ⅱ})$ （D）不可比较

13. 对于理想液体混合物，下列偏微商小于零的是（ ）。

（A）$[\partial(\Delta_{mix}A_m)/\partial T]_V$ （B）$[\partial(\Delta_{mix}S_m)/\partial T]_p$

（C）$[\partial(\Delta_{mix}G_m/T)/\partial T]_p$　　（D）$[\partial(\Delta_{mix}G_m)/\partial p]_T$

14. 饱和溶液中溶剂的化学势 μ 与纯溶剂的化学势 μ^* 的关系式为（　　）。

（A）$\mu=\mu^*$　（B）$\mu>\mu^*$　（C）$\mu<\mu^*$　（D）不能确定

15. 不饱和溶液中溶剂的化学势 μ 与纯溶剂的化学势 μ^* 的关系式为（　　）。

（A）$\mu=\mu^*$　（B）$\mu>\mu^*$　（C）$\mu<\mu^*$　（D）不能确定

16. 已知在 373K 时，液体 A 的饱和蒸气压为 66662Pa，液体 B 的饱和蒸气压为 1.01325×10^5Pa。设 A 和 B 构成理想液体混合物，则当 A 在溶液中的物质的量分数为 0.5 时，气相中 A 的物质的量分数应为（　　）。

（A）0.200　（B）0.300　（C）0.397　（D）0.603

17. 在 400K，液体 A 的蒸气压为 4×10^4Pa，液体 B 的蒸气压为 6×10^4Pa，两者组成理想液体混合物。当气液平衡时，在溶液中 A 的物质的量分数为 0.6，则在气相中 B 的物质的量分数应为（　　）。

（A）0.31　（B）0.40　（C）0.50　（D）0.60

18. 298K、标准压力下，两瓶含萘的苯溶液，第一瓶体积为 $2dm^3$（溶有 0.5mol 萘），第二瓶体积为 $1dm^3$（溶有 0.25mol 萘），若以 μ_1 和 μ_2 分别表示两瓶中萘的化学势，则（　　）。

（A）$\mu_1=10\mu_2$　（B）$\mu_1=2\mu_2$　（C）$\mu_1=\frac{1}{2}\mu_2$　（D）$\mu_1=\mu_2$

19. 298K、标准压力下，苯和甲苯形成理想液体混合物，第一份溶液体积为 $2dm^3$，苯的物质的量分数为 0.25，苯的化学势为 μ_1，第二份溶液的体积为 $1dm^3$，苯的物质的量分数为 0.5，化学势为 μ_2，则（　　）。

（A）$\mu_1>\mu_2$　（B）$\mu_1<\mu_2$　（C）$\mu_1=\mu_2$　（D）不确定

20. 对于理想液体混合物（　　）。

（A）$\Delta_{mix}H=0$　$\Delta_{mix}S=0$　　（B）$\Delta_{mix}H=0$　$\Delta_{mix}G=0$

（C）$\Delta_{mix}V=0$　$\Delta_{mix}H=0$　　（D）$\Delta_{mix}V=0$　$\Delta_{mix}S=0$

21. 在 50℃时液体 A 的饱和蒸气压是液体 B 的饱和蒸气压的 3 倍，A、B 两液体形成理想混合物。气液平衡时，在液相中 A 的物质的量分数为 0.5，则在气相中 B 的物质的量分数为（　　）。

（A）0.15　（B）0.25　（C）0.5　（D）0.65

22. 在恒温恒压下形成理想液体混合物的混合吉布斯函数 $\Delta_{mix}G\neq0$，恒温下 $\Delta_{mix}G$ 对温度 T 进行微商，则（　　）。

（A）$(\partial\Delta_{mix}G/\partial T)_p<0$　　（B）$(\partial\Delta_{mix}G/\partial T)_p>0$

（C）$(\partial\Delta_{mix}G/\partial T)_p=0$　　（D）$(\partial\Delta_{mix}G/\partial T)_p\neq0$

23. 2mol A 物质和 3mol B 物质在等温等压下混合形成理想液体混合物，该系统中 A 和 B 的偏摩尔体积分别为 $1.79\times10^{-5}m^3\cdot mol^{-1}$、$2.15\times10^{-5}m^3\cdot mol^{-1}$，则混合物的总体积为（　　）。

（A）$9.67\times10^{-5}m^3$　　（B）$9.85\times10^{-5}m^3$

（C）$1.003\times10^{-4}m^3$　　（D）$8.95\times10^{-5}m^3$

24. （1）冬季建筑施工中，为了保证施工质量，常在浇注混凝土时加入少量盐类，其主要作用是？（　　）

（A）增加混凝土的强度　　（B）防止建筑物被腐蚀

（C）降低混凝土的固化温度　　（D）吸收混凝土中的水分

(2) 为达到上述目的，选用下列几种盐中的哪一种比较理想？(　　)

(A) NaCl　　(B) NH_4Cl　　(C) $CaCl_2$　　(D) KCl

25. 由渗透压法测得的分子量为（　　）。

(A) 重均分子量　　(B) 黏均分子量　　(C) 数均分子量　　(D) 上述都不是

26. 盐碱地的农作物长势不良，甚至枯萎，其主要原因是什么？(　　)

(A) 天气太热　　(B) 很少下雨

(C) 肥料不足　　(D) 水分从植物向土壤倒流

27. 为马拉松运动员沿途准备的饮料应该是哪一种？(　　)

(A) 高脂肪、高蛋白、高能量饮料　　(B) 20%葡萄糖水

(C) 含适量维生素的等渗饮料　　(D) 含兴奋剂的饮料

28. 在 0.1kg H_2O 中含 0.0045kg 某纯非电解质的溶液，于 272.685K 时结冰，该溶质的摩尔质量最接近于（　　）。

(A) $0.135kg \cdot mol^{-1}$　　(B) $0.172kg \cdot mol^{-1}$

(C) $0.090kg \cdot mol^{-1}$　　(D) $0.180kg \cdot mol^{-1}$

已知水的凝固点降低常数 K_f 为 $1.86K \cdot mol^{-1} \cdot kg$。

29. 质量摩尔浓度凝固点降低常数 K_f 值决定于（　　）。

(A) 溶剂的本性　　(B) 溶质的本性　　(C) 溶液的浓度　　(D) 温度

30. 在 1000g 水中加入 0.01mol 的食盐，其沸点升高了 0.01K，则 373K 左右时，水的蒸气压随温度的变化率 dp/dT 为（　　）。

(A) $1823.9Pa \cdot K^{-1}$　　(B) $3647.7Pa \cdot K^{-1}$

(C) $5471.6Pa \cdot K^{-1}$　　(D) $7295.4Pa \cdot K^{-1}$

31. 两只烧杯各有 1kg 水，向 A 杯中加入 0.01mol 蔗糖，向 B 杯内溶入 0.01mol NaCl，两只烧杯按同样速度冷却降温，则有（　　）。

(A) A 杯先结冰　　(B) B 杯先结冰

(C) 两杯同时结冰　　(D) 不能预测其结冰的先后次序

32. 有一稀溶液浓度为 b，沸点升高值为 ΔT_b，凝固点下降值为 ΔT_f，则（　　）。

(A) $\Delta T_f > \Delta T_b$　　(B) $\Delta T_f = \Delta T_b$　　(C) $\Delta T_f < \Delta T_b$　　(D) 不确定

33. 已知水在正常冰点时的摩尔熔化热 $\Delta_{fus}H_m^{\ominus} = 6025J \cdot mol^{-1}$，某水溶液的凝固点为 258.15K，该溶液的浓度 x_B 为（　　）。

(A) 0.8571　　(B) 0.1429　　(C) 0.9353　　(D) 0.0647

34. 含有非挥发性溶质 B 的水溶液，在 101325Pa 下，270.15K 开始析出冰。已知水的 $K_f = 1.86K \cdot kg \cdot mol^{-1}$，$K_b = 0.52K \cdot kg \cdot mol^{-1}$，该溶液的正常沸点是（　　）。

(A) 370.84K　　(B) 372.31K　　(C) 373.99K　　(D) 376.99K

35. 已知 $H_2O(l)$ 在正常沸点时的汽化热为 $40.67kJ \cdot mol^{-1}$，某非挥发性物质 B 溶于 $H_2O(l)$ 后，其沸点升高 10K，则该物质 B 在溶液中的物质的量分数为（　　）。

(A) 0.290　　(B) 0.710　　(C) 0.530　　(D) 0.467

36. 1kg 水中加入 0.01mol 的 NaCl，其沸点升高了 0.01K，则在沸点附近时，水的蒸气压随温度的变化率 dp/dT 为（　　）。

(A) $1825.8Pa \cdot K^{-1}$　　(B) $3651.8Pa \cdot K^{-1}$

(C) $365.18Pa \cdot K^{-1}$　　(D) $7303.5Pa \cdot K^{-1}$

37. 沸点升高，说明在溶剂中加入非挥发性溶质后，该溶剂的化学势比纯溶剂的化学势

（　　）。

（A）升高　　（B）降低　　（C）相等　　（D）不确定

38. 恒压下将分子量为 50 的二元电解质 0.005kg 溶于 0.250kg 水中，测得凝固点为 −0.774K，则该电解质在水中的解离度为（水的 $K_f = 1.86\text{K} \cdot \text{mol}^{-1} \cdot \text{kg}$）（　　）。

（A）100%　　（B）26%　　（C）27%　　（D）0

39. 液体 B 比液体 A 易于挥发，在一定温度下向纯 A 液体中加入少量纯 B 液体形成稀溶液，下列几种说法中正确的是（　　）。

（A）该溶液的饱和蒸气压必高于同温度下纯液体 A 的饱和蒸气压

（B）该液体的沸点必低于同样压力下纯液体 A 的沸点

（C）该液体的凝固点必低于同样压力下纯液体 A 的凝固点（溶液凝固时析出纯固态 A）

（D）该溶液的渗透压为负值

40. 若 $(\partial \ln p / \partial y_A)_T < 0$，即在气相中增加 A 组分的物质的量分数，使总蒸气压降低，则（　　）。

（A）液相中 A 的浓度大于它在气相中的浓度

（B）液相中 A 的浓度小于它在气相中的浓度

（C）液相中 A 的浓度等于它在气相中的浓度

（D）不能确定 A 在液相中或气相中哪个浓度大

41. 在 T 时，某纯液体的蒸气压为 11732.37Pa。当 0.2mol 的一非挥发性溶质溶于 0.8mol 的该液体中形成溶液时，溶液的蒸气压为 5332.89Pa。设蒸气是理想的，则在该溶液中，溶剂的活度系数是（　　）。

（A）2.27　　（B）0.568　　（C）1.80　　（D）0.23

42. 在 288K 时 $H_2O(l)$ 的饱和蒸气压为 1702Pa，当 0.6mol 的不挥发溶质 B 溶于 0.540kg H_2O 时，蒸气压下降 42Pa，溶液中 H_2O 的活度系数该为（　　）。

（A）0.9804　　（B）0.9753　　（C）1.005　　（D）0.9948

43. 在 300K 时液体 A 和 B 部分互溶形成 α 和 β 两个平衡相，在 α 相，A 的物质的量分数为 0.85，纯 A 的饱和蒸气压是 22kPa，在 β 相中 B 的物质的量分数为 0.89，将两层液相视为稀溶液，则 A 的亨利常数为（　　）。

（A）25.88kPa　　（B）200kPa　　（C）170kPa　　（D）721.2kPa

（答：1B，2A，3C，4A，5A，6C，7B，8C，9D，10D，11D，12A，13A，14C，15C，16C，17C，18D，19B，20C，21B，22A，23C，24C、C，25C，26D，27C，28D，29A，30B，31A，32A，33B，34C，35A，36B，37B，38D，39C，40A，41B，42D，43C）

二、计算题

1. 298.2K 时，9.47%（质量分数）的硫酸溶液，其密度为 $1.0603 \times 10^3 \text{kg} \cdot \text{m}^{-3}$。在该温度下纯水的密度为 $0.9971 \times 10^3 \text{kg} \cdot \text{m}^{-3}$。试计算：

（1）质量摩尔浓度（b）；

（2）物质的量浓度（c）；

（3）H_2SO_4 的物质的量分数（x_2）。

已知 $M(H_2SO_4) = 0.098\text{kg} \cdot \text{mol}^{-1}$。

答：（1）$b = 1.067\text{mol} \cdot \text{kg}^{-1}$；（2）$c = 1024\text{mol} \cdot \text{m}^{-3}$；（3）$x_2 = 0.01885$

2. 333.15K 时，液体 A 和 B 的饱和蒸气压分别为 $0.395p^{\ominus}$ 和 $0.789p^{\ominus}$，在该温度时 A

和 B 可形成稳定液体化合物 AB，其饱和蒸气压为 $0.132p^{\ominus}$，所形成的混合物具有理想液体混合物性质。如今在 333.15K 时，将 1mol A 和 4mol B 混合为一液体体系，求算此系统的蒸气压和蒸气组成。

答：$p=0.625p^{\ominus}$；$y_B=0.947$，$y_{AB}=0.053$

3. 组分 A 和组分 B 形成理想液体混合物。298K 时纯组分 A 的蒸气压为 13.3kPa，纯组分 B 的蒸气压近似为 0，如果把 1.00g 组分 B 加到 10.00g 的组分 A 中，欲使溶液的总蒸气压降低到 12.6kPa，求出组分 B 与组分 A 的摩尔质量比。

答：1.80

4. 液体 A 和 B 形成理想液体混合物，有一个含 A 的物质的量分数为 0.4 的气相，放在一个带活塞的气缸内，恒温下慢慢压缩，直到有液相产生，已知 p_A^* 和 p_B^* 分别为 $0.4p^{\ominus}$ 和 $1.2p^{\ominus}$。计算：当气相开始凝聚为液相时的蒸气总压；欲使该液体在正常沸点下沸腾，理想液体混合物的组成应为多少？

答：$p=0.667p^{\ominus}$；$x_A=0.25$，$x_B=0.75$

5.（1）用饱和的气流法测 CS_2 蒸气压，其步骤如下：将 288K、$p^{\ominus}$ 的 $2dm^3$ 干燥空气通过一已知质量的 CS_2 的计泡器，空气与 CS_2 的混合物逸至大气中（压力为 $p^{\ominus}$），重称记泡器的质量，有 3.011g 的 CS_2 蒸发掉了。计算 288K 时 CS_2 的蒸气压。

（2）若在上述同样条件下，将 $2dm^3$ 干燥空气缓缓通过含硫 0.08（质量分数）的 CS_2 溶液，则发现 2.902g CS_2 被带走。计算溶液上方 CS_2 的蒸气分压及硫在 CS_2 中的分子量和分子式。已知 CS_2 的分子量为 76.13，硫的原子量为 32.06。

答：（1）$p=32271Pa$；（2）31466Pa，259.24，S_8

6. K_2SO_4(A) 在水溶液中的偏摩尔体积为 V_A，质量摩尔浓度为 b，在 298K 时：

$$V_A/cm^3=32.280+18.216(b/mol\cdot kg^{-1})^{1/2}+0.022b/mol\cdot kg^{-1}$$

求 H_2O(B) 的偏摩尔体积 V_B 与 b 的关系，已知纯 H_2O 的摩尔体积为 $17.963cm^3\cdot mol^{-1}$。

答：$V_B/cm^3=17.963-0.1093[b/(mol\cdot kg^{-1})]^{3/2}-1.98\times10^{-4}[b/(mol\cdot kg^{-1})]^2$

7. 293.2K 时，乙醚的饱和蒸气压为 58.95kPa。今在 0.100kg 乙醚中溶入某非挥发性物质 0.010kg，乙醚的蒸气压降低到 56.79kPa，求该非挥发性物质的相对摩尔质量。

答：0.195

8. 试计算 300K 时，从大量的 $C_2H_4Br_2$ 和 $C_3H_6Br_2$ 的理想液态混合物（其中 $C_2H_4Br_2$ 的摩尔分数为 0.5）中分离出 1mol 纯 $C_2H_4Br_2$ 过程的 ΔG_1。若混合物中各含 2mol $C_2H_4Br_2$ 和 $C_3H_6Br_2$，从中分离出 1mol 纯 $C_2H_4Br_2$ 时 ΔG_2 又为多少？

答：$\Delta G_1=1729J$；$\Delta G_2=2152J$

9. 将摩尔质量为 $0.1101kg\cdot mol^{-1}$ 的不挥发物质 B $2.220\times10^{-3}kg$ 溶于 0.1kg 水中，沸点升高 0.105K。若再加入摩尔质量未知的另一种不挥发性物质 D $2.160\times10^{-3}kg$，沸点又升高 0.107K。试计算：

（1）水的沸点升高常数 K_b；

（2）未知物的摩尔质量 M_D；

（3）水的摩尔蒸发热 $\Delta_{vap}H_m$；

（4）该溶液在 298K 时的蒸气压（设该溶液为理想稀溶液）。

答：（1）$K_b=0.5207K\cdot kg\cdot mol^{-1}$；（2）$M_D=0.105kg\cdot mol^{-1}$；

（3）$\Delta_{vap}H_m=39.99kJ\cdot mol^{-1}$；（4）$p=3919Pa$

10. 香烟中主要含有尼古丁（nicotine），经分析得知其中含 9.3% 的 H、72% 的 C 和

18.70%的 N。现将 0.6g 尼古丁溶于 12.0g 的水中，所得溶液在 101.325kPa 下的凝固点为−0.62℃，试确定该物质的分子式（已知水的摩尔质量凝固点降低常数 $K_f=1.86K\cdot kg\cdot mol^{-1}$）。

答：$C_4H_{14}N_2$

11. 某水溶液含有非挥发性物质，水在 271.7K 时凝固，求：

（1）该溶液的正常沸点；

（2）298.15K 时该溶液的蒸气压；

（3）298.15K 时此溶液的渗透压。

已知水的凝固点降低常数 $K_f=1.86K\cdot kg\cdot mol^{-1}$，水的沸点升高常数 $K_b=0.52K\cdot kg\cdot mol^{-1}$，298.15K 时纯水的蒸气压为 3167Pa。

答：（1）373.56K；（2）3123.2Pa；（3）1.914×10^6Pa

12. 以纯液体为标准状态，在某二元液体混合物中。

（1）若 $a_2=x_2(1+x_2)^2$，求 a_1 与 x_1 的函数关系；（2）若 $RT\ln\gamma_1=ax_2^2$，求 γ_2 与 x_2 的函数关系（a 为常数）。

答：（1）$a_1=x_1^2(2-x_1)$；（2）$\gamma_2=\exp\left[\left(\dfrac{2a}{RT}\right)\left(\dfrac{1}{2}+\dfrac{1}{2}x_2^2-x_2\right)\right]$

13. 三氯甲烷（A）和丙酮（B）形成的液体混合物，若液相的组成为 $x_B=0.713$，则在 301.35K 时的总蒸气压为 29.39kPa。在蒸气中 $y_B=0.818$。已知在该温度时，纯三氯甲烷的蒸气压为 29.57kPa，试求：（1）混合液中 A 的活度；（2）A 的活度系数。

答：（1）0.181；（2）0.631

第五章

化学平衡

对于一个化学反应，在给定条件（如温度、压力、浓度等）下，反应向什么方向进行，反应进行的限度是什么，如何控制反应条件使反应按所需方向进行，等等。这些问题在工业生产和科学研究中是很重要的，尤其在开发新产品时，常常碰到需要设计新反应的问题，如果能预知某一反应在特定条件下不可能发生或者是产率很低，就可不必进行该条件下的试验，避免人力、物力和时间的浪费。又如在实际生产中已被采用的某一反应，如果能预知在生产条件下反应进行的最大限度，而实际的生产情况已经与推算的理论限度非常接近，则在生产操作中就可不必再考虑诸如延长反应时间、添加催化剂等措施以期获得更多的产物了。在有改变反应限度的重要依据的前提下，才有可能在新的反应条件下获得更多的产物。

例如，在 560℃、1×10^5 Pa 下，将乙苯蒸气与水蒸气以 1∶10（摩尔比）混合，通往列管式反应装置进行乙苯脱氢生产苯乙烯的反应

$$C_6H_5C_2H_5(g) \rightleftharpoons C_6H_5C_2H_3(g) + H_2(g)$$

实践证明，反应主要向生成苯乙烯方向进行，在给定条件下，乙苯的最高转化率（平衡转化率）为 62.4%。这就是该反应在给定条件下的方向和限度。

本章利用热力学的一些基本原理来研究化学反应的方向和限度问题，也就是判断一个化学反应在一定的温度、压力下，按化学反应方程式能够正向（向右）进行，还是逆向（向左）进行，以及进行到什么程度（达到平衡时，系统的温度、压力和平衡组成）的问题，涉及化学反应平衡的条件、标准平衡常数与吉布斯函数之间的关系、标准平衡常数和平衡组成的计算以及各种因素对化学平衡的影响等等。

第一节　化学反应的方向和限度

1. 化学反应的摩尔吉布斯函数变

由热力学第二定律可知，封闭系统中恒温、恒压且 $W'=0$ 的条件下，任一过程的方向和限度可用该过程的吉布斯函数变 ΔG 来判断。因而，为判断化学反应的方向和限度，先讨论吉布斯函数变。

在任意指定条件下，某一均相反应 $0=\sum_B \nu_B B$ 的反应进度 ξ 变为 $(\xi+d\xi)$ 时，由于 $d\xi=\dfrac{dn_B}{\nu_B}$，则反应物组分的物质的量的变化为 $dn_B=\nu_B d\xi$，此时，系统的吉布斯函数变为式 (4.38)，即

$$dG=-SdT+Vdp+\sum_B \mu_B dn_B$$

若反应是在恒温、恒压下进行，上式变为

$$dG=\sum_B \mu_B dn_B=\sum_B \nu_B\mu_B d\xi$$

视化学势恒定不变，将 G 对 ξ 进行偏导有

$$\left(\frac{\partial G}{\partial \xi}\right)_{T,p}=\sum_B \nu_B\mu_B$$

式中，μ_B是参加反应的各物质的化学势。在反应过程中，要保持 μ_B不变的条件是：在有限量的体系中，反应进度的变化 $d\xi$ 无穷小，体系中各物种数量的微小变化不足以引起各物质的浓度变化，因而化学势不变；或者设想是在无限大的反应体系中发生了一个单位的化学反应，此时各物质的浓度也基本上没有变化，所以化学势也看作不变。$\left(\frac{\partial G}{\partial \xi}\right)_{T,p}$ 表示在恒温、恒压且 $W'=0$ 的条件下，反应的吉布斯函数随反应进度的变化率，通常将其记作 $\Delta_r G_m$，称为反应的摩尔吉布斯函数变，即 $\Delta_r G_m=\left(\frac{\partial G}{\partial \xi}\right)_{T,p}$。

在恒温恒压下，$-\Delta_r G_m$为化学反应的净推动力，常称为化学亲和势，用 $\boldsymbol{A}$ 表示，化学亲和势是状态函数，即

$$\boldsymbol{A}=-\Delta_r G_m=-\left(\frac{\partial G}{\partial \xi}\right)_{T,p}$$

对于封闭系统，在恒温恒压且 $W'=0$ 的条件下的任意化学反应，可以用 $\Delta_r G_m$作为判据

$$\Delta_r G_m=\sum_B \nu_B\mu_B\begin{cases}<0 & \text{反反应正向自动进行}\\ =0 & \text{反应达到平衡}\\ >0 & \text{反应逆向自动进行}\end{cases} \tag{5.1}$$

2. 化学反应的平衡条件

在恒温恒压条件下，某反应系统的吉布斯函数 G 为纵坐标，ξ 为横坐标的 G-ξ 曲线图如图5.1 所示。在任意一点 ξ 处，曲线切线的斜率即为 $\left(\frac{\partial G}{\partial \xi}\right)_{T,p}$。从图 5.1 中可以看出，在曲线的最低点左侧，$\left(\frac{\partial G}{\partial \xi}\right)_{T,p}$ 为负值，随反应的进行 ξ 逐渐增大，G 逐渐减小，化学亲和势 $\boldsymbol{A}=-\left(\frac{\partial G}{\partial \xi}\right)_{T,p}$ 逐渐减小，即反应的推动力逐渐减小。当吉布斯函数 G 达到最低点时，曲线切线的斜率为零，此时 $\boldsymbol{A}=-\left(\frac{\partial G}{\partial \xi}\right)_{T,p}=0$，反应失去推动力，因而达到了反应的限度，即平衡状态，这是 $\boldsymbol{A}$ 称为化学亲和势的原因，因此，恒温恒压条件下化学反应的平衡条件为

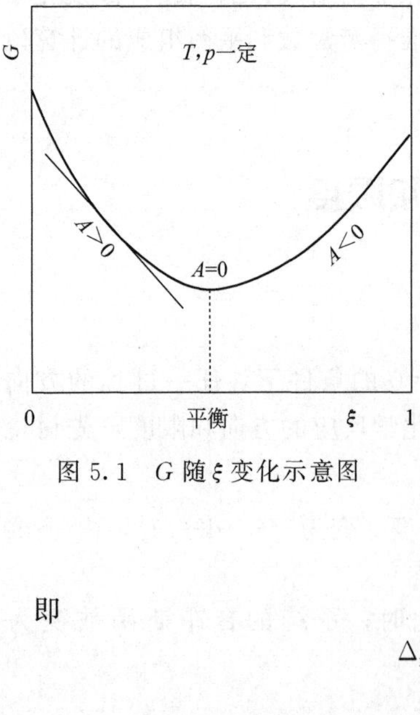

图 5.1　G 随 ξ 变化示意图

$$\boldsymbol{A}=-\left(\frac{\partial G}{\partial \xi}\right)_{T,p}=0$$

即

$$\Delta_r G_m=\sum_B \nu_B\mu_B=0 \quad (\text{平衡})$$

上面的讨论表明，在 $W'=0$ 的条件下的任意化学反应，若 $\left(\frac{\partial G}{\partial \xi}\right)_{T,p}<0$，即 $\boldsymbol{A}>0$，反应有可能自发地由左至右向 ξ 增加的反向进行，直至进行到 $\left(\frac{\partial G}{\partial \xi}\right)_{T,p}=0$，即 $\boldsymbol{A}=0$ 为止，此时反应达到最大限度。若再使 ξ 增大，由于 $\left(\frac{\partial G}{\partial \xi}\right)_{T,p}>0$，$\boldsymbol{A}<0$，在无非体积功的条件下是不可能发生的，除非加入非体积功（如加入电功），且 $W'>\Delta_r G_m$ 时，反应才有可能使 ξ 继续增大。

第二节　化学反应等温方程和标准平衡常数

1. 化学反应的等温方程

设任一理想气体化学反应 $0=\sum_B \nu_B B$

对于任一气体组分 B 有

$$\mu_B=\mu_B^{\ominus}+RT\ln\frac{p_B}{p^{\ominus}}$$

将其代入式(5.1) 中有

$$\Delta_r G_m=\sum_B \nu_B\mu_B=\sum_B \nu_B\left(\mu_B^{\ominus}+RT\ln\frac{p_B}{p^{\ominus}}\right)$$

$$=\sum_B \nu_B\mu_B^{\ominus}+\sum_B \nu_B RT\ln\frac{p_B}{p^{\ominus}} \tag{5.2}$$

式中，$\sum_B \nu_B\mu_B^{\ominus}$ 为所有参加反应的物质 B 均处于标准状态时反应的摩尔吉布斯函数变，称为反应的标准摩尔吉布斯函数变，用 $\Delta_r G_m^{\ominus}$ 表示，即

$$\Delta_r G_m^{\ominus}=\sum_B \nu_B\mu_B^{\ominus} \tag{5.3}$$

$$\sum_B \nu_B RT\ln\frac{p_B}{p^{\ominus}}=RT\sum_B \ln\left(\frac{p_B}{p^{\ominus}}\right)^{\nu_B}=RT\ln\prod_B\left(\frac{p_B}{p^{\ominus}}\right)^{\nu_B}$$

将上式及式(5.3) 代入式(5.2) 得

$$\Delta_r G_m=\Delta_r G_m^{\ominus}+RT\ln\prod_B\left(\frac{p_B}{p^{\ominus}}\right)^{\nu_B} \tag{5.4}$$

式中，$\prod_B\left(\frac{p_B}{p^{\ominus}}\right)^{\nu_B}$ 为各反应组分 $\left(\frac{p_B}{p^{\ominus}}\right)^{\nu_B}$ 的连乘积，但由于反应物的计量系数为负值，故此连乘积项常称为压力商，以 J_p 表示

$$J_p=\prod_B\left(\frac{p_B}{p^{\ominus}}\right)^{\nu_B} \tag{5.5}$$

将上式代入式(5.4) 有

$$\Delta_r G_m=\Delta_r G_m^{\ominus}+RT\ln J_p \tag{5.6}$$

式(5.4) 和式(5.6) 都称为理想气体的等温方程。

2. 标准平衡常数

对于理想气体化学反应 $0=\sum_{B}\nu_{B}B$，当反应达到平衡时有

$$\Delta_r G_m=\sum_{B}\nu_{B}\mu_{B}=0$$

即

$$\Delta_r G_m=\Delta_r G_m^{\ominus}+RT\ln J_p^{eq}=0$$

J_p^{eq}为平衡时的J_p，将上式整理得

$$-\Delta_r G_m^{\ominus}=RT\ln J_p^{eq}$$

即

$$J_p^{eq}=\exp[-\Delta_r G_m^{\ominus}/(RT)] \tag{5.7}$$

定义 $\exp[-\Delta_r G_m^{\ominus}/(RT)]$ 为标准平衡常数，用 $K^{\ominus}$表示，所以有

$$K^{\ominus}=\exp[-\Delta_r G_m^{\ominus}/(RT)] \tag{5.8}$$

或

$$\Delta_r G_m^{\ominus}=-RT\ln K^{\ominus} \tag{5.9}$$

对比式(5.7）和式(5.8）有

$$K^{\ominus}=J_p^{eq}$$

故

$$K^{\ominus}=\prod_{B}\left(\frac{p_B^{eq}}{p^{\ominus}}\right)^{\nu_B} \tag{5.10}$$

对于理想气体反应，$K^{\ominus}$表示反应达到平衡时各物质平衡分压的相对值 $\prod_{B}\left(\frac{p_B^{eq}}{p^{\ominus}}\right)^{\nu_B}$ 的连乘积。式(5.8）和式(5.9）标准平衡常数的热力学定义式，它不仅适用于理想气体的化学反应，也适用于其他任何类型的化学反应。

由于 $\Delta_r G_m^{\ominus}$是标准状态下的摩尔吉布斯函数变，所以它只是温度的函数，因此 $K^{\ominus}$也只是温度的函数，它与反应系统的压力及起始组成无关，所以 $K^{\ominus}$也通常表示成为 $K^{\ominus}(T)$。$K^{\ominus}(T)$ 的值越大，则平衡混合物中产物的组成越大，反应进行的程度也越大。因此 $K^{\ominus}(T)$ 是反应限度的标志。由定义式可知，$K^{\ominus}(T)$ 为无量纲的量。

依据平衡条件，用等温方程和标准平衡常数可以判断在此状态下反应自动进行的方向和限度。

当 $J_p<K^{\ominus}(T)$ 时，$\Delta_r G_m<0$，正反应方向自动进行；

当 $J_p>K^{\ominus}(T)$ 时，$\Delta_r G_m>0$，逆反应方向自动进行；

当 $J_p=K^{\ominus}(T)$ 时，$\Delta_r G_m=0$，反应达到平衡。

应当指出，$\Delta_r G_m$与 $\Delta_r G_m^{\ominus}$是不同的。$\Delta_r G_m$是化学反应系统在反应进度为 ξ 的条件下，反应的摩尔吉布斯函数变；$\Delta_r G_m^{\ominus}$是当反应系统中各物质均处于标准状态时，反应的摩尔吉布斯函数变。当反应达到平衡时，$\Delta_r G_m=0$，而 $\Delta_r G_m^{\ominus}$不一定为零。$\Delta_r G_m$的值与 $K^{\ominus}(T)$ 和 J_p 两者有关，而 $\Delta_r G_m^{\ominus}$只与 $K^{\ominus}(T)$ 有关。

3. 影响标准平衡常数的因素

不同的化学反应有不同的平衡常数，同一化学反应在不同反应条件下也有不同的平衡常

数。另外，同一化学反应在相同反应条件下，平衡常数有时也会出现不同的情况，下面对此进行说明：

（1）平衡常数的数值与反应方程式的写法有关 例如合成氨的反应，如果反应方程式为：

$$N_2+3H_2 \rightleftharpoons 2NH_3$$

则
$$K_1^{\ominus}(T)=\frac{(p_{NH_3}/p^{\ominus})^2}{(p_{N_2}/p^{\ominus})(p_{H_2}/p^{\ominus})^3}$$

如果方程式为

$$\frac{1}{2}N_2+\frac{3}{2}H_2 \rightleftharpoons NH_3$$

则
$$K_2^{\ominus}(T)=\frac{(p_{NH_3}/p^{\ominus})}{(p_{N_2}/p^{\ominus})^{1/2}(p_{H_2}/p^{\ominus})^{3/2}}$$

显然，$K_1^{\ominus}(T)$ 与 $K_2^{\ominus}(T)$ 是不相等的，它们之间的关系是 $K_1^{\ominus}(T)=[K_2^{\ominus}(T)]^2$。

（2）平衡常数的数值与标准态压力的选择有关 $K^{\ominus}(T)$ 表示反应达到平衡时各物质平衡分压的相对值的连乘积 $\prod_B\left(\frac{p_B^{eq}}{p^{\ominus}}\right)^{\nu_B}$。在一定温度下，当 $\sum_B \nu_B \neq 0$ 时，$K^{\ominus}(T)$ 与标准态压力 $p^{\ominus}$ 有关。以前规定 $p^{\ominus}=101.325\text{kPa}$，而新的国家标准规定 $p^{\ominus}=100\text{kPa}$，$p^{\ominus}$ 改变，$K^{\ominus}(T)$ 也发生改变。

4. 多相反应的平衡常数

参与反应的各组分处于不同相的化学反应称为多相反应。如果反应体系中气体均为理想气体，液体、固体均为纯物质，则当反应在一定温度、压力（压力不太高）下达到化学平衡时，纯液体和纯固体的化学势可近似认为等于其标准化学势，即：

$$\mu_B(\text{l 或 s})=\mu_B^{\ominus}(\text{l 或 s})$$

根据
$$\begin{aligned}\Delta_r G_m &= \sum_B \nu_B\mu_B \\ &= \sum_B \nu_B\mu_B^{\ominus}+RT\ln\prod_B\left(\frac{p_B}{p^{\ominus}}\right)^{\nu_B(g)} \\ &=\Delta_r G_m^{\ominus}+RT\ln\prod_B\left(\frac{p_B}{p^{\ominus}}\right)^{\nu_B(g)}\end{aligned}$$

所以

$$K^{\ominus}(T)=\prod_B\left(\frac{p_B}{p^{\ominus}}\right)^{\nu_B(g)} \tag{5.11}$$

式中，$\nu_B(g)$ 为反应计量方程式中气体组分的化学计量数。由式(5.11) 可知，对此类多相反应，$K^{\ominus}(T)$ 的表达式中不出现纯液体或纯固体的压力项，因而变得简单。

例如，在一定温度压力下的 $CaCO_3$ 分解反应：

$$CaCO_3(s) \rightleftharpoons CaO(s)+CO_2(g)$$

平衡时，$\mu_{CaCO_3(s)}=\mu_{CaCO_3(s)}^{\ominus}$；$\mu_{CaO(s)}=\mu_{CaO(s)}^{\ominus}$

视 CO_2 为理想气体，$\mu_{CO_2(g)}=\mu_{CO_2(g)}^{\ominus}+RT\ln\frac{p_{CO_2(g)}}{p^{\ominus}}$

所以 $K^{\ominus}(T)=\frac{p_{CO_2(g)}}{p^{\ominus}}$

第三节　平衡常数的实验测定和平衡组成的计算

1. 平衡常数测定的一般方法

实验室中要测定一个化学反应在某种条件下的平衡常数，就必须正确地测得反应体系达到平衡后各物质的浓度，即平衡浓度。测得反应体系中各物质的平衡浓度以后就可以根据平衡常数的表达式计算该反应的平衡常数。测定反应平衡浓度的方法有两种。

（1）物理方法　通过物理性质的测定求出平衡体系的组成。例如测定体系的折射率、电导率、颜色、光的吸收、压力或体积的改变等。用这些方法进行测定时一般不会扰乱体系的平衡状态。

（2）化学方法　利用化学分析法来测定各物质的平衡浓度，但由于加入了新的化学试剂，而且测定过程需要一定的时间，往往会扰乱平衡，或导致其他化学反应的发生，使平衡发生移动。这样就会使所测得的浓度不是真正的平衡浓度。为了达到准确测定平衡浓度的目的，必须将欲测定物质的平衡浓度固定，然后再进行分析测定，这样所测得的结果才会真实可靠。

关于平衡浓度的测定方法，需视具体情况而定。通常对于较高温度下进行的反应，可将体系骤然冷却，使反应“停止”，然后再在比较低的温度下进行分析测定，这样试剂对平衡移动的影响就比较小了。对于催化反应，可以将催化剂除去，使反应“停止”。对液相反应，可以加入大量溶剂，冲淡各有关物质的浓度，以减慢平衡移动的速率等等。

平衡测定的前提是所测的组成必须确保是平衡时的组成。平衡组成应有如下特点：①只要条件不变，平衡组成应不随时间变化；②一定温度下，由正向或逆向反应的平衡组成所算得的 $K^{\ominus}(T)$ 应一致；③改变原料配比所得的 $K^{\ominus}$ 应相同。

例 5.1 在 903K 及 101.3kPa 下，使 SO_2 和 O_2 各 1mol 反应，平衡后使气体流出冷却，用碱液吸收 SO_3 和 SO_2 后，在 273K 及 101.3kPa 下测得 O_2 体积为 13.78dm^3，计算该氧化反应的平衡常数。

解： $p_{总}=101.3\text{kPa}$，

平衡时 O_2 的量为：

$$n_{O_2}=\frac{pV}{RT}=\frac{101.3\text{kPa}\times 13.78\text{dm}^3}{8.314\text{J}\cdot\text{mol}^{-1}\cdot\text{K}^{-1}\times 273\text{K}}=0.62\text{mol}$$

	$SO_2(g)$	+ $\frac{1}{2}O_2(g)$	$\rightleftharpoons$ $SO_3(g)$
初始时各物质的量/mol	1	1	
平衡时各物质的量/mol	$1-2\times(1-0.62)=0.24$	0.62	$2\times(1-0.62)=0.76$
平衡时总物质的量/mol	$(0.24+0.62+0.76)=1.62$		
平衡时各物质分压	$\frac{0.24}{1.62}p_{总}$	$\frac{0.62}{1.62}p_{总}$	$\frac{0.76}{1.62}p_{总}$

根据式(5.10) 则有

$$K^{\ominus}(903\text{K})=\frac{(p_{SO_3}/p^{\ominus})}{(p_{SO_2}/p^{\ominus})(p_{O_2}/p^{\ominus})^{\frac{1}{2}}}=\frac{0.76/1.62}{(0.24/1.62)(0.62/1.62)^{\frac{1}{2}}(101.3/100)^{\frac{1}{2}}}=5.07$$

2. 平衡组成的计算

由于平衡是反应进行的限度，平衡时产物含量就是该条件下的最高产量。通过计算平衡常数，可以计算反应体系的平衡组成，从而预计该条件下反应物的转化率或产物的产率和最大产量。另外通过改变反应条件还可以设法调节或控制反应所能进行的程度。

在平衡组成计算中，常遇到平衡转化率（转化率）、平衡产率（产率）等术语，它们的定义为

$$\text{平衡转化率}=\frac{\text{平衡时原料转化为产品的量}}{\text{投入原料的量}}\times 100\% \tag{5.12}$$

$$\text{平衡产率}=\frac{\text{平衡时主产品的量}}{\text{理论上原料全部变为主产品时应得的量}}\times 100\% \tag{5.13}$$

或

$$\text{平衡产率}=\frac{\text{转化为指定产物的某反应物数量}}{\text{该反应物的原始数量}}\times 100\%$$

下面通过例题来进行讨论。

例 5.2 甲烷转化反应

$$CH_4(g)+H_2O(g) \rightleftharpoons CO(g)+3H_2(g)$$

在 900K 下的标准平衡常数 $K^{\ominus}=1.280$，若取等物质的量的甲烷与水蒸气反应，求 900K、100kPa 下达到平衡时系统的组成。

解： 设甲烷和水蒸气的原始数量皆为 1mol，平衡转化率为 α（也是平衡时原料转化为产物的量）。

	$CH_4(g)$ +	$H_2O(g) \rightleftharpoons$	$CO(g)$ +	$3H_2(g)$
平衡时各物质的量/mol	$1-\alpha$	$1-\alpha$	α	3α
平衡时总物质的量/mol	$(1-\alpha)+(1-\alpha)+\alpha+3\alpha=2(1+\alpha)$			
平衡时各物质的分压	$\frac{1-\alpha}{2(1+\alpha)}p$	$\frac{1-\alpha}{2(1+\alpha)}p$	$\frac{\alpha}{2(1+\alpha)}p$	$\frac{3\alpha}{2(1+\alpha)}p$

根据式(5.10) 则有

$$K^{\ominus}(900\text{K})=\frac{(p_{CO}/p^{\ominus})(p_{H_2}/p^{\ominus})^3}{(p_{CH_4}/p^{\ominus})(p_{H_2O}/p^{\ominus})}=\frac{\left[\frac{\alpha}{2(1+\alpha)}\left(\frac{p}{p^{\ominus}}\right)\right]\left[\frac{3\alpha}{2(1+\alpha)}\frac{p}{p^{\ominus}}\right]^3}{\left[\frac{1-\alpha}{2(1+\alpha)}\left(\frac{p}{p^{\ominus}}\right)\right]^2}$$

$$=\frac{\alpha(3\alpha)^3}{(1-\alpha)^2}\left[\frac{p}{2(1+\alpha)p^{\ominus}}\right]^2=\frac{27\alpha^4}{4(1-\alpha^2)^2}\times\left(\frac{100}{100}\right)^2$$

$$=\frac{6.75\alpha^4}{(1-\alpha^2)^2}=1.280$$

四次方程开方得二次方程

$$\frac{\alpha^2}{1-\alpha^2}=\sqrt{\frac{1.28}{6.75}}=0.435$$

因 $0\leqslant\alpha\leqslant 1$，故取正值，整理之

$$\alpha^2-0.435+0.435\alpha^2=0$$

$$\alpha^2=0.435/1.435$$

$$\alpha=0.550$$

各气体的物质的量分数分别为

$$y_{(CH_4)}=\frac{1-\alpha}{2(1+\alpha)}=\frac{0.450}{3.100}=0.145; \qquad y_{(H_2O)}=\frac{1-\alpha}{2(1+\alpha)}=\frac{0.450}{3.100}=0.145$$

$$y_{(CO)}=\frac{\alpha}{2(1+\alpha)}=\frac{0.550}{3.100}=0.177; \qquad y_{(H_2)}=\frac{3\alpha}{2(1+\alpha)}=3y_{(CO)}=0.531$$

例 5.3 已知 1000K 时生成水煤气的反应

$$C(s)+H_2O(g)=\!=\!=CO(g)+H_2(g)$$

在 101.325kPa 时，平衡转化率 $\alpha=0.844$。求：(1) 标准平衡常数 $K^{\ominus}(1000K)$；(2) 111.458kPa 时的平衡转化率 α。

解：(1) 求 $K^{\ominus}(1000K)$

先按计量式依次列出平衡时各反应组分的物质的量 n_B。C(s) 为凝聚相，它的分压在 $K^{\ominus}$ 中不出现。设 H_2O 的原始数量为 1mol，则

	C(s) + $H_2O(g)$	$\rightleftharpoons$ CO(g)	+ $H_2(g)$
平衡各物质的量/mol	$1-\alpha$	α	α
平衡时总物质的量/mol	$(1-\alpha)+\alpha+\alpha=1+\alpha$		
平衡分压	$\frac{1-\alpha}{1+\alpha}p$	$\frac{\alpha}{1+\alpha}p$	$\frac{\alpha}{1+\alpha}p$

根据式(5.10) 则有

$$K^{\ominus}(1000K)=\frac{\left(\frac{\alpha}{1+\alpha}\times\frac{p}{p^{\ominus}}\right)\left(\frac{\alpha}{1+\alpha}\times\frac{p}{p^{\ominus}}\right)}{\frac{1-\alpha}{1+\alpha}\times\frac{p}{p^{\ominus}}}=\frac{\alpha^2}{1-\alpha}\times\frac{p/p^{\ominus}}{1+\alpha}=\frac{\alpha^2}{1-\alpha^2}\times\frac{p}{p^{\ominus}}$$

$$=\frac{0.844^2}{1-0.844^2}\times\frac{101.325}{100}=2.51$$

(2) 求 111.458kPa 下的 α

$$K^{\ominus}(1000K)=\frac{\alpha^2}{1-\alpha^2}\times\frac{p}{p^{\ominus}}=\frac{\alpha^2}{1-\alpha^2}\times\frac{111.458}{100}=2.51$$

故 $$\alpha=0.832$$

第四节 化学反应标准平衡常数的计算

化学反应平衡常数可由实验测定平衡组成来计算，也可按式(5.9) $\Delta_r G_m^{\ominus}=-RT\ln K^{\ominus}(T)$ 由 $\Delta_r G_m^{\ominus}$ 来计算。因此 $\Delta_r G_m^{\ominus}$ 的求算对化学反应是十分重要的。下面讨论计算 $\Delta_r G_m^{\ominus}$，进而求算出标准平衡常数。

1. 由标准摩尔生成吉布斯函数计算标准摩尔反应吉布斯函数

根据标准摩尔生成吉布斯函数 $\Delta_f G_m^{\ominus}$ 的定义，物质 B 的生成反应定义为

$$0=\sum_D \nu_D D+B$$

式中，D 为反应物，为一定温度下的元素稳定单质；B 为产物，且计量系数 $\nu_B=1$。

规定物质 B 生成反应的摩尔反应（微分）吉布斯函数变为该物质的摩尔生成吉布斯函数，用符号 $\Delta_f G_m$ 表示。如果物质 B 生成反应中反应物和产物 B 均处在各自的标准态，则生成反应的标准摩尔反应吉布斯函数变为该物质的标准摩尔生成吉布斯函数，用符号 $\Delta_f G_m^{\ominus}$ 表示。显然，热力学稳定单质的标准摩尔生成吉布斯函数等于零，这是定义的必然结果。

在定义了物质的标准摩尔生成吉布斯函数以后，很容易从一定温度下反应物及产物的标准摩尔生成吉布斯函数计算在该温度下反应的标准摩尔反应吉布斯函数 $\Delta_r G_m^{\ominus}$。

任一化学反应 $-\nu_D D - \nu_E E \Longrightarrow \nu_F F + \nu_L L$ 的全部反应物和全部产物均可由相同种类相同数量的单质生成。因此可设计如下途径，计算反应的标准反应吉布斯函数。

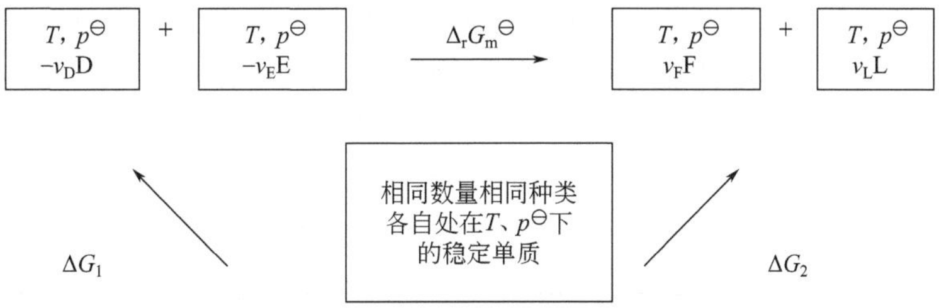

$$\Delta G_1 = -\nu_D \Delta_f G_m^{\ominus}(D) - \nu_E \Delta_f G_m^{\ominus}(E)$$

$$\Delta G_2 = \nu_F \Delta_f G_m^{\ominus}(F) + \nu_L \Delta_f G_m^{\ominus}(L)$$

$$\begin{aligned}\Delta_r G_m^{\ominus} &= \Delta G_2 - \Delta G_1 \\ &= \nu_F \Delta_f G_m^{\ominus}(F) + \nu_L \Delta_f G_m^{\ominus}(L) + \nu_D \Delta_f G_m^{\ominus}(D) + \nu_E \Delta_f G_m^{\ominus}(E)\end{aligned}$$

即有
$$\Delta_r G_m^{\ominus} = \sum_B \nu_B \Delta_f G_m^{\ominus}(B) \tag{5.14}$$

式(5.14) 表明：在一定温度下化学反应的标准摩尔反应吉布斯函数，等于同样温度下反应前后各物质的标准摩尔生成吉布斯函数与其化学计量数的乘积之和。

需要注意的是式(5.14) 虽然是通过状态函数法求的化学反应的标准摩尔反应吉布斯函数，但其仍是式(2.74) 代表的含义。即

$$\Delta_r G_m^{\ominus} = \left(\frac{\partial G}{\partial \xi}\right)_{T,p} = \sum_B \nu_B \Delta_f G_m^{\ominus}(B)$$

常见物质的 $\Delta_f G_{m,B}^{\ominus}$ 数据可从本书附录或有关手册中查到。

有了物质的标准摩尔生成吉布斯函数的数据，就能方便地计算出化学反应的 $\Delta_r G_m^{\ominus}$，这样通过 $\Delta_r G_m^{\ominus}$ 可进一步求出该反应的标准平衡常数。

例 5.4 求算反应 $TiO_2(s) + 2C(s) + 2Cl_2(g) \Longrightarrow TiCl_4(g) + 2CO(g)$ 在 1000K 及常压下的 $\Delta_r G_m^{\ominus}(T)$ 及 $K^{\ominus}(T)$。已知 1000K 时，$TiO_2(s)$、$TiCl_4(g)$ 和 $CO(g)$ 的 $\Delta_f G_{m,B}^{\ominus}$ 分别为 $-764.4\text{kJ}\cdot\text{mol}^{-1}$、$-637.6\text{kJ}\cdot\text{mol}^{-1}$ 和 $-200.2\text{kJ}\cdot\text{mol}^{-1}$。C(s) 为稳定单质。

解： 由式(5.14)

$$\Delta_r G_m^{\ominus}(T) = \sum_B \nu_B \Delta_f G_{m,B}^{\ominus}(B)$$

得
$$\begin{aligned}\Delta_r G_m^{\ominus}(1000\text{K}) &= \Delta_f G_{m,TiCl_4}^{\ominus} + 2\Delta_f G_{m,CO}^{\ominus} - \Delta_f G_{m,TiO_2}^{\ominus} \\ &= [-637.6 + 2\times(-200.2) - (-764.4)]\text{kJ}\cdot\text{mol}^{-1} \\ &= -273.6\text{kJ}\cdot\text{mol}^{-1}\end{aligned}$$

由式(5.9)
$$\Delta_r G_m^{\ominus}(T) = -RT\ln K^{\ominus}(T)$$

得
$$\ln K^{\ominus}(1000\text{K}) = -\frac{\Delta_r G_m^{\ominus}(1000\text{K})}{RT}$$

$$=\frac{273.6\times10^{3}\text{J}\cdot\text{mol}^{-1}}{8.314\text{J}\cdot\text{mol}^{-1}\cdot\text{K}^{-1}\times1000\text{K}}=32.91$$

$$K^{\ominus}(1000\text{K})=1.962\times10^{14}$$

计算结果 $\Delta_r G_m^{\ominus}(1000\text{K})=-273.6\text{kJ}\cdot\text{mol}^{-1}$，得到的 $K^{\ominus}(T)$ 值很大，说明反应正向进行得很完全。

2. 由标准摩尔反应焓和标准摩尔反应熵计算标准摩尔反应吉布斯函数

按式(2.83)或式(2.85)由某一温度 T 下物质的标准摩尔生成焓或标准摩尔燃烧焓求得该温度下的标准摩尔反应焓 $\Delta_r H_m^{\ominus}$，再由同一温度下物质的标准摩尔熵按式(3.58)求得同一反应在该温度下的标准摩尔反应熵 $\Delta_r S_m^{\ominus}$，然后即可按下式

$$\Delta_r G_m^{\ominus}=\Delta_r H_m^{\ominus}-T\Delta_r S_m^{\ominus} \tag{5.15}$$

求得该反应在温度 T 下的标准摩尔反应吉布斯函数 $\Delta_r G_m^{\ominus}$。

例 5.5 对反应 $C_2H_4(g)+H_2(g) \rightleftharpoons C_2H_6(g)$，已知数据如下：

物质	$C_2H_4(g)$	$H_2(g)$	$C_2H_6(g)$
$\Delta_f H_{m,B}^{\ominus}(298.15\text{K})/\text{kJ}\cdot\text{mol}^{-1}$	52.28	0	−84.67
$S_{m,B}^{\ominus}(298.15\text{K})/\text{J}\cdot\text{mol}^{-1}\cdot\text{K}^{-1}$	219.6	130.7	229.6

设气体服从理想气体状态方程，求 298.15K 时反应的 $\Delta_r G_m^{\ominus}(298.15\text{K})$ 和 $K^{\ominus}(298.15\text{K})$。

解：

$$\Delta_r H_m^{\ominus}(298.15\text{K})=\sum_B \nu_B \Delta_f H_{m,B}^{\ominus}(\text{B},298.15\text{K})$$

$$=(-84.67-52.28+0)\text{kJ}\cdot\text{mol}^{-1}=-136.95\text{kJ}\cdot\text{mol}^{-1}$$

$$\Delta_r S_m^{\ominus}(298.15\text{K})=\sum_B \nu_B S_{m,B}^{\ominus}(\text{B},298.15\text{K})$$

$$=(229.6-219.6-130.7)\text{J}\cdot\text{mol}^{-1}\cdot\text{K}^{-1}=-120.7\text{J}\cdot\text{mol}^{-1}\cdot\text{K}^{-1}$$

$$\Delta_r G_m^{\ominus}(298.15\text{K})=\Delta_r H_m^{\ominus}(298.15\text{K})-T\Delta_r S_m^{\ominus}(298.15\text{K})$$

$$=-136.95\text{kJ}\cdot\text{mol}^{-1}-298.15\text{K}\times(-120.7\times10^{-3}\text{kJ}\cdot\text{mol}^{-1}\cdot\text{K}^{-1})$$

$$=-100.96\text{kJ}\cdot\text{mol}^{-1}$$

$$K^{\ominus}(298.15\text{K})=\exp\left(-\frac{\Delta_r G_m^{\ominus}(298.15\text{K})}{RT}\right)$$

$$=\exp\left(-\frac{-100.96\times10^{3}}{8.314\times298.15}\right)=4.88\times10^{17}$$

3. 由有关反应计算标准摩尔反应吉布斯函数

吉布斯函数与焓的性质类似，都是状态函数，既然可由已知反应的反应焓求相关未知反应的反应焓，那么也可由已知反应的吉布斯函数变求相关未知反应的吉布斯函数变。再根据 $\Delta_r G_m^{\ominus}=-RT\ln K^{\ominus}(T)$，也就可由已知反应的平衡常数求出相关未知反应的平衡常数。例如：

(1) $FeO(s) \rightleftharpoons Fe(s)+\frac{1}{2}O_2(g)$　$\Delta_r G_{m,1}^{\ominus}, K_1^{\ominus}$

(2) $CO_2(g) \rightleftharpoons CO(g)+\frac{1}{2}O_2(g)$　$\Delta_r G_{m,2}^{\ominus}, K_2^{\ominus}$

(3) $Fe(s)+CO_2(g) \rightleftharpoons FeO(s)+CO(g)$　$\Delta_r G_{m,3}^{\ominus}, K_3^{\ominus}$

由于 (3)=(2)-(1)

所以 $\Delta_r G^{\ominus}_{m,3} = \Delta_r G^{\ominus}_{m,2} - \Delta_r G^{\ominus}_{m,1}$

$$-RT\ln K^{\ominus}_3 = -RT\ln K^{\ominus}_2 - (-RT\ln K^{\ominus}_1)$$

故
$$K^{\ominus}_3 = \frac{K^{\ominus}_2}{K^{\ominus}_1}$$

例 5.6 已知 1000K 时反应

(1) C(石墨)+O_2(g)$\rightleftharpoons$$CO_2$(g) $K^{\ominus}_1 = 4.731 \times 10^{20}$

(2) CO(g)+$\frac{1}{2}O_2$(g)$\rightleftharpoons$$CO_2$(g) $K^{\ominus}_2 = 1.648 \times 10^{10}$

求下列二反应在 1000K 时的标准平衡常数。

(3) C(石墨)+$\frac{1}{2}O_2$(g)$\rightleftharpoons$CO(g) $K^{\ominus}_3$

(4) C(石墨)+CO_2(g)$\rightleftharpoons$2CO(g) $K^{\ominus}_4$

解: 反应 (3)=(1)-(2)

所以 $\Delta_r G^{\ominus}_{m,3} = \Delta_r G^{\ominus}_{m,1} - \Delta_r G^{\ominus}_{m,2}$

由于 $\Delta_r G^{\ominus}_m = -RT\ln K^{\ominus}$

所以 $-RT\ln K^{\ominus}_3 = -RT\ln K^{\ominus}_1 - (-RT\ln K^{\ominus}_2)$

故 $K^{\ominus}_3 = \frac{K^{\ominus}_1}{K^{\ominus}_2} = 4.731 \times 10^{20}/1.648 \times 10^{10} = 2.871 \times 10^{10}$

反应 (4)=(1)-2×(2)

$$\Delta_r G^{\ominus}_{m,4} = \Delta_r G^{\ominus}_{m,1} - 2\Delta_r G^{\ominus}_{m,2}$$

所以 $-RT\ln K^{\ominus}_4 = -RT\ln K^{\ominus}_1 - 2(-RT\ln K^{\ominus}_2)$

故 $K^{\ominus}_4 = \frac{K^{\ominus}_1}{(K^{\ominus}_2)^2} = 4.731 \times 10^{20}/(1.648 \times 10^{10})^2 = 1.742$

第五节 平衡常数的表示方法

对于任一化学反应系统，达到平衡时都有 $\Delta_r G^{\ominus}_m = -RT\ln K^{\ominus}$，其中 $K^{\ominus}$ 是标准平衡常数。对于各种相态的反应系统 $K^{\ominus}$ 具体表示有所不同，根据讨论问题的需要也可以用不同的物理量表示平衡常数。例如对于理想气体反应系统，有如下几种表示方法。

(1) 标准平衡常数 $K^{\ominus}$ 表示式为式(5.10)，即 $K^{\ominus} = \prod_B \left(\frac{p_B^{eq}}{p^{\ominus}}\right)^{\nu_B}$，$K^{\ominus}$ 只是温度的函数，未达到平衡时的压力商为式(5.5) 即 $J_p = \prod_B \left(\frac{p_B}{p^{\ominus}}\right)^{\nu_B}$。

(2) 平衡时的压力 p_B^{eq} 表示的平衡常数 K_p

$$K_p = \prod_B (p_B^{eq})^{\nu_B} \tag{5.16}$$

K_p 只是温度的函数，K_p 与 $K^{\ominus}$ 的关系为

$$K^{\ominus}=\prod_{B}\left(\frac{p_{B}}{p^{\ominus}}\right)^{\nu_B}=K_p(p^{\ominus})^{-\sum_{B}\nu_B} \tag{5.17}$$

未达到平衡时

$$J'_p=\prod_{B}(p_B)^{\nu_B} \tag{5.18}$$

（3）平衡时物质的量浓度 c_B^{eq} 表示的平衡常数 $K_c^{\ominus}$

$$K_c^{\ominus}=\prod_{B}\left(\frac{c_B^{eq}}{c^{\ominus}}\right)^{\nu_B} \tag{5.19}$$

对于组分 B 有 $p_B^{eq}=\frac{n_B^{eq}RT}{V}$，$K_c^{\ominus}$ 只是温度的函数，$K_c^{\ominus}$ 与 $K^{\ominus}$ 的关系为

$$\begin{aligned}K^{\ominus}&=\prod_{B}\left(\frac{p_B^{eq}}{p^{\ominus}}\right)^{\nu_B}=\prod_{B}\left(\frac{\frac{c_B^{eq}RT}{V}}{p^{\ominus}}\right)^{\nu_B}=\prod_{B}\left(\frac{c_B^{eq}RT}{p^{\ominus}}\right)^{\nu_B}\\&=\prod_{B}\left(\frac{c_B^{eq}RT}{p^{\ominus}}\times\frac{c^{\ominus}}{c^{\ominus}}\right)^{\nu_B}=\prod_{B}\left(\frac{c_B^{eq}}{c^{\ominus}}\times\frac{c^{\ominus}RT}{p^{\ominus}}\right)^{\nu_B}\\&=\prod_{B}\left(\frac{c_B^{eq}}{c^{\ominus}}\right)^{\nu_B}\times\prod_{B}\left(\frac{c^{\ominus}RT}{p^{\ominus}}\right)^{\nu_B}=K_c^{\ominus}\left(\frac{c^{\ominus}RT}{p^{\ominus}}\right)^{\sum_{B}\nu_B}\end{aligned} \tag{5.20}$$

未达到平衡时

$$J_c=\prod_{B}\left(\frac{c_B}{c^{\ominus}}\right)^{\nu_B} \tag{5.21}$$

（4）平衡时物质的量分数 y_B^{eq} 表示的平衡常数 K_y

$$K_y=\prod_{B}(y_B^{eq})^{\nu_B} \tag{5.22}$$

对于组分 B 有 $p_B^{eq}=py_B^{eq}$，p 为系统的压力，K_y 是温度和压力的函数，K_y 与 $K^{\ominus}$ 的关系为

$$K^{\ominus}=\prod_{B}\left(\frac{p_B^{eq}}{p^{\ominus}}\right)^{\nu_B}=\prod_{B}\left(\frac{py_B^{eq}}{p^{\ominus}}\right)^{\nu_B}=\prod_{B}(y_B^{eq})^{\nu_B}\times\prod_{B}\left(\frac{p}{p^{\ominus}}\right)^{\nu_B}=K_y\left(\frac{p}{p^{\ominus}}\right)^{\sum_{B}\nu_B} \tag{5.23}$$

未达到平衡时

$$J_y=\prod_{B}(y_B)^{\nu_B} \tag{5.24}$$

（5）平衡时物质的量 n_B^{eq} 表示的平衡常数 K_n

$$K_n=\prod_{B}(n_B^{eq})^{\nu_B} \tag{5.25}$$

对于组分 B 有 $p_B^{eq}=p\frac{n_B^{eq}}{\sum_{B}n_B}$，$p$ 为系统的压力，$\sum_{B}n_B$ 为系统的总的物质量，K_n 是温度、压力和总物质量的函数，K_n 与 $K^{\ominus}$ 的关系为

$$\begin{aligned}K^{\ominus}&=\prod_{B}\left(\frac{p_B^{eq}}{p^{\ominus}}\right)^{\nu_B}=\prod_{B}\left(\frac{p}{p^{\ominus}}\times\frac{n_B^{eq}}{\sum_{B}n_B}\right)^{\nu_B}=\prod_{B}(n_B^{eq})^{\nu_B}\times\prod_{B}\left(\frac{p}{p^{\ominus}}\times\frac{1}{\sum_{B}n_B}\right)^{\nu_B}\\&=K_n\left(\frac{p}{p^{\ominus}\sum_{B}n_B}\right)^{\sum_{B}\nu_B}\end{aligned} \tag{5.26}$$

未达到平衡时

$$J_n=\prod_{\mathrm{B}}(n_{\mathrm{B}})^{\nu_{\mathrm{B}}} \tag{5.27}$$

当反应的 $\sum\limits_{\mathrm{B}}\nu_{\mathrm{B}}=0$ 时，$K^{\ominus}=K_c^{\ominus}=K_p=K_y=K_n$。

第六节　影响化学平衡移动的因素

化学平衡是有条件的、相对的、暂时的动态平衡，当外界条件发生变化时，旧的平衡被破坏，在新的条件下建立一个新的平衡，这个过程称为化学平衡移动。影响化学平衡移动的因素有温度、压力、惰性组分等。

1. 温度对化学平衡的影响

化学反应的标准平衡常数 $K^{\ominus}(T)$ 仅是温度的函数，当温度变化时，$K^{\ominus}(T)$ 也相应变化。$K^{\ominus}(T)$ 的变化必然引起平衡组成的变化，即发生了平衡移动。

（1）范特霍夫方程　在前面热力学的章节中，曾导出了一个 ΔG 与 T 的关系式，即吉布斯-亥姆霍兹方程式

$$\left(\frac{\partial\left(\frac{\Delta G}{T}\right)}{\partial T}\right)_p=-\frac{\Delta H}{T^2}$$

将其用于反应，则有

$$\frac{\mathrm{d}\left(\frac{\Delta_{\mathrm{r}}G_{\mathrm{m}}^{\ominus}}{T}\right)}{\mathrm{d}T}=\frac{-\Delta_{\mathrm{r}}H_{\mathrm{m}}^{\ominus}}{T^2} \tag{5.28}$$

因为 $\Delta_{\mathrm{r}}G_{\mathrm{m}}^{\ominus}=-RT\ln K^{\ominus}(T)$

所以式(5.28) 变为

$$\frac{\mathrm{d}\ln K^{\ominus}(T)}{\mathrm{d}T}=\frac{\Delta_{\mathrm{r}}H_{\mathrm{m}}^{\ominus}}{RT^2} \tag{5.29}$$

式(5.29) 称为范特霍夫（van't Hoff）方程，它阐明了标准平衡常数随温度的变化与该反应的标准摩尔焓变的定量关系。

对于吸热反应，$\Delta_{\mathrm{r}}H_{\mathrm{m}}^{\ominus}>0$，则$\frac{\mathrm{d}\ln K^{\ominus}(T)}{\mathrm{d}T}>0$，即 $K^{\ominus}(T)$ 随温度上升而增大，升高温度时吸热反应平衡向正向移动。如电离平衡、盐类水解平衡、难溶电解质的溶解平衡等属此种情况。

对于放热反应，$\Delta_{\mathrm{r}}H_{\mathrm{m}}^{\ominus}<0$，则$\frac{\mathrm{d}\ln K^{\ominus}(T)}{\mathrm{d}T}<0$，即 $K^{\ominus}(T)$ 随温度上升而减小，升高温度时放热反应平衡向逆向移动。如中和反应平衡、一些氧化还原反应平衡等属此种情况。

总之，当温度升高时，平衡总是向吸热反应的方向移动，即向减少系统温度的变化的方向移动。

（2）$\Delta_{\mathrm{r}}H_{\mathrm{m}}^{\ominus}$ 为常数时 $K^{\ominus}(T)$ 的积分式　如果 $\Delta_{\mathrm{r}}H_{\mathrm{m}}^{\ominus}$ 随温度的变化不大，而且所讨论的温度范围也较小时，可近似地把 $\Delta_{\mathrm{r}}H_{\mathrm{m}}^{\ominus}$ 看作常数。对式(5.29) 作不定积分

$$\ln K^{\ominus}=-\frac{\Delta_r H_m^{\ominus}}{R}\times\frac{1}{T}+I \tag{5.30}$$

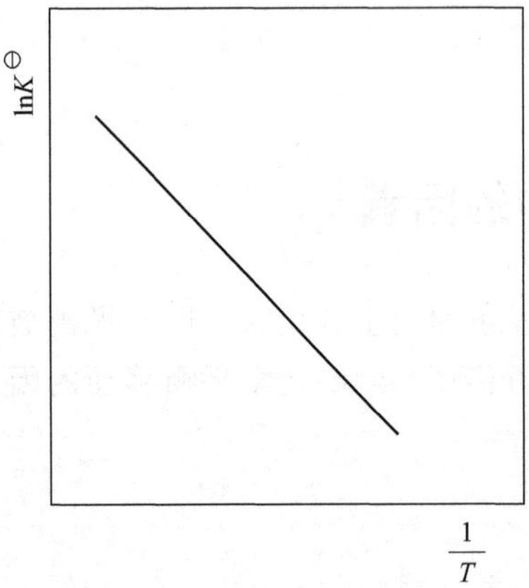

图 5.2　以 $\ln K^{\ominus}$ 对 $\frac{1}{T}$ 作图

从式(5.30)中可以看出，若以 $\ln K^{\ominus}$ 对 $\frac{1}{T}$ 作图，可得一条直线，由直线的斜率和截距即可求出 $\Delta_r H_m^{\ominus}$ 和积分常数 I，如图 5.2 所示。

对式(5.29)作定积分：

$$\int_{K_1^{\ominus}}^{K_2^{\ominus}} \mathrm{d}\ln K^{\ominus}(T)=\int_{T_1}^{T_2}\frac{\Delta_r H_m^{\ominus}}{RT^2}\mathrm{d}T$$

得

$$\ln\frac{K_2^{\ominus}}{K_1^{\ominus}}=-\frac{\Delta_r H_m^{\ominus}}{R}\left(\frac{1}{T_2}-\frac{1}{T_1}\right) \tag{5.31}$$

已知 $K_1^{\ominus}$、T_1、$\Delta_r H_m^{\ominus}$ 后，可由上式求取 T_2 时的 $K_2^{\ominus}$，或已知 $K_1^{\ominus}$、$K_2^{\ominus}$、T_1、T_2，可求出温度范围为 T_1 和 T_2 间的 $\Delta_r H_m^{\ominus}$。

例 5.7 在高温下，二氧化碳分解反应为：$2CO_2(g) \rightleftharpoons 2CO(g)+O_2(g)$。在 100kPa 下，$CO_2(g)$ 的解离度在 1000K 为 2.5×10^{-5}，在 1400K 为 1.27×10^{-2}。假定 $\Delta_r H_m^{\ominus}$ 不随温度变化，试求 1000K 时反应的 $\Delta_r G_m^{\ominus}$ 及 $\Delta_r S_m^{\ominus}$。

解：(1) 求 $K^{\ominus}$(1000K) 及 $\Delta_r G_m^{\ominus}$(1000K)

设初始 $CO_2(g)$ 的物质的量为 1mol，则按反应计量方程式：

	$2CO_2(g)$	$\rightleftharpoons$	$2CO(g)$	+	$O_2(g)$
开始时各物质的量/mol	1		0		0
平衡时总物质的量/mol	$1-2.5\times10^{-5}$		2.5×10^{-5}		1.25×10^{-5}
平衡时总物质的量≈1mol					
平衡时分压	$(1-2.5\times10^{-5})p$		$2.5\times10^{-5}p$		$1.25\times10^{-5}p$

根据式(5.10)则有

$$K^{\ominus}(1000\text{K})=\frac{(p_{CO}/p^{\ominus})^2(p_{O_2}/p^{\ominus})}{(p_{CO_2}/p^{\ominus})^2}=\frac{(2.5\times10^{-5})^2(1.25\times10^{-5})}{(1-2.5\times10^{-5})^2}=7.813\times10^{-15}$$

$$\begin{aligned}\Delta_r G_m^{\ominus}(1000\text{K})&=-RT\ln K^{\ominus}(1000\text{K})\\&=-8.314\text{J}\cdot\text{mol}^{-1}\cdot\text{K}^{-1}\times1000\text{K}\times\ln(7.813\times10^{-15})\\&=270.1\text{kJ}\cdot\text{mol}^{-1}\end{aligned}$$

(2) 求 $\Delta_r H_m^{\ominus}$(1000K) 及 $\Delta_r S_m^{\ominus}$(1000K)

为了求得反应的 $\Delta_r S_m^{\ominus}$(1000K)，需先求出 $\Delta_r H_m^{\ominus}$(1000K)。根据已知条件，可以求得 $K^{\ominus}$(1400K)，再由式(5.15)求得 $\Delta_r H_m^{\ominus}$(1000K)。按照反应的计量方程式：

	$2CO_2(g)$	$\rightleftharpoons$	$2CO(g)$	+	$O_2(g)$
开始时各物质的量/mol	1		0		0
平衡时总物质的量/mol	$1-1.27\times10^{-2}$		1.27×10^{-2}		6.35×10^{-3}
平衡时总物质的量≈1.006mol					
平衡时分压	$\frac{0.9873}{1.006}p$		$\frac{1.27\times10^{-2}}{1.006}p$		$\frac{6.35\times10^{-3}}{1.006}p$

根据式(5.10) 则有

$$K^{\ominus}(1400\mathrm{K})=\frac{(1.27\times10^{-2})^2(6.35\times10^{-3})}{0.9873^2\times1.006}=1.044\times10^{-6}$$

将 $K^{\ominus}(1400\mathrm{K})$ 数据代入式(5.31)，得

$$\ln\frac{1.044\times10^{-6}}{7.813\times10^{-15}}=-\frac{\Delta_r H_m^{\ominus}}{8.314\mathrm{J\cdot K^{-1}\cdot mol^{-1}}}\left(\frac{1}{1400\mathrm{K}}-\frac{1}{1000\mathrm{K}}\right)$$

解得 $\Delta_r H_m^{\ominus}=544.5\mathrm{kJ\cdot mol^{-1}}$

因为 $\Delta_r H_m^{\ominus}$ 为常数，故 $\Delta_r H_m^{\ominus}(1000\mathrm{K})=544.5\mathrm{kJ\cdot mol^{-1}}$

根据 $\Delta_r G_m^{\ominus}=\Delta_r H_m^{\ominus}-T\Delta_r S_m^{\ominus}$

$$\Delta_r S_m^{\ominus}(1000\mathrm{K})=\frac{\Delta_r H_m^{\ominus}(1000\mathrm{K})-\Delta_r G_m^{\ominus}(1000\mathrm{K})}{1000\mathrm{K}}$$

$$=\frac{(544.5-270.1)\times10^3\mathrm{J\cdot mol^{-1}}}{1000\mathrm{K}}$$

$$=274.4\mathrm{J\cdot mol^{-1}\cdot K^{-1}}$$

(3) $\Delta_r H_m^{\ominus}$ 为变量时 $K^{\ominus}(T)$ 的积分式　如果反应温度的变化范围较大，或反应物与生成物的 $\sum_B \nu_B C_{p,m}^{\ominus}$ 不等于零，反应的 $\Delta_r H_m^{\ominus}$ 不能看作与 T 无关的常数，此时求 $K^{\ominus}(T)$ 与 T 的关系，需将 $\Delta_r H_m^{\ominus}=f(T)$ 的函数关系式代入。

若参加化学反应的任一种物质均有：

$$C_{p,m}^{\ominus}=a+bT+cT^2$$

则有　$\Delta_r C_{p,m}^{\ominus}=\Delta a+\Delta bT+\Delta cT^2$

已知 $\mathrm{d}(\Delta_r H_m^{\ominus})=\Delta_r C_{p,m}^{\ominus}\mathrm{d}T$

积分得
$$\Delta_r H_m^{\ominus}(\mathrm{T})=\Delta H_0+\Delta aT+\frac{1}{2}\Delta bT^2+\frac{1}{3}\Delta cT^3$$

将此式代入范特霍夫方程的微分式(5.29) 积分

$$\int \mathrm{d}\ln K^{\ominus}=\int\frac{\Delta_r H_m^{\ominus}}{RT^2}\mathrm{d}T$$

即
$$\int \mathrm{d}\ln K^{\ominus}=\int\frac{\Delta H_0+\Delta aT+\frac{1}{2}\Delta bT^2+\frac{1}{3}\Delta cT^3}{RT^2}\mathrm{d}T$$

得不定积分式

$$\ln K^{\ominus}(T)=-\frac{\Delta H_0}{RT}+\frac{\Delta a}{R}\ln T+\frac{1}{2R}\Delta bT+\frac{1}{6R}\Delta cT^2+I \tag{5.32}$$

此式即为 $K^{\ominus}$ 与 T 的函数关系式，式中积分常数 I 可由已知 T 时的 $K^{\ominus}(T)$ 或 $\Delta_r G_m^{\ominus}$ 求取。当 ΔH_0 和积分常数 I 的值确定后，可由式(5.32) 计算任一温度 T 时的 $K^{\ominus}(T)$。

例 5.8 已知反应 $CO(g)+H_2O(g)\rightleftharpoons CO_2(g)+H_2(g)$ 在 298.15K 时的 $K^{\ominus}=9.963\times10^4$，由下列数据求得 $K^{\ominus}$ 与 T 的关系式及 800K 时的 $K^{\ominus}$。

	$\Delta_f H_m^\ominus$(298K) /kJ·mol^{-1}	$C_{p,m}^\ominus$/J·mol^{-1}·K^{-1}		
		a/J·mol^{-1}·K^{-1}	b/10^{-3}J·mol^{-1}·K^{-1}	c/10^{-6}J·mol^{-1}·K^{-1}
CO_2(g)	−393.51	26.75	42.258	−14.25
H_2(g)	0.0	26.88	4.437	−0.3265
CO(g)	−110.52	26.537	7.683	−1.172
H_2O(g)	−241.82	29.16	14.49	−2.022

解：
$$\Delta_r C_{p,m}^\ominus = \sum_B \nu_B C_{p,m}^\ominus(\mathrm{B})$$
$$= -2.067\mathrm{J\cdot mol^{-1}\cdot K^{-1}} + 24.52\times10^{-3}\mathrm{J\cdot mol^{-1}\cdot K^{-1}}(T/\mathrm{K}) - 11.38\times10^{-6}\mathrm{J\cdot mol^{-1}\cdot K^{-1}}(T/\mathrm{K})^2$$

$$\Delta_r H_m^\ominus(T) = \int \Delta_r C_{p,m}^\ominus \mathrm{d}T + \Delta H_0$$
$$= -2.067\mathrm{J\cdot mol^{-1}}T/\mathrm{K} + \frac{24.52\times10^{-3}}{2}\mathrm{J\cdot mol^{-1}}(T/\mathrm{K})^2 - \frac{11.38\times10^{-6}}{3}\mathrm{J\cdot mol^{-1}}(T/\mathrm{K})^3 + \Delta H_0$$

因为　$T=298.15\mathrm{K}$ 时有
$$\Delta_r H_m^\ominus(298.15\mathrm{K}) = \sum_B \nu_B \Delta_f H_m^\ominus(\mathrm{B},298.15\mathrm{K}) = -41.17\mathrm{kJ\cdot mol^{-1}}$$

将此值代入上式确定积分常数 ΔH_0
$$\Delta H_0 = -41.54\mathrm{kJ\cdot mol^{-1}}$$

则 $$\Delta_r H_m^\ominus(T) = -2.067\mathrm{J\cdot mol^{-1}}T/\mathrm{K} + \frac{24.52\times10^{-3}}{2}\mathrm{J\cdot mol^{-1}}(T/\mathrm{K})^2 - \frac{11.38\times10^{-6}}{3}\mathrm{J\cdot mol^{-1}}(T/\mathrm{K})^3 - 41540\mathrm{J\cdot mol^{-1}}$$

$$\ln K^\ominus = \int \frac{\Delta_r H_m^\ominus}{RT^2}\mathrm{d}T + I'$$
$$= -0.2486\ln\frac{T}{\mathrm{K}} + 1.475\times10^{-3}T/\mathrm{K} - 2.282\times10^{-7}(T/\mathrm{K})^2 + 4997\mathrm{K}\left(\frac{1}{T}\right) - 4.262$$

当　$T=800\mathrm{K}$ 时，
$$K^\ominus(800\mathrm{K}) = 3.883$$

2. 压力对化学平衡的影响

温度改变时，化学反应中的 $K^\ominus(T)$ 随之改变，当温度恒定时，其他外界条件（压力、惰性气体组分等）发生改变时，因 $K^\ominus(T)$ 只与温度有关而不受影响，但能引起压力商 J_p 值的改变而影响化学平衡。

对于理想气体反应，对式(5.23) 取对数后两边对 p 求微分得

$$\frac{\mathrm{d}\ln K^\ominus}{\mathrm{d}p} = \frac{\mathrm{d}\ln K_y}{\mathrm{d}p} + \frac{\sum_B \nu_B}{p} \tag{5.33}$$

因 $K^{\ominus}(T)$ 只与温度有关，所以$\dfrac{\mathrm{d}\ln K^{\ominus}}{\mathrm{d}p}=0$，则由式(5.33) 得

$$\frac{\mathrm{d}\ln K_y}{\mathrm{d}p}=-\frac{\sum_{\mathrm{B}}\nu_{\mathrm{B}}}{p} \tag{5.34}$$

由上式可知，对于 $\sum_{\mathrm{B}}\nu_{\mathrm{B}}>0$ 的反应，在温度不变的条件下，当 p 增大时，K_y 减小，反应将逆向自动进行，在重新达到平衡时，系统中产物的组成将减少；当 p 减小时，K_y 增大，反应将正向自动进行，在重新达到平衡时，系统中产物的组成将增加。由此可见，对于这类反应，减小反应系统压力，对正向反应是有利的。

对于 $\sum_{\mathrm{B}}\nu_{\mathrm{B}}<0$ 的反应，压力对化学反应平衡的影响与上述情况正好相反。

对于 $\sum_{\mathrm{B}}\nu_{\mathrm{B}}=0$ 的反应，根据式(5.34) 可知，压力的变化不会改变 K_y 值，因而不会引起化学平衡的移动。

例 5.9 500K 时，合成氨反应$\frac{1}{2}N_2(g)+\frac{3}{2}H_2(g)\rightleftharpoons NH_3(g)$ 的 $K^{\ominus}(500\mathrm{K})=0.30076$，求该温度下系统总压分别为 101.325kPa、202.65kPa、506.25kPa 及 1013.25kPa 时的各平衡转化率 α［设气体为理想气体，初始时反应物 $N_2(g)$ 与 $H_2(g)$ 的物质的量之比符合计量系数比］。

解：

	$\frac{1}{2}N_2(g)$ +	$\frac{3}{2}H_2(g)\rightleftharpoons$	$NH_3(g)$
开始时各物质的量/mol	1	3	0
平衡时总物质的量/mol	$1-\alpha$	$3(1-\alpha)$	2α
平衡时总物质的量/mol	$2(2-\alpha)$		
平衡分压	$\dfrac{1-\alpha}{2(2-\alpha)}p$	$\dfrac{3(1-\alpha)}{2(2-\alpha)}p$	$\dfrac{2\alpha}{2(2-\alpha)}p$

根据式(5.10) 则有

$$K^{\ominus}=\frac{4\alpha(2-\alpha)}{3^{3/2}(1-\alpha)^2}(p^{\ominus}/p)$$

因为 $K^{\ominus}=0.30076$

所以 $0.30076=\dfrac{4\alpha(2-\alpha)}{3^{3/2}(1-\alpha)^2}(p^{\ominus}/p)$

则 $\alpha=1-\dfrac{1}{\sqrt{1+0.3907(p/p^{\ominus})}}$

将题给各总压值代入上式得

当 $p=101.325\mathrm{kPa}$ 时，$\alpha=15.4\%$；当 $p=202.65\mathrm{kPa}$ 时，$\alpha=25.3\%$

当 $p=506.25\mathrm{kPa}$ 时，$\alpha=42.1\%$；当 $p=1013.25\mathrm{kPa}$ 时，$\alpha=55.1\%$

显然，因该反应的 $\sum_{\mathrm{B}}\nu_{\mathrm{B}}<0$，增大压力使平衡正向移动，$\alpha$ 增大。

3. 惰性组分对化学平衡的影响

惰性组分是指不参加化学反应的组分。在实际生产中，原料气不纯或因生产的需要，反应系统中存在一些惰性组分，在温度、总压一定时，惰性组分虽然不参加化学反应，但可能引起

平衡的移动，影响平衡组成。

对于理想气体反应，对式(5.26) 取对数后两边对 $\sum_{B} n_B$ 求微分得

$$\frac{\mathrm{d}\ln K^{\ominus}}{\mathrm{d}\sum_{B} n_B}=\frac{\mathrm{d}\ln K_n}{\mathrm{d}\sum_{B} n_B}-\frac{\sum_{B}\nu_B}{\sum_{B} n_B}$$

由于 $K^{\ominus}$ 只是温度的函数，所以 $\frac{\mathrm{d}\ln K^{\ominus}}{\mathrm{d}\sum_{B} n_B}=0$，则

$$\frac{\mathrm{d}\ln K_n}{\mathrm{d}\sum_{B} n_B}-\frac{\sum_{B}\nu_B}{\sum_{B} n_B}=0$$

$$\frac{\mathrm{d}\ln K_n}{\mathrm{d}\sum_{B} n_B}=\frac{\sum_{B}\nu_B}{\sum_{B} n_B} \tag{5.35}$$

式中，n_B 为各反应组分 B 的物质的量；$\sum_{B} n_B$ 为对系统中的所有物质求和。

由式(5.35) 可知，在温度、总压一定时，对于 $\sum_{B}\nu_B>0$ 的反应，增加惰性气体组分，反应系统的总物质的量 $\sum_{B} n_B$ 增加，K_n 增加，故平衡向产物反向移动，即增加惰性气体组分有利于向气体物质的量增大的反应移动。即：加入惰性组分相当于减压。

例如乙苯脱氢制备苯乙烯的反应：

$$C_6H_5C_2H_5(g) \rightleftharpoons C_6H_5C_2H_3(g)+H_2(g)$$

此反应 $\sum_{B}\nu_B>0$，故生产上为提高转化率，要向反应系统中通入大量惰性组分水蒸气。

对于 $\sum_{B}\nu_B<0$ 的反应，增加惰性气体组分，反应系统的总物质的量 $\sum_{B} n_B$ 增加，K_n 减少，故平衡向反应物方向移动，对反应不利。例如合成氨的反应：

$$N_2+3H_2 \rightleftharpoons 2NH_3$$

此反应 $\sum_{B}\nu_B<0$，惰性气体的增加不利于反应的正向进行。在实际生产中，为了提高反应物的利用率，未反应的原料气 N_2 和 H_2 要循环使用。在循环中，不断加入新的原料气，由于 N_2 和 H_2 不断反应，而其中的惰性组分，如甲烷、氩等气体因不起反应而不断积累，含量逐渐增高，为了维持转化率，要定期放空一部分旧的原料气，以减少惰性气体组分的含量。

例 5.10 在 560℃下，乙苯脱氢制苯乙烯的反应：

$$C_6H_5C_2H_5(g) \rightleftharpoons C_6H_5C_2H_3(g)+H_2(g)$$

$K^{\ominus}=9.018\times10^{-2}$，试计算下列条件平衡时的转化率。

(1) 560℃、100kPa；

(2) 560℃、10kPa；

(3) 560℃、100kPa 且原料气中添加水蒸气惰性组分，使乙苯和水蒸气的物质的量之比为 1∶10。

解： 求 (1) 的离解度 α_1

	$C_6H_5C_2H_5(g) \rightleftharpoons$	$C_6H_5C_2H_3(g)$	$+H_2(g)$
开始时各物质的量/mol	1	0	0
平衡时总物质的量/mol	$1-\alpha_1$	α_1	α_1
平衡时总物质的量/mol	$(1+\alpha_1)$		
平衡时分压	$\frac{1-\alpha_1}{1+\alpha_1}p$	$\frac{\alpha_1}{1+\alpha_1}p$	$\frac{\alpha_1}{1+\alpha_1}p$

根据式(5.10) 则有

$$K^{\ominus}=\frac{\left(\frac{\alpha_1}{1+\alpha_1}\times\frac{p}{p^{\ominus}}\right)^2}{\frac{1-\alpha_1}{1+\alpha_1}\times\frac{p}{p^{\ominus}}}=\frac{\alpha_1^2}{1-\alpha_1^2}\times\frac{p}{p^{\ominus}}=9.018\times10^{-2}$$

则　$\alpha_1=28.6\%$

求（2）的离解度 α_2

同上述处理可得

$$K^{\ominus}=\frac{\alpha_2^2}{1-\alpha_2^2}\times\frac{p}{p^{\ominus}}$$

将 $p=10\text{kPa}$，$K^{\ominus}=9.018\times10^{-2}$代入有：

$$\frac{\alpha_2^2}{1-\alpha_2^2}\times\frac{10\text{kPa}}{100\text{kPa}}=9.018\times10^{-2}$$

则　$\alpha_2=68.6\%$

求（3）的离解度 α_3

	$C_6H_5C_2H_5(g) \rightleftharpoons$	$C_6H_5C_2H_3(g)$	$+H_2(g)$	$H_2O(g)$
开始各物质的量/mol	1	0	0	10
平衡时各物质的量/mol	$1-\alpha_3$	α_3	α_3	10
平衡时总物质的量/mol	$11+\alpha_3$			
平衡时分压	$\frac{1-\alpha_3}{11+\alpha_3}p$	$\frac{\alpha_3}{11+\alpha_3}p$	$\frac{\alpha_3}{11+\alpha_3}p$	10

根据式(5.10) 则有

$$K^{\ominus}=\frac{\left(\frac{\alpha_3}{11+\alpha_3}\times\frac{p}{p^{\ominus}}\right)^2}{\frac{1-\alpha_3}{11+\alpha_3}\times\frac{p}{p^{\ominus}}}=\frac{\alpha_3^2}{(1-\alpha_3)(11+\alpha_3)}\times\frac{p}{p^{\ominus}}=9.018\times10^{-2}$$

则　$\alpha_3=62.4\%$

由计算结果可见，添加惰性组分和降低压力对平衡影响的效果一致。

4. 反应物的物质的量之比对化学平衡的影响

对于气相反应 $A(g)+bB(g)\rightleftharpoons D(g)$，在恒温恒压条件下，可以证明当反应物的物质的量之比等于化学计量系数比时，产物在混合物中的浓度为最大。

气体反应	$A(g)$	$+\ bB(g)$	$\rightleftharpoons D(g)$
开始时各物质的量/mol	1	x	0
平衡时各物质的量/mol	$1-\alpha$	$x-b\alpha$	α

平衡时总的物质的量/mol　$(1+x-b\alpha)$

平衡时各物质的分压　$\frac{1-\alpha}{1+x-b\alpha}p$　　$\frac{x-b\alpha}{1+x-b\alpha}p$　　$\frac{\alpha}{1+x-b\alpha}p$

根据式(5.10) 则有

$$K^{\ominus}=\frac{\alpha(1+x-b\alpha)^{b}}{(1-\alpha)(x-b\alpha)^{b}}\left(\frac{p^{\ominus}}{p}\right)^{b} \tag{5.36}$$

令 $y=\frac{\alpha}{(1+x-b\alpha)}$　则 $\alpha=\frac{y+xy}{1+by}$

代入式(5.36) 中，整理得：

$$K^{\ominus}\left(\frac{p}{p^{\ominus}}\right)^{b}=\frac{y(1+x)^{b+1}}{[1+y(b-1-x)](x-by)^{b}} \tag{5.37}$$

在 T、p 恒定时对式(5.37) 求导数$\frac{\mathrm{d}y}{\mathrm{d}x}$，且令$\frac{\mathrm{d}y}{\mathrm{d}x}=0$，整理得：

$$(b-x)(1+2by+by^{2})=0$$

解得：$x=b$

理想气体反应系统在恒温恒压、投料比等于反应物的系数比时，产物的平衡浓度最大。

5. 外加反应物的量对化学平衡的影响

对于气相（液相）反应，在恒温恒压条件下，已经达到平衡的系统，加入某一反应物不一定总是使平衡向右移动。如对于理想气体反应，结合式(5.5) 和式(5.27) 可得

$$J_{p}=\prod_{\mathrm{B}}\left(\frac{p_{\mathrm{B}}}{p^{\ominus}}\right)^{\nu_{\mathrm{B}}}=J_{n}\left(\frac{p}{p^{\ominus}\sum n_{\mathrm{B}}}\right)^{\sum\nu_{\mathrm{B}}}=J'_{n}\left(\frac{p}{p^{\ominus}}\right)^{\sum\nu_{\mathrm{B}}}n_{\mathrm{B}}^{\nu_{\mathrm{B}}}\left(\frac{1}{\sum n_{\mathrm{B}}}\right)^{\sum\nu_{\mathrm{B}}}$$

在温度、压力和除 B 的物质的量以外不变的条件下，对 B 的物质的量求导数

$$\begin{aligned}\left(\frac{\partial J_{p}}{\partial n_{\mathrm{B}}}\right)_{T,p,n_{\mathrm{C}}}&=J'_{n}\left(\frac{p}{p^{\ominus}}\right)^{\sum\nu_{\mathrm{B}}}\left[\nu_{\mathrm{B}}n_{\mathrm{B}}^{\nu_{\mathrm{B}}-1}\left(\frac{1}{\sum n_{\mathrm{B}}}\right)^{\sum\nu_{\mathrm{B}}}-\sum\nu_{\mathrm{B}}\left(\sum n_{\mathrm{B}}\right)^{-\sum\nu_{\mathrm{B}}-1}n_{\mathrm{B}}^{\nu_{\mathrm{B}}}\right]\\&=J'_{n}\left(\frac{p}{p^{\ominus}}\right)^{\sum\nu_{\mathrm{B}}}n_{\mathrm{B}}^{\nu_{\mathrm{B}}}\left(\frac{1}{\sum n_{\mathrm{B}}}\right)^{\sum\nu_{\mathrm{B}}}\left(\frac{\nu_{\mathrm{B}}}{n_{\mathrm{B}}}-\frac{\sum\nu_{\mathrm{B}}}{\sum n_{\mathrm{B}}}\right)=J_{p}\left(\frac{\nu_{\mathrm{B}}}{n_{\mathrm{B}}}-\frac{\sum\nu_{\mathrm{B}}}{\sum n_{\mathrm{B}}}\right)\\&=\frac{J_{p}}{\sum n_{\mathrm{B}}}\left(\frac{\nu_{\mathrm{B}}}{y_{\mathrm{B}}}-\sum\nu_{\mathrm{B}}\right)\end{aligned} \tag{5.38}$$

此偏导数的正负是由 ν_{B}、y_{B} 和计量系数的和$\sum\nu_{\mathrm{B}}$决定的。

$\mathrm{d}n_{\mathrm{B}}>0$ 时，如 $\mathrm{d}J_{p}<0$，根据 $\Delta_{\mathrm{r}}G_{\mathrm{m}}=-RT\ln K^{\ominus}+RT\ln J_{p}$，则向一个在 T、p 条件下达平衡的系统中增加 B 的物质的量，反应将正向进行重新达到平衡态；$\mathrm{d}J_{p}>0$，反应逆向进行。对于$\sum\nu_{\mathrm{B}}\geqslant 0$ 的反应，平衡时加入反应物，由式(5.38) 可知，$\left(\frac{\nu_{\mathrm{B}}}{y_{\mathrm{B}}}-\sum\nu_{\mathrm{B}}\right)<0$，$\mathrm{d}J_{p}<0$，反应总是正向进行；$\sum\nu_{\mathrm{B}}<0$ 即分子数减少的反应，平衡时加入反应物需要考虑其平衡时物质量分数值的范围。

例如：$N_2(g)+3H_2(g)\rightleftharpoons 2NH_3(g)$，在 T、p 条件下达平衡，加入 N_2 时，由式(5.28) 可知，$\frac{\nu_{\mathrm{B}}}{y_{\mathrm{B}}}-\sum\nu_{\mathrm{B}}=\frac{\nu_{\mathrm{B}}}{y_{\mathrm{B}}}+2$，此时偏导数的正负是由$\frac{\nu_{\mathrm{B}}}{y_{\mathrm{B}}}+2$ 决定的。

当 $0<y_{N_2}<\frac{1}{2}$，偏导数为负值，$\mathrm{d}n_{N_2}>0$，$\mathrm{d}J_{p}<0$，反应正向进行。

当$\frac{1}{2}<y_{N_2}<1$，偏导数为正值，$dn_{N_2}>0$，$dJ_p>0$，反应逆向进行。

第七节 同时化学平衡

在反应系统中，有一种或几种物质同时参加两个以上的化学反应所达到的化学平衡，称为同时化学平衡。例如甲烷与水蒸气转化制氢过程，涉及 $CH_4(g)$、$H_2O(g)$、$CO(g)$、$CO_2(g)$ 及 $H_2(g)$ 五种组分，可能同时进下列四个反应：

(1) $CH_4(g)+H_2O(g) \rightleftharpoons CO(g)+3H_2(g)$

(2) $CO(g)+H_2O(g) \rightleftharpoons CO_2(g)+H_2(g)$

(3) $CH_4(g)+2H_2O(g) \rightleftharpoons CO_2(g)+4H_2(g)$

(4) $CH_4(g)+CO_2(g) \rightleftharpoons 2CO(g)+2H_2(g)$

通过分析发现，上述 4 个反应中，只有 2 个反应是独立的，另外 2 个是通过线性组合的方法得到的，因此在计算系统平衡组成时只需考虑独立反应。选择独立反应，原则上是任意的，但要求把平衡系统内所有物质都包含在独立反应之内。

处理同时反应的化学平衡与处理单一反应平衡的热力学原理是一样的。但要注意以下几点：

① 每一个独立反应都有它各自的反应进度；

② 反应系统中有几个独立反应，就有几个独立的标准平衡常数 $K^{\ominus}(T)$；

③ 平衡系统中几个反应共同的反应物和产物只能有一个浓度或分压值。如上述列举的反应平衡系统中，$H_2O(g)$、$CO(g)$ 和 $H_2(g)$ 的分压都只有一个确定值。若 $CH_4(g)$ 和 $H_2O(g)$ 的起始物质的量分别为 $a$mol 和 $b$mol，达到平衡时则为：

$$\begin{array}{cccc} CH_4(g) & + \; H_2O(g) \rightleftharpoons & CO(g) & + \; 3H_2(g) \\ a-x & (b-x)-y & x-y & 3x+y \end{array}$$

$$\begin{array}{cccc} CO(g) & + \; H_2O(g) \rightleftharpoons & CO_2(g) & + \; H_2(g) \\ x-y & (b-x)-y & y & 3x+y \end{array}$$

例 5.11 在 600K 及催化剂作用下，正戊烷发生下列气相反应

(1) $CH_3(CH_2)_3CH_3$(正戊烷)$\rightleftharpoons CH_3CH(CH_3)CH_2CH_3$(异戊烷)

(2) $CH_3(CH_2)_3CH_3$(正戊烷)$\rightleftharpoons C(CH_3)_4$

已知 600K 时各物质标准摩尔生成吉布斯数值为

$CH_3(CH_2)_3CH_3$ $\Delta_f G_m^{\ominus}(6000K)=142.13kJ \cdot mol^{-1}$

$CH_3CH(CH_3)CH_2CH_3$ $\Delta_f G_m^{\ominus}(6000K)=136.65kJ \cdot mol^{-1}$

$C(CH_3)_4$ $\Delta_f G_m^{\ominus}(6000K)=149.20kJ \cdot mol^{-1}$

求平衡混合物的组成。

解： (1) 利用 $\Delta_f G_m^{\ominus}$ 求各反应的标准平衡常数

$$K_1^{\ominus}=\exp\left[\frac{-\Delta_r G_m^{\ominus}(600K)}{RT}\right]=\exp\left[\frac{5.48\times10^3 J \cdot mol^{-1}}{8.314J \cdot mol^{-1} \cdot K^{-1}\times600K}\right]=3.00$$

$$K_2^{\ominus}=\exp\left[\frac{-7.07\times10^3 J \cdot mol^{-1}}{8.314J \cdot mol^{-1} \cdot K^{-1}\times600K}\right]=0.242$$

(2) 利用标准平衡常数求取平衡组成

设反应初始时，正戊烷的量为 1mol 则

$$CH_3(CH_2)_3CH_3 \rightleftharpoons CH_3CH(CH_3)CH_2CH_3$$

平衡 $\quad 1-x-y \qquad\qquad x$

$$CH_3(CH_2)_3CH_3 \rightleftharpoons C(CH_3)_4$$

平衡 $\quad 1-x-y \qquad\qquad y$

平衡时系统中各物质的物质的量之和为$=(1-x-y)+x+y=1\text{mol}$

根据式(5.10) 则有

$$K_1^{\ominus}=\frac{xp/p^{\ominus}}{(1-x-y)p/p^{\ominus}}=3.00$$

$$K_2^{\ominus}=\frac{yp/p^{\ominus}}{(1-x-y)p/p^{\ominus}}=0.242$$

解出 $\quad x=0.6713\text{mol}$，$y=0.1049\text{mol}$

故平衡混合物中各物质的物质的量分数为

正戊烷 $\quad \dfrac{1-x-y}{1}=\dfrac{(1-0.6713-0.1049)\text{mol}}{1\text{mol}}=0.2238$

异戊烷 $\quad \dfrac{x}{1}=\dfrac{0.6713\text{mol}}{1\text{mol}}=0.6713$

新戊烷 $\quad \dfrac{y}{1}=\dfrac{0.1049\text{mol}}{1\text{mol}}=0.1049$

第八节 真实气体反应的化学平衡

设有真实气体混合物的反应：$0=\sum_{B}\nu_B B$

对于真实气体混合物，在指定温度和压力下，其中任一组分的化学势的表达式为：

$$\mu_B=\mu_B^{\ominus}(g)+RT\ln\frac{\tilde{p}_B}{p^{\ominus}} \tag{5.39}$$

$$\tilde{p}_B=p_B\exp\left[\int_0^p\left(\frac{V_B}{RT}-\frac{1}{p}\right)dp\right]$$

式中，$\tilde{p}_B$和 p_B是反应系统中组分 B 的逸度和分压力。

将式(5.39) 代入方程 $\Delta_r G_m=\sum_B \nu_B\mu_B$ 中，有

$$\Delta_r G_m=\sum_B \nu_B\mu_B^{\ominus}+RT\ln\prod_B\left(\frac{\tilde{p}_B}{p^{\ominus}}\right)^{\nu_B}$$

$$=\Delta_r G_m^{\ominus}+RT\ln\prod_B\left(\frac{\tilde{p}_B}{p^{\ominus}}\right)^{\nu_B} \tag{5.40}$$

当反应达到平衡时有

$$\Delta_r G_m^{\ominus}+RT\ln\prod_B\left(\frac{\tilde{p}_B}{p^{\ominus}}\right)^{\nu_B}=0$$

将式(5.9) 代入上式

$$\Delta_r G_m^{\ominus} = -RT\ln K^{\ominus}(T) = -RT\ln \prod_B \left(\frac{\tilde{p}_B}{p^{\ominus}}\right)^{\nu_B}$$

即

$$K^{\ominus}(T) = \prod_B \left(\frac{\tilde{p}_B}{p^{\ominus}}\right)^{\nu_B} \tag{5.41}$$

由此式可以看出，真实气体反应的标准平衡常数表达式在形式上与理想气体是相同的，只不过把各组分的平衡分压 p_B 换作 $\tilde{p}_B$ 而已。

由于 $\tilde{p}_B = \varphi_B p_B$，$\varphi_B$ 为真实气体混合物中组分 B 的逸度因子。将上式代入式(5.41) 有

$$K^{\ominus}(T) = \prod_B \left(\frac{\varphi_B p_B}{p^{\ominus}}\right)^{\nu_B} \tag{5.42}$$

当真实气体反应的压力较低时，逸度因子 $\varphi_B = 1$，此时式(5.42) 就变为理想气体反应平衡常数形式。

对于真实气体反应，由热力学方法计算出 $K^{\ominus}(T)$ 后，再求得各组分 B 在平衡时的逸度因子 φ_B，进而可得到 $\prod_B \left(\frac{\tilde{p}_B}{p^{\ominus}}\right)^{\nu_B}$。所以，通过 $K^{\ominus}(T)$ 可最终求算出反应物的平衡转化率及平衡时的组成。

例 5.12 在 290℃和 7.00MPa 下，把物质的量比为 1∶0.7 的乙烯（g）和水（g）的混合气体通过一高效催化剂，相应的反应为：

$$C_2H_4(g) + H_2O(g) \rightleftharpoons C_2H_5OH(g)$$

试计算乙烯的平衡转化率。已知反应的标准平衡常数 $K^{\ominus}(563.15K) = 6.49\times10^{-3}$，各组分 B 在平衡时的逸度因子 φ 如下：

物质	$C_2H_4(g)$	$H_2O(g)$	$C_2H_5OH(g)$
φ	0.98	0.80	0.70

解： 设以 1.000mol 原料乙烯为计算基准，当反应平衡时则应有

$$C_2H_4(g) + H_2O(g) \rightleftharpoons C_2H_5OH(g)$$

开始时各物质的量/mol　1.00　0.700　0

平衡时各物质的量/mol　$1.000-\alpha$　$0.700-\alpha$　α

平衡时系统中总的物质的量/mol　$(1.000-\alpha)+(0.700-\alpha)+\alpha=(1.700-\alpha)$

$$K^{\ominus} = 6.49\times10^{-3}$$

$$= \frac{0.70\times\frac{\alpha}{1.700-\alpha}\times\frac{7.00\times10^6}{10^5}}{\left(0.98\times\frac{1.000-\alpha}{1.700-\alpha}\times\frac{7.00\times10^6}{10^5}\right)\left(0.80\times\frac{0.700-\alpha}{1.700-\alpha}\times\frac{7.00\times10^6}{10^5}\right)}$$

即

$$\alpha^2 - 1.6998\alpha + 0.2359 = 0$$

解得　$\alpha = 0.152$

所以乙烯的平衡转化率 $= \frac{0.152}{1.000}\times100\% = 15.2\%$

第九节　液态混合物中反应的化学平衡

设有液态混合物中的化学反应：$0=\sum_{B}\nu_{B}B$

对于液态混合物中任一组分的化学势的表达式为：

$$\mu_{B}=\mu_{B}^{\ominus}+RT\ln a_{B} \tag{5.43}$$

将式(5.43) 代入方程 $\Delta_{r}G_{m}=\sum_{B}\nu_{B}\mu_{B}$ 中，有

$$\begin{aligned}\Delta_{r}G_{m}&=\sum_{B}\nu_{B}\mu_{B}^{\ominus}+RT\ln\prod_{B}a_{B}^{\nu_{B}}\\&=\Delta_{r}G_{m}^{\ominus}+RT\ln\prod_{B}a_{B}^{\nu_{B}}\end{aligned} \tag{5.44}$$

当反应达到平衡时有

$$\Delta_{r}G_{m}=\Delta_{r}G_{m}^{\ominus}+RT\ln\prod_{B}a_{B}^{\nu_{B}}=0$$

将式(5.9) 代入上式

$$\Delta_{r}G_{m}^{\ominus}=-RT\ln K^{\ominus}(T)=-RT\ln\prod_{B}a_{B}^{\nu_{B}}$$

令 $K_{a}=\prod_{B}a_{B}^{\nu_{B}}$

即

$$K^{\ominus}(T)=\prod_{B}a_{B}^{\nu_{B}}=K_{a} \tag{5.45}$$

由于 $a_{B}=\gamma_{B}x_{B}$

式中，x_{B}为物质的量分数；γ_{B}为液态混合物中组分 B 以物质的量分数表示组成时的活度因子（活度系数）。

将上式代入式(5.45) 有

$$K^{\ominus}(T)=\prod_{B}(\gamma_{B}x_{B})^{\nu_{B}} \tag{5.46}$$

当反应系统形成理想液态混合物时，活度因子 $\gamma_{B}=1$，此时式(5.46) 即可表示成：

$$K^{\ominus}(T)=\prod_{B}x_{B}^{\nu_{B}} \tag{5.47}$$

例 5.13 有一均相的液相反应

$$C_5H_{10}(l)+CCl_3COOH(l)\rightleftharpoons CCl_3COOC_5H_{11}(l)$$

可近似视为理想液态混合物反应。温度为 100℃时，将 2.150mol 戊烯与 1.000mol 三氯乙酸混合，平衡时得酯 0.762mol。试计算将 7.13mol 戊烯与 1.00mol 三氯乙酸混合时生成酯的物质的量。

解：

	$C_5H_{10}(l)$	+ $CCl_3COOH(l)$	$\rightleftharpoons CCl_3COOC_5H_{11}(l)$
开始时各物质的量/mol	2.150	1.00	0
平衡时各物质的量/mol	2.150－0.762	1.000－0.762	0.762

平衡时系统中总的物质的量/mol　(2.150－0.762)＋(1.000－0.762)＋0.762＝2.388

根据式(5.10) 则有

$$K^{\ominus}=\frac{\dfrac{0.762}{2.388}}{\dfrac{2.150-0.762}{2.388}\times\dfrac{1.000-0.762}{2.388}}=5.51$$

当 7.13mol 戊烯与 1.00mol 三氯乙酸混合，平衡时戊烯、三氯乙酸、酯的物质的量分别为：$(7.13-\alpha)$mol，$(1.00-\alpha)$mol，αmol。

平衡时系统中总的物质的量/mol　$(7.13-\alpha)+(1.00-\alpha)+\alpha=(8.13-\alpha)$，则

$$K^{\ominus}=\frac{\dfrac{\alpha}{8.13-\alpha}}{\dfrac{7.13-\alpha}{8.13-\alpha}\times\dfrac{1.000-\alpha}{8.13-\alpha}}=5.51$$

求解得　$\alpha=0.82$

生成酯的物质的量为 0.82mol。

第十节　液态溶液中反应的化学平衡

在这里仅讨论非电解质溶液。对于液态溶液来说，它包含溶质和溶剂两部分。溶剂 A 的组成一般用物质的量分数表示，其化学势为

$$\mu_A(\text{溶剂})=\mu_A^{\ominus}+RT\ln(\gamma_A x_A) \tag{5.48}$$

式中，x_A为物质的量分数；γ_A为液态溶液中溶剂 A 以物质的量分数表示组成时的活度因子（活度系数）。

溶质 B 的组成一般用质量摩尔浓度 b（单位为 $mol\cdot kg^{-1}$）表示，其化学势为：

$$\mu_B(\text{溶质})=\mu_B^{\ominus}+RT\ln\left(\frac{b_B\gamma_B}{b^{\ominus}}\right) \tag{5.49}$$

式中，γ_B为液态溶液中溶质 B 以质量摩尔浓度表示组成时的活度因子（活度系数）；$b^{\ominus}=1mol\cdot kg^{-1}$，是标准质量摩尔浓度。

如果液态溶液中的化学反应可表示为 $0=\nu_A A+\sum\limits_B\nu_B B$，则有

$$\begin{aligned}\Delta_r G_m&=\nu_A\mu_A+\sum_B\nu_B\mu_B\\&=\nu_A[\mu_A^{\ominus}+RT\ln(\gamma_A x_A)]+\sum_{B\neq A}\nu_B\left[\mu_B^{\ominus}+RT\ln\left(\frac{b_B\gamma_B}{b^{\ominus}}\right)\right]\\&=\left(\nu_A\mu_A^{\ominus}+\sum_{B\neq A}\nu_B\mu_B^{\ominus}\right)+RT\ln\left[(x_A\gamma_A)^{\nu_A}\prod_{B\neq A}\left(\frac{b_B\gamma_B}{b^{\ominus}}\right)^{\nu_B}\right]\\&=\Delta_r G_m^{\ominus}+RT\ln\left[(x_A\gamma_A)^{\nu_A}\prod_{B\neq A}\left(\frac{b_B\gamma_B}{b^{\ominus}}\right)^{\nu_B}\right]\end{aligned} \tag{5.50}$$

当化学反应处于平衡时，$\Delta_r G_m=0$

所以　$$\Delta_r G_m^{\ominus}=-RT\ln K^{\ominus}(T)=-RT\ln\left[(x_A\gamma_A)^{\nu_A}\prod_{B\neq A}\left(\frac{b_B\gamma_B}{b^{\ominus}}\right)^{\nu_B}\right]$$

故　$$K^{\ominus}(T)=(x_A\gamma_A)^{\nu_A}\prod_{B\neq A}\left(\frac{b_B\gamma_B}{b^{\ominus}}\right)^{\nu_B} \tag{5.51}$$

对于理想稀溶液，$x_A=1$，$\gamma_A=1$，$\gamma_B=1$，所以上式化为

$$K^{\ominus}(T)=\prod_{B\neq A}\left(\frac{b_B}{b^{\ominus}}\right)^{\nu_B} \qquad (5.52)$$

习　题

一、选择题

1. 在常温下，$NH_4HCO_3(s)$ 可发生分解反应：

$$NH_4HCO_3(s) = NH_3(g) + H_2O(g) + CO_2(g)$$

现把 1kg 和 20kg $NH_4HCO_3(s)$ 分别装入两个预先抽空的密闭容器 A 和 B 中 [$NH_4HCO_3(s)$ 还存在]，在一定温度下经平衡后（　　）。

(A) 两个容器中的压力相等　　(B) A 内的压力大于 B 内的压力

(C) B 内的压力大于 A 内的压力　　(D) 无法判断哪个容器中的压力大

2. 在等温等压条件下，化学反应达平衡时，下列诸式中何者不一定成立（　　）。

(A) $\Delta_r G_m = 0$　　(B) $\Delta_r G_m^{\ominus} = 0$

(C) $\sum \nu_B \mu_B = 0$　　(D) $\left(\frac{\partial G}{\partial \xi}\right)_{T,p} = 0$

3. 下列物理量中，哪一组与压力无关（　　）。

(A) K_r，$\Delta_r G_m$　　(B) K_x，$\Delta_r H_m$

(C) K_c，$(\partial G/\partial \xi)_{T,p}$　　(D) K_f，$\Delta_r G_m^{\ominus}$

4. 温度 T、压力 p 时理想气体反应

① $2H_2O(g) = 2H_2(g) + O_2(g)$　$K_1^{\ominus}$

② $CO_2(g) = CO(g) + \frac{1}{2}O_2(g)$　$K_2^{\ominus}$

则反应：③ $CO(g) + H_2O(g) = CO_2(g) + H_2(g)$ 的 $K_3^{\ominus}$ 应为（　　）。

(A) $K_3^{\ominus} = K_1^{\ominus}/K_2^{\ominus}$　　(B) $K_3^{\ominus} = K_1^{\ominus} - K_2^{\ominus}$

(C) $K_3^{\ominus} = \sqrt{K_1^{\ominus}}/K_2^{\ominus}$

5. 下述说法中哪一种正确？（　　）

(A) 增加压力一定有利于液体变为固体　(B) 增加压力一定有利于固体变为液体

(C) 增加压力与液体变为固体无关　　(D) 增加压力不一定有利于液体变为固体

6. 等温等压下，某反应的 $\Delta_r G_m^{\ominus} = 10\text{kJ}\cdot\text{mol}^{-1}$ 该反应（　　）。

(A) 能正向自发进行　　(B) 能反向自发进行

(C) 方向无法判断　　(D) 不能进行

7. 在压力不变的条件下，加入惰性气体能增大哪一个反应的平衡转化率？（　　）

(A) $\frac{3}{2}H_2(g) + \frac{1}{2}N_2(g) = NH_3(g)$

(B) $CO(g) + H_2O(g) = CO_2(g) + H_2(g)$

(C) $C_6H_5C_2H_5(g) = C_6H_5C_2H_3(g) + H_2(g)$

(D) $CH_3COOH(l) + C_2H_5OH(l) = H_2O(l) + C_2H_5COOCH_3(l)$

8. 某反应 $A(s) = Y(g) + Z(g)$ 的 $\Delta_r G_m^{\ominus}$ 与温度的关系为 $\Delta_r G_m^{\ominus} = (-45000 + 110T/\text{K})\text{J}\cdot\text{mol}^{-1}$，在标准压力下，要防止该反应发生，温度如何控制（　　）。

(A) 高于 136℃　(B) 低于 136℃　(C) 高于 184℃　(D) 低于 184℃

9. 已知转换反应 α-HgS = β-HgS 的 $\Delta_r G_m^{\ominus}/\text{J}\cdot\text{mol}^{-1} = 980 - 1.456T/\text{K}$，下列结论中哪

一个是正确的？（ ）

（A）转换熵为$-1.456J \cdot K^{-1} \cdot mol^{-1}$ （B）转换熵为$9.80kJ \cdot mol^{-1}$

（C）转换温度为673K （D）常温时β-HgS稳定

10. 在一定温度范围内，某化学反应的$\Delta_r H_m^{\ominus}$不随温度而变，故此化学反应在该温度内的$\Delta_r S_m^{\ominus}$随温度而（ ）。

（A）增大 （B）减小 （C）不变 （D）无法确定

11. 298.15K时反应$N_2O_4(g) \xlongequal{} 2NO_2(g)$的$K^{\ominus}=0.1132$。当$p(N_2O_4)=p(NO_2)=$1kPa时，反应（ ）。

（A）向生成NO_2方向进行 （B）向生成N_2O_4方向进行

（C）正好达到平衡 （D）难以判断反应进行的方向

12. 已知反应$2NH_3 \xlongequal{} N_2+3H_2$在等温条件下的标准平衡常数为0.25，那么，在此条件下，氨的合成反应$1/2N_2+3/2H_2 \xlongequal{} NH_3$的标准平衡常数为（ ）。

（A）0.5 （B）1 （C）2 （D）4

13. 在刚性密闭容器中，理想气体反应$A(g)+B(g) \xlongequal{} Y(g)$达平衡，若在等温下加入一定量的惰性气体，平衡（ ）。

（A）向右移动 （B）向左移动 （C）不移动 （D）无法确定

14. Ag_2O分解可用下面两个计量方程之一表示，其相应的平衡常数也一并列出

$$Ag_2O(s) \longrightarrow 2Ag(s)+\frac{1}{2}O_2(g) \quad K^{\ominus}(1)$$

$$2Ag_2O(s) \longrightarrow 4Ag(s)+O_2(g) \quad K^{\ominus}(2)$$

设气相为理想气体，且已知反应是吸热的，下列结论哪个是正确的（ ）。

（A）$K^{\ominus}(2)=[K^{\ominus}(1)]^{\frac{1}{2}}$ （B）$K_p(2)=K_p(1)$

（C）$K_p(2)$随温度的升高而减小 （D）O_2气的平衡压力与计量方程的写法无关

15. 化学反应系统在等温等压下发生$\Delta\xi=1mol$的反应，所引起系统吉布斯函数的改变值$\Delta_r G_m$的数值正好等于系统化学反应吉布斯函数$(\partial G/\partial \xi)_{T,p,n_i}$的条件是（ ）。

（A）系统发生单位反应 （B）反应达到平衡

（C）反应物处于标准状态 （D）无穷大系统中所发生的单位反应

16. 标准态的选择对下列物理量有影响的是（ ）。

（A）p，μ，$\Delta_r G_m^{\ominus}$ （B）m，$\mu^{\ominus}$，ΔA

（C）a，$\mu^{\ominus}$，$\Delta_r G_m^{\ominus}$ （D）a，μ，$(\partial G/\partial \xi)_{T,p,W'=0}$

17. 某实际气体反应，用逸度表示的平衡常数$K_f^{\ominus}$随下列哪些因素而变（ ）。

（A）系统的总压力 （B）催化剂

（C）温度 （D）惰性气体的量

18. 当温度升高时，固体氧化物的分解压（分解反应是吸热的）（ ）。

（A）降低 （B）增大 （C）恒定 （D）不能确定

19. 理想气体反应$N_2O_5(g) \xlongequal{} N_2O_4(g)+1/2O_2(g)$的$\Delta_r H_m^{\ominus}$为$41.84kJ \cdot mol^{-1}$，$\Delta C_p=0$，试问增加$N_2O_4$平衡产率的条件是（ ）。

（A）降低温度 （B）提高温度

（C）提高压力 （D）等温等容加入惰性气体

20. 已知反应$3O_2(g) \xlongequal{} 2O_3(g)$在25℃时$\Delta_r H_m^{\ominus}=-280J \cdot mol^{-1}$，则下列哪个条件对

反应有利（　　）。

（A）升温升压　　（B）升温降压

（C）降温升压　　（D）降温降压

21. $N_2(g)+3H_2(g)$ ══ $2NH_3(g)$，在 T、p 条件下达平衡，当 $\frac{1}{2}<y(N_2)<1$ 时，增加反应物 N_2 的物质的量，反应进行的方向是（　　）。

（A）逆向　　（B）正向　　（C）平衡不移动　　（D）不能判断

（答：1A，2B，3D，4B，5D，6C，7C，8C，9C，10C，11B，12C，13C，14D，15D，16C，17C，18B，19B，20C，21A）

二、计算题

1. 已知四氧化二氮的分解反应 $N_2O_4(g) \rightleftharpoons 2NO_2(g)$，在 298.15K 时，$\Delta_r G_m^{\ominus}=4.75kJ\cdot mol^{-1}$。试求在此温度及下列条件下的摩尔反应吉布斯函数变，并判断反应进行的方向：

（1）N_2O_4(100kPa)，NO_2(1000kPa)；

（2）N_2O_4(1000kPa)，NO_2(100kPa)；

（3）N_2O_4(300kPa)，NO_2(200kPa)。

答：（1）16.17kJ·mol^{-1}，向左；（2）−0.96kJ·mol^{-1}，向右；（3）5.46kJ·mol^{-1}，向左

2. 现有气体反应 $A(g)+B(g) \rightleftharpoons C(g)+D(g)$，假设 A、B、C、D 均为理想气体，开始时，A 与 B 均为 10mol；300K 下，反应达到平衡，A 与 B 的物质的量各为 3.333mol。

（1）求反应的标准平衡常数；

（2）如果开始时，A 为 10mol，B 为 20mol，则反应达到平衡时 C 的物质的量是多少？

（3）如果开始时，A 为 10mol，B 为 10mol，C 为 5mol，则反应达到平衡时 C 的物质的量是多少？

（4）如果开始时，C 为 10mol，D 为 20mol，则反应达到平衡时 C 的物质的量是多少？

答：（1）4；（2）8.450mol；（3）10.96mol；（4）5.426mol

3. $FeSO_4(s)$ 于 929K 下进行以下分解反应：$2FeSO_4(s)$ ══ $Fe_2O_3(s)+SO_2(g)+SO_3(g)$ 平衡时，系统的总压力 $p=91192.5Pa$。

（1）计算在 929K 下，上述反应的 $K^{\ominus}$；

（2）若在烧瓶中预先放入 60795Pa 的 $SO_2(g)$，再放入过量的 $FeSO_4(s)$，在 929K 下反应达平衡，计算系统的总压力。（$p^{\ominus}=100kPa$）

答：（1）0.2080；（2）113207Pa

4. 乙醇气相脱水可制备乙烯，其反应为：$C_2H_5OH(g)$ ══ $C_2H_4(g)+H_2O(g)$。各物质 298K 时的 $\Delta_f H_m^{\ominus}$ 及 $S_m^{\ominus}$ 如下：

物质	$C_2H_5OH(g)$	$C_2H_4(g)$	$H_2O(g)$
$\Delta_f H_m^{\ominus}$/kJ·mol^{-1}	−235.08	52.23	−241.60
$S_m^{\ominus}$/J·K^{-1}·mol^{-1}	281.73	219.24	188.56

计算 25℃下反应的 $\Delta_r G_m^{\ominus}$ 和 $K^{\ominus}$。

答：8141.14J·mol^{-1}；0.0374

5. 将 1.1g NOBr 放入−55℃抽真空的 1L 容器中，加热容器至 25℃此时容器内均为气态物质，测得其压力为 3.24×10^4Pa。其中存在着以下的化学平衡：

$$2NOBr(g) = 2NO(g) + Br_2(g)$$

若将容器内的气体视为理想气体，求上述反应在25℃时的标准平衡常数和$\Delta_r G_m^{\ominus}$。已知各原子的摩尔质量为N：14g·mol^{-1}，O：16g·mol^{-1}，Br：80g·mol^{-1}。($p^{\ominus}$=100kPa)

答：0.168；4.42kJ·mol^{-1}

6. 银可能受到H_2S的腐蚀而发生下面的反应：

$$H_2S(g) + 2Ag(s) \longrightarrow Ag_2S(s) + H_2(g)$$

在25℃和101325Pa下，将Ag(s)放在等体积的H_2和H_2S组成的混合气体中，问：

(1) 能否发生腐蚀而生成Ag_2S?

(2) 在混合气体中，硫化氢的摩尔分数低于多少才不致发生腐蚀？已知25℃时$Ag_2S(s)$和$H_2S(g)$的$\Delta_f G_m^{\ominus}$分别为−40.25kJ·mol^{-1}和−32.93kJ·mol^{-1}。

答：(1) 能；(2) 0.0495

7. 500℃、25MPa下，物质的量之比为1∶2的CO、H_2混合气发生反应：

(1) $CO(g) + 2H_2 \rightleftharpoons CH_3OH(g)$　　$K_1^{\ominus} = 4.6\times10^{-6}$

(2) $CO(g) + 2H_2 \rightleftharpoons \frac{1}{2}C_2H_5OH(g) + \frac{1}{2}H_2O(g)$　　$K_2^{\ominus} = 9.2\times10^{-4}$

试求平衡时CH_3OH、C_2H_5OH、H_2O的物质的量之比。设气体服从理想气体状态方程。

答：1∶200∶200

8. 在298～2200K之间，反应

$2H_2(g) + S_2(g) = 2H_2S(g)$的$\Delta_r G_m^{\ominus}$/J·mol^{-1}=−180600+98.78(T/K)，求该反应的$K^{\ominus}$与T的关系，并求平均反应的标准摩尔焓。

答：$\ln K^{\ominus} = \frac{21721}{(T/K)} - 11.88$；−180.6kJ·mol^{-1}

9. 在一个抽空的密闭容器中，于17℃时充入光气$COCl_2$至压力为94659Pa。在此温度下光气不离解。将此密闭容器加热至500℃，容器中压力增高至267578Pa。设光气等气体服从理想气体方程，试计算：

(1) 500℃时光气的解离度α；

(2) 500℃解离反应的标准平衡常数$K^{\ominus}$；

(3) 光气合成反应在500℃时的$\Delta_r G_m^{\ominus}$。

($p^{\ominus}$=100kPa)

答：(1) 0.0605；(2) 9.83×10^{-3}；(3) −29.7kJ·mol^{-1}

10. 在密闭容器中放入PCl_5，并按下式分解（气体为理想气体）：

$$PCl_5(g) = PCl_3(g) + Cl_2(g)$$

(1) 500K，总压力为200kPa时$PCl_5(g)$的标准平衡常数为$K^{\ominus}$(500K)=12.70，计算解离度。

(2) 400K，总压力为100kPa时，实验测得混合气的密度为5.000kg·m^{-3}，计算反应的$\Delta_r H_m^{\ominus}$（设其不随温度变化）。(P和Cl的原子量分别为31.0和35.5)

答：(1) 0.9295；(2) 88.01kJ·mol^{-1}

11. $NaHCO_3(s)$分解反应为

$$2NaHCO_3(s) = Na_2CO_3(s) + H_2O(g) + CO_2(g)$$

已知有关数据如下表所示：

物质	$NaHCO_3(s)$	$Na_2CO_3(s)$	$H_2O(g)$	$CO_2(g)$
$\Delta_f H_m^{\ominus}(298K)/kJ \cdot mol^{-1}$	−947.4	−1131	−241.8	−393.5
$S_m^{\ominus}(298K)/J \cdot mol^{-1} \cdot K^{-1}$	102.0	136.0	189.0	214.0

而且在 298～373K 之间，$\Delta_f H_m^{\ominus}(T)$ 及 $\Delta_r S_m^{\ominus}(T)$ 均可近似视为与 T 无关。求

（1）101325Pa、371.0K 时的标准平衡常数 $K^{\ominus}$；

（2）101325Pa、371.0K 时，系统中 H_2O 的摩尔分数 $x(H_2O)=0.6500$ 的 H_2O 和 CO_2 混合气体能否使 $NaHCO_3$ 避免分解？（$p^{\ominus}=100kPa$）

答：（1）0.2550；（2）不能避免

12. 某些冶金厂和化工厂排出的废气中含有毒性气体 SO_2，SO_2 在一定条件下可氧化为 SO_3，并进一步与水蒸气结合生成酸雾或酸雨，造成对农田、森林、建筑物及人体的危害。已知 $SO_2(g)$ 和 $SO_3(g)$ 在 298K 时的 $\Delta_f G_m^{\ominus}$ 分别为 $-300.37kJ \cdot mol^{-1}$ 和 $-370.42kJ \cdot mol^{-1}$；298K 时，空气中 $O_2(g)$、$SO_2(g)$ 和 $SO_3(g)$ 的浓度分别为 $8.00mol \cdot m^{-3}$，$2.00\times10^{-4} mol \cdot m^{-3}$ 和 $2.00\times10^{-6} mol \cdot m^{-3}$，问反应 $SO_2(g)+1/2O_2(g) = SO_3(g)$ 能否发生？（$p^{\ominus}=100kPa$）

答：能

13. 反应 $CO_2(g)+2NH_3(g) \longrightarrow (NH_2)_2CO(s)+H_2O(l)$ 已知

物质	$CO_2(g)$	$NH_3(g)$	$(NH_2)_2CO(s)$	$H_2O(l)$
$\Delta_f H_m^{\ominus}(B,298K)/kJ \cdot mol^{-1}$	−393.51	−46.19	−333.17	−285.85
$S_m^{\ominus}(B,298K)/J \cdot K^{-1} \cdot mol^{-1}$	213.64	192.51	104.60	69.96

（1）在 25℃、标准状态下反应能否自发进行？

（2）设 $\Delta_r S_m^{\ominus}$ 和 $\Delta_r H_m^{\ominus}$ 均与 T 无关，估算反应在标准状态下能自发进行的最高温度。

答：（1）能；（2）313.9K

14. $N_2O_4(g)$ 在常温可按下式分解：

$$N_2O_4(g) = 2NO_2(g)$$

（1）在 25℃及 101325Pa 条件下，将一定量的 $N_2O_4(g)$ 放到体积为 V 的抽空容器中，实验测得 $N_2O_4(g)$ 按上式分解，而且 $K^{\ominus}=0.146$，求反应平衡混合气体的体积质量（密度）ρ；

（2）计算 25℃、总压力为 50662.5Pa 下，$N_2O_4(g)$ 的解离度 α。（$p^{\ominus}=100kPa$）

答：（1）$3.17g \cdot dm^{-3}$；（2）0.260

15. 工业上用乙苯脱氢制苯乙烯：

$$C_6H_5C_2H_5(g) = C_6H_5C_2H_3(g)+H_2(g)$$

如反应在 900K 下进行，其 $K^{\ominus}=1.51$。计算及回答下列问题：

（1）反应压力为 50kPa 时，乙苯的平衡转化率及 $\Delta_r G_m^{\ominus}(900K)$。

（2）反应总压力为 100kPa，其中有 0.5×100kPa 的水蒸气时，乙苯的平衡转化率。

（3）上述两个计算结果说明什么？

答：（1）0.8667，$-3.084kJ \cdot mol^{-1}$；（2）0.8667；（3）反应的分子数是增加的，减压对反应是有利的，加入惰性组分在常压下同样可以达到减压的效果

16. 对反应 $PbO(s)+CO(g) \longrightarrow Pb(s)+CO_2(g)$ 已知 25℃的数据如下：

物质	PbO(s)	CO(g)	Pb(s)	CO_2(g)
$\Delta_f H_m^\ominus$/kJ·mol^{-1}	−219.2	−110.5	0	−393.5
$\Delta_f G_m^\ominus$/kJ·mol^{-1}	−189.3	−137.3	0	−394.4
$C_{p,m}$/J·K^{-1}·mol^{-1}	46.3	29.1	26.5	36.7

试求 25℃时反应的 $K^\ominus$。假定 25～125℃间热容不变，求 125℃时反应的 $K^\ominus$。

答：7.6×10^{11}；1.1×10^{9}

17. 已知反应在 800K 时进行：$A(s)+4B(g)=3Y(s)+4Z(g)$ 有关数据如下：

物质	$\Delta_f H_m^\ominus$(298K)/kJ·mol^{-1}	$S_m^\ominus$(298K)/J·mol^{-1}·K^{-1}	$C_{p,m}$(298～800K)/J·mol^{-1}·K^{-1}
A(s)	−1116.71	151.46	193.00
B(g)	0	130.58	28.33
Y(s)	0	27.15	30.88
Z(g)	−241.84	188.74	36.02

(1) 计算下表中的数据

温度	$\Delta_r H_m^\ominus$/kJ·mol^{-1}	$\Delta_r S_m^\ominus$/J·mol^{-1}·K^{-1}	$\Delta_r G_m^\ominus$/kJ·mol^{-1}	$K^\ominus$
298K				
800K				

(2) 800K 时，将 A(s) 和 Y(s) 置于体积分数分别为 $w(B)=0.50$、$w(Z)=0.40$、w(惰性气体)$=0.10$ 的混合气体中，上述反应将向哪个方向进行？($p^\ominus=100$kPa)

答：(1) 略；(2) 向左

18. 已知 50℃时 $NaHCO_3$(s) 的分解压力为 4.00kPa，其对应的反应是：

反应 (1)　　$2NaHCO_3(s)=Na_2CO_3(s)+H_2O(g)+CO_2(g)$

同温度下　反应 (2)　$CuSO_4\cdot5H_2O(s)=CuSO_4\cdot3H_2O(s)+2H_2O(g)$

达平衡时 H_2O(g) 的压力为 6.05kPa。试求由 $NaHCO_3$(s)、Na_2CO_3(s)、$CuSO_4\cdot5H_2O$(s)、$CuSO_4\cdot3H_2O$(s)、H_2O(g)、CO_2(g) 所组成的系统在 50℃达平衡时 H_2O 与 CO_2 的分压力。

答：$p(H_2O)=6.05$kPa；$p(CO_2)=0.661$kPa

19. 已知下列反应在 1110℃时的标准平衡常数：

$C(s)+2S(s)=CS_2(g)$　　$K_1^\ominus=0.258$

$Cu_2S(s)+H_2(g)=2Cu(s)+H_2S(g)$　　$K_2^\ominus=3.9\times10^{-3}$

$2H_2S(g)=2H_2(g)+2S(s)$　　$K_3^\ominus=2.29\times10^{-2}$

试求反应 $2Cu_2S(s)+C(s)=4Cu(s)+CS_2(g)$ 的 $K^\ominus$。

答：9.0×10^{-8}

20. 1120℃时发生反应 $FeO(s)+CO(g)=Fe(s)+CO_2(g)$，试问还原 1mol FeO 需要多少 CO？已知同温度下：

(1) $2CO_2(g)=2CO(g)+O_2(g)$　　$K_1^\ominus=1.4\times10^{-12}$

（2）$2FeO(s)═══2Fe(s)+O_2(g)$　　　$K_2^{\ominus}=2.47\times10^{-13}$

答：3.38mol

21. 硅热法炼镁是用 Si(l) 还原 MgO(s)，已知

$$2Mg(g)+O_2 ═══ 2MgO(s) \qquad (1)$$

$$\Delta_r G_{m,1}^{\ominus}/J\cdot mol^{-1}=-1221.4\times10^3+448.56(T/K)$$

$$Si(l)+O_2(g)═══SiO_2(s) \qquad (2)$$

$$\Delta_r G_{m,2}^{\ominus}/J\cdot mol^{-1}=-903.49\times10^3+177.07(T/K)$$

计算总压力为 1.01kPa 时，Si(l) 还原 MgO(s) 的最低温度。［忽略 Si(l) 的蒸气压］（$p^{\ominus}=100kPa$）

答：1630K

22. 在 750℃、总压力为 4266Pa，反应：

$$\frac{1}{2}SnO_2(s)+H_2(g)═══\frac{1}{2}Sn(s)+H_2O(g)$$

达平衡时，水蒸气的分压力为 3160Pa。

（1）求题给反应在 750℃下的 $K^{\ominus}$；

（2）若已知反应 $H_2(g)+CO_2(g)═══CO(g)+H_2O(g)$ 在 750℃时的 $K_1^{\ominus}=0.773$，试求下列反应的 $K_2^{\ominus}$：

$$\frac{1}{2}SnO_2(s)+CO(g)=\frac{1}{2}Sn(s)+CO_2(g) \quad (p^{\ominus}=100kPa)$$

答：（1）2.86；（2）3.70

23. 物质 A 按式 $3A(g)═══Y(g)+Z(g)$ 离解，A、Y、Z 均可视为理想气体，在压力为 101325Pa，温度为 300K 时，测得有 40%（以物质的量为单位）的 A(g) 离解；若压力保持为 101325Pa，温度为 310K 时，则有 41%（以物质的量为单位）的 A（g）离解。试求该反应的 $\Delta_r H_m^{\ominus}$。设 $\Delta_r H_m^{\ominus}$ 不随温度而变（$p^{\ominus}=100kPa$）。

答：$7.41kJ\cdot mol^{-1}$

24. 今有理想气体化学反应如下：

$$2A(g)+B(g)═══3Y(g)+Z(g)$$

其反应的标准摩尔焓 $\Delta_r H_m^{\ominus}=-6.960kJ\cdot mol^{-1}$，且 $\sum\nu_B C_{p,m}=0$

若在 25℃下，将 1mol A(g)、2mol B(g)、1mol Y(g) 混合进行反应，达平衡后气体混合物中有 0.3mol Z(g)，系统总压力为 101325Pa。

求在 100℃下，总压力为多大时，才能将 2mol A(g) 与 1mol B(g) 混合反应，而且达平衡时气相中 Z(g) 的物质的量为 0.5mol。（$p^{\ominus}=100kPa$）

答：196.62kPa

25. 已知下列两反应的 $K^{\ominus}$ 值如下：

$$FeO(s)+CO(g)═══Fe(s)+CO_2(g) \qquad K_1^{\ominus}$$

$$Fe_3O_4(s)+4CO(g)═══3Fe(s)+4CO_2(g) \qquad K_2^{\ominus}$$

T/K	$K_1^{\ominus}$	$K_2^{\ominus}$
873	0.871	1.15
973	0.678	1.77

而且两反应的$\sum\nu_B C_{p,m}=0$试求：

（1）在什么温度下 Fe(s)、FeO(s)、Fe_3O_4(s)、CO(g) 及 CO_2(g) 全部存在于平衡系统中；

（2）此温度下 $p(CO_2)/p(CO)=?$

答：（1）832K；（2）0.9825

26. CO_2(g) 与 H_2S(g) 在高温下有如下反应：

$$CO_2(g)+H_2S(g)=\!=\!=COS(g)+H_2O(g)$$

今在 610K、2.5dm^3 抽空容器中加入 4.4g CO_2(g)，然后再通入 H_2S(g)，未反应时，容器内压力达 1013.250kPa。反应达平衡时，平衡混合气体中的 $y(H_2O)=0.02$。然后将反应瓶升温至 620K，重新达平衡时，H_2O(g) 的 $y(H_2O)=0.03$。

（1）计算 610K 时的 $K^{\ominus}$；

（2）求 620K 时反应的 $\Delta_r G_m^{\ominus}$；

（3）计算反应的 $\Delta_r H_m^{\ominus}$；

（4）在 610K 时，在反应系统中通入惰性气体 N_2(g)，使系统压力升至 2026500Pa，问 COS(g) 的产量是增加、减少还是不变。

答：（1）0.002844；（2）25.68kJ·mol^{-1}；（3）277.0kJ·mol^{-1}；（4）不变

27. 反应

$$H_2(g)+\frac{1}{2}O_2(g)=\!=\!=H_2O(g) \qquad (1)$$

$$\Delta_r G_{m,1}^{\ominus}/J\cdot mol^{-1}=-246850+55.96(T/K)$$

$$C(石墨)+\frac{1}{2}O_2(g)=\!=\!=CO(g) \qquad (2)$$

$$-\Delta_r G_{m,2}^{\ominus}/J\cdot mol^{-1}=-111500-87.65(T/K)$$

求：（1）在标准状态下，用 C（石墨）还原水制 H_2(g) 和 CO(g) 的最低温度；

（2）在 1073K、100kPa 条件下系统的平衡气相组成为多少？（$p^{\ominus}=100kPa$）

答：（1）942.5K；（2）$y(H_2O)=0.02886$，$y(CO)=y(H_2)=0.4856$

第六章

相 平 衡

前边已经对热力学基本原理做了介绍。本章就是利用热力学基本原理讨论多相平衡的基本问题。对于多相平衡，将从两个方面进行介绍。一个方面是相律，它是用来讨论相平衡关系的一个普遍规律。相律为多相平衡系统的研究建立了热力学基础，是物理化学中最具普遍性的规律之一。它讨论了平衡系统中相数、独立组分数与平衡系统中存在的独立的强度变量个数之间的关系。在相律的指导下可以分析和讨论多组分、多相系统的相平衡问题。另一个方面是利用相图解决相平衡的相关问题，即利用相律知识来指导研究多相系统的状态如何随浓度、温度、压力等强度变量的改变而发生变化。相图的突出优点是直观性和整体性，它能明确说明各种相存在的范围和相变发生的条件。

在自然界以及化工生产过程中，很多涉及物理变化的过程都包含相的变化和相平衡的问题。因此，对多相平衡问题的讨论具有重要意义。例如，可以从理论上指导化工产品的转化、组分分离、提纯和富集；可以在合金的制备以及金属冶炼过程中利用相图的知识对有关的分步结晶、区域熔炼等过程进行技术指导；在陶瓷和水泥生产中，欲掌握合适的配制成分和制造工艺也需相图帮助等等。本章将介绍一些基本的典型相图，并通过对这些基本相图的理解，读者能看懂其他较复杂相图，了解其应用。

第一节　相　　律

相律（phase rule）是在1876年由吉布斯（J. W. Gibbs）提出的，又称Gibbs相律，是所有相平衡系统都遵守的普遍规律。它表达了系统中的相数（Φ）、组分数（C）和自由度（f）之间的数的关系。吉布斯相律在特定的组成、温度和压力下将平衡时存在的相数与组分数联系起来。在学习相律之前需要明确几个基本概念。

1. 相律的基本概念

（1）相、相数　相（phase）即系统中物理性质和化学性质都均匀一致的部分。不同的均匀部分属于不同的相，相与相之间存在明显的界面，理论上可以用机械方法分开。它们的宏观性质在界面具有突变，与物质量无关。系统中所具有的相的总数目称为相数，用符号 Φ 表示。

对于气体而言，除了非常高的压力下气体可能分层外，通常任何气体都能无限地混合均匀，所以无论有多少种气体混合在一起也都只有一相，即 $\Phi=1$。液体相数的确定是根据其组分之间的相互溶解的程度不同，可以有一相、两相甚至多相。固体在不形成固态溶液的情况下，有几种固体物质就是几相，不论这些固体物质的颗粒有多小。注意固体有不同晶型，如碳有金刚石和石墨、无定形碳等晶型，有一种晶型就是一相。显然物系至少为一相，即 $\Phi \geqslant 1$。

（2）物种数、（独立）组分数　平衡系统中存在的化学物质种类的数目称为物种数（number of substances），用符号 S 表示。不同相态中的同一化学物质，物种数只计一次。在实际讨论问题时，为了讨论问题的方便，用（独立）组分数（number of components）描述平衡系统中各相组成所需最少的、能独立存在的物质种类的数目，用符号 C 表示。组分数与物种数的关系是：当系统的数量发生变化时，不会引起平衡系统相的数目和相的性质发生变化。

无化学反应体系：组分数＝物种数

有化学反应体系：组分数≠物种数

原因是系统中化学物种间建立了化学平衡关系，在一定温度和压力下，由于存在一个平衡常数关系式的限制，所以参加反应的任一物质的量都随其他量的确定而确定，不能任意变动。如由 $H_2(g)$、$N_2(g)$、$NH_3(g)$ 组成的系统，常温、常压下，$C=3$。但是在高温、高压条件下，由于发生反应 $3H_2(g)+N_2(g) \rightleftharpoons 2NH_3(g)$，达平衡状态时，有

$$K^{\ominus}=\frac{\left(\frac{p_{NH_3}}{p^{\ominus}}\right)^2}{\left(\frac{p_{H_2}}{p^{\ominus}}\right)^3\left(\frac{p_{N_2}}{p^{\ominus}}\right)}$$

此时，整个系统只用 $H_2(g)$、$N_2(g)$、$NH_3(g)$ 中任意两个组分的组成就可以表达系统每一个组分的组成。（独立）组分数为 $C=S-R=3-1=2$，R 为系统中存在的独立化学反应数。即有一个独立的化学平衡就有一个关于平衡常数的关系式，也就对应一个浓度限制关系。如果在高温、高压下，再加上 $n_{H_2}:n_{N_2}=3:1$ 一个浓度限制条件，可以独立变化的组分浓度变量个数只有一个。组分数 $C=S-R-R'=3-1-1=1$，R'为各物质除了平衡常数关系以及同一相中各物质的物质的量分数之和为 1 这两个关系以外的不同物种的组成间的独立关系式数（等号数）。因此（独立）组分数的定义式为：$C=S-R-R'$。

（3）自由度　在不影响平衡系统的相数和相态时，在一定范围内可以独立变化的最少强度变量数（独立变量数），称为自由度（degree of freedom），用符号 f 表示。在不考虑其他因素（包括电、磁、外力场等）的影响下，热力学上强度性质包括温度、压力和组成。自由度即为可以独立变化的温度、压力和组成的数量。

2. 相律的推导

在封闭的多相系统中，相与相之间没有任何限制条件，各相之间可以有热交换、功传递及物质的交换，即各相之间是敞开的。如果系统只做体积功，而没有其他功时，系统的诸性质不随时间而改变，则系统处于热力学平衡状态，即满足四个条件：①系统各部分之间满足热平衡（系统中各相温度相等）；②系统各部分之间满足力学平衡（各相的压力相等）；③系统各部分之间满足相平衡（各部分化学势相等）；④系统各部分之间满足化学平衡（参加反应各物质的化学势与各自化学计量数之和为零）。根据这四个条件可导出相律。

设多相平衡系统中，含有 S 种不同的化学物种，有 Φ 个相，如果在 n 个外界因素（包括温度、压力、电场、磁场、重力场等）影响的情况下，要确定一定条件下，在一定范围内可以独立变化的最少独立强度变量数，即系统的自由度。由数学知识可知，一个方程能限制一个变量，x 个方程限制 x 个变量。那么系统中总的强度变量数减去方程式数目得到的就是独立的强度变量数，即自由度。表达为：

$$\text{自由度}(f)=\text{总的强度变量数}-\text{方程式数目}$$

首先确定总的强度变量数。假定每个相中都含有 S 个物种，若用物质的量分数表示组成，则因为有 $x_1+x_2+x_3+\cdots+x_s=1$，故 S 个物种中只有 $S-1$ 个是独立的（用质量摩尔浓度和体积摩尔浓度表示组成也一样），再加上每一相的每一物种都有 n 个外界影响因素，因此系统内每一相的强度变量数为 $S-1+n$，得出在 Φ 个相中系统状态的变强度量总数为 $\Phi(S-1+n)$。

再确定一下各变量之间方程式数目（等号数）。由热力学平衡的条件可知

外界因素：

力平衡 $p^{\mathrm{I}}=p^{\mathrm{II}}=p^{\mathrm{III}}=\cdots=p^{\Phi}$，等式数（$\Phi-1$）个

热平衡 $T^{\mathrm{I}}=T^{\mathrm{II}}=T^{\mathrm{III}}=\cdots=T^{\Phi}$，等式数（$\Phi-1$）个

…… ……

共有 n 个外界影响因素，因此等式数共有 $n(\Phi-1)$ 个。

相平衡（系统各物质化学势相等）：

$$\mu_1^{\mathrm{I}}=\mu_1^{\mathrm{II}}=\cdots=\mu_1^{\Phi} \qquad \text{等式数（}\Phi-1\text{）个}$$

$$\mu_2^{\mathrm{I}}=\mu_2^{\mathrm{II}}=\cdots=\mu_2^{\Phi} \qquad \text{等式数（}\Phi-1\text{）个}$$

…… ……

$$\mu_s^{\mathrm{I}}=\mu_s^{\mathrm{II}}=\cdots=\mu_s^{\Phi} \qquad \text{等式数（}\Phi-1\text{）个}$$

系统内含 S 个物种，因此等式数共有 $S(\Phi-1)$ 个。

另外如果 S 种物质中存在 R 个独立的化学反应，就对应有 R 个关于平衡常数的方程式。如果再有 R' 个同一相中的各物质组成之间的对应关系式，那么可得出体系中各强度变量之间的总的方程式数目为 $n(\Phi-1)+S(\Phi-1)+R+R'$。

这样得出一个多相热力学平衡系统自由度为

$$\begin{aligned}\text{自由度}(f)&=\text{总的强度变量数}-\text{方程式数目}\\&=\Phi(S-1+n)-[n(\Phi-1)+S(\Phi-1)+R+R']\\&=S-R-R'-\Phi+n\\&=C-\Phi+n\end{aligned} \tag{6.1}$$

式(6.1)即为相律的一种表达形式。

式中，n 为温度、压强、磁场、电场、重力场等因素的数目。在热力学上，通常只需考虑温度、压强，即取 $n=2$，这时相律表达式为

$$f=C-\Phi+2 \tag{6.2}$$

这就是吉布斯相律公式。它表示：在一定条件下，系统平衡共存的相数、系统的组分数和确定系统状态所必需的自由度之间的关系。其中 2 的意义是温度和压力这两个变量。在外压一定或温度一定时，由于温度和压力两个变量已经有一个不可改变，因此 2 将改为 1，相律表达式表示为：

$$f^*=C-\Phi+1$$

称此为条件自由度公式，条件自由度用 f^* 表示。例如对于凝聚系统，由于外压对相平衡系统影响不大，通常看作定压。

若是定温定压系统，则用 f^{**} 表示。此时公式为：

$$f^{**}=C-\Phi$$

为了更好地理解相律，在此列举一个典型的例子。

例如：对于一任意量配比的 $NH_4Cl(s)$、$NH_3(g)$ 和 $HCl(g)$ 的系统，温度较高时，发生下列反应

$$NH_4Cl(s) = NH_3(g) + HCl(g)$$

独立组分数即为 $C=S-R=3-1=2$，自由度 $f=2-2+2=2$，但若使 $NH_3(g)$ 和 $HCl(g)$ 的物质的量的比例为 1∶1，或者说这两种气体仅靠分解 NH_4Cl 所得，没有额外添加的 NH_3 或 HCl，则在气相中就有 $p(NH_3)=p(HCl)$ 这一关系，因此系统中就有了一个浓度限定条件 $R'=1$，则组分数为 $C=S-R-R'=3-1-1=1$，自由度 $f=1-2+2=1$。

对于有电解质存在的系统，电中性要求也会对强度变量加以限制。例如：确定一种含有 K^+、Na^+、SO_4^{2-}、NO_3^- 的水溶液系统的组分数。可以选择 K^+、Na^+、SO_4^{2-}、NO_3^- 和水为研究对象，则系统的物种数 $S=5$，系统内无化学反应 $R=0$。因为溶液是电中性的，溶液离子间必然存在阴离子与阳离子电荷相等，离子的浓度符合 $[K^+]+[Na^+]=0.5[SO_4^{2-}]+[NO_3^-]$，即 $R'=1$。组分数 $C=S-R-R'=5-0-1=4$。

吉布斯相律在相平衡的研究中发挥重要的作用，但是应该注意到，相律给出的仅仅是变量的数目，并没有指出具体变量是什么或是在哪些相，与热力学其他推论一样，相律尽管可以框定平衡条件，却不能告知达到平衡的时间，不能解释过程发生的机理。

3. 注意事项

(1) 相律只能提供总的方向，而不能说明系统究竟是哪些相、组分及独立变量等更具体的问题。

(2) 上述推导相律时曾假设每个相中都含有 S 种物质，若不是如此也不影响相律的正确性，因为如果某一相中不含某种物质，则在这一相中物质的相对含量变量就少一个，同时，相平衡条件中该物质在各相化学势相等方程式也减少一个，因此相律式(6.2)基本形式也不变。

(3) 相律 $f=C-\Phi+2$ 这种形式，只是考虑了相平衡系统强度变量中，只有一个温度和一个压力强度变量。

① 如果系统中还有 n 个额外的强度变量对相平衡系统有影响（如还有温度、压力、磁场强度等强度变量），相当于系统增加了 n 个强度变量，这时相律的形式应为：

$$f=C-\Phi+2+n$$

② 如果系统中有 m 个某些强度变量已经确定了具体的数值（如 $T=300\text{K}$、$p=120\text{kPa}$、恒定温度及 $p=$常数等）及强度变量之间有额外的等式（如 $x_i=x_j$），相当于系统增加了 m 个关系式，这时相律的形式应为：

$$f=C-\Phi+2-m$$

(4) 对于没有气体存在，只有液相和固相形成的凝聚系统，由于压力对相平衡的影响很小，且通常在大气压力条件下研究，可以不考虑压力对相平衡的影响（相当于 $p=$常数，增加了一个关系式），所以常压下凝聚系统相律的形式为：

$$f=C-\Phi+1$$

(5) 独立的化学平衡关系式数 R，等于系统的反应物种数 S 与构成所有反应物种的基本单元数 N 之差，如果系统中有元素单质参加反应，则基本单元数就是元素种类数。如某系统存在任意量 C(s)、$H_2O(g)$、CO(g)、$CO_2(g)$、$H_2(g)$ 五种物质，存在独立的化学平衡关系式 $R=5-3=2$；又如 NH_3、HCl、NH_4Cl 系统的独立反应个数应为 $R=3-2=1$。

(6) 相区交错规则。在相图中，在不绕过临近点的前提下：①一个 Φ 相区不会与同组分另一个 Φ 相区直接相连接，由 Φ 相的相区要经过同组分一个 $\Phi+n$（n 是正整数）相区才能到另一个 Φ 相区，即相图中的相区是交错的；②任何一个 Φ 多相区的边界必定与 Φ 个结构不同的单相区相连。这是相律的必然结果。相区交错规则是分析相图的一个重要方法。

第二节 单组分系统的相平衡

对于单组分系统（one-component systems），因 $C=1$，相律可表达为

$$f=1-\Phi+2=3-\Phi$$

由上式可以看出，单组分系统最多可以有三个相共存（$f=0$ 时），最多可有两个自由度（$\Phi=1$ 时），它们是系统的温度和压力。当 $\Phi=1$ 时，在一定的范围内压力与温度均可自由变动，为双变量系统。双变量系统相图可用平面图来表达。当系统中存在两相共存时，$\Phi=2$，$f=1$，此时温度 T 和压力 p 只有一个可以独立变化（一个确定了，另一个也就相应确定下来了），两者之间的函数关系服从 Claperon 方程。下面以水的相图为例进行介绍。

在通常压力下水的相图是单组分系统中最简单的相图。可以根据实验（将水放在真空的容器中，使水处于自身的蒸气压之下）测定不同温度下水的蒸气压数据，在 p-T 图上描绘出水的相图（图 6.1）。从相图上可以看到，图上有三个区域面、三条曲线和一个点。接下来分别从相图的点线面的意义以及相变化过程来分析水的相图。

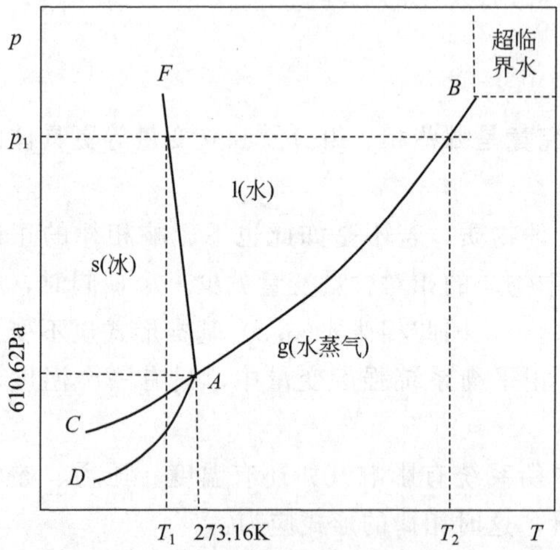

图 6.1 水的相图（示意图）

（1）区域 在区域面上，温度和压力这两个强度变量可以在一定范围内任意变动，而不会引起系统相态的变化，即 $f=2$，相数 $\Phi=1$，对应单相。在一定温度下，加压会使水更易于以凝聚态形式存在，所以液相区在气相区的上方。而在压力一定时，降低温度会使水更易于以凝聚态形式存在，所以相图右侧应为气相区，左侧为水的固相区。即图中 BAF、FAD 及 BAD 三个区域面分别是水、冰和水蒸气三个单相区。

（2）曲线 相图中曲线是两个单相区域的分界线，所以曲线上任一点都是两相平衡共存状态点。即曲线上 $\Phi=2$，$f=1$，温度和压力只有一个可独立变化，另外一个随之相应变化。曲线上的温度与压力的关系符合 Claperon 方程。图 6.1 中曲线 AB 是水的气-液平衡线，线上的每一点代表一定温度下水的蒸气压，也叫作蒸气压曲线。B 点是临界点，对应的温度是 647.4K，压力是 22088.85kPa，温度超过临界点时水以超临界状态存在。超临界流体是介于气体和液体之间的流体，兼有气体和液体的双重特性。AD 是水的气-固平衡共存线，也称为冰的蒸气压曲线（即升华线）。曲线 AF 是水的固-液平衡共存线，表示冰的熔点与外压的关系，所以称为水的熔点曲线，在此线上不存在气相。AF 线不能无限地延长，大约从 2.0×10^5kPa 开始，不同结构的冰开始出现，相图变得复杂起来。由图中可以看到，曲线 AF 向左倾斜，这是由于冰的密度比水小，当压力增大时，冰的熔点将降低，这与大多数其他物质不同。

BA 的延长线 AC 表示过冷水与饱和蒸气的平衡线。在此线上，本来应以冰的形式存在却以过冷水的状态存在，是一种热力学不稳定状态。这种不稳定状态只要稍受干扰，如受到搅动或有小冰块投入系统，立即就会有冰析出。如果沿着 BA 曲线细心控制实验条件，将水缓慢冷却，可在 0℃以下而不结冰，因此它是一个不稳定的亚稳系统。但是如果反过来将冰缓慢升温，它的终止点在 A，实验证明并不存在过热的冰。

(3) 点　图 6.1 中三条曲线的交点 A 称三相点，是水的气、固、液三相平衡点，由相律可知 $f=3-\Phi$，$\Phi=3$ 时自由度 $f=0$。此状态系统的温度和压力都有确定的数值，是物质的特性，不能改变。水的三相点温度为 0.01℃，压力为 610.62Pa。若温度或压力发生任何微小的变化，都会使三相中的一相或两相消失。

这里需要说明一点，三相点 A 与水的正常冰点是不同的，水的“冰点”是指被 101.325kPa 的空气饱和了的水与冰成平衡时对应的温度，为 0℃，已不再是单组分系统。前已指出，三相点是纯的水的气液固三相的平衡温度，与水的正常冰点相差 0.01℃，原因有两个。一是由于系统压力由 610.62Pa 增加到 101325Pa，根据 Claperon 方程 $\dfrac{\mathrm{d}p}{\mathrm{d}T}=\dfrac{\Delta_{\mathrm{fus}}H_{\mathrm{m}}}{T_{\mathrm{fus}}(V_{\mathrm{l}}-V_{\mathrm{s}})}<0$，压力增加，对应的水的冰点有所降低。二是由于水中溶有了空气，为稀溶液，根据稀溶液的依数性可知，水的凝固点由于空气的溶解而降低。综合两个因素，水的冰点比三相点低了 0.01℃。

(4) 系统变温、变压分析　通过相图可以非常直观地分析系统在外界条件改变时发生的状态变化。这也正是利用相图分析问题的一个优势。例如在压力为 p_1 下升温，当达到 T_1 时冰开始融化成水，只要压力不变，且固液两相共存状态存在，则温度不变。当系统全部融化变成水后，继续升温，到温度为 T_2 时，水开始汽化为水蒸气。

第三节　二组分系统气液平衡相图

对于二组分系统，因 $C=2$，相律可表达为

$$f=2-\Phi+2=4-\Phi$$

由上式可以看出，二组分系统最多可以有 4 个相共存（$f=0$ 时），最多可有 3 个自由度（$\Phi=1$ 时），它们是系统的温度、压力和组成，为三变量系统。三变量系统相图应用三维坐标图来表达。为了方便讨论，通常固定一个变量，得到立体图形中的某一个截面图。这种平面图有三种：p-x 图（T 固定）、T-x 图（p 固定）、p-T 图（x 固定）。此时在平面图上 $f^*=2-\Phi+1=3-\Phi$，共存相数最多为 3。前两种相图较为常用。

1. 二组分系统二相平衡热力学普遍公式

由 A、B 构成的二组分 α、β 两相系统，两相平衡时同一物质在各相中的化学势相等，则有：

$$\mu_{\mathrm{A}}^{\alpha}(T,p,x_{\mathrm{A}}^{\alpha})=\mu_{\mathrm{A}}^{\beta}(T,p,x_{\mathrm{A}}^{\beta}) \tag{6.3}$$

$$\mu_{\mathrm{B}}^{\alpha}(T,p,x_{\mathrm{A}}^{\alpha})=\mu_{\mathrm{B}}^{\beta}(T,p,x_{\mathrm{A}}^{\beta}) \tag{6.4}$$

改变强度量时两相重新平衡则有：

$$\mu_{\mathrm{A}}^{\alpha}(T,p,x_{\mathrm{A}}^{\alpha})+\mathrm{d}\mu_{\mathrm{A}}^{\alpha}(T,p,x_{\mathrm{A}}^{\alpha})=\mu_{\mathrm{A}}^{\beta}(T,p,x_{\mathrm{A}}^{\beta})+\mathrm{d}\mu_{\mathrm{A}}^{\beta}(T,p,x_{\mathrm{A}}^{\beta}) \tag{6.5}$$

$$\mu_{\mathrm{B}}^{\alpha}(T,p,x_{\mathrm{A}}^{\alpha})+\mathrm{d}\mu_{\mathrm{B}}^{\alpha}(T,p,x_{\mathrm{A}}^{\alpha})=\mu_{\mathrm{B}}^{\beta}(T,p,x_{\mathrm{A}}^{\beta})+\mathrm{d}\mu_{\mathrm{B}}^{\beta}(T,p,x_{\mathrm{A}}^{\beta}) \tag{6.6}$$

式(6.3) 与式(6.5)、式(6.4) 与式(6.6) 比较可得

$$\mathrm{d}\mu_{\mathrm{A}}^{\alpha}(T,p,x_{\mathrm{A}}^{\alpha})=\mathrm{d}\mu_{\mathrm{A}}^{\beta}(T,p,x_{\mathrm{A}}^{\beta}) \tag{6.7}$$

$$\mathrm{d}\mu_{\mathrm{B}}^{\alpha}(T,p,x_{\mathrm{A}}^{\alpha})=\mathrm{d}\mu_{\mathrm{B}}^{\beta}(T,p,x_{\mathrm{A}}^{\beta}) \tag{6.8}$$

引起化学势变化的因素是温度、压力和组成，写成全微分，则有：

$$\left(\frac{\partial\mu_{\mathrm{A}}^{\alpha}}{\partial T}\right)_{p,x_{\mathrm{A}}^{\alpha}}\mathrm{d}T+\left(\frac{\partial\mu_{\mathrm{A}}^{\alpha}}{\partial p}\right)_{T,x_{\mathrm{A}}^{\alpha}}\mathrm{d}p+\left(\frac{\partial\mu_{\mathrm{A}}^{\alpha}}{\partial x_{\mathrm{A}}^{\alpha}}\right)_{T,p}\mathrm{d}x_{\mathrm{A}}^{\alpha}=\left(\frac{\partial\mu_{\mathrm{A}}^{\beta}}{\partial T}\right)_{p,x_{\mathrm{A}}^{\beta}}\mathrm{d}T+\left(\frac{\partial\mu_{\mathrm{A}}^{\beta}}{\partial p}\right)_{T,x_{\mathrm{A}}^{\beta}}\mathrm{d}p+\left(\frac{\partial\mu_{\mathrm{A}}^{\beta}}{\partial x_{\mathrm{A}}^{\beta}}\right)_{T,p}\mathrm{d}x_{\mathrm{A}}^{\beta} \tag{6.9}$$

$$\left(\frac{\partial \mu_B^\alpha}{\partial T}\right)_{p,x_A^\alpha} dT + \left(\frac{\partial \mu_B^\alpha}{\partial p}\right)_{T,x_A^\alpha} dp + \left(\frac{\partial \mu_B^\alpha}{\partial x_A^\alpha}\right)_{T,p} dx_A^\alpha = \left(\frac{\partial \mu_B^\beta}{\partial T}\right)_{p,x_A^\beta} dT + \left(\frac{\partial \mu_B^\beta}{\partial p}\right)_{T,x_A^\beta} dp + \left(\frac{\partial \mu_B^\beta}{\partial x_A^\beta}\right)_{T,p} dx_A^\beta \tag{6.10}$$

根据化学势微分的相关性，可得：

$$x_A^\alpha \left(\frac{\partial \mu_A^\alpha}{\partial x_A^\alpha}\right)_{T,p} + x_B^\alpha \left(\frac{\partial \mu_B^\alpha}{\partial x_A^\alpha}\right)_{T,p} = 0$$

$$\left(\frac{\partial \mu_B^\alpha}{\partial x_A^\alpha}\right)_{T,p} = -\frac{x_A^\alpha}{x_B^\alpha}\left(\frac{\partial \mu_A^\alpha}{\partial x_A^\alpha}\right)_{T,p} \tag{6.11}$$

$$x_A^\beta \left(\frac{\partial \mu_A^\beta}{\partial x_A^\beta}\right)_{T,p} + x_B^\beta \left(\frac{\partial \mu_B^\beta}{\partial x_A^\beta}\right)_{T,p} = 0$$

$$\left(\frac{\partial \mu_B^\beta}{\partial x_A^\beta}\right)_{T,p} = -\frac{x_A^\beta}{x_B^\beta}\left(\frac{\partial \mu_A^\beta}{\partial x_A^\beta}\right)_{T,p} \tag{6.12}$$

式(6.11) 和式(6.12) 代入式(6.10) 中，乘以 x_B^α / x_A^α，整理得：

$$\frac{x_B^\alpha}{x_A^\alpha}[(S_B^\beta - S_B^\alpha)dT + (V_B^\alpha - V_B^\beta)dp] - \left(\frac{\partial \mu_A^\alpha}{\partial x_A^\alpha}\right)_{T,p} dx_A^\alpha + \frac{x_B^\alpha x_A^\beta}{x_A^\alpha x_B^\beta}\left(\frac{\partial \mu_A^\beta}{\partial x_A^\beta}\right)_{T,p} dx_A^\beta = 0 \tag{6.13}$$

将式(6.13) 移项整理为：

$$(S_A^\beta - S_A^\alpha)dT + (V_A^\alpha - V_A^\beta)dp + \left(\frac{\partial \mu_A^\alpha}{\partial x_A^\alpha}\right)_{T,p} dx_A^\alpha = \left(\frac{\partial \mu_A^\beta}{\partial x_A^\beta}\right)_{T,p} dx_A^\beta \tag{6.14}$$

式(6.13) 加式(6.14) 得：

$$\left[\frac{x_B^\alpha}{x_A^\alpha}(S_B^\beta - S_B^\alpha) + (S_A^\beta - S_A^\alpha)\right]dT + \left[\frac{x_B^\alpha}{x_A^\alpha}(V_B^\alpha - V_B^\beta) + (V_A^\alpha - V_A^\beta)\right]dp$$
$$= \left[\left(\frac{\partial \mu_A^\beta}{\partial x_A^\beta}\right)_{T,p} - \frac{x_B^\alpha x_A^\beta}{x_A^\alpha x_B^\beta}\left(\frac{\partial \mu_A^\beta}{\partial x_A^\beta}\right)_{T,p}\right] dx_A^\beta \tag{6.15}$$

式(6.15) 乘以 $x_A^\alpha x_B^\beta$ 整理得：

$$(x_B^\beta - x_B^\alpha)\left(\frac{\partial \mu_A^\beta}{\partial x_A^\beta}\right)_{T,p} dx_A^\beta$$
$$= x_B^\beta[x_A^\alpha(S_A^\beta - S_A^\alpha) + x_B^\alpha(S_B^\beta - S_B^\alpha)]dT + x_B^\beta[x_A^\alpha(V_A^\alpha - V_A^\beta) + x_B^\alpha(V_B^\alpha - V_B^\beta)]dp \tag{6.16}$$

同理可得：

$$(x_B^\beta - x_B^\alpha)\left(\frac{\partial \mu_A^\alpha}{\partial x_A^\alpha}\right)_{T,p} dx_A^\alpha$$
$$= x_B^\alpha[x_A^\beta(S_A^\beta - S_A^\alpha) + x_B^\beta(S_B^\beta - S_B^\alpha)]dT + x_B^\alpha[x_A^\beta(V_A^\alpha - V_A^\beta) + x_B^\beta(V_B^\alpha - V_B^\beta)]dp \tag{6.17}$$

式(6.16) 和式(6.17) 是二组分两相平衡的普遍规律。包含 Clapeyron 方程、凝固点降低（析出固体纯溶剂）、沸点升高（非挥发性溶质）、渗透压、Kelvin 方程及二组分系统两相平衡的普遍规律等。例如：二组分气液两相平衡系统，液相 l 为 α 相，气相 g 为 β 相，$x_A^\alpha = x_A$，$x_A^\beta = y_A$，$x_B^\alpha = x_B$，$x_B^\beta = y_B$，在恒压的条件下由式(6.16) 和式(6.17) 可得：

$$\left(\frac{\partial T}{\partial y_A}\right)_p = \frac{(x_A - y_A)\left(\frac{\partial \mu_A^g}{\partial y_A}\right)_{T,p}}{y_B[x_A(S_A^g - S_A^l) + x_B(S_B^g - S_B^l)]} \tag{6.18}$$

$$\left(\frac{\partial T}{\partial x_A}\right)_p=\frac{(x_A-y_A)\left(\frac{\partial \mu_A^l}{\partial x_A}\right)_{T,p}}{x_B[y_A(S_A^g-S_A^l)+y_B(S_B^g-S_B^l)]} \tag{6.19}$$

式(6.18)和式(6.19)中$\left(\frac{\partial T}{\partial y_A}\right)_p$和$\left(\frac{\partial T}{\partial x_A}\right)_p$与($x_A-y_A$)同号，如：$\left(\frac{\partial T}{\partial y_A}\right)_p<0$和$\left(\frac{\partial T}{\partial x_A}\right)_p<0$，在气相或在液相中增加组分 A 的浓度，使得沸点降低，则 $y_A>x_A$，组分 A 的气相浓度大于它在液相中的浓度，在气相富集的组分使沸点降低。反之亦然。温度-组成图上气相线和液相线同升降。

$\left(\frac{\partial T}{\partial y_A}\right)_p=0$ 时，恒沸点时 $x_A=y_A$，则气液相的浓度相等。

在恒温的条件下可得：

$$\left(\frac{\partial p}{\partial y_A}\right)_T=\frac{(y_A-x_A)\left(\frac{\partial \mu_A^g}{\partial y_A}\right)_{T,p}}{y_B[x_A(V_A^g-V_A^l)+x_B(V_B^g-V_B^l)]} \tag{6.20}$$

$$\left(\frac{\partial p}{\partial x_A}\right)_T=\frac{(y_A-x_A)\left(\frac{\partial \mu_A^l}{\partial x_A}\right)_{T,p}}{x_B[y_A(V_A^g-V_A^l)+y_B(V_B^g-V_B^l)]} \tag{6.21}$$

式(6.20)和式(6.21)中$\left(\frac{\partial p}{\partial y_A}\right)_T$和$\left(\frac{\partial p}{\partial x_A}\right)_T$与($y_A-x_A$)同号，如：在气相或在液相中增加组分 A 的浓度，使得压力升高，则组分 A 的气相浓度大于它在液相中的浓度，在气相富集的组分使蒸气压升高。反之亦然。

压力-组成图上气相线和液相线同升降。$\left(\frac{\partial p}{\partial y_A}\right)_T=0$ 时，恒沸点时 $x_A=y_A$，则气液相的浓度相等。

以上的结论，即是柯诺瓦洛夫-吉布斯（Konovalov-Gibbs）定律：“在液态混合物中加某组分后，蒸气总压增加（或在一定压力下液体的沸点下降），则该组分在气相中的含量大于它在平衡液相中的含量，在压力-组成图（或温度-组成图）中的最高点或最低点上，液相或气相的组成相同。”

二组分两相平衡系统的相图，相同成分构成的两相区，如果两相是不同相态，则左右两条边线是同升同降的；如果两相是相同相态，则左右两条边线是一升一降的。

根据偏摩尔量微分的相关性，有：

$$x_A\left(\frac{\partial \mu_A^l}{\partial x_A}\right)_{T,p}+x_B\left(\frac{\partial \mu_B^l}{\partial x_A}\right)_{T,p}=0 \tag{6.22}$$

气相可认为是混合理想气体，则有：

$$\mu_B^l=\mu_B^g=\mu_B^\ominus+RT\ln\frac{p_B}{p^\ominus} \tag{6.23}$$

式(6.23)微分可得：$d\mu_B^l=RT d\ln p_B$，代入式(6.22)可得

$$\left(\frac{\partial \ln p_A}{\partial \ln x_A}\right)_{T,p}=\left(\frac{\partial \ln p_B}{\partial \ln x_B}\right)_{T,p} \tag{6.24}$$

式(6.24)称为 Duhem-Margule 公式。由此得出结论：

若组分 A 在某一浓度区间遵从 Raoult 定律 $p_A=p_A^* x_A$，代入式(6.24) 可得

$$\left(\frac{\partial \ln p_A}{\partial \ln x_A}\right)_T=1$$

则有

$$\left(\frac{\partial \ln p_B}{\partial \ln x_B}\right)_T=1$$

$$\mathrm{d}\ln p_B=\mathrm{d}\ln x_B \tag{6.25}$$

对式(6.25) 积分可得：

$$p_B=k_{x_B} x_B$$

即组分 B 在该浓度区间遵从 Henry 定律。

式(6.24) 可写成$\frac{x_A}{p_A}\left(\frac{\partial p_A}{\partial x_A}\right)_T=\frac{x_B}{p_B}\left(\frac{\partial p_B}{\partial x_B}\right)_T$，所以如果$\left(\frac{\partial p_A}{\partial x_A}\right)_T>0$，必有$\left(\frac{\partial p_B}{\partial x_A}\right)_T<0$。

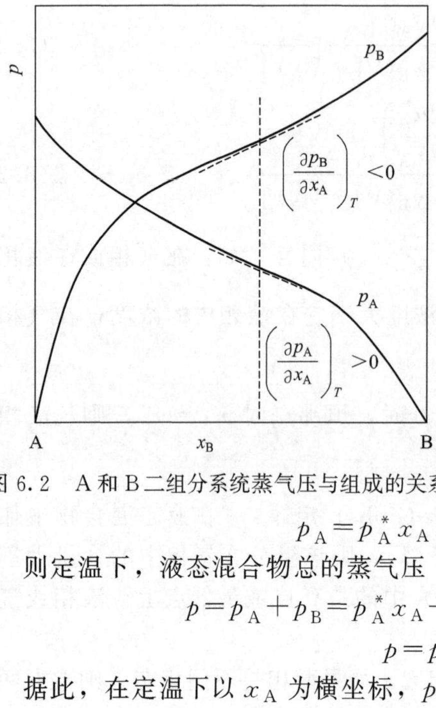

图 6.2　A 和 B 二组分系统蒸气压与组成的关系

如图 6.2 所示，在系统中增加 B 组分的浓度后，该组分在气相的分压增加，则 A 组分在气相的分压必降低。可用于检验实验曲线结果是否正确。

2. 二组分理想液态混合物的气液平衡相图

两个纯液体组分可以按任意比例相互混合成均一液相的系统，称为二组分液态完全互溶混合物。若液态混合物中任一组分在全部浓度范围内蒸气压与组成的关系都符合 Raoult 定律，则这样的液态混合物又称为理想液态混合物。

(1) 理想液态混合物在定温下的 p-x 图　设组分 A 和 B 可形成理想液态混合物，根据 Raoult 定律则有

$$p_A=p_A^* x_A,\ p_B=p_B^* x_B=p_B^*(1-x_A)$$

则定温下，液态混合物总的蒸气压

$$p=p_A+p_B=p_A^* x_A+p_B^*(1-x_A)=p_B^*+(p_A^*-p_B^*)x_A$$

或

$$p=p_A^*+(p_B^*-p_A^*)x_B$$

据此，在定温下以 x_A 为横坐标，p 为纵坐标作 p-x_A 图，如图 6.3(a) 所示。由于 A、B 二组分饱和蒸气压不同，则在某一温度下，当气、液两相平衡共存时，气相和液相的组成也不同。若用 y 表示气相组成，根据分压定律

$$y_B=\frac{p_B}{p}=\frac{p_B^* x_B}{p_A^*+(p_B^*-p_A^*)x_B}$$

$$p=\frac{p_A^* p_B^*}{p_B^*+(p_A^*-p_B^*)y_B}$$

由以上关系式知 p_A 与 x_A 呈线性关系，p_B 与 x_B 呈线性关系，p 与 x_B 呈线性关系，见图 6.3(a)。而 p 与 y_B 呈非线性关系，表现在定温下的 p-x_A 图，见图 6.3(b)。

又由

$$y_B=\frac{p_B}{p}=\frac{p_B^* x_B}{p_B^*+(p_A^*-p_B^*)x_A}$$

$$y_A=\frac{p_A}{p}=\frac{p_A^* x_A}{p_B^*+(p_A^*-p_B^*)x_A}$$

可求出平衡时的气相组成 y_A 和 y_B，同时可知 $y_A/y_B=p_A^* x_A/p_B^* x_B$。设 $p_A^*>p_B^*$，A 为易挥发组分，则可得 $y_A/y_B>x_A/x_B$。由于 $y_A+y_B=1$，$x_A+x_B=1$，故 $y_A>x_A$。表明两相平衡时易挥发的组分在气相中的组成大于它在液相中的组成。同理 $x_B>y_B$ 时即难挥发组分在液相中的组成较大。

图 6.3(b) 给出了蒸气压 p 与其气相组成 y 和液相组成 x 间的关系，直线为 p-x 液相线，曲线为 p-y 气相线，此图完整地描述了某一温度下的气-液两相平衡状态。在液相线以上的区域为液态单相区，在气相线以下的区域为气态单相区，中间部分为气-液两相平衡共存区。理想液态混合物的气液相图可以用纯组分的饱和蒸气压从上述的理论计算而绘制出来。

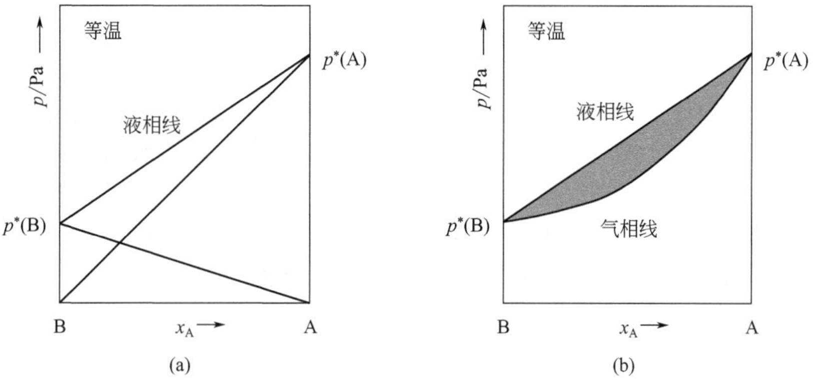

图 6.3　理想液态混合物的 p-x-y 图

(2) 理想液态混合物在定压下的 T-x 图　当压力恒定时，表示气液两相平衡的温度与组成之间关系的相图叫沸点-组成图，又称 T-x 图。T-x 相图的绘制，可以通过沸点仪做实验，也可根据 p-x 图得到。以苯-甲苯液态混合物为例，首先在一系列不同温度下测混合物中蒸气压与组成的关系，绘出一系列 p-x 线，如图 6.4(a) 所示。在该图纵坐标为标准压力处作一水平线，与不同温度下的 p-x 线分别交于 x_1，x_2，x_3，…点，所对应的沸点分别为 381K，373K，365K，…。从沸点和组成的对应关系可绘制 T-x 图中的液相线，液相线又称泡点线（一定组成的混合物加热到达该线上对应的温度时可沸腾出现气泡）。用同样的方法可从 p-x-y 图中的 p-y 线得到 T-x 图中的气相线，气相线又称为露点线（一定组成的混合物降温到达该线上温度时开始凝结出小液滴）。图 6.4(b) 就是 T-x 图，由液相线与气相线组成。在 T-x 图中，气相线在上，气相线以上为气态单相区，液相线在下，液相线以下为液态单相区，中间部分为气-液两相共存区。

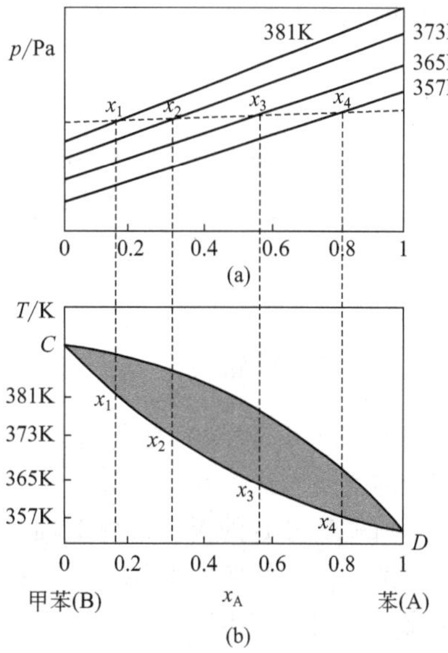

图 6.4　从 p-x 图绘制 T-x 图（示意图）

在分析相图时经常提到物系点和相点：物系点（system point）是指相图中表示系统总状态（如相态、组成、温度和压力等）的点；相点（phase point）则表示具体某个相的状态的点。两个平衡相点的连接线称为结线。

如图 6.5 所示，当组成为 x_A 的系统处于温度 T_1 时即 S 点所示状态，此时系统只有一个气相存在，S 点既表示系统总组成又表示气相组成，所以 S 点既为物系点又为相点。当系统降温到 T_2 时，物系点沿垂直线下移到 C 点，此时气液两相平衡共存，过 C 点作一与横轴平行的直线，分别交气相线于 E 点和液相线于 D 点，E 点和 D 点即分别表示系统气相状态的气相点和系统液相状态的液相点。ED 的连接线即为结线。当系统继续降温至 T_3 时物系点为 P，此时处于液态单相区，物系点即为相点。由上述可以看出，在单相区物系点与相点重合，二相平衡共存区物系点与相点分离。

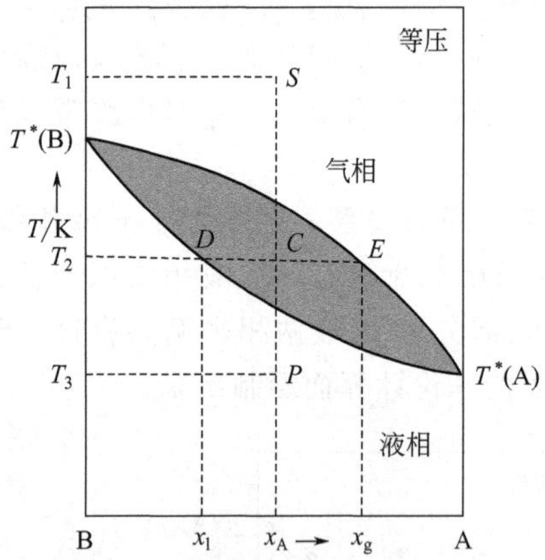

图 6.5　理想液体混合物 A-B 的 T-x 图（示意图）

（3）杠杆规则　在一个系统中有几个相同时共存时，各相的组成可以利用相点直接读出。有时还关心每一相所含物质的数量（或相对数量）是多少，对此，可以利用杠杆规则来解决。

如图 6.5 所示，当系统处在物系点 C 时系统总组成为 x_A，系统总的物质的量为 $n$mol，此时气相中 A 的组成 x_g，共有 $n_g$mol 气态物质，液相中 A 的组成 x_l，共有 n_l mol 液态物质，则有以下关系

$$n = n_l + n_g$$

$$nx_A = n_l x_l + n_g x_g$$

将两式合并，整理后可得

$$n_l(x_A - x_l) = n_g(x_g - x_A)$$

由图 6.5 可知，$x_A - x_l$ 相当于线段 DC，$x_g - x_A$ 相当于线段 CE，则上式可表达为

$$n_l \cdot CD = n_g \cdot CE$$

即，以物系点为分界点，将两平衡相点的结线分成两个线段，一相的量乘本侧的线段长度等于另一相的量乘另一侧的线段长度。此规则与力学中的杠杆定律相似，故称为杠杆规则（lever rule）。杠杆规则是平衡两相物质的量之间普遍存在的规则。适用于相图上任何两相平衡共存区的区域。如果系统的组成用质量分数表示，通过杠杆规则得到的就是平衡共存两相的相对质量。

3. 蒸馏与精馏

蒸馏（distillation）是利用气-液平衡时两相组成不同而达到分离目的的方法，是分离液体混合物的重要方法，在工厂和实验室应用很广。蒸馏方法的原理如图 6.6(a) 所示。假如将组成为 x_1 的 A 与 B 的混合液体蒸馏，取 T_1 到 T_2 间的馏分，得到的将是组成为 y_2 到 y_1 之间的馏出液，留在烧瓶底部的为组成接近于 x_2 的液体。由此可以看出，用简单蒸馏方法只能得到组成有差别的馏出液和残液而不能达到有效的分离。为了使两组分物质能完全分离，需要多次蒸馏。连续多次的蒸馏叫作精馏（rectification），也称分馏。精馏提纯的原理见图 6.6(b)。组成为 x_a 的 A 与 B 的混合液体，要将其分离提纯，可将此液体混合物加热到 T_4 的温度（物系点处于图中 C 点），达平衡时，液相点位于 x_1，B 组分的含量低于它在原始混合物中的含量；气相点位于 y_1，B 组分的含量高于它在原始混合物中的含量。这是一次蒸馏的结果。若

将组成为 y_1 的蒸气降温至 T_3 温度，则蒸气部分冷凝。重新建立平衡后，气相中组分 B 的含量为 y_2，比前一次蒸馏气相中的含量高。若将组成为 y_2 的蒸气继续部分冷凝，则气相中易挥发组分 B 的含量将越来越高，如此多次的降温冷凝，最后的气相将是纯的 B 组分。再来看液相，与气相情况相反，将含 B 的量为 x_1 的冷凝液升高温度至 T_5，液体将部分汽化，达到平衡后，液相的组成变到 x_2，明显看出液相中难挥发组分 A 的含量增加。再将此组成为 x_2 的液体升温使其部分汽化，达平衡时，液相的组成为 x_3，A 的含量越来越高，经过如此多次的升温部分汽化过程后，最终的液相将是纯的 A 组分。

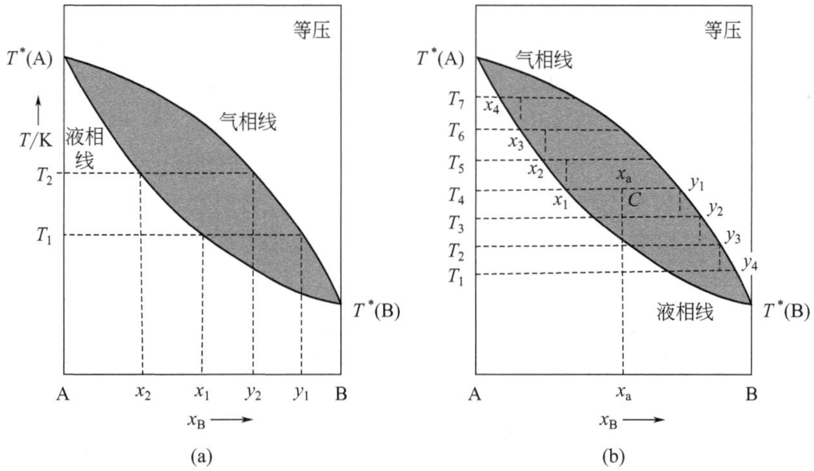

图 6.6 蒸馏和精馏原理图

实验室所使用的装置为精馏柱，工业上称精馏塔。精馏塔按塔内构造不同，可分为泡罩塔、填料塔、浮阀塔和筛板塔等多种形式。图 6.7 为筛板塔示意图。塔分三部分：加热釜、塔身和冷凝器。塔身内上下排列着多块塔板，称为筛板。板上有很多小孔供气流通过并有溢流管以便回流液流入下层塔板。最后蒸气自塔顶进入冷凝器，冷凝液部分回到塔内以保持塔的正常操作，冷凝收集低沸点产品，高沸点产品则流入加热釜从釜底排出。进料口的位置有选择地置于某塔板之上，以使原料液与该塔板上液体的浓度一致。整个精馏塔需用绝热材料保温。塔在稳定操作时，每块板上液体的温度是恒定的，且自下而上温度逐渐降低。

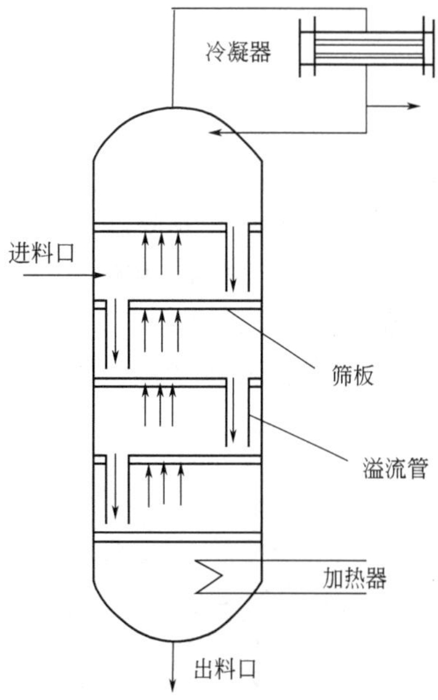

图 6.7 筛板塔示意图

精馏塔工作时，原料由进料口送入，上升的气体经过筛板，与筛板上的液体充分接触部分冷凝，使上升的气体中易挥发组分的含量增加。蒸气每上升一个筛板，易挥发组分含量就提高一次。蒸气在部分冷凝过程放出的相变潜热用于加热液体中易挥发的组分，使其汽化。液体沿溢流管向下流动，每下降一个筛板部分汽化一次，液相中难挥发组分含量就提高一次。这样，上升的蒸气部分冷凝，下流的液体部分汽化，经过足够的筛板后就可将两组分分离开来。最终，在塔顶将得到纯的易挥发组分，塔底得到的是纯的难挥发组分。

4. 二组分真实液态混合物的气液平衡相图

经常遇到的二组分完全互溶液态混合物绝大多数是非理想的。它们的行为与理想液态混合物不同，除了组分的摩尔分数接近于1的极小范围内该组分的蒸气分压近似地遵守拉乌尔定律外，其他组成均对该定律产生明显的偏差。根据对拉乌尔定律偏差的不同，通常可分为正偏差系统和负偏差系统，而正偏差系统又可分为一般正偏差系统和最大正偏差系统，负偏差系统又可分为一般负偏差系统和最大负偏差系统。

（1）具有一般正偏差的系统　液态混合物中各组分的蒸气压大于拉乌尔定律计算值的系统称为具有正偏差的系统。设液态混合物中两组分A和B在纯态时的饱和蒸气压分别为 p_A^* 和 p_B^*，在液态混合物中的分压分别为 p_A 和 p_B。图6.8所示为环己烷（A）与四氯化碳（B）气液相图，图6.8(a) 为环己烷与四氯化碳的蒸气压与组成的关系图，与理想液态混合物的蒸气压-液相组成图相比［图6.8(a) 中的虚线］，它们的蒸气分压曲线以及蒸气总压曲线都产生了正的偏差。图6.8(b) 是蒸气压与组成图，与理想液态混合物压力-组成图相比，液相线已不是直线。图6.8(c) 为温度组成图。苯-丙酮液态混合物也属于此类系统。

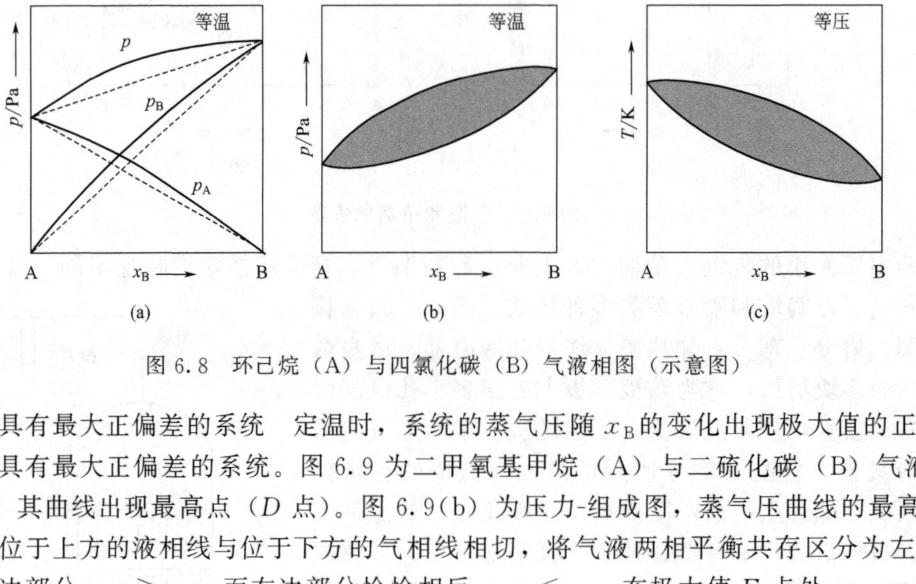

图6.8　环己烷（A）与四氯化碳（B）气液相图（示意图）

（2）具有最大正偏差的系统　定温时，系统的蒸气压随 x_B 的变化出现极大值的正偏差系统就称为具有最大正偏差的系统。图6.9为二甲氧基甲烷（A）与二硫化碳（B）气液相图，图6.9(a) 其曲线出现最高点（D 点）。图6.9(b) 为压力-组成图，蒸气压曲线的最高点（E 点）处，位于上方的液相线与位于下方的气相线相切，将气液两相平衡共存区分为左右两部分。在左边部分，$y_B > x_B$，而右边部分恰恰相反，$y_B < x_B$，在极大值 E 点处，$y_B = x_B$。图6.9(c) 为温度-组成相图，因为液体的蒸气压越高，沸点就越低，所以在压力-组成图上曲线

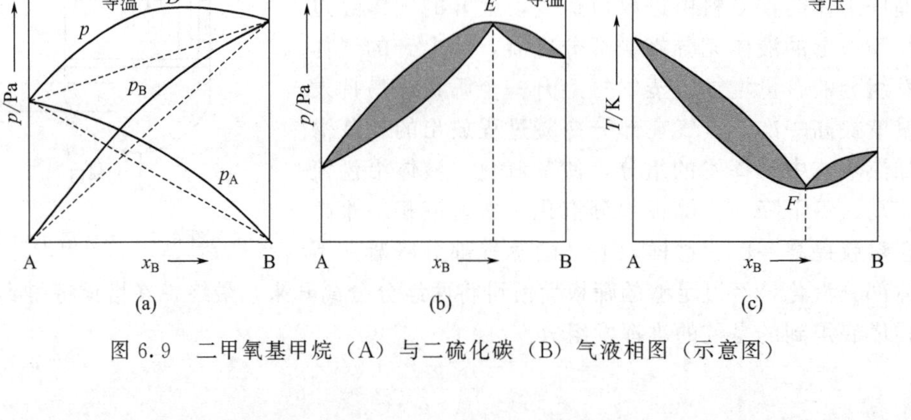

图6.9　二甲氧基甲烷（A）与二硫化碳（B）气液相图（示意图）

有最高点者，在温度-组成图上就有最低点。这个最低点称为最低恒沸点（F 点）。位于上方的气相线与位于下方的液相线相切于 F 点，因此该点所对应组成的混合物在沸腾时气液两相组成相同，在恒定压力下沸腾过程中，温度不变，混合物的组成也不变。该组成的混合物具有的这一性质与纯物质相似，该混合物称为恒沸混合物（azeotropic mixture）。

需要注意的是，恒沸混合物不是化合物，因为其组成取决于压力，压力一定，恒沸混合物的组成一定。压力改变，恒沸混合物的组成也要改变，恒沸点也要改变甚至消失。例如在压力为 17.29kPa、26.45kPa、53.94kPa、101.33kPa、143.37kPa 时，H_2O-C_2H_5OH 恒沸混合物中乙醇的质量分数分别为 0.9870、0.9730、0.9625、0.9560、0.9535，恒沸点分别为 39.20℃、47.63℃、63.04℃、78.15℃、87.12℃。

与压力-组成图的情况一样，最低恒沸点 F 将气液两相平衡共存区也分为两部分。左边部分，$y_B > x_B$，右边部分，$y_B < x_B$。根据精馏原理分析，若原始混合物的组成在 F 点左边（即 $0 < x_B < x_F$），则精馏的结果是从塔顶蒸出的是具有最低沸点的恒沸混合物，流入塔底的是沸点较高的组分 A；若原始混合物的组成在 F 点右边（即 $x_F < x_B < 1$），经精馏分离后得到的馏出液为恒沸混合，流入塔底的为纯组分 B。由于恒沸混合物的气-液二相组成相同，所以不能用部分气化和部分冷凝即普通精馏方法得到进一步的分离。这种系统不可能通过一次精馏同时得到纯 A 和纯 B。例如：在 101.33kPa 下，H_2O-C_2H_5OH 系统的最低恒沸点为 78.15℃，恒沸混合物中含乙醇 95.60%，所以开始时如果使用乙醇含量小于 95.60%的混合物进行精馏，则得不到纯乙醇。除 H_2O-C_2H_5OH 外，这类系统还有 CH_3OH-C_6H_6、C_2H_5OH-C_6H_6、CH_3OH-$CHCl_3$、CCl_4-CH_3OH、$CH_3COOC_2H_5$-H_2O 等。

（3）具有一般负偏差的系统　温度一定时，在整个浓度范围内，混合物的总蒸气压 p 仍介于两个纯组分的蒸气压 p_A^* 和 p_B^* 之间的负偏差系统，称为具有一般负偏差的系统。如图 6.10 所示，氯仿（A)-乙醚（B）气液相图，在 $0 < x_B < 1$ 浓度范围内，$p_A^* > p > p_B^*$。图 6.10(a) 为氯仿（A）、乙醚（B）的蒸气压与组成的关系，与理想液态混合物的蒸气压-液相组成相比（图中的虚线），它们的蒸气分压曲线以及蒸气总压曲线都产生了负的偏差。图 6.10(b) 为蒸气压与组成图，与理想液态混合物相比压力-组成图的液相线已不是直线。图 6.10(c) 为温度-组成图。

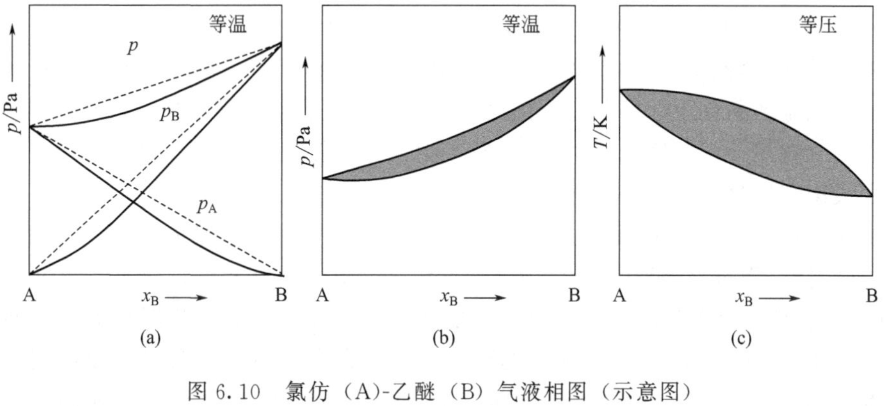

图 6.10　氯仿（A)-乙醚（B）气液相图（示意图）

（4）具有最大负偏差的系统　定温时，系统的蒸气压随 x_B 的变化出现极小值的负偏差系统就称为具有最大负偏差的系统。如图 6.11 所示，氯仿（A)-丙酮（B）气液相图，图 6.11(a) 其曲线出现最低点（D 点）。图 6.11(b) 为压力-组成图，其曲线出现最低点（E 点）。在压力-组成图上，蒸气压曲线的最低点（E 点）处，位于上方的液相线与位于下方的气相线相切，将气液两相平衡共存区分为左右两部分。在左边部分，$y_B < x_B$，而右边部分恰恰相反，$y_B > x_B$，在极小值 E 点处，$y_B = x_B$。图 6.11(c) 为温度-组成相图，同样，液体的蒸气压越低，沸点就越高，所以在压力-组成图上曲线有最低点者，在温度-组成图上就有最高点。这个最高点称为最高恒沸点（F 点），位于上方的气相线与位于下方的液相线相切于 F 点，与具有最大正偏差的情况相同，该点所对应组成的混合物在沸腾时气液两相组成相同，在恒定压力下沸腾过程中，温度不变，混合物的组成也不变，该混合物称为最高恒沸混合物，最高恒沸混合物的组成及沸点也都随外压改变。与压力-组成图的情况一样，最高恒沸点（F 点）将气液两相平衡共存区也分为两部分。左边部分 $y_B < x_B$，右边部分 $y_B > x_B$，在最高恒沸点 F 点处 $y_B = x_B$。

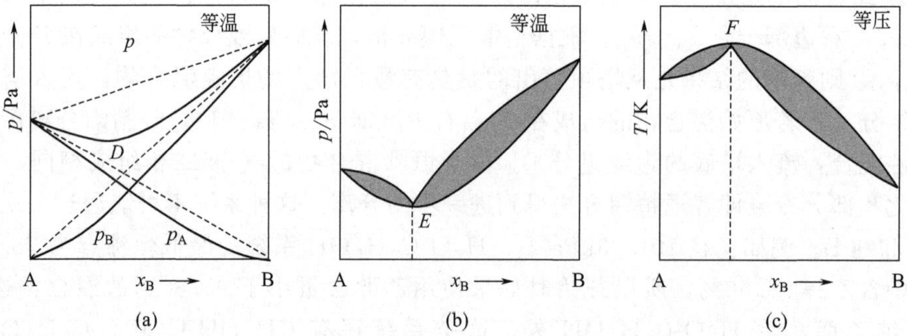

图 6.11 氯仿（A)-丙酮（B）气液相图（示意图）

根据精馏原理分析，若原始混合物的组成在 F 点左边（即 $0 < x_B < x_F$），则精馏的结果是：从塔顶蒸出的是沸点较高的组分 A，流入塔底的是具有最高沸点的恒沸混合物；若原始混合物的组成在 F 点右边（即 $x_F < x_B < 1$），经精馏分离后得到的馏出液为纯 B，流入塔底的为恒沸混合物。由于恒沸混合物的气-液二相组成相同，所以不能用普通精馏方法得到进一步的分离。这种系统不可能通过一次精馏同时得到纯 A 和纯 B。在 101.33kPa 下，氯仿-丙酮系统的最高恒沸点为 337.85℃，恒沸混合物中含 $CHCl_3$ 80%，所以开始时如用 $CHCl_3$ 含量小于 80%的混合物进行精馏，则得不到纯 $CHCl_3$。除 $(CH_3)_2CO$-$CHCl_3$ 系统外，属于这类系统的还有：HCl-H_2O、HNO_3-H_2O、HBr-H_2O、HCOOH-H_2O 等。

对气液相图中气液两相平衡区的气液组成的大小关系可以用柯诺瓦洛夫-吉布斯定律进行解释：在温度一定的条件下，蒸气总压随某一组分的浓度的增加而增加（或在一定的压力下混合物的沸点随某一组分的浓度的增加而下降），则该组分在气相中的浓度大于它在平衡液相中的浓度。在最高点和最低点处，气液两相的浓度相等。

综上所述，将理想与非理想完全互溶双液系统的蒸气压-液相组成（p-x）相图、压力-组成（p-x-y）相图、温度-组成（T-x）相图进行对比可知：

① 对于一般正偏差系统，与理想液态混合物相比，对应的 p-x 相图中的曲线向上产生了偏离，而 T-x 相图中的曲线向下产生了偏离，且偏离程度都不大；对于一般负偏差系统，与理想液态混合物相比，对应的 p-x 相图中的曲线向下产生了偏离，而 T-x 相图中的曲线向上产生了偏离，偏离程度也不大。

② 对于最大正偏差系统，与理想液态混合物相比，其对应的 p-x 相图、T-x 相图都发生了较大的变化，且在 p-x 相图上，气液两相线相切，出现了蒸气压最高点，相应地在 T-x 相图上，气液两相线也相切，出现了最低恒沸点。但在 p-x 图中的最高点和 T-x 图中的最低点

其溶液组成不一定相同。因为在 T-x 图中的压力为标准压力，而 p-x 图中的最高点不一定是标准压力。

③ 对于最大负偏差系统，与理想液态混合物相比，其对应的 p-x 相图、T-x 相图也都发生了较大的变化，且在 p-x 相图上，气液两相线相切，出现了蒸气压最低点，相应地在 T-x 相图上，气液两相线也相切，出现了最高恒沸点。在 p-x 图中的最低点和 T-x 图中的最高点其溶液组成也不一定相同。

④ 具有最低（或最高）恒沸点的恒沸混合物，不能通过精馏手段同时得到两个纯组分。

实际中，在某些情况下，也可能遇到一个（或两个）组分在某一组成范围内为正偏差，而在另一范围内为负偏差的情况，或更复杂一些的情况，分析起来与上述简单的系统类似。

5. 二组分液态部分互溶系统的气液平衡相图

两液体间的相互溶解度与它们的性质有关，如果两种液体的性质相差较大，那么将两者混合，在一定温度和浓度范围内两种组分将不能混合均匀，而是形成两个液相，这样的两种液体所构成的系统称为部分互溶双液系统。为了更好地理解二组分液态部分互溶系统的气液平衡相图，首先分析一下部分互溶液体的相互溶解度相图。

（1）部分互溶液体的相互溶解度相图（液-液平衡）　以苯酚-水二元系统为例。当压力足够大时，水（A）-苯酚（B）互相溶解的温度-组成相图如图 6.12 所示。其中 CK 线是水层中苯酚的溶解度随温度的变化曲线，DK 线是苯酚层中水的溶解度随温度的变化曲线，称为溶解度曲线，也称雾点线。随温度的升高，水与苯酚的相互溶解度增大，K 点是 CK 和 DK 两条溶解度曲线的会合点，两条曲线相交形成光滑的曲线，此时两个液相组成一致，成为单相，这个点称为会溶点，对应的温度称为高会溶温度。当温度高于高会溶温度时，液态水和液态苯酚可以完全互溶；低于高会溶温度时，两液体在一定组成范围内部分互溶。CKD 曲线外是单一的液相；CKD 曲线内为两个饱和的液相平衡共存区，过此区内的任意一个物系点，如 O 点，作水平线交 CK 和 DK 于 L_1 和 L_2 点，L_1 和 L_2 两个点即代表该温度下的两个共轭溶液的组成，两个液相的相对量符合杠杆规则。根据相律，在恒压下，液液两相平衡共存时，自由度 $f^*=2-2+1=1$，可见两个饱和溶液的组成只是温度的函数。在一定压力下，将少量的苯酚加到水中，苯酚可以完全溶解于水中，继续加入苯酚，可以得到苯酚在水中的饱和溶液，并且出现浑浊如雾的现象（非均相的特征），称为雾点。此后再加入苯酚，静止后将分成相互平衡的两个液层：一层是苯酚在水中的饱和溶液（称为水层），另一层是水在苯酚中的饱和溶液（称为苯酚层）。这两个平衡共存的液层称为共轭溶液。进一步加入苯酚只是改变两液层的相对量，苯酚层增加，水层减少，但两层的浓度保持不变。当系统中的苯酚的总组成达到苯酚层中苯酚的组成时，水层消失，只剩下水在苯酚中的饱和溶液，如再加入苯酚，变为均一相的水在苯酚中的溶液。属于此类系统常见的还有水-苯胺、水-正丁醇和水-酚系统。

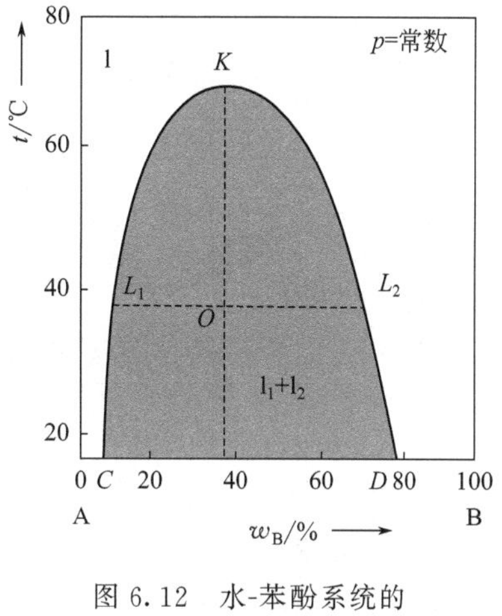

图 6.12　水-苯酚系统的溶解度图（示意图）

实际中还存在具最低会溶温度的系统，如水与三乙基胺系统，见图 6.13(a)，和既具有最高会溶温度又具有最低会溶温度的系统，如水与烟碱系统，见图 6.13(b)。

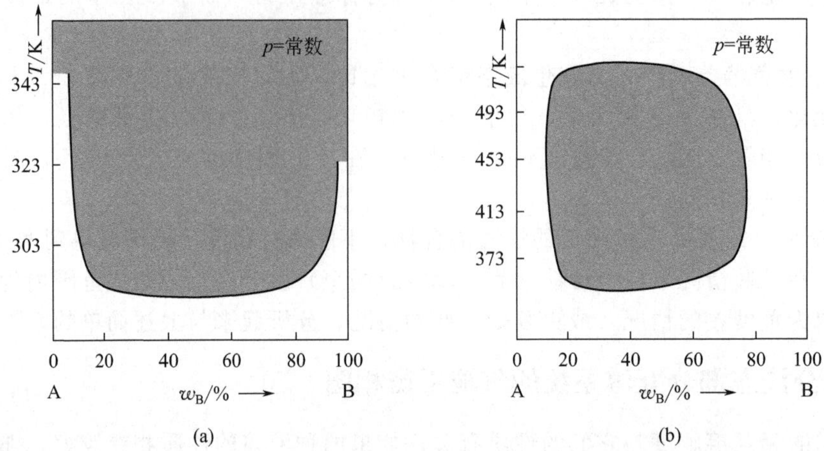

图 6.13　常见部分互溶系统的溶解度图（示意图）

(2) 部分互溶液体的气-液平衡相图（气-液-液平衡）　以具有最高会溶温度的情况为例。在恒压下当温度超过最高会溶温度且继续升温时，系统的蒸气压增大并等于外压，开始出现气相，一般出现具有最低恒沸点型的气-液平衡，见图 6.14。

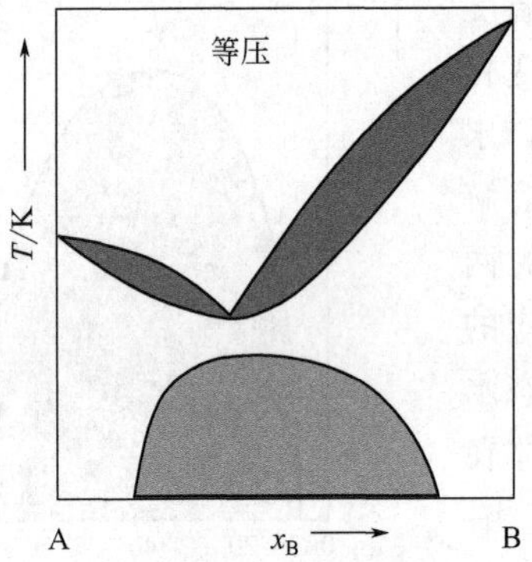

图 6.14　部分互溶二元系统气液相图（示意图）

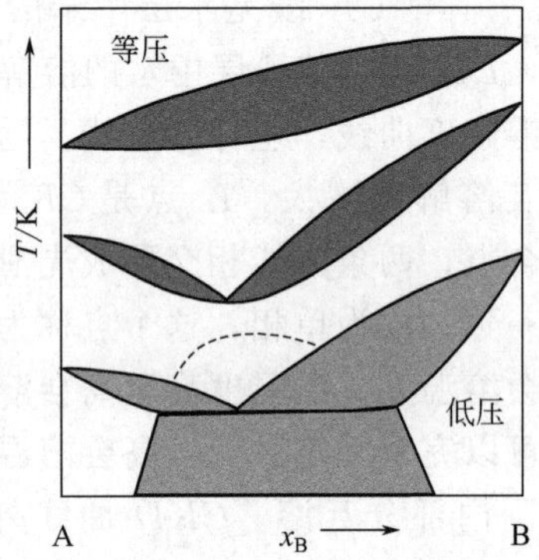

图 6.15　不同压力下部分互溶二元系统气液相图（示意图）

压力对液-液平衡的影响比较小，相互溶解度曲线变化不大，但对气-液平衡曲线影响较大，位置和形状都将发生变化，见图 6.15。当压力降低到一定程度时气-液平衡曲线将与液-液平衡曲线相交。

如水（A）与正丁醇（B）系统，其相图见图 6.16。P、Q 两点分别对应水和正丁醇的沸点，L_1GL_2 水平线是三相线，分别对应的三个相是组成为 L_1、L_2 两点所对应的两个液相和组成为 G 点对应的气相。L_1、L_2 和 G 点分别代表三相平衡时三个相的相点。当系统的组成介于 L_1 和 L_2 之间对应的组成时，在三相线对应的温度时发生如下变化：

$$l_1 + l_2 \underset{\text{冷却}}{\overset{\text{加热}}{\rightleftharpoons}} g$$

各个区代表的平衡相如图所示，各个曲线所代表的含义与气液相图和液液相图所代表的含义相同。图 6.16 是气相组成介于两液相组成之间的系统。图 6.17 是气相组成位于两个液相组成的同一侧的系统。这种情况下，在三相线对应的温度时发生如下变化：

$$\mathrm{l_2}\underset{\text{冷却}}{\overset{\text{加热}}{\rightleftharpoons}}\mathrm{g}+\mathrm{l_1}$$

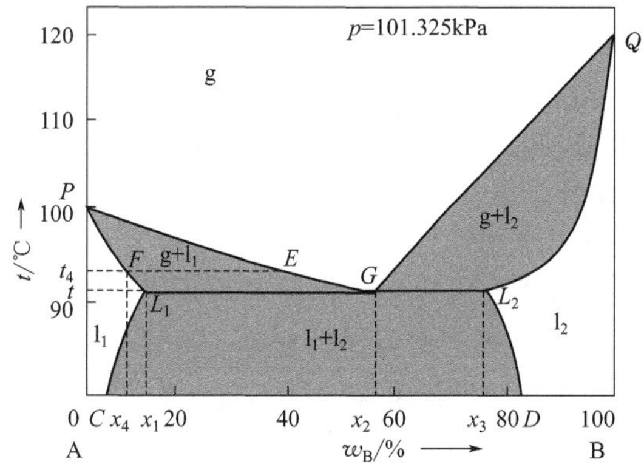

图 6.16　水（A）与正丁醇（B）系统气液相图（示意图）

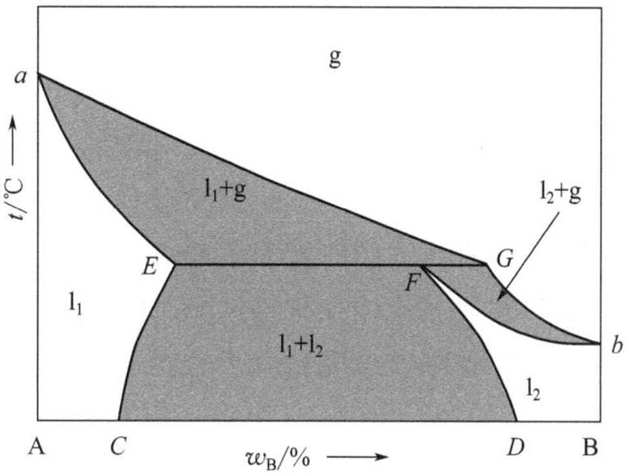

图 6.17　水（A）与二氧化硫（B）系统气液相图（示意图）

对于液态部分互溶系统的相态变化过程，见图 6.16。对总组成在 x_1 与 x_2 之间的混合物进行蒸馏。当温度升至 t 时即达到混合物的沸点，这时系统仍分为二液层，即一对共轭溶液 L_1 和 L_2，二者饱和蒸气组成都为 x_2，即恒沸混合物组成。在蒸馏过程中，任一液层消失之前，蒸气组成和二液层都保持不变。

如果原始组成在 x_2 与 x_3 之间，则上述情况类似。若溶液的组成在 0 和 x_1 之间设为 x_4，当温度升至 t_4 时便达沸点，此时系统为气相和一个液相。蒸馏时，溶液的组成和沸点将自 F 点开始沿 FP 线逐渐移向 P，蒸气组成则相应从 E 开始沿 EP 线逐渐移向 P。若溶液不做简单蒸馏而是进行精馏，则残液为纯 A 和组成为 G 的蒸气，蒸气经冷凝后分为二液层，在温度 t 时分别是组成为 L_1 和 L_2 的两个共轭溶液。如果原溶液组成在 x_3 和 1 之间，则残液为纯 B，其他情况类似。

6. 二组分液态完全不溶系统的气液平衡相图

如果两种液体组分之间的极性相差非常大，彼此间的溶解程度将极其微小，通常认为完全不互溶。水和许多有机液体就属于此类。例如汞-水、氯苯-水等体系属于这种类型。完全不互溶组分共存时，组分间几乎互不影响，各组分的蒸气压与单独存在时一样，液面上的总蒸气压等于两纯组分饱和蒸气压之和，即 $p=p_A^*+p_B^*$。完全不互溶双液系共存时，不管其相对数量如何，其总蒸气压恒大于任一组分的蒸气压，而沸点则恒低于任一组分的沸点。这是完全不互溶系统的特点之一。

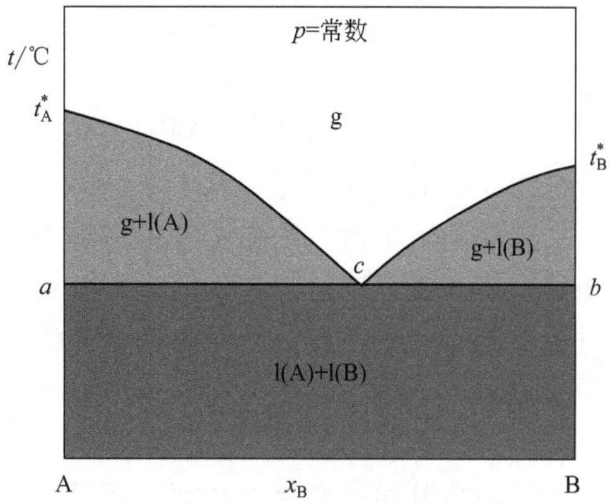

图 6.18　完全不互溶系统的温度-组成图（示意图）

（1）液相完全不互溶系统的气-液平衡相图　图 6.18 为完全不互溶系统的温度-组成图。各个区域代表的平衡相如图所示。图中 ct_A^* 线或 ct_B^* 线是气相线，也是 A 和 B 的饱和蒸气压（或冷凝）曲线。水平线 acb 称为三相平衡线，线上 $f=0$。系统在 a 点和 b 点之间水平线上的任一点处，l(A)、l(B) 和 g 三相平衡。在三相平衡线对应的温度时发生如下变化

$$\mathrm{l(A)+l(B)} \underset{\text{冷却}}{\overset{\text{加热}}{\rightleftharpoons}} \mathrm{g}$$

图中 c 点，此点为三相平衡时的气相，对应的组成的混合物称为共沸物。在三相平衡时，继续加热温度不变，两液相的量不断减少，气相的量不断增加，直至有一个液相消失温度才能上升，当温度上升到 ct_A^* 线或 ct_B^* 线上对应的温度时，另一液相也汽化。若系统恰好在 c 点上，加热使两液体同时蒸发，全部变为气相后温度才能上升。

（2）水蒸气蒸馏　很多有机物的沸点很高，如果用常压蒸馏的方法将其与其他物质分离或提纯，这种有机物可能会在未达到沸点时就已经分解了，为了避免它的分解，要采取措施降低蒸馏的温度。降低蒸馏温度的方法有两个，一是减压蒸馏，另一个就是水蒸气蒸馏。水蒸气蒸馏（steam distillation）方法的原理是把不溶于水的高沸点的液体和水一起蒸馏，使两液体在略低于水的沸点下共沸，这样既保证高沸点液体不至于因温度过高而分解，又由于水与其完全不互溶可以用简单分液的方法分离得到，达到提纯的目的。由于水蒸气蒸馏需要的设备和操作都比较简单，而且费用低，所以在一些工业上小批量生产过程中应用较多。下面以常见的氯苯-水系统为例进行说明。图 6.19 是氯苯-水系统的水、氯苯的蒸气压及系统蒸气总压随温度变化的关系曲线。其中 AB 线、AC 线、AD 线分别为氯苯、水蒸汽压及系统总的蒸气压随温度变化的关系曲线。当系统的总蒸气压等于外压时，混合液开始沸腾。由上述分析知系统总蒸气压恒大于任一组分的蒸气压，沸点小于任意组分的沸点。从图中可以观察到，水和氯苯的正常沸点分别为 100℃和 130℃，而混合液的沸点为 91℃。

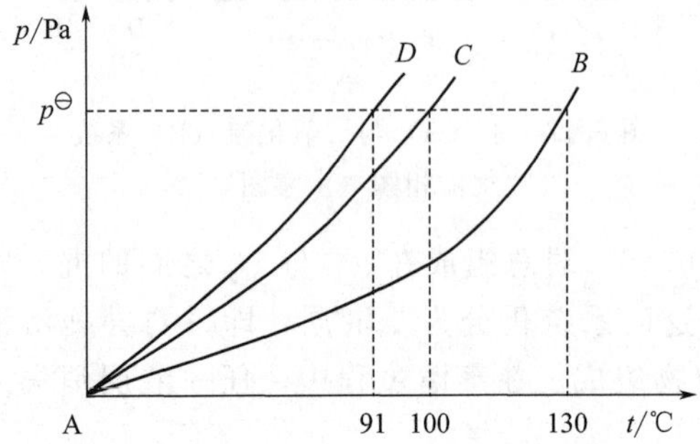

图 6.19　氯苯-水系统的温度-压力组成图

第四节　二组分系统固液平衡相图

对于二组分固液平衡系统相图，通常是将系统放置在大气中经实验绘制得到的，此时压力并不是系统的平衡压力，但是由于压力大小对凝聚系统影响很小，所以在大气压力下所得的结果与平衡压力下所得的结果差别不大。在研究二组分系统固液平衡时，通常是在标准压力下讨论系统的 T-x 图，相律表示为：$f^*=C-\Phi+1=2-\Phi+1=3-\Phi$。

二组分固液平衡系统相图有很多类型。在这里分析一下最基本的相图，只要掌握基本相图的知识，读者就可以对复杂相图进行分析。下面以液态完全互溶，按固态的互溶情况分三种类型讨论：固态完全不互溶、固态部分互溶和固态完全互溶系统。

1. 固态完全不互溶系统

对于两组分固态完全不互溶、液态完全互溶系统，分以下几种类型进行分析。

对简单的具低共熔点系统，以最常见的 Cd 和 Bi 系统为例进行分析，如图 6.20 所示。图中有四个区域：AEC 线以上是熔化物（即液相）的单相区；$AEBA$ 面是熔化物与固态纯镉的两相共存区域；$CEDC$ 面是熔化物与固态纯镉两相共存区域；BD 线下矩形区域是固态纯铋与

固态纯镉两相共存区域。各相区的自由度可根据 $f^*=3-\Phi$ 关系得到。

A 点和 C 点对应的温度分别为 Bi 和 Cd 在标准压力下的熔点，温度分别为 546K 和 596K。E 点对应组成为熔化物与 s(Bi) 和 s(Cd) 同时达饱和平衡时熔化物的组成，该组成熔化物的凝固点是所有组成凝固点最低的，所以称为最低共熔点，温度为 413K。该点对应的混合物称为低共熔混合物。

曲线 AE 代表纯固态 Bi 与熔化物呈平衡时系统的温度与液相组成的关系，称为固体 Bi 的溶解度曲线，简称液相线；CE 线为纯固态 Cd 与熔化物呈平衡时的液相线；BED 线为纯固态 Bi 和纯固态 Cd 与组成为 E 点对应的熔化物的三相共存线，为共晶线，也称三相线。落在三相线上的系统，三个相的状态都由 B、E、D 三点来描述。根据 $f^*=3-\Phi$ 关系知，在三相线上 $f^*=0$，相平衡转化关系为

$$\mathrm{s(Bi)+s(Cd)} \xrightleftharpoons[\text{冷却}]{\text{加热}} \mathrm{l(Bi+Cd)}$$

各相态物质转化的相对量符合杠杆规则（这里以 E 点为支点，以 BE 和 ED 为力臂）。

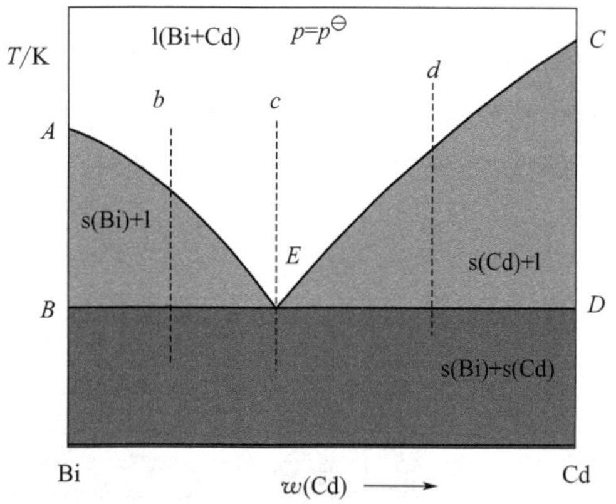

图 6.20 Cd 和 Bi 系统的温度-组成图（示意图）

在图 6.20 中，AE 线和 EC 线是单相区过渡到两相区的边界线，标志着一个区的终结和另一个区的开始，是一种极限，讨论线上的自由度无意义。

为了更好地理解相图，以下讨论系统在冷却过程中相的变化情况。例如含 Cd 20%的熔化物从高温冷却，对应图 6.20 中的 b 线。在降温的过程中，系统总组成不发生变化，物系点沿直线下降，当到达 AE 线时，第一颗 Bi 的微晶出现，然后系统的物系点进入熔化物与固态纯铋两相共存区域。系统中的液相状态由 AE 线上的相点表示（沿 AE 线下降），而另一相（固态 Bi）的状态则由相应的 AB 线上的相点来表示。系统继续降温，当物系点到达三相线 BED 上时，又开始有新相固态纯 Cd 出现，此时是三相共存，$f^*=0$。也就是说当物系点到达三相线时系统各强度变量都不变，包括温度和各相的组成，变化的只有各相的相对数量。即组成为 E 的熔化物按 $ED:EB$ 的比例转化为固态纯 Bi 和固态纯 Cd。熔化物全部冷却消失后，物系点进入固态纯铋（Bi）与固态纯镉（Cd）平衡共存区。温度继续下降时，物系点继续下移，相态再不发生变化。d 线对应组成的系统降温过程与 b 线相似。

低共熔混合物冷却过程的相变化情况见图 6.20 中的 c 线。当系统沿 c 线降温时，开始在熔化物的单相区均匀降温，当物系点到达 E 点时，熔化物按 $ED:EB$ 的比例同时转化为固态纯铋与固态纯镉。由于是同时出现的两相固体，并且总的组成与原来的熔化物相同，所以固态实际上是由微小而均匀的晶体组成的两相混合体。

对于纯态的 Bi 和纯态的 Cd 的系统以及 d 线降温过程相态的变化，读者可以自行分析理解。

通过上述对 Cd 和 Bi 系统相图的分析，对固态完全不互溶系统相图已有了一定的理解。固液相图是通过实验测定大量的数据才能画图得到的，根据研究对象的不同可以采用不同的测量方法。通常对热效应较大的相变过程采用热分析法（thermal analysis），对热效应较小的相变过程采用差热分析法，对水盐系统采用测定溶解度的方法。

这里主要介绍热分析法绘制相图。

热分析法基本原理：当将系统通过程序降温冷却（或加热）时，如果系统不发生相变，则温度将随时间均匀地（或线性地）改变，当系统内有相变时，由于相变潜热的出现，就会使系统的降温（或升温）速率发生变化，在温度-时间图上出现转折点（表示温度随时间的变化率发生了变化）或出现水平线段（表示在水平线段内温度不随时间而变化）。具体步骤为将系统加热到熔化温度以上，然后使其均匀冷却，纪录系统降温过程中不同时间的温度，然后绘制温度（纵坐标）与时间（横坐标）的关系线，就得到步冷曲线（cooling curve）。在步冷曲线上得到某一组成的转折点和水平线所对应的温度。该温度和组成就对应相图中的线上的某一点。

还是以 Cd-Bi 系统为例。在图 6.21(b) 中步冷曲线是根据实验数据绘制得到的。a 线是纯 Bi 的步冷情况，A 点以上线段相当于纯 Bi 熔化物冷却过程（单相降温过程）。到 546K 时（A 点）开始有固体 Bi 从熔化物中结晶出来，由于在析出固态 Bi 的过程中有一定热量放出，可以抵消系统散热的损失，因而在步冷曲线上出现水平线段 AA'，此时系统为两相平衡，根据相律，单组分系统两相平衡时，$f^*=1+2-1=0$，所以当压力给定时 Bi 凝固的温度不变，该温度即为 Bi 的凝固点，对应相图中的 A 点。待 Bi 全部凝固，系统成为单相后，温度才继续下降（图中为 A'以下线段）。纯 Cd 的步冷曲线 e 与纯 Bi 的相似，也有一水平线段。这样又找到 Cd 的凝固点，对应相图中的 C 点，596K。

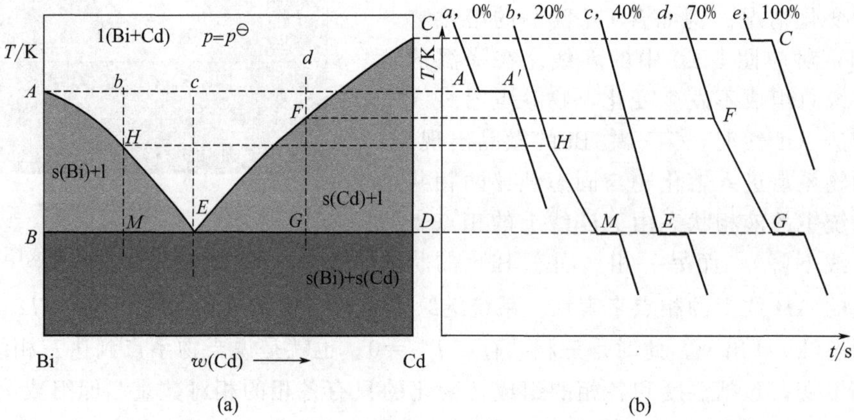

图 6.21　热分析法绘制 Cd 和 Bi 系统的温度-组成图（示意图）

图 6.21(b) 中 b 线是组成为含 Cd 20％的熔化物步冷情况。将含 Cd 20％的混合物熔融后均匀降温，图中 H 点以上线段相当于熔化物冷却过程（单相降温过程）。降温到 H 点对应的温度时开始有固体纯 Bi 从熔化物中结晶出来，由于有固相生成，伴随一定的凝固潜热放出，抵消了系统散热的损失，使系统的降温速率发生变化。在步冷曲线上出现拐点，拐点对应相图中的 H 点。继续降温，系统经历 H 到 M 段，为两相平衡状态。从相律上分析，也能得出两组分系统两相平衡时，$f^*=2-2+1=1$，说明此时温度还是可以变化的。继续降温到达 M 点后，步冷曲线为水平线，说明温度没有发生变化，由相律知，$f^*=2-\Phi+1=0$，$\Phi=3$，系统中存在三相，这样就找到了相图中三相线的 M 点，413K。降温经过 M 点后，步冷曲线又是向下的斜线，系统恢复到自由度为 1，也就是两相存在。由于是直线，也说明在这阶段降温没有相态的变化。d 线是组成为含 Cd 70％的熔化物的步冷情况，分析与 b 线相似，只是熔化物降温先析出的是固体纯 Cd。

对于组成为含 Cd 40%的熔化物的步冷情况，从步冷曲线中可以看出，熔化物降温直接出现水平线，说明该组成的熔化物降温到 E 点对应温度时马上由一相变为三相。即固体纯 Bi 和固体纯 Cd 同时析出，所以 E 点对应于相图的三相线上的对应点，三相线对应的温度为 413K。

把上述五条步冷曲线中固体开始析出与全部凝固的温度绘在温度-组成图上，即找到 A、H、E、F、C 和 M、E、G 点。然后把开始有固体析出的点（A、H、E、F、C）和结晶终了的点（A、M、E、G、D）分别连接起来，便得到 Bi-Cd 的相图 6.21(a)。

用溶解度法绘制相图，是通过不同温度下测得某些盐类在水中的溶解度数据，以温度为纵坐标，以溶解度为横坐标而绘制的相图。如图 6.22 就是在采集一系列实验数据后，采用溶解度法绘制的 $(NH_4)_2SO_4$-H_2O 相图。一般来说，由于盐的熔点很高，超过了饱和溶液的沸点，所以 AN 线不能延长到盐的熔点上。

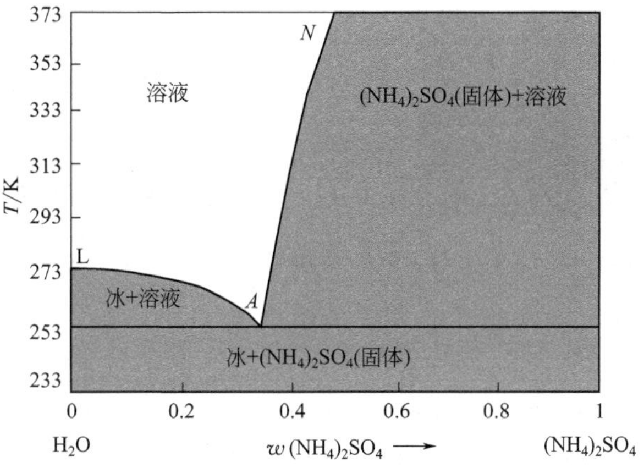

图 6.22 $(NH_4)_2SO_4$-H_2O 相图（示意图）

类似的水盐系统还有 NaCl-H_2O、KCl-H_2O、$CaCl_2$-H_2O、NH_4Cl-H_2O 等。

2. 形成化合物的系统

有些两组分系统在一定温度和组成下可以发生化学反应形成一种或多种固体化合物，形成的固体化合物又分为稳定和不稳定两种类型。需要注意的是，根据组分数的概念，这样的系统虽然有新的化合物生成，但仍为两组分系统。例如有一个化合物生成的系统，组分数 $C=S-R-R'=3-1-0=2$，如果两种物质的数量之比正好使之全部形成某种化合物，则组分数为 $C=S-R-R'=3-1-1=1$，为单组分系统，生成多种化合物的情况与此相同。

（1）形成稳定化合物的系统　这种系统中组分 A 和 B 可形成稳定的固体化合物，这种固体化合物在熔点以下都是稳定存在的，化合物熔化后生成的液相组成和化合物相同，此类化合物称为相合熔点化合物。例如 CuCl(A) 与 $FeCl_3$(B) 系统的相图（图 6.23）。图 6.23 中 H 点为化合物 C($CuCl \cdot FeCl_3$) 的熔点。在分析此类相图时一般可以看成是由两个简单低共熔混合物的相图合并而成。左边可以认为是化合物 C 与 A 所构成的相图，E_1 是 A 与化合物 C 的低共熔点。右边一半，是化合物 C 与 B 所构成的相图，E_2 点是 B 与化合物 C 的低共熔点。相图分析可以用简单低共熔相图知识解决，这里不再赘述。

有时，两个组分还可以形成多个固体化合物。例如 H_2O 与 H_2SO_4 能形成三种化合物 $H_2SO_4 \cdot 4H_2O$、$H_2SO_4 \cdot 2H_2O$、$H_2SO_4 \cdot H_2O$，如图 6.24 所示。H_2O 与 $FeCl_3$ 能形成四种化合物 $FeCl_3 \cdot 2H_2O$、$FeCl_3 \cdot 2.5H_2O$、$FeCl_3 \cdot 3.5H_2O$ 和 $FeCl_3 \cdot 6H_2O$。根据相图，可

以预知各不同浓度产品在不同的温度下发生的冷凝结晶，给运输和储存条件的选择以理论的指导。

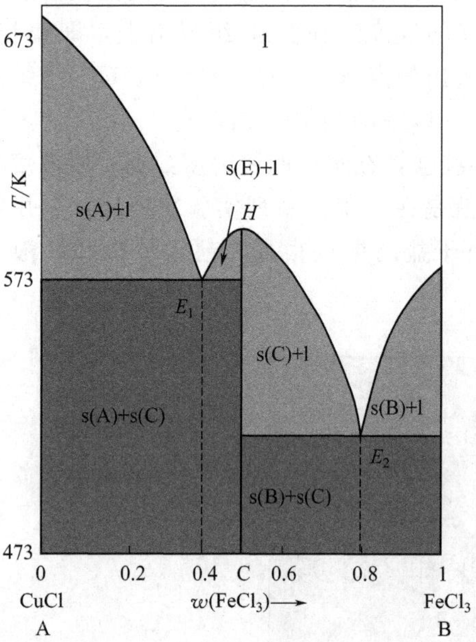

图 6.23　CuCl-$FeCl_3$ 系统的相图（示意图）

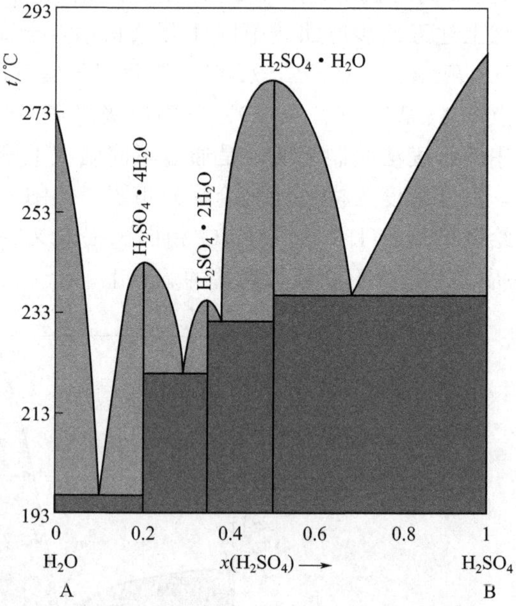

图 6.24　H_2O-H_2SO_4 系统的相图（示意图）

（2）形成不稳定化合物的系统　如果系统中组分 A 和 B 形成的固体化合物未加热到熔点就分解为组成与它不同的液相及另一新固相，此类化合物称为不相合熔点化合物，常称为不稳定化合物，分解过程叫转晶反应（transition crystal reaction）。图 6.25 是 CaF_2(A)-$CaCl_2$(B) 系统相图。CaF_2(A) 与 $CaCl_2$(B) 形成 $CaF_2 \cdot CaCl_2$(C) 不稳定化合物。图 6.26 是金属 Au 和 Bi 的相图，Au 和 Bi 能生成不稳定固体化合物 C(Au_2Bi)(C)，转晶反应可写作

$$s(Au_2Bi) \underset{冷却}{\overset{加热}{\rightleftharpoons}} s(Au) + 熔化物$$

转晶反应所对应的温度称为转晶温度（相当于图 6.26 中 S 点所对应的温度）。将不稳定固体化合物 C(Au_2Bi) 加热到转晶温度，即按 $GS : GT$ 的量的比例（杠杆规则）转化为固体纯 Au 和 S 点对应组成的溶液。对于逆过程，系统中的 Au 发生溶解并与 S 点对应组成的熔化物一起组合成固体化合物 Au_2Bi。事实上，此过程中由于 Au 的溶解过程较慢，会造成新生成的固体化合物 Au_2Bi 包覆在 Au 上，这种由液相和一种固相晶体反应结晶出新的晶体，后者包覆在旧的晶体上的反应称为包晶反应。包晶现象使系统温度降至转晶温度以下时，所得的固体是内核为旧晶体、外层为固体化合物的混合体。这是利用结晶法提纯物质时需要注意的问题。由于这个特点通常称 TGS 线为包晶线。图中 QS 线为熔化物与固体 Au 成平衡时熔化物的组成线；SE 线为熔化物与固体化合物 Au_2Bi 成平衡时熔化物的组成线；EK 线为熔化物与固体 Bi 成平衡时熔化物的组成线；IEF 线为固体化合物 Au_2Bi 与 Bi 的共晶线。在 TGS 线与 IEF 线上都是同时存在三个相，有时也简称“三相线”，此线上 $f^* = 0$，温度及各相组成都不能变动。各个相区的物质相态存在形式见图 6.25。

在相图（图 6.26）中，组成大于 S 点的熔化物冷却过程的相变化与简单低共熔混合物类似。这里讨论组成为 a、b、c 的熔化物的冷却过程的相变化。组成为 a 的熔化物冷却时物系点落到 M 点时首先析出固体 Au，随着继续降温，析出的固体 Au 的量越来越多，熔化物的组

成也沿 MS 线变化。当物系点落在 TGS 线上时，发生转晶反应，由 Au 发生溶解并与 S 点对应组成的熔化物一起按 $GS:GT$ 的量的比例（杠杆规则）组合生成新固体化合物 C(Au_2Bi)，此时三相共存（固体 Au+固体 Au_2Bi+组成为 S 的熔化物），继续冷却，系统进入 $TGCA$ 区（当 Au 与熔化物一起按 $GS:GT$ 的量的比例生成固体化合物 Au_2Bi 后，由于 Au 相对于熔化物 S 的量过剩，所以发生转晶反应后还剩余固体 Au），此时是固态的 Au 与固态新化合物 Au_2Bi 两相共存。

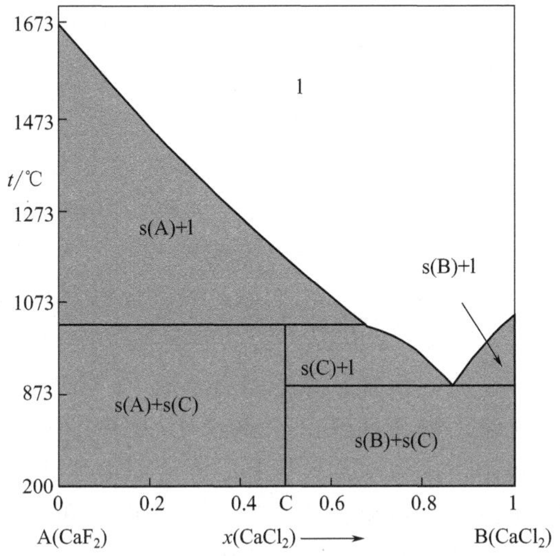

图 6.25　CaF_2(A)-$CaCl_2$(B) 系统的相图（示意图）

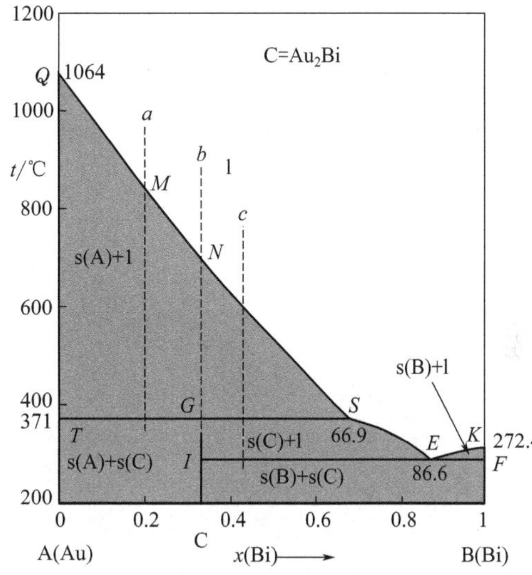

图 6.26　Au-Bi 系统的相图（示意图）

若原始熔化物的浓度恰好相当于 G 点的对应组成，例如从 b 点开始均匀降温，在冷却过程中首先析出 Au，熔化物的组成仍沿 NS 线变化，当物系点落在 TS 线上时仍是三相平衡。如继续冷却，物系点落在 GC 线上，系统为单相的固体化合物 C 与熔化物一起正好按 $GS:GT$ 的量的比例生成固体化合物 Au_2Bi。

若熔化物的起始浓度介于 GS 之间例如 c 点，在冷却过程中首先析出的是 Au，然后是三相平衡，继续冷却，物系点进入 $GSEI$ 区，这是熔化物和化合物的两相平衡区（熔化物过量），当物系点落在 IF 线上时，则又是三相平衡（熔化物、固体 Au_2Bi 和固体 Bi）。再继续冷却，系统进入 $IFBC$ 区，这个区是固体化合物 Au_2Bi 和固体 Bi 的平衡区。

如果想制得固体化合物 Au_2Bi，选择熔化物的组成在 SE 范围内较好，其原因读者可以利用类似上述的分析自己推得。

水与盐系统的中 H_2O-NaCl 相图也属于这类相图，H_2O(A) 与 NaCl(B) 生成不稳定化合物 $NaCl\cdot 2H_2O$(C)，相图如图 6.27 所示，此相图是在加压下绘制的，由于 NaCl 的熔点很高，所以溶

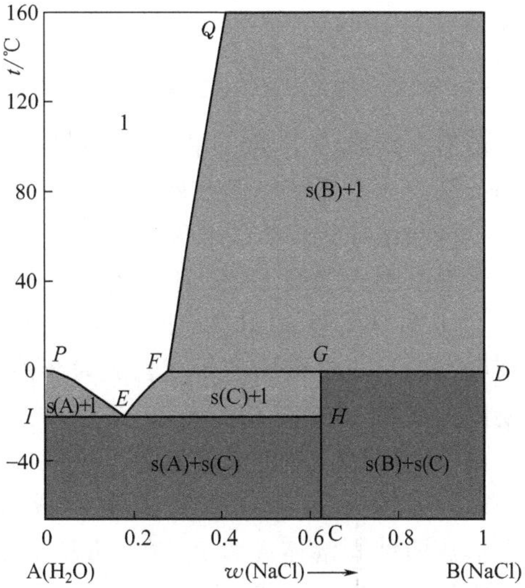

图 6.27　H_2O 与 NaCl 系统的相图（示意图）

解度曲线不会与右侧 NaCl 纵轴相交。

3. 固态部分互溶系统

如果两种或两种以上组分的分子、原子或离子大小接近，在晶格中能彼此取代，那么在其混合物冷却时形成的将是单相均匀的固态系统，称为固态溶液，简称固溶体。与液态溶液相似，固溶体也是单相多组分系统，其组成可在一定范围内改变。

与两种液体部分互溶现象相似，有些固溶体中的两组分不能以任何比例互溶，只能达到一定比例，即一种组分在另一种组分晶体中有一定的溶解度，超过此限度，就不能形成单一的固溶体，而会出现新的相。这种形成部分互溶固溶体的系统相图又分具有低共熔点系统及具有转变温度系统两类，图形及特征与液态部分互溶系统的温度-组成图相似。

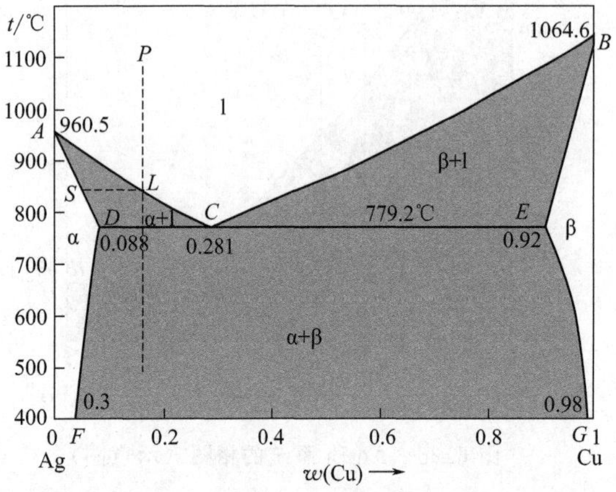

图 6.28　Ag-Cu 系统相图

（1）有低共熔点的系统的温度-组成图　以 Ag-Cu 双组分系统为例，见图 6.28。图 6.28 中 ACB 线以上为熔化物。ADF 线以左区域是 Cu 溶于 Ag 中形成的固溶体，用 α 表示，BEG 以右区域是 Ag 溶于 Cu 中形成的固溶体，用 β 表示。区域 ACD 是 α 与熔化物共存区；区域 BCE 是 β 与熔化物共存区；$FDEG$ 区域是 α 和 β 固溶体共存的两相区。A 和 B 点分别为 Ag 和 Cu 的熔点。AC、BC 线分别表示熔化物与 α 和 β 共存时溶化物的组成线，简称液相线（line of liquid phase）；ADF、BEG 线为固相线（line of solid phase）。AD 和 BE 分别表示熔化物与 α 和 β 共存时这两种固溶体的组成线，简称溶点线。DF 和 EG 线就表示 Ag 与 Cu 在固体时的相互溶解度曲线。由图 6.28 可见，随着温度的下降，Ag 与 Cu 的互溶度减小。在 DCE 线对应的温度时发生共晶过程，同时对 α 和 β 两种固溶体饱和，析出组成为 D 的 α 固溶体和组成为 E 的 β 固溶体：

$$\alpha(\text{固溶体})+\beta(\text{固溶体})\underset{\text{冷却}}{\overset{\text{加热}}{\rightleftharpoons}}\mathrm{l}(\text{熔化物})$$

若有一组成为 P 点的 Ag-Cu 熔化物，当其冷却到 L 点时开始析出组成相当于 S 点对应组成的 α 固溶体，系统以固液两相共存。继续冷却时，α 固溶体的量不断增多，其组成沿 SD 线变化，液相组成则沿 LC 线变化，在此两相区内，两相相对量可用杠杆规则来确定。继续降温，物系点到三相线 DCE 时，液相组成变为 C 点对应组成，开始有共晶过程，组成分别为 D 和 E 的 α 和 β 固溶体同时析出。共晶过程完成之前，由于三相共存，$f^*=0$，温度不能变化，平衡各相的组成也都固定不变，此时步冷曲线上会出现水平线段，直至共晶过程完成，液相完全凝固为 α 和 β 两相，$f^*=1$，温度才能再次下降，系统点进入 $FDEG$ 相区。此后互相平衡的是两个固溶体，其组成分别沿 DF 及 EG 线变动，其相对量也可由杠杆规则确定。

（2）有转变温度的系统的温度-组成图　以 Hg-Cd 二组分系统为例，见图 6.29。Hg 和 Cd 也可形成两种固溶体 α 和 β。在 CDE 线上三相共存，发生包晶过程，液相与 β 固溶体作用产生 α 固溶体

$$\alpha(\text{固溶体})\underset{\text{冷却}}{\overset{\text{加热}}{\rightleftharpoons}}\mathrm{l}(\text{熔化物})+\beta(\text{固溶体})$$

各相区分析及熔化物冷却情况可根据前面的讨论类推。

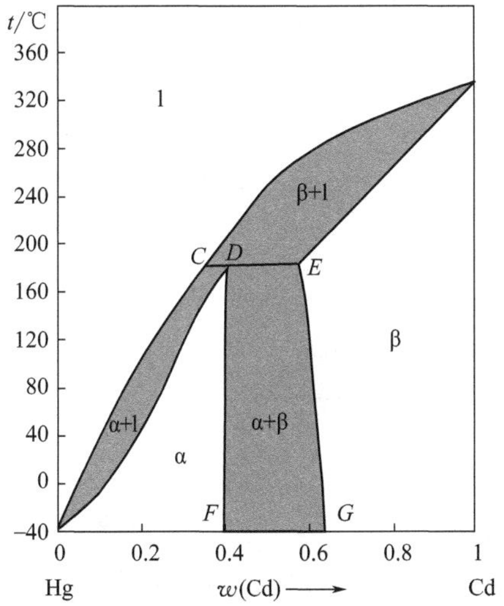

图 6.29 Hg-Cd 系统相图

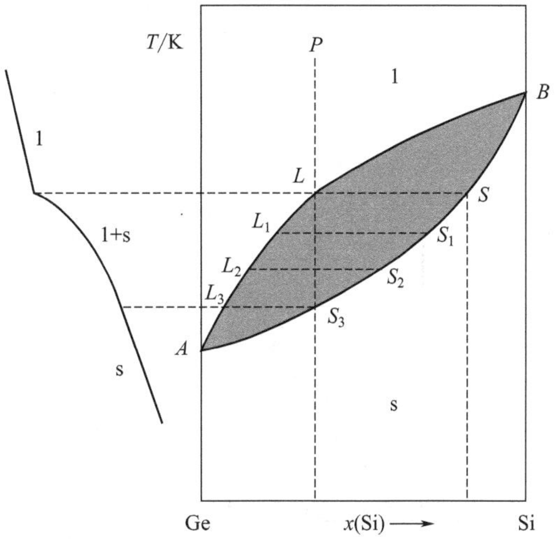

图 6.30 Ge-Si 相图和步冷曲线

4. 固态完全互溶系统

固态完全互溶系统中两组分不仅在液态完全互溶而且在固态也能以任意比例互溶。这类系统的相图与完全互溶双液系统气液平衡的温度-组成相图的图形及性质相似。以 Ge-Si 二组分系统为例，如图 6.30 所示，ALB 为液相线，在液相线以上系统以熔融状态存在。ASB 为固相线，在固相线以下系统以 Ge 和 Si 两组分形成的固溶体形式存在。在液相线和固相线之间是两相区，系统以熔化物和固溶体两相平衡共存。

当 P 点代表的熔化物冷却时，冷却到 L 点对应的温度，开始有 S 点对应组成的固溶体析出。如果在降温过程中始终保持固液平衡，随着温度的进一步下降，不断析出固溶体，其组成沿 $SS_1S_2S_3$ 线变化，相应的平衡液相组成则沿 $LL_1L_2L_3$ 线改变。平衡两相的相对量可用杠杆规则来确定。当物系到 S_3 点时，最后的液相 L_3 消失，系统完全凝固形成单相的固溶体。系统的步冷曲线上没有水平线段，只有两个转折点，如图左方所示，这是此类相图的一个特点。

对于这种有固溶体生成的系统，当熔化物降温时，注意一定要使液相与固相始终保持平衡，否则将得不到均匀的固溶体，而是每个晶体内部含有比外部较多的高熔点组分。这个现象叫作“晶内偏析”。产生这一现象的原因是，当降温速度比较快时，固溶体的析出速率将超过固溶体内部扩散的速率，这时液相只来得及与固相表面达成平衡，而固相内部还保持着最初析出的固相的组成。实际上，由于这一现象的结果会造成合金性能的缺陷，不符合要求，所以在制造金属材料时人们往往不希望这个现象发生。为了避免“晶内偏析”现象的发生，就要保证在降温过程中使液相与固相始终保持平衡，可使固相温度略高于熔化温度保持一段时间，给固相以充分的时间进行扩散，使系统趋于平衡。

从另一个角度来看，可以利用分步结晶的方法来提纯金属。方法是在冷却时不断将析出的固溶体分离出来，使液相中低熔点组分的含量不断增大，随着温度的下降，液相组成愈来愈接近于纯的低熔点组分。另外，分离出的固溶体经过熔化、再结晶，可使固溶体中高熔点组分的含量增多。重复多次，最后固溶体的组成将接近纯的高熔点组分。

与气液平衡的温度-组成图类似，形成完全互溶固溶体的相图还有相图出现最高熔点（这种相图很少）和最低熔点的两种类型。这种相图的液相线和固相线最低点或最高点相切，并且在此点液相和固溶体的组成相同。

5. 两组分系统复杂相图的分析和应用

对液态完全互溶系统，按固态互溶情况的不同可以将两组分系统的固液相图归纳为 9 个基本类型，如图 6.31 所示。

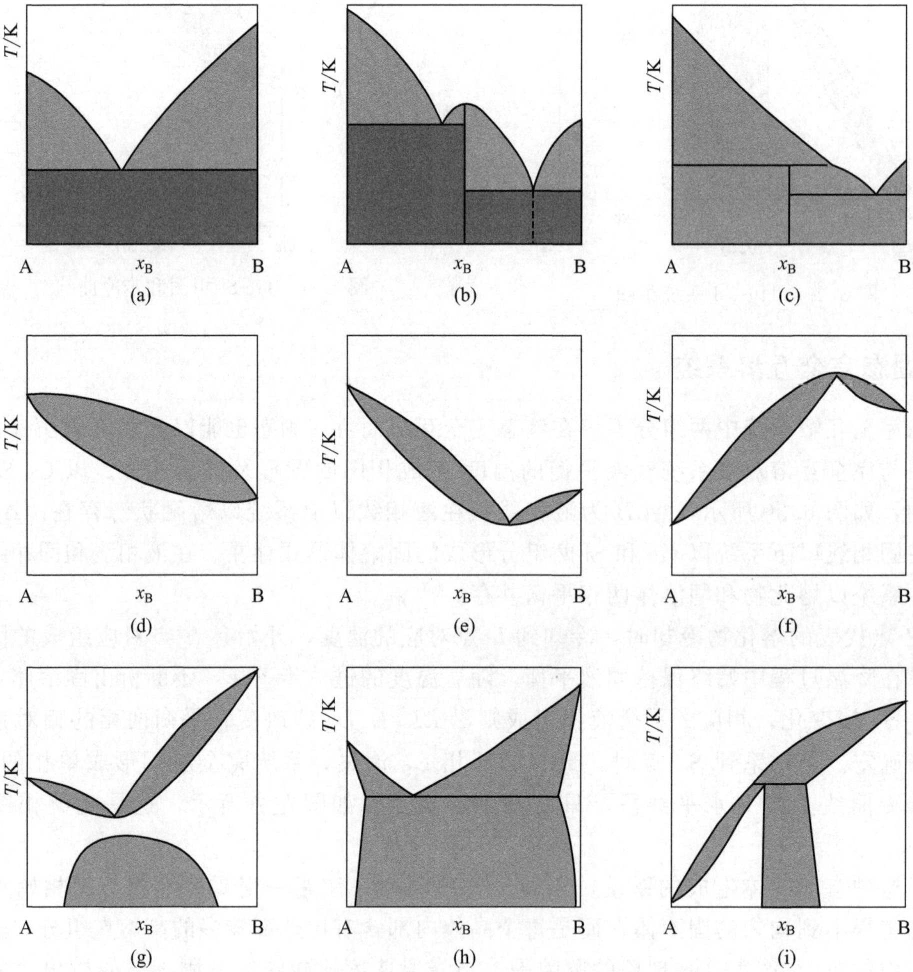

图 6.31　各种类型的两组分系统固液相图（温度-组成图）

以上介绍了两组分系统固液相图的几种基本类型。实际中遇到的往往是这几个基本相图的组合，再加上液态部分互溶或完全不互溶情况，就会使整个相图显得更加复杂。但无论这些相图有多么复杂，分析起来不外乎是以上讨论过的各类简单相图的综合。

如图 6.32 所示的 MnO-SiO_2 相图，左方是生成不稳定化合物的类型的图形。上方的 *EFGH* 曲线可看作是液态部分互溶曲线与简单共熔类型的综合，但在 *EGI* 三相线上发生的过程与共晶过程不同，是一个组成为 *G* 的液相转变为一个固相 SiO_2 和另一组成为 *E* 的液相，称为片晶过程或单转过程。

$$l(G)\xrightleftharpoons[冷却]{加热}l(E)+s(SiO_2)$$

图 6.32 中有两个不稳定化合物 $MnO\cdot SiO_2$ 和 $2MnO\cdot SiO_2$，图的中间还有一个共晶点 C。固态 SiO_2 在较高温度下以白硅石形式存在，在较低温度下则为鳞石英（固体有晶型转变），图中也画出了晶型转变温度线（DJ 线）。

在分析复杂相图时，首先要确定各个相区，可利用相区接触规律的帮助。这个规律指出，相邻两相区的相数必相差 1。故在两个单相区之间必有一个两相区，在两个两相区之间应有一个单相区或三相线。相图的单相区可以是纯组分、稳定或不稳定化合物（以上在相图中均表现为垂直线）、溶液或固溶体。三相线是水平线，有两个断点相（三相线以上或以下都存在）和一个位于中间的相（只存在于三相线之上或之下）。三相线上发生的过程总是两个端点相转变为中间的相或其逆过程，例如：

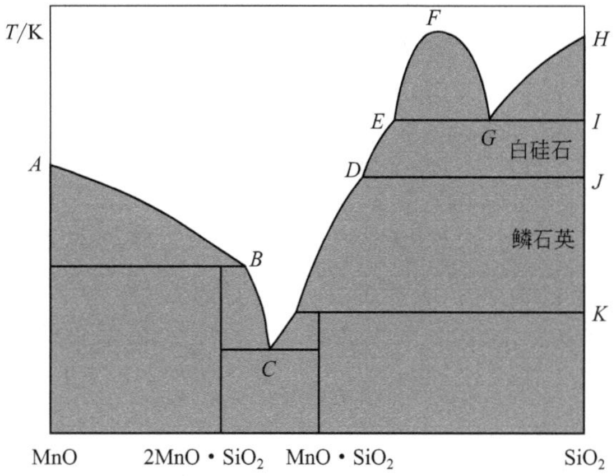

图 6.32　各种类型的两组分系统的温度-组成图

$$共晶过程：L \Longleftrightarrow S_1+S_2$$

$$包晶过程：L+S_1 \Longleftrightarrow S_2$$

这些过程的固相可以是纯固态组分、化合物或固溶体。此外，当固相发生晶型转变时，也会出现三相共存的情况，例如图 6.32 中的 DJ 线以上是液相与白硅石两相共存，冷却到 DJ 的温度时，由于白硅石转变为鳞石英，在转变完成以前，系统以液相、白硅石、鳞石英三相共存，此时 $f=0$，所以在相图上 DJ 也是一条水平线。

在相区及三相线确定以后，即可利用相图来分析系统的冷却情况。画步冷曲线，在冷却过程中若遇到系统发生相变化，例如从单相区进入两相区，冷却曲线将出现一个转折点；当冷却到三相线时，由于 $f=0$，冷却曲线上表现为一水平线段。若固相发生了晶型转变，冷却曲线也会出现水平线段。对于相图上两相共存的区域，可以用结线两端的相点来确定两相的组成，也可用杠杆规则来计算两个共存相的相对量。

第五节　三组分系统相图

1. 等边三角形坐标表示法

三组分系统（three-component systems），$C=3$，$f=5-\Phi$，显然，系统最多相数为 5，最大的自由度数为 4。这 4 个自由度包括温度、压力和两个组分的组成（三组分，只要有两个组分的组成确定了，第三个组分即相应确定下来），要充分描述三组分的相平衡关系，就应该用四维空间来描述，这是用图形无法描述的。但如果是在定压下讨论相平衡关系，就可用三维坐标的立体相图来表达。若在压力和温度都不变的条件下讨论相平衡，则可以用二维坐标的平面图形来表示。这样将各不同温度下的平面图叠起来，就得到系统在不同温度下的立体图形。

通常在平面图上使用等边三角形来表示各组分的浓度。如图 6.33 所示，等边三角形的三

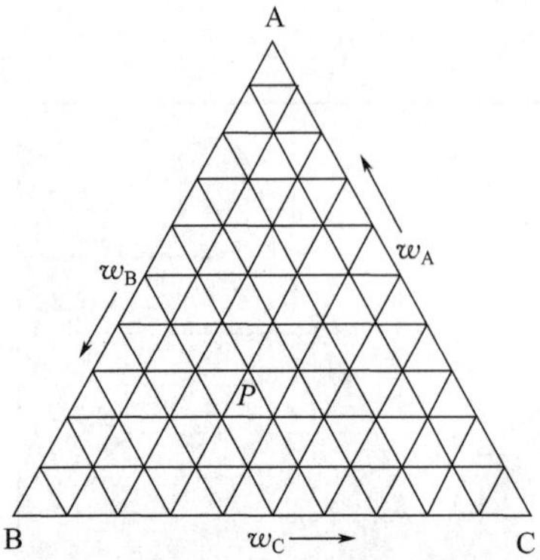

图 6.33 三组分系统组成的表示法

个顶点分别表示纯组分 A、B 和 C。等边三角形各边表示该边两边对应组分的组成关系。AB、BC 和 AC 线上的点则分别代表 A 和 B、B 和 C、A 和 C 所形成的二组分系统的组成，采用逆时针方向表示组分的含量。三角形内任意一点都代表三组分系统的组成。例如图 6.33 中三角形内的 P 点的位置表示系统中含 A 30%、含 B 40%、含 C 30%。这三个数值是基于等边三角形的几何性质得到的：将三角形的每一边在 0～1 之间分为 10 份。通过三角形内任一点 O［见图 6.34(a)］，引平行于各边的平行线，根据几何学的知识可知，a、b 及 c 的长度之和应等于三角形一边之长，即 $a+b+c=\text{AB}=\text{AC}=\text{CB}=1$，或 $a'+b'+c'=$任一边之长$=1$。因此 O 点的组成可由这些平行线在各边的截距 a'、b'、c'来表示。沿着逆时针的方向在三角形的三边上标出 A、B、C 三组分的质量分数（即从 O 点作 BC 的平行线，在 AC 线上得长度 a'，即为 A 的质量分数；从 O 点作 AC 的平行线，在 AB 线上得长度 b'，即为 B 的质量分数；从 O 点作 AB 的平行线，在 BC 线上得长度 c'，即为 C 的质量分数）。

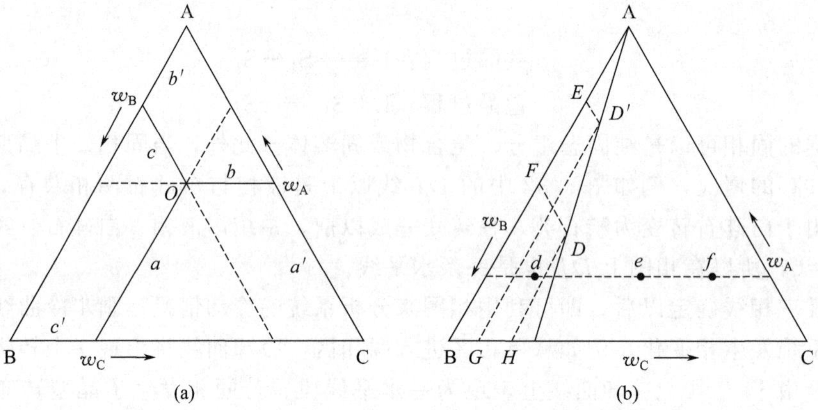

图 6.34 三组分组成表示法

用等边三角形表示组成，有以下几个特点：

① 位于三角形内某边的平行线上的所有状态点对应的系统中，与此线相对的顶点的组分的质量分数一定相等。例如图 6.34(b) 中，代表三个不同的系统的 d、e、f 三点都位于平行于底边 BC 的线上，这些系统中所含 A 的质量分数相等。

② 在通过顶点 A 的任意直线上的所有系统［例如图 6.34(b) 中 D 和 D'两点所代表的系统］，组分 B 和 C 的质量分数比值相同，A 的含量不同（D 中含 A 比 D'中少）。这可由简单的几何关系来证明，$\text{A}E/\text{A}F=\text{B}G/\text{B}H$，即由 D'和 D 两点所代表的系统中，组分 B 和 C 的质量分数之比相同。如图 6.35 所示，设 S 为三组分液相系统，如果从液相 S 中析出纯组分 A 的晶体，则剩余液相的组成将沿 AS 的延长线变化。假定在结晶过程中液相的浓度变化到 b 点，则此时晶体 A 的量与剩余液体量之比，等于 bS 线段与 SA 线段之比（杠杆规则）。反之，倘若在液相 b 中加入组分 A，则物系点将沿 bA 的连线向接近 A 的方向移动。

③ 如果有两个三组分系统 D 与 E（图 6.35）所构成的新系统，其物系点必位于 D、E 两点之间的连线上。E 的量越多，则代表新系统的物系点 O 的位置越接近于 E 点。杠杆规则在

这里仍可使用，即 D 的量×OD＝E 的量×OE。

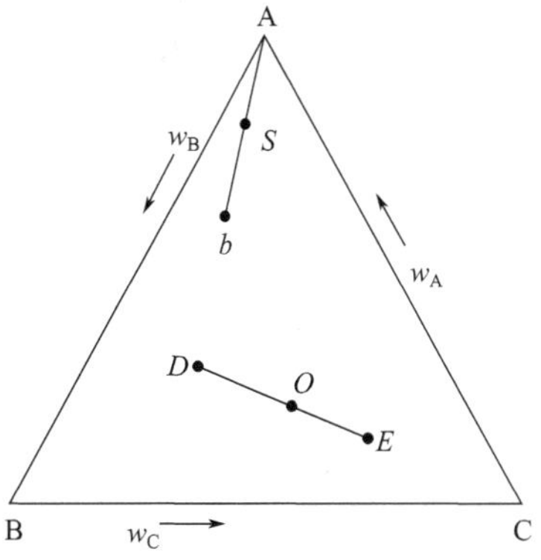

图 6.35　三组分系统的杠杆规则

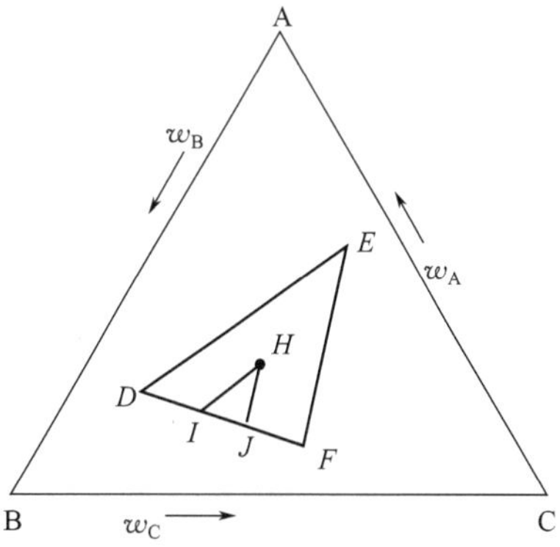

图 6.36　三组分系统的重心规则

④ 由三个三组分系统 D、E、F（图 6.36）混合而成的混合物，其物系点必落在三角形 DEF 的重心位置，准确位置可由“重心规则”求之：先按杠杆规则求出 E、F 的混合物系点，同样再按杠杆规则求出 D、F 的混合物系点 H。H 点就是 E、F、D 三个三组分体系构成的混合物的物系点。D、E、F 的互比量可由下法读图得到。通过 H 点分别画平行于 DE 和 EF 的平行线，分别交 DF 线于 I 点和 J 点，则 F、E、D 的量的比等于线段 DI ∶ IJ ∶ JF。

2. 三组分盐水系统相图

此类相图在提纯盐类中用的较多。这里简单介绍几种典型相图。

（1）固相为纯盐系统的相图　以 H_2O(A)-NaCl(B)-KCl(C) 三组分系统在 25℃时的溶解情况为例（见图 6.37）。图 6.37 中 E、F 点分别为在 25℃时 NaCl 和 KCl 在水中达饱和时溶液的组成，即溶解度。ED 线是 NaCl 在 H_2O 中饱和时 NaCl 的溶解度曲线，FD 线是 KCl 在 H_2O 中饱和时 KCl 的溶解度曲线。ED 线和 FD 线表明了每种盐在水中的溶解度因另一种盐的浓度而发生变化。在所有两相区都可用杠杆规则对各相相对量进行求算。两个溶解度曲线相交的 D 点表示溶液中同时饱和了 NaCl 和 KCl 时的状态，在该点的自由度为 0。

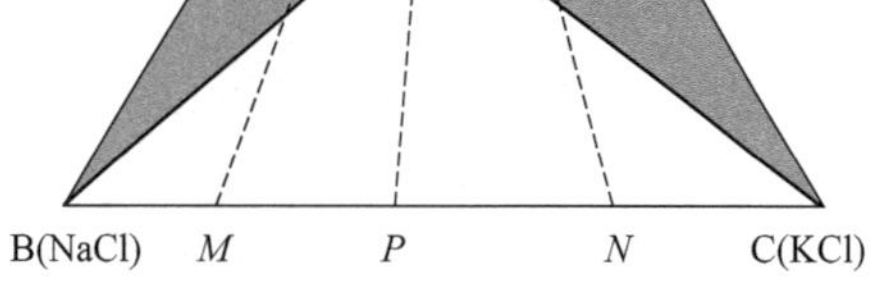

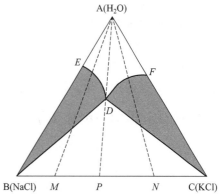

图 6.37　H_2O-NaCl-KCl 系统相图

AEDF 区表示两种盐在水中均未达饱和的状态，是单相区。BED 区系统是 NaCl 的饱和溶液和纯固体 NaCl 的两相共存区，CFD 区系统是 KCl 的饱和溶液和纯固体 KCl 的两相共存区。系统 BDC 区是固体纯 NaCl、固体纯 KCl 和组成为 D 的两种盐的饱和溶液的三相共存区，在该区自由度为 0。

利用水盐三组分相图可以对从两种盐的混合物中提纯某种盐给予理论上的指导。例如，盐 NaCl 和 KCl 的固体混合物想要得到某一组分的纯态，选择向混合物中加入水的方法。如果最初混合物组成处于 P 点以左，比如在 M 的位置，则加入水后物系点沿 MA 向上移动，在物系点进入两相区时就可以得到固态的纯 NaCl；如果最初混合物组成处于 P 点以右，比如在 N 的位置，则加入水后物系点沿 NA 向上移动，在物系点进入两相区时就出现纯的固态 KCl；如果最初混合物组成正好处于 P 点，则通过加入水的方法无法分离 NaCl 和 KCl。

（2）生成水合物的系统　H_2O(A)-NaCl(B)-Na_2SO_4(C) 系统中 Na_2SO_4 与水可以形成水合物。该系统的相图见图 6.38。图中 G 点表示水合物 $Na_2SO_4 \cdot 10H_2O$ 的组成，E 点为 NaCl 的溶解度，F 点为水合物 $Na_2SO_4 \cdot 10H_2O$ 在水中的溶解度。AEDF 区为两种盐的不饱和溶液，是单相区；EDB 是饱和了 NaCl 的溶液与固态纯 NaCl 的两相共存区；DFG 为饱和了 Na_2SO_4 的溶液与水合物 $Na_2SO_4 \cdot 10H_2O$ 晶体的两相共存区；DBG 为同时饱和了 NaCl 和 Na_2SO_4 的溶液与固态纯 NaCl 和水合物 $Na_2SO_4 \cdot 10H_2O$ 晶体三相共存区；BGC 为固态纯 NaCl、固态纯 Na_2SO_4 以及水合物 $Na_2SO_4 \cdot 10H_2O$ 晶体三相共存区。对这类相图也可以做类似于"固相为纯盐系统的相图"的分析。

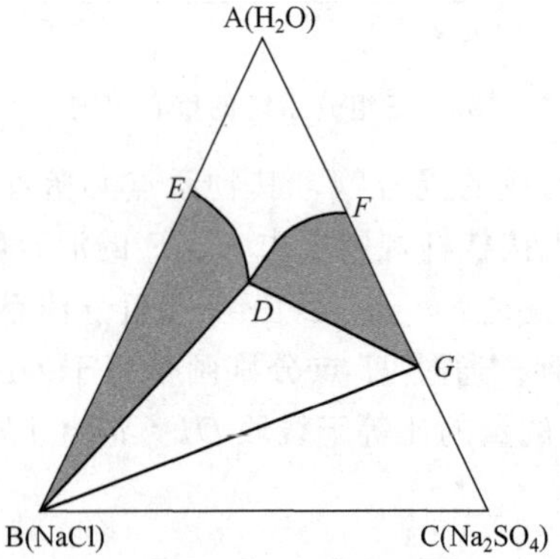

图 6.38　生成水合物的三组分系统的相图

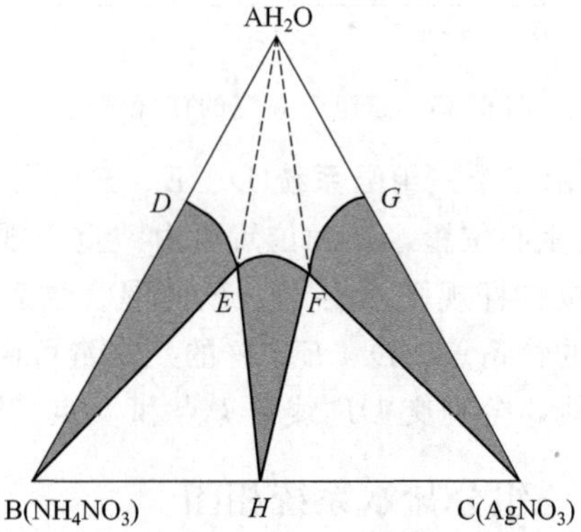

图 6.39　生成复盐的三组分系统的相图

（3）生成复盐的系统　H_2O(A)-NH_4NO_3(B)-$AgNO_3$(C) 系统能生成复盐 $NH_4NO_3 \cdot AgNO_3$，其相图见图 6.39。图中 H 点为复盐的组成，E 点为同时饱和了复盐和 NH_4NO_3 的溶液，F 点为同时饱和了复盐和 $AgNO_3$ 的溶液，EF 线为饱和了复盐的溶液的组成线。BEH 为固体纯 NH_4NO_3、复盐 $NH_4NO_3 \cdot AgNO_3$ 及饱和了复盐和 NH_4NO_3 的溶液的三相区，HFC 为固体纯 $AgNO_3$、复盐 $NH_4NO_3 \cdot AgNO_3$ 及饱和了复盐和 $AgNO_3$ 的溶液的三相区。其他点、线、区的意义与固相为纯盐系统的相图相同。

3. 部分互溶的三组分系统

这类系统中，A、B、C 可以形成三对液体。三对液体间可以是一对部分互溶、两对部分互溶或三对部分互溶。

（1）三液体中有一对部分互溶的系统　此类系统与两组分部分互溶系统的溶解度图有些相似。乙酸（A）、氯仿（B）和水（C）所形成的系统中乙酸（A）和氯仿（B）、乙酸（A）和水（C）均能以任意比例互溶，而氯仿（B）和水（C）为部分互溶，相图如图 6.40 所示。浓度在 Ba 或 bC 之间，可以完全互溶，组成介于 a 和 b 之间的系统分为两层，一层是水在氯仿中的饱和溶液（a 点），另一层是氯仿在水中的饱和溶液（b 点），这对平衡共存的两溶液形成共轭溶液。假如配制了物系点组成为 E 点的 B 和 C 的溶液，系统是以组成为 a 和 b 的两个共轭溶液存在。逐渐向该系统中加入 A，那么系统的物系点将沿着 EA 点向上移动，系统原来的部分互溶双液层变为每个共轭液层又多了组分 A。从图中可以看出，由于 A 醋酸的加入，使得 B 和 C 的互溶度增加，两液相的组成由 a、b 点变为 a_1、b_1，再继续变为 a_2、b_2……当物系点接近 b_4 时，含氯仿较多的一层（接近 a_4）数量渐减；最后该层将逐渐消失，系统进入帽形区以外为单相区。由于醋酸在两层中并非等量分配，因此代表两层浓度的各对应的点 a_1b_1，a_2b_2，……的连线，不一定和底边 BC 平行，这些连线称为连接线。在帽形区里如果已知物系点，则可以根据连接线用杠杆规则求得共轭溶液数量的比值，两相的组成可由连接线的两端点读出。

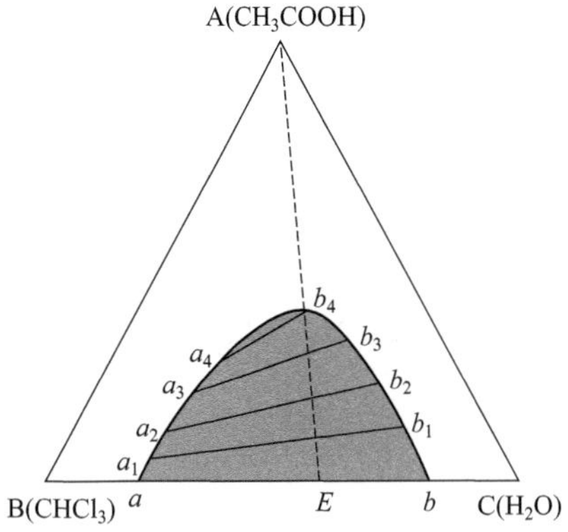

图 6.40　有一对部分互溶的三组分系统相图

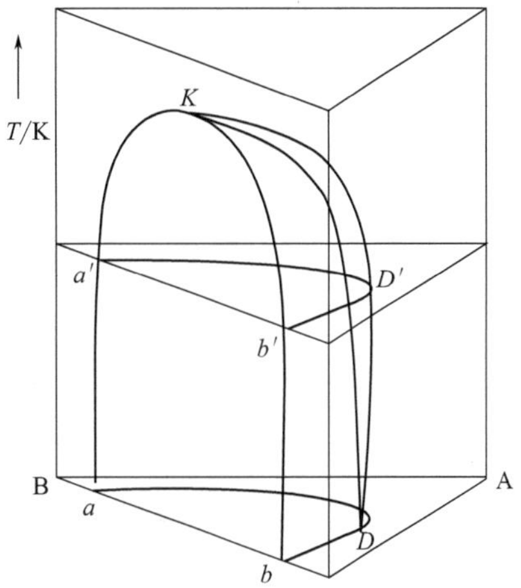

图 6.41　三液体有一对部分互溶 T-x 图

把很多温度下的双结线叠合起来，便构成空间中的一个曲面。每一个等温线有一个等温会溶点，把会溶点连接起来，便得到一条空间中的曲线。图 6.41 中 $a'D'b'$ 是较高温度下的双结曲线。若温度继续升高，曲线可缩为一点 K（K 点的投影位置随系统而不同，也可在三角形内）。相图属于这一类的系统还有：乙醇（A)-苯(B)-水(C) 等。

（2）三液体中有两对部分互溶的系统　乙烯腈（A)-水(B)-乙醇(C) 系统属于此类，如图 6.42(a) 所示。在 aDb 和 cFd 区域内两相共存，各相的成分可自连接线上读出。在上述两个区域以外，系统均为单相区。当温度降低时，不互溶的区域逐渐扩大，最后可互相迭合。如图 6.42(b) 所示，在阴影区为两相区，其他区域则为单相区。

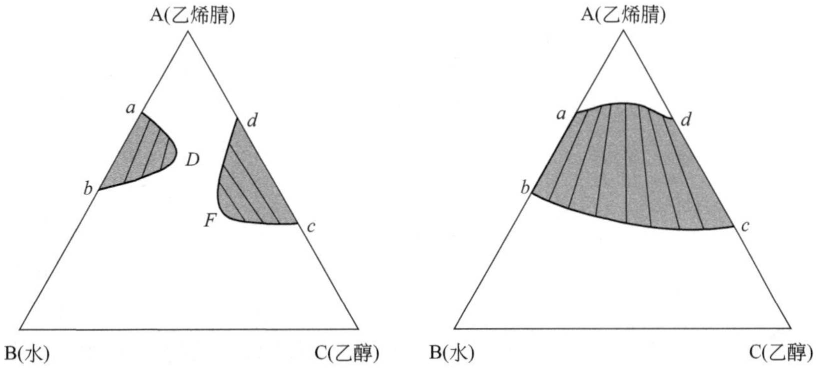

图 6.42　含两对部分互溶的系统

（3）三液体中有三对部分互溶的系统　乙烯腈（A)-水(B)-乙醚(C) 系统属于此类，如图 6.43(a) 所示。阴影部分表示系统分为两相，其他区域则为单相区。如果温度逐渐降低，三个阴影区逐渐扩大，便形成图 6.43(b)，图中区域 1 是单相，区域 2 是两相，区域 3 是三相共存，

该三相的组成由 G、E、F 三点来表示。因为根据相律，当三相共存时，$f^{**}=0$，三相的浓度不能改变，不同的是三相的相对数量。设系统点为 P，连接 E、P，并延长至 E'，连接 G、P，并延长至 G'，则三相的相对量之比可用杠杆原理计算得到，即

液相 F 的质量/液相 E 的质量 $=G'E/G'F$

液相 F 的质量/液相 G 的质量 $=E'G/E'F$

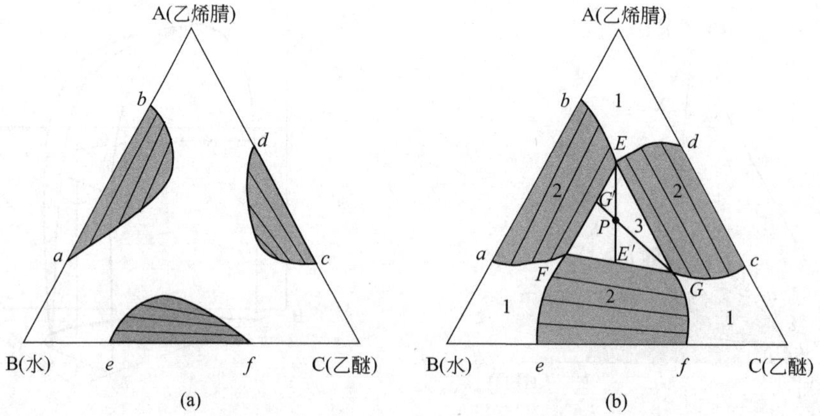

图 6.43　含三对部分互溶的系统

部分互溶系统相图在萃取上有重要的用途。

4. 三组分低共熔混合物系统

铋、锡、铅三组分系统是此类系统，见图 6.44。图中三条棱分别代表三组分 Bi、Sn、Pb，它们的熔点分别是 544.6K、304.9K、500.7K。柱体的每一个侧面表示每一对二组分低共熔系统的 T-x 相图。相应有三个低共熔点，分别是：306K（E_1）、357K（E_2）和 301K（E_3）。

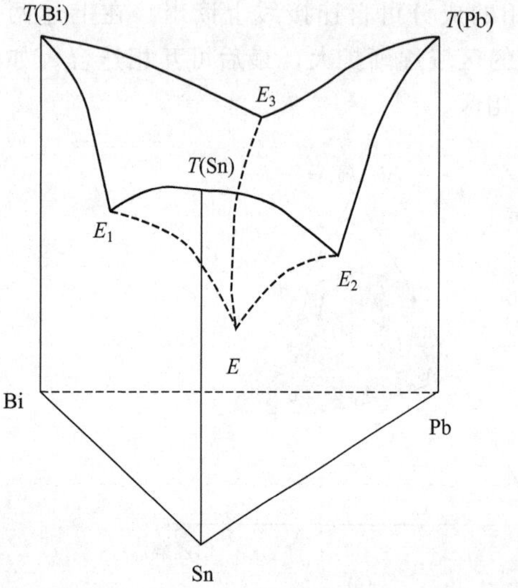

图 6.44　铋、锡、铅三组分熔点组成图

$T(\mathrm{Bi})E_3T(\mathrm{Pb})E_2T(\mathrm{Sn})E_1$，$E$ 为三片花瓣组成的中心凹的多边形曲面构成的液相面，在此液相面以上，是三组分完全互溶溶液，同时，E_1E、E_2E、E_3E 三条低共熔线将液相面分割成三个曲面，每一个曲面表示三组分饱和溶液与二固体（曲面顶点组分）平衡共存。三条低共熔线则分别表示三组分饱和溶液与二固体（相邻两曲面所析出的纯组分）的平衡共存，E 点（51%Bi，16%Sn，33%Pb，369K）可以看成是等边三角形相图中间的三角形三相区随着温度的降低，到达低共熔温度时缩小成一点。称为三组分低共熔点，三组分低共熔点是四相平衡共存状态，三个纯固相（Bi、Sn、Pb）和三组分共熔溶液，条件自由度为 0。三种金属以纯固态同时析出，温度维持不变直至溶液都凝固成三种纯金属的固态混合物后，温度才下降。

习　　题

一、选择题

1. $NH_4HS(s)$ 和任意量的 $NH_3(g)$ 及 $H_2S(g)$ 达平衡时有（　　）。

(A) $C=2$，$\Phi=2$，$f=2$　　(B) $C=1$，$\Phi=2$，$f=1$

(C) $C=2$，$\Phi=3$，$f=2$　　(D) $C=3$，$\Phi=2$，$f=3$

2. 在通常情况下，对于二组分物系能平衡共存的最多相为（　　）。

(A) 1　　(B) 2　　(C) 3　　(D) 4

3. 固体 Fe、FeO、Fe_3O_4 与气体 CO、CO_2 达到平衡时，其独立化学平衡数 R、组分数 C 和自由度数 f 分别为（　　）。

(A) $R=3$；$C=2$；$f=0$　　(B) $R=4$；$C=1$；$f=-1$

(C) $R=1$；$C=4$；$f=2$　　(D) $R=2$；$C=3$；$f=1$

4. 将固体 $NH_4HCO_3(s)$ 放入真空容器中，恒温到 400K，$NH_4HCO_3(s)$ 按下式分解并达到平衡

$$NH_4HCO_3(s) = NH_3(g) + H_2O(g) + CO_2(g)$$

体系的组分数 C 和自由度数 f 为（　　）。

(A) $C=2$，$f=1$　(B) $C=2$，$f=2$　(C) $C=1$，$f=0$　(D) $C=1$，$f=2$

5. 硫酸与水可形成 $H_2SO_4 \cdot H_2O(s)$、$H_2SO_4 \cdot 2H_2O(s)$、$H_2SO_4 \cdot 4H_2O(s)$ 三种水合物，问在 101325Pa 的压力下，能与硫酸水溶液及冰平衡共存的硫酸水合物最多可有多少种？（　　）

(A) 3 种　　(B) 2 种

(C) 1 种　　(D) 不可能有硫酸水合物与之平衡共存

6. NaCl 水溶液和纯水经半透膜达成渗透平衡时，该体系的自由度数是（　　）。

(A) 1　　(B) 2　　(C) 3　　(D) 4

7. 将 $AlCl_3$ 溶于水中全部水解，此体系的组分数 C 是（　　）。

(A) 1　　(B) 2　　(C) 3　　(D) 4

8. 在 101325Pa 的压力下，I_2 在液态水和 CCl_4 中达到分配平衡（无固态碘存在），则该体系的自由度数为（　　）。

(A) $f^*=1$　　(B) $f^*=2$　　(C) $f^*=0$　　(D) $f^*=3$

9. 298K 时，蔗糖水溶液与纯水达渗透平衡时，整个体系的组分数、相数、自由度数为（　　）。

(A) $C=2$，$\Phi=2$，$f^*=1$　　(B) $C=2$，$\Phi=2$，$f^*=2$

(C) $C=2$，$\Phi=1$，$f^*=2$　　(D) $C=2$，$\Phi=1$，$f^*=3$

10. 对恒沸混合物的描述，下列各种叙述中哪一种是不正确的？（　　）

(A) 与化合物一样，具有确定的组成　(B) 不具有确定的组成

(C) 平衡时，气相和液相的组成相同　(D) 其沸点随外压的改变而改变

11. 一体系如下图所示，其中半透膜 aa′只允许 $O_2(g)$ 通过，请选择正确的答案。

(1) 体系的组分数为：　(A) 2　(B) 3　(C) 4　(D) 1　（　　）

(2) 体系的相数为：　(A) 3　(B) 4　(C) 5　（　　）

(3) 体系的自由度数为：(A) 1　(B) 2　(C) 3　(D) 4　（　　）

a	
$O_2(g)$、$Ag(s)$、$Ag_2O(s)$	$O_2(g)$、$CCl_4(g)$
a′	

12. 三相点是（　　）。

(A) 某一温度，超过此温度，液相就不能存在

(B) 通常发现在很靠近正常沸点的某一温度

(C) 液体的蒸气压等于 25℃时的蒸气压三倍数值时的温度

(D) 固体、液体和气体可以平衡共存时的温度和压力

13. 某一固体在 25℃和 $p^{\ominus}$ 压力下升华，这意味着（　　）。

(A) 固体比液体密度大些　　(B) 三相点的压力大于 $p^{\ominus}$

(C) 固体比液体密度小些　　(D) 三相点的压力小于 $p^{\ominus}$

14. 某一物质 X 在三相点时的温度是 20℃，压力是 $2p^{\ominus}$。下列哪一种说法是不正确的？（　　）

(A) 在 20℃以上 X 能以液体存在

(B) 在 20℃以下 X 能以固体存在

(C) 在 25℃，$p^{\ominus}$ 下液体 X 是稳定的

(D) 在 20℃，压力是 $2p^{\ominus}$ 时，液体 X 和固体 X 具有相同的蒸气压

15. 碘的三相点处在 115℃和 12kPa 上，这意味着液态碘（　　）。

(A) 比固态碘密度大　　(B) 在 115℃以上不能存在

(C) 在 $p^{\ominus}$ 压力下不能存在　　(D) 不能有低于 12kPa 的蒸气压

16. N_2 的临界温度是 124K，如果想要液化 N_2 就必须（　　）。

(A) 在恒温下增加压力　　(B) 在恒温下降低压力

(C) 在恒压下升高温度　　(D) 在恒压下降低温度

17. 对于与本身的蒸气处于平衡状态的液体，通过下列哪种作图法可获得一直线？（　　）

(A) p 对 T　　(B) $\lg p$ 对 T　　(C) $\lg p$ 对 $1/T$　　(D) $1/p$ 对 $\lg T$

18. 在相图上，当系统处于下列哪一点时只存在一个相？（　　）

(A) 恒沸点　　(B) 熔点　　(C) 临界点　　(D) 低共熔点

19. 当克劳修斯-克拉贝龙方程应用于凝聚相转变为蒸气时则（　　）。

(A) p 必随 T 之升高而降低　　(B) p 必不随 T 而变

(C) p 必随 T 之升高而变大　　(D) p 随 T 之升高可变大或减小

20. 水的三相点附近，其蒸发热和熔化热分别为：$44.82\text{kJ} \cdot \text{mol}^{-1}$ 和 $5.994\text{kJ} \cdot \text{mol}^{-1}$，则在三相点附近冰的升华热约为（　　）。

(A) $38.83\text{kJ} \cdot \text{mol}^{-1}$　　(B) $50.81\text{kJ} \cdot \text{mol}^{-1}$

(C) $-38.83\text{kJ} \cdot \text{mol}^{-1}$　　(D) $-50.81\text{kJ} \cdot \text{mol}^{-1}$

21. 在 0℃到 100℃的范围内液态水的蒸气压 p 与 T 的关系为：$\lg(p/\text{Pa}) = -2265/T + 11.101$，某高原地区的气压只有 59995Pa，则该地区水的沸点为（　　）。

(A) 358.2K　　(B) 85.2K　　(C) 358.2℃　　(D) 373K

22. 固体六氟化铀的蒸气压 p 与 T 的关系示为：$\lg(p/\text{Pa}) = 10.65 - 2560/(T/\text{K})$，则其平均升华热为（　　）。

(A) $2.128\text{kJ} \cdot \text{mol}^{-1}$　　(B) $49.02\text{kJ} \cdot \text{mol}^{-1}$

(C) $9.242\text{kJ} \cdot \text{mol}^{-1}$　　(D) $10.33\text{kJ} \cdot \text{mol}^{-1}$

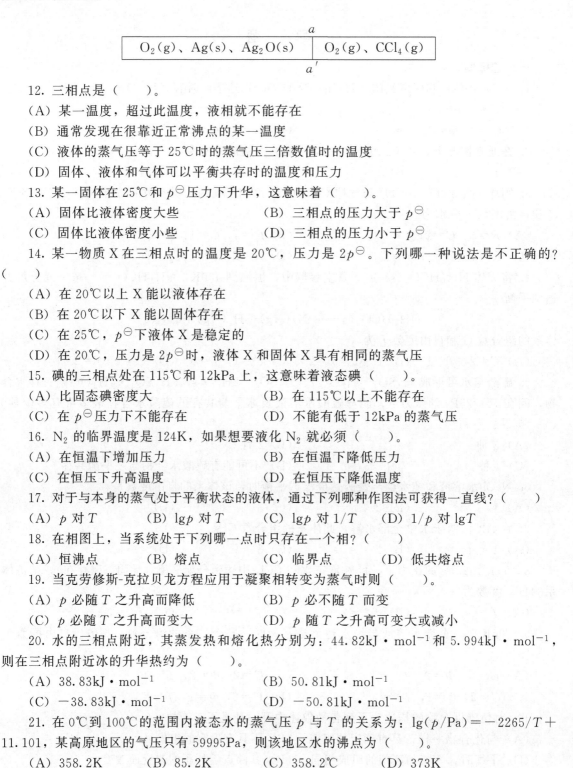

23. 在400K时，液体A的蒸气压为4×10^4 Pa，液体B的蒸气压为6×10^4 Pa，两者组成理想液体混合物，平衡时在液相中A的摩尔分数为0.6，在气相中，B的摩尔分数为（　　）。

(A) 0.31　　(B) 0.40　　(C) 0.50　　(D) 0.60

24. 在$p^{\ominus}$下，用水蒸气蒸馏法提纯某不溶于水的有机物时，体系的沸点（　　）。

(A) 必低于373.2K　　(B) 必高于373.2K

(C) 取决于水与有机物的相对数量　　(D) 取决于有机物的分子量大小

25. 二元合金处于低共熔温度时，物系的自由度数（　　）。

(A) $f=0$　　(B) $f=1$　　(C) $f=3$　　(D) $f=2$

26. 已知A和B可构成固溶体，在A中，若加入B可使A的熔点提高，则B在此固溶体中的含量必（　　）B在液相中的含量。

(A) 大于　　(B) 小于　　(C) 等于　　(D) 不能确定

（答：1A，2D，3D，4C，5C，6C，7C，8B，9B，10A，11B、B、B，12D，13B，14C，15D，16D，17C，18C，19C，20B，21A，22B，23C，24A，25A，26A）

二、计算题

1. 确定下列平衡系统的组分数、相数，并根据相律计算自由度数。

(1) NaCl不饱和水溶液；

(2) NaCl饱和溶液；

(3) 乙醇的水溶液；

(4) 乙醇的水溶液及其蒸气；

(5) 乙醇、水及乙酸所形成的溶液；

(6) 上述(5)的溶液及其蒸气；

(7) NH_3溶于水及CCl_4形成的两个共存的溶液；

(8) 上述(7)的溶液及其蒸气；

(9) 在抽空的容器中，NH_4HS分解并建立平衡：$NH_4HS(s) \rightleftharpoons NH_3(g)+H_2S(g)$；

(10) Na^+、Cl^-、K^+、NO_3^-的水溶液在半透膜两边达渗透平衡。

答：(1) $C=2$，$\Phi=1$，$f=3(x_{NaCl}, T, p)$；(2) $C=2$，$\Phi=2$，$f=2(T, p)$；(3) $C=2$，$\Phi=1$，$f=3(x_{水}, T, p)$；(4) $C=2$，$\Phi=2$，$f=2(T, p)$；(5) $C=3$，$\Phi=2$（酯层，水层），$f=3(x_{乙醇}, T, p)$；(6) $C=3$，$\Phi=3$，$f=2(T, p)$；(7) $C=3$，$\Phi=2$，$f=3(x_{NH_4OH}, T, p)$；(8) $C=3$，$\Phi=3$，$f=2(T, p)$；(9) $C=1$，$\Phi=2$，$f=1(T$或$p)$；(10) $C=3$，$\Phi=2$，$f=4$（受制于渗透压的两种电解质浓度，T，p）

2. 在$p=101.3$kPa、85℃时，由甲苯（A）及苯（B）组成的二组分液态混合物即达到沸腾。该液态混合物可视为理想液态混合物。试计算该理想液态混合物在101.3kPa及85℃沸腾时的液相组成及气相组成。已知85℃时纯甲苯和纯苯的饱和蒸气压分别为46.00kPa和116.9kPa。

答：$x_A=0.22$，$y_A=0.1$

3. 根据图（a）、图（b）回答下列问题：

(1) 指出图（a）中，K点所代表的系统的总组成、平衡相数及平衡相的组成。

(2) 将组成x(甲醇)$=0.33$的甲醇水溶液进行一次简单蒸馏，加热到85℃停止蒸馏，问馏出液的组成及残液的组成，馏出液的组成与残液相比发生了什么变化？通过这样一次简单蒸馏是否能将甲醇与水分开？

(3) 将（2）所得的馏出液再重新加热到78℃，问所得的馏出液的组成如何？与（2）中所得的馏出液相比发生了什么变化？

(4) 将（2）所得的残液再次加热到91℃，问所得的残液的组成又如何？与（2）中所得的残液相比发生了什么变化？

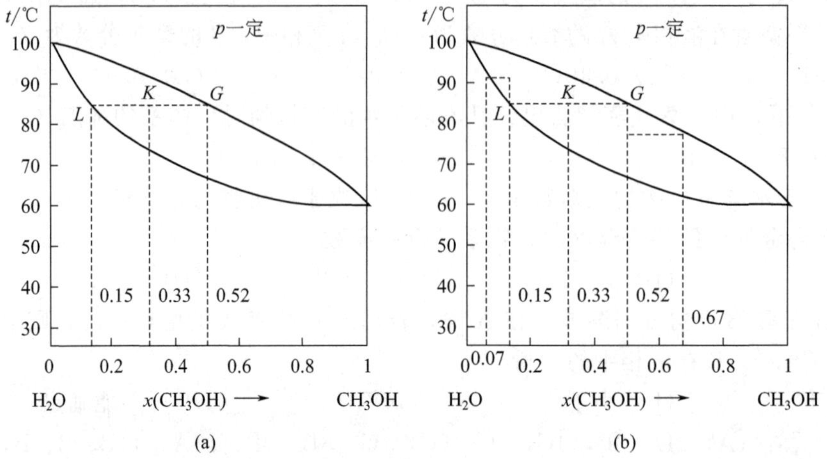

习题 3

(5) 欲将甲醇水溶液完全分离，要采取什么步骤？

答：(1) 如图 (a) 所示，K 点代表的系统的总组成 $x(CH_3OH)=0.33$ 时，系统为气、液两相平衡，L 点为平衡液相，组成 $x(CH_3OH)=0.15$，G 点为平衡气相，组成 $y(CH_3OH)=0.52$；

(2) 由图 (b) 可知，馏出液组成 $y_{B,1}=0.52$，残液组成 $x_{B,1}=0.15$。经过简单蒸馏，馏出液中甲醇含量比原液高，而残液中甲醇含量比原液低，通过一次简单蒸馏，不能使甲醇与水完全分开；

(3) 若将 (2) 所得的馏出液再重新加热到 78℃，则所得馏出液组成 $y_{B,2}=0.67$，与 (2) 所得的馏出液相比，甲醇含量又高了；

(4) 若将 (2) 中所得残液再加热到 91℃，则所得的残液组成 $x_{B,2}=0.07$，与 (2) 中所得的残液相比，甲醇含量又减少了；

(5) 欲将甲醇水溶液完全分离，通过一次简单的蒸馏是分不开的，可将原液进行多次反复蒸馏或精馏。

4. A 和 B 两种物质的混合物在 101325Pa 下的沸点-组成图如下图所示，若将 1mol A 和 4mol B 混合，在 101325Pa 下先后加热到 $t_1=200℃$、$t_2=400℃$、$t_3=600℃$，根据沸点-组成图回答下列问题：

(1) 上述 3 个温度中，什么温度下平衡系统是两相平衡？哪两相平衡？各平衡相的组成是多少？各相的量是多少 (mol)？

(2) 上述 3 个温度中，什么温度下平衡系统是单相？是什么相？

答：(1) $t_2=400℃$时，平衡系统是两相平衡。此时是液-气两相平衡，$n(l)=3.75mol$；$n(g)=1.25mol$。(2) $t_1=200℃$时，处于液相；$t_3=600℃$时，处于气相。

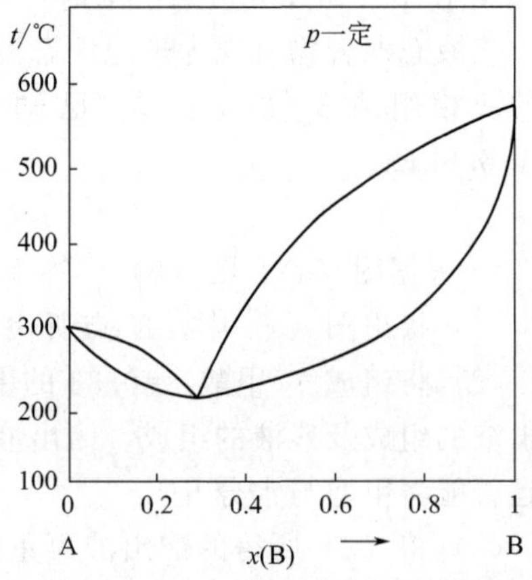

习题 4

5. Na_2CO_3 与 H_2O 可以形成如下的几种固体含水盐：$Na_2CO_3 \cdot H_2O$，$Na_2CO_3 \cdot 7H_2O$

及 $Na_2CO_3 \cdot 10H_2O$。

（1）试说明在标准压力下，与碳酸钠水溶液及冰平衡共存的含水盐可有几种？

（2）试说明在 303K 时，与水蒸气平衡共存的含水盐有几种？

答：（1）1 种；（2）2 种

6. 请根据以下数据画出 V_2O_5-Yb_2O_3 二组分系统相图。熔点 $T_f(V_2O_5)=958K$，$T_f(Yb_2O_3)=2683K$，其中生成两个化合物：（1）$YbVO_4$，熔点为 2193K，且与 V_2O_5 在 943K 生成低共熔物。（2）$Yb_8V_2O_{17}$ 分解温度为 2173K，分解后的液相含 Yb_2O_3 76.5%（摩尔分数，以下同），固相为纯 Yb_2O_3，两个化合物之间有一低共熔物（含 Yb_2O_3 为 60%），温度为 1923K。$Yb_8V_2O_{17}$ 有 α 及 β 两种晶态，α→β 的转变温度为 1723K。低温时，β 型稳定。分析相图中各相区的相态和自由度数。

答：略

7. 根据下面相图回答问题

（1）将一小块 −5℃ 的冰投入 15% 的 NH_4Cl 溶液中，这块冰是否会溶解？

（2）在 12℃ 时，将少量的 NH_4Cl 晶体投入 25% 的 NH_4Cl 溶液中，NH_4Cl 晶体会溶解吗？

（3）今将 100g、25% 的 NH_4Cl 溶液冷却到 −10℃，能析出多少克 NH_4Cl？若温度不变，需加入多少水方能使析出的 NH_4Cl 晶体重新溶解？

答：（1）发生溶解；（2）不溶解；（3）25g

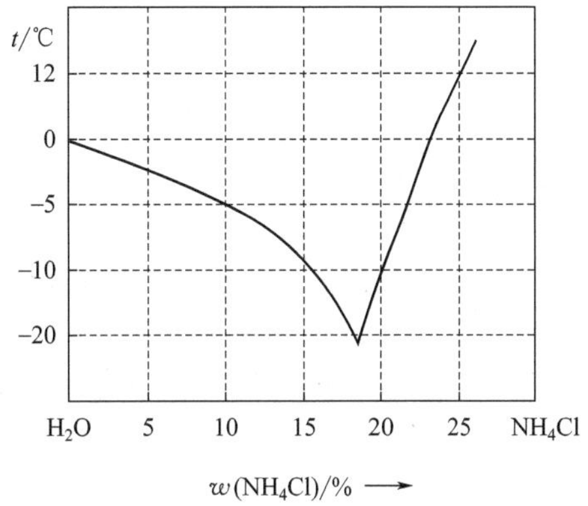

习题 7

8. 标出图（a）中 FeO(A)-MnO(B) 及图（b）中 Ag(A)-Cu(B) 系统相区的相态，描绘系统 a、b 的步冷曲线，指出步冷曲线转折点处的相态变化，并说明图中高于或低于水平线时系统的相平衡状态及存在哪几相？

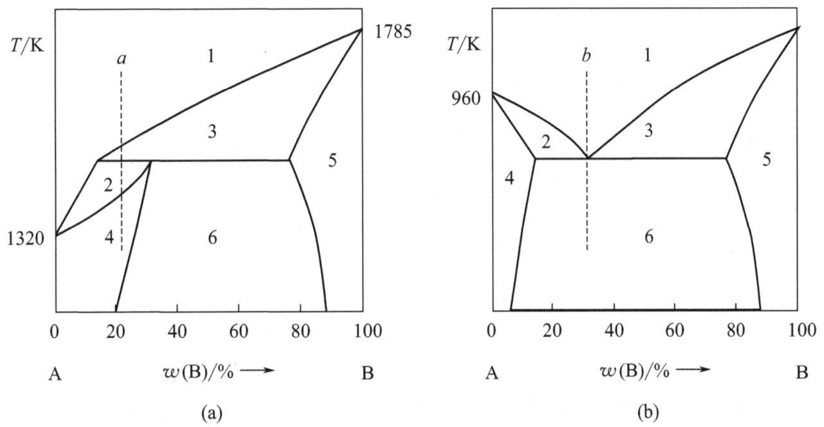

习题 8

答：略

9. 指出下列附图中：

（1）各相区稳定存在的相；

（2）三相线及三相平衡关系；

（3）作出 a、b、c 步冷曲线。

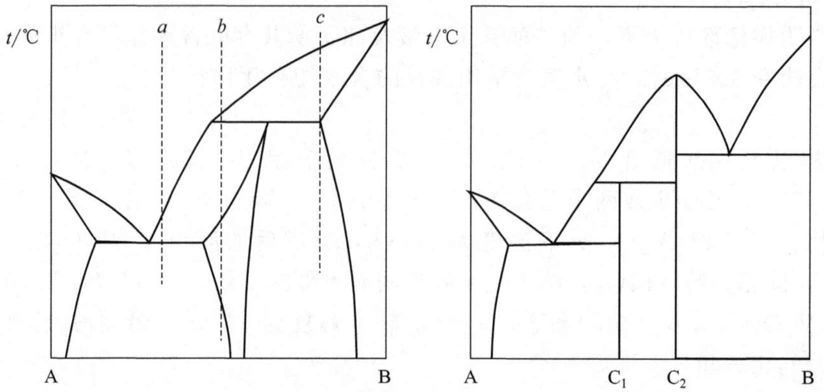

(a) (b)

习题 9

答：略

10. 根据 Au-Cu 相图回答：

(1) 冷却 100g 组成为 $w(\mathrm{Cu})=0.70$ 的合金到 900℃时有多少固溶体析出？

(2) 上述合金在 900℃平衡时，Cu 在液相及固溶体之间如何分配？

(3) 当上述合金冷却到 779.4℃，还没有发生共晶前，系统由哪几相组成？各相质量为多少？当共晶过程结束，温度未下降时，又由哪两相组成？各相质量为多少？

答：(1) 30.3g；(2) 28.2g，41.8；(3) 共晶之前液体合金与固溶体，液体 34.4g，固溶体 65.6g；共晶之后，固溶体 α 与固溶体 β，$\alpha=73.6\mathrm{g}$，$\beta=26.4\mathrm{g}$

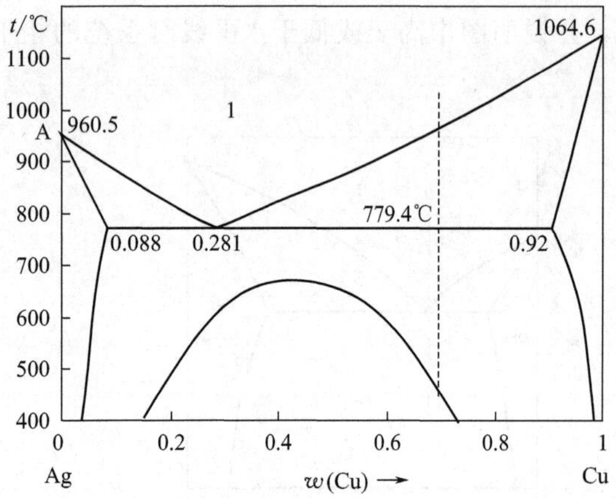

习题 10

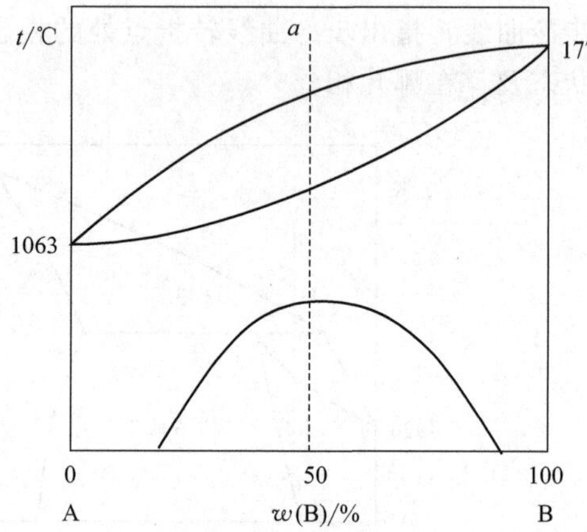

习题 11

11. Au(A)-Pt(B) 系统的固-液相图及溶解度图如图所示。

(1) 标出图中各相区的相态。

(2) 计算各相区的自由度数 f。

(3) 描绘系统 a 的步冷曲线，并标出该曲线转折点处的相态变化。

答：略

12. 已知 A-B 二组分凝聚系统相图如图所示。

(1) 表明各相区的相态及自由度数。

（2）指出各水平线上的相态及自由度数。

（3）画出 a、b 二系统的步冷曲线，并在曲线上标出相态和成分的变化情况。

答：略

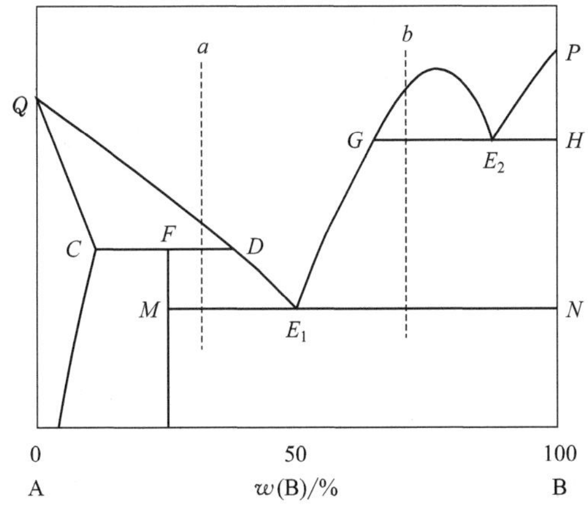

习题 12

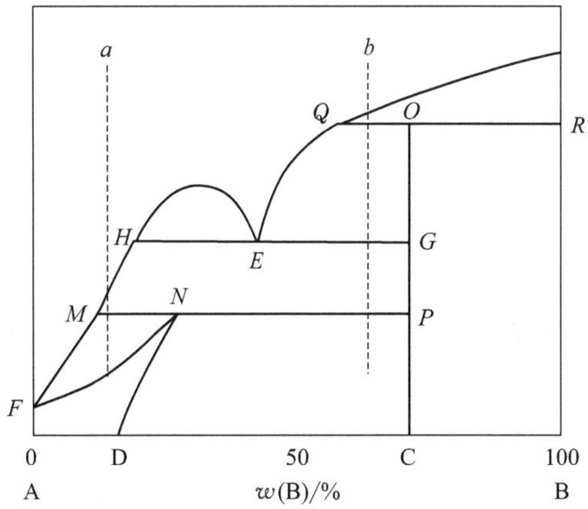

习题 13

13. 已知 A-B 二组分凝聚系统相图如图所示。

（1）标明各相区的相态及自由度数。

（2）指出各水平线上的相态及自由度数。

（3）画出 a、b 二系统的步冷曲线。

答：略

14. 等压下，Tl，Hg 及其仅有的一个化合物（Tl_2Hg_5）的熔点分别为 303℃、−39℃、15℃。另外还已知组成为含 8%（质量分数）Tl 的溶液和含 41% Tl 的溶液的步冷曲线如下图。

Hg、Tl 的固相互不相溶。

（1）画出上面体系的相图。（Tl、Hg 的原子量分别为 204.4、200.6）

（2）若体系总量为 500g，总组成为 10% Tl，温度为 20℃，使之降温至 −70℃ 时，求达到平衡后各相的量。

答：（1）略；（2）Hg(s)327.3g；固体化合物 172.7g

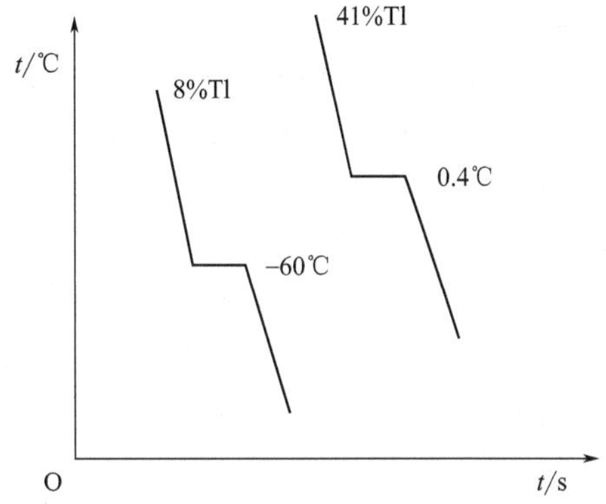

习题 14

15. 利用下列数据，粗略地描绘出 Mg-Cu 二组分凝聚系统的相图，并标出各区的稳定相。

Mg 与 Cu 的熔点分别为 648℃、1085℃。两者可形成两种稳定化合物，Mg_2Cu、$MgCu_2$，其熔点依次为 580℃、800℃。两种金属与两种化合物四者之间形成三种低共熔混合物。低共熔混合物的组成 w(Cu) 及低共熔点对应为：35%，380℃；66%，560℃；90.6%，680℃。

答：略

第七章

电　化　学

电化学是研究电能和化学能相互转化规律的科学。

1833年英国物理学家和化学家法拉第在大量实验的基础上总结归纳出了著名的法拉第定律，为电化学的定量研究及电解工业奠定了理论基础。目前，电化学工业已经成为国民经济的重要组成部分。其中应用最广的领域是电解、电镀和化学电源。

电解主要用于金属的湿法冶炼，许多有色金属及稀有金属常采用电解的方法制备，利用电解的方法还可以制造许多基本化工产品，如氧化钠、氯气、过氧化氢等。另外，一些有机化工产品也广泛使用电催化和电合成反应来制备。

化学电源是电化学工业的另一重要领域。无论是传统的锌锰干电池、铅酸蓄电池，还是新型高能锂电池、燃料电池、生物电池，都广泛应用在日常生活和工业生产中，如应用在汽车工业、通信、宇宙飞船等领域。

在实用电化学发展的同时，电化学理论也在不断地充实和提高。正是电化学的几个基本理论，推动了电化学的发展。这些理论包括：电解质的电离理论、强电解质溶液的离子互吸理论和电导理论、原电池电动势的生成理论、电极反应动力学理论等。电化学所涉及的内容有热力学方面的，也有动力学方面的问题。主要包括以下几方面：①电解质溶液理论（如离子互吸、离子水合、离子缔合、电导理论、电离平衡等）；②电化学平衡（如可逆电池、电极电势、电动势及电化学热力学等）；③电极反应过程动力学；④应用电化学（电化学原理在各有关领域中的应用）。可见，电化学涉及的领域十分广泛，并已形成一个独立的学科。本书着重于电化学原理和共同规律，从本章开始，将从电解质溶液、电池电动势、不可逆电极过程三方面来讨论电化学问题。

第一节　电化学系统和法拉第定律

1. 电化学系统

电化学系统与上几章的系统不同，以前讨论的多相系统中，各相都是电中性的，因此相与相之间没有电势差。而电化学系统必须能够导电，由于多相的电化学系统中含有带电的粒子（离子、电子），有些带电粒子不能进入所有各相，从而使得某些相可能带电，产生相间电势差。

将一块金属 Zn 和一块金属 Cu 相接触，再把它们分开，在验电器上就会发现它们分别带上正电和负电。由物理学知，固体金属中有金属离子和自由电子。自由电子必须克服金属原子核的引力才可以从固体逸出，电子从金属中逸出时所需要做的功称作电子逸出功。在相同条件下，不同的金属的电子逸出功不同。逸出功越小，金属就越容易氧化。当金属 Zn 和 Cu 相接触时，如图 7.1 所示，由于室温下固体的扩散速率极其缓慢，所以 Zn(Ⅱ) 和Cu(Ⅱ)在相间没有明显的传质过程。由于 Zn 中电子逸出功小于 Cu 中电子逸出功，相界面附近的电子可由 Zn 相进入 Cu 相。结果如图 7.1 所示，金属 Zn 由于失去电子而荷正电，金属 Cu 由于得到电子而荷负电，于是在相间产生电势差。相间电势差的形成对电子的进一步转移产生了屏蔽作用，在很短时间内电子的这种转移过程便告结束，因此在一定条件下，平衡时 Zn 和 Cu 相间电势差具有定值。

如果将一根金属 Zn 棒插入某 $ZnSO_4$ 水溶液，如图 7.2 所示。Zn 棒及溶液中均有锌离子。如果 $ZnSO_4$ 溶液的浓度很稀，则 Zn 棒中锌离子的化学势必高于溶液中锌离子的化学势，即：

$$\mu(Zn^{2+},s)>\mu(Zn^{2+},aq)$$

于是锌离子便由金属棒迁入溶液，Zn 棒虽然存在自由电子，但它却不能自由进入溶液，于是锌离子转移的结果使 Zn 棒荷负电溶液荷正电，金属和溶液之间形成相间电势差，在一定条件下，金属和溶液的平衡相间电势差有定值。

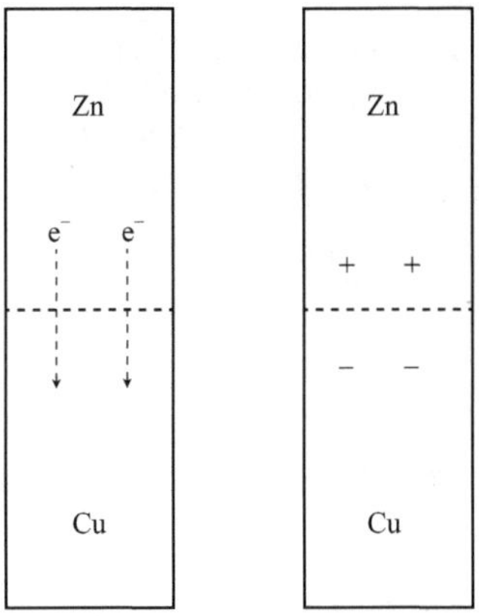

图 7.1　相同电势差的形成

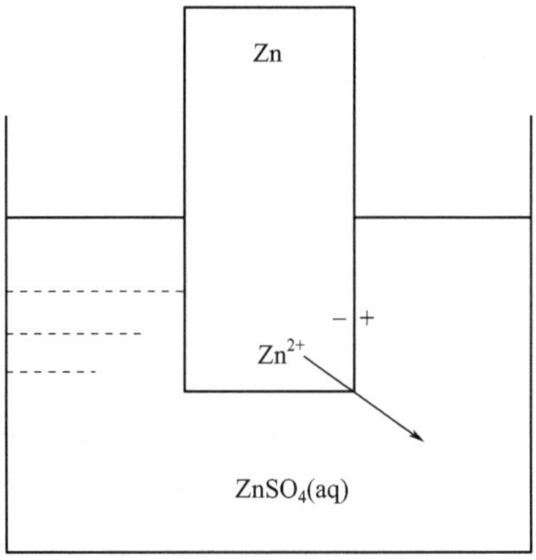

图 7.2　溶液与金属相间电势差的形成

若用一张钠离子的半透膜将两个浓度分别为 c_1 和 c_2 的 NaCl 溶液隔开，假设 $c_1>c_2$，则钠离子便由 c_1 进入 c_2，结果使溶液 c_1 荷负电而 c_2 荷正电，在两溶液间形成相间电势差，当 T、p、c_1 和 c_2 确定时，这种相间的平衡电势差有确定值。

总之，电化学系统是相间存在电势差的系统。相间平衡电势差的数值和符号取决于温度、压力、浓度以及相邻两相的本性。在一般情况下，相间电势差仅 1～2V，但在处理电化学问题时这是一个不可忽视的数字。除相间电荷转移以外，还有其他原因产生或影响相间电势差，但与相间电荷转移相比，其他因素的效应要小得多。

当然，相间电势差不能通过直接的试验测量得出，这是由于在测量过程中不可避免地添加一个或多个相的相界面。由电势差计测量的是回路中所有的相间电势差的代数和，而不是企图测定的绝对值。

2. 电解质溶液的导电机理

电化学的根本任务是揭示化学能与电能相互转化的规律，实现这种转化的特殊装置称为电化学反应器。电化学反应器分为两类：①电池；②电解池。在电池中，发生化学反应的同时对外放电，结果将化学能转化为电能。在电解池中情况相反，在给电解池通电的情况下池内发生化学反应，结果将电能转化为化学能。多数电池或电解池都包含电解质溶液，或者说电解质溶液是电化学反应器的重要组成部分，本章将专门讨论电解质溶液的性质。

首先讨论电解质溶液的导电机理。电解质溶液与非电解质溶液的主要区别之一，是前者能够导电而后者则不能。金属与电解质溶液都是电的导体，但它们的导电机理却不同。金属称为第一类导体，在外电场作用下，金属的自由电子定向移动，是这类导体的导电机理；电解质溶液称为第二类导体，自由电子不能进入溶液，这类导体的导电机理比第一类导体要复杂。

一杯一般浓度的 $CuCl_2$ 水溶液，其中含有大量的 $Cl^-(aq)$ 和 $Cu^{2+}(aq)$。将电极 A(例如金属 Pt）和电极 B(例如 Cu）插入溶液，然后接通电源，便有电流通过溶液，这就是简单的电解池，如图 7.3 所示。在通电过程中电解池发生下列两种变化：

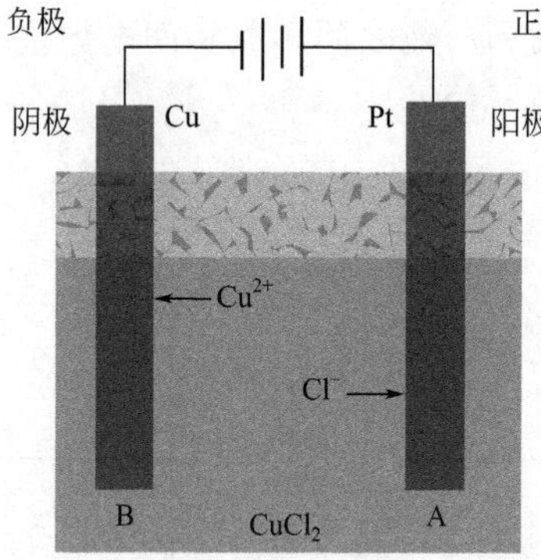

图 7.3　电解池

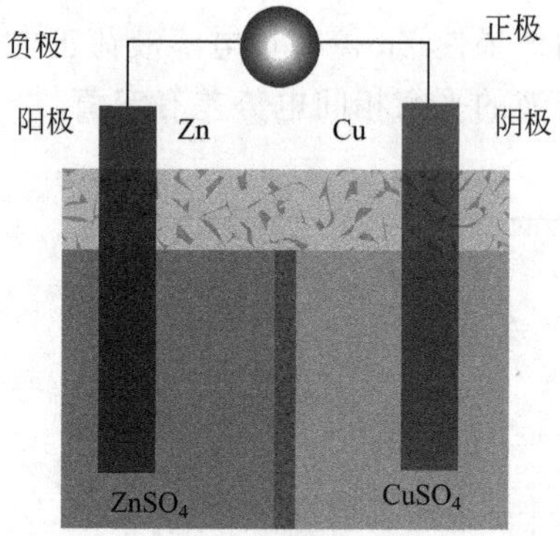

图 7.4　原电池

① 由于电极 A 和 B 的电势不同（A 的电势高于 B 的电势)，于是在 A 与 B 之间产生一个指向 B 方向的电场。在该电场的作用下，溶液中的 $Cl^-(aq)$ 和 $Cu^{2+}(aq)$ 向不同的方向迁移。在电场的作用下，溶液中的离子的这种定向迁移过程称为离子的电迁移。这是一种物理变化。

② 变化发生在电极 A 与溶液的界面处，$Cl^-(aq)$ 失去电子变成氯气：

$$2Cl^-(aq) \longrightarrow Cl_2(g) + 2e^-$$

而在电极 B 与溶液的界面处，$Cu^{2+}(aq)$ 得到电子变成金属铜

$$Cu^{2+}(aq) + 2e^- \longrightarrow Cu(s)$$

显然两个电极处发生的是化学变化，分别是氧化反应和还原反应，也叫作电极反应。

在通电过程中以上两种过程（离子的电迁移和电极反应）是同时发生的，具体过程是：由外电源提供的电子在电极 B 上被 $Cu^{2+}(aq)$ 消耗，而迁移到电极 A 处的 $Cl^-(aq)$ 却将自己本身的电子释放给电极 A。可见两种过程的总结果相当于外电源负极上提供的电子由电极 B 进入溶液，然后通过溶液到达电极 A，最后回到外电源的正极。因此，离子的电迁移和电极反应的总结果便是电解质的导电过程，即电解质溶液的导电机理。

在电化学中讨论电极时，最关心的是电极上发生什么样的反应，为此按照电极反应的不同来命名和区别电极：将发生氧化反应的电极称为阳极，发生还原反应的电极称为阴极。从电势高低划分，电势高的电极是正极，电势低的电极是负极。对电解池，阳极对应正极，阴极对应负极；对原电池而言（见图 7.4）则相反，原电池的阳极对应负极，阴极对应正极。同一电化学装置，原电池和电解池互换时，正负极不变、阴阳极颠倒。

3. 物质的量的基本单元

物质的量 n_B 是基本的量之一，它在量纲上是独立的，即它不是由其他量导出的。n_B 正比于物质的特定单元的数目 N_B，即

$$n_B=\frac{N_B}{L}$$

式中，L 是 Avogadro 常数。将这种特定单元称为基本单元，它可以是分子、原子、离子、原子团、电子、光子及其他离子或这些离子的任意特定组合。例如，H_2、$1/2H_2$、$1/3H_2$、$H_2+1/2O_2$ 等都可作为基本单元。因为 n_B 与基本单元的数目有关，所以在具体使用 n_B时必须指明基本单元。例如某封闭系统中含有氢气，若以 H_2 作基本单位记作 $n(H_2)=2mol$，若以 $1/2H_2$ 为基本单位则 $n(1/2H_2)=4mol$，若以 $2H_2$ 为基本单位，记作 $n(2H_2)=1mol$，……。此处 $n(H_2)$、$n(1/2H_2)$、$n(2H_2)$ ……的值虽然不同，但它们所代表的物质的数量却是相同的，即 2mol H_2 与 4mol $1/2H_2$ 和 1mol $2H_2$……所代表的氢气量是相同的。由此可以看出，为了确定 n_B 的值，用化学式指明基本单元是必要的。

在上述各章，物质的量都是以分子或离子作基本单元，例如一摩尔硫酸是指 1mol H_2SO_4、一摩尔铜是指 1mol Cu、一摩尔氯离子是指 1mol Cl^- 等。但在电化学中所讨论的物质都是与电现象有联系的，例如在电极反应中物质得到或失去电子、电解质溶于水产生带电的离子。为了方便，在讨论电解质溶液导电问题时，本书中是以一个单位电荷为基础指定单元。根据上述规定：

① 对于任意离子 M^{z+}，指定 $(1/z)M^{z+}$ 作基本单元，于是一摩尔该离子是指 1mol $(1/z)M^{z+}$。对于任意离子 A^{z-}，则指定 $(1/z)A^{z-}$ 作基本单元，一摩尔该离子是指 1mol $(1/z)A^{z-}$。例如 1mol Cl^-，1mol H^+，1mol (1/2) Fe^{2+}，1mol (1/3) Fe^{3+}，1mol (1/2) SO_4^{2-}……不难看出 1mol 离子所包含的总电量都是 6.023×10^{23} e(e 是指质子电量)，因此 1mol 离子是与 1mol 质子电量 (e) 相对应的离子的量。

② 对于任意电解质 $M_{\nu+}A_{\nu-}$，其电离式为

$$M_{\nu+}A_{\nu-}\longrightarrow\nu_+M^{z+}+\nu_-A^{z-}$$

指定 $[1/(\nu_+z_+)]$ $M_\nu A_\nu$ 作为电解质的基本单元，于是一摩尔该电解质是指 1mol $[1/(\nu_+z_+)]$ $M_{\nu+}A_{\nu-}$。例如 1mol NaCl，1mol $1/2CuSO_4$，1mol $1/2Na_2SO_4$，1mol $1/3FeCl_3$，……。可以看出 1mol 任何电解质，在溶液中全部电离后所产生的正电荷和负电荷均为 6.02×10^{23}e，因此 1mol 离子是与 1mol 质子电量 (e) 相对应的离子的量。

4. Faraday 电解定律

英国科学家 M. Faraday（法拉第）曾经做了大量的电解试验，在实验基础上于 1833 年总结如下规律：在电极上起反应的物质的量与通入的电量成正比。这便是 Faraday 定律。若以 Q 代表通入的电量，单位是库仑，用符号 C 表示；用 n 代表电极上起反应的物质的量，则根据 Faraday 定律：

$$Q=nF \tag{7.1}$$

此式即是 Faraday 定律的表达式，其中比例常数 F 叫作 Faraday 常数，它代表 1mol 物质在电极上起反应时所通过的电量，1mol 物质是指与 1mol e 相对应的物质的数量，而一个质子所具有的电量是 1.6029×10^{-19}C，所以 F 的值为：

$$F=Le=6.023023\times10^{23}\times1.60219\times10^{-19}\,C\cdot mol^{-1}$$

$$=96484.6C \cdot mol^{-1} \approx 96500C \cdot mol^{-1}$$

由式(7.1) 可以看出，若通入电解池 a mol×F 的电量，则在电极上就有 a mol 的物质起反应。由于在电路中不会产生电荷的聚集，因此在电路的任何一个界面上通过的电量相同。根据 Faraday 定律，电解池的阳极和阴极上起反应的物质的量总是相等。若试验测得在阴极上沉积出 2mol (1/2)Cu，则在阳极上必有 2mol (1/2)Cl_2 产生。显然，如果将多个电解池串联，通电后所有电极起反应的量都相同。

Faraday 定律虽然是在电解试验的基础上总结出来的，但也适用于电池。即电池所放出的电量与电极上起反应的物质的量成正比，且电池的两极上起反应的物质的量相等。

第二节 离子的电迁移

1. 离子的电迁移率

在电场 E 的作用下，溶液中的正、负离子分别向阴极和阳极迁移的过程称为离子的电迁移。现设溶液中含有 M^{z+}(aq) 和 A^{z-}(aq) 两种离子，则 M^{z+}(aq) 离子的迁移速度 υ_+ 决定于电场强度 E、温度 T、压力 p、离子浓度 $c_{M^{z+}}$、离子浓度 $c_{A^{z-}}$ 以及 M^{z+}(aq) 和 A^{z-}(aq) 的本性，即

$$\upsilon_+ = f(E, T, p, c_{M^{z+}}, c_{A^{z-}}, M^{z+}、A^{z-}\text{的本性}) \tag{7.2}$$

其中离子的本性是指离子的电荷多少及离子的大小等。在溶液中 M^{z+}(aq) 和 A^{z-}(aq) 的电性相反，具有不可忽略的相互作用，加上它们迁移方向相反，因此 M^{z+}(aq) 的迁移速度不仅决定于 M^{z+}(aq) 本身也与 A^{z-}(aq) 对它的作用有关，即 A^{z-}(aq) 的本性也会影响 M^{z+}(aq) 的离子迁移。

在一定温度和压力下，对于一个指定系统，其中 M^{z+}(aq) 的迁移速率值取决于电场强度 E 的大小。试验表明，迁移率与电场强度成正比，即：

$$\upsilon_+ \propto E$$

$$\upsilon_+ = U_+ E$$

式中，U_+ 是比例系数，叫作 M^{z+}(aq) 离子的电迁移率（或淌度）。将上式写作

$$U_+ = \upsilon_+ / E$$

因此离子的电迁移率就是单位电场强 ($1V \cdot m^{-1}$) 时离子的迁移速率，单位是 $m^2 \cdot s^{-1} \cdot V^{-1}$。当人们比较任意两种离子的迁移快慢时，显然是在指定场强的条件下进行比较的，实际上是比较电迁移率的大小。因此电迁移率只不过是特定条件 ($E = 1V \cdot m^{-1}$) 下的迁移速率，所以据式(7.2)：

$$U_+ = f(T, p, c_{M^{z+}}, c_{A^{z-}}, M^{z+}、A^{z-}\text{的本性})$$

可见，即使在一定的温度和压力下，某离子 i 的 U(i) 也不是 i 的特性参数，而和与其共存的离子对它的作用有关。例如 298K、101325Pa 下有两杯溶液，一杯是 $1mol \cdot dm^{-3}$ 的 KCl 溶液，另一杯是 $1mol \cdot dm^{-3}$ $(1/2K_2SO_4)$ 的 K_2SO_4 溶液。两溶液中 K^+(aq) 的浓度虽然相同，但由于 Cl^-(aq) 和 SO_4^{2-}(aq) 对 K^+(aq) 的作用不同，结果使得两溶液中的 $U(K^+)$ 不同，因此溶液中离子的 U(i) 要具体进行试验测定。

以上讨论的是一般溶液中离子的电迁移率，现在来看浓度趋于零的极限情况，即将 $c \to 0$ 的溶液称为无限稀释溶液。无限稀释溶液具有以下特点：

无限稀释溶液中的离子密度极小，因而离子间无静电作用，这就是“无限稀释”的物理意义。从这个意义上讲，无限稀释溶液并不需要浓度趋于零，只要溶液浓度足够稀，相邻离子间平均距离足够大，离子间的静电引力就可以忽略不计。无限稀释溶液是实际溶液的极限，这种溶液的性质可以通过实际溶液性质来外推得到。

在一般浓度范围内，强电解质完全电离而弱电解质只有少部分电离，例如一般浓度 $NH_3 \cdot H_2O$ 溶液电离度只有百分之几或更低。由无机化学电离平衡的知识可知，弱电解质的电离度随浓度变小而增大，当 $c \to 0$ 时将达到 100%。可见无限稀释溶液中弱电解质将完全电离，因此在无限稀释溶液中弱电解质与强电解质没有区别。

无限稀释溶液中的离子不受其他离子的静电作用，这种情况下离子的电迁移必定是独立的，与其他离子的情况无关，在一定温度和压力下，不同无限稀释溶液中的同种离子，其电迁移率只决定于这种离子本身，而和什么离子与它共存无关。因此在 298.15K、101325Pa 下各种离子在无限稀释溶液中的电迁移率 U_+^∞ 是离子的特性参数，U_+^∞ 称作无限稀释电迁移率或极限电迁移率，上标∞代表无限稀释溶液，大多数离子在 298.15K、101325Pa 下的极限电迁移率可从手册中查到，表 7.1 列出了几种离子的 U_+^∞ 值，由表可知，H^+ 和 OH^- 的 $U_+^\infty(H^+)$、$U_-^\infty(OH^-)$ 比一般离子大得多。

表 7.1 298.15K 时离子在无限稀释水溶液中的离子迁移率

正离子	$U_+^\infty \times 10^8/m^2 \cdot s^{-1} \cdot V^{-1}$	负离子	$U_-^\infty \times 10^8/m^2 \cdot s^{-1} \cdot V^{-1}$
H^+	36.30	OH^-	20.52
K^+	7.62	SO_4^{2-}	8.27
Ba^{2+}	6.59	Cl^-	7.91
Na^+	5.19	NO_3^-	7.40
Li^+	4.01	HCO_3^-	4.61

2. 离子的迁移数

现分析通电时溶液中离子的电迁移情况，在一定的浓度和外加电场下，离子的迁移速率取决于离子的大小、电荷和溶剂化程度，由于阴阳离子性质的差别，使得它们的相对运动速率不同，所以由它们所迁移的电量不同。假设在某个电解质（例如 HCl 溶液）中，正离子的电迁移率是负离子的三倍，即 $U_+ = 3U_-$，将两个惰性电极（例如 Pt 电极）插入其中，所谓惰性电极是指不参与电极反应的电极，在一段时间内给该溶液通 $4mol \times F$ 的电量，则溶液中的情况将发生变化。

假设溶液分三个部分，如图 7.5 所示，靠近阳极的部分叫阳极区，靠近阴极的部分叫阴极区，中间部分叫中间区。设通电前三个区域含电解质均为 6mol(每个＋、－代表 1mol)，如图上半部所示。由于正离子以三倍于负离子的速率迁移，所以通电过程中每个截面上必有 3mol 正离子迁向阴极方向而同时有 1mol 负离子迁向阳极方向，每一个截面上均有 $4mol \times F$ 的电量通过。根据 Faraday 定律，通电过程中阳极必有 4mol 负离子失去电子从阳极上析出，例如 HCl 溶液，则有

$$4Cl^-(aq) - 4e^- \longrightarrow 2Cl_2(g)$$

同时阴极区必有 4mol 正离子得到电子从阴极上析出，例如

$$4H^+(aq) + 4e^- \longrightarrow 2H_2(g)$$

因此，通电后各区域的情况如图 7.5 下半部所示，阳极区含 3mol 正离子和 3mol 负离子，

即含电解质 3mol；阴极区含 5mol 负离子，即含电解质 5mol；中间区含电解质仍为 6mol，与通电前相同。如果所用电极是非惰性的，由于电极参与电极反应，通电后电极区所含电解质的量也有可能增加。

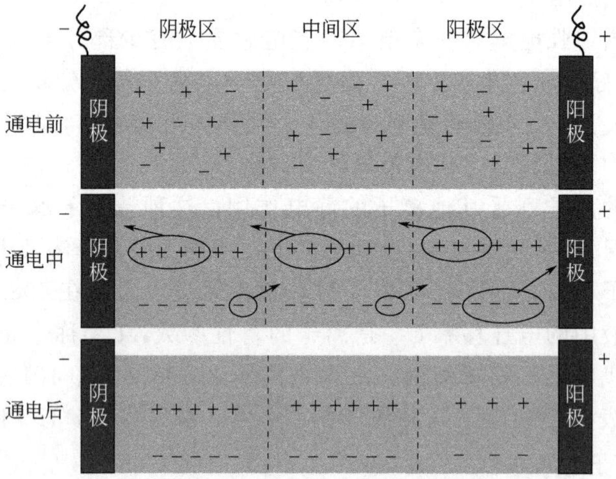

图 7.5　离子的电迁移现象

由以上分析可以得出结论：

电解质溶液通电时，两电极区溶液中电解质的含量发生变化，而中间区的含量不变。每种离子在电极上析出的物质的量与它通过溶液截面处的物质的量不等。在上例中，正离子在阴极上析出 4mol，而通过溶液的却是 3mol；负离子在阳极上析出 4mol，而通过溶液的却是 1mol。溶液中在一段时间内任意截面上通过的电量相等，即 $Q=4\text{mol}\times F$。截面上所导的电量是由正离子和负离子分别来承担的，显然正离子所导的电量 $Q_+=3\text{mol}\times F$，而负离子所导的电量 $Q_-=1\text{mol}\times F$。可见，整个电解质所导电量并不是由正、负离子平均分担的。为此，将溶液中某种离子所导电量与通过溶液的总电量之比叫作该种离子的迁移数，用符号 t_i 表示。若溶液中 B 离子所导的电量为 Q_B，则 B 离子的迁移数为

$$t_B \overset{\text{def}}{=} \frac{I_B}{I} = \frac{Q_B}{Q} \tag{7.3}$$

式中，I_B 和 I 分别是 B 离子所导的电流和通过溶液的总电流。

上例中根据式(7.3) 正负离子的迁移数分别为

$$t_+ = \frac{Q_+}{Q} = \frac{3}{4} \qquad t_- = \frac{Q_-}{Q} = \frac{1}{4}$$

由于某离子的迁移数是该离子所承担的导电分数，所以 t_i 是无量纲的纯数字。显然一个电解质溶液中正离子与负离子的迁移数之和应等于 1，即

$$t_+ + t_- = 1$$

同一电解质中不同离子的迁移数代表它们对溶液导电所做贡献的相对大小，它们的大小取决于离子电迁移率的相对大小，即

$$\frac{t_+}{t_-} = \frac{U_+}{U_-} \tag{7.4}$$

这是不难理解的，一种电解质溶液中两种离子的浓度相同（$c_+=c_-$），它的迁移速率便决定了各自对导电的贡献。

两电极区发生的净变化与电迁移的离子数量有关。在上例中，通电后阳极区的电解质由6mol减少为3mol，即减少了3mol，而阳极区迁出的（正）离子恰为3mol；阴极区的电解质减少了1mol，而阴极区迁出的（负）离子恰为1mol。同样可以发现，若通电后某电极区的电解质增加 a mol，则迁入该电极区的离子恰为 a mol。因此可以得到如下结论：通电过程中，任意电极区既有离子迁出也有离子迁入，若该电极区电解质减少，则电解质减少的物质的量等于该电极区迁出的离子的物质的量；若该电极区电解质增加，则电解质增加的物质的量等于迁入该电极区的离子的物质的量。

即对任意电极区

$$n(\text{电解质减少})=n(\text{离子迁出})$$

或

$$n(\text{电解质增加})=n(\text{离子迁入})$$

由以上两等式可知，描述任意电极区中电解质数量的变化与电迁移的离子数量的关系，它是物质守恒与溶液保持中性条件的必然结果。

以上针对只含两种离子的溶液进行了具体的电迁移讨论，如果溶液中含有多种离子（例如由多种电解质构成的溶液），情况会复杂一些。

3. 离子迁移数的测定

某离子的迁移数代表它在导电中的贡献，因此要了解某离子的导电行为就必须知道其迁移数的大小。据式(7.3) 某离子的迁移数是由它与另一种离子速率的相对值而决定的，因此它不仅取决于两离子的本性还与它们之间的相互作用有关。即使是同一种电解质的溶液，浓度不同，迁移数也不同。所以溶液中离子的迁移数只能逐个溶液具体测定。表 7.2 列出了 298.15K 时几种强电解质溶液中离子的迁移数。其中 KCl 溶液中的 $t(K^+)$ 随浓度的变化最小且接近50%，这表明 KCl 溶液中的 $K^+(aq)$ 和 $Cl^-(aq)$ 总是以差不多相等的速率电迁移，因此导电任务几乎是由 $K^+(aq)$ 和 $Cl^-(aq)$ 平均分担的。

表 7.2 298.1K 时水溶液中阳离子的迁移数

盐类	$c/mol\cdot dm^{-3}$				
	0.01	0.05	0.10	0.5	1.0
$AgNO_3$	0.4648	0.4664	0.4682		
$BaCl_2$	0.440	0.4317	0.4253	0.3980	0.3792
LiCl	0.3289	0.3211	0.3168	0.3000	0.287
NaCl	0.3918	0.3876	0.3854		
KCl	0.4902	0.4899	0.4898	0.4882	0.4882
KNO_3	0.5084	0.5093	0.5093		
$LaCl_3$	0.4625	0.4482	0.4482		
HCl	0.8251	0.8292	0.8314		

迁移数主要由三种测量方法：界面移动法、Hittorf 法和电动势法。其中界面移动法可得到较精确的数据；Hittorf 法是经典方法，最为简单；电动势法适用于较宽的浓度和温度范围。这里主要介绍前两种方法。

（1）界面移动法　本方法与界面移动法测量离子电迁移率的原理与装置基本相同。这种方法所使用的两种电解质溶液中具有一共同离子，在一个直立的迁移管中，这两种电解质溶液能形成清晰的界面。如图 7.6 所示，欲测定某浓度为 c 的 KCl 溶液中 $K^+(aq)$ 的 $t(K^+)$，今选

定一种合适浓度的 $CdCl_2$ 溶液，使其中 Cd^{2+}(aq) 的电迁移率小于上述 KCl 溶液中的 K^+(aq) 电迁移率。将两溶液依次倒入横截面积为 A 的迁移管中，要保证两溶液间有清晰的界面 aa'，如图 7.6 所示。通电时 K^+(aq) 向上迁移，Cd^{2+}(aq) 紧随其后，会看到两溶液间的界面缓慢上移。当电量计中通过电量 Q 时，界面移至 bb'。在此期间通过的总电量为 Q，只需求出 K^+ 所导电量即可求出 $t(K^+)$。通过界面 aa' 处的 K^+ 的物质的量 $n(K^+)$ 等于浓度 c 乘以刻度 a 与刻度 b 间所包含的体积 V

$$n(K^+)=cV=c(ab)A$$

式中，ab 为界面移动的距离，m；A 是迁移管的截面积（通常已知），m^2。根据迁移数的定义

$$\begin{aligned}t(K^+)&=K^+\text{所导电量}/\text{总电量}\\&=n(K^+)F/Q\\&=c(ab)AF/Q\end{aligned}$$

由此可见，只要准确测量界面移动的距离 ab 和电量 Q，就可得到离子迁移数的精确值。

(2) 希托夫（Hittorf）法　当通过确定的电量后，只要能测出一个电极区中电解质数量的变化，也就知道了某种离子迁移的数量，从而计算出该种离子所导电量，就可根据迁移数的定义求出该离子的迁移数，这便是 Hittorf 法的原理。Hittorf 法的装置如图 7.7 所示，三个区域可以拆卸。通过的总电量由电量计读出，阳极区或阴极区中电解质的数量的变化可通过测量通电前后的浓度变化而得到。现以 Cu 为电极电解 $CuSO_4$ 溶液，对阴极区进行分析，令 $n_{后}$ 代表通电以后所取阴极区内含 Cu^{2+} 的物质的量；$n_{前}$ 表示通电前所取阴极区内所含 Cu^{2+} 的物质的量；$n_{电}$ 表示通电时电极上起反应的物质的量；$n_{迁}$ 表示 Cu^{2+} 迁入阴极区物质的量。

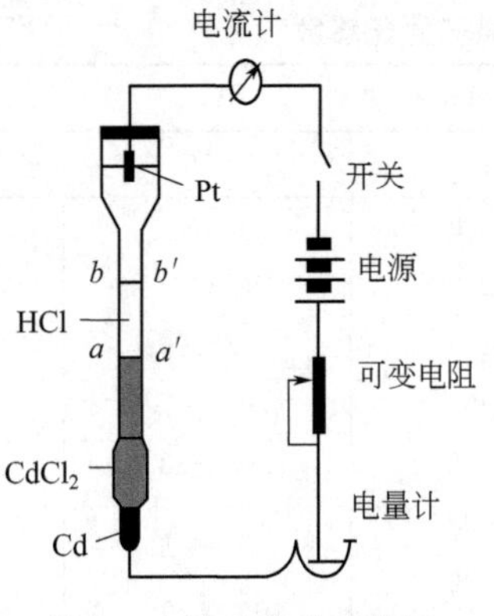

图 7.6　界面移动法装置

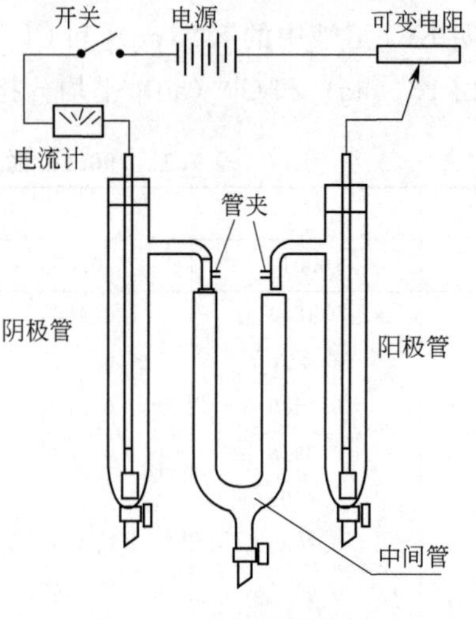

图 7.7　希托夫法装置

因此有：

$$n_{后}=n_{前}+n_{迁}-n_{电}$$

$$n_{迁}=n_{后}+n_{电}-n_{前}$$

于是

$$t_{Cu^{2+}}=\frac{n_{迁}}{n_{电}}$$

$$t_{SO_4^{2-}}=1-t_{Cu^{2+}}$$

若取阳极区分析得：

$$n_{后}=n_{电}+n_{前}-n_{迁}$$

$$n_{迁}=n_{电}+n_{前}-n_{后} \tag{7.5}$$

$$t_{Cu^{2+}}=\frac{n_{迁}}{n_{电}}$$

用类似的方法也可通过分析通电前后阳极或阴极区 SO_4^{2-} 的物质的量的变化求其迁移数。

例 7.1 用两个银电极电解 $AgNO_3$ 水溶液。在电解前溶液中每 1kg 水含 43.50mmol $AgNO_3$，试验结束后，银库仑计中含有 0.723mmol 的 Ag 沉积，由分析得知，电解后阳极区有 23.14g 水和 1.390mmol $AgNO_3$，试求 $t(Ag^+)$ 及 $t(NO_3^-)$。假定通电前后阳极区的水量不变。

解： 用银电极电解 $AgNO_3$ 溶液使电极反应为：

阴极 $Ag^+ + e^- \longrightarrow Ag$

阳极 $Ag - e^- \longrightarrow Ag^+$

按题意可知，阳极区内有 23.14g 水，由于电解前后水的量不变，即水分子不发生迁移，则电解前阳极区 23.14g 水中含 $AgNO_3$ 的物质的量为：

$$n_{前}=\frac{43.50\text{mmol}}{1000\text{g}}\times 23.14\text{g}=1.007\text{mmol}$$

再由题目所给数据知：

$$n_{后}=1.390\text{mmol},\ n_{电}=0.723\text{mmol}$$

由式(7.4) 知

$$\begin{aligned} n_{迁}&=n_{电}+n_{前}-n_{后}\\ &=(0.723+1.007-1.390)\text{mmol}=0.340\text{mmol}\end{aligned}$$

$$t(Ag^+)=n_{迁}/n_{电}=0.340/0.723=0.470$$

$$t(NO_3^-)=1-t(Ag^+)=0.530$$

第三节 电导率和摩尔电导率

1. 电解质溶液的导电能力

离子的存在是电解质溶液导电的根本原因，溶液中的离子是导电的基本单位。一个电解质溶液的导电能力取决于两个方面。①溶液中所含离子的数目（严格说应是电荷数目）：离子越多，即参与导电的基本颗粒越多，溶液的导电能力就越强。②离子的电迁移率：离子的电迁移率越大，表明离子的电迁移速率越快，则溶液的导电能力越强。例如有两个溶液，一个是 KOH 溶液，一个是 NaOH 溶液，若两溶液的浓度都相同且体积均为 $1dm^3$，则它们所含的离子数相同，但由于 KOH 溶液中 $K^+(aq)$ 的电迁移率远大于 NaOH 溶液中 $Na^+(aq)$ 的电迁移率，而两溶液 $OH^-(aq)$ 的电迁移率相差不多，因此 KOH 溶液比 NaOH 的导电能力强些。同样，有两个溶液，若它们中离子的电迁移率十分接近，则含离子（电荷）多的导电能力就强些。

2. 电导和电导率

在电学中用电阻的大小来表示一个导体的导电能力

$$R=\rho\frac{l}{A} \tag{7.6}$$

式中，R 是电阻；ρ 是电阻率；l 和 A 分别是导体的长度和截面积。但在电解质溶液中。人们习惯于用电导表示溶液的导电能力，电导用电阻的倒数表示

$$G=\frac{1}{R} \tag{7.7}$$

电导 G 的单位是 Ω^{-1}，叫西门子（Siemens），用符号 S 代表。通常认为，电导越大，导体的导电能力越强。

式(7.6) 的倒数 $$\frac{1}{R}=\frac{1}{\rho}\times\frac{A}{l}$$

由电导的定义式(7.7)，得

$$G=\kappa\frac{A}{l} \tag{7.8}$$

式中，κ 是电阻率的倒数，叫作电导率，单位为 $S\cdot m^{-1}$。κ 的物理含义是由两个相距 1m、面积为 $1m^2$ 的电极构成的 $1m^3$ 的正立方体电导池中充满电解质溶液时的电导。此导体中所含离子的多少取决于溶液的浓度，所以它的导电能力（即 κ）取决于离子的浓度和离子的电迁移率。可见，电导率 κ 取决于溶液的温度、压力、浓度和电解质本身。对于同一种电解质的溶液

$$\kappa=f(T,p,c)$$

由于压力对于 κ 的影响极小，一般不予考虑。人们精确地测定了各种浓度的 KCl 水溶液在各种温度下的电导率，表 7.3 列出了部分数据。

表 7.3 KCl 溶液的电导率

$c/mol\cdot m^{-3}$	$\kappa/S\cdot m^{-1}$		
	273.2K	291.2K	298.2K
1000	6.543	9.820	11.173
100	0.754	1.1192	1.2886
10	0.0775	0.1227	0.1414

3. 摩尔电导率

把含有 1mol 电解质的溶液置于相距为单位距离（SI 单位用 1m）的电导池的两个平行电极之间，这时所具有的电导称为摩尔电导率。电导率是指相距为单位距离的电导池的两个平行电极之间含 c mol 电解质溶液时的电导，因此摩尔电导率用公式表示为

$$\Lambda_m=\frac{\kappa}{c} \tag{7.9}$$

式(7.9) 中，c 物质的量浓度单位为 $mol\cdot m^{-3}$；Λ_m 的单位为 $S\cdot m^2\cdot mol^{-1}$。

4. 电导的测定

电导的测定在实验室中实际上是测定电阻。随着实验技术的不断发展，目前已有不少测定电导率的仪器，并可把测得的电阻值换算成电导率值在仪器上反映出来，其测量原理和物理学上测电阻用的韦斯顿电桥类似。

实验室中常将电导池内放电解质溶液，电导池中的电极一般用铂片制成，为增加电极面积，一般在铂片上镀上铂黑。图 7.8 是测电导用的韦斯顿电桥装置示意图。AB 为一均匀的滑线电阻；R_1 为可变电阻；M 为装有待测溶液的电导池，设其电阻为 R_x；I 是一定频率的交流电源，其频率较高，一般为 1000～4000Hz，该电流方向变化十分迅速，以至于几乎消除了极化效应，在可变电阻 R_1 上并联一个可变电容器 K，这是为了与电导池实现阻抗平衡；G 为检流计（或耳机、阴极示波器）。接通电源后，移动接触点 D，直到检流计中无电流通过（或耳机中无声音）。这时 D 与 C 两点的电位降相等，DGC 线路中电流几乎为零，这时电桥已达平衡，则有如下关系。

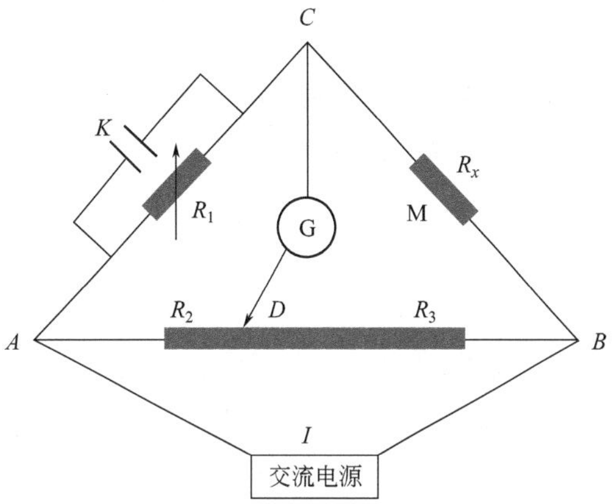

图 7.8 测电导用的韦斯顿电桥装置示意图

$$\frac{R_1}{R_x}=\frac{R_2}{R_3}$$

式中，R_2、R_3 分别是 AC、BC 段的电阻；R_1 为可变电阻器的电阻，均可从实验中测得，从而可以求出电导池中溶液的电导（即电阻 R_x 的倒数）。

若知道电极间的距离和电极的面积及溶液的浓度，利用公式原则上可以求得 κ 和 Λ_m 等物理量。

但是，电导池中两电极之间的距离 l 及电极面积 A 是很难测量的。通常是用已知电导率的溶液标定 l/A 值，l/A 值称为电导池常数，用 K_{cell} 表示，单位是 m^{-1}。即

$$R=\rho\frac{l}{A}=\rho K_{cell}$$

$$K_{cell}=\frac{1}{\rho}R=\kappa R$$

KCl 溶液的电导率见表 7.4。

表 7.4 在 298K 及 $p^{\ominus}$ 下各种浓度 KCl 水溶液的 κ 和 Λ_m 值

$c/mol\cdot dm^{-3}$	0	0.001	0.01	0.1	1.0
$\kappa/S\cdot m^{-1}$	0	0.0147	0.1411	1.289	11.2
$\Lambda_m/S\cdot m^2\cdot mol^{-1}$	(0.0150)	0.0147	0.0141	0.0129	0.0112

5. 电导率、摩尔电导率与浓度的关系

对于强电解质溶液，由于浓度增加导电离子的数目增加，因此电导率随浓度增加而升高，但当浓度增加到一定程度后，由于正负离子之间的相互作用力增加，因而使离子的运动速率降低，电导率开始下降。所以许多强电解质溶液电导率与浓度的关系曲线上会出现最高点。有些强电解质的电导率也受其饱和溶解度的制约，见图 7.9，弱电解质溶液的电导率随浓度的变化不显著，这是由于随浓度增加其电离度在减小，使得弱电解质溶液中导电的离子粒子数目变化不大。

根据摩尔电导率的定义可知，溶液中导电的物质的量已经确定，即 1mol，当浓度降低时，

由于离子之间距离变远，相互作用力减弱，正负离子的运动速率增加，故摩尔电导率增加。当浓度降到一定程度之后，强电解质的摩尔电导率几乎不变。

科尔劳施（Koh lrausch）根据试验发现，如以 $c^{1/2}$ 的值为横坐标，以 Λ_m 的值为纵坐标作图，则在浓度极稀时强电解质的 Λ_m 与 $c^{1/2}$ 几乎成线性关系，见图 7.10。

通常当浓度在 $0.01mol \cdot dm^{-3}$ 以下时，Λ_m 与 c 之间有如下关系：

$$\Lambda_m = \Lambda_m^{\infty}(1-\beta\sqrt{c}) \tag{7.10}$$

式(7.10) 中 β 在一定的温度下对于一定的电解质和溶剂来说是一常数。将直线外推至纵坐标相交处即得到溶液在无限稀释时的摩尔电导率 Λ_m^{∞}（又称为极限摩尔电导率）。但是对弱电解质来说，溶液在较高浓度时的摩尔电导率较小，当浓度逐渐稀释时，其摩尔电导率迅速增加，因此，弱电解质通过外推法获得无限稀释时的摩尔电导率 Λ_m^{∞} 是不准确的，会产生很大的误差。

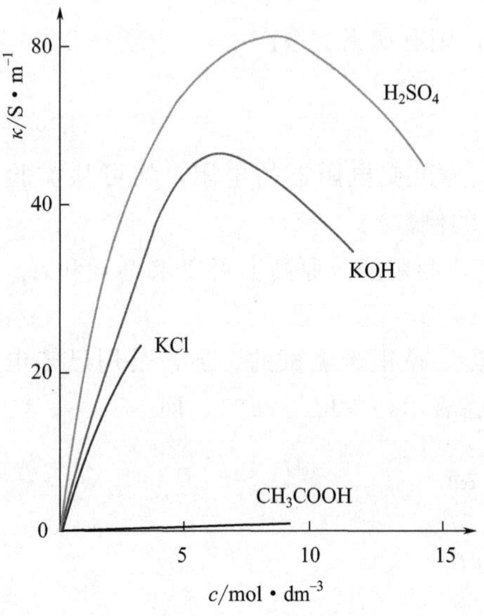

图 7.9　一些电解质的电导率与浓度的变化示意图

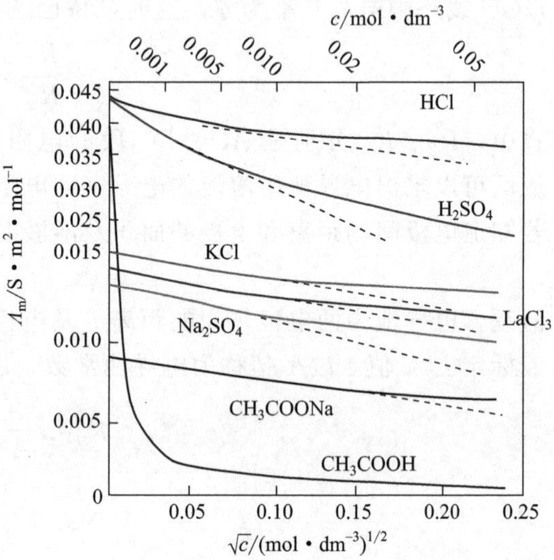

图 7.10　一些电解质在水溶液中的摩尔电导率与浓度 $c^{1/2}$ 的关系

科尔劳施根据大量的试验数据发现，对于具有一个相同离子的电解质溶液，它们的 Λ_m^{∞} 之差总是近似等于一个常数。即在无限稀释的溶液中，每一种离子是独立移动的，不受其他离子的影响。见表 7.5，HCl 与 HNO_3、KCl 与 KNO_3、LiCl 与 $LiNO_3$ 三对电解质的 Λ_m^{∞} 差值相等，而与正离子的本性无关。同样，相同的负离子的三组电解质其差值也是相等的，与负离子的本性无关。而且此规律水溶液和非水溶液都适用。于是，科尔劳施认为：在无限稀释时，每一种离子是独立运动的，不受其他离子的影响，每一种离子对 Λ_m^{∞} 都有恒定的贡献。如由两种正负离子组成电解质，则电解质的 Λ_m^{∞} 可以认为是两种离子的摩尔电导率之和，这就是离子独立运动定律。对于 1－1 价型电解质用公式表示为

$$\Lambda_m^{\infty} = \Lambda_{m,+}^{\infty} + \Lambda_{m,-}^{\infty}$$

对于 $M_{\nu+}A_{\nu-}$ 型的电解质，无限稀释时的摩尔电导率表达式为：

$$\Lambda_m^{\infty} = \nu_+\Lambda_{m,+}^{\infty} + \nu_-\Lambda_{m,-}^{\infty} \tag{7.11}$$

表 7.5　在 298K 时一些强电解质的无限稀释摩尔电导率 Λ_m^∞

电解质	$\Lambda_m^\infty/S \cdot m^2 \cdot mol^{-1}$	差数	电解质	$\Lambda_m^\infty/S \cdot m^2 \cdot mol^{-1}$	差数
KCl LiCl	0.014986 0.011503	34.83×10^{-4}	HCl HNO_3	0.042616 0.04213	4.9×10^{-4}
$KClO_4$ $LiClO_4$	0.014004 0.010598	35.06×10^{-4}	KCl KNO_3	0.014986 0.014496	4.9×10^{-4}
KNO_3 $LiNO_3$	0.01450 0.01101	34.9×10^{-4}	LiCl $LiNO_3$	0.011503 0.01101	4.9×10^{-4}

根据离子独立运动定律，在极稀的 HCl 溶液和极稀的 HAc 溶液中，氢离子的无限稀释摩尔电导率是相同的，也就是说，凡在一定的温度和一定的溶剂中，只要是极稀的溶液，同一种离子的摩尔电导率都是同一数值，而不论另一种离子是何种离子。表 7.6 列出了一些离子在无限稀水溶液中的摩尔电导率。

表 7.6　在 298K 时无限稀释水溶液中一些离子的无限稀释离子摩尔电导率 Λ_m^∞

阳离子	$\Lambda_{m,+}^\infty\times10^4/S \cdot m^2 \cdot mol^{-1}$	阴离子	$\Lambda_{m,-}^\infty\times10^4/S \cdot m^2 \cdot mol^{-1}$
H^+	349.82	OH^-	198.0
Li^+	38.69	Cl^-	76.34
Na^+	50.11	Br^-	78.4
K^+	73.52	I^-	76.8
NH_4^+	73.4	NO_3^-	71.44
Ag^+	61.92	CH_3COO^-	40.9
$1/2Ca^{2+}$	59.50	ClO_4^-	68.0
$1/2Ba^{2+}$	63.64	$1/2SO_4^{2-}$	79.8
$1/2Sr^{2+}$	59.46		
$1/2Mg^{2+}$	53.06		
$1/3La^{3+}$	69.6		

这样，弱电解质的 Λ_m^∞ 就可从强电介质的 Λ_m^∞ 求算或从离子的 Λ_m^∞ 算出。例如

$$\begin{aligned}\Lambda_m^\infty(HAc) &= \Lambda_m^\infty(H^+)+\Lambda_m^\infty(Ac^-)\\ &= [\Lambda_m^\infty(H^+)+\Lambda_m^\infty(Cl^-)+\Lambda_m^\infty(Na^+)+\Lambda_m^\infty(Ac^-)]-\\ &\quad [\Lambda_m^\infty(Na^+)+\Lambda_m^\infty(Cl^-)]\\ &= \Lambda_m^\infty(HCl)+\Lambda_m^\infty(NaAc)-\Lambda_m^\infty(NaCl)\end{aligned}$$

可见，醋酸的极限摩尔电导率可由强电介质 HCl、NaAc 和 NaCl 的极限摩尔电导率的数据求得。

电解质的摩尔电导率是正负离子的离子电导率贡献的总和，所以离子迁移数也可以看作某种离子摩尔电导率占电解质的摩尔电导率的分数，对于 1—1 价型的电解质在无限稀释时

$$t_+=\frac{\Lambda_{m,+}^\infty}{\Lambda_m^\infty};\qquad t_-=\frac{\Lambda_{m,-}^\infty}{\Lambda_m^\infty}$$

对于浓度不太大的强电解质溶液，可近似为

$$t_+=\frac{\Lambda_{m,+}}{\Lambda_m};\qquad t_-=\frac{\Lambda_{m,-}}{\Lambda_m}$$

t_+、t_- 和 Λ_m 的值都可由试验测得，从而可计算离子的摩尔电导率。

6. 离子的电迁移率与摩尔电导率的关系

在外电场的作用下，由于电解质溶液的正负离子分别向阴极和阳极两极做电迁移，从而导通电流，因此电解质溶液的导电能力与离子的电迁移率有关。下面讨论在电极两极间加一电势差时，电流强度与离子电迁移率之间的关系。

在浓度为 $c(\mathrm{mol \cdot dm^{-3}})$ 的电解质 $M_{\nu+}A_{\nu-}$ 溶液中，放入两极面积为 A 的金属电极，其极间距为 l，两极间的电势差为 $\Delta\varphi$，溶液的电阻为 R，电导为 G，电流强度为 I，则有

$$\kappa=G\times\frac{l}{A}=\frac{1}{R}\times\frac{l}{A}=\frac{I}{\Delta\varphi}\times\frac{l}{A}=\frac{I}{A(\Delta\varphi/l)}$$

令 $\Delta\varphi/l=E$，即单位长度上的电势差（电场强度）。

于是溶液的摩尔电导率

$$\Lambda_{\mathrm{m}}=\frac{\kappa}{c}=\frac{I}{AcE}$$

在上述条件下，通过电解质溶液的电流 I 为正负离子各自迁移的电流 I_+ 和 I_- 之和。

如电解质在溶液中全部电离：

$$M_{\nu+}A_{\nu-}\longrightarrow\nu_+M^{z+}+\nu_-A^{z-}$$

以 υ_+、υ_- 表示正负离子的运动速度（$\mathrm{m \cdot s^{-1}}$），则可得：

$$I_+=A\cdot\nu_+\cdot cz_+\upsilon_+F$$

$$I_-=A\cdot\nu_-\cdot c|z_-|\upsilon_-F$$

$$\Lambda_{\mathrm{m}}=\frac{I}{AcE}=\frac{(\nu_+z_+\upsilon_++\nu_-|z_-|\upsilon_-)F}{E}$$

$$I=I_++I_-=Ac(\nu_+z_+\upsilon_++\nu_-|z_-|\upsilon_-)F$$

当 $E=1\mathrm{V \cdot m^{-1}}$ 时，$\upsilon_+=U_+$，$\upsilon_-=U_-$，则可用离子的电迁移率表示离子运动的速度，有

$$\Lambda_{\mathrm{m}}=(\nu_+z_+U_++\nu_-|z_-|U_-)F \tag{7.12}$$

式(7.12) 中，U_+、U_- 分别表示正、负离子的电迁移率。

对弱电解质来说，浓度为 c 时，其解离度为 α，可导出

$$\Lambda_{\mathrm{m}}=\alpha(\nu_+z_+U_++\nu_-|z_-|U_-)F \tag{7.13}$$

当电解质溶液无限稀释时，离子的电迁移率为 U_+^∞、U_-^∞，而弱电解质的电离度 $\alpha=1$，所以式(7.12) 和式(7.13) 变为

$$\Lambda_{\mathrm{m}}^\infty=(\nu_+z_+U_+^\infty+\nu_-|z_-|U_-^\infty)F$$

因此，在无限稀释时，正离子 M、负离子 A 的摩尔电导率与各自的离子电迁移率之间有类似的关系

$$\Lambda_{\mathrm{m},+}^\infty=z_+U_+^\infty F$$

$$\Lambda_{\mathrm{m},-}^\infty=|z_-|U_-^\infty F$$

所以在无限稀释电解质溶液中，$\nu_+z_+=\nu_-|z_-|$，离子的迁移数为

$$t_+^\infty=\frac{\nu_+\Lambda_{\mathrm{m},+}^\infty}{\nu_+\Lambda_{\mathrm{m},+}^\infty+\nu_-\Lambda_{\mathrm{m},-}^\infty}=\frac{\nu_+\Lambda_{\mathrm{m},+}^\infty}{\Lambda_{\mathrm{m}}^\infty}$$

即得

$$t_+^\infty=\frac{U_+^\infty}{U_+^\infty+U_-^\infty}$$

$$t_-^\infty=\frac{\nu_-\Lambda_{m,-}^\infty}{\nu_+\Lambda_{m,+}^\infty+\nu_-\Lambda_{m,-}^\infty}=\frac{\nu_-\Lambda_{m,-}^\infty}{\Lambda_m^\infty}$$

$$t_-^\infty=\frac{U_-^\infty}{U_+^\infty+U_-^\infty}$$

7. 电导测定的应用

电导测定应用十分广泛，如水的纯度的测定、难溶盐溶解度的测定、某些化合物纯度的判定、分析化学中的电导滴定、在反应机理研究中反应速率的测定，电导的测定还可以提供出配合物的结构、离子的大小、溶剂化程度等信息。

（1）计算弱电解质的电离度和电离平衡常数　对弱电解质，根据电离理论，它在溶液中部分电离，例如醋酸的水溶液可部分电离

$$CH_3COOH \rightleftharpoons H^+ + CH_3COO^-$$

若醋酸的原始浓度为 c，离解度为 α，则其离解平衡常数为

$$K^\ominus=\frac{[c(H^+)/c^\ominus][c(CH_3COO^-)/c^\ominus]}{c(CH_3COOH)/c^\ominus}=\frac{(\alpha c/c^\ominus)^2}{(1-\alpha)c/c^\ominus} \tag{7.14}$$

由于弱电解质的离解度极小，溶液中的离子浓度很小，因此可以认为离子的运动速度受浓度的影响也极小，故可以假定 $U_+=U_+^\infty$ 及 $U_-=U_-^\infty$

将式(7.12) 与式(7.13) 相除得

$$\Lambda_m/\Lambda_m^\infty=\alpha$$

代入式(7.14) 得

$$K^\ominus=\frac{(\Lambda_m/\Lambda_m^\infty\cdot c/c^\ominus)^2}{(1-\Lambda_m/\Lambda_m^\infty)c/c^\ominus}=\frac{c\Lambda_m^2}{\Lambda_m^\infty(\Lambda_m^\infty-\Lambda_m)c^\ominus} \tag{7.15}$$

式(7.15) 称为奥斯特瓦尔德稀释定律（Ostwald dilution law），适用于弱电解质电离平衡常数的计算。

（2）计算难溶盐的溶解度　一些难溶盐如 $BaSO_4$、AgCl、$AgIO_3$ 等，在水中的溶解度很小，其浓度不能用普通的滴定方法测定，但可用电导法求得。

例 7.2 根据电导法测定得出 25℃时 AgCl 饱和水溶液的电导率为 $3.41\times10^{-4}\,S\cdot m^{-1}$，已知同温度下配制此溶液的水的电导率为 $1.60\times10^{-4}\,S\cdot m^{-1}$，试计算 25℃时 AgCl 的溶解度。

解： 由于 AgCl 在水中的溶解度很小，其饱和水溶液的电导率 κ(溶液) 为 AgCl 的电导率 κ(AgCl) 和水 $\kappa(H_2O)$ 的电导率之和，即

$$\kappa(溶液)=\kappa(AgCl)+\kappa(H_2O)$$

$$\begin{aligned}\kappa(AgCl)&=\kappa(溶液)-\kappa(H_2O)=(3.41\times10^{-4}-1.60\times10^{-4})\,S\cdot m^{-1}\\&=1.81\times10^{-4}\,S\cdot m^{-1}\end{aligned}$$

AgCl 饱和水溶液的 Λ_m 可看作是极限摩尔电导率，即

$$\Lambda_m(AgCl)\approx\Lambda_m^\infty(AgCl)$$

$$\Lambda_m^\infty(AgCl)=\Lambda_m^\infty(Ag^+)+\Lambda_m^\infty(Cl^-)$$

查表知 $\Lambda_m^\infty(Ag^+)=61.92\times10^{-4}\,S\cdot m^2\cdot mol^{-1}$，$\Lambda_m^\infty(Cl^-)=76.34\times10^{-4}\,S\cdot m^2\cdot mol^{-1}$

故

$$\begin{aligned}\Lambda_m^\infty(AgCl)&=(61.92+76.34)\times10^{-4}\,S\cdot m^2\cdot mol^{-1}\\&=138.26\times10^{-4}\,S\cdot m^2\cdot mol^{-1}\end{aligned}$$

由公式 $\Lambda_m=\kappa/c$ 得

$$c=\kappa/\Lambda_m=(1.81\times10^{-4}\text{S}\cdot\text{m}^{-1})/(138.26\times10^{-4}\text{S}\cdot\text{m}^2\cdot\text{mol}^{-1})=0.01309\text{mol}\cdot\text{m}^{-3}$$

第四节　电解质溶液的活度和活度系数

1. 强电解质的活度和活度系数

对于强电解质溶液，由于电离出正负离子，且离子间存在静电引力作用，因此，即使溶液很稀，也显示出较大的非理想性，因此对于正负离子有

$$a_+=\gamma_+\frac{b_+}{b^\ominus},\quad a_-=\gamma_-\frac{b_-}{b^\ominus} \tag{7.16}$$

任意强电解质 $M_{\nu_+}A_{\nu_-}$ 溶入水中后，电离成 ν_+ 个 $z+$ 价的正离子和 ν_- 个 $z-$ 价的负离子

$$M_{\nu_+}A_{\nu_-}\longrightarrow\nu_+M^{z+}+\nu_-A^{z-}$$

正负离子的化学势分别是

$$\mu_+=\mu_+^\ominus+RT\ln a_+ \tag{7.17}$$

$$\mu_-=\mu_-^\ominus+RT\ln a_- \tag{7.18}$$

而整个电解质的化学势为

$$\mu=\mu^\ominus+RT\ln a \tag{7.19}$$

电解质的化学势应是正负离子化学势之和

$$\mu=\nu_+\mu_++\nu_-\mu_- \tag{7.20}$$

选择同样的标准态

$$\mu^\ominus=\nu_+\mu_+^\ominus+\nu_-\mu_-^\ominus \tag{7.21}$$

将式(7.17)、式(7.18) 代入式(7.20) 中，再结合式(7.19) 可得

$$\mu^\ominus+RT\ln a=\nu_+(\mu_+^\ominus+RT\ln a_+)+\nu_-(\mu_-^\ominus+RT\ln a_-)$$

$$\mu^\ominus+RT\ln a=\nu_+\mu_+^\ominus+\nu_-\mu_-^\ominus+RT\ln(a_+^{\nu_+}a_-^{\nu_-}) \tag{7.22}$$

将式(7.21) 代入式(7.22) 中可得

$$\mu^\ominus+RT\ln a=\mu^\ominus+RT\ln(a_+^{\nu_+}a_-^{\nu_-}) \tag{7.23}$$

则有

$$a=a_+^{\nu_+}a_-^{\nu_-} \tag{7.24}$$

由于溶液总是电中性的，即 $\nu_+z_+=\nu_-|z_-|$，正负离子不可能单独存在于溶液中，因此单个离子的活度无法由试验测量，需要定义电解质的离子的平均活度 $a_\pm$。

$$a_\pm\overset{\text{def}}{=}(a_+^{\nu_+}a_-^{\nu_-})^{1/(\nu_++\nu_-)} \tag{7.25}$$

将式(7.16) 代入式(7.25) 可得

$$a_\pm=\left[\left(\gamma_+\frac{b_+}{b^\ominus}\right)^{\nu_+}\left(\gamma_-\frac{b_-}{b^\ominus}\right)^{\nu_-}\right]^{1/(\nu_++\nu_-)}=\frac{(\gamma_+^{\nu_+}\gamma_-^{\nu_-})^{1/(\nu_++\nu_-)}(b_+^{\nu_+}b_-^{\nu_-})^{1/(\nu_++\nu_-)}}{b^\ominus} \tag{7.26}$$

定义离子的平均活度系数 $\gamma_\pm$

$$\gamma_\pm\overset{\text{def}}{=}(\gamma_+^{\nu_+}\gamma_-^{\nu_-})^{1/(\nu_++\nu_-)} \tag{7.27}$$

定义离子的平均质量摩尔浓度 $b_{\pm}$

$$b_{\pm} \overset{\text{def}}{=} (b_{+}^{\nu_{+}} b_{-}^{\nu_{-}})^{1/(\nu_{+}+\nu_{-})} \tag{7.28}$$

将式(7.27) 和式(7.28) 代入式(7.26) 可得

$$a_{\pm} = (b_{\pm}/b^{\ominus})\gamma_{\pm} \tag{7.29}$$

由式(7.24) 和式(7.25) 可得

$$a = a_{\pm}^{(\nu_{+}+\nu_{-})} \tag{7.30}$$

以上各式中，$b^{\ominus}=1\text{mol}\cdot\text{kg}^{-1}$，称为标准浓度；$\nu_{+}$、$\nu_{-}$ 可由电解质的类型 $M_{\nu_{+}}A_{\nu_{-}}$ 而确定；$b_{\pm}$ 可根据 b 和 ν_{+}、ν_{-} 计算；而 $\gamma_{\pm}$ 可用电动势等实验方法测定。

2. 离子强度和德拜-休克尔极限公式

用各种不同的实验方法测定电解质的离子平均活度系数，所得的结果是一致的，根据表 7.7的数据可以得出 $\gamma_{\pm}$ 与 b 关系的一些有意义的结果。

表 7.7 部分电解质溶液离子平均活度系数与质量摩尔浓度的关系

$b/\text{mol}\cdot\text{kg}^{-1}$	0.001	0.005	0.01	0.05	0.10	0.5	1.0	2.0	4.0
HCl	0.965	0.928	0.904	0.830	0.796	0.575	0.809	1.009	1.762
NaCl	0.966	0.929	0.904	0.823	0.778	0.682	0.658	0.671	0.783
KCl	0.965	0.927	0.901	0.815	0.769	0.650	0.605	0.575	0.582
HNO_3	0.965	0.927	0.902	0.823	0.785	0.715	0.720	0.783	0.982
NaOH	0.965	0.927	0.899	0.818	0.766	0.693	0.679	0.700	0.890
$CaCl_2$	0.887	0.783	0.724	0.574	0.518	0.448	0.500	0.792	2.934
K_2SO_4	0.885	0.78	0.71	0.52	0.43	0.251	0.130	0.124	0.171
H_2SO_4	0.830	0.639	0.544	0.340	0.365	0.154	0.066	0.044	
$CdCl_2$	0.819	0.623	0.524	0.304	0.228	0.100	0.393		
$BaCl_2$	0.88	0.77	0.72	0.56	0.49	0.39			
$CuSO_4$	0.74	0.53	0.41	0.21	0.16	0.068	0.049	0.035	
$ZnSO_4$	0.734	0.477	0.387	0.202	0.148	0.063	0.043		

浓度增大时，所有电解质的 $\gamma_{\pm}$ 均随 b 的增大而减小，但经过一极小值后，又随 b 的增大而增大，因此，在该电解质的稀溶液中，活度小于试验浓度；但浓度超过一定值之后，活度就可能大于试验浓度。

对相同价型的电解质，如 KCl 和 NaCl 或 $CaCl_2$ 和 $ZnCl_2$，在稀溶液中，只要其浓度相同，离子的平均活度系数几乎相同。

对各种不同价型的电解质，浓度相同时，正负离子价数乘积越高，$\gamma_{\pm}$ 偏离 1 的程度越大。

Lewis 和 Randall 根据大量实验结果提出，在稀溶液的情况下，影响强电解质离子平均活度系数的因素主要是电解质溶液的浓度和离子的价数，而离子的价数比浓度的影响要大些，因此他们提出了离子强度的概念，其定义为

$$I = \frac{1}{2}\sum b_{B} z_{B}^{2} \tag{7.31}$$

式中，b 为离子 B 的质量摩尔浓度；z_B 表示离子 B 的电荷数；I 称为离子强度（ions-strength）。

德拜-休克尔根据试验进一步指出：活度系数和离子强度的关系在稀溶液的范围内符合式(7.32)，式(7.32) 称为德拜-休克尔极限公式

$$\lg\gamma_{\pm} = -\text{常数}\sqrt{I} \tag{7.32}$$

如图 7.11 所示，虚线是按照德拜-休克尔极限公式绘制的曲线，实线是测量曲线，在浓度较低时测量值与理论值符合的较好。一般要求离子强度低于 $0.01\text{mol}\cdot\text{kg}^{-1}$。

离子强度的概念最初是从实验数据得到的一些感性认识中出来的，它是溶液中由于离子电荷所形成的静电场的强度的一种度量，而德拜-休克尔则从理论上，验证了这个关系。

3. 电解质溶液理论和德拜-休克尔极限公式

电解质溶液的 $\gamma_\pm$ 主要靠具体的试验测定。至今只有很稀溶液的 $\gamma_\pm$ 才可进行理论计算，对于浓溶液还没有找到合适的计算方法。这与电解质溶液理论的现状有关。在历史上，人们很早就发现电解质的依数性比相同浓度的非电解质溶液要大得多，阿伦尼乌斯于 1887 年提出部分电离学说，该学说认为电解质在溶液中是部分电离的，电离后产生的离子与未电离的分子之间呈平衡，在一定条件下电解质都有一个确定的电离度。后经试验确定，这一学说较好地解释了弱电解质的实验结果，但将这种观点用于强电解质，则得到相互矛盾或与实验结果完全不符的情况。例如利用电导法和凝点下降法分别测定强电解质的电离度时，即使在相当稀的情况下所得结果也彼此不相符合。

试验结果说明了部分电离学说的局限性。问题主要在于：①它没有考虑电解质溶液中离子间的相互作用；②强电解质不存在电离度问题，不存在离子与未电离分子之间的平衡。为解决问题，Debye 和 Hückel 于 1923 年提出强电解质溶液理论。该理论认为，在低浓度时，强电解质是完全电离的，并认为强电解质溶液的不理想性完全是由离子间的静电引力所引起的，因此人们也将 Debye-Hückel 理论称作离子互吸理论。

基于以上观点，Debye-Hückel 理论将电解质溶液高度简化，提出以下模型：

① 强电解质在低浓度溶液中完全电离；

② 离子间的作用力主要是库仑力；

③ 不管正、负离子的大小差别，把它们都当作直径为 a 的电荷均匀的硬球；

④ 离子间的静电势能比其热运动小得多，溶液的介电常数与溶剂的介电常数几乎相等。

显然，以上几点假设只有在稀溶液中才是正确的，因此 Debye-Hückel 理论是强电解质稀溶液理论。

为了解决 $\gamma_\pm$ 的计算，Debye 和 Hückel 提出了离子氛的概念。他们认为在溶液中每一个离子都被电荷符号相反的离子所包围，由于离子间的相互作用，使得离子间的分布不均匀，形成离子氛。例如溶液中某个正离子 M^+，如图 7.12 所示。

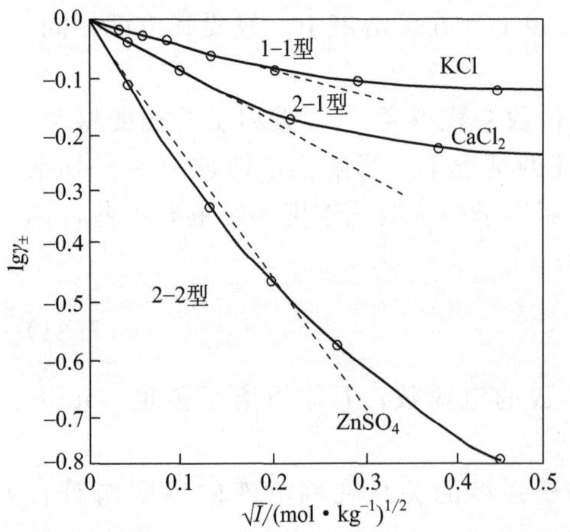

图 7.11　298K 时一些电解质的 $\lg\gamma_\pm$ 与 $\sqrt{I}$ 的关系

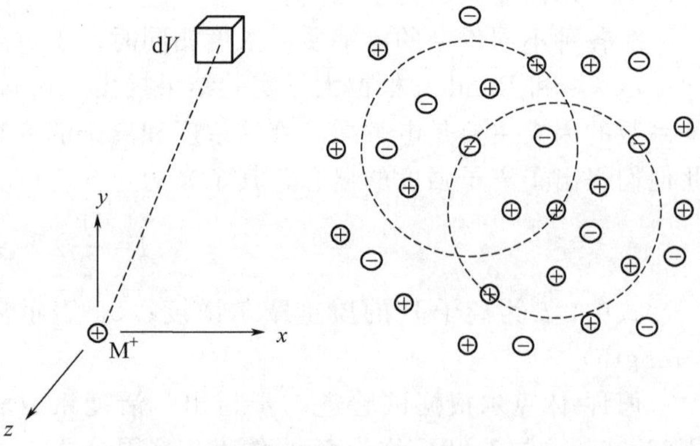

图 7.12　离子氛示意图

考虑其附近(一般在 $10^{-7}\sim10^{-9}$ m)与之相距 r 处的一个极小的体积元 dV。由于正离子 M^+ 吸引负离子而排斥正离子,所以在体积元 dV 中负离子过剩的概率要大于正离子过剩的概率。换言之,在每个离子所邻近的空间内找到异号离子的机会比找到同号离子的机会多,因此可以认为每一个离子都被一个相反的离子氛所包围。

离子氛对于其所包围的中心离子来说是球形对称的。离子氛的电荷总量,即与离子氛等效的某个电荷的电量,在数值上与中心离子所带的电量相等但符号相反。

由于离子的热运动,离子氛不是完全静止的,而是不断运动和变换的。在离子之间既有引力也有斥力,所以每个离子外面的离子氛情况是复杂的,只能看作时间统计的平均结果。Debye 和 Hückel 应用统计力学的 Boltzmann 分布定律来计算每一个离子附近的电荷平均分布。溶液中的每一个离子既是中心离子同时又作为另一个异号离子的离子氛的成员。由于中心离子与离子氛的电荷大小相等,符号相反,所以将它们作为一个整体来看,是电中性的,这个整体与溶液中的其他部分之间不存在静电引力作用。因此根据球形对称的离子氛,就可以形象化地将溶液中正负离子间的相互作用完全归结为中心离子与离子氛的静电作用,依照这个模型再利用 M-B 分布定律和泊松方程,在一定的简化条件下,就能够导出德拜-休克尔极限公式

$$\lg\gamma_B=-Az_B^2\sqrt{I}$$

式中,γ_B 为离子 B 的活度系数;z_B 为离子 B 的电荷数;I 为离子强度。将该式分别用于正负离子,结合 $\gamma_\pm=(\gamma_+^{\nu_+}\gamma_-^{\nu_-})^{1/(\nu_++\nu_-)}$ 和 $\nu_+z_+=\nu_-|z_-|$ 等式,最后可得

$$\lg\gamma_\pm=-A|z_+z_-|\sqrt{I}$$

式中,A 为与温度和溶剂性质有关的常数,若以水为溶剂则在 298K,$A=0.509\text{kg}^{1/2}\cdot\text{mol}^{-1/2}$,此公式用于 $I<0.01\text{mol}\cdot\text{kg}^{-1}$ 的稀溶液的 $\gamma_\pm$ 计算。

1927 年 Onsager 发展了 Debye-Hückel 理论,把它推广到不可逆过程,从感性知识提高到理性高度,则就形成了 Debye-Hückel-Onsager 电导理论。

Debye-Hückel 理论虽然能适用于稀溶液,但是这个理论仍然有缺陷。首先,它完全忽略了离子的溶剂化作用以及溶剂化程度对离子间相互作用的影响。其次,它忽略离子的个性,把离子当作无大小区别且无结构的硬球。此外,还忽略了介电常数对静电作用的影响。

电解质溶液理论要解决的重要问题之一是计算 $\gamma_\pm$,根据 Debye-Hückel 理论,初步解决了稀溶液中 $\gamma_\pm$ 的计算。为了解决较浓溶液的计算,后人分别从两个方面做了大量工作。一种是将 Debye-Hückel 的计算公式进行修正,例如 Davies 将公式增加一些参数,Meyer 和 Poisier 修正计算方法等。另一种途径是采用新的物理模型,例如离子水化理论和离子缔合理论,前者根据水合作用提出了包含水合数在内的计算活度系数的公式,后者则认为由于库仑力的作用会在溶液中形成“离子对”(但不是共价键分子),这种理论在电解质溶液理论发展中起着非常重要的作用。但由于离子的缔合情况是复杂的,至今还没有完全搞清楚。

总之,到目前为止,电解质溶液理论还是不完善。只有在寻求更合理的离子相互作用的模型和对液体的本性有了更深刻的认识之后,才能使溶液理论得到更进一步发展。

第五节　可逆电池及可逆电极

可逆电池的电动势是电池最重要的参数,是电池做功的本领的标志,其值是由电池的本性所决定的。由可逆电池电动势可以将电化学与化学热力学联系起来。电动势可以用仪器测量,如果知道电池中所有物质的状态,也可以从理论上计算电动势的值。

1. 可逆电池的书写方法

IUPAC定义，电池电动势E等于电流趋于零的极限条件下，书面电池表示中右侧的电极电势$E_{右}$与左侧的电极电势$E_{左}$的差值，即：$E=E_{右}-E_{左}$。

当用书面的方法来表达电池的组成时，一般采用的惯例：

① 写在左边的电极起氧化作用，为负极；写在右边的电极起还原作用，是正极。

② 用单垂线“|”表示不同物质的界面，有接界电势存在，有时也用逗号表示。

③ 用双垂线“‖”表示盐桥，表示溶液与溶液之间的接界电势通过盐桥基本消除。

④ 要标明温度和压力（298.15K和标准压力下可以省略），要标明电极的相态，若是气体可标明压力和依附的惰性金属，所有的电解质溶液要注明活度。

⑤ 书写电极和电池反应时必须满足物质和电量平衡。

2. 可逆电池的条件

可逆电池的可逆是指在热力学上的可逆，必须满足下述两个条件：

（1）内部条件（内因）　在放电过程中电池内所发生的一切变化，在充电时都能够完全复原，将电池（其电动势为E）与一个外加反电动势$E_{外}$并联，当电池的电动势大于$E_{外}$时电池放电。当$E_{外}$大于电池电动势时，电池变为电解池，电池获得电能被充电，电池的阳极是电解池的阴极，电池的阴极是电解池的阳极，在放电时每个电极发生的变化当充电时应该恰好逆转。因为电池内部有不同电解质溶液的接触面（简称液接界面），所以还要设法消除接界面的影响，否则电池不能复原。

（2）使用条件（外因）　电池必须在电流趋于零的情况下工作。换言之，电池是在$E>E_{外}$且$E=E_{外}+\delta E$的条件下放电的；相反，电池是在$E_{外}>E$且$E_{外}=E+\delta E$的条件下充电的。这样就保证了电池放电时做最大电功，充电时环境所消耗的电能最少，做最小功。即如果能够把电池放电时所放出的能量全部贮存起来，再用这些能量充电，就恰好能使电池回到原来的状态，从而能量的转移是可逆的。

满足条件（1）和（2）的电池称为可逆电池，条件（1）说的是电池可逆的内因，是决定因素，而条件（2）是可逆的外因，从热力学观点分析，条件（1）说的是系统的复原，（2）说的是在系统复原的同时环境复原。总的说来，可逆电池一方面要求电池内的变化必须是可逆的，另一方面要求所有变化都必须在平衡情况下进行。

例如电池

$$Zn(s)|ZnCl_2(aq)|AgCl(s)|Ag(s)$$

若用导线连接两极，则将有电子自Zn极经导线流向$Cl^-(aq)|AgCl(s)|Ag(s)$电极。若在导线上连接一个反电动势$E_{外}$，并设

$$E_{外}<E$$

且
$$E-E_{外}=\delta E$$

此时虽然电流很小，但电子仍可自Zn极经过$E_{外}$流向$Cl^-(aq)|AgCl(s)|Ag(s)$极。若有1mol e^-的电量通过，则电极反应为

阳极反应　$Zn(s)|ZnCl_2(aq)$：$1/2Zn(s)\longrightarrow 1/2Zn^{2+}(a_+)+e^-$

阴极反应　$Cl^-(aq)|AgCl(s)|Ag(s)$：$AgCl(s)+e^-\longrightarrow Ag(s)+Cl^-(a_-)$

电池净变化　$1/2Zn(s)+AgCl(s)\longrightarrow Ag(s)+1/2Zn^{2+}(a_+)+Cl^-(a_-)$

如果使外加反电动势$E_{外}$稍大，即$E_{外}>E$且$E_{外}-E=\delta E$，此时电池变为电解池，以上的阴阳极互换，$Cl^-(aq)|AgCl(s)|Ag(s)$极成为阳极，Zn即成为阴极，电极反应为

阳极反应　$Cl^-(aq)|AgCl(s)|Ag(s)$：$Ag(s)+Cl^-(a_-)\longrightarrow AgCl(s)+e^-$

阴极反应　$Zn(s)|ZnCl_2(aq)$：$1/2Zn^{2+}(a_+)+e^-\longrightarrow 1/2Zn(s)$

电解池净变化　$1/2Zn^{2+}(a_+)+Ag(s)+Cl^-(a_-)\longrightarrow 1/2Zn(s)+AgCl(s)$

由电池净变化和电解池净变化反应式可知，两净变化恰恰相反，而且充电反应和放电反应时电流均无限小，$I\to 0$，所以上述电池是一个可逆电池。

再来看 Daniell（丹尼尔）电池

$$Zn(s)|ZnSO_4(aq,b_1)|CuSO_4(aq,b_2)|Cu(s)$$

其中存在不同电解质 $ZnSO_4(b_1)$ 和 $CuSO_4(b_2)$ 的液体接界，不满足条件（1），是不可逆电池。当放电时电极反应为

阳极（Zn 极）：　$Zn(s)\longrightarrow Zn^{2+}(a_+)+2e^-$

阴极（Cu 极）：　$Cu^{2+}(a_+)+2e^-\longrightarrow Cu(s)$

而在两溶液的界面处同时发生如图 7.13 所示的离子扩散，即 $ZnSO_4$ 溶液中的部分 $Zn^{2+}(a_+)$ 向右流到 $CuSO_4$ 溶液中，而 $CuSO_4$ 溶液中的部分 $SO_4^{2-}(a_-)$ 向左流到 $ZnSO_4$ 溶液中，如果给电池充电，电极反应为

阳极（Cu 极）：　$Cu(s)\longrightarrow Cu^{2+}(a_+)+2e^-$

阴极（Zn 极）　$Zn^{2+}(a_+)+2e^-\longrightarrow Zn(s)$

可见，此二反应恰是放电时电极反应的逆反应，即充电后两电极上的情况完全回复到放电前的情况。在界面处离子的扩散情况如图 7.13 所示，并非（a）中过程的逆过程，可见在界面处发生的变化不能复原，所以 Daniell 电池不是可逆电池，严格地说凡是具有两个不同电解质的溶液接界的电池，充电后都不可能使电池复原，因而都是热力学上不可逆的。而当将接界换成盐桥时［见图 7.13(a)］，则可近似地当作可逆电池来处理。

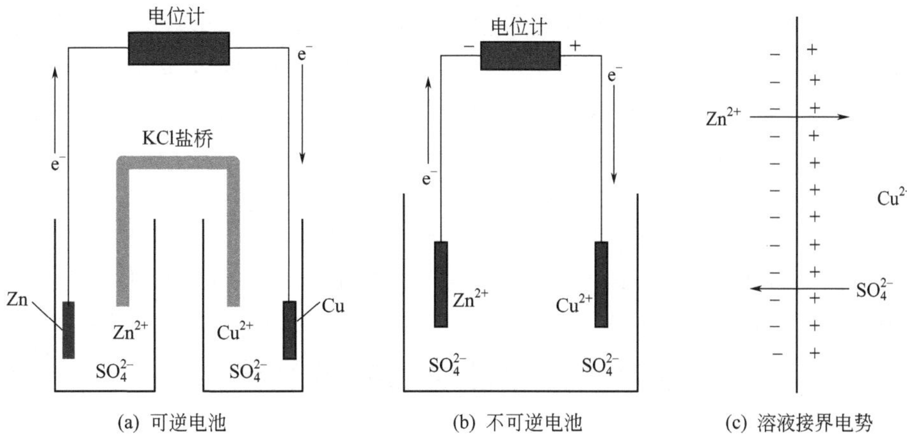

图 7.13　可逆电池与不可逆电池

3. 可逆电极及其分类

可逆电池要求它的各个相界面上发生的变化都是可逆的，因此电极的金属、溶液界面上的电极反应同样应该是可逆的，这就是可逆电极。

如果电极相界面上只可能发生单一的电极反应，这种电极称为单一电极；否则，就是多重电极。因为多重电极上可能发生多个电极反应，就很难保证该电极做阳极时所产生的效应在做

阴极时完全被对消掉，因此只有单一电极才可能成为可逆电极。另外，电极上的正、逆向反应都必须足够快，这样容易建立并保持物质平衡和电荷平衡。

一般情况下，可逆电极主要包括三类：

第一类电极包括金属电极和气体电极。金属电极是将金属浸在含有该金属离子的溶液中所构成的。例如 $Zn^{2+}|Zn(s)$ 和 $Cu^{2+}|Cu(s)$ 等。气体电极则是利用气体在溶液中的离子化倾向安排成的电极，例如 $H^+|H_2(g)|Pt(s)$、$Pt(s)|Cl_2(g)|Cl^-$ 和 $Pt(s)|O_2(g)|OH^-$ 等。气体电极中的惰性金属 Pt 并不参加电极反应，主要起导电作用。在这类电极中，参与电极反应的物质存在于两个相，即电极只有一个相界面。

第二类电极是指参与电极反应的物质存在于三个相中，电极有两个相界面。例如银-氯化银电极 $Cl^-(a_-)|AgCl(s)|Ag(s)$ 和甘汞电极 $Cl^-(a_-)|Hg_2Cl_2(s)|Hg(s)$ 等。这类电极上的平衡不是单纯的金属与其离子的平衡，还牵涉到第三相金属难溶盐。

例如银氯化银电极

$Cl^-(a_-)|AgCl(s)|Ag(s)$

$$AgCl(s)+e^-\longrightarrow Ag(s)+Cl^-(a_-)$$

甘汞电极

$Cl^-(a_-)|Hg_2Cl_2(s)|Hg(l)$

$$Hg_2Cl_2(s)+2e^-\longrightarrow 2Hg(l)+2Cl^-(a_-)$$

属于第二类电极的还有难溶氧化物电极，例如

$OH^-(a_-)|Ag_2O(s)|Ag(s)$

$$Ag_2O(s)+H_2O(l)+2e^-\longrightarrow 2Ag(s)+2OH^-(a_-)$$

$H^+(a_+)|Ag_2O(s)|Ag(s)$

$$Ag_2O(s)+2H^+(a_+)+2e^-\longrightarrow 2Ag(s)+H_2O(l)$$

这类电极比较容易制造，一些不能形成第一类电极的负离子如 SO_4^{2-}、$C_2O_4^{2-}$ 等常制备这种电极。

第三类电极也叫氧化还原电极，参与电极反应的各物质均在液相中，例如电极 $Pt|Fe^{2+}(a_2)$，$Fe^{3+}(a_1)$ 和电极 $Au|Sn^{4+}(a_1)$，$Sn^{2+}(a_2)$ 以及电极 $Pt|Cr^{3+}(a_3)$，$Cr_2O_7^{2-}(a_1)$，$H^+(a_2)$ 等，其中惰性金属 Pt 和 Au 主要起导电作用。这三个电极反应分别为

$$Fe^{3+}(a_1)+e^-\longrightarrow Fe^{2+}(a_2)$$

$$Sn^{4+}(a_1)+2e^-\longrightarrow Sn^{2+}(a_2)$$

$$Cr_2O_7^{2-}(a_1)+14H^+(a_2)+6e^-\longrightarrow 2Cr^{3+}(a_3)+7H_2O(l)$$

第六节　可逆电池的热力学

1. 电动势与电池反应的摩尔吉布斯函数变之间的关系

若电池反应是在恒温恒压及可逆条件下进行的，根据热力学第二定律有

$$\Delta G=W_r' \tag{7.33}$$

式中，ΔG 表示系统的摩尔吉布斯函数变；W_r' 表示最大非体积功，此处就是电功。

如果电池反应为单位反应进度，则所做电功为

$$W_r'=-zFE \tag{7.34}$$

式中，z 为电池反应的电荷数；F 为法拉第常数；E 为可逆电池的电动势。将式(7.33)

代入式(7.34) 得

$$\Delta_r G_m = -zFE \tag{7.35}$$

这个公式是热力学和电化学联系的桥梁，它将 $\Delta_r G_m$ 与 E 联系起来，建立起可逆电池热力学公式。

2. 电动势与电池反应的摩尔熵变之间的关系

由热力学知

$$\left(\frac{\partial \Delta_r G_m}{\partial T}\right)_p = -\Delta_r S_m$$

将式(7.35) 代入上式得

$$\Delta_r S_m = zF\left(\frac{\partial E}{\partial T}\right)_p \tag{7.36}$$

式中，$\left(\frac{\partial E}{\partial T}\right)_p$ 称为电动势的温度系数，可由试验求得。

3. 电动势与电池反应的摩尔焓变之间的关系

在恒温下 $$\Delta_r G_m = \Delta_r H_m - T\Delta_r S_m$$

将式(7.35) 和式(7.36) 代入上式可得

$$\Delta_r H_m = -zFE + zFT\left(\frac{\partial E}{\partial T}\right)_p \tag{7.37}$$

$\Delta_r H_m$ 是电池反应在恒温恒压不做非体积功进行时与环境交换的热 Q_p。

电池反应在标准状态时，式(7.35)～式(7.37) 中的热力学量可以换成标准状态的值。

由热力学第二定律知，电池在可逆条件下吸收或放出的热量为

$$Q_r = T\Delta_r S_m = zFT\left(\frac{\partial E}{\partial T}\right)_p \tag{7.38}$$

将式(7.38) 代入式(7.37) 得

$$\Delta_r H_m = -zFE + Q_r \tag{7.39}$$

如果电池反应在恒温恒压非体积功为零的条件下进行，则 $\Delta_r H_m = Q_p$，Q_p 是系统与环境交换的热。如果电池在恒温恒压下不可逆放电，则有 $\Delta_r H_m = W + Q$。W 和 Q 是不可逆过程系统与环境交换的功和热。

从实验测得电池的可逆电动势和温度系数，即可计算反应的 $\Delta_r H_m$ 和 $\Delta_r S_m$ 的值。由式(7.39)可知，将反应设计成可逆电池，化学能（$\Delta_r H_m = Q_p$）转变为电能（W_r'），这种转换不受热机效率的限制。

4. 电动势 E 与反应物和产物活度之间的关系——Nernst 公式

在等温等压下，一个巨大可逆电池放出 $z\text{mol} \times F$ 的电量时，电池内发生 1mol 化学反应。由化学反应等温方程式(5.6) 知，该反应的摩尔 Gibbs 函数变为

$$\Delta_r G_m = \Delta_r G_m^{\ominus} + RT\ln J_a$$

式中，$\Delta_r G_m^{\ominus}$ 是参与反应的所有物质均处于各自的标准状态时上述反应的摩尔 Gibbs 函数变；J_a 是各物质实际的活度积，即

$$J_a = \prod_B a_B^{\nu_B}$$

将式(7.35) $\Delta_r G_m = -zFE$ 及标准状态时 $\Delta_r G_m^{\ominus} = -zFE^{\ominus}$ 代入等温方程式(5.6) 并整理，得

$$E = E^{\ominus} - \frac{RT}{zF}\ln J_a \tag{7.40}$$

式(7.40) 称为 Nernst（能斯特）公式，其中 z 是电池反应的电荷数，$E^{\ominus}$ 称为电池的标准电动势，代表参与电池反应的所有物质均处于各自的标准状态时电池的电动势。即如果用各种标准态物质来制作电池，则电池的电动势为 $E^{\ominus}$。例如电池

$$\mathrm{Pt}|\mathrm{H_2}(p^{\ominus})|\mathrm{OH^-}(\mathrm{aq})|\mathrm{O_2}(p^{\ominus})|\mathrm{Pt}$$

若 H_2 和 O_2 均视为理想气体，OH^- 溶液的浓度很稀以致可将其中的溶剂水近似当作纯水，则上述电池可写作

$$\mathrm{H_2}(\text{理想气体}, p^{\ominus}) + 1/2\mathrm{O_2}(\text{理想气体}, p^{\ominus}) \longrightarrow \mathrm{H_2O(l)}$$

其中各物质均处于标准状态，所以 $E=E^{\ominus}$。由 $E^{\ominus}$ 的意义可知，一个电池的温度 T 以及各物质的标准状态一旦指定，$E^{\ominus}$ 就被指定，$E^{\ominus}$ 与电池中的实际状态无关。各种物质的标准状态一般都按习惯方法选取，因此 $E^{\ominus}$ 只是温度 T 的函数，记作 $E^{\ominus}=f(T)$，在 298.15K 时，一个电池的 $E^{\ominus}$ 有定值。

Nernst 公式表明，一个电池的电动势决定于 J_a，即参与电池反应的各种物质的活度（严格说是状态）决定电池电动势的大小。从本质上讲，要想改变一个电池的电动势，就需要改变制作电池的物质的状态。

5. 标准电动势与标准平衡常数之间的关系

电池的标准电池电动势 $E^{\ominus}$ 与反应的标准吉布斯函数变化 $\Delta_r G_m^{\ominus}$ 的关系为

$$\Delta_r G_m^{\ominus} = -zFE^{\ominus}$$

因为

$$\Delta_r G_m^{\ominus} = -RT\ln K^{\ominus}$$

将上两式结合可得

$$E^{\ominus} = \frac{RT}{zF}\ln K^{\ominus} \tag{7.41}$$

根据标准电动势 $E^{\ominus}$ 可计算出电池反应的标准平衡常数 $K^{\ominus}$。

例 7.3 已知下述电池：$\mathrm{Pb}|\mathrm{PbSO_4(s)}|\mathrm{SO_4^{2-}}(a_1)\parallel \mathrm{SO_4^{2-}}(a_1)$，$\mathrm{S_2O_8^{2-}}(a_2=1)|\mathrm{Pt}$ 电动势的温度系数为 $-4.9\times10^{-4}\mathrm{V\cdot K^{-1}}$，且已知电池在 25℃以 1V 工作电压不可逆放电（放电量为 1F）放热 151.6kJ。已知 25℃时 $PbSO_4$ 的溶度积 $K_{sp}=1.67\times10^{-8}$，$E^{\ominus}(\mathrm{Pb^{2+}}|\mathrm{Pb})=-0.126\mathrm{V}$，$E^{\ominus}(\mathrm{SO_4^{2-}}, \mathrm{S_2O_8^{2-}})=2.05\mathrm{V}$。

（1）写出电池反应；

（2）计算 $E^{\ominus}(\mathrm{SO_4^{2-}}|\mathrm{PbSO_4(s)}|\mathrm{Pb})$；

（3）求该可逆电池的电动势；

（4）计算活度 $a_1(\mathrm{SO_4^{2-}})$。

解：（1）电池反应

$$\mathrm{Pb} + \mathrm{S_2O_8^{2-}}(a_2=1) = \mathrm{PbSO_4(s)} + \mathrm{SO_4^{2-}}(a_1)$$

（2）计算 $E^{\ominus}(\mathrm{SO_4^{2-}}|\mathrm{PbSO_4(s)}|\mathrm{Pb})$

将溶解反应 $\mathrm{PbSO_4(s)} = \mathrm{Pb^{2+}} + \mathrm{SO_4^{2-}}$ 设计为如下电池

$$\mathrm{Pb}|\mathrm{Pb^{2+}}\parallel \mathrm{SO_4^{2-}}|\mathrm{PbSO_4(s)}|\mathrm{Pb}$$

反应处于溶解平衡时，由式(7.41) 可得

$$E^{\ominus}=E^{\ominus}(SO_4^{2-}|PbSO_4(s)|Pb)-E^{\ominus}(Pb^{2+}|Pb)-\frac{RT}{2F}\ln K_{sp}$$

$$E^{\ominus}(SO_4^{2-}|PbSO_4(s)|Pb)=\left(-0.126+\frac{8.314\times 298.15}{2\times 96500}\ln 1.67\times 10^{-8}\right)V$$

$$=-0.3560V$$

(3) 由式(7.36) 电池反应的熵变为

$$\Delta_r S_m=zF\left(\frac{\partial E}{\partial T}\right)_p=[2\times 96500\times(-4.9\times 10^{-4})]J\cdot K^{-1}\cdot mol^{-1}$$

$$=-94.57\ J\cdot K^{-1}\cdot mol^{-1}$$

由式(7.39) 电池反应的焓变为

$$\Delta_r H_m=Q_{电量}E+Q=[2\times(-96500\times 1-151.6\times 10^3)]J\cdot mol^{-1}$$

$$=-496.2kJ\cdot mol^{-1}$$

则

$$\begin{aligned}\Delta_r G_m&=\Delta_r H_m-T\Delta_r S_m\\&=-496.2kJ\cdot mol^{-1}-298.15K\times(-94.57)J\cdot mol^{-1}\\&=-468.0kJ\cdot mol^{-1}\end{aligned}$$

由式(7.35) 有

$$\Delta_r G_m=-zEF$$

$$-468.0kJ\cdot mol^{-1}=-2\times 96500C\cdot mol^{-1}E$$

$$E=2.425V$$

(4) 根据问题 (1) 的电池反应，结合能斯特方程式(7.40)，有

$$E=E^{\ominus}-\frac{RT}{2F}\ln a_1$$

$$2.425V=E^{\ominus}(SO_4^{2-},S_2O_8^{2-})-E^{\ominus}(SO_4^{2-}|PbSO_4(s)|Pb)-\frac{RT}{2F}\ln a_1$$

$$2.425V=2.05V+0.3560V-\frac{8.314\times 298.15}{2\times 96500}V\ln a_1$$

解得　$a_1=0.2278$

第七节　电动势的测量

可逆电池必须满足的使用条件是 $I\to 0$，否则它就不是可逆电极。另外，在有实际电流通过时，因电流内阻要消耗电能等原因造成电池的端电压小于电池电动势，因此必须在没有电流通过时测量电动势。鉴于这种原因，不能用电压表来测量一个可逆电池的电动势，因为使用电压表必须使有限电流通过才能驱动指针偏转，所得结果必然不可能是可逆电池电动势，而是不可逆电池的端电压。

为此，需要用电位差计，常利用对消法来测量可逆电池的电动势。对消法原理如图 7.14所示。AB 为均匀滑线电阻，通过可调电阻 R 与工作电源 E_w 构成通路，在 AB 上有均匀的电位降产生，自 A 到 B，标以不同的电位降值，E_x 和 E_s 分别是待测电池和已精确得知电动势的标准电池。K 为双向电开关，换向时可选 E_x 或 E_s 之一与 AC 相通，C 为与

K 相连的可在 AB 上移动的触点。KC 间有一可测量 10^{-9}A 电流的高灵敏度的检流计 G。

电动势的测量分以下两步进行：

（1）首先利用标准电池校准 AB 上的电位降刻度。如果在实验温度时标准电池 E_s 的电动势是 1.01865V，将滑线电阻移到 C_1 处，把开关 K 扳向下使 E_s 与 AC_1 相通，迅速调节 R 使 G 中无电流通过，此时电动势 E_s 与 AC_1 的电位降等值反向而对消。

（2）测定 E_x。R 固定在上面已调好的位置上，将 K 扳向与 E_x，迅速调节滑线电阻至C_2 点，使 G 中无电流通过，此时电动势 E_x 与 AC_2 的电位降等值反向而对消，C_2 点所标记的电位降值即为 E_x 的大小。对消法测电动势是在没有电流通过的情况下进行的，所以电池是可逆的。

测量电池电动势时，常用标准电池是 Weston 电池（见图 7.15）。

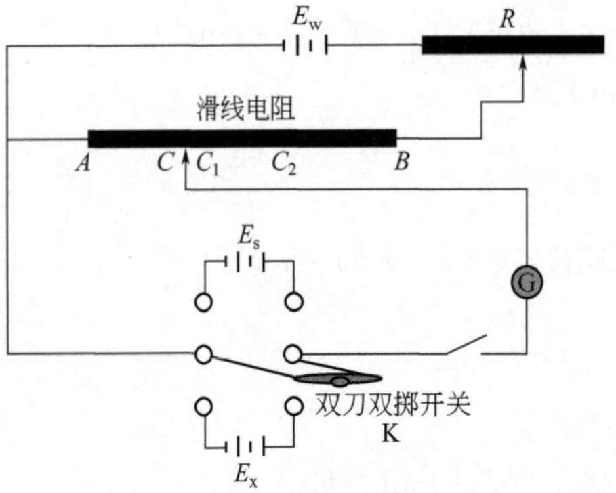

图 7.14　对消法测电动势

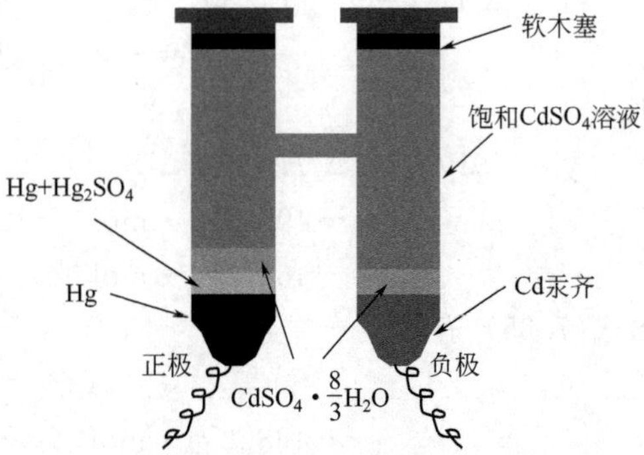

图 7.15　惠斯顿标准电池

可表示为：

$$\mathrm{Cd(汞齐)|CdSO_4(饱和\ aq)|Hg_2SO_4(s)|Hg(l)}$$

其电极反应为：

阳极：$\mathrm{Cd(汞齐) \longrightarrow Cd^{2+}(aq) + 2e^-}$

阴极：$\mathrm{Hg_2SO_4(s) + 2e^- \longrightarrow 2Hg(l) + SO_4^{2-}(aq)}$

电池反应：$\mathrm{Cd(汞齐) + Hg_2SO_4(s) \longrightarrow 2Hg(l) + CdSO_4(aq)}$

电池反应是可逆的，并且电势很稳定。在 20℃时 $E=1.01845$V。其他温度 t 时 E 可由下式求得

$$E/\mathrm{V}=1.01845-4.05\times10^{-5}(t/℃-20)-9.5\times10^{-7}(t/℃-20)+1\times10^{-8}(t/℃-20)^3$$

第八节　可逆电极电势

以上讨论了电池电动势及其影响因素。为了深入讨论，须把注意力集中于电池的某个相界面上，了解各相界面上发生的具体变化，一个电池至少有两个相界面，电池电动势等于组成电池的各相界面上所产生的电势差的代数和。例如电池

$$\mathrm{Pt|H_2(g)|KOH(aq)|O_2(g)|Pt}$$

只要能知道阴极上 Pt 与溶液的相间电势差，两者的代数和就构成了电池的电动势。但是至今为止，人们还没办法测量单个电极上的相间电势差。从应用的角度而言，如果能够列出所有电

极上相间电势差的相对值，对于考虑和计算问题将会增加许多方便。这样列出的电极上相间电势差的相对值，叫作电极电势，通常用符号 E 表示。为此，对所有电极必须选用一个统一的比较标准，习惯上选用标准氢电极作为参考点。

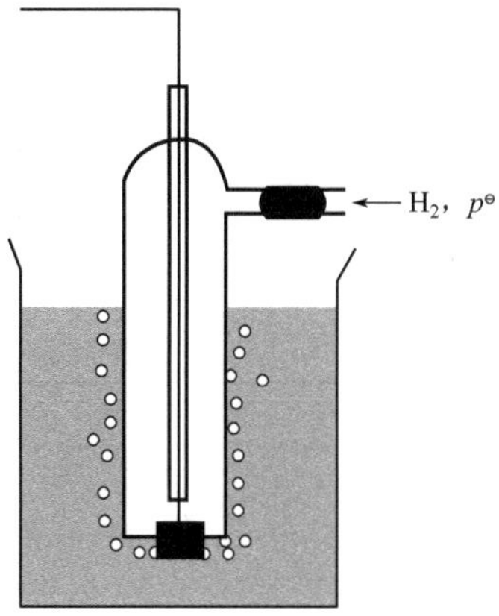

图 7.16　标准氢电极示意图

1. 标准氢电极

标准氢电极为 $Pt|H_2$（理想气体 $p^\ominus$）$|H^+(a=1)$，图 7.16为它的示意图。

图中参与电极反应的 $H_2(g)$ 和 $H^+(aq)$ 均处于标准状态，即氢是 $p^\ominus=100kPa$ 下的理想气体，氢离子的活度为 1。在该电极上进行的反应为

$$2H^+(a=1)+2e^- \longrightarrow H_2(p^\ominus)$$

为了方便，将任何温度下标准氢电极的电极电势均规定为零，即

$$E^\ominus(H^+|H_2)=0$$

严格讲，标准氢电极是根本无法制备的电极，比如标准状态的 H_2 本身就是一种假想状态，另外也无法制备$a(H^+)=1$的溶液。标准氢电极只是一个各类电极相互比较的标准，尽管它本身并不存在，但与它相比，使得所有电极的电势都有了唯一的确定值，为解决问题提供了方便。

2. 任意电极的电极电势

单个相间的电势差是无法测量的，只要选好参考电极，组成电池后，电动势则可以测量。为此，对于任意指定电极 x，按照如下的规定来定义它的电极电势 E：以标准氢电极作阳极，以指定电极 x 为阴极组成一个电池，该电池的电动势定义为电极 x 的电极电势 E_x。即电池

$$\text{标准氢电极} \parallel \text{任意电极 x} \tag{7.42}$$

式(7.42) 电池的电动势为 E，则

$$E_x=E \tag{7.43}$$

显然，按照这种定义给出的各电极电势 E 并不等于电极 x 中的金属与溶液的相间电势差，而是电势差对于标准氢电极中相间电势差的相对值。

对于上述定义的电池，电极 x 应发生还原反应。若该电极实际上确实发生还原反应，则 $E>0$，而且其值越正表明该还原反应的趋势越大。相反若电极 x 上实际发生的是氧化反应，则 $E<0$，而且其值越负表明该氧化反应的趋势越大，即还原反应的趋势越小。因此可以得出如下结论：任意电极的电势可正可负，相对而言，其值越大，说明该还原反应越容易进行，所以按上述所定义的电极电势也称为还原电极电势。例如

电极 1：　$Zn^{2+}(a=1)|Zn(s)$

反应为　$Zn^{2+}(a=1)+2e^- \longrightarrow Zn(s)$　(1)

电极电势　$E_1=-0.763V$

电极 2：　$Cu^{2+}(a=1)|Cu(s)$

反应为　$Cu^{2+}(a=1)+2e^- \longrightarrow Cu(s)$　(2)

电极电势　$E_2=0.337V$

由于 $E_2>E_1$，说明反应（2）比反应（1）更容易进行，即 $Cu^{2+}(a=1)$比 $Zn^{2+}(a=1)$更容易被还原。因此，电极电势实际上是物质被还原的难易程度的一种表征。

式(7.42）和式(7.43）所示电池的电动势取决于其中各物质的状态，其中，标准氢电极中物质的状态总是标准状态，因此，E 只取决于电极 x 上物质的状态。换言之，电极电势E 的值是由构成电极的那些物质的状态决定的。当电极上参与电极反应的所有物质都处于各自的标准状态时的电极电势叫作标准电极电势，用符号 $E^{\ominus}$ 表示。当标准状态选定后，$E^{\ominus}$ 只与温度有关，即 $E^{\ominus}=f(T)$。表 7.8 列出了常见电极在 298.15K 时的标准电极电势和温度系数。

表 7.8 常见电极 298.15K 时的标准电极电势及温度系数

电极	电极反应	$E^{\ominus}$/V	$(\partial E^{\ominus}/\partial T)\times10^3$/V·K
N_3^- | N_2 | Pt	$3/2N_2+e^-$ ══ N_3^-	−3.2	—
Li^+ | Li	Li^++e^- ══ Li	−3.045	−0.534
Rb^+ | Rb	Rb^++e^- ══ Rb	−2.925	−1.245
Cs^+ | Cs	Cs^++e^- ══ Cs	−2.923	−1.197
K^+ | K	K^++e^- ══ K	−2.925	−1.080
Ra^{2+} | Ra	$Ra^{2+}+2e^-$ ══ Ra	−2.916	−0.59
Ba^{2+} | Ba	$Ba^{2+}+2e^-$ ══ Ba	−2.906	−0.395
Ca^{2+} | Ca	$Ca^{2+}+2e^-$ ══ Ca	−2.866	−0.175
Na^+ | Na	Na^++e^- ══ Na	−2.714	−0.772
La^{3+} | La	$La^{3+}+3e^-$ ══ La	−2.362	+0.085
Mg^{2+} | Mg	$Mg^{2+}+2e^-$ ══ Mg	−2.357	+0.103
Be^{2+} | Be	$Be^{2+}+2e^-$ ══ Be	−1.968	+0.565
Al^{3+} | Al	$Al^{3+}+3e^-$ ══ Al	−1.662	+0.504
Ti^{2+} | Ti	$Ti^{2+}+2e^-$ ══ Ti	−1.628	—
Zr^{4+} | Zr	$Zr^{4+}+4e^-$ ══ Zr	−1.529	—
V^{2+} | V	$V^{2+}+2e^-$ ══ V	−1.186	—
Mn^{2+} | Mn	Mn^2+2e^- ══ Mn	−1.180	−0.80
WO_4^{2-} | W	$WO_4^{2-}+4H_2O+6e^-$ ══ $W+8OH^-$	−1.05	—
OH^- | H_2 | Pt	$2H_2O+2e^-$ ══ $2OH^-+H_2$	−0.828	—
Se^{2-} | Se	$Se+2e^-$ ══ Se^{2-}	−0.77	—
Zn^{2+} | Zn	$Zn^{2+}+2e^-$ ══ Zn	−0.7628	+0.001
Cr^{3+} | Cr	$Cr^{3+}+3e^-$ ══ Cr	−0.744	+0.486
SbO_2^- | Sb	$SbO_2^-+2H_2O+3e^-$ ══ $Sb+4OH^-$	−0.67	—
Ga^{2+} | Ga	$Ga^{2+}+2e^-$ ══ Ga	−0.529	+0.67
S^{2-} | S	$S+2e^-$ ══ S^{2-}	−0.51	—
Fe^{2+} | Fe	$Fe^{2+}+2e^-$ ══ Fe	−0.4402	+0.052
Cr^{3+}，Cr^{2+} | Pt	$Cr^{3+}+e^-$ ══ Cr^{2+}	−0.408	—
Cd^{2+} | Cd	$Cd^{2+}+2e^-$ ══ Cd	−0.4029	—
Ti^{3+}，Ti^{2+} | Pt	$Ti^{3+}+e^-$ ══ Ti^{2+}	−0.369	—
Ti^{2+} | Ti	$Ti^{2+}+2e^-$ ══ Ti	−0.3363	−1.325
Co^{2+} | Co	$Co^{2+}+2e^-$ ══ Co	−0.277	0.06
Ni^{2+} | Ni	$Ni^{2+}+2e^-$ ══ Ni	−0.250	0.06
Mo^{3+} | Mo	$Mo^{3+}+3e^-$ ══ Mo	−0.20	—
I^- | AgI | Ag	$AgI+e^-$ ══ $Ag+I^-$	−0.152	—
Sn^{2+} | Sn	$Sn^{2+}+2e^-$ ══ Sn	−0.136	−0.282
Pb^{2+} | Pb	$Pb^{2+}+2e^-$ ══ Pb	−0.126	−0.451

续表

电极	电极反应	$E^{\ominus}/V$	$(\partial E^{\ominus}/\partial T)\times 10^3/V\cdot K$
$Ti^{4+},Ti^{3+}\mid Pt$	$Ti^{4+}+e^-=Ti^{3+}$	−0.04	—
$D^+\mid D_2\mid Pt$	$2D^++2e^-=D_2$	−0.0034	—
$H^+\mid H_2\mid Pt$	$2H^++2e^-=H_2$	+0.000	+0.000
$Ge^{2+}\mid Ge$	$Ge^{2+}+2e^-=Ge$	+0.01	—
$Br^-\mid AgBr\mid Ag$	$AgBr+e^-=Ag+Br^-$	+0.01	—
$Sn^{4+},Sn^{2+}\mid Pt$	$Sn^{4+}+2e^-=Sn^{2+}$	+0.15	—
$Cu^{2+},Cu^+\mid Pt$	$Cu^{2+}+e^-=Cu^+$	+0.153	+0.073
$Cl^-\mid AgCl\mid Ag$	$AgCl+e^-=Ag+Cl^-$	+0.224	—
$Cu^{2+}\mid Cu$	$Cu^{2+}+2e^-=Cu$	+0.337	+0.008
$OH^-\mid AgO\mid Ag$	$AgO+H_2O+2e^-=Ag+2OH^-$	+0.344	—
$Fe(CN)_6^{3-},Fe(CN)_6^{4-}\mid Pt$	$Fe(CN)_6^{3-}+e^-=Fe(CN)_6^{4-}$	+0.36	—
$OH^-\mid O_2\mid Pt$	$1/2O_2+H_2O+2e^-=2OH^-$	+0.401	−0.44
$Te^{4+}\mid Te$	$Te^{4+}+4e^-=Te$	+0.56	—
$MnO_4^-,MnO_4^{2-}\mid Pt$	$MnO_4^-+e^-=MnO_4^{2-}$	+0.564	—
$Rh^{2+}\mid Rh$	$Rh^{2+}+2e^-=Rh$	+0.60	—
$Fe^{3+},Fe^{2+}\mid Pt$	$Fe^{3+}+e^-=Fe^{2+}$	+0.771	+1.188
$Hg^{2+}\mid Hg$	$Hg^{2+}+2e^-=Hg$	+0.7956	—
$Ag^+\mid Ag$	$Ag^++e^-=Ag$	+0.7991	+1.000
$Hg^{2+}\mid Hg$	$Hg^{2+}+2e^-=Hg$	+0.8519	—
$Hg^{2+},Hg^+\mid Pt$	$Hg^{2+}+e^-=Hg^+$	+0.908	—
$Pd^{2+}\mid Pd$	$Pd^{2+}+2e^-=Pd$	+0.987	—
$Br^-\mid Br_2\mid Pt$	$Br_2+2e^-=2Br^-$	+1.065	−0.629
$Pt^{2+}\mid Pt$	$Pt^{2+}+2e^-=Pt$	+1.2	—
$H^+\mid O_2\mid Pt$	$4H^++O_2+4e^-=2H_2O$	+1.229	—
$Mn^{2+},H^+\mid MnO_2\mid Pt$	$4H^++MnO_2+2e^-=2H_2O+Mn^{2+}$	+1.23	−0.661
$Tl^{3+},Tl^+\mid Pt$	$Tl^{3+}+2e^-=Tl^+$	+1.25	+0.89
$Cr^{3+},Cr_2O_7^{2-},H^+\mid Pt$	$Cr_2O_7^{2-}+14H^++6e^-=7H_2O+2Cr^{3+}$	+1.33	−1.263
$Cl^-\mid Cl_2\mid Pt$	$Cl_2+2e^-=2Cl^-$	+1.359	1.260
$Pb^{2+},H^+\mid PbO_2\mid Pt$	$4H^++PbO_2+2e^-=Pb^{2+}+2H_2O$	+1.455	+0.238
$Au^{3+}\mid Au$	$Au^{3+}+3e^-=Au$	+1.498	—
$MnO_4^-,H^+\mid MnO_2\mid Pt$	$MnO_4^-+4H^++3e^-=MnO_2+2H_2O$	+1.695	−0.666
$Ce^{4+},Ce^{3+}\mid Pt$	$Ce^{4+}+e^-=Ce^{3+}$	+1.61	—
$SO_4^{2-},H^+\mid PbSO_4\mid PbO_2$	$PbO_2+SO_4^{2-}+4H^++2e^-=2H_2O+PbSO_4$	+1.682	+0.326
$Au^+\mid Au$	$Au^++e^-=Au$	+1.691	—
$S_2O_8^{2-},SO_4^{2-}\mid Pt$	$S_2O_8^{2-}+2e^-=2SO_4^{2-}$	+2.05	—
$F^-\mid F_2\mid Pt$	$F_2+2e^-=2F^-$	+2.87	−1.830

当式(7.42)所规定的电池放出 z mol×F 的电量时，标准氢电极（阳极）反应为

$$(z/2)H_2(p^{\ominus})\longrightarrow zH^+(a)+ze^- \tag{7.44}$$

任意给定电极 x 作为阴极，其电极反应可以写成如下的通式

$$\text{氧化态}+ze^-\longrightarrow\text{还原态} \tag{7.45}$$

则整个电池反应的摩尔 Gibbs 函数变为 $\Delta_r G_m$，于是

$$\Delta_r G_m = -zFE$$

其中 $E = E(\text{电极}) - E^{\ominus}(H^+|H_2)$

$$\text{而 } E^{\ominus}(H^+|H_2) = 0$$

所以上式可写作

$$\Delta_r G_m = -zFE(\text{电极}) \tag{7.46}$$

式中，E 是任意电极 x 的电极电势；$\Delta_r G_m$ 是反应式(7.45) 的摩尔 Gibbs 函数变；z 是反应的电荷数。式(7.46) 表明，任意电极的电极电势可以通过该电极的还原反应的摩尔 Gibbs 函数变求取。当电极 x 处于标准状态，则式(7.46) 为

$$\Delta_r G_m^{\ominus} = -zFE^{\ominus}(\text{电极}) \tag{7.47}$$

此处 $\Delta_r G_m^{\ominus}$ 是反应式(7.45) 的标准摩尔 Gibbs 函数变。因为电子的标准生成 Gibbs 函数等于零，所以

$$\Delta_r G_m^{\ominus} = \nu_{\text{还原态}} \Delta_f G_m^{\ominus}(\text{还原态}) - \nu_{\text{氧化态}} \Delta_f G_m^{\ominus}(\text{氧化态})$$

式中，$\nu_{\text{还原态}}$ 和 $\nu_{\text{氧化态}}$ 分别代表式(7.45) 中还原态和氧化态的计量数的绝对值。

对于任意电极 x 上的还原反应［式(7.45)］，其摩尔 Gibbs 函数变 $\Delta_r G_m$ 与标准 Gibbs 函数变 $\Delta_r G_m^{\ominus}$ 的关系服从等温式

$$\Delta_r G_m = \Delta_r G_m^{\ominus} + RT\ln\frac{a_{\text{还原态}}}{a_{\text{氧化态}}} \tag{7.48}$$

将式(7.46) 和式(7.47) 代入式(7.48) 并进行整理，得

$$E(\text{电极}) = E^{\ominus}(\text{电极}) - \frac{RT}{zF}\ln\frac{a_{\text{还原态}}}{a_{\text{氧化态}}} \tag{7.49}$$

式(7.49) 叫作电极电势的 Nernst 公式，它具体表明构成电极的物质的活度对电极电势的影响。应该指出以下两点：第一，以上讨论的电极电势均是指电极中的物质呈电化学平衡情况下的电势，所以称电极电势或可逆电极电势。当有限的电流通过电极时，电极上的变化将是不可逆的，此时的电极电势将与可逆电极电势不同，两者不能混为一谈。第二，以上关于电极电势的规定，只是一种惯例，称为还原电极电势，氧化电极电势在数值上与还原电极电势大小相等但符号相反。

第九节　浓差电池及液接电势

前几节所讨论的电池在放电时发生的净变化是化学反应，因此也称化学电池，例如电池 $Pt|H_2(g)|HCl(aq)|Cl_2(g)|Pt$，放电时的净变化是 H_2 与 Cl_2 合成盐酸的化学反应。另外还有一类电池，放电时电池内发生的净变化不是化学反应而是物质由高浓度向低浓度的扩散过程，这类电池称为浓差电池。不论是自发的化学反应还是自发的物理扩散过程，都具有做功的本领，而浓差电池与化学电池并无本质上的区别，它们都反映了自发电池的共同特征。

1. 电极浓差电池

见如下电池

$$Pt|H_2(p)|HCl(a)|H_2(0.1p)|Pt$$

其放电时的变化为

$$\text{阳极：} H_2(p) \longrightarrow 2H^+(a_+) + 2e^-$$

$$\text{阴极：} 2H^+(a_+) + 2e^- \longrightarrow H_2(0.1p)$$

所以电池内的净变化为

$$H_2(p) \longrightarrow H_2(0.1p)$$

这是氢气由高压向低压扩散的自发物理过程，由 Nernst 公式可得此电池的电动势为

$$E = E^{\ominus} - \frac{RT}{2F}\ln 0.1$$

在 $T=298\text{K}$ 时，$E=0.0296\text{V}>0$，这说明上述净变化是自发过程。该电池中只有一种溶液，不存在溶液浓差，但电极材料的浓度不同，即两电极上 $H_2(g)$ 的压力不同，这类浓差电池也称电极浓差电池。

再如电池

$$K(\text{汞齐}, x_1)|KCl(aq)|K(\text{汞齐}, x_2)$$

也是电极材料浓度不同构成的电池，也属于电极浓差电池。

2. 电解质浓差电池

见如下电池

$Pt|H_2(p)|HCl(0.5\text{mol}\cdot\text{kg}^{-1}, r_{\pm}=0.757)|AgCl(s)|Ag(s)|AgCl(s)|HCl(1.0\text{mol}\cdot\text{kg}^{-1}, r_{\pm}=0.810)|H_2(p)|Pt$

该电池实际上是电池

$$Pt|H_2(p)|HCl(0.5\text{mol}\cdot\text{kg}^{-1}, r_{\pm}=0.757)|AgCl(s)|Ag(s)$$

和电池

$$Ag(s)|AgCl(s)|HCl(1.0\text{mol}\cdot\text{kg}^{-1}, r_{\pm}=0.810)|H_2(p)|Pt$$

串联，该电池放电时，四个电极反应分别为

$$\text{阳极：} 1/2H_2(p) \longrightarrow H^+(a_1) + e^-$$

$$\text{阴极：} AgCl(s) + e^- \longrightarrow Ag(s) + Cl^-(a_1)$$

$$\text{阳极：} Ag(s) + Cl^-(a_2) \longrightarrow AgCl(s) + e^-$$

$$\text{阴极：} H^+(a_2) + e^- \longrightarrow 1/2H_2(p)$$

所以电池内的净变化为四个电极反应相加，即电池反应为

$$H^+(a_2) + Cl^-(a_2) \longrightarrow H^+(a_1) + Cl^-(a_1)$$

$$\text{或 } HCl(a_2) \longrightarrow HCl(a_1)$$

这是 HCl 由高浓度（$a_2=1.0\text{mol}\cdot\text{kg}^{-1}$）向低浓度（$a_1=0.5\text{mol}\cdot\text{kg}^{-1}$）扩散的自发物理过程，由此写出 Nernst 公式

$$E = -\frac{RT}{F}\ln\frac{a_1}{a_2} = \frac{RT}{F}\ln\frac{a_2}{a_1} = \frac{RT}{F}\ln\frac{1.0\times 0.810}{0.5\times 0.757}$$

当 $T=298\text{K}$ 时，$E=0.019\text{V}$。在这个浓差电池中，电极材料的浓度相同，但两个电解池的浓度不同，因此这类浓差电池称作电解质浓差电池。两种不同溶液的界面上存在着电势差，这个电势差称液体接界电势。而此类电池由于是四种电池串联而成，可完全消除液体接界电势。

再如电池

$$Ag(s)|AgNO_3(b_1)\|AgNO_3(b_2)|Ag(s) \qquad \text{设}(b_1<b_2)$$

也属于典型的电解质浓差电池，由于加上盐桥也可以认为完全消除液体接界电势。

电极反应

负极 $$Ag \longrightarrow Ag^{+}(b_1) + e^-$$

正极 $$Ag^{+}(b_2) + e^- \longrightarrow Ag$$

电池反应

$$Ag^{+}(b_2) \longrightarrow Ag^{+}(b_1)$$

$$E = E^{\ominus} - \frac{RT}{F}\ln\frac{a(Ag^{+})}{a'(Ag^{+})}$$

因为 $$E^{\ominus} = E_R^{\ominus} - E_L^{\ominus} = E^{\ominus}(Ag^{+}|Ag) - E^{\ominus}(Ag^{+}|Ag) = 0$$

所以 $$E = \frac{RT}{F}\ln\frac{a'(Ag^{+})}{a(Ag^{+})}$$

设浓度为 b_1 的 Ag^+ 活度为 $a(Ag^+)$，浓度为 b_2 的 Ag^+ 的活度为 $a'(Ag^+)$，由于 $a'(Ag^+) > a(Ag^+)$，因此该电池反应相当于由高浓度状态向低浓度状态迁移，为自发过程。电极材料或电解质溶液浓度差异是浓差电池的原推动力，当物质都处于标准态时，浓差已不存在。所以浓差电池的标准电池电动势等于零。

3. 液接电势的计算

如前所述，在两种不同溶液的界面上存在液体接界电势或扩散电势。以前述电池为例，除掉盐桥后为：

$$Ag(s)|AgNO_3(b_1)|AgNO_3(b_2)|Ag(s) \quad 设\ b_1 > b_2$$

对于 1－1 价型的电解质，假设有 1mol×F 的电量通过电池时，将有 t_+ mol 的 Ag^+ 从浓度为 b_1 的溶液迁移到浓度为 b_2 的溶液中去，同时又 $t$mol 的 NO_3^- 自浓度为 b_2 的溶液迁移到浓度为 b_1 的溶液中去（t_+、t_- 分别为 Ag^+、NO_3^- 的迁移数，计算时假设离子的迁移数与浓度无关），则迁移过程的摩尔吉布斯函数变 ΔG_L 为

$$\Delta G_L = -zFE_L = t_+ RT\ln\frac{a_{+,2}}{a_{+,1}} + t_- RT\ln\frac{a_{-,1}}{a_{-,2}}$$

$$E_L = -t_+\frac{RT}{zF}\ln\frac{a_{+,2}}{a_{+,1}} - t_-\frac{RT}{zF}\ln\frac{a_{-,1}}{a_{-,2}}$$

因为 $z=1$，若不考虑活度系数，则

$$a_{+,1} = a_{-,1} = b_1, \quad a_{+,2} = a_{-,2} = b_2$$

$$E_L = (t_+ - t_-)\frac{RT}{F}\ln\frac{b_1}{b_2}$$

所以消除液体接界电势的方法是在两溶液中插入盐桥，一般是用饱和 KCl 溶液，由于 Cl^-(aq) 与 K^+(aq) 的迁移数接近相等（参见表 7.2），故 $E_L \approx 0$。

第十节　电动势测定的应用

1. 活度积的计算

例 7.4 AgCl 在水中的溶解平衡为

$$AgCl(s) \rightleftharpoons Ag^{+}(a_{Ag^+}) + Cl^{-}(a_{Cl^-})$$

试把上述溶解反应设计成一个电池，并由电动势法计算 298K 时 AgCl 的活度积，已知 $E^{\ominus}(Ag^+|Ag)=0.7990V$，$E^{\ominus}(Cl^-|AgCl|Ag)=0.2223V$。

解： 所求电池为

$$Ag(s)|AgNO_3(a_{Ag^+})\|KCl(a_{Cl^-})|AgCl(s)|Ag(s)$$

电极反应

负极 $$Ag(s)\longrightarrow Ag^+(a_{Ag^+})+e^-$$

正极 $$AgCl(s)+e^-\longrightarrow Ag(s)+Cl^-(a_{Cl^-})$$

电池反应

$$AgCl(s)\longrightarrow Ag^+(a_{Ag^+})+Cl^-(a_{Cl^-})$$

由公式 $zFE^{\ominus}=RT\ \ln K^{\ominus}$ 知

$$E^{\ominus}=E^{\ominus}(Cl^-|AgCl|Ag)-E^{\ominus}(Ag^+|Ag)=\frac{RT}{F}\ln K_{sp}^{\ominus}$$

$$(0.2223-0.7990)V=\frac{RT}{F}\ln K_{sp}^{\ominus}$$

$$K_{sp}^{\ominus}=1.757\times10^{-10}$$

例 7.5 水的活度积的计算。

解： 电池反应与电极反应

$$H_2O(l)\longrightarrow H^+(a_1)+OH^-(a_2)$$

阴极（负极） $$\frac{1}{2}H_2(g)\longrightarrow H^+(a_1)+e^-$$

阳极（正极） $$H_2O+e^-\longrightarrow\frac{1}{2}H_2(g)+OH^-(a_2)$$

电池为 $$Pt|H_2(g)|H^+(a_1)\|OH^-(a_2)|H_2(g)|Pt$$

$$E^{\ominus}=E^{\ominus}(OH^-|H_2(g)|Pt)-E^{\ominus}(H^+|H_2(g)|Pt)=\frac{PT}{F}\ln K_W^{\ominus}$$

$$(-0.828-0)V=\frac{RT}{F}\ln K_W^{\ominus}$$

$$K_W^{\ominus}=\exp\left(\frac{zE^{\ominus}F}{RT}\right)=1.002\times10^{-14}$$

上述电池反应也可以用氧电极，电池也可设计为 $Pt|O_2(g)|H^+(a_1)\|OH^-(a_2)|O_2(g)|Pt$，请读者自行验证。

水的解离平衡和溶解反应在设计电池时可在两边同时加上适当的物质，构成氧化还原反应，然后根据氧化还原反应设计电池。如

$$Ag(s)+AgCl(s)=\!=\!=Ag^+(a_{Ag^+})+Cl^-(a_{Cl^-})+Ag(s)$$

水的解离平衡、难溶盐溶解平衡和络合解离平衡，设计成电池的标准电池电动势、组成电池的标准电极电动势及各平衡的标准平衡常数的关系为

$$\text{第二类电极 }E^{\ominus}-\text{第一类电极 }E^{\ominus}=\frac{RT}{zF}\ln K^{\ominus}$$

简称为 $2-1\ \ln K^{\ominus}$ 规则。

例 7.6 计算如下反应的解离常数：

$$Fe(CN)_6^{3-}(a_3)\longrightarrow Fe^{3+}(a_1)+6CN^-(a_2)$$

反应可写成 $\quad Fe+Fe(CN)_6^{3-}(a_3)\longrightarrow Fe^{3+}(a_1)+6CN^-(a_2)+Fe$

设计成电池 $\quad Fe|Fe^{3+}(a_1)\parallel CN^-(a_2),Fe(CN)_6^{3-}(a_3)|Fe$

阴极 $\quad Fe(CN)_6^{3-}(a_3)+3e^-\longrightarrow Fe+6CN^-(a_2)$

阳极 $\quad Fe\longrightarrow Fe^{3+}(a_1)+3e^-$

$$E^\ominus(CN^-,Fe(CN)_6^{3-}|Fe)-E^\ominus(Fe^{3+}|Fe)=\frac{RT}{3F}\ln K^\ominus \tag{7.50}$$

将一个反应设计成电池也可结合状态函数法，会使问题更为简单。如例 7.6 设计过程为

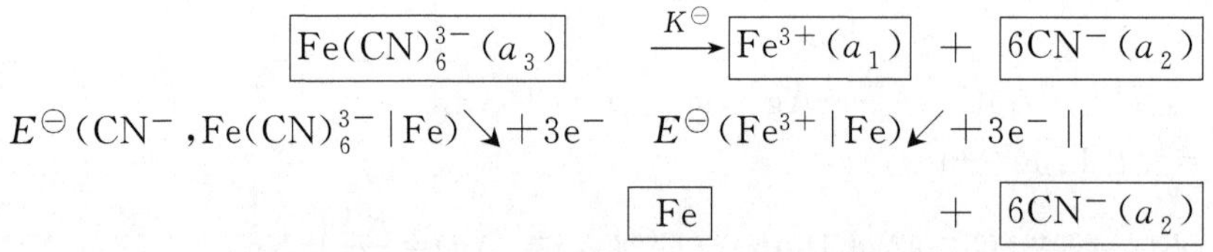

$$\boxed{Fe(CN)_6^{3-}(a_3)}\xrightarrow{K^\ominus}\boxed{Fe^{3+}(a_1)}+\boxed{6CN^-(a_2)}$$

$E^\ominus(CN^-,Fe(CN)_6^{3-}|Fe)\searrow+3e^-\quad E^\ominus(Fe^{3+}|Fe)\swarrow+3e^-\parallel$

$$\boxed{Fe}\quad+\quad\boxed{6CN^-(a_2)}$$

由标准电极电势和标准平衡常数与标准摩尔反应吉布斯函数关系可得

$$\Delta_rG_m^\ominus(1)=-RT\ln K^\ominus$$

$$\Delta_rG_m^\ominus(2)=-3E^\ominus[CN^-,Fe(CN)_6^{3-}]F$$

$$\Delta_rG_m^\ominus(3)=-3E^\ominus(Fe^{3+}|Fe)F$$

根据状态函数法可知

$$\Delta_rG_m^\ominus(1)=\Delta_rG_m^\ominus(2)-\Delta_rG_m^\ominus(3)$$

整理可得 $E^\ominus(CN^-,Fe(CN)_6^{3-}|Fe)-E^\ominus(Fe^{3+}|Fe)=\dfrac{RT}{3F}\ln K^\ominus$

与式(7.50)结果相同，是状态函数法的自然结果。

又如电极

$$Fe(CN)_6^{3-}(a_1)+e^-\longrightarrow Fe(CN)_6^{4-}(a_2)$$

设计过程为

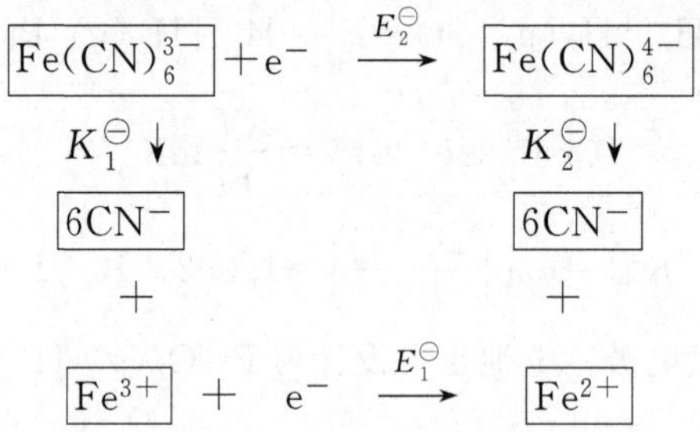

$$\boxed{Fe(CN)_6^{3-}}+e^-\xrightarrow{E_2^\ominus}\boxed{Fe(CN)_6^{4-}}$$

$$K_1^\ominus\downarrow\qquad\qquad\qquad K_2^\ominus\downarrow$$

$$\boxed{6CN^-}\qquad\qquad\qquad\boxed{6CN^-}$$

$$+\qquad\qquad\qquad+$$

$$\boxed{Fe^{3+}}+e^-\xrightarrow{E_1^\ominus}\boxed{Fe^{2+}}$$

由标准电极电势和标准平衡常数与标准摩尔反应吉布斯函数关系可得

$$\Delta_rG_m^\ominus(1)=-E_2^\ominus F,\quad \Delta_rG_m^\ominus(2)=-RT\ln K_1^\ominus$$

$$\Delta_rG_m^\ominus(3)=-E_1^\ominus F,\quad \Delta_rG_m^\ominus(4)=-RT\ln K_2^\ominus$$

根据状态函数法可知

$$\Delta_rG_m^\ominus(1)=\Delta_rG_m^\ominus(2)+\Delta_rG_m^\ominus(3)-\Delta_rG_m^\ominus(4)$$

整理可得

$$E_2^\ominus-E_1^\ominus=\frac{RT}{F}\ln\frac{K_2^\ominus}{K_1^\ominus}$$

又如反应

$$AgCl(s)\Longrightarrow Ag^+(a_1)+Cl^-(a_2)$$

设计过程为

$$\begin{array}{ccccc}\boxed{AgCl(s)} & \xrightarrow{K_{sp}} & \boxed{Ag^+(a_1)} & + & \boxed{Cl^-(a_2)} \\ E_2^{\ominus}\searrow + e^- & & E_1^{\ominus}\swarrow + e^- & & \| \\ & \boxed{Ag} & + & \boxed{Cl^-(a_2)} & \end{array}$$

由标准电极电势和标准平衡常数与标准摩尔反应吉布斯函数关系可得

$$\Delta_r G_m^{\ominus}(1) = -RT\ln K_{sp}^{\ominus}, \ \Delta_r G_m^{\ominus}(2) = -E_2^{\ominus}F, \ \Delta_r G_m^{\ominus}(3) = -E_1^{\ominus}F$$

根据状态函数法可知

$$\Delta_r G_m^{\ominus}(1) = \Delta_r G_m^{\ominus}(2) - \Delta_r G_m^{\ominus}(3)$$

整理可得

$$E_2^{\ominus} - E_1^{\ominus} = \frac{RT}{F}\ln K_{sp}^{\ominus}$$

2. 电解质平均活度系数的测定

例 7.7 已知下列电池，试计算 HCl 溶液的离子平均活度系数。

$$\text{Pt} \mid H_2(g, 100\text{kPa}) \mid HCl(b) \mid AgCl(s) \mid Ag(s)$$

解： 其电池反应为

$$1/2\ H_2(101325\text{Pa}) + AgCl(s) \longrightarrow Ag(s) + HCl(b)$$

此电池的电动势为　$E = E^{\ominus} - \dfrac{RT}{F}\ln\dfrac{a(HCl)\cdot a(Ag)}{a(AgCl)\cdot(p_{H_2}/p^{\ominus})^{\frac{1}{2}}}$

由于 $a(Ag)=1$，$a(AgCl)=1$，$p_{H_2}/p^{\ominus}=1$，

因此，可得

$$\begin{aligned} E &= E^{\ominus} - \frac{RT}{F}\ln a(HCl) = E^{\ominus} - \frac{RT}{F}\ln[a(H^+)\cdot a(Cl^-)] \\ &= E^{\ominus} - \frac{RT}{F}\ln a_{\pm}^2 = E^{\ominus} - \frac{2RT}{F}\ln a_{\pm} \\ &= E^{\ominus} - \frac{2RT}{F}\ln(\gamma_{\pm} b/b^{\ominus}) \end{aligned}$$

25℃时若已知 E，试验测得一定的浓度 b 时的电动势为 $E^{\ominus}$，即可求出 $\gamma_{\pm}$，$E^{\ominus}$ 值也可由外推法求得，因为当 b 趋于零时，$\gamma_{\pm}\to 1$，故

$$E^{\ominus}/\text{V} = [E/\text{V} + 0.1182\lg(b/b^{\ominus})]_{b\to 0}$$

若以 $E/\text{V}+0.1182\lg(b/b^{\ominus})$ 为纵坐标，$b^{1/2}$ 为横坐标作图，得一曲线，将此曲线外延到 $b^{1/2}=0$，纵轴上的截距即为 $E^{\ominus}$，其值等于 0.2223V，一旦知道了 $E^{\ominus}$，便可计算出 HCl 溶液在任意浓度下的离子的平均活度系数。

因为氢电极的标准电极电势为零，所以这里的 $E^{\ominus}$ 就是 Ag-AgCl 电极的标准电极电势 $E^{\ominus}$，这也是求 $E^{\ominus}$ 的一种方法。

3. 溶液 pH 值的测定

在科学试验和实际生产中，测定和控制溶液的 pH 值都是十分重要的，溶液的 pH 值的测定主要采用电动势法，而电动势法中采用的指示电极有氢电极、醌氢醌电极、玻璃电极等。

例如要测定某一溶液的 pH 值，可以用氢电极和甘汞电极构成如下的电池：

$$\mathrm{Pt}|\mathrm{H_2}(p^{\ominus})|(\mathrm{pH}=x,\text{待测溶液})|\text{甘汞电极}$$

在一定温度下，测定该电池的 E，就能求出溶液的 pH 值。氢电极对 pH0～14 的溶液都可适用，但实际应用起来却有许多不便之处。例如，氢气要很纯且需维持一定的压力，溶液中不能有氧化剂、还原剂及不饱和有机物，否则都会使电极不灵敏、不稳定，因而导致误差。

玻璃电极则是一种常用的指示电极，它是一种氢离子选择电极。它是在一只玻璃管下端焊接一个特质料的玻璃球形薄膜，球内盛 0.1mol·dm^{-3} HCl 溶液，然后在溶液中浸一根 Ag-AgCl 电极或甘汞电极。玻璃电极组成一般是 72%SiO_2、22%Na_2O、6%CaO。玻璃电极具有可逆电极的性质，其电极电势为

$$E=E_{\text{玻}}^{\ominus}-\frac{RT}{F}\ln\frac{1}{a(\mathrm{H^+})}=E_{\text{玻}}^{\ominus}-2.303\times\frac{RT}{F}(\mathrm{pH})_x$$

当玻璃电极与另一只甘汞电极组成电池时，就能从测得的电动势 E 求出溶液的 pH 值，电池为

$$\mathrm{Ag(s)}|\mathrm{AgCl(s)}|\mathrm{HCl}(0.1\mathrm{mol\cdot dm^{-3}})_{\text{玻璃膜}}\text{溶液}(\mathrm{pH}=x)\,\|\,\mathrm{KCl}(\mathrm{mol\cdot dm^{-3}})|\mathrm{Hg_2Cl_2(s)}|\mathrm{Hg(l)}$$

在 25 时，

$$E=E_{\text{右}}-E_{\text{左}}=E_{\text{甘}}-E_{\text{玻}}=0.2801\mathrm{V}-(E_{\text{玻}}^{\ominus}-0.05916\mathrm{VpH})$$

$$\mathrm{pH}=\frac{(E-0.2801+E_{\text{玻}}^{\ominus})}{0.05916}$$

式中，$E_{\text{玻}}^{\ominus}$对给定电极是一个常数。原则上可用已知 pH 值的缓冲溶液测得其 E，就能求出 $E_{\text{玻}}^{\ominus}$，但实际上使用时，是先用已知 pH 值的溶液，在 pH 计上进行调整使 E 和 pH 值的关系能满足上式，然后来测定未知溶液的 pH 值，而不必算出 $E_{\text{玻}}^{\ominus}$的具体数值。

第十一节　电势-pH 图

电化学中电极电势的大小反映出物质在反应中的氧化还原能力的大小，很多氧化还原反应不仅与溶液中离子的浓度有关，而且与溶液的 pH 值有关，若以电极电势为纵坐标，溶液的 pH 值为横坐标，可画出一系列等温的电势-pH 曲线，称为电势-pH 图。

电势-pH 图是电化学平衡图，它对解决水溶液中发生的一系列反应的平衡问题起到很大的作用，在金属防腐、湿法冶金、地质、材料等学科领域得到广泛的应用。

绘制电势-pH 图一般分三步进行：

① 列出有关物质的各种存在状态及 298K 时标准生成摩尔吉布斯函数[$\Delta_f G_m^{\ominus}(\mathrm{B})$]，或标准态化学势 $\mu_{\mathrm{B}}^{\ominus}$ 的值；

② 列出各有关物质间可能发生的反应平衡方程式；

③ 用图解法将这些平衡条件绘制在 E-pH 图上，便得电势-pH 图。

图中每条线都反映了物质的电极电势与 pH 值的关系。以图 7.17 Fe-H_2O 系统的电势-pH 图为例加以讨论。

1. 无 H^+或 OH^-参加的电极反应

这类反应的电极电势与 pH 值无关，当影响平衡的有关物质的活度改变时，反应的平衡电势会改变，因此在电势-pH 图上将对应得到一组平行于横轴的直线，一条直线代表一个活度

值，例如

$$Fe^{2+}(a)+2e^- \longrightarrow Fe(s)$$

其电极电势为

$$E(Fe^{2+}|Fe)=E^{\ominus}(Fe^{2+}|Fe)-\frac{RT}{zF}\ln a$$

$$=-0.4402V+0.0296V\ \lg a$$

设 $a=10^{-6}$ 代入上式得

$$E(Fe^{2+}|Fe)=-0.6178V$$

即图 7.17 中的线段 CD。

对于还原反应

$$Fe^{3+}(a_1)+e^- \longrightarrow Fe^{2+}(a_2)$$

电极电势为

$$E(Fe^{3+}|Fe^{2+})=E^{\ominus}(Fe^{3+}|Fe^{2+})+0.05916\lg\frac{a_1}{a_2}$$

$$=0.771V+0.05916V\lg\frac{a_1}{a_2}$$

设 $a_1=a_2=10^{-6}$，同样可得一直线 BE。

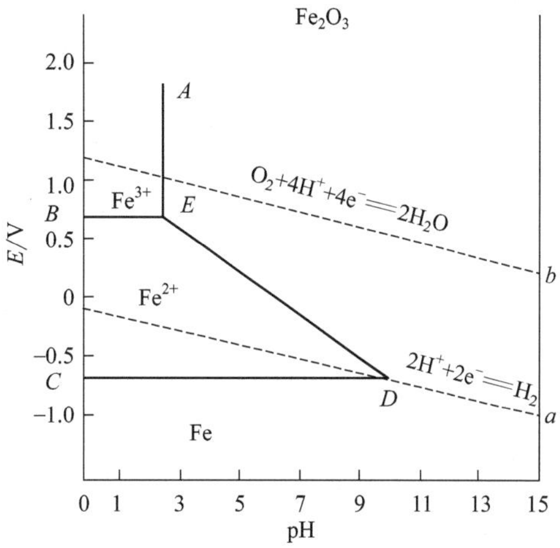

图 7.17　Fe-H_2O 系统的电势-pH 图

2. 有 H^+ 或 OH^- 参加的非电化学反应

这类反应只与溶液的 pH 值有关而与电势无关，对于这类反应在电势-pH 图上得到一组平行于纵轴的直线，一个 pH 值对应一直线。

如反应

$$Fe_2O_3(s)+6H^+(aq)=2Fe^{3+}(aq)+3H_2O(l)$$

平衡常数

$$K^{\ominus}=a^2(Fe^{3+})/a^6(H^+)$$

取对数后得

$$\lg K^{\ominus}=2\lg a(Fe^{3+})+6pH$$

$$\lg a(Fe^{3+})=-0.723-3pH$$

若设 $a(Fe^{3+})=10^{-6}$，代入上式得 pH=1.76，在图 7.17 中就是垂直线 AE。

有 H^+ 或 OH^- 参加的电极反应，这类反应的电极电势与 pH 值有关，在电势-pH 图上对应的是一条斜线，例如

$$Fe_2O_3(s)+6H^+(aq)+2e^- \longrightarrow 2Fe^{3+}(aq)+3H_2O(l)$$

其电极电势

$$E(Fe_2O_3|Fe^{2+})=E^{\ominus}(Fe_2O_3|Fe^{2+})-\frac{RT}{2F}\ln\frac{a^2(Fe^{3+})}{a^6(H^+)}$$

$$=0.728V-0.1773VpH-0.05916V\lg a(Fe^{3+})$$

设 $a(Fe^{3+})=10^{-6}$，则

$E(Fe_2O_3/Fe^{2+})=1.083V-0.1773VpH$，在图 7.17 中得一斜线 ED。

由于在水溶液中 H_2O、H^+ 和 OH^- 同时存在，而且可能参加反应，因此在电势-pH 图上还将同时出现氢电极和氧电极两个电极反应的平衡关系，即

$$2H^+(aq)+2e^- \longrightarrow H_2(p)$$

$$O_2(p)+4H^+(aq)+4e^- \longrightarrow 2H_2O(l)$$

相对应的电极电势为

$$E(H^+|H_2)=-0.05916VpH-0.0296Vlg(p_{H_2}/p^{\ominus})$$

$$E(O_2|H_2O)=1.23V-0.05916VpH+0.0148Vlg(p_{O_2}/p^{\ominus})$$

可见当 H_2 和 O_2 的分压保持不变时，氢的电极电势及氧的电极电势均与 pH 呈直线关系，而且两条直线相互平行，在电势-pH 图上为虚线。

当 $p_{H_2}=p^{\ominus}=100kPa$ 时

$$E(H^+|H_2)=-0.05916VpH$$

见图 7.17 中的 a 线，当电势低于 a 线时，H^+ 或 H_2O 将被还原成 H_2，所以 a 线以下是氢的稳定存在区。

当 $p_{O_2}=p^{\ominus}=100kPa$ 时

$$E(O_2|H_2O)=1.23V-0.05916VpH$$

见图 7.17 中的 b 线，当电势高于 b 线时，H_2O 将分解放出 O_2，所以 b 线以上是氧的稳定存在区。

利用电势-pH 图可以判断金属-水溶液系统中发生反应的可能性和趋势，例如，当系统的电势和 pH 在 a 线与 CD 线之间的范围内变化时，Fe 将被氧化，同时溶液中的 H^+ 被还原，因为这个区域是 Fe^{2+} 和 H_2 的稳定区；若系统处于 a 线以上和 BE 线以下的区域内，则 Fe 将被潮湿空气中的 O_2 氧化，因为这个区是 Fe^{2+} 和 H_2O 的稳定存在区。

第十二节　分解电压

当有一定量的电流通过化学电源或电解池时，会破坏电极的平衡状态，电极上进行的过程成为不可逆的，电极电势将不同于平衡电极电势，即有极化作用发生。以下讨论电解时的极化作用及对电解产物析出的影响。

在 $1mol \cdot dm^{-3}$ 的盐酸溶液中放入两个铂电极，如图 7.18(a) 所示。

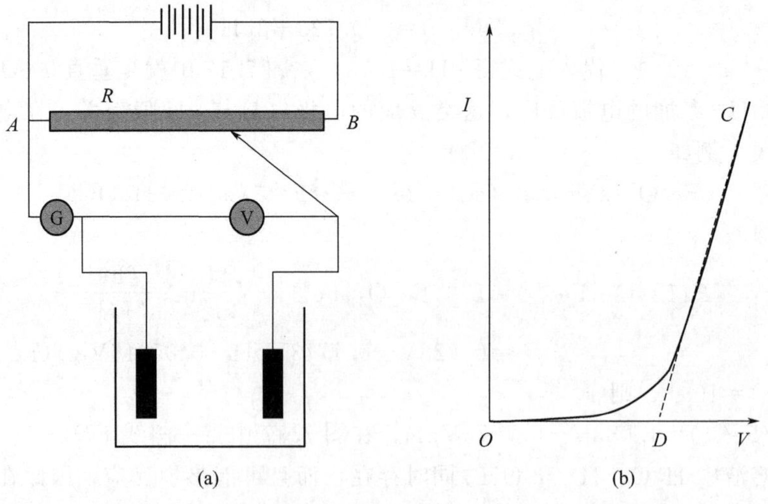

图 7.18　分解电压的测定

将两铂电极与电源相连，图 7.18(a) 中 G 为安培计、V 为伏特计、R 为可变电阻。当外加电压很小时，几乎没有电流通过电路。电压增加，电流略有增加。在电压增加到某一数值后，电流就随电压直线上升，同时两极出现气泡。这个过程的电流和电压关系可用图 7.18(b) 中 CO 曲线表示。图中 D 点所示电压是使电解质在两极连续不断地进行分解时所需的最小外加电压，称为分解电压。

在外加电压的作用下，溶液中的氢离子向阴极（负极）运动，并在阴极取得电子被还原为氢气

$$2H^{+}(aq)+2e^{-}\longrightarrow H_2(g)$$

同时，氯离子向阳极（正极）运动，并在阳极失去电子被氧化成氯气

$$2Cl^{-}(aq)\longrightarrow Cl_2(g)+2e^{-}$$

总的电解反应为

$$2H^{+}(aq)+2Cl^{-}(aq)\longrightarrow H_2(g)+Cl_2(g)$$

上述电解产物与溶液中的相应离子在阴极和阳极上分别形成了氢电极和氯电极，而构成如下电池

$$Pt|H_2(g)|HCl(1mol\cdot dm^{-3})|Cl_2(g)|Pt$$

这是一个自发电池，电池的氢电极应为阳极（负极），氯电极应为阴极（正极）。电池的电动势正好和电解时的外加电压相反，称为反电动势。

在外加电压小于分解电压时，形成的反电动势正好和外加电压相对抗（数值相等），似乎不应有电流通过，但由于电解产物从两电极慢慢地向外扩散，使得它们在两电极的浓度略有减小，因而在电极上仍有微小电流连续通过，使得电解产物得以补充。

在达到分解电压时，电解产物的浓度达到最大，氢气和氯气的压力达到大气压力而呈气泡逸出。此时的反电动势达到极大值 E_{max}，此后如再增大外加电压 U，电流 I 就直线上升。即 $I=(U-E)/R$，R 为电解池的电阻。

当外加电压等于分解电压时，两极的电极电势分别称为氢和氯的析出电势。

表 7.9 列出一些试验数据。表中数据表明，用平滑铂片做电极时，HNO_3、H_2SO_4 和 NaOH 溶液的分解电压都很接近，这是由于这些溶液的电解产物都是氢气和氧气，实质上都是电解水的缘故。表中的 $E_{理论}$ 即相应的原电池的电动势，可由能斯特方程计算得到。$E_{理论}$ 与 $E_{分解}$ 二者数值常不相等，后者常常大于前者。

表 7.9 298K 时，几种电解质溶液的分解电压（铂电极）

电解质	浓度 $c/mol\cdot dm^{-3}$	电解产物	$E_{分解}/V$	$E_{理论}/V$
HCl	1	H_2、Cl_2	1.37	1.37
HNO_3	1	H_2、O_2	1.69	1.23
H_2SO_4	0.5	H_2、O_2	1.67	1.23
NaOH	1	H_2、O_2	1.69	1.23
$CdSO_4$	0.5	Cd、O_2	2.03	1.26
$NiCl_2$	0.5	Ni、Cl_2	1.85	1.64

图 7.18(b) 中的电流-电压曲线所表现的关系是两个电极的电极电势变化的总结果，所以无法从这条曲线来了解每个电极的特性。为此必须讨论电流密度 j 与电极电势 E 的关系。

第十三节 极化作用

1. 电极的极化与超电势

当电极上无电流通过时，电极处于平衡状态，与之相对应的电势是可逆电极电势或平衡电极电势。随着电极上的电流密度的增加，电极上的不可逆程度越来越大，电极电势对可逆电极电势的偏离越来越远。当电极上有净电流通过时，电极电势偏离可逆电极电势的现象称为电极的极化，此时的电极电势称为不可逆电极电势。某一电流密度下的电极电势与可逆电极电势之差称为超电势，以 η 表示。显然，η 值的高低表示电极极化程度的大小。根据电流的方向又可分为阳极极化和阴极极化。各种电极由于性质不同，极化的倾向有很大差异。在极端情况下，对于理想不极化电极，即使流过相当大的电流，电极电势几乎不偏离其平衡值；而理想极化电极则仅需极小的电流，就足以使电极电势偏离其平衡值。通常的电极介于这两者之间。

电极的极化可简单地分为浓差极化、电化学极化和欧姆极化三种极化，与之对应的超电势称为浓差超电势 $\eta_{浓差}$、电化学超电势 $\eta_{电化学}$ 和欧姆超电势 $\eta_{欧姆}$。

$$\eta=\eta_{电化学}+\eta_{浓差}+\eta_{欧姆}$$

欧姆极化也称电阻极化，是指电流流过电极系统时的欧姆电阻所引起的欧姆压降建立的极化。欧姆极化主要由溶液的电阻决定，与溶液电阻率有关，欧姆极化可通过向溶液中加导电盐而消除。

当电流通过电极时，由于发生电极反应，将引起电极表面离子的浓度与本体浓度不同，由此而产生的极化称为浓差极化（concentration polarization），与之相对应的超电势称浓差超电势。

现以 Ag 电极为阴极发生还原反应为例讨论浓差极化情况，其电极反应

$$Ag^{+}(aq)+e^{-}\longrightarrow Ag(s)$$

当电极上无电流通过时，电极表面 $Ag^{+}(aq)$ 的浓度与主体相 $Ag^{+}(aq)$ 的浓度相同，有电流通过时，若电化学反应快，而溶液本体相的 $Ag^{+}(aq)$ 向电极表面扩散得慢，这样电极表面附近 $Ag^{+}(aq)$ 的浓度 c' 小于溶液本体 $Ag^{+}(aq)$ 浓度 c，即 $c'<c$，其结果好像把 Ag 电极插入浓度较稀的溶液一样，使阴极发生极化，从而阻碍阴极还原反应的进行。若以浓度近似代替活度，则有

当电极上无电流通过时

$$E_{可逆}=E^{\ominus}(Ag^{+}/Ag)+\frac{RT}{F}\ln\frac{c}{c^{\ominus}}$$

当有电流通过时，设电流密度为 j，不可逆电极电势可近似表示为：

$$E_{不可逆}=E^{\ominus}(Ag^{+}/Ag)+\frac{RT}{F}\ln\frac{c'}{c^{\ominus}}$$

可得阴极超电势

$$\eta_{阴}=E_{可逆}-E_{不可逆}=\frac{RT}{F}\ln\frac{c}{c'}$$

同理可分析讨论阳极极化。由此可知，浓差极化是由于离子扩散缓慢而引起的，所以采用升温或强烈搅拌溶液的办法来消除或减弱浓差极化。

为了使超电势都是正值，阴极的超电势和阳极的超电势分别定义为

$$\eta_{阴}=(E_{可逆}-E_{不可逆})_{阴}$$

$$\eta_{阳}=(E_{不可逆}-E_{可逆})_{阳}$$

当电流通过电极时，因电极反应进行缓慢，而造成电极上的带电程度与平衡电极不同，从而导致电极电势偏离其平衡值的现象称为电化学极化（electrchemical polarization），与之相对应的超电势叫作电化学超电势，由于电化学超电势的大小与电极反应最慢步骤的活化能的大小有关，所以电化学极化也称活化极化（activation polarization）。

以 $Ag^+(aq)$ 的阴极还原为例，若 $Ag^+(aq)$ 的扩散速度快，而电化学反应慢，由电源输入阴极的电子来不及消耗，即溶液中的 $Ag^+(aq)$ 不能马上与电极上的电子结合变成Ag(s)，结果造成电极上积累过多的电子，从而使电极电势向负方向移动，引起阴极极化。同理也可分析阳极的电化学极化情况。电化学极化的大小是由电化学反应速率决定的，与电化学反应本质有关。提高温度、提高催化剂的活性、增大电极真实表面积等都能提高电化学反应速率、减小电化学极化程度。

2. 电化学极化的影响因素

（1）电极材料　不同电极材料的 $\eta_{电化学}$ 不同，如 Fe、Co、Ni 的（$\eta_{电化学}$）$_{阴}$ 较高，而其他的一些金属离子（$\eta_{电化学}$）$_{阴}$ 则较低。但这些金属有气体析出时，一般阴极上析出 H_2，阳极上析出 O_2、Cl_2 时，则很高。这是由于气体的活化超电势相当大，而且不同金属上气体的 $\eta_{电化学}$ 很不相同。见表 7.10。

表 7.10　298.15K 时 H_2、O_2、Cl_2 在不同金属上的超电势值

电极	电流密度 $j/A\cdot m^{-2}$					
	10	100	1000	5000	10000	50000
H_2（$1mol\cdot dm^{-3}$ H_2SO_4 溶液）						
Ag	0.097	0.13	0.3		0.48	0.69
Al	0.3	0.83	1.00		1.29	
Au	0.017		0.1		0.24	0.33
Fe		0.56	0.82		1.29	
石墨	0.002		0.32		0.60	0.73
Hg	0.8	0.93	1.03		1.07	
Ni	0.14	0.3			0.56	0.71
Pb	0.40	0.4			0.52	1.06
Pt(光滑的)	0.000	0.16	0.29		0.68	
Pt(镀黑的)	0.000	0.030	0.041		0.048	0.051
Zn	0.48	0.75	1.06		1.23	
O_2（$1mol\cdot dm^{-3}$ KOH）						
Ag	0.58	0.73	0.93		1.13	
Au	0.67	0.96	1.24		1.63	
Cu	0.42	0.58	0.66		0.79	
石墨	0.53	0.90	1.06		1.24	
Ni	0.36	0.52	0.73		0.85	
Pt(光滑的)	0.72	0.85	1.28		1.49	
Pt(镀黑的)	0.40	0.52	0.64		0.77	
Cl_2（饱和 NaCl 溶液）						
石墨			0.25	0.42	0.53	
Pt(光滑的)	0.008	0.03	0.054	0.161	0.236	
Pt(镀黑的)	0.006		0.026	0.05		

H_2 在 Pt 电极上析出时电化学极化最小，此类电极称为理想不极化电极；而 H_2 在 Hg 电极上析出时，电化学极化最大，此类电极称为理想极化电极。理想不极化电极可用来制作标准氢电极及各类参考电极，而理想极化电极则用来作研究电极，研究界面电势差连续变化的参数。例如极谱分析的滴汞电极，在 Hg 金属上的 H_2 超电势可在 1V 左右，这有利于对各类金属离子的定性和定量分析。但要注意，不同气体在同一金属上的极化电势很不相同，如气体 O_2 在 Pt 上的超电势就很大，就不是理想不极化电极了。

（2）电流密度 j 的影响　不论气体或离子在何类电极上析出，电化学极化都随电流密度 j 增大而增大。塔菲尔（Tafel）研究了氢的电化学极化超电势与电流密度 j 之间的关系，为

$$\eta = a + b\lg j$$

式中，a 与 b 是经验常数，a 值取决于电极材料，不同金属 a 值不同，a 值越大，意味着氢超电势越大；b 对大多数金属电极来说则为常数，其值都是 0.12V，见图 7.19。

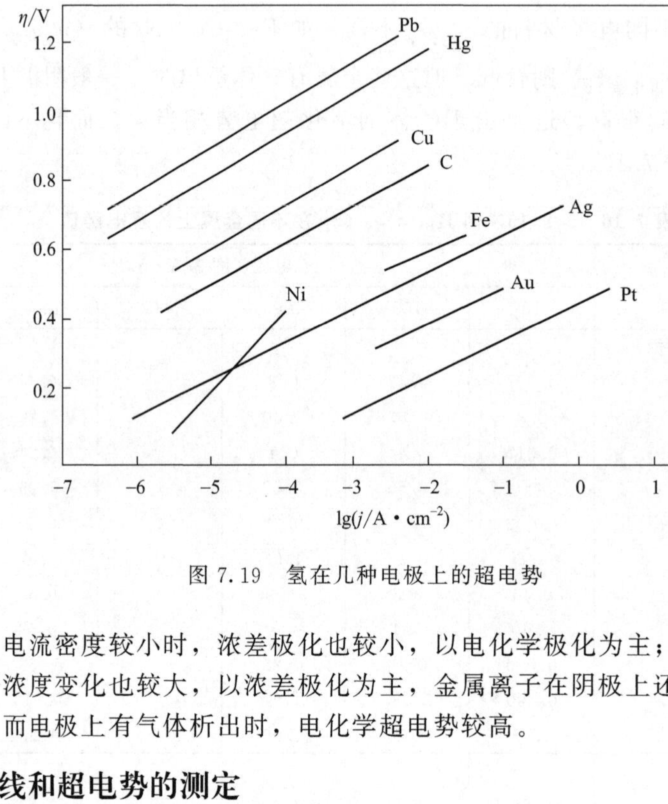

图 7.19　氢在几种电极上的超电势

一般说来，电流密度较小时，浓差极化也较小，以电化学极化为主；电流密度较大时，电极表面附近离子浓度变化也较大，以浓差极化为主，金属离子在阴极上还原析出金属时，电化学超电势较低；而电极上有气体析出时，电化学超电势较高。

3. 极化曲线和超电势的测定

测定极化曲线的装置如图 7.20 所示。

测定极化曲线，通常是在不同的电流密度下，通过测定相应的极化电极电势，作出电极电势 φ 与电流密度 j 图而得到。若测量阴极（研究电极）的极化曲线，借助辅助电极阳极，将阴阳两极安排成一电解池，调节外电路电阻，以改变流过电极中电流的大小，电流的数值可由安培计 G 读出。当测定电极上有电流流过时，其电势偏离平衡电势，可用另一电极作参比电极（本图为甘汞电极）与待测电极组成原电池，用电位差计测量该电池的电动势。由于甘汞电极可以看作是理想不极化电极，因此可以由测量回路电池电动势求出待测电极的阴极电极电势。每改变一次电流密度，等待测电极的电极电势达稳定后就可以测得一个稳定的电势值。同理，改变研究电极的极性，可测量其阳极极化电势。

将给定的电流密度对应于测得的电极电势作图，即可得出阴、阳极极化曲线图，如图 7.21所示。

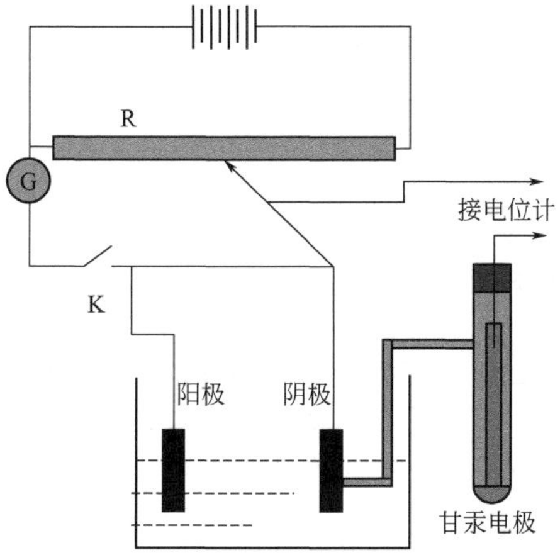

图 7.20 极化曲线测定装置

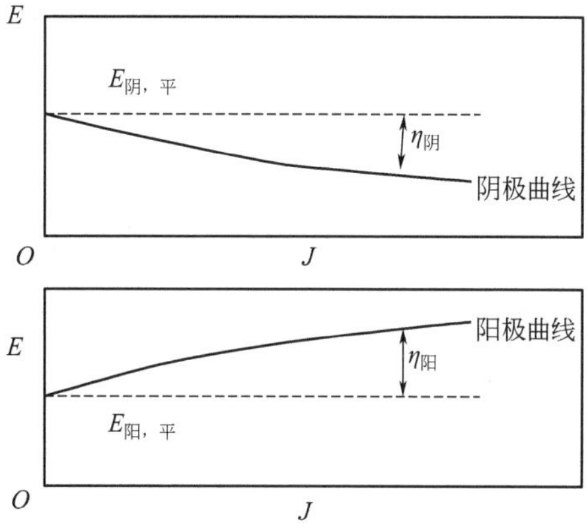

图 7.21 电流密度与电极电势的关系

若同时测定了无电流通过时待测电极的阴极电势，可求得 $\eta_{阴}$。同理，还可测定阳极无电流流过时的电势，即可求得 $\eta_{阳}$。

将所测得的阴阳极极化曲线合并，就可得到原电池和电解池的极化曲线图，见图 7.22。

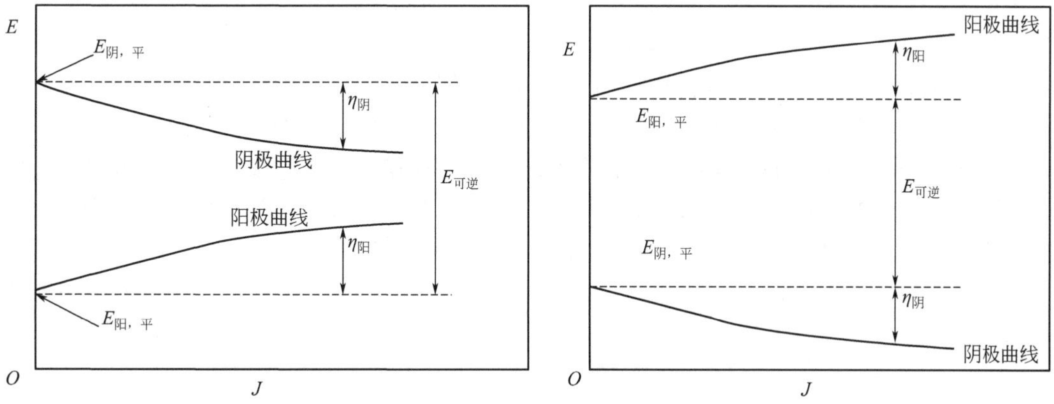

(a) 原电池中阴阳极的极化曲线　　(b) 电解池中阴阳极的极化曲线

图 7.22 原电池和电解池的极化曲线

随着电流密度的增加，阴极极化的结果是电极电势变得越来越小；阳极极化的结果是电极电势变得越来越大。

对于原电池，如图 7.22(a) 所示，因其阴极是正极，阳极是负极，所以阴极电势高于阳极电势。电极发生极化时，由于超电势的存在，电池两极间的电势将随电流密度的增加而减小，即原电池做功的本领减小。

对于电解池而言，如图 7.22(b) 所示，因其阳极是正极，阴极是负极，所以阳极的电势高于阴极电势，电极发生极化时，由于超电势的存在，电解池两极间的电势差随电流密度的增加而增大，即所消耗的电能就多。

因此，无论电解池或原电池，从能量的角度看，电极发生极化时都是不利的。

为使电极的极化减小，必须给电极以适当的反应物质，由于这种物质比较容易在电极上反应，可以使电极的极化减小或限制在一定的程度内，这种作用称为去极化作用（depolarization），这种外加的物质叫作去极化剂（depolarizer）。

影响超电势的因素很多，除电极材料、电极的表面状态、电流密度外，温度、电解质的性质、浓度及溶液中的杂质等，对超电势都有影响，因此超电势测定的重现性并不好。

表 7.10 给出了 H_2、O_2、Cl_2 在不同金属上的超电势值。

第十四节　金属腐蚀

金属腐蚀的危害十分严重，全世界每年由于金属腐蚀而损失的金属相当于其年产量的 20%～30%，其危害不仅在于金属材料本身损失，而是由于腐蚀造成设备损害后出现的恶性事故，如孔腐蚀可造成气体管道漏气产生爆炸，应力腐蚀引起飞机结构的破坏甚至坠毁，这种腐蚀的造成的间接破坏使得人们必须对金属腐蚀和防腐问题加以关注。

金属腐蚀是金属及其合金在周围介质的作用下发生物理化学作用而使金属（或合金）破坏的现象。引起腐蚀的因素很多，但大部分的金属腐蚀是由于电化学的原因引起的，这是金属表面与溶液接触构成原电池（腐蚀电池）进行电化学反应而形成的腐蚀。

1. 腐蚀微电池

除贵金属外，许多金属暴露在大气中与 O_2 作用就会发生腐蚀，如铜在大气中存放生“铜绿”，铁在大气中会生锈，说明在一定条件下这些金属处于热力学不稳定状态。从铁的 E-pH 图可知，Fe 和溶液中的 H^+ 可以构成原电池而使铁不断地破坏。锌插入稀盐酸中，锌会自发进入溶液中而变成 Zn^{2+}(aq)，从热力学的角度看，Zn 和 Fe 在酸性溶液中都有被腐蚀的倾向。但从动力学的角度，由于 H_2 在 Fe 和 Zn 上的超电势的存在，会使腐蚀的速率大大降低。但金属接触面或金属中的杂质反而会降低超电势，会使金属腐蚀加重，因为这些金属表面在与溶液接触时就构成了局部电池，称为腐蚀微电池，自发放电，如图 7.23(a) 所示，铁板上的铜铆钉在酸性溶液中构成微电池使铁加速腐蚀。如图 7.23(b) 所示，金属锌中的铜杂质会加速锌的腐蚀。

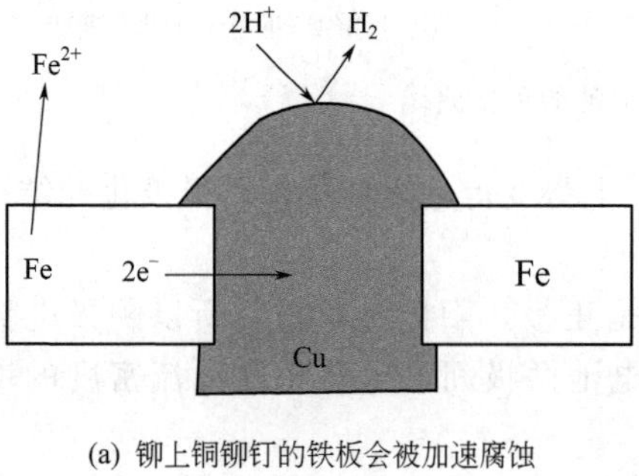

(a) 铆上铜铆钉的铁板会被加速腐蚀

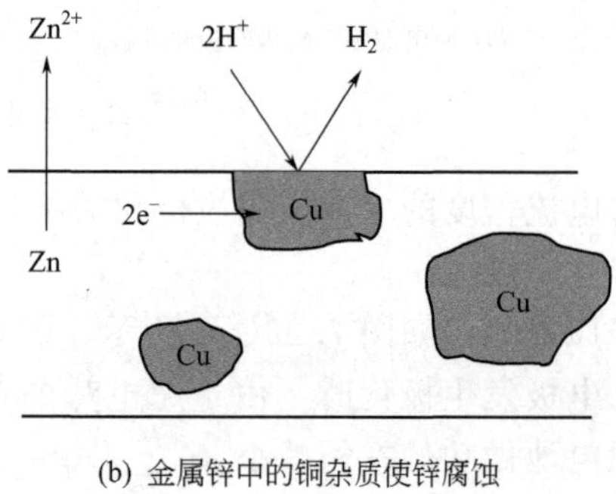

(b) 金属锌中的铜杂质使锌腐蚀

图 7.23　金属的电化学腐蚀

微电池（a）的电极反应为

阳极反应　　$Fe(s) \longrightarrow Fe^{2+}(aq) + 2e^-$

阴极反应（去极化作用）有两种可能

（1）$2H^+(aq)+2e^- \longrightarrow H_2(g)$ （H^+为去极化剂的腐蚀）

（2）$1/2O_2(g)+2H^+(aq)+2e^- \longrightarrow H_2O(l)$ （O_2为去极化剂的腐蚀）

电池反应

（1）$Fe(s)+2H^+(aq) \longrightarrow Fe^{2+}(aq)+H_2(g)$

（2）$Fe(s)+1/2O_2(g)+2H^+(aq) \longrightarrow Fe^{2+}(aq)+H_2O(l)$

可以计算电池的电动势

$$E_1=(E^{\ominus}_{H^+|H_2}-E^{\ominus}_{Fe^{2+}|Fe})-\frac{RT}{2F}\ln\frac{a_{Fe^{2+}}p_{H_2}}{a^2_{H^+}}$$

$$E_2=(E^{\ominus}_{O_2|H_2O}-E^{\ominus}_{Fe^{2+}|Fe})-\frac{RT}{2F}\ln\frac{a_{Fe^{2+}}}{a^2_{H^+}p^{1/2}_{O_2}}$$

空气中$p_{O_2}\approx 0.21p^{\ominus}$，$T=298K$，代入如上两式，$E_1$，$E_2$均大于零，说明两微电池都是自发的，Fe会被腐蚀，并且$E_2>E_1$，说明有氧存在时，腐蚀会更严重。

2. 腐蚀电流

（1）腐蚀电流极化的曲线测量　如图7.24(a)所示，基本方法同原电池。这里金属两极分别作腐蚀电池的阴极和阳极。R改变可以控制电流，用参比电极可测得电极电势，当$R\to\infty$时，电池相当于开路，$I=0$，此时测得的是平衡时的阳极电势$E_{a,e}$和阴极电势$E_{c,e}$，得到可逆电池电势差，当电阻R减小，电流I增加，电池两极产生极化，此时得到的是极化电势。

$$E_c=E_{c,e}-\eta_c \quad 阴极电势变小$$

$$E_a=E_{a,e}+\eta_a \quad 阳极电势变大$$

同时电池存在内阻，使两极的电势差不断减小，直至阳极和阴极的极化曲线相交于S点，此时电流最大（I_{max}），如图7.24(b)所示，此电流称为腐蚀电流，用$I_{腐蚀}$表示，对应的电势称为腐蚀电势，用$E_{腐蚀}$表示。S点处$E_a=E_c=E_{腐蚀}$，$I_a=I_c=I_{腐蚀}$。$I_{腐蚀}$也称为腐蚀速率。

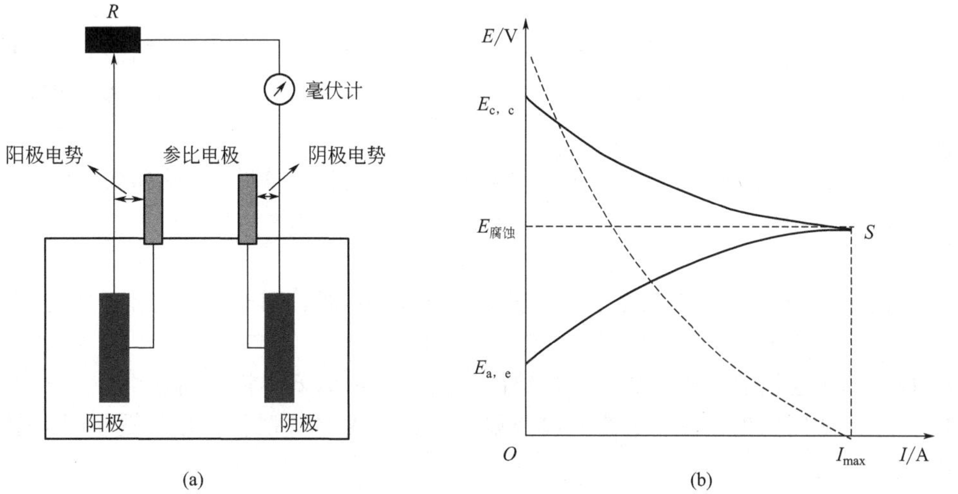

图7.24　腐蚀电流的极化曲线测定装置

（2）影响腐蚀电流的因素

① 金属极化性能的影响　极化越大腐蚀速率（$I_{腐蚀}$）越小，腐蚀较慢；反之极化越小腐

蚀速率（$I_{腐蚀}$）越大，腐蚀较快。如图 7.25(a) 所示，阴极极化曲线 1 的斜率大于阴极极化曲线 2 的，则腐蚀电流 $I_1<I_2$。

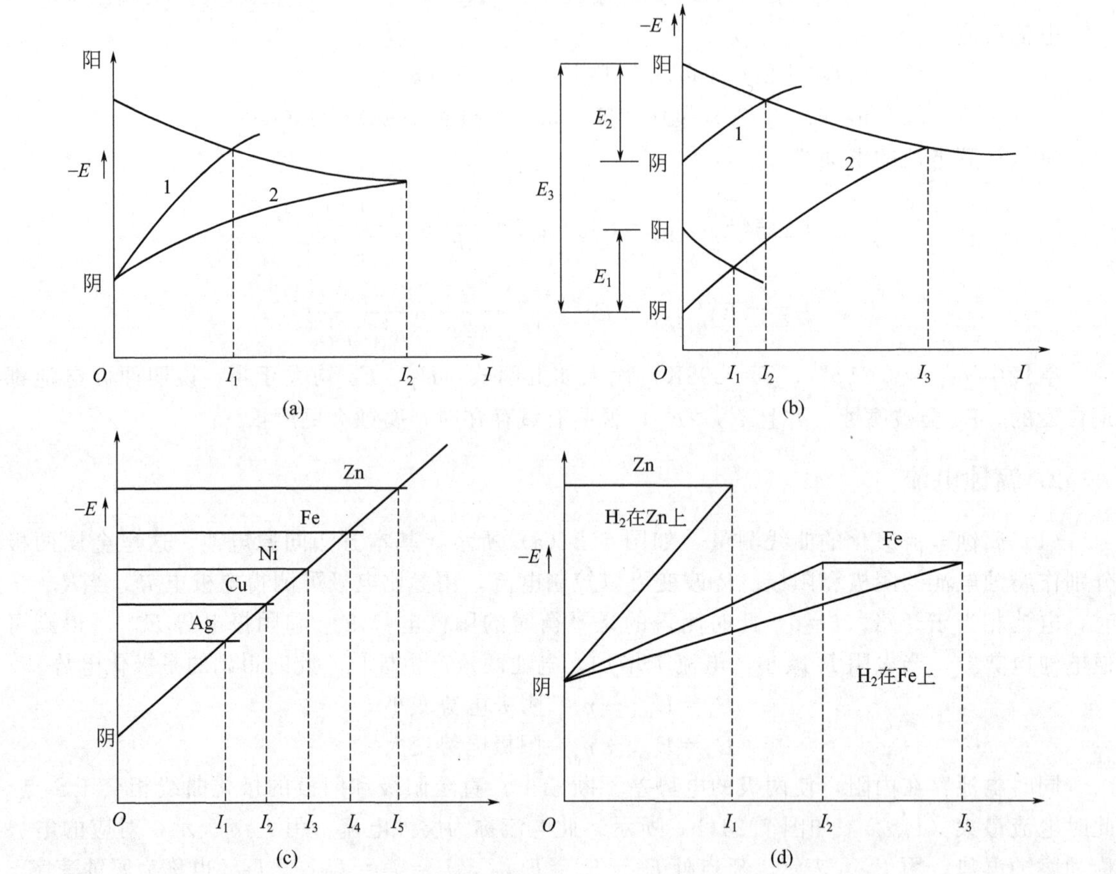

图 7.25　腐蚀电流的影响因素

② 金属平衡电势 $\varphi_{a,e}$（或 $\varphi_{c,e}$）的影响　极化曲线的斜率相同时，平衡电动势差分别为 E_1、E_2、E_3，对应的腐蚀电流分别为 I_1、I_2、I_3。可见，平衡电势差越大腐蚀电流也越大，$E_1<E_2<E_3$，$I_1<I_2<I_3$。见图 7.25(b)。

若将阳极面积作得大一些，使得金属阳极极化较小，而且假设阴极极化曲线斜率相同（都是 H_2 去极化），则金属的平衡电势（还原电势）越小，腐蚀电流越大，$I_1<I_2<I_3<I_4<I_5$。见图 7.25(c)。

③ 氢超电势的影响　由于氢在不同金属上的超电势不同，则单纯有上述原因还不够完善。例如，在酸性溶液中虽然 $E(Zn^{2+}|Zn)<E(Fe^{2+}|Fe)$，如图 7.25(c) 所示，$I_5>I_4$，但氢在锌上的超电势高于在铁上的超电势，结果锌的腐蚀电流反而低于铁的腐蚀电流 $I_1<I_2$，如图 7.25(d) 所示，所以如果在铁上电镀上锌金属层，因为这时锌层作为阳极先腐蚀，就可以防止铁层腐蚀。

3.　金属的钝化——阳极过程

(1) 金属的电化学钝化　以上谈的都是阴极过程，阳极过程要比阴极过程复杂得多。实际发生的情况往往受很多因素影响，如电极材料、环境因素、电流大小等等，其中化学钝化和电化学钝化就是很重要的因素。例如：铁在稀硝酸中溶解很快，但在浓硝酸中则停止溶解，这就是由于铁在浓硝酸中发生化学钝化，在铁金属表面形成了很难脱落的钝化膜，防止了铁的进一步溶解，采用电化学的方法也可以使铁发生钝化。以铁在酸性或中性溶液中的溶解极化曲线为例，见图 7.26，AB（活化区）的电流密度 j 随电势升高而升高，此时的电化学反应为

$$Fe(s) \longrightarrow Fe^{2+}(aq) + 2e^-$$

BE（活化转钝化阶段），当电势达到 B 点，电流密度 j 突然急剧下降，表明铁的溶解几乎停顿，习惯上称为钝化现象。

EF（钝化区），随着电势升高，电流密度增大不明显，此时的电流称钝态电流，只要维持电势在 EF 之间，金属就处于稳定的钝化状态。

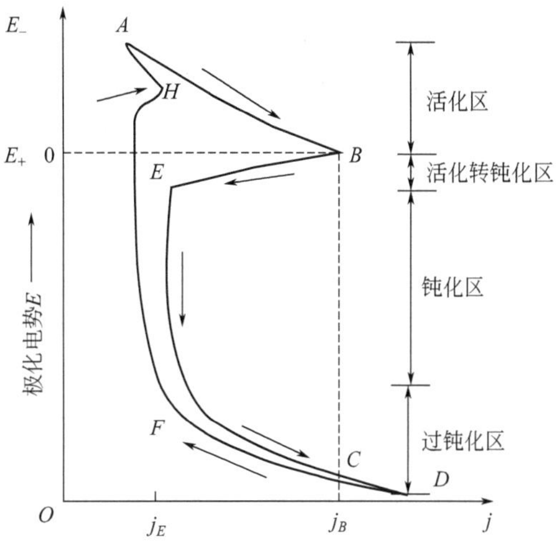

图 7.26 金属的阳极过程极化曲线

FD（过钝化区），过了 F 点电流密度 j 很快上升，这是由于发生了新的阳极过程，如 O_2 或卤素析出。

（2）影响钝化的因素 各种金属的钝化行为与介质有关：①一般在碱性环境中比在酸性环境更易钝化；②在含氧酸盐中会加速钝化，如碘酸盐、氯酸盐、硝酸盐等。③卤素离子会延缓甚至破坏钝化，如金属 Al 在盐水中浸泡，就会发生点腐蚀，就是因为 $Cl^-(aq)$ 对 Al 的钝化膜有破坏作用。其他如升高温度、加强搅拌都会限制钝化。钝化也与金属本身的性质有关：其钝性顺序为

Ti，Cr，Al，Ta，Nb，Ni，Fe，Mg

←钝性

例如在铁内加入 Ni、Cr 这些易钝化的金属，就可形成耐腐蚀的不锈钢。

4. 防腐的办法

知道了腐蚀产生的原因，就可以采取措施来防腐。

（1）采用金属保护层——电镀层 如 Zn 镀层，在腐蚀电池中作为阳极被腐蚀，而Fe 作为阴极被保护，Zn 镀层称为阳极保护层，再如 Fe 上的 Cd 镀层也是阳极保护层。而像 Cu、Sn、Cr 在 Fe 上的镀层，则是阴极保护层，一旦镀层受损，Fe 将首先被腐蚀，并可能加速腐蚀。

（2）电化学保护

① 牺牲阳极（保护器保护） 可以将 Zn 与 Fe 构成原电池，由于 Zn 作为阳极溶解，Fe 作为阴极就可以避免腐蚀。例如为使海船的铁船体得到保护，往往采用这种保护方法，在船体底部镶嵌一些锌块。

② 阴极保护 把被保护的金属通上直流电后作为阴极，阳极则采用一些废铁、石墨等。这种方法比较有效，但要消耗许多电能。

③ 阳极保护 就是用金属的阳极钝化原理，使电极电势移到钝化区，由于钝态电流很小，可以大大降低腐蚀速率。

（3）缓蚀剂保护 在金属（或合金）所处环境中加入少量某种添加剂，由于添加剂与金属发生物理或化学作用，而使金属耐蚀性大大增加，加入的添加剂为缓蚀剂。

缓蚀剂种类很多，可以是无机缓蚀剂（如硅酸盐、磷酸盐、亚硝酸盐、铬酸盐等），也可以是有机缓蚀剂（如胺类、吡啶类）。缓蚀剂可改变介质的性质，从而大大降低金属腐蚀的速率。缓蚀机理通常是减慢阴极（或阳极）过程的速率，或者是覆盖电极表面而防止腐蚀。

阳极缓蚀剂的作用是直接阻止阳极表面的金属进入溶液，或者在金属表面上形成保护膜，使阳极免于腐蚀；而阴极缓蚀剂的作用在于抑制阴极过程的进行，增大阴极极化，有时也可以在阴极上形成保护膜。

有机缓蚀剂可以是阴极缓蚀剂也可以是阳极缓蚀剂。其主要是被吸附在阴极表面而增加了氢超电势，妨碍氢离子放电过程的进行，而使金属溶解速率减慢。

习　题

一、选择题

1. 正离子的迁移数与负离子的迁移数之和（　　）。

（A）大于1　　（B）等于1　　（C）小于1

2. 在 Hittorf 法测迁移数的实验中，用 Ag 电极电解 $AgNO_3$ 溶液，测出在阳极区 $AgNO_3$ 的浓度增加了 x mol，而串联在电路中的银库仑计上有 y mol 的银析出，则 Ag^+ 迁移数是（　　）。

（A）x/y　　（B）y/x　　（C）$(x-y)/x$　　（D）$(y-x)/y$

3. 已知铜的原子量为 64，用 $0.5F$ 电量可从 $CuSO_4$ 溶液中沉淀出多少克铜？（　　）

（A）16g　　（B）32g　　（C）64g　　（D）127g

4. 恒温下某电解质溶液浓度由 $0.1mol \cdot dm^{-3}$ 变为 $0.2mol \cdot dm^{-3}$，其摩尔电导率（　　）。

（A）减小　　（B）增大　　（C）不变　　（D）不能确定

5. 在相同温度和相同浓度下，下列电解质溶液电导率最大者是（　　）。

（A）$0.01mol \cdot kg^{-1}$ CH_3COOH　　（B）$0.01mol \cdot kg^{-1}$ HCl

（C）$0.01mol \cdot kg^{-1}$ NaOH　　（D）$0.005mol \cdot kg^{-1}$ Na_2SO_4

6. 科尔劳施离子独立运动定律适合于（　　）。

（A）任意浓度的强电解质溶液　　（B）任意浓度的弱电解质溶液

（C）无限稀释的强或弱电解质溶液

7. 在下列电解质水溶液中摩尔电导率最大的是（　　）。

（A）$0.001mol \cdot kg^{-1}$ HAc　　（B）$0.001mol \cdot kg^{-1}$ KCl

（C）$0.001mol \cdot kg^{-1}$ KOH　　（D）$0.001mol \cdot kg^{-1}$ HCl

8. 电解质溶液中离子迁移数与离子淌度成正比。当温度与溶液浓度一定时，离子淌度是一定的，则 25℃时，$0.1mol \cdot dm^{-3}$ NaOH 中 Na^+ 的迁移数（t_1）与 $0.1mol \cdot dm^{-3}$ NaCl 溶液中 Na^+ 的迁移数（t_2），两者之间的关系是（　　）。

（A）相等　　（B）$t_1>t_2$　　（C）$t_1<t_2$　　（D）大小无法比较

9. 在其他条件不变的条件下，电解质溶液的摩尔电导率随溶液浓度的增加而（　　）。

（A）增大　　（B）减小　　（C）先增后减　　（D）不变

10. $1mol \cdot kg^{-1}$ $K_4Fe(CN)_6$ 溶液的离子强度是（　　）。

（A）$10mol \cdot kg^{-1}$　　（B）$7mol \cdot kg^{-1}$　　（C）$4mol \cdot kg^{-1}$　　（D）$15mol \cdot kg^{-1}$

11. 质量摩尔浓度为 b 的 Na_3PO_4 溶液，平均活度系数为 $\gamma_\pm$，则电解质的活度是（　　）。

（A）$a_B=4(b/b^{\ominus})^4(\gamma_\pm)^4$　　（B）$a_B=4(b/b^{\ominus})(\gamma_\pm)^4$

（C）$a_B=27(b/b^{\ominus})^4(\gamma_\pm)^4$　　（D）$a_B=27(b/b^{\ominus})(\gamma_\pm)^4$

12. 离子氛半径与浓度关系的正确论述是（　　）。

(A) 与浓度无关　　(B) 随浓度增加而减小

(C) 随浓度增加而增大　　(D) 随浓度的变化可减小也可增大

13. 下列电池中哪个的电动势与 Cl^- 的活度无关？(　　)

(A) $Zn \mid ZnCl_2(aq) \mid Cl_2(g) \mid Pt$

(B) $Ag \mid AgCl(s) \mid KCl(aq) \mid Cl_2(g) \mid Pt$

(C) $Hg \mid Hg_2Cl_2(s) \mid KCl(aq) \parallel AgNO_3(aq) \mid Ag$

(D) $Pt \mid H_2(g) \mid HCl(aq) \mid Cl_2(g) \mid Pt$

14. 用补偿法测定可逆电池的电动势时，主要为了(　　)。

(A) 消除电极上的副反应　　(B) 减少标准电池的损耗

(C) 在可逆情况下测定电池电动势　　(D) 简便易行

15. 已知 298.15K 及 101325Pa 压力下，反应 $A(s)+BD(aq)═══AD(aq)+B(aq)$ 在电池中可逆地进行，完成一个单位的反应时，系统做电功 150kJ，放热 80kJ，该反应的摩尔等压反应热为多少(　　)。

(A) $-80kJ \cdot mol^{-1}$　　(B) $-230kJ \cdot mol^{-1}$

(C) $-232.5kJ \cdot mol^{-1}$　　(D) $-277.5kJ \cdot mol^{-1}$

16. 25℃时，电池反应 $Ag+\frac{1}{2}HgCl_2═══AgCl+Hg$ 的电池电动势为 0.0193V，反应时所对应的 $\Delta_r S_m$ 为 $32.9J \cdot K^{-1} \cdot mol^{-1}$，则电池电动势的温度系数 $\left(\frac{\partial E}{\partial T}\right)_p$ 是(　　)。

(A) $1.70 \times 10MV \cdot K^{-1}$　　(B) $1.10 \times 10^{-6} V \cdot K^{-1}$

(C) $1.01 \times 10^{-1} V \cdot K^{-1}$　　(D) $3.40 \times 10MV \cdot K^{-1}$

17. 已知下列两个电极反应的标准电极电势是：

$$Cu^{2+}+2e^- \longrightarrow Cu(s) \qquad E^\ominus=0.337V$$

$$Cu^{+}+e^- \longrightarrow Cu(s) \qquad E^\ominus=0.521V$$

由此可算得　$Cu^{2+}+e^- \longrightarrow Cu^+$ 的 $E^\ominus$ 值是(　　)。

(A) 0.184V　　(B) 0.352V　　(C) −0.184V　　(D) 0.153V

18. 有电池反应：

(1) $0.5Cu(s)+0.5Cl_2(p^\ominus) \longrightarrow 0.5Cu^{2+}(a=1)+Cl^-(a=1)$　E_1

(2) $Cu(s)+Cl_2(p^\ominus) \longrightarrow Cu^{2+}(a=1)+2Cl^-(a=1)$　E_2

电动势 E_1/E_2 的关系是(　　)。

(A) $E_1/E_2=1/2$　　(B) $E_1/E_2=1$　　(C) $E_1/E_2=2$　　(D) $E_1/E_2=1/4$

19. 极谱分析仪所用的测量阴极属于下列哪一种？(　　)

(A) 浓差极化电极　　(B) 电化学极化电极

(C) 难极化电极　　(D) 理想可逆电极

20. 电解时，在阳极上首先发生氧化作用而放电的是(　　)。

(A) 标准还原电势最大者

(B) 标准还原电势最小者

(C) 考虑极化后实际上的不可逆还原电势最大者

(D) 考虑极化后实际上的不可逆还原电势最小者

21. 阴极电流密度 j 与电势 E 的关系曲线是图(　　)。

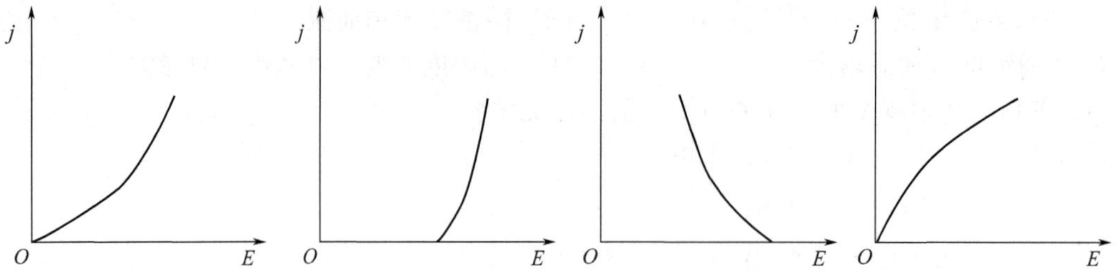

（A）　　（B）　　（C）　　（D）

22. 电解金属盐的水溶液时，在阴极上（　　）。

（A）还原电势愈正的离子愈容易析出

（B）还原电势与其超电势之代数和愈正的离子愈容易析出

（C）还原电势愈负的离子愈容易析出

（D）还原电势与其超电势之和愈负的离子愈容易析出

（答：1B，2D，3A，4A，5B，6C，7D，8C，9B，10A，11C，12B，13B，14C，15B，16D，17D，18B，19A，20D，21C，22B）

二、计算题

1. 当 $CuSO_4$ 溶液中通过 1930C 电量后，在阴极上有 0.009mol 的 Cu 沉积出来，试求在阴极上还析出 $H_2(g)$ 的物质的量。

答：0.001mol

2. 用电流强度为 5A 的直流电来电解稀 H_2SO_4 溶液，在 300K、$p^{\ominus}$ 压力下如欲获得氧气和氢气各 $1dm^3$，需分别通电多少时间？已知在该温度下的蒸汽压力为 3565Pa。

答：O_2 50.42min；H_2 25.21min

3. 用银电极来电解 $AgNO_3$ 水溶液，通电一定时间后阴极上有 0.078g 的 Ag(s) 析出。经分析知道阳极部含有 $AgNO_3$ 0.236g，水 23.14g。已知原来所用溶液的浓度为每克水中溶有 $AgNO_3$ 0.00739g，试求 Ag^+ 和 NO_3^- 的迁移数。

答：t_+ 0.47；t_- 0.53

4. 298K 时，某电导池中充以 $0.1mol \cdot dm^{-3}$ 的 KCl 溶液（$\kappa = 0.14114 S \cdot m^{-1}$），其电阻为 525Ω，若在电导内充以 $0.10mol \cdot dm^{-3}$ 的 $NH_3 \cdot H_2O$ 溶液时，电阻为 2030Ω。

（1）求该 $NH_3 \cdot H_2O$ 溶液的解离度；

（2）若该电导池充以纯水，电阻应为多少？

已知纯水的电导率为 $2.00 \times 10^{-4} S \cdot m^{-1}$，$\Lambda_m^{\infty}(OH^-) = 1.98 \times 10^{-2} S \cdot m^2 \cdot mol^{-1}$，$\Lambda_m^{\infty}(OH^-) = 73.4 \times 10^{-4} S \cdot m^2 \cdot mol^{-1}$

答：（1）0.013445；（2）$3.705 \times 10^5 \Omega$

5. 某电导池内装有两个直径为 4.0×10^{-2} m 并相互平行的圆形银电极，电极之间的距离为 0.12m。若在电导池内盛满浓度为 $0.1mol \cdot dm^{-3}$ 的 $AgNO_3$ 的溶液，施以 20V 电压，则所得电流强度为 0.1976A。试计算电导池常数、电导率和 $AgNO_3$ 的摩尔电导率。

答：$K_{cell} = 95.54 m^{-1}$；$G = 9.88 \Omega^{-1}$；$\kappa = 0.9439 \Omega^{-1} \cdot m^{-1}$；

$\Lambda_m = 9.44 \times 10^{-3} \Omega^{-1} \cdot m^2 \cdot mol^{-1}$

6. 273.15K 时在（1）、（2）两个电导池内分别盛以不同液体并测其电阻。当在（1）中盛 Hg(l) 时，测得电阻为 0.99895Ω（1Ω 是 273.15K 时，截面积为 1mm，长为 1062.936mm 的汞柱的电阻）；当（1）和（2）中均盛以浓度约为 $3mol \cdot dm^{-3}$ 的 H_2SO_4 溶液时，测得（2）的电阻为（1）的 0.107811 倍；若在（2）中盛以浓度为 1.0mol·dm^{-3} 的 KCl 溶液时，测得电阻为 17565Ω。试求：

（1）电导池（1）的电导池常数。

（2）在 273.15K 时，该 KCl 溶液的电导率。

答：（1）$K_{cell}=1.062\times10^{6}m^{-1}$；（2）$\kappa=6.519\Omega^{-1}\cdot m^{-1}$

7. 291K 时，已知 KCl 和 NaCl 的无限稀释摩尔电导率 Λ_m^{∞} 分别为 $129.65\times10^{-4}S\cdot m^2\cdot mol^{-1}$ 和 $108.60\times10^{-4}S\cdot m^2\cdot mol^{-1}$，$K^+$ 和 Na^+ 的迁移数分别为 0.496 和 0.397，试求在 291K 和无限稀释时：

（1）KCl 溶液中 K^+ 和 Cl^- 的离子摩尔电导率；

（2）NaCl 溶液中 Na^+ 和 Cl^- 的离子摩尔电导率。

答：（1）$6.430\times10^{-3}S\cdot m^2\cdot mol^{-1}$ 和 $6.535\times10^{-3}S\cdot m^2\cdot mol^{-1}$；

（2）$4.31\times10^{-3}S\cdot m^2\cdot mol^{-1}$ 和 $6.549\times10^{-3}S\cdot m^2\cdot mol^{-1}$

8. 25℃时，TiCl 在纯水中饱和溶液的浓度是 $1.607\times10^{-2}mol\cdot dm^{-3}$，在 0.100mol·$dm^{-3}$ NaCl 溶液中是 $3.95\times10^{-3}mol\cdot dm^{-3}$，TiCl 的活度积是 2.022×10^{-4}，试求不含 NaCl 和含有 0.1000mol·dm^{-3} NaCl 的 TiCl 饱和溶液的离子平均活度系数。

答：0.885；0.702

9. 已知难溶盐饱和溶液浓度 s，其 $s_1(AgCl,aq)=1.34\times10^{-5}mol\cdot kg^{-1}$，$s_2(BaSO_4,aq)=9.51\times10^{-4}mol\cdot kg^{-1}$。

（1）计算当 $r_{\pm}=1$ 时，两种难溶盐的溶度积 $K_{sp}(AgCl,aq)$，$K_{sp}(BaSO_4,aq)$；

（2）假设 $r_{\pm}\neq1$，请进行（1）中的计算 $K'_{sp}(AgCl,aq)$，$K'_{sp}(BaSO_4,aq)$；

（3）讨论 $r_{\pm}$ 不同时对难溶盐 K_{sp} 的影响。

答：（1）1.8×10^{-10}，9.04×10^{-7}；（2）1.79×10^{-10}，5.07×10^{-7}；（3）略

10. 298K 时测得 $SrSO_4$ 饱和水溶液的电导率为 $1.482\times10^{-2}S\cdot m^{-1}$，该温度时水的电导率为 $1.5\times10^{-4}S\cdot m^{-1}$，试计算在该条件下 $SrSO_4$ 在水中的溶解度。

已知：$\Lambda_m^{\infty}\left(\frac{1}{2}Sr^{2+}\right)=5.946\times10^{-2}S\cdot m^2\cdot mol^{-1}$，$\Lambda_m^{\infty}\left(\frac{1}{2}SO_4^{2-}\right)=1.5\times10^{-2}S\cdot m^2\cdot mol^{-1}$。

答：9.67×10^{-5}

11. 291K 时，纯水的电导率为 $3.8\times10^{-6}S\cdot m^{-1}$。当水 H_2O 离解成 H^+ 和 OH^- 并达到平衡，求该温度下，H_2O 的摩尔电导率、离解度和 H^+ 浓度。已知这时水的密度为 998.6kg·m^{-3}。

$\Lambda_m^{\infty}(H^+)=3.498\times10^{-2}S\cdot m^2\cdot mol^{-1}$，$\Lambda_m^{\infty}(OH^-)=1.980\times10^{-2}S\cdot m^2\cdot mol^{-1}$。

答：$\Lambda_m=6.86\times10^{-11}S\cdot m^2\cdot mol^{-1}$；$\alpha=1.250\times10^{-9}$；$c_{H^+}=6.94\times10^{-8}mol\cdot dm^{-3}$

12. 分别计算下列各溶液的离子强度：（1）0.025mol·kg^{-1}的 NaCl 溶液；（2）0.025mol·kg^{-1}的 $CuSO_4$ 溶液；（3）0.025mol·kg^{-1} 的 $LaCl_3$ 溶液；（4）NaCl 和 $LaCl_3$ 的浓度都为 0.025mol·kg^{-1}的混合溶液。

答：（1）0.025mol·kg^{-1}；（2）0.1mol·kg^{-1}；（3）0.15mol·kg^{-1}；（4）0.175mol·kg^{-1}

13. 298K 时 $AgBrO_3$ 的溶度积 $K_a=a_+a_-$ 为 5.77×10^{-5}。试根据德拜-休克尔极限公式计算 $AgBrO_3$ 在纯水中及 0.01mol·kg^{-1}的 $KBrO_3$ 溶液中的溶解度。

答：1.79×10^{-3}；1.22×10^{-3}

14. 写出下列电池中各电极上的反应和电池反应。

（1）$Pt|H_2(p_{H_2})|HCl(a)|Cl_2(p_{Cl_2})|Pt$

（2）$Pt|H_2(p_{H_2})|H^+(a_{H^+})|Ag^+(a_{Ag^+})|Ag(s)$

(3) $Ag(s)|AgI(s)|I^-(a_{I^-})|Cl^-(a_{Cl^-})|AgCl(s)|Ag(s)$

(4) $Pb(s)|PbSO_4(s)|SO_4^{2-}(a_{SO_4^{2-}})\|Cu^{2+}(a_{Cu^{2+}})|Cu(s)$

(5) $Pt|H_2(p_{H_2})|NaOH(a)|HgO(s)|Hg(l)$

(6) $Pt|H_2(p_{H_2})|H^+(aq)|Sb_2O_3(s)|Sb(s)$

(7) $Pt|Fe^{3+}(a),Fe^{2+}(a_1)|Ag^+(a_{Ag^+})|Ag(s)$

(8) $Na(Hg)(a_{Na})|Na^+(a_{Na^+})|OH^-(a_{OH^-})|HgO(s)+Hg(l)$

答：略

15. 298K 时下述电池的 E 为 1.228V，

$$Pt|H_2(p^{\ominus})|\ H_2SO_4(0.01mol\cdot kg^{-1})\ |\ O_2(p^{\ominus})|Pt$$

以及 $H_2O(l)$ 的生成热 $\Delta_f H_m^{\ominus}$ 为 $-286.1kJ\cdot mol^{-1}$。试求：

(1) 该电池的温度系数；

(2) 该电池在 273K 时的电动势。设反应热在该温度区间内为常数。

答：(1) $-8.54\times10^{-4}V\cdot K^{-1}$；(2) 1.249V

16. 电池 $Cu(s)|CuAc_2(0.1mol\cdot kg^{-1})|AgAc(s)|Ag(s)$在 298K 时，电动势 $E=0.372V$，当温度升至 308K 时，$E=0.374V$。已知 298K 时，$E^{\ominus}(Ag^+|Ag)=0.800V$，$E^{\ominus}(Cu^{2+}|Cu)=0.340V$。

(1) 写出电极反应和电池反应；

(2) 298K 时，当电池有 $2F$ 电量流过，$\Delta_r G_m$、$\Delta_r H_m$、$\Delta_r S_m$ 为多少？

(3) 计算醋酸银的 AgAc 的溶度积 K_{sp}。

答：(1) 略；(2) $-71.796kJ\cdot mol^{-1}$，$-60.293kJ\cdot mol^{-1}$，$38.6J\cdot K^{-1}\cdot mol^{-1}$；(3) 2.05×10^{-3}

17. 电池 $Hg(l)|Hg_2Br_2(s)|Br^-(aq)|AgBr(s)|Ag(s)$的标准电动势与温度的关系为 $E^{\ominus}/V=0.06804+3.12\times10^{-4}(T/K-298)$

(1) 写出电极反应和电池反应；

(2) 计算 298K、100kPa、上述电池反应的反应进度为 2mol 时，电池所做的可逆功；

(3) 计算 298K 时，电池反应的 $\Delta_r G_m^{\ominus}$、$\Delta_r H_m^{\ominus}$、$\Delta_r S_m^{\ominus}$。

答：(1) 略；(2) $W'=-13.13kJ$；(3) $-6565kJ\cdot mol^{-1}$，$2407kJ\cdot mol^{-1}$，$30.11J\cdot K^{-1}\cdot mol^{-1}$

18. 电池

$$Pt|H_2(p)|NaCl(0.01mol\cdot kg^{-1})|AgCl(s)|Ag(s)$$

已知 κ(AgCl 饱和溶液)$=2.68\times10^{-4}\Omega^{-1}\cdot m^{-1}$，$\kappa(H_2O)=0.84\times10^{-4}\Omega^{-1}\cdot m^{-1}$，$U_+^{\infty}(Ag)=6.42\times10^{-8}m^2\cdot V^{-1}\cdot s^{-1}$，$U_+^{\infty}(Cl)=7.92\times10^{-8}m^2\cdot V^{-1}\cdot s^{-1}$，$E^{\ominus}(Ag^+|Ag)=0.799V$。

求 298K 电池的 E。

答：0.754V

19. 在 298K 时，下述电池的电动势 $E=0.1519V$，

$$Ag(s)|AgI(s)|HI(a=1)|H_2(p^{\ominus})|Pt$$

并已知下列物质的生成焓

物质	AgI(s)	Ag^+	I^-
$\Delta_f H_m^{\ominus}/kJ\cdot mol^{-1}$	−62.38	105.89	−55.94

试求：(1) 当电池可逆输出 1mol 电子的电量时，电池反应的 Q、W（膨胀功）、W_r（电功），$\Delta_r U_m$、$\Delta_r H_m$、$\Delta_r S_m$、$\Delta_r A_m$ 和 $\Delta_r G_m$ 的值各为多少？

(2) 如果让电池短路，不做电功，则在发生同样的反应时上述各函数的变量又为多少？

答：(1) $Q_r = 8.22\text{kJ}$，W(膨胀功)$= -1.239\text{kJ}$，$W_r = -14.66\text{kJ}$，$\Delta_r U_m = -7.68\text{kJ} \cdot \text{mol}^{-1}$，$\Delta_r H_m = -6.44\ \text{kJ} \cdot \text{mol}^{-1}$，$\Delta_r S_m = 27.6\ \text{J} \cdot \text{mol}^{-1} \cdot \text{K}^{-1}$，$\Delta_r A_m = -15.90\text{kJ} \cdot \text{mol}^{-1}$，$\Delta_r G_m = -14.66\text{kJ} \cdot \text{mol}^{-1}$；(2) $Q_p = \Delta_r H_m = -6.44\text{kJ}$，$W$(膨胀功)$= -1.239\text{kJ}$，$W_r = 0$，其余同 (1)

20. 在 25℃及 $p^\ominus$ 的条件下，将一可逆电池短路，使有 $1F$（即 $96500\text{C} \cdot \text{mol}^{-1}$）的电量通过，电池此时放出的热量恰为该电池可逆操作时所吸收的热量的 43 倍。在此条件下，该电池电动势的温度系数为 $1.4 \times 10^{-4}\ \text{V} \cdot \text{K}^{-1}$。试求：

(1) 该电池反应的 $\Delta_r S_m$、$\Delta_r H_m$、$\Delta_r G_m$ 和 Q_r；

(2) 该电池在 25℃、$p^\ominus$ 条件下的电动势。

答：(1) $\Delta_r S_m = 13.51\text{J} \cdot \text{K}^{-1} \cdot \text{mol}^{-1}$，$\Delta_r H_m = -173.2\text{kJ} \cdot \text{mol}^{-1}$，$\Delta_r G_m = -177.2\text{kJ} \cdot \text{mol}^{-1}$，$Q_r = 4.028\text{kJ} \cdot \text{mol}^{-1}$；(2) $E(25℃) = 1.836\text{V}$

21. 电池 $Zn(s) \mid ZnCl_2(0.555\text{mol} \cdot \text{kg}^{-1}) \mid AgCl(s) \mid Ag(s)$ 在 298 K 时，$E = 1.015\text{V}$。已知 $(\partial E/\partial T)_p = -4.02 \times 10^{-4}\ \text{V} \cdot \text{K}^{-1}$，$E^\ominus(Zn^{2+} \mid Zn) = -0.763\text{V}$，$E^\ominus(Cl^- \mid AgCl \mid Ag) = 0.222\text{V}$。

(1) 写出电池反应（2 个电子得失）；

(2) 求反应的 $\Delta_r G_m$、$\Delta_r H_m$、$\Delta_r S_m$、Q_r 及 $K^\ominus$；

(3) 求 $ZnCl_2$ 的 $\gamma_\pm$；

(4) 若该反应在恒压反应釜中进行，不做其他功，求热效应为多少；

(5) 若该电池以 0.8V 工作电压放电，热效应为多少？

答：(1) 略；(2) $\Delta_r G_m = -195.9\ \text{kJ} \cdot \text{mol}^{-1}$，$\Delta_r S_m = 77.59\ \text{J} \cdot \text{mol}^{-1} \cdot \text{K}^{-1}$，$\Delta_r H_m = -219.0\text{kJ} \cdot \text{mol}^{-1}$，$Q_r = -23.12\ \text{kJ} \cdot \text{mol}^{-1}$，$K^\ominus = 2.027 \times 10^{33}$；(3) $\gamma_\pm = 0.521$；(4) $Q_p = -219.0\text{kJ} \cdot \text{mol}^{-1}$；(5) $Q = -64.6\text{kJ} \cdot \text{mol}^{-1}$

22. 写出下列浓差电池的电池反应，并计算 298K 时的电动势。

(1) $Pt \mid H_2(2p^\ominus) \mid H^+(a_{H^+} = 1) \mid H_2(p^\ominus) \mid Pt$

(2) $Pt \mid H_2(p^\ominus) \mid H^+(a_{H^+} = 0.01) \parallel H^+(a'_{H^+} = 0.1) \mid H_2(p^\ominus) \mid Pt$

(3) $Pt \mid Cl_2(p^\ominus) \mid Cl^-(a_{Cl^-} = 0.1) \parallel Cl(a'_{Cl^-} = 0.01) \mid Cl_2(p^\ominus) \mid Pt$

(4) $Zn(s) \mid Zn^{2+}(a_{Zn^{2+}} = 0.004) \parallel Zn^{2+}(a'_{Zn^{2+}} = 0.02) \mid Zn(s)$

(5) $Pb(s) \mid PbSO_4(s) \mid SO_4^{2-}(a = 0.01) \parallel SO_4^{2-}(a' = 0.001) \mid PbSO_4(s) \mid Pb(s)$

答：略

23. 试设计合适的电池，用电动势法测定下列各热力学函数值（设温度均为 298K），写出电池的表示式和所求函数的计算式。

(1) $Ag(s) + Fe^{3+}(aq) = Ag^+(aq) + Fe^{2+}(aq)$ 的平衡常数 $K^\ominus$；

(2) $Hg_2Cl_2(s)$ 的溶度积 K_{sp}；

(3) $HBr(0.1\text{mol} \cdot \text{kg}^{-1})$ 溶液的离子平均活度系数 $r_\pm$；

(4) $H_2O(l)$ 的标准生成吉布斯函数；

(5) $Ag_2O_2(s)$ 的分解温度；

(6) 弱酸 HA 的离解常数。

答：略

24. 在 298K 时下列电解池发生电解作用

$$Pt(s)\left|\begin{matrix}CdCl_2(1.0mol\cdot kg^{-1})\\NiSO_4(1.0mol\cdot kg^{-1})\end{matrix}\right|Pb(s)$$

问当外加电压逐渐增加时，两极上首先分别发生什么反应？这时外加电压至少为多少？（设活度系数为 1，并不考虑超电势）

答：阴极析出 Ni，阳极析出 $O_2(g)$；$E_{分解}=1.072V$

25. 在 298K、$p^{\ominus}$压力下，以 Pt 为阴极，C(石墨）为阳极，电解含 $CdCl_2(0.01mol\cdot kg^{-1})$ 和 $CuCl_2(0.02mol\cdot kg^{-1})$ 的水溶液，若电解过程中超电势忽略不计，试问（设活度系数均为 1）

（1）何种金属先在阴极上析出？

（2）第二种金属析出时，至少需要加多少电压？

（3）当第二种金属析出时，第一种离子在溶液中的浓度为多少？

（4）事实上，$O_2(g)$ 在石墨上是有超电势的。若超电势为 0.6V，则阳极上首先应发生什么反应？

答：（1）铜(s）析出；（2）$E_{分解}=1.069V$；（3）$b_{Cu^{2+}}=9.10\times10^{-28}mol\cdot kg^{-1}$；（4）$Cl_2(g)$ 先析出

26. 金属的电化学腐蚀是金属作原电池的阳极而被氧化的，在不同的 pH 值条件下，原电池中的还原作用可能有下列几种：

酸性条件 $2H_3O^+ + 2e^- \longrightarrow 2H_2O + H_2(p^{\ominus})$

$O_2(p^{\ominus}) + 4H^+ + 4e^- \longrightarrow 2H_2O$

碱性条件 $O_2(p^{\ominus}) + 2H_2O + 4e^- \longrightarrow 4OH^-$

所谓金属腐蚀是指金属表面附近能形成离子的浓度至少为 $1\times10^{-6}mol\cdot kg^{-1}$。现有如下 6 种金属 Au、Ag、Cu、Fe、Pb 和 Al，试问哪些金属在下列 pH 条件下会被腐蚀？

（1）强酸性溶液 pH=1；（2）强碱性溶液 pH=14；（3）微酸性溶液 pH=6；（4）微碱性溶液 pH=8。

所需的 $E^{\ominus}$ 值自己查阅，设所有的活度系数均为 1。

答：略

第八章

统计热力学初步

第一节　有关知识

1. 统计热力学研究的对象

热力学的研究对象是含有大量粒子的宏观系统。以实验归纳出的三个定律为基础，讨论平衡系统的宏观性质及其之间的相关关系，进而预示过程自动进行的方向和限度。热力学方法不涉及物质的微观结构和微观运动状态，因此只能得到联系各种宏观性质的一般规律而不能揭示物质的特性。

统计热力学是以由大量微观粒子构成的宏观系统作为研究对象，从系统内部粒子的微观结构及微观运动状态出发，以粒子普遍遵循的力学定律为基础，用统计平均的方法直接推求大量粒子运动的宏观性质，从微观的角度揭示了宏观性质的本质，弥补了热力学的不足，两者彼此联系，相互补充，统计热力学是联系物质系统的微观性质与宏观性质的桥梁。

2. 统计热力学研究系统的分类

统计热力学中将聚集在气体、液体、固体中的分子、原子、离子等统称为粒子，或简称为子。按照粒子间相互作用，把系统区分为独立子系统和相依子系统。粒子间相互作用可以忽略的系统称为独立子系统，或准确地称为近独立子系统，如理想气体。粒子相互作用不能忽略的系统称为相依子系统，如真实气体、液体等。

按照粒子运动情况，把系统区分为离域子系统和定域子系统。离域子系统的粒子处于混乱的运动状态，它们没有固定的位置，因此各粒子无法彼此分辨，所以离域子系统又称为等同粒子系统。气体、液体就是离域子系统。定域子系统的粒子有固定的平衡位置，运动是定域化的，每个位置可以想象给予编号加以区别，所以定域子系统又称为可别粒子系统。固体就是定域子系统。

3. 微观状态的描述

通常所说的系统处于一定的状态，指的是系统的宏观状态，此时系统的宏观性质均有确定的值。然而组成系统的微观粒子仍在不断地运动着，系统的微观状态仍在不断地发生变化。因此用量子力学的方法来描述系统所处的微观状态。

量子力学认为同种粒子是不可区分的，粒子具有波粒二象性，粒子不可能同时具有确定的坐标和动量。因此粒子的微观运动状态只能用量子力学的波函数 ψ 来描述，每一个 ψ_i 的数值代表粒子一个可能的微观状态，这种微观状态也称为量子状态或量子态。通过解微观粒子所遵守的薛定谔方程，可得到粒子的波函数 ψ_i 及与其相对应的能级 ε_i。从粒子的能级表达式可知粒子的能级（即能量）是量子化的，如果同一个能级有 g_i 个量子态与之对应，则称此能级是简并的，简并度为 g_i，如 $g_i=1$ 则称能级是非简并的。量子力学用波函数 ψ_i、能级 ε_i、简并度 g_i 描述粒子的微观状态，并有一套量子数来决定 ψ_i、ε_i 和 g_i。系统的微观状态也是一种量子态，用系统的波函数来描述。如果忽略粒子间的相互作用，此时可以用每个粒子的波函数的乘积来描述系统的状态，而粒子的能量是粒子各种运动的能量之和，简并度具有乘积形式。因此粒子的运动状态发生变化，系统的微观状态也相应地发生变化。

第二节　统计热力学的基本假设

1. 各种微观状态按一定的概率出现

统计热力学所研究的系统是由大量粒子构成的，而粒子的微观状态是在不断地变化的，因此系统的微观状态也处在瞬息万变中，这种微观状态的变化是宏观条件所不能控制的，它们在某一时刻可能出现，也可能不出现。即在一定的宏观条件下，系统的各个微观运动状态各以一定数学概率出现。

2. 宏观量是个微观状态相应的微观量的统计平均值

系统的宏观量都是在一定的观测时间范围内的平均值。即使观测的时间很短，但由于系统的微观状态瞬息万变，在这很短的时间内，系统的各种微观状态都有可能全部出现。因此，系统在一段时间内观测的宏观量，等于相应的微观量所对应的微观量的平均值，称为平均值定理。而非力学量在微观上没有对应的微观量，它可以在力学量的计算的基础上，与热力学结果相对比而得到。

设物理量 B，微观状态 i 相对应的微观量为 B_i，则有

$$B=\langle B\rangle=\sum_i B_i P_i \tag{8.1}$$

式中，$\langle\rangle$代表统计平均；P_i 代表微观状态 i 出现的概率。

式(8.1) 就是统计热力学的桥梁作用，将宏观性质与微观性质联系起来。B_i 一般不等于 $\langle B\rangle$，而是在附近波动，这种现象称为涨落。这种涨落在实际中是观测不到的，那是因为系统中所含的粒子数十分巨大，且微观状态的变化又十分迅速。

3. 等概率定理

对于热力学平衡状态的隔离系统，其所有的各个微观状态都有相同的概率。这个定理是无法证明的，正确性已被大量统计热力学的推论和与实际情况的一致性得到验证。

设一个隔离系统（U、V、N 恒定的系统），Ω 代表系统的总的微观状态数，对于每个微观状态 1、2、…出现的数学概率为

$$P_1=P_2=P_3=\cdots=\frac{1}{\Omega} \tag{8.2}$$

4. 玻尔兹曼熵定理

$$S=k\ln\Omega \tag{8.3}$$

式(8.3) 称为玻尔兹曼熵定理，S 是隔离系统的熵，Ω 是系统的总的微观状态数，k 是玻尔兹曼常数。

由热力学可知，隔离系统中一切自发过程系统的熵总是增加的，达到平衡时，系统的熵达到最大值。由式(8.3) 可得隔离系统中一切自发过程，都是从概率小的向概率大的方向进行，从微观状态数小的向微观状态数大的方向进行，达到平衡时系统的总的微观状态数达到最大。

第三节　能级分布、状态分布

1. 能级分布

对 U、N、V 确定的独立子系统，能级分布是指粒子在许可各能级（ε_0，ε_1，ε_2，…，ε_i，…，ε_n）上的分布。

例如

$$\begin{array}{ll} \text{能级} & \varepsilon_0,\varepsilon_1,\varepsilon_2,\cdots,\varepsilon_i,\cdots,\varepsilon_n \\ \text{能级的简并度} & g_0,g_1,g_2,\cdots,g_i,\cdots,g_n \\ \text{粒子的分布数} & n_0,n_1,n_2,\cdots,n_i,\cdots,n_n \end{array} \tag{8.4}$$

式(8.4) 说明在简并度为 g_i、能量为 ε_i 的能级上分子数为 n_i。这种分布称为能级分布。对于每种能级分布必须满足

$$N=\sum_i n_i \tag{8.5}$$

$$U=\sum_i n_i\varepsilon_i \tag{8.6}$$

如在量子态上分布，则为

$$\begin{array}{ll} \text{量子态的能级} & \varepsilon_0,\varepsilon_1,\varepsilon_2,\cdots,\varepsilon_j,\cdots,\varepsilon_n \\ \text{粒子的分布数} & n_0,n_1,n_2,\cdots,n_j,\cdots,n_n \end{array} \tag{8.7}$$

每种量子态分布必须满足

$$N=\sum_j n_j \tag{8.8}$$

$$U=\sum_j n_j\varepsilon_j \tag{8.9}$$

由此可知，能级分布是指在粒子数和能量守恒的条件下能级上所拥有粒子的数量。

2. 状态分布

所谓状态分布指的是粒子如何分布在各个能级对应的每个量子态上。能级分布只说明在各个能级上分布的粒子数，在能级有简并或粒子可以区别的情况下，同一能级分布还可以对应于多种不同的状态分布。要描述一种能级分布 D 就需要 W_D 套状态分布来表示各个量子态上的粒子数。也就是说，一种能级分布 D 有着一定的微态数 W_D，则全部能级分布的微态数之和即为系统的总微态数 Ω。统计热力学中称 W_D 为能级分布 D 的热力学概率。粒子的量子态简称微态，系统的微态则用系统中各粒子的量子态来描述，全部粒子的量子态确定之后，系统的微态即已确定。若将状态分布按能级种类及各能级上的粒子数目来归类，即得出能级分布。显然，若某能级简并度为 1，该能级分布只对应于一种状态分布。一个简单系统的能级分布与状态分布间的关系及每种能级分布出现的概率见表 8.1 和表 8.2。

表 8.1 能级分布

许可能级	$\varepsilon_0=\frac{1}{2}h\nu$	$\varepsilon_1=\frac{3}{2}h\nu$	$\varepsilon_2=\frac{5}{2}h\nu$	$\varepsilon_3=\frac{7}{2}h\nu$
A 型分布	$n_0=0$	$n_1=3$	$n_2=0$	$n_3=0$
B 型分布	$n_0=2$	$n_1=0$	$n_2=0$	$n_3=1$
C 型分布	$n_0=1$	$n_1=1$	$n_2=1$	$n_3=0$

表 8.2 能级分布的状态分布（系统总的微态数为 10）

能级分布类型	许可能级	$\varepsilon_0=\frac{1}{2}h\nu$	$\varepsilon_1=\frac{3}{2}h\nu$	$\varepsilon_2=\frac{5}{2}h\nu$	$\varepsilon_3=\frac{7}{2}h\nu$
A 型能级分布	状态分布		a,b,c		
	微态数 能级分布的概率	1 1/10=0.1			
B 型能级分布	状态分布	a,b a,c b,c			c b a
	微态数 能级分布的概率	3 3/10=0.3			
C 型能级分布	状态分布	a a b b c c	b c a c a b	c b c a b a	
	微态数 能级分布的概率	6 6/10=0.6			

能级为 $\varepsilon=\left(\upsilon+\frac{1}{2}\right)h\nu$，是非简并的，三个粒子可以区别为 a，b，c，在满足 $U=\frac{9}{2}h\nu$ 和 $N=3$ 的条件下，每种能级分布的微态数和出现的概率是不同的。

3. 分布的概率

对 U、V、N 确定的近独立定域子系统，N 个可别粒子分布在许可能级 ε_i 上，任何能级的分布数为 n_i，能级的简并度为 g_i，能级分布 D 的微态数为 W_D。根据排列组合原理可得

$$W_D=\frac{N!}{\prod_i n_i!}\times\prod_i g_i^{n_i}=N!\prod_i\frac{g_i^{n_i}}{n_i!} \tag{8.10}$$

如果是离域子系统，则能级分布 D 的微态数为 W_D 为

$$W_D=\prod_i\frac{(n_i+g_i-1)!}{n_i!\times(g_i-1)!} \tag{8.11}$$

如果 $n_i\ll g_i$，上式可以简化，得

$$W_D=\prod_i\frac{(n_i+g_i-1)!}{n_i!\times(g_i-1)!}\approx\prod\frac{g_i^{n_i}}{n_i!} \tag{8.12}$$

4. 系统的总微态数

在 N、U、V 确定的情况下，系统的总微态数是各种可能的分布方式具有的微态数之和。即

$$\Omega=\sum_D W_D \tag{8.13}$$

由于 N、U、V 确定的系统能级分布是确定的，各分布方式的微态数 W_D 也可选用前面的公式进行计算，所以 Ω 也应当有定值。因此，Ω 可表示为系统 N、U、V 的函数，即

$$\Omega=\Omega(N,U,V) \tag{8.14}$$

系统的 N、U、V 确定后，状态已完全确定，所以 Ω 为系统的一个状态函数。并通过式(8.3) 与系统的熵相联系。

第四节　玻尔兹曼分布

1. 最概然分布

N、U、V 确定的系统，其总的微观状态数等于系统的各种分布微观状态之和，根据式(8.13)精确地求算系统的总的微观状态数是不可能的，也是不必要的。如表 8.2 所示，C 型分布出现的概率最大，在大量的粒子组成的系统中，虽然分布类型很多，但是只有一种分布类型出现的概率最大，所拥有的微观状态最多，此种分布称为最概然分布。最概然分布的基本特点是：在含有大量粒子的系统中，最概然分布代表了一切可能的分布。为了说明这个特点，举下例说明。

设某独立可别粒子系统中有 N 个粒子分布于同一能级的 A、B 两个量子态上。当量子态 A 上的粒子数为 M 时，量子态 B 上的粒子数为 $(N-M)$。因粒子可以区别，故上述分布方式的微态数为

$$W_D=\frac{N!}{M!\ (N-M)!} \tag{8.15}$$

总的微观状态数 Ω 可表示为

$$\Omega=\sum_{M=0}^{N}W_D=\sum_{M=0}^{N}\frac{N!}{M!\ (N-M)!} \tag{8.16}$$

根据二项式定理可以求 Ω。二项式定理表示为

$$(x+y)^N=\sum_{M=0}^{N}\frac{N!}{M!\ (N-M)!}x^M y^{N-M} \tag{8.17}$$

令 $x=1$，$y=1$，由式(8.17) 可得

$$2^N=\sum_{M=0}^{N}\frac{N!}{M!\ (N-M)!}=\Omega \tag{8.18}$$

二项式中系数最大则是最概然分布，此时 $N=M=\dfrac{N}{2}$，其热力学概率 W_{B} 为

$$W_{\mathrm{B}}=\frac{N!}{(N/2)!\ (N/2)!} \tag{8.19}$$

斯特林公式

$$N!=\left(\frac{N}{e}\right)^N(2\pi N)^{1/2} \tag{8.20}$$

将式(8.20) 代入式(8.19) 中，可得

$$W_{\mathrm{B}}=2^N\sqrt{\frac{2}{\pi N}}$$

最概然分布的概率为

$$P_{\mathrm{B}}=\frac{W_{\mathrm{B}}}{\Omega}=\sqrt{\frac{2}{\pi N}} \tag{8.21}$$

将 $N=10^{24}$ 代入式(8.21)，得 $P_{\mathrm{B}}\approx 8\times 10^{-13}$。

由此可见，在系统中最概然分布出现的概率也是很小很小，又如何理解最概然分布可以代替系统的一切可能的分布呢?

设有一个分布，它的分布数仅对最概然分布有一个极其微小的偏差 m，这个分布的概率 P 为

$$P=\frac{\dfrac{N!}{\left(\dfrac{N}{2}-m\right)!\left(\dfrac{N}{2}+m\right)!}}{2^{N}}$$

应用式(8.20)，可得

$$P=\frac{1}{2\pi}\sqrt{\frac{N}{\left(\dfrac{N}{2}-m\right)\left(\dfrac{N}{2}+m\right)}}\times\frac{1}{\left(1-\dfrac{2m}{N}\right)^{\frac{N}{2}-m}\left(1+\dfrac{2m}{N}\right)^{\frac{N}{2}+m}}$$

在 $m\ll N$ 的条件下，上式可以进一步简化为

$$P=\sqrt{\frac{2}{\pi N}}e^{-\frac{2m^2}{N}} \tag{8.22}$$

选择 m 从 $-2\sqrt{N}$ 变到 $+2\sqrt{N}$，在这个范围内对式(8.22) 求所有分布的总概率之和。令 $x=\sqrt{\dfrac{2}{N}}m$，则 $\mathrm{d}m=\sqrt{\dfrac{N}{2}}\mathrm{d}x$，$m_1=-2\sqrt{N}$，$x_1=-2\sqrt{2}$，$m_2=2\sqrt{N}$，$x_2=2\sqrt{2}$，式(8.22)可简化为

$$\sum_{m=-2\sqrt{N}}^{+2\sqrt{N}}\sqrt{\frac{2}{\pi N}}\mathrm{e}^{-\frac{2m^2}{N}}=\int_{-2\sqrt{2}}^{2\sqrt{2}}\frac{1}{\sqrt{\pi}}\mathrm{e}^{-x^2}\mathrm{d}x=0.99993$$

这个结果表明，当粒子数 $N=10^{24}$ 时，分布数在 $M=\dfrac{N}{2}-2\sqrt{N}$ 至 $\dfrac{N}{2}+2\sqrt{N}$ 范围内，即在 $5\times10^{23}-2\times10^{12}$ 至 $5\times10^{23}+2\times10^{12}$ 的极为狭小范围内，各种分布的概率之和已经非常接近于系统的全部分布所具有的概率之和。由于 m 偏离最概然分布数 $\dfrac{N}{2}$ 是如此之小，这种分布的状态分布数 $M=4.99999999998\times10^{23}$ 到 $5.00000000002\times10^{23}$ 与最概然分布的状态分布数 $M=\dfrac{N}{2}=5\times10^{23}$ 在实质上并无区别。因此，当 N 足够大时，最概然分布可以代表系统的一切分布。

对于 U、V、N 确定的系统达平衡时，粒子的分布方式几乎不随时间变化，这种分布称为平衡分布，最概然分布另一个重要的特点是，虽然其出现的概率随粒子数的增大而减小，但是 $\ln W_{\mathrm{B}}$ 与 $\ln\Omega$ 之比却是随粒子数的增大而趋近于 1。

式(8.18) 的求和是对系统中的 $N+1$ 种分布类型求和，假设其中的每种分布类型都用最概然分布代替，则有如下关系式

$$W_{\mathrm{B}}\leqslant\Omega\leqslant(N+1)W_{\mathrm{B}} \tag{8.23}$$

因 N 是很大的数，所以式(8.23) 可简化为

$$W_{\mathrm{B}}\leqslant\Omega\leqslant NW_{\mathrm{B}}$$

$$\ln W_{\mathrm{B}} \leqslant \ln \Omega \leqslant \ln N + \ln W_{\mathrm{B}} \tag{8.24}$$

对式(8.19)取对数，并应用斯特林公式

$$\ln W_{\mathrm{B}} = \ln \frac{N!}{\left(\frac{N}{2}\right)!\left(\frac{N}{2}\right)!} = \ln \frac{\sqrt{2\pi N}\left(\frac{N}{\mathrm{e}}\right)^{N}}{\sqrt{\pi N}\left(\frac{N}{2\mathrm{e}}\right)^{\frac{N}{2}}\sqrt{\pi N}\left(\frac{N}{2\mathrm{e}}\right)^{\frac{N}{2}}}$$

$$= \ln\left(\sqrt{\frac{2}{\pi N}} \times 2^{N}\right) = \ln\sqrt{\frac{2}{\pi N}} + N\ln 2 \tag{8.25}$$

如以 $N=10^{24}$ 代入式(8.25)，可得 $\ln W_{\mathrm{B}}=0.69\times10^{24}$，而 $\ln N=55.2$，因此式(8.24)可表示为

$$\ln W_{\mathrm{B}} \leqslant \ln \Omega \leqslant \ln W_{\mathrm{B}}$$

因此有

$$\ln W_{\mathrm{B}} = \ln \Omega \tag{8.26}$$

最概然分布代表平衡分布，最概然分布也称为玻尔兹曼分布。

2. 玻尔兹曼分布的表述

在 U、N、V 确定的系统中任何一种分布必须在满足式(8.5)及式(8.6)两条件方程的限制下，求出分布的微态数 W_D 的极大值，即为系统的最概然分布的微态数，对应的一套分布数即最概然分布的分布数，也就是平衡分布或玻尔兹曼分布的一套分布数。因 $\ln W_D$ 是 W_D 的单值函数，故 W_D 为极值时 $\ln W_D$ 也是极值，选择 $\ln W_D$ 来求取极值更为方便。

求 W_D 的极大值采用拉格朗日待定乘数法。

定域子系统与离域子系统的 W_D 与各分布数 n_i 有不同的函数关系，现以定域子系统为例作如下推导，所得结果与离域子系统完全相同。

由式(8.10)可知，定域子系统的 W_D 表达式为 $W_D = N!\prod_i \frac{g_i^{n_i}}{n_i!}$，取对数可得

$$\ln W_D = \ln N! + \sum_i (n_i \ln g_i - \ln n_i!) \tag{8.27}$$

当粒子数 N 特别大时，斯特林公式的近似式为

$$\ln N! = N\ln N - N \tag{8.28}$$

将式(8.28)应用于式(8.27)，得

$$\ln W_D = N\ln N - N + \sum_i (n_i \ln g_i - n_i \ln n_i + n_i)$$

$$\ln W_D = N\ln N - N + \sum n_i\left(1 + \ln\frac{g_i}{n_i}\right) \tag{8.29}$$

对最概然分布，$\ln W_D$ 为极大值，因此对式(8.29)求微分得

$$\mathrm{d}\ln W_D = \sum_i\left(\mathrm{d}n_i + \ln\frac{g_i}{n_i}\mathrm{d}n_i - n_i\mathrm{d}\ln n_i\right) = 0$$

$$\sum_i \ln\frac{g_i}{n_i}\mathrm{d}n_i = 0 \tag{8.30}$$

对式(8.5)和式(8.6)求微分得

$$\sum_i \mathrm{d}n_i = 0 \tag{8.31}$$

$$\sum_i \varepsilon_i \mathrm{d}n_i = 0 \tag{8.32}$$

采用拉格朗日待定乘数法，设两待定乘数 α 及 β，分别乘以式(8.31) 和式(8.32)，再与式(8.30) 相加得

$$\sum_i \left(\ln \frac{g_i}{n_i} + \alpha + \beta\varepsilon_i\right) \mathrm{d}n_i = 0 \tag{8.33}$$

在式(8.33) 中，调节两待定乘数 α 及 β，可使 $\mathrm{d}n_i$ 前的全部为零系数，即

$$\ln \frac{g_i}{n_i} + \alpha + \beta\varepsilon_i = 0 \qquad (i=0,1,2,3,\cdots)$$

消去对数，可得

$$n_i = \mathrm{e}^{\alpha} g_i \mathrm{e}^{\beta\varepsilon_i} \tag{8.34}$$

当 n_i 适合式(8.34) 时的分布，其微观状态数最多，即为最概然分布。下面求两待定乘数 α 及 β。

将式(8.34) 代入式(8.5) 得

$$\sum_i \mathrm{e}^{\alpha} g_i \mathrm{e}^{\beta\varepsilon_i} = N$$

$$\mathrm{e}^{\alpha} \sum_i g_i \mathrm{e}^{\beta\varepsilon_i} = N$$

$$\mathrm{e}^{\alpha} = \frac{N}{\sum_i g_i \mathrm{e}^{\beta\varepsilon_i}} \tag{8.35}$$

将式(8.35) 代入式(8.34) 得

$$n_i = \frac{N g_i \mathrm{e}^{\beta\varepsilon_i}}{\sum_i g_i \mathrm{e}^{\beta\varepsilon_i}} \tag{8.36}$$

定义

$$q \overset{\text{def}}{=} \sum_i g_i \mathrm{e}^{\beta\varepsilon_i} \tag{8.37}$$

q 称为粒子的配分函数。

因为 $S = k\ln\Omega = k\ln W_D$，将 $W_D = N!\prod_i \frac{g_i^{n_i}}{n_i!}$ 代入得

$$\begin{aligned} S &= k\left[N\ln N - N + \left(\sum_i n_i \ln g_i - \sum_i n_i \ln n_i + \sum_i n_i\right)\right] \\ &= k\left[N\ln N - N + \left(N - \sum_i n_i \ln \frac{n_i}{g_i}\right)\right] \end{aligned} \tag{8.38}$$

将式(8.36) 整理为 $\frac{n_i}{g_i} = \frac{N\mathrm{e}^{\beta\varepsilon_i}}{\sum_i g_i \mathrm{e}^{\beta\varepsilon_i}} = \frac{N\mathrm{e}^{\beta\varepsilon_i}}{q}$，代入式(8.38) 得

$$\begin{aligned} S &= k\left[N\ln N - N + \left(N - \sum_i n_i \ln \frac{N\mathrm{e}^{\beta\varepsilon_i}}{q}\right)\right] \\ &= k\left(N\ln N - \sum_i n_i \ln \frac{N}{q} - \sum_i n_i \beta\varepsilon_i\right) \\ &= k\left(N\ln N - N\ln \frac{N}{q} - \beta U\right) \end{aligned} \tag{8.39}$$

式中，β 和 q 都是 U 的函数，将式(8.39) 对 U 求偏微分，得

$$\left(\frac{\partial S}{\partial U}\right)_{V,N}=\frac{\partial}{\partial U}(kN\ln q-k\beta U)$$

$$=Nk\left(\frac{\partial \ln q}{\partial U}\right)_{V,N}-k\beta-kU\left(\frac{\partial \beta}{\partial U}\right)_{V,N} \tag{8.40}$$

式中

$$Nk\left(\frac{\partial \ln q}{\partial U}\right)_{V,N}=\frac{Nk}{q}\left(\frac{\partial q}{\partial U}\right)_{V,N}=\frac{Nk}{q}\left(\frac{\partial q}{\partial \beta}\right)_{V,N}\left(\frac{\partial \beta}{\partial U}\right)_{V,N}$$

$$=\frac{Nk}{q}\left[\frac{\partial\left(\sum_i g_i\exp(\beta\varepsilon_i)\right)}{\partial\beta}\right]_{V,N}\left(\frac{\partial \beta}{\partial U}\right)_{V,N}$$

$$=\frac{Nk}{q}\sum_i g_i\varepsilon_i\exp(\beta\varepsilon_i)\left(\frac{\partial \beta}{\partial U}\right)_{V,N}$$

$$=k\sum_i\left[\frac{N}{q}g_i\varepsilon_i\exp(\beta\varepsilon_i)\right]\left(\frac{\partial \beta}{\partial U}\right)_{V,N}$$

$$=k\sum_i(n_i\varepsilon_i)\left(\frac{\partial \beta}{\partial U}\right)_{V,N}$$

$$=kU\left(\frac{\partial \beta}{\partial U}\right)_{V,N} \tag{8.41}$$

将式(8.41) 代入式(8.40) 得

$$\left(\frac{\partial S}{\partial U}\right)_{V,N}=-k\beta \tag{8.42}$$

由$\left(\frac{\partial U}{\partial S}\right)_V=T$ 可得$\left(\frac{\partial S}{\partial U}\right)_V=\frac{1}{T}$，代入式(8.42) 得

$$\beta=-\frac{1}{kT} \tag{8.43}$$

将式(8.43) 代入式(8.36) 得

$$n_i=\frac{Ng_i\mathrm{e}^{-\frac{\varepsilon_i}{kT}}}{\sum_i g_i\mathrm{e}^{-\frac{\varepsilon_i}{kT}}} \tag{8.44}$$

$$n_i=\frac{N}{q}g_i\exp\left(-\frac{\varepsilon_i}{kT}\right) \tag{8.45}$$

如果按量子态进行分布则得

$$n_j=\frac{N\mathrm{e}^{-\frac{\varepsilon_j}{kT}}}{\sum_j \mathrm{e}^{-\frac{\varepsilon_j}{kT}}} \tag{8.46}$$

$$q\overset{\text{def}}{=}\sum_j \mathrm{e}^{-\frac{\varepsilon_j}{kT}} \tag{8.47}$$

式(8.45)、式(8.46) 就是最概然分布的 n_i 表达式，称为平衡分布或玻尔兹曼分布的表达式。式(8.47) 是按量子态求和定义的配分函数，式(8.37) 的定义式 $q\overset{\text{def}}{=}\sum_i g_i\mathrm{e}^{-\frac{\varepsilon_i}{kT}}$ 是按能级求和的配分函数，两者是等效的。

将式(8.29) 求二阶偏导数$\left(\dfrac{\partial^2 \ln W_D}{\partial n_i^2}\right)$，得

$$\frac{\partial \ln W_D}{\partial n_i}=\ln g_i-\ln n_i$$

即

$$\frac{\partial^2 \ln W_D}{\partial n_i^2}=-\frac{1}{n_i}<0$$

故 $\ln W_D$ 的任何一项二阶偏导数均为负值，说明求取的 $\ln W_D$ 是极大值，确实是微态数最大的最概然分布。

由玻尔兹曼分布公式可知，对近独立子系统的平衡分布，某一量子态 j(其能量为 ε_j) 上的粒子分布数 n_j 正比于其玻尔兹曼因子 $e^{-\varepsilon_j/(kT)}$，若能级 i 的简并度为 g_i，说明有 g_i 个量子态具有同一能量ε_i，则分布于能级 i 上的粒子数（即能级 i 的分布数）n_i 正比于该能级的统计权重 g_i 与其玻尔兹曼因子 $e^{-\varepsilon_j/(kT)}$ 的乘积。

由式(8.45) 可以得出任何两个能级 i、k 上分布数 n_i、n_k 之比为

$$\frac{n_i}{n_k}=\frac{g_i e^{-\varepsilon_i/(kT)}}{g_k e^{-\varepsilon_k/(kT)}} \tag{8.48}$$

任一能级 i 上分布的粒子及 n_i 与系统的总粒子数 N 之比为

$$\frac{n_i}{N}=\frac{g_i e^{-\varepsilon_i/(kT)}}{\sum_i g_i e^{-\varepsilon_i/(kT)}}=\frac{g_i e^{-\varepsilon_i/(kT)}}{q} \tag{8.49}$$

所以常将 $g_i e^{-\varepsilon_i/(kT)}$ 称为能级 i 的有效状态数，或称为有效容量。与此类似，能量为 ε_k 的量子态上的有效状态数，或有效容量为 $e^{-\varepsilon_k/(kT)}$。正因为 q 值决定了粒子在各能级上的分布情况，而 g_i 与ε_i 又取决于粒子的性质，故将 q 称为粒子的配分函数。

第五节　玻色-爱因斯坦统计和费米-狄拉克统计

玻尔兹曼统计属于经典统计，系统是由能量连续的、可别的、近独立粒子组成的。根据量子力学原理，粒子的能量是量子化的，对于由奇数个基本粒子组成的原子、分子，它们遵守泡利不相容原理，每个量子态只能容纳一个粒子；而对于由偶数个基本粒子组成的原子、分子，它们不遵守泡利不相容原理，每个量子态所能容纳的粒子数没有限制。由这些等同粒子组成的系统遵守量子统计规律。

1. 玻色-爱因斯坦统计

这种统计适用于量子态所能容纳粒子数没有限制的系统。对某一能级分布 D，先求解任意一个简并度为 g_i 的能级ε_i 上分布 n_i 个粒子的微态数，相当于在一条有方向的直线上串上 n_i 个等同的球，然后用 g_i-1 个等同的隔板分割 n_i 个球有多少种分法。显然是一个 n_i 个等同的球与 g_i-1 个等同的隔板的全排列问题，其方式数为$\dfrac{(n_i+g_i-1)!}{n_i!\times(g_i-1)!}$，所以分布 D 的微态数 W_D 为

$$W_D=\prod_i \frac{(n_i+g_i-1)!}{n_i!\times(g_i-1)!} \tag{8.50}$$

在满足式(8.5)和式(8.6)的条件下，应用拉格朗日不定乘子法和斯特林公式，可以证明其最概然分布为

$$n_i=\frac{g_i}{e^{-\alpha-\beta\varepsilon_i}-1} \tag{8.51}$$

2. 费米-狄拉克统计

这种统计适用于量子态所能容纳粒子数最多只能有1个的系统。对某一能级分布 D，先求解任意一个简并度为 g_i 的能级 ε_i 上分布 n_i 个粒子的微态数，其微态数就是从 g_i 个简并能级取出 n_i 个，然后每个取出的能级中放一个粒子，显然这是一个组合问题，其方式数为 $\frac{g_i!}{n_i!\,(g_i-n_i)!}$，所以分布 D 的微态数 W_D 为

$$W_D=\prod_i\frac{g_i!}{n_i!\,(g_i-n_i)!} \tag{8.52}$$

在满足式(8.5)和式(8.6)的条件下，应用拉格朗日不定乘子法和斯特林公式，可以证明其最概然分布为

$$n_i=\frac{g_i}{e^{-\alpha-\beta\varepsilon_i}+1} \tag{8.53}$$

玻尔兹曼统计式(8.34)可写成

$$n_i=\frac{g_i}{e^{-\alpha-\beta\varepsilon_i}} \tag{8.54}$$

由式(8.51)、式(8.53)、式(8.54)可以看出，三种分布的差别是分母中差一个1，由于 $g_i\gg n_i$，所以 $e^{-\alpha-\beta\varepsilon_i}+1\approx e^{-\alpha-\beta\varepsilon_i}-1\approx e^{-\alpha-\beta\varepsilon_i}$，在这种情况下两种量子统计都还原为玻尔兹曼统计。实验表明，当压力不太高和温度不太低时上述的条件即可满足。因此在通常的情况下，用玻尔兹曼统计都能得到很好的结果。

第六节　粒子配分函数

对于近独立粒子系统，一个粒子的能量是分子的整体运动的能量和分子内部运动的能量的总和，各种能量可以认为是相互独立的。因此粒子配分函数 q 可以表示成代表整体运动的平动和内部运动的转动、振动、电子运动和核运动共五种运动形式配分函数的连乘积，求出各种运动形式的配分函数，即可求出粒子的配分函数。

由配分函数的定义可知，配分函数的值与各能级的能量有关，统计热力学通常规定各种独立运动形式的基态能级作为各自能量的零点，这样常可使处理问题简化。这时配分函数表示为 $q^0=\sum_i g_i e^{-(\varepsilon_i-\varepsilon_0)/(kT)}$，$q$ 与 q^0 的关系为

$$q^0=\sum_i g_i e^{-(\varepsilon_i-\varepsilon_0)/(kT)}=e^{\varepsilon_0/(kT)}\sum_i g_i e^{-\varepsilon_i/(kT)}=q e^{\varepsilon_0/(kT)}$$

即

$$q^0=q e^{\varepsilon_0/(kT)} \tag{8.55}$$

1. 配分函数的析因子性质

独立子系统中粒子的任一能级 i 的能量值 ε_i 可表示成五种运动形式能级的代数和

$$\varepsilon_i=\varepsilon_{t,i}+\varepsilon_{r,i}+\varepsilon_{v,i}+\varepsilon_{e,i}+\varepsilon_{n,i} \tag{8.56}$$

而该能级的统计权重 g_i 则为各种运动形式能级统计权重的连乘积

$$g_i=g_{t,i}\times g_{r,i}\times g_{v,i}\times g_{e,i}\times g_{n,i} \tag{8.57}$$

将式(8.56) 和式(8.57) 代入粒子配分函数 q 的表达式中，得

$$q=\sum_i g_i e^{-\varepsilon_i/(kT)}=\sum_i g_{t,i}g_{r,i}g_{v,i}g_{e,i}g_{n,i}\exp[-(\varepsilon_{t,i}+\varepsilon_{r,i}+\varepsilon_{v,i}+\varepsilon_{e,i}+\varepsilon_{n,i})/(kT)]$$

$$=(\sum_i g_{t,i}e^{\frac{-\varepsilon_{t,i}}{kT}})(\sum_i g_{r,i}e^{\frac{-\varepsilon_{r,i}}{kT}})(\sum_i g_{v,i}e^{\frac{-\varepsilon_{v,i}}{kT}})(\sum_i g_{e,i}e^{\frac{-\varepsilon_{e,i}}{kT}})(\sum_i g_{n,i}e^{\frac{-\varepsilon_{n,i}}{kT}}) \tag{8.58}$$

令

$$q_t=\sum_i g_{t,i}e^{-\varepsilon_{t,i}/(kT)} \quad \text{称为平动配分函数} \tag{8.59}$$

$$q_r=\sum_i g_{r,i}e^{-\varepsilon_{r,i}/(kT)} \quad \text{称为转动配分函数} \tag{8.60}$$

$$q_v=\sum_i g_{v,i}e^{-\varepsilon_{v,i}/(kT)} \quad \text{称为振动配分函数} \tag{8.61}$$

$$q_e=\sum_i g_{e,i}e^{-\varepsilon_{e,i}/(kT)} \quad \text{称为电子运动配分函数} \tag{8.62}$$

$$q_n=\sum_i g_{n,i}e^{-\varepsilon_{n,i}/(kT)} \quad \text{称为核运动配分函数} \tag{8.63}$$

所以式(8.58) 写成

$$q=q_t\cdot q_r\cdot q_v\cdot q_e\cdot q_n \tag{8.64}$$

也可写成

$$q=q_t\cdot q_{内}$$

$q_{内}=q_r\cdot q_v\cdot q_e\cdot q_n$，称为内配分函数。$q$ 称为粒子的全配分函数。

式(8.64) 说明粒子的配分函数 q 可以用各独立运动的配分函数之积表示，这种性质称为配分函数的析因子性质。

2. 平动配分函数的计算

由量子力学可知，当粒子的质量为 m，在边长分别为 a、b、c 的方盒中运动时，粒子的平动能的能级公式为

$$\varepsilon_t=\frac{h^2}{8m}(\frac{n_x^2}{a^2}+\frac{n_y^2}{b^2}+\frac{n_z^2}{c^2}) \tag{8.65}$$

式中，h 为普朗克常数；n_x、n_y、n_z 分别是 x、y、z 轴上的平动量子数，其取值为从 1 到无穷的正整数，因此平动能是量子化的。对同一 ε_t，不同的 n_x、n_y、n_z 的组合数就是 ε_t 的简并度 g_t。

将平动能级公式(8.65) 代入式(8.59) 中，并按量子态求和，即

$$q=\sum_{(n_x,n_y,n_z)} e^{-\frac{h^2}{8m}(\frac{n_x^2}{a^2}+\frac{n_y^2}{b^2}+\frac{n_z^2}{c^2})/(kT)} \tag{8.66}$$

平动量子数 n_x、n_y、n_z 取值为 1 至∞间的正整数，故

$$q_t=\sum_{n_x=1}^{\infty}\sum_{n_y=1}^{\infty}\sum_{n_z=1}^{\infty}\exp\left\{\frac{-h^2}{8m}\left(\frac{n_x^2}{a^2}+\frac{n_y^2}{b^2}+\frac{n_z^2}{c^2}\right)/(kT)\right\}$$

$$=\sum_{n_x=1}^{\infty}\exp\left(-\frac{h^2}{8mkTa^2}n_x^2\right)\sum_{n_y=1}^{\infty}\exp\left(-\frac{h^2}{8mkTb^2}n_y^2\right)\sum_{n_z=1}^{\infty}\exp\left(-\frac{h^2}{8mkTc^2}n_z^2\right)$$

$$=q_{t,x}q_{t,y}q_{t,z} \tag{8.67}$$

式中
$$q_{t,x}=\sum_{n_x=1}^{\infty}\exp\left(-\frac{h^2}{8mkTa^2}n_x^2\right)$$
$$q_{t,y}=\sum_{n_y=1}^{\infty}\exp\left(-\frac{h^2}{8mkTb^2}n_y^2\right) \tag{8.68}$$
$$q_{t,z}=\sum_{n_z=1}^{\infty}\exp\left(-\frac{h^2}{8mkTc^2}n_z^2\right)$$

分别表示在 x、y、z 方向上一维平动子的配分函数。式(8.68) 的三个公式是完全相似的，解其中一个即可。以 $q_{t,x}$ 为例推导如下

设
$$A^2=\frac{h^2}{8mkTa^2}$$

当粒子种类、系统温度及体积几何形状确定后，A 应是常数。对在通常温度和体积条件下的气体来说，$A^2\ll1$，说明式(8.68) $q_{t,x}$ 的各求和项将随着量子数 n_x 的增加极缓慢地减小，因此可以认为是连续的，因而求和可近似用积分来代替，即

$$q_{t,x}=\sum_{n_x=1}^{\infty}\exp\left(-\frac{h^2}{8mkTa^2}n_x^2\right)=\int_1^{\infty}e^{-A^2n_x^2}dn_x=\int_0^{\infty}e^{-A^2n_x^2}dn_x$$

由积分表得
$$\int_0^{\infty}e^{-A^2n_x^2}dn_x=\frac{1}{2A}\sqrt{\pi}$$

所以
$$q_{t,x}=\frac{\sqrt{\pi}}{2A}=\frac{\sqrt{2\pi mkT}}{h}a \tag{8.69}$$

同理
$$q_{t,y}=\frac{\sqrt{2\pi mkT}}{h}b \tag{8.70}$$
$$q_{t,z}=\frac{\sqrt{2\pi mkT}}{h}c \tag{8.71}$$

因 a、b、c 为平动子运动空间的体积 V，故将式(8.69)～式(8.71) 代入式(8.67) 后即得
$$q_t=\left(\frac{2\pi mkT}{h^2}\right)^{3/2}V \tag{8.72}$$

上式即平动配分函数的计算式，说明 q_t 是粒子的质量 m、系统温度 T、体积 V 的函数。在常温下因 $\varepsilon_{t,0}\approx0$，所以 $q_t^0=q_t$。

例 8.1 求 $T=300\text{K}$、$V=10^{-6}\text{m}^3$ 时氩气分子的平动配分函数 q_t。

解： Ar 的原子量 $M=39.948$，故 Ar 分子的质量 $m=39.948\times10^{-3}\text{kg}/(6.022\times10^{23})=6.634\times10^{-26}\text{kg}$，将 m 及 $T=300\text{K}$、$V=10^{-6}\text{m}^3$ 代入式(8.72)，得

$$q_t=\left[\frac{2\times3.1416\times6.634\times10^{-26}\text{kg}\times1.381\times10^{-23}\text{J}\cdot\text{K}^{-1}\times300\text{K}}{(6.626\times10^{-34}\text{J}\cdot\text{s})^2}\right]^{3/2}\times10^{-6}\text{m}^3$$
$$=2.467\times10^{26}$$

3. 转动配分函数的计算

双原子分子的转动能级公式
$$\varepsilon_r=J(J+1)\frac{h^2}{8\pi^2I}\qquad J=0,1,2,\cdots \tag{8.73}$$

式中，J 是转动能级的量子数；I 是转动惯量，对双原子分子，$I=\left(\frac{m_1m_2}{m_1+m_2}\right)r^2$，$m_1$、$m_2$ 是两个原子的质量；r 是两个原子核的距离。转动能级的简并度 $g_r=2J+1$，将式(8.73)及转动能级的统计权重公式 $g_r=(2J+1)$ 代入转动配分函数式(8.60) 得

$$q_r=\sum_i g_{r,i}e^{-\frac{\varepsilon_{r,i}}{kT}}=\sum_{J=0}^{\infty}(2J+1)\exp\left[-J(J+1)\frac{h^2}{8\pi^2 IkT}\right] \tag{8.74}$$

令
$$\Theta_r=h^2/(8\pi^2 Ik) \tag{8.75}$$

Θ_r 数值与粒子的转动惯量 I 有关，称为粒子的转动特征温度。

粒子的 Θ_r 可由光谱数据得出，如 $\Theta_{r,H_2}=85.4K$，$\Theta_{r,N_2}=2.86K$，$\Theta_{r,O_2}=2.07K$，等等。在通常温度条件下，可认为 $T\gg\Theta_r$，所以 q_r 各加和项数值差别不大，求和式可以近似用积分代替，则式(8.74) 可得

$$q_r=\int_0^{\infty}(2J+1)\exp[-J(J+1)\Theta_r/T]\,dJ$$

令 $J(J+1)=x$，则$(2J+1)dJ=dx$，所以

$$q_r=\int_0^{\infty}e^{\Theta_r x/T}dx=\frac{T}{\Theta_r}=\frac{8\pi^2 IkT}{h^2} \tag{8.76}$$

进一步考虑分子的对称数，它是指围绕分子的刚性对称轴旋转一周时出现的相同的几何位置数，用 σ 表示。这时的转动配分函数为

$$q_r=\frac{T}{\sigma\Theta_r}=\frac{8\pi^2 IkT}{\sigma h^2} \tag{8.77}$$

对于非线型多原子分子，可以看成是三维刚性转子，转动配分函数为

$$q_r=\frac{8\pi^2(2\pi kT)kT}{\sigma h^3}(I_xI_yI_z)^{1/2} \tag{8.78}$$

式中，I_x、I_y、I_z 分别是三个主转动惯量。

因 $\varepsilon_{r,0}=0$，所以 $q_r^0=q_r$。

例 8.2 已知 N_2 分子的转动惯量 $I=1.394\times10^{-46}kg\cdot m^2$，试求 N_2 的转动特征温度 Θ_r 及298.15K 时 N_2 分子的转动配分函数 q_r。

解： 将各常数及 N_2 分子的 $I=1.394\times10^{-46}kg\cdot m^2$ 代入式(8.75)，得转动特征温度

$$\begin{aligned}\Theta_r&=h^2/(8\pi^2 Ik)\\&=\frac{(6.626\times10^{-34}J\cdot s)^2}{8\times\pi^2\times1.394\times10^{-46}kg\cdot m^2\times1.381\times10^{-23}J\cdot K^{-1}}=2.89K\end{aligned}$$

N_2 是同核双原子分子，对称数 $\sigma=2$，则转动配分函数为

$$q_r=T/(\Theta_r\sigma)=298.15K/(2.89K\times2)=51.58$$

4. 振动配分函数的计算

先讨论双原子分子，双原子分子只有一种振动频率，并且可看成是简谐振动。分子的振动能级公式为

$$\varepsilon_v=\left(\upsilon+\frac{1}{2}\right)h\nu \tag{8.79}$$

式中，ν 是振动频率；υ 是振动量子数，其取值可以是 0，1，2，…，$\upsilon=0$ 时 $\varepsilon_v=\frac{1}{2}h\nu$，

称为零点能。一维谐振子各能级的统计权重 $g_{v,i}$ 均为 1，将式(8.79) 代入式(8.61)，得

$$q_v = \sum_i g_{v,i} e^{-\varepsilon_{v,i}/(kT)} = \sum_{\upsilon=0}^{\infty} \exp[-(\upsilon+1/2)h\nu/(kT)]$$

$$= \exp[-h\nu/(2kT)] \sum_{\upsilon=0}^{\infty} \exp[-\upsilon h\nu/(kT)] \tag{8.80}$$

式中，$h\nu/k$ 具有温度单位，其值与粒子的振动频率有关，称为粒子的振动特征温度，以符号 Θ_v 表示。即

$$\Theta_v = \frac{h\nu}{k} \tag{8.81}$$

将式(8.81) 代入 q_v 计算式(8.80) 中，即

$$q_v = e^{-\Theta_v/2T} \sum_{\upsilon=0}^{\infty} e^{-\upsilon\Theta_v/T} \tag{8.82}$$

粒子的 Θ_v 可由光谱数据获得，是物质的重要性质之一。例如 $\Theta_{v,H_2}=6100K$，$\Theta_{v,CO}=3084K$，$\Theta_{v,HCl}=4400K$ 等。在通常温度下，$\Theta_v \gg T$，这时所有分子都处于振动的基态能级上，使式(8.82) 求和项中各项数值差别显著，表明振动运动的量子化效应很突出。因此，q_v 求和项不能用积分来代替。

将 q_v 计算式展开，并设 $e^{-\Theta_v/T}=x$，则得

$$q_v = e^{-\Theta_v/2T}(1+e^{-\Theta_v/T}+e^{-2\Theta_v/T}+\cdots)$$

$$= e^{-\Theta_v/2T}(1+x+x^2+\cdots)$$

$0<x<1$，故级数 $1+x+x^2+\cdots=\frac{1}{1-x}$，即

$$q_v = e^{-\Theta_v/2T}\frac{1}{1-x} = e^{-\Theta_v/2T}\frac{1}{1-e^{-\Theta_v/T}} \tag{8.83}$$

将 $q_v^0 = e^{\varepsilon_{v,0}/kT}q_v = e^{h\nu/2kT}q_v = e^{\Theta_v/2T}q_v$ 代入式(8.83) 得：

$$q_v^0 = \frac{1}{1-e^{-\Theta_v/T}} \tag{8.84}$$

当温度较低时，$\Theta_v \gg T$，$q_v^0=1$，这时所有的分子均处在振动的基态能级上。而当 $\Theta_v \ll T$ 时，即量子化不明显时，则 $q_v^0 = q_v = T/\Theta_v$。

对于多原子分子，共有 $3n$ 个自由度，n 是组成分子的原子数。线型分子有 $3n-5$ 个振动自由度，而非线型分子的振动自由度为 $3n-6$，因此，线型分子的配分函数为

$$q_v^0 = \prod_{i=1}^{3n-5} \frac{1}{1-e^{-\Theta_{v,i}/T}} \tag{8.85}$$

非线型分子的配分函数为

$$q_v^0 = \prod_{i=1}^{3n-6} \frac{1}{1-e^{-\Theta_{v,i}/T}} \tag{8.86}$$

5. 电子运动的配分函数

根据式(8.62)，电子运动配分函数为

$$q_e = \sum_i g_{e,i} e^{-\varepsilon_{e,i}/(kT)}$$

$$q_e = g_{e,0} e^{-\varepsilon_{e,0}/(kT)} + g_{e,1} e^{-\varepsilon_{e,1}/(kT)} + g_{e,2} e^{-\varepsilon_{e,2}/(kT)} + \cdots \tag{8.87}$$

当粒子的电子运动全部处于基态时，即电子运动的能级完全没有开放，式(8.87) 所示 q_e 的计算式，求和项中自第二项起均可被忽略，故

$$q_e = g_{e,0} e^{-\varepsilon_{e,0}/(kT)} \tag{8.88}$$

以基态为能量零点时

$$q_e^0 = g_{e,0} \tag{8.89}$$

6. 核运动的配分函数

只考虑核运动全部处于基态的情况。同上所述，可得

$$q_n = g_{n,0} e^{-\varepsilon_{n,0}/(kT)} \tag{8.90}$$

以基态为能量零点时

$$q_n^0 = g_{n,0} \tag{8.91}$$

第七节　系统的热力学函数与配分函数的关系

1. 内能与配分函数的关系

独立子系统的内能由式(8.6) $U=\sum_i n_i \varepsilon_i$ 表示，由玻尔兹曼分布公式(8.45) 可知 $n_i = (N/q) g_i e^{-\varepsilon_i/(kT)}$，则

$$U = \sum_i \frac{N}{q} \varepsilon_i g_i e^{-\varepsilon_i/(kT)} \tag{8.92}$$

按配分函数的定义式(8.37) 可得

$$U = \sum_i \frac{N}{q} \varepsilon_i g_i e^{-\varepsilon_i/(kT)} = \frac{N}{q} kT^2 \left(\frac{\partial q}{\partial T}\right)_V = NkT^2 \left(\frac{\partial \ln q}{\partial T}\right)_V \tag{8.93}$$

上式即独立子系统的内能与配分函数的关系式。

将配分函数的析因子性质代入上式，得

$$U = NkT^2 \left(\frac{\partial \ln(q_t \cdot q_r \cdot q_v \cdot q_e \cdot q_n)}{\partial T}\right)_V \tag{8.94}$$

式(8.94) 中仅 q_t 与系统体积有关，故式(8.94) 可整理得

$$U = NkT^2 \left(\frac{\partial \ln q_t}{\partial T}\right)_V + NkT^2 \frac{d\ln q_r}{dT} + NkT^2 \frac{d\ln q_v}{dT} + NkT^2 \frac{d\ln q_e}{dT} + NkT^2 \frac{d\ln q_n}{dT} \tag{8.95}$$

式中各独立项分别表示粒子的各独立运动形式对内能的贡献，即

$$U_t = NkT^2 \left(\frac{\partial \ln q_t}{\partial T}\right)_V, \quad U_r = NkT^2 \frac{d\ln q_r}{dT}$$

$$U_v = NkT^2 \frac{d\ln q_v}{dT}, \quad U_e = NkT^2 \frac{d\ln q_e}{dT}$$

$$U_n = NkT^2 \frac{d\ln q_n}{dT} \tag{8.96}$$

规定各种运动形式基态能量为零时，系统的热力学能为

$$U^0=NkT^2\left(\frac{\partial \ln q^0}{\partial T}\right)_V \tag{8.97}$$

将 $q^0=qe^{\varepsilon_0/(kT)}$ 代入式(8.87) 中可得

$$U^0=U-N\varepsilon_0 \tag{8.98}$$

式(8.88) 说明系统的热力学能值与能量零点的选择有关。式中 $N\varepsilon_0$ 是系统中全部粒子均处于基态时的能量值，可以认为是系统于 0K 时的内能 U_0，故

$$U^0=U-U_0 \tag{8.99}$$

U^0 同样可表示为粒子各种独立运动对热力学能的贡献之和，即

$$U^0=U_t^0+U_r^0+U_v^0+U_e^0+U_n^0$$

由于电子和核运动一般处于基态，再结合各种运动的 q^0 和 q 的关系，可得

$$U_t^0\approx U_t,\ U_r^0=U_r,\ U_v^0=U_v-\frac{Nh\nu}{2},\ U_e^0=0,\ U_n^0=0$$

将平动配分函数的计算式式(8.72) 代入式(8.96)，得

$$U_t^0=U_t=NkT^2\left(\frac{\partial \ln q_t}{\partial T}\right)_V=NkT^2\frac{\partial}{\partial T}\left[\ln\left(\frac{2\pi mkT}{h^2}\right)^{3/2}V\right]_V$$

故

$$U_t=\frac{3}{2}NkT \tag{8.100}$$

由式(8.100)，当 $N=1\text{mol}L$（阿伏伽德罗常数）时，可知摩尔平动内能为$\frac{3}{2}RT$，相当于每个平动自由度的摩尔能量为$\frac{1}{2}RT$，此结果与能量均分定律相符。这是由于平动能级的量子化效应不明显，可近似为连续变化而产生的。

将转动配分函数的计算式式(8.77) 代入式(8.96)，即得

$$U_r^0=U_r=NkT^2\frac{\mathrm{d}\ln q_r}{\mathrm{d}T}=NkT^2\frac{\mathrm{d}\ln\dfrac{T}{\Theta_r\sigma}}{\mathrm{d}T}$$

故

$$U_r^0=NkT \tag{8.101}$$

双原子分子等线型分子的转动自由度数是 2，所以 1mol 物质每个转动自由度对内能的贡献同样是$\frac{1}{2}RT$，同样因为转动能级在通常情况下量子化效应不明显，故上述结果与能量均分定律结果相符。

将配分函数的计算式(8.84) 代入式(8.96)，即得

$$\begin{aligned}U_v^0&=NkT^2\frac{\mathrm{d}\ln q_v^0}{\mathrm{d}T}=NkT^2\frac{\mathrm{d}\ln\dfrac{1}{1-e^{-\Theta_v/T}}}{\mathrm{d}T}\\&=NkT^2\frac{[-(1-e^{-\Theta_v/T})^{-2}](-e^{-\Theta_v/T})(-\Theta_v)(-T^2)}{(1-e^{-\Theta_v/T})^{-1}}\\&=Nk\Theta_v\frac{e^{-\Theta_v/T}}{1-e^{-\Theta_v/T}}=Nk\Theta_v\frac{1}{e^{\Theta_v/T}-1}\end{aligned} \tag{8.102}$$

在通常情况下，$\Theta_v\gg T$，振动能级的量子化效应比较突出。由上式可知，$\Theta_v/T\gg 1$ 时，

$U_v^0 \approx 0$，说明相对于基态而言，粒子的振动对系统的内能基本上没有贡献。

如果系统的温度很高，或Θ_v很小，使$\Theta_v \ll T$或$\Theta_v/T \ll 1$，则$e^{\Theta_v/T}$按级数展开后就可以简化。因

$$e^{\Theta_v/T}=1+\frac{\Theta_v}{T}+\left(\frac{\Theta_v}{T}\right)^2\frac{1}{2!}+\left(\frac{\Theta_v}{T}\right)^3\frac{1}{3!}+\cdots$$

在$\Theta_v/T \ll 1$时，上式中从第三项开始均可忽略

$$e^{\Theta_v/T}=1+\frac{\Theta_v}{T}$$

则代入式(8.96)，得

$$U_v^0=Nk\Theta_v\frac{1}{e^{\Theta_v/T}-1}\approx Nk\Theta_v\frac{1}{1+\dfrac{\Theta_v}{T}-1}=NkT$$

对 1mol 物质而言，上式可得$U_v^0=RT$，说明$\Theta_v \ll T$时，即各振动能级量子化效应不明显情况下，粒子的振动对系统内能的贡献也符合能量均分定律。

综上所述，对单原子气体，可不予考虑转动及振动运动，当粒子的电子运动与核运动均处于基态时，其摩尔内能U应为$U_t+U_e+U_n$，所以单原子气体的摩尔内能为

$$U=\frac{3}{2}RT+U_0 \tag{8.103}$$

对双原子气体，需考虑粒子的转动及振动。如果振动能级没有得到充分开放，即量子化效应比较明显，则根据$U=U_t+U_r+U_v+U_e+U_n$，可得双原子气体的摩尔内能为

$$U=\frac{5}{2}RT+U_0 \quad (U_v^0 \approx 0) \tag{8.104}$$

若系统处于振动能级量子效应不突出，振动能级也可以认为得到充分开放的情况下，则因摩尔振动内能$U_v^0=RT$，故可得双原子气体的摩尔内能为

$$U=\frac{7}{2}RT+U_0 \quad (U_v^0=RT)$$

2. 熵与配分函数的关系

由玻尔兹曼熵定理得出$S=k\ln\Omega=k\ln W_B$。现以离域子系统为例导出熵与配分函数的关系。离域子系统在N、U、V确定的条件下，最概然分布的微态数为$W_B=\prod_i \frac{g_i^{n_i}}{n_i!}$，取对数得

$$\ln W_B=\sum_i(n_i\ln g_i-\ln n_i!) \tag{8.105}$$

应用斯特林公式$\ln N!=N\ln N-N$以及玻尔兹曼分布的数学式$n_i=\frac{N}{q}g_i e^{-\varepsilon_i/(kT)}$代入式(8.100)，得

$$\begin{aligned}\ln W_B&=\sum_i(n_i\ln g_i-n_i\ln n_i+n_i)\\&=\sum_i\left(n_i\ln g_i-n_i\ln\frac{N}{q}-n_i\ln g_i+\frac{n_i\varepsilon_i}{kT}+n_i\right)\\&=\sum_i\left(n_i\ln\frac{q}{N}+\frac{n_i\varepsilon_i}{kT}+n_i\right)\\&=N\ln\frac{q}{N}+\frac{U}{kT}+N\end{aligned} \tag{8.106}$$

将式(8.106)代入 $S=k\ln W_B$ 中，即得离域子系统的 S 与 q 间关系为

$$S=Nk\ln\frac{q}{N}+\frac{U}{T}+Nk\text{（离域子系统）} \tag{8.107}$$

如果用配分函数 q 与 q^0 的关系代入上式，可得出

$$S=Nk\ln\frac{q^0}{N}+\frac{U^0}{T}+Nk\text{（离域子系统）} \tag{8.108}$$

用同样的方法可导出定域子系统熵的统计热力学表达式，为

$$S=Nk\ln q+\frac{U}{T}\text{（定域子系统）} \tag{8.109}$$

$$S=Nk\ln q+\frac{U^0}{T}\text{（定域子系统）} \tag{8.110}$$

由此可知，系统的熵值与能量零点的选择无关。

3. 统计熵与量热熵

在热力学中以第三定律为基础，从量热实验数据求得的理想气体在298.15K、$p^{\ominus}$下的标准熵称为量热熵。而从分子的结构数据，用统计热力学的方法计算的熵称为统计熵。见表8.3。从表中可以看出，大部分物质的量热熵和统计熵在数值上能很好地符合，这就说明了统计热力学处理的正确性。但是对某些气体来说，两者的差值超出了实验误差范围，统计熵与量热熵的差值称为残余熵，如CO、NO、N_2O等气体。这是由于量热熵是以绝对零度时晶体内部已达平衡为基础的，此时晶体中应严格按照一致性的取向进行排列，即 $W_0=1$，$S_0=0$。但对某些物质，如CO，在温度趋近于零时晶体的内部没有达到平衡，系统中的某些无序因素被冻结，在晶体中CO分子都有两种可能的取向，即CO或OC的形式，在熔点形成晶体时，这两种取向的能级差很小，根据玻尔兹曼统计可知 $e^{-\frac{\Delta\varepsilon}{kT}}\approx 1$，两种取向排列的CO分子数基本相同，一个CO分子有两种取向，1mol晶体应有 2^N 种构型方式，故 $W_0=2^N$，构型熵为 $R\ln 2=5.77\text{J}\cdot\text{mol}^{-1}\cdot\text{K}^{-1}$。但在晶体中CO的两种取向并非完全相等，故构型熵与残余熵还有些偏差。由此可见量热熵不十分准确，而统计熵才是正确的。

表8.3 某些物质298.15K的 $S_m^{\ominus}$（统计）和 $S_m^{\ominus}$（量热）

物质	$S_m^{\ominus}$(统计)/$\text{J}\cdot\text{mol}^{-1}\cdot\text{K}^{-1}$	$S_m^{\ominus}$(量热)/$\text{J}\cdot\text{mol}^{-1}\cdot\text{K}^{-1}$
Ne	146.34	146.6
N_2	191.59	192.0
O_2	205.15	205.14
HCl	186.88	186.3
HI	206.80	206.59
Cl_2	223.16	223.07
SO_2	247.99	249.9
CH_3Cl	234.22	234.1
CO	197.95	193.3
NO	211.00	207.9

4. 其他热力学函数与配分函数的关系

由热力学能和熵与粒子的配分函数的关系式，结合热力学中各个热力学函数的定义，可以

得到独立粒子系统的其他热力学函数与配分函数的关系式。现将它们与热力学能和熵的表达式一起列入表 8.4。

表 8.4 近独立粒子系统的热力学函数与配分函数的关系

近独立定域粒子系统	近独立离域粒子系统
$U=NkT^2\left(\frac{\partial \ln q}{\partial T}\right)_{V,N}$	$U=NkT^2\left(\frac{\partial \ln q}{\partial T}\right)_{V,N}$
$S=Nk\ln q+\frac{U}{T}$	$S=Nk\ln\frac{q}{N}+\frac{U}{T}+Nk$
$H=NkT^2\left(\frac{\partial \ln q}{\partial T}\right)_V+NkTV\left(\frac{\partial \ln q}{\partial V}\right)_T$	$H=NkT^2\left(\frac{\partial \ln q}{\partial T}\right)_V+NkTV\left(\frac{\partial \ln q}{\partial V}\right)_T$
$A=-kT\ln q^N$	$A=-kT\ln(q^N/N!)$
$G=-kT\ln q^N+NkTV\left(\frac{\partial \ln q}{\partial V}\right)_T$	$G=-kT\ln(q^N/N!)+NkTV\left(\frac{\partial \ln q}{\partial V}\right)_T$
$C_V=\frac{\partial}{\partial T}\left[NkT^2\left(\frac{\partial \ln q}{\partial T}\right)_V\right]_V$	$C_V=\frac{\partial}{\partial T}\left[NkT^2\left(\frac{\partial \ln q}{\partial T}\right)_V\right]_V$
$p=NkT\left(\frac{\partial \ln q}{\partial V}\right)_{T,N}$	$p=NkT\left(\frac{\partial \ln q}{\partial V}\right)_{T,N}$
$\mu=-LkT\ln q$	$\mu=-LkT\ln\frac{q}{N}$

这些关系式概括起来有两个基本特点：一是复合函数中均包括内能项，故复合函数值必与能量零点的选择有关；二是复合函数 A、G 中包含有熵，离域子系统与定域子系统有着不同的函数关系。

将各种运动的配分函数代入表 8.4 中可得各种运动对各热力学函数的贡献。

第八节 统计热力学对理想气体的应用

1. 理想气体的热力学能和压力

理想气体属于近独立离域子系统，因此其配分函数可表示为 $q=q_V q_{内}$，而内配分函数与体积无关，所以

$$q=\frac{(2\pi mkT)^{3/2}}{h^3}Vq_{内}=Vf(T) \tag{8.111}$$

将式(8.111) 代入表 8.4 中的热力学能表达式，得

$$U=NkT^2\left(\frac{\partial \ln q}{\partial T}\right)_{V,N}=NkT^2\frac{\mathrm{d}\ln f(T)}{\mathrm{d}T} \tag{8.112}$$

式(8.112) 表明理想气体的热力学能只是温度的函数。

将式(8.111) 代入表 8.4 中的压力表达式，得

$$p=NkT\left(\frac{\partial \ln q}{\partial V}\right)_{T,N}=NkT\frac{1}{V}$$

即

$$pV=NkT \tag{8.113}$$

因 $N/L=n$，$k=R/L$，代入式(8.113) 中可得 $pV=nRT$。

2. 理想气体的热容

根据恒容摩尔热容的定义有

$$C_{V,\mathrm{m}}=\left(\frac{\partial U_{\mathrm{m}}}{\partial T}\right)_V=\frac{\partial}{\partial T}\left[RT^2\left(\frac{\partial \ln q}{\partial T}\right)_V\right]_V \tag{8.114}$$

再将 $q=q^0\mathrm{e}^{-\varepsilon_0/(kT)}$ 代入式(8.114) 中得

$$C_{V,\mathrm{m}}=\left(\frac{\partial U_{\mathrm{m}}}{\partial T}\right)_V=\frac{\partial}{\partial T}\left[RT^2\left(\frac{\partial \ln q^0}{\partial T}\right)_V\right]_V \tag{8.115}$$

对单原子分子只有平动、电子运动和核运动，而没有转动和振动，因此，单原子的配分函数为

$$q^0=q_{\mathrm{t}}^0\cdot q_{\mathrm{e}}^0\cdot q_{\mathrm{n}}^0=\left(\frac{2\pi mkT}{h^2}\right)^{3/2}Vg_{\mathrm{e},0}g_{\mathrm{n},0} \tag{8.116}$$

在电子未被激发的温度下，只有平动运动对热容有贡献，将式(8.116) 代入式(8.115) 得

$$C_{V,\mathrm{m}}=\frac{\partial}{\partial T}\left(\frac{3}{2}RT\right)_V=\frac{3}{2}R \tag{8.117}$$

对双原子分子其配分函数为

$$q^0=q_{\mathrm{t}}^0\cdot q_{\mathrm{r}}^0\cdot q_{\mathrm{v}}^0\cdot q_{\mathrm{e}}^0\cdot q_{\mathrm{n}}^0=\left(\frac{2\pi mkT}{h^2}\right)^{3/2}V\times\frac{8\pi^2 IkT}{\sigma h^2}\times\frac{1}{1-\mathrm{e}^{-\frac{h\nu}{kT}}}\times g_{\mathrm{e},0}\times g_{\mathrm{n},0} \tag{8.118}$$

双原子分子在转动激发、但振动和电子不激发的温度下，只有平动、转动运动对热容有贡献，将式(8.118) 代入式(8.115)

$$C_{V,\mathrm{m}}=\frac{\partial}{\partial T}\left(\frac{3}{2}RT+RT\right)_V=\frac{5}{2}R \tag{8.119}$$

3. 理想气体的熵

理想气体的熵的表达式为 $S=Nk\ln\frac{q}{N}+\frac{U}{T}+Nk$，将 $q=q^0\mathrm{e}^{-\varepsilon_0/(kT)}$ 代入可得

$$S=Nk\ln\frac{q^0}{N}+\frac{U^0}{T}+Nk \tag{8.120}$$

将式(8.118) 代入式(8.120)，可得各独立运动的熵，可表示为

$$\begin{aligned}&S_{\mathrm{t}}=Nk\ln\frac{q_{\mathrm{t}}^0}{N}+\frac{U_{\mathrm{t}}^0}{T}+Nk, \quad S_{\mathrm{r}}=Nk\ln q_{\mathrm{r}}^0+\frac{U_{\mathrm{r}}^0}{T}\\&S_{\mathrm{v}}=Nk\ln q_{\mathrm{v}}^0+\frac{U_{\mathrm{v}}^0}{T}, \qquad S_{\mathrm{e}}=Nk\ln q_{\mathrm{e}}^0+\frac{U_{\mathrm{e}}^0}{T}\\&S_{\mathrm{n}}=Nk\ln q_{\mathrm{n}}^0+\frac{U_{\mathrm{n}}^0}{T}\end{aligned} \tag{8.121}$$

将平动配分函数式(8.72) 代入式(8.121) 的 $S_{\mathrm{t}}=Nk\ln\frac{q_{\mathrm{t}}^0}{N}+\frac{U_{\mathrm{t}}^0}{T}+Nk$ 之中，对 1mol 理想气体，$m=M/L$，$V=nRT/p$，$N=1\mathrm{mol}$，整理得

$$S_{\mathrm{m,t}}=R\left[\frac{3}{2}\ln(M/\mathrm{kg}\cdot\mathrm{mol}^{-1})+\frac{5}{2}\ln(T/\mathrm{K})-\ln(p/\mathrm{Pa})+20.723\right] \tag{8.122}$$

式(8.122) 称为萨克尔－泰特罗德（Sackur－Tetrode）方程，是计算理想气体摩尔平动

熵常用的公式。

将转动配分函数式(8.77) 代入式(8.121) 的 $S_r = Nk\ln q_r^0 + \frac{U_r^0}{T}$之中，对 1mol 气体，得

$$S_{m,r} = R\ln\left(\frac{T}{\sigma\Theta_r}\right) + R \tag{8.123}$$

将振动配分函数式(8.83) 代入式(8.121) 的 $S_v = Nk\ln q_v^0 + \frac{U_v^0}{T}$之中，结合式(8.102)，对 1mol 气体，得

$$S_{m,v} = R\ln(1-e^{-\frac{\Theta_v}{T}})^{-1} + R\Theta_v T^{-1}(e^{\frac{\Theta_v}{T}}-1)^{-1} \tag{8.124}$$

当 $T \gg \Theta_v$ 时，$1-e^{-\frac{\Theta_v}{T}} \approx \frac{\Theta_v}{T}$，$e^{\frac{\Theta_v}{T}}-1 \approx \frac{\Theta_v}{T}$，式(8.124) 简化为

$$S_{m,v} = R\left(1-\ln\frac{\Theta_v}{T}\right) \tag{8.125}$$

第九节　理想气体的化学平衡常数

理想气体间进行的一个任意的化学反应 $0 = \sum_B \nu_B B$，当温度为 T 时，反应的平衡常数 $K^\ominus$ 表示为

$$\Delta_r G_m^\ominus = -RT\ln K^\ominus$$

式中，$\Delta_r G_m^\ominus$ 为温度 T 时的标准摩尔吉布斯函数变。

$$\Delta_r G_m^\ominus = \sum_B \nu_B \mu_B^\ominus$$

故

$$-RT\ln K^\ominus = \sum_B \nu_B \mu_B^\ominus \tag{8.126}$$

由表 8.4 化学势表达式为 $\mu = -LkT\ln\frac{q}{N}$，处于标准态下组分 B 的化学势为

$$\begin{aligned}\mu_B^\ominus &= -LkT\ln(q_B^0/N_B)^\ominus + L\varepsilon_{0,B} \\ &= -LkT\ln\frac{q_B^0 kT}{p^\ominus V} + L\varepsilon_{0,B}\end{aligned} \tag{8.127}$$

将式(8.127) 代入式(8.126) 得

$$-RT\ln K^\ominus = \Sigma\left(-\nu_B LkT\ln\frac{q_B^0 kT}{p^\ominus V} + \nu_B L\varepsilon_{0,B}\right)$$

$$-RT\ln K^\ominus = \Sigma\left(-\nu_B RT\ln\frac{q_B^0 kT}{p^\ominus V} + \nu_B L\varepsilon_{0,B}\right)$$

$$K^\ominus = \exp\sum\left(-\nu_B\ln\frac{q_B^0 kT}{p^\ominus V} + \frac{\nu_B L\varepsilon_{0,B}}{RT}\right)$$

$$= \prod_B\left(\frac{q_B^0 kT}{p^\ominus V}\right)^{\nu_B}\exp\left(-\frac{\sum_B \nu_B L\varepsilon_{0,B}}{RT}\right)$$

$$=\left\{\prod_{B}\left(\frac{q_{B}^{0}}{V}\right)^{\nu_{B}}\right\}\left(\frac{p^{\ominus}}{kT}\right)^{-\sum_{B}\nu_{B}}\exp\left(-\frac{\sum_{B}\nu_{B}\varepsilon_{0,B}}{kT}\right)$$

$$=\left\{\prod_{B}\left(\frac{q_{B}^{0}}{V}\right)^{\nu_{B}}\right\}\left(\frac{p^{\ominus}}{kT}\right)^{-\sum_{B}\nu_{B}}\exp\left(-\frac{\Delta_{r}\varepsilon_{0}}{kT}\right)$$

对于任意理想气体的化学反应

$$-\nu_{D}D-\nu_{E}E = \nu_{F}F+\nu_{L}L$$

则有

$$K^{\ominus}=\frac{\left(\frac{q_{F}^{0}}{V}\right)^{\nu_{F}}\left(\frac{q_{L}^{0}}{V}\right)^{\nu_{L}}}{\left(\frac{q_{D}^{0}}{V}\right)^{\nu_{D}}\left(\frac{q_{E}^{0}}{V}\right)^{\nu_{E}}}\left(\frac{p^{\ominus}}{kT}\right)^{-\sum_{B}\nu_{B}}\exp\left(-\frac{\Delta_{r}\varepsilon_{0}}{kT}\right) \tag{8.128}$$

式中 $\Delta_{r}\varepsilon_{0}=\nu_{F}\varepsilon_{0,F}+\nu_{L}\varepsilon_{0,L}+\nu_{D}\varepsilon_{0,D}+\nu_{E}\varepsilon_{0,E}$

由分子的配分函数式(8.118) 可知，q^{0}/V 只决定于温度，而与体积无关，因此式(8.128)的标准平衡常数只决定于温度，是反应系统的本性。

例 8.3 试计算 $Na_2(g) = 2Na(g)$ 反应在 1000K 时的平衡常数。已知 Na 分子的基本振动频率 $\upsilon=4.7743\times10^{12}\,s^{-1}$，核间距 $r=3.078\times10^{-10}\,m$，离解能 $D=0.73eV$ ，钠原子基态总角动量量子数 $j=1/2$。

解： $Na_2(g) = 2Na(g)$

Na 只有平动和电子运动

$$q_{Na}^{0}=q_{t}^{0}q_{e}^{0}=\left(\frac{2\pi m_{Na}kT}{h^{2}}\right)^{3/2}V(2j+1) \tag{8.129}$$

Na_2 有平动、振动、转动及电子运动

$$q_{Na_2}^{0}=q_{t}^{0}q_{r}^{0}q_{v}^{0}q_{e}^{0}=\left(\frac{2\pi m_{Na_2}kT}{h^{2}}\right)^{3/2}V\left(\frac{8\pi^{2}IkT}{2h^{2}}\right)(1-e^{-\frac{h\nu}{kT}})^{-1}\times1 \tag{8.130}$$

$$K^{\ominus}=\frac{(q_{Na}^{0}/V)^{2}}{(q_{Na_2}^{0}/V)}\left(\frac{p^{\ominus}}{kT}\right)^{-1}\exp\left(-\frac{\Delta_{r}\varepsilon_{0}}{kT}\right) \tag{8.131}$$

将式(8.129) 和式(8.130) 代入式(8.131) 中，整理得

$$K^{\ominus}=\frac{(m_{Na}kT)^{3/2}}{Ih\pi^{1/2}}(1-e^{\frac{h\nu}{kT}})\frac{1}{p^{\ominus}}\exp\left(-\frac{\Delta_{r}\varepsilon_{0}}{kT}\right)$$

$$=\frac{\left(\frac{23\times10^{-3}kg\times1.38\times10^{-23}J\cdot K^{-1}\times1000K}{6.023\times10^{23}}\right)^{1.5}}{\pi^{0.5}\times\frac{23\times10^{-3}}{2}\times(6.023\times10^{23})^{-1}\times(3.078\times10^{-10}m)^{2}\times6.626\times10^{-34}J\cdot s}\times$$

$$\left[1-\exp\left(-\frac{6.626\times10^{-34}J\cdot s\times4.7743\times10^{12}s^{-1}}{1.38\times10^{-23}J\cdot K^{-1}\times1000K}\right)\right]\times$$

$$\frac{1}{100\times10^{3}}\exp\left(-\frac{0.73eV\times1.602\times10^{-19}C}{1.38\times10^{-23}J\cdot K^{-1}\times1000K}\right)$$

$$=2.44$$

习　题

一、选择题

1. 下列各体系中属于独立粒子体系的是（　　）。

（A）绝对零度的晶体　（B）理想液体混合物　（C）理想气体的混合物　（D）纯气体

2. 玻尔兹曼分布（　　）。

（A）是最概然分布，但不是平衡分布　　（B）是平衡分布，但不是最概然分布

（C）既是最概然分布，又是平衡分布　　（D）不是最概然分布，也不是平衡分布

3. 对于近独立非定位体系，在经典极限下能级分布 D 所拥有的微观状态数 W_D 为（　　）。

（A）$W_D=\prod_i \frac{g_i^{N_i}}{N_i!}$　　（B）$W_D=N!\prod_i \frac{N_i^{g_i}}{N_i!}$

（C）$W_D=\prod_i \frac{N_i^{g_i}}{N_i!}$　　（D）$W_D=N!\prod_i \frac{g_i^{N_i}}{N_i!}$

4. 玻尔兹曼熵定理一般不适用于（　　）。

（A）独立子体系　（B）理想气体　（C）单个粒子　（D）量子气体

5. 非理想气体是（　　）。

（A）独立的等同粒子体系　　（B）定域的可别粒子体系

（C）独立的可别粒子体系　　（D）相依的粒子体系

6. 在 N 个 NO 分子组成的晶体中，每个分子都有两种可能的排列方式，即 NO 和 ON，也可将晶体视为 NO 和 ON 的混合物，在 0K 时该体系的熵值（　　）。

（A）$S_0=0$　（B）$S_0=k\ln 2$　（C）$S_0=2k\ln N$　（D）$S_0=Nk\ln 2$

7. 下列热力学函数的单粒子配分函数 q 统计表达式中，与体系的定位或非定位无关的是（　　）。

（A）H　（B）S　（C）A　（D）G

8. 某双原子分子 AB 取振动基态能量为零，在 T 时振动配分函数为 1.02，则粒子分布在 $\upsilon=0$ 的基态上的分布数 N_0/N 应为（　　）。

（A）1.02　（B）0　（C）1　（D）1/1.02

9. 在分子运动的各配分函数中与压力有关的是（　　）。

（A）电子运动的配分函数　　（B）平均配分函数

（C）转动配分函数　　（D）振动配分函数

10. 关于配分函数，下列说法不正确的是（　　）。

（A）粒子的配分函数是一个粒子所有可能状态的玻尔兹曼因子之和

（B）并不是所有配分函数都无量纲

（C）粒子的配分函数只有在独立粒子体系中才有意义

（D）只有平动配分函数才与体系的压力有关

11. 已知 CO 的转动惯量 $I=1.45\times10^{-26}\,\mathrm{kg\cdot m^2}$，则 CO 的转动特征温度为（　　）。

（A）0.36K　（B）5.56K　（C）2.78×10^7K　（D）2.78K

12. 在平动、转动、振动运动对热力学函数的贡献中，下述关系式中错误的是（　　）。

（A）$A_r=G_r$　（B）$U_V=H_V$　（C）$C_{V,v}=C_{p,v}$　（D）$C_{p,t}=C_{V,t}$

13. 分子的平动、转动和振动的能级间隔的大小顺序是（　　）。

（A）振动能＞转动能＞平动能　　（B）振动能＞平动能＞转动能

（C）转动能>平动能>振动能　　（D）平动能>振动能>转动能

14. 热力学函数与分子配分函数的关系式对于定域粒子体系和离域粒子体系都相同的是（　　）。

（A）G，A，S　　（B）U，H，S　　（C）U，H，C_V　　（D）H，G，C_V

15. 2mol CO_2 的转动能 U_r 为（　　）。

（A）$0.5RT$　　（B）RT　　（C）$1.5RT$　　（D）$2RT$

16. 双原子分子的振动配分函数 $q=\left[1-\exp\left(\frac{-h\nu}{kT}\right)\right]^{-1}$ 是表示（　　）。

（A）振动处于基态

（B）选取基态能量为零

（C）振动处于基态且选基态能量为零

（D）振动可以处于激发态，选取基态能量为零

17. 一个体积为 V、粒子质量为 m 的离域子体系，其最低两个平动能级的间隔是（　　）。

（A）$h^2/(8mV^{2/3})$　　（B）$3h^2/(8mV^{2/3})$

（C）$4h^2/(8mV^{2/3})$　　（D）$9h^2/(8mV^{2/3})$

18. N 个粒子构成的独立可别粒子体系熵的表达式为（　　）。

（A）$S=Nk\ln q+NkT(\partial \ln q/\partial T)_{V,n}$　　（B）$S=k\ln(q^N/N!)+NkT(\partial \ln q/\partial T)_{V,n}$

（C）$S=NkT^2(\partial \ln q/\partial T)_{V,n}$　　（D）$S=Nk\ln q+NkT^2(\partial \ln q/\partial T)_{V,n}$

19. NH_3 分子的平动、转动、振动自由度分别为（　　）。

（A）3，2，7　　（B）3，2，6　　（C）3，3，6　　（D）3，3，7

20. 双原子分子在温度很低，且选取振动基态能量为零时，振动配分函数值为（　　）。

（A）$=0$　　（B）<0　　（C）$=1$　　（D）>1

21. 热力学函数与配分函数的关系式对于等同粒子体系和可别粒子体系都相同的是（　　）。

（A）U，A，S　　（B）U，H，C_V

（C）U，H，S　　（D）H，A，C_V

22. 在 298.15K 和 101.325kPa 时，摩尔平动熵最大的气体是（　　）。

（A）H_2　　（B）CH_4　　（C）NO　　（D）CO

23. 晶体 CH_3D 中的残余熵 $S_{0,m}$ 为（　　）。

（A）$R\ln 2$　　（B）$0.5R\ln 2$　　（C）$(1/3)R\ln 2$　　（D）$R\ln 4$

（答：1C，2C，3A，4C，5D，6D，7A，8D，9B，10B，11D，12D，13A，14C，15D，16D，17B，18A，19C，20C，21B，22D，23D）

二、计算题

1. 4 个白球与 4 个红球分放在两个不同的盒中，每盒均放 4 个球，试求有几种不同的放置方法。

答：5

2. 氮分子的振动能级为 $U_V=\left(\upsilon+\frac{1}{2}\right)h\nu$，$\upsilon=0$，1，2，…，$h\nu=4.8\times10^{-20}$J，气体在 $p^{\ominus}$ 及 1000K 下达到热平衡，求第一激发态与基态的粒子数之比。

答：0.03

3. A 分子为理想气体，设分子的最低能级是非简并的，取分子的基态作为能量零点，相邻能级的能量为 ε，其简并度为 2，忽略更高能级。

（1）写出 A 分子的配分函数。

（2）若 $\varepsilon=kT$，求出高能级与最低能级上的最概然分子数之比。

（3）若 $\varepsilon=kT$，求出 1mol 该气体的平均能量为多少 RT？

答：（1）$q=1+\exp\left(-\dfrac{\varepsilon}{kT}\right)$；（2）73.6%；（3）$0.424RT$

4. 设有一极大数目三维自由平动子组成的粒子体系，其体积为 V、粒子质量为 m，与温度的关系为 $h^2/(8mV^{2/3})=0.100kT$，试计算处在能级 $14h^2/(8mV^{2/3})$ 与 $3h^2/(8mV^{2/3})$ 上的粒子数之比。

答：2.00

5. N_2 分子的转动特征温度 $\Theta_r=2.86K$：

（1）计算 298K 时转动配分函数值。

（2）计算 298K 时 1mol N_2 理想气体中占据 $J=3$ 能级上的最概然分子数。

（3）计算 298K 时 N_2 的摩尔转动熵 S_m。

答：（1）52.1；（2）$0.721\times10^{23}\text{mol}^{-1}$；（3）$41.18\text{J}\cdot\text{K}^{-1}\cdot\text{mol}^{-1}$

6. 求 NO(g) 在 298.2K 及 101325Pa 时的摩尔熵。已知 NO 的 $\Theta_r=2.42K$、$\Theta_v=2690K$，电子基态和第一激发态简并度皆为 2，二能级间隔 $\Delta\varepsilon=2.473\times10^{-21}J$。

答：$S_m^{\ominus}(\text{NO},298.15\text{K})=208.9\text{J}\cdot\text{K}^{-1}\cdot\text{mol}^{-1}$

7. 已知 298K 时 NO 分子的转动配分函数 $q_r=121.2$，则 2mol 该气体转动热力学能和转动熵值为多少。

答：$U_r=4960\text{J},S_r=96.4\text{J}\cdot\text{K}^{-1}$

8. 已知 N_2 分子的转动特征温度 $\Theta_r=2.86K$，振动特征温度 $\Theta_v=3340K$，试求在 298.15K 时 N_2 的标准摩尔平动熵、转动熵、振动熵及摩尔总熵。

答：$S_{t,m}^{\ominus}(298.15\text{K})=150.30\text{J}\cdot\text{K}^{-1}\cdot\text{mol}^{-1}$；$S_{r,m}^{\ominus}(298.15\text{K})=41.18\text{J}\cdot\text{K}^{-1}\cdot\text{mol}^{-1}$；$S_{v,m}^{\ominus}(298.15\text{K})=0.0014\text{J}\cdot\text{K}^{-1}\cdot\text{mol}^{-1}$；$S_m^{\ominus}(298.15\text{K})=191.48\text{J}\cdot\text{K}^{-1}\cdot\text{mol}^{-1}$

9. Cl_2 的平衡核间距为 $r=0.200\text{nm}$，Cl 的原子量为 35.5。

（1）求 Cl_2 的转动惯量。

（2）某温度下 Cl_2 的振动第一激发能级的能量为 kT，振动特征温度为 $\Theta_v=800K$，求此时 Cl_2 的温度。

答：（1）$1.18\times10^{-45}\text{kg}\cdot\text{m}^2$；（2）1200K

10. 计算 1000K 时，在量子态 $\upsilon=2$、$J=5$ 和量子态 $\upsilon=1$、$J=2$ 上的 HBr 分子数之比。分子处于电子的基态。已知 HBr 的转动特征温度为 12.1K，振动特征温度为 3700K。

答：0.0407

11. 计算下列反应在 25℃时的平衡常数 $K^{\ominus}$。

$$^{16}O_2+{}^{18}O_2 = 2\,{}^{16}O^{18}O$$

已知如下数据：（设这三种分子的核间距相同）

	$^{16}O_2$	$^{18}O_2$	$2\,{}^{16}O^{18}O$
基态振动频率$\times10^{-13}$	4.7412	4.4700	4.6074
对称数	2	2	1

答：4.007

第九章

化学动力学基础

在前面几章中讲述了化学热力学的基本原理及其在化学平衡、相平衡等方面的应用。但是，化学热力学只能预言在给定的条件下反应方向及限度的可能性，也就是说，判断反应是否有可能发生，如果反应发生，将进行到什么程度。然而，许多经验表明，一个从化学热力学上判断可以发生的反应，实际上不一定能发生，要使一个反应在实际发生过程中实现，还必须解决另一个方面的问题，即把反应的可能性变成现实性，例如反应

$$H_2(g)+\frac{1}{2}O_2(g)=\!=\!=H_2O(l)$$

$$\Delta_r G_m^{\ominus}(298K)=-237kJ\cdot mol^{-1}$$

根据热力学的观点，这一反应向右进行的趋势是很大的。但实际上，在通常情况下，将氢气和氧气放在一起，却几乎观察不到水的生成。这是因为，在通常情况下，这个反应的速率太慢，以致在有限时间内无法观察到它的进行。再如反应

$$2NO_2(g)=\!=\!=N_2O_4(g)$$

$$\Delta_r G_m^{\ominus}(298K)=-5.4kJ\cdot mol^{-1}$$

由于该反应的 $\Delta_r G_m^{\ominus}(298K)$ 仅为 $-5.4kJ\cdot mol^{-1}$，看起来反应趋势要比上一个反应小，但是该反应却可以在瞬间完成，反应速率很快。

因此，对于化学反应的研究，化学热力学和化学动力学是相辅相成的。化学动力学不能改变反应的可能性，也不能改变反应的限度。对于一个经过化学热力学判断认为是可能的化学反应，才有必要对它进行动力学研究，降低其反应阻力，加快其反应速率，缩短达到平衡的时间；如果一个化学反应在热力学上判断为不可能，则没有必要再去研究如何提高反应速率的问题了。因为一个没有推动力的过程，阻力再小也是不可能进行的。

化学动力学研究的基本内容主要包括两个方面：一是研究各种因素，如浓度、温度、压力、溶剂、催化剂等对化学反应速率影响的规律；二是研究一个化学反应过程经历哪些具体步骤，即所谓的反应机理（或称为反应历程）。

通过对化学动力学的研究，可以知道如何控制化学反应的条件，提高主反应的速率，抑制或减慢副反应的速率，减少原料的消耗，减轻分离操作的负担，增加产品的产量和提高产品的质量。通过对化学动力学的研究，还可以知道如何避免危险品的爆炸，如何防止金属的腐蚀和塑料、橡胶及合成纤维等材料的老化、变质等问题。

与化学热力学相比，化学动力学发展至今仅有一百多年历史，又由于动力学研究与变化的途径及变化经历的时间有关，比较复杂，所以在理论上没有热力学那样完整的理论系统。但是，动力学研究的问题与实际问题联系紧密，因此，目前化学领域中一些新的研究成果大都与化学动力学相关。化学动力学是当前化学领域中研究最为活跃的领域之一。

在动力学研究中常把反应分为均相反应和复相反应。均相反应在均匀单相系统中进行，例如气相反应和溶液中的反应。复相反应是指有若干个相参加的反应，反应在界面进行，例如焦炭的燃烧，在固体催化剂表面上发生的气体反应和液体反应等。本章将着重讨论均相反应的一些动力学基本原理。

第一节　化学反应的速率

化学反应的速率的表示方法主要有两种，一种是国际纯粹与应用化学联合会（IUPAC）推荐和我国国家标准采用反应进度而定义的速率；另一种是传统的采用反应物浓度减少和生成物浓度增加而定义的消耗速率和生成速率。

1. 反应进度定义的反应速率

对于 $0=\sum_{B}\nu_B B$ 的化学反应，反应进度 ξ 定义为

$$d\xi=\frac{dn_B}{\nu_B} \tag{9.1}$$

按照国际纯粹与应用化学联合会反应速率的定义，式(9.1) 对时间 t 求导为

$$\dot{\xi}=\frac{d\xi}{dt} \tag{9.2}$$

式(9.2) 表明反应速率$\dot{\xi}$是反应进度 ξ 随时间 t 的变化率。

将式(9.2) 代入式(9.1)，有

$$\dot{\xi}=\frac{1}{\nu_B}\times\frac{dn_B}{dt} \tag{9.3}$$

式(9.3) 中化学计量数 ν_B 对于反应物取负值，对于生成物取正值。

即用单位时间内发生的反应进度来定义反应速率。反应速率的单位是 $mol\cdot s^{-1}$。

若化学反应是在恒容的条件下进行，则式(9.3) 可写为

$$\upsilon=\frac{\dot{\xi}}{V}=\left(\frac{1}{\nu_B V}\right)\left(\frac{dn_B}{dt}\right)=\frac{1}{\nu_B}\times\frac{dc_B}{dt} \tag{9.4}$$

υ 是基于浓度的反应速率，即用单位时间单位体积内化学反应的反应进度来定义的反应速率，υ 称为通用型反应速率。反应速率的单位是 $mol\cdot m^{-3}\cdot s^{-1}$，一般也常用 $mol\cdot dm^{-3}\cdot s^{-1}$表示，此定义与用来表示速率的物质 B 的选择无关，与化学计量式的写法有关。

例 9.1 在给定条件下，把 10mol N_2 和 20mol H_2 在 $10dm^3$ 的密闭容器内混合，进行合成氨的反应，5s 后有 5mol NH_3 生成。试分别以如下两个反应方程式为基础，计算反应的进度及其反应速率。

$$(1)\ N_2(g)+3H_2(g)\longrightarrow 2NH_3(g)$$

$$(2)\ \frac{1}{2}N_2(g)+\frac{3}{2}H_2(g)\longrightarrow NH_3(g)$$

解：

		n_{N_2}/mol	n_{H_2}/mol	n_{NH_3}/mol
当 $t=0$	$\xi=0$	10	20	0
当 $t=5s$	$\xi=\xi$	7.5	12.5	5

由于选择 $t=0$ 时，$\xi=0$，所以此时的 ξ 就相当于它的变化量。根据反应方程式(1)，$t=0$ 到 $t=5\text{s}$ 各物质的量的变化为

用 NH_3 物质的量的变化来计算 ξ_1，$\xi_1=\dfrac{(5-0)\text{mol}}{2}=2.5\text{mol}$

用 H_2 物质的量的变化来计算 ξ_1，$\xi_1=\dfrac{(12.5-20)\text{mol}}{(-3)}=2.5\text{mol}$

用 N_2 物质的量的变化来计算 ξ_1，$\xi_1=\dfrac{(7.5-10)\text{mol}}{(-1)}=2.5\text{mol}$

反应方程式(1) 的反应速率 $\upsilon_1=\dfrac{1}{V}\times\dfrac{\mathrm{d}\xi_1}{\mathrm{d}t}=\dfrac{1}{10\text{dm}^3}\times\dfrac{2.5\text{mol}}{5\text{s}}=0.05\text{mol}\cdot\text{dm}^{-3}\cdot\text{s}^{-1}$

同理根据反应方程式(2)，分别用 N_2、H_2 和 NH_3 的物质的量的变化来计算 ξ_2 及其反应速率 υ_2，有

$$\xi_2=\frac{(5-0)\text{mol}}{1}=\frac{(12.5-20)\text{mol}}{\left(-\frac{3}{2}\right)}=\frac{(7.5-10)\text{mol}}{\left(-\frac{1}{2}\right)}=5\text{mol}$$

$$\upsilon_2=\frac{1}{V}\times\frac{\mathrm{d}\xi_2}{\mathrm{d}t}=\frac{1}{10\text{dm}^3}\times\frac{5\text{mol}}{5\text{s}}=0.1\text{mol}\cdot\text{dm}^{-3}\cdot\text{s}^{-1}$$

由此可见，对于某一反应方程式，不论用反应物还是生成物的物质的量的变化来计算反应进度，所得的 ξ 值及通用型的反应速率都相同。但是 ξ 的数值与方程式的书写有关，应当按所给反应方程式，进行反应进度 ξ 和通用型的反应速率的计算。

2. 反应物的消耗速率和生成物的生成速率

对于 $0=\sum_{\mathrm{B}}\nu_{\mathrm{B}}\mathrm{B}$ 的化学反应，若其一般形式如下

$$a\text{A}+b\text{B}=\!=\!=g\text{G}+h\text{H}$$

则反应物 A 的消耗速率 υ_{A} 定义为

$$\upsilon_{\mathrm{A}}=-\frac{1}{V}\times\frac{\mathrm{d}n_{\mathrm{A}}}{\mathrm{d}t} \tag{9.5}$$

生成物 G 的生成速率 υ_{G} 定义为

$$\upsilon_{\mathrm{G}}=\frac{1}{V}\times\frac{\mathrm{d}n_{\mathrm{G}}}{\mathrm{d}t} \tag{9.6}$$

若上述反应在恒容条件下进行，则式(9.5) 和式(9.6) 可写作

$$\upsilon_{\mathrm{A}}=-\frac{\mathrm{d}c_{\mathrm{A}}}{\mathrm{d}t} \tag{9.7}$$

$$\upsilon_{\mathrm{G}}=\frac{\mathrm{d}c_{\mathrm{G}}}{\mathrm{d}t} \tag{9.8}$$

这种定义的反应速率称为指定型反应速率。式中，t 代表反应时间；c_{B} 则代表反应系统中某物质的物质的量浓度，由于反应物不断消耗，故 $\dfrac{\mathrm{d}n_{\mathrm{A}}}{\mathrm{d}t}$ 或 $\dfrac{\mathrm{d}c_{\mathrm{A}}}{\mathrm{d}t}$ 为负值，为了保持反应速率为正值，在表达式(9.5) 和式(9.7) 中加“－”，速率的量纲是 (浓度)·(时间)$^{-1}$，通常采用 $\text{mol}\cdot\text{m}^{-3}\cdot\text{s}^{-1}$ 或 $\text{mol}\cdot\text{dm}^{-3}\cdot\text{s}^{-1}$。

用反应进度定义的通用型反应速率与物质 B 的选择无关，故 υ 的下角不需注明，而用反应物的消耗速率或产物的生成速率定义的指定型反应速率均随物质 B 的选择而异，故在易混淆

时须指明所选择的物质，注明下角，如 υ_A 或 υ_G。

对于反应方程式 $0=\sum_B \nu_B B$，根据式(9.4)

$$\upsilon=\frac{1}{\nu_A}\times\frac{dc_A}{dt}=\frac{1}{\nu_B}\times\frac{dc_B}{dt}=\frac{1}{\nu_G}\times\frac{dc_G}{dt}=\frac{1}{\nu_H}\times\frac{dc_H}{dt}$$

即
$$\upsilon=\frac{\upsilon_A}{-\nu_A}=\frac{\upsilon_B}{-\nu_B}=\frac{\upsilon_G}{\nu_G}=\frac{\upsilon_H}{\nu_H} \tag{9.9}$$

A 和 B 是反应物，G 和 H 是生成物，由式(9.9) 可知，指定型的反应速率，与各自的化学计量数的绝对值成正比。通用型与指定型的反应速率之间的关系为 $\upsilon_B=|\nu_B|\upsilon$。

例如，反应

$$N_2(g)+3H_2(g)\longrightarrow 2NH_3(g)$$

$$\upsilon=\frac{\upsilon_{N_2}}{1}=\frac{\upsilon_{H_2}}{3}=\frac{\upsilon_{NH_3}}{2}$$

对于恒温恒容气相反应，υ 和 υ_B 也可以分压来定义。为了区别不同定义的反应速率，可用下标来表示。例如

$$\upsilon_p=\frac{1}{\nu_B}\times\frac{dp_B}{dt} \tag{9.10}$$

因 $p_B=\frac{n_B RT}{V}$

上式两边除以 ν_B 并对时间 t 求导 则有
$$\upsilon_p=\upsilon RT \tag{9.11}$$

以及 A 的消耗速率
$$\upsilon_{p,A}=-\frac{dp_A}{dt} \tag{9.12}$$

同理

$$\frac{1}{\nu_A}\times\frac{dp_A}{dt}=\frac{1}{\nu_B}\times\frac{dp_B}{dt}=\frac{1}{\nu_G}\times\frac{dp_G}{dt}=\frac{1}{\nu_H}\times\frac{dp_H}{dt} \tag{9.13}$$

及
$$\upsilon_{p,A}=\upsilon_A RT \tag{9.14}$$

第二节　化学反应的速率方程

在大多数反应系统中，反应物（或产物）的浓度随时间的变化往往不是直线关系。在反应开始时，反应物浓度大，反应速率较快，随着反应的进行，反应物浓度减少，反应速率也随之减慢，如图 9.1所示。也就是说，反应速率是随着反应过程中反应物（生成物）的浓度的变化而改变的。

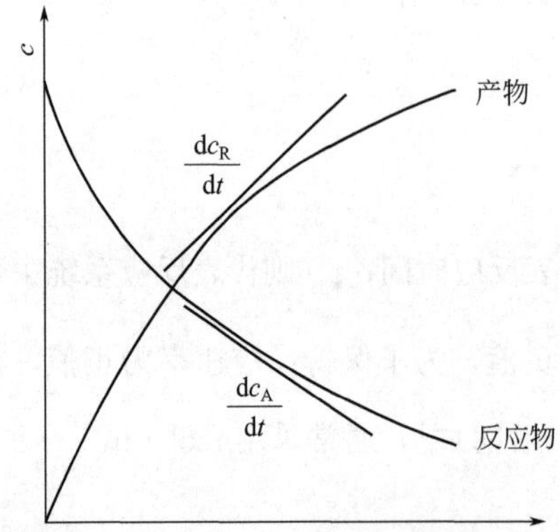

图 9.1　反应物和产物的浓度随时间的变化

在其他反应条件（如温度、催化剂等）不变的情况下，表示反应速率与浓度等参数之间的关系，或浓度等参数与时间关系的方程式称为化学反应的速率方程式或动力学方程式。化学反应的速率方程式是确定反应历程的主要依据，在化学工程中，它又是设计合适反应器的重要依据，所以寻找反应的速率方程式是动力学研究的一个重要内容。

1. 基元反应

在生产和科研中遇到的化学反应，例如用丁二烯及乙烯合成环己烯以及用氯气和氢气合成氯化氢，等等，它们的机理有的简单些，有的复杂些。

$$C_4H_6 + C_2H_4 \longrightarrow C_6H_{10}$$
$$H_2 + Cl_2 \longrightarrow 2HCl$$

对于合成环己烯的反应来说，微观上，一个环己烯分子是由一个丁二烯分子和一个乙烯分子直接反应一步生成的，没有其他中间变化，因此，这一反应的机理比较简单。但对于合成氯化氢的反应来说，实际上，并不是一个氯分子和一个氢分子直接化合，一步生成两个氯化氢分子。如果从微观的角度把这一反应的物质微粒所发生的每一步直接的变化记述于式(9.15)，则可以看出，整个反应是经过了四个步骤的

$$\begin{aligned} &Cl_2 + M \longrightarrow 2Cl\cdot + M \\ &Cl\cdot + H_2 \longrightarrow HCl + H\cdot \\ &H\cdot + Cl_2 \longrightarrow HCl + Cl\cdot \\ &2Cl\cdot + M \longrightarrow Cl_2 + M \end{aligned} \tag{9.15}$$

因此这一反应的机理比较复杂。

将微观上由反应物微粒（可以是分子、原子、离子或自由基）一步直接实现的同一种化学变化集合起来，总称为一个简单步骤，合成环己烯的反应只包含一个简单步骤，而合成氯化氢的反应共包含四个简单步骤。

在反应中只有一个简单步骤一步直接转化为产物的反应，叫作基元反应，又称为简单反应；凡包含两个或更多简单步骤的化学反应，叫作非基元反应，也称为复杂反应，即非基元反应是由几个基元反应组成的。一般常见的反应方程式，除特殊声明外，都不代表基元反应。

例如合成氯化氢的反应，如式(9.15) 所示，是由四个简单步骤或由四个基元反应所组成的。

反应机理是指某一化学反应所经由的全部基元反应总和，一个复杂反应是由若干个基元反应构成的。反应机理详细描述了每一步转化的过程，其中包括反应的过渡态的形成、旧键的断裂和新键的生成、各基元反应的速率和活化能的大小等。反应机理中各基元反应的代数和等于总的计量方程式，这是判断一个机理是否正确的先决条件，反应机理中各基元反应是同时进行的，而不是按机理列表的顺序逐步进行的，某些基元反应对总反应的贡献很小，可以不写入机理之中，但机理必须包含足以描述总反应动力学特征的基元反应。

某一个基元反应在微观上的化学变化是由多少个反应物微粒直接参加的，这一数目称为基元反应的“反应分子数”。因此，对于基元反应来说，通常可分为

单分子反应，如　$C_4H_8 \longrightarrow 2C_2H_4$

双分子反应，如　$H\cdot + Cl_2 \longrightarrow HCl + Cl\cdot$

三分子反应，如　$H_2 + 2I\cdot \longrightarrow 2HI$

四分子及四分子以上的反应迄今未发现过。借助于统计力学的结果可知，四分子及四分子以上反应存在的可能性极小。

2. 质量作用定律

基元反应速率与反应物浓度的关系可以用质量作用定律来表示。质量作用定律表述为在一

定温度下，基元反应速率与各反应物浓度的幂乘积成正比。反应物浓度的指数等于反应方程式中该反应物的计量系数的绝对值。例如，基元反应

$$aA+bB \xlongequal{} gG+hH$$

根据质量作用定律，其反应速率方程式可表示为

$$\upsilon_A=-\frac{dc_A}{dt}=k_A c_A^a c_B^b \tag{9.16}$$

或

$$\upsilon=-\frac{dc_A}{a\,dt}=kc_A^a c_B^b \tag{9.17}$$

式中，k 和 k_A 为称为反应速率常数或反应比速，它们的物理意义是反应物浓度都是 1 个浓度单位时的反应速率。值的大小取决于参加反应物质的本性、溶剂性质和温度等。另外，反应速率常数的值与浓度和时间所采用的单位有关，k_A 还与选择哪一个反应物来表示反应速率均有关，是指定型的反应速率常数。k 与选择哪一个反应物来表示反应速率无关，是通用型的反应速率常数。且 $k_B=|\nu_B|k$，明确这个关系，在按照反应机理书写反应速率方程时可避免产生系数混淆的问题。

由于反应速率可以用压力表示，因此反应的速率常数同样也有用压力表示的形式。

A 的消耗速率（浓度）为

$$-\frac{dc_A}{dt}=k_A c_A^a c_B^b \tag{9.18}$$

A 的消耗速率（分压）为

$$-\frac{dp_A}{dt}=k_{p,A} p_A^a p_B^b \tag{9.19}$$

将 $p_A=c_A RT$ 代入式(9.18) 可得

$$-\frac{dc_A}{dt}=k_{p,A}(RT)^{n-1} c_A^a c_B^b \tag{9.20}$$

式(9.20) 与式(9.18) 对比可得用压力和浓度表示的速率常数的关系为

$$k_A=k_{p,A}(RT)^{n-1} \tag{9.21}$$

例如，对于某反应

$$2A+B \longrightarrow 3D$$

某反应速率可分别用反应组分 A、B 和 D 的浓度变化来表示。若为基元反应，则按质量作用定律

$$\upsilon=\frac{dc_A}{-2dt}=kc_A^2 c_B$$

$$\upsilon_A=-\frac{dc_A}{dt}=k_A c_A^2 c_B,\quad \upsilon_B=-\frac{dc_B}{dt}=k_B c_A^2 c_B,\quad \upsilon_D=\frac{dc_D}{dt}=k_D c_A^2 c_B$$

因为

$$\upsilon=\frac{\upsilon_A}{2}=\frac{\upsilon_B}{1}=\frac{\upsilon_D}{3}$$

所以

$$k=\frac{k_A}{2}=\frac{k_B}{1}=\frac{k_D}{3}$$

因此，在易混淆时，指定型的反应速率常数的下标不可忽略。

基元反应速率式中指数的和即为基元反应的分子数，由于不存在非整数个分子、或零个分子、或负数个分子的基元反应，所以基元反应速率式中的指数只能是简单的正整数。

质量作用定律仅适应于基元反应，对于非基元反应，只有其中的若干基元反应才能逐个运用此定律。

3. 非基元反应的速率方程式

大多数化学反应是非基元反应，对于非基元反应而言，它们的速率方程式不能直接由质量作用定律写出，必须通过实验确定反应速率与浓度之间的函数关系。在许多情况下，由实验所确定的经验速率方程可以表示成（或近似表示成）幂乘积形式，如对于反应

$$aA+bB = gG+hH$$

经验速率方程为

$$\upsilon=kc_A^{n_A}c_B^{n_B}c_G^{n_G}c_H^{n_H} \tag{9.22}$$

即反应速率与各物质的量浓度幂的乘积成正比。式(9.22) 中的 c_A，c_B，…分别为参加反应的各物质（可能为反应物、产物和催化剂）的物质的量浓度，n_A，n_B，n_G，n_H，…分别为相应物质浓度的指数。这些指数并不一定和反应的化学计量数相等，也不一定是正整数，可以为分数、负数或零。

4. 反应级数

无论是基元反应还是非基元反应，在它们的反应速率方程式中，各物质浓度的指数和称为反应的级数，一般用 n 表示，因此式(9.22) 中，

$$n=n_A+n_B+n_G+n_H+\cdots$$

指数 n_A，n_B，n_G，n_H，…分别称为反应对物质 A、B、G、H…的分级数，它们均由实验确定。

由反应级数定义可知，对于基元反应，其级数一定等于其分子数，也等于反应计量系数（绝对值）总和，分级数也就是各物质的计量系数（绝对值），反应级数也只能是简单正整数。例外的是有零级反应，但不可能有零分子反应。对于非基元反应，由于无分子数的概念，所以其级数可以是正整数、负数、零或分数，若为负数级表明增加该物质的浓度反而阻抑反应。

显然，非基元反应的分级数和级数不一定等于物质的计量系数和计量系数之和，例如，实验确定，HCl 的气相合成反应

$$H_2(g)+Cl_2(g) = 2HCl(g)$$

经验反应速率方程式为

$$\upsilon=kc_{H_2}c_{Cl_2}^{1/2}$$

上述 HCl(g) 的生成反应，对 $H_2(g)$ 的分级数为 1，对 $Cl_2(g)$ 的分级数为 0.5，反应的级数为 1.5，所以这个反应是 1.5 级反应。

不过，也有例外，如 $H_2+I_2 = 2HI$，由三个基元反应组成，该非基元反应的速率方程为

$$\upsilon=kc_{H_2}c_{I_2}$$

其分级数、级数恰好等于各物质的计量系数及系数之和，这纯属巧合。

值得指出的是，有的反应也没有级数的概念，如 HBr 的气相生成反应

$$H_2(g)+Br_2(g) = 2HBr(g)$$

经验反应速率方程式为

$$\upsilon=\frac{kc_{H_2}c_{Br_2}^{1/2}}{1+k'\dfrac{c_{HBr}}{c_{Br_2}}}$$

HCl(g) 与 HBr(g) 的生成反应的计量方程式相同，但后者较前者反应机理复杂得多，所以速率方程式也较复杂，不具有浓度幂的乘积形式，因此对 HBr 的生成反应，无法计算总级数。

速率式中出现多种反应物浓度时，除一种反应物外，若其他反应物浓度大大过量，此时可称准 n 级反应，如速率为 $\upsilon = kc_A c_B$ 的反应，当 A 或 B 物质浓度大大过量时就称为准 1 级反应。

速率方程式中的 k 的大小直接反映了速率的快慢，在同一温度下，比较几个反应的 k，可以大概知道它们的反应能力。速率常数 k 的量纲与反应级数有关，原则是 k 与各浓度幂的乘积最终的量纲要保持与反应速率的量纲为“浓度·时间$^{-1}$”相同。k 量纲的通式可写为 [浓度]$^{1-n}$·[时间]$^{-1}$，所以常可从某一反应的 k 的量纲判断反应的级数。

第三节　速率方程的积分形式

对于反应

$$0 = \sum_B \nu_B B$$

若实验确定其反应速率方程为

$$\upsilon_A = -\frac{dc_A}{dt} = k_A c_A^a c_B^b$$

上式为微分速率方程，在实际应用中通常需要用积分形式。

1. 零级反应

反应速率与物质的浓度无关的反应称为零级反应。对于零级反应，也可以认为是反应速率与反应物浓度的零次方成正比的反应。对于反应

$$aA \longrightarrow \text{产物}$$

反应速率方程的微分式为

$$\upsilon_A = -\frac{dc_A}{dt} = k_A c_{A,0} = k_A \tag{9.23}$$

将式(9.23) 积分

$$\int_{c_{A,0}}^{c_A} dc_A = -k_A \int_0^t dt$$

得

$$c_{A,0} - c_A = k_A t \tag{9.24}$$

式中，$c_{A,0}$为反应开始 $t=0$ 时反应物 A 的浓度；c_A 为反应至某一时刻 t 时反应物 A 的浓度。某一时刻反应物 A 反应掉的分数称为该时刻 A 的转化率 x_A，即

$$x_A = \frac{c_{A,0} - c_A}{c_{A,0}} \tag{9.25}$$

反应物反应掉一半所需要的时间称为半衰期，以符号 $t_{1/2}$表示，即 $x_A = \frac{1}{2}$，所以有

$$c_{A,t_{1/2}} = \frac{c_{A,0}}{2}$$

将上式代入式(9.24) 中，得到零级反应的半衰期为

$$t_{1/2}=\frac{c_{A,0}}{2k_A} \tag{9.26}$$

零级反应具有如下特点：

① 反应物的浓度 c_A 对时间 t 作图得一直线，其斜率为 k_A，如图 9.2 所示；

② 零级反应速率常数的量纲为［浓度］·［时间］$^{-1}$，通常单位为 $mol \cdot m^{-3} \cdot s^{-1}$ 或 $mol \cdot dm^{-3} \cdot s^{-1}$；

③ 零级反应的半衰期 $t_{1/2}=\frac{c_{A,0}}{2k_A}$，半衰期与反应物起始浓度的一次方成正比。

以上三个特点任意一个都可以作为零级反应的判据。

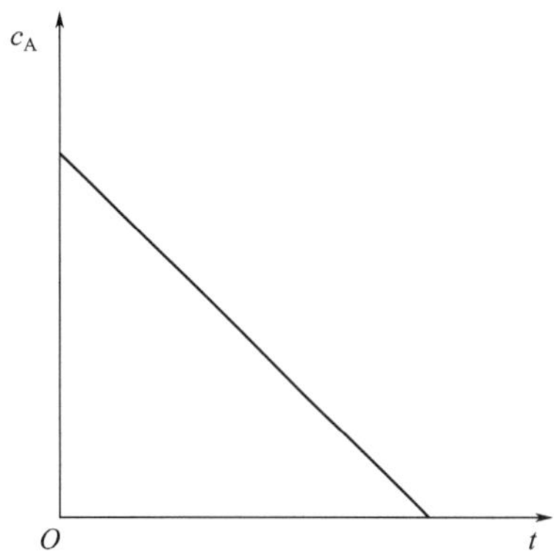

图 9.2　零级反应的直线关系

零级反应多为固体催化剂表面的多相反应和光化学反应。在给定的液体或气体浓度下，催化剂表面的反应物质已经饱和，再增加其气体或液体浓度，其表面浓度不会改变，不影响其反应速率，因而呈现零级反应。一些光化学反应只与光的强度有关，光的强度保持恒定则为等速反应，反应速率并不随反应物的浓度变化而有所变化，所以也是零级反应。

2. 一级反应

反应速率与反应物浓度的一次方成正比的反应称为一级反应。对于反应

$$a\mathrm{A} \longrightarrow \text{产物}$$

反应速率方程的微分式为

$$\upsilon_A=-\frac{dc_A}{dt}=k_A c_A=akc_A \tag{9.27}$$

将式(9.27) 积分

$$\int_{c_{A,0}}^{c_A}\frac{dc_A}{c_A}=-k_A\int_0^t dt$$

得一级反应的积分式

$$\ln\frac{c_{A,0}}{c_A}=k_A t \tag{9.28}$$

即
$$\ln c_A=-k_A t+\ln c_{A,0} \tag{9.29}$$

或
$$c_A=c_{A,0}e^{-k_A t} \tag{9.30}$$

将式(9.25) 代入式(9.28) 中，得

$$\ln\frac{1}{1-x_A}=k_A t \tag{9.31}$$

这是一级反应积分式的另一形式。

将 $x_A=\frac{1}{2}$ 代入式(9.31) 中，有

$$t_{1/2}=\frac{\ln 2}{k_A}=\frac{0.6931}{k_A} \tag{9.32}$$

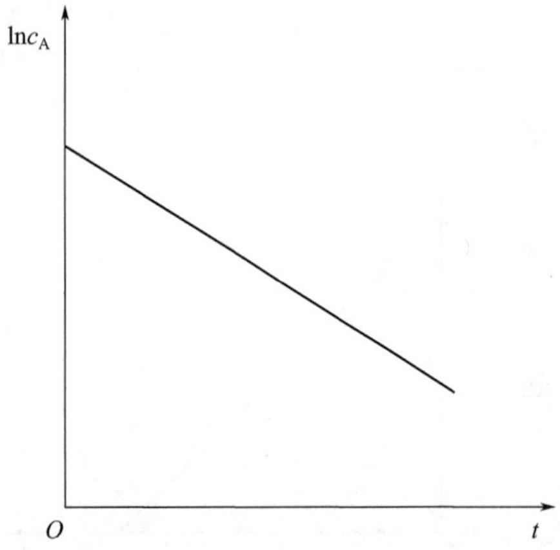

图 9.3　一级反应的直线关系

一级反应具有如下特点：

① 将 $\ln\frac{c_A}{[c]}$ 对时间 t 作图得一直线，直线斜率为 k_A，截距为 $\ln\frac{c_{A,0}}{[c]}$，如图 9.3 所示；

② 一级反应速率常数的量纲为 [时间]$^{-1}$，通常单位为 s^{-1}；

③一级反应的半衰期为 $t_{1/2}=\frac{\ln 2}{k_A}$，半衰期与反应物 A 的起始浓度 $c_{A,0}$ 无关。

以上三个特点任意一个都可以作为一级反应的判据。

单分子基元反应为一级反应，一些物质的分解反应、分子内重排反应，即使不是基元反应往往也表现为一级反应；一些放射性元素的蜕变，例如镭的蜕变 $Ra \longrightarrow Rn + He$，也可以认为是一级反应，因为每一瞬间的蜕变速率是与当时存在的物质的量成正比的。

例 9.2 乙烷裂解制取乙烯的反应如下

$$C_2H_6 \longrightarrow C_2H_4 + H_2$$

已知 1073K 时的速率常数 $k=3.43s^{-1}$，问当乙烷转化率为 50%、75%时，分别需多少时间？

解： 由题给 k 的单位可知为一级反应。

由式(9.31) 可得

$$t=\frac{1}{k}\ln\left(\frac{1}{1-x_B}\right)$$

当乙烷转化率为 50%时

$$t_1=\frac{1}{3.43s^{-1}}\ln\left(\frac{1}{1-0.5}\right)$$
$$=0.2021s$$

同理，当乙烷转化率为 75%时

$$t_2=0.404s$$

例 9.3 蔗糖在稀酸水溶液中按下式水解，生成葡萄糖和果糖

$$C_{12}H_{22}O_{11}+H_2O \xrightarrow{H^+} C_6H_{12}O_6(\text{葡萄糖})+C_6H_{12}O_6(\text{果糖})$$

当盐酸浓度为 $0.1mol \cdot dm^{-3}$、温度为 48℃时，实验确定反应是对蔗糖的一级反应，速率常数为 $0.0193min^{-1}$。今有一浓度为 $0.200mol \cdot dm^{-3}$ 的蔗糖溶液，在一有效容积为 $2dm^3$ 的反应器里，于上述催化剂及温度条件下进行反应，计算：

(1) 反应开始时的速率；

(2) 反应到 20min 时，蔗糖的转化率；

(3) 反应到 20min 时，得到多少葡萄糖和果糖？

(4) 反应到 20min 时的速率。

解：（1）由已知条件知（用A代表葡萄糖）

$$v_A=-\frac{dc_A}{dt}=k_Ac_A$$

$$v_{A,0}=k_Ac_{A,0}=0.0193\text{min}^{-1}\times0.200\text{mol}\cdot\text{dm}^{-3}$$
$$=0.00386\text{mol}\cdot\text{dm}^{-3}\cdot\text{min}^{-1}$$

（2）由式(9.31)得

$$\ln\frac{1}{1-x_A}=k_At=0.0193\text{min}^{-1}\times20\text{min}=0.386$$

$$1-x_A=0.68$$

$$x_A=0.32=32\%$$

反应到20min时，蔗糖的转化率为32%。

（3）由反应的计量方程式知

$$c_A=c_{果}=c_{A,0}x_A$$

所以 $c_A=c_{果}=0.200\text{mol}\cdot\text{dm}^{-3}\times32\%=0.064\text{mol}\cdot\text{dm}^{-3}$，反应体积为 2dm^3，得葡萄糖与果糖为

$$0.064\text{mol}\cdot\text{dm}^{-3}\times2\text{dm}^3=0.128\text{mol}$$

（4）$v_A=k_Ac_A$，反应到20min时，$c_A=c_{A,0}(1-x_A)$

$$c_A=0.200\text{mol}\cdot\text{dm}^{-3}\times(1-0.32)=0.136\text{mol}\cdot\text{dm}^{-3}$$

所以　$v_A=0.0193\text{min}^{-1}\times0.136\text{mol}\cdot\text{dm}^{-3}=0.0026\text{mol}\cdot\text{dm}^{-3}\cdot\text{min}^{-1}$

3. 二级反应

反应速率与反应物浓度的二次方成正比的反应称为二级反应。例如乙酸乙酯的皂化，乙烯、丙烯和异丁烯的二聚作用，氢气与碘蒸气化合生成碘化氢，碘化氢的热分解，甲醛的热分解，以及溶液中大多数有机反应都属于二级反应。

对于二级反应来说，如果反应物只有一种，即

$$a\text{A}\longrightarrow\text{产物}$$

速率方程的微分式为

$$v_A=-\frac{dc_A}{dt}=k_Ac_A^2=akc_A^2 \tag{9.33}$$

将式(9.33)积分

$$\int_{c_{A,0}}^{c_A}\frac{dc_A}{c_A^2}=-k_A\int_0^t dt$$

得二级反应的积分式

$$\frac{1}{c_A}-\frac{1}{c_{A,0}}=k_At \tag{9.34}$$

将式(9.25)代入式(9.34)中，得

$$\frac{1}{c_{A,0}}\times\frac{x_A}{1-x_A}=k_At \tag{9.35}$$

这是二级反应积分式的另一形式。

将 $x_A=\frac{1}{2}$ 代入式(9.35)中，有

$$t_{1/2}=\frac{1}{k_{A}c_{A,0}} \tag{9.36}$$

对于二级反应来说，如果反应物有两种，即

$$aA+bB\longrightarrow 产物$$

速率方程为

$$v_{A}=-\frac{dc_{A}}{dt}=k_{A}c_{A}c_{B} \tag{9.37}$$

积分式分以下几种情况：

① 当$\frac{c_{B,0}}{c_{A,0}}=\frac{b}{a}$，反应物的初始浓度比等于计量系数比，则任一时刻$\frac{c_{B}}{c_{A}}=\frac{b}{a}$都成立，因此式(9.37) 有

$$v_{A}=-\frac{dc_{A}}{dt}=k_{A}c_{A}c_{B}=\frac{b}{a}k_{A}c_{A}^{2}=bkc_{A}^{2}=k_{B}c_{A}^{2}$$

$$v_{B}=-\frac{dc_{B}}{dt}=k_{B}c_{A}c_{B}=\frac{a}{b}k_{B}c_{B}^{2}=akc_{B}^{2}=k_{A}c_{B}^{2}$$

积分结果可以参考式(9.34)。

② 当$\frac{c_{B,0}}{c_{A,0}}\neq\frac{b}{a}$，反应物的初始浓度比不等于计量系数比。

$$aA+bB\longrightarrow 产物$$

当 $t=0$　　　$c_{A,0}$　　$c_{B,0}$

当 $t=t$　　　c_{A}　　$c_{B,0}-\frac{b}{a}(c_{A,0}-c_{A})$

由式(9.37) 可得

$$-\frac{dc_{A}}{dt}=akc_{A}\left[c_{B,0}-\frac{b}{a}(c_{A,0}-c_{A})\right] \tag{9.38}$$

式(9.38) 积分可得

$$\frac{1}{ac_{B,0}-bc_{A,0}}\ln\frac{c_{A,0}c_{B}}{c_{B,0}c_{A}}=kt$$

如果反应 t 时刻浓度如下所示

当 $t=t$　　　$c_{A,0}-c_{x}$　　$c_{B,0}-\frac{b}{a}c_{x}$

对式(9.38) 积分可得

$$\frac{1}{ac_{B,0}-bc_{A,0}}\ln\frac{c_{A,0}\left(c_{B,0}-\frac{b}{a}c_{x}\right)}{c_{B,0}(c_{A,0}-c_{x})}=kt \tag{9.39}$$

当 $a=b=1$，式(9.39) 为

$$\frac{1}{c_{B,0}-c_{A,0}}\ln\frac{c_{A,0}(c_{B,0}-c_{x})}{c_{B,0}(c_{A,0}-c_{x})}=kt \tag{9.40}$$

二级反应具有如下特点：

① 对于只有一种反应物的反应或两种反应物满足$\frac{c_{A,0}}{a}=\frac{c_{B,0}}{b}$的反应，将$\frac{1}{c_{A}}$对时间 t 作图得一直线，直线斜率为 k，如图 9.4 所示；

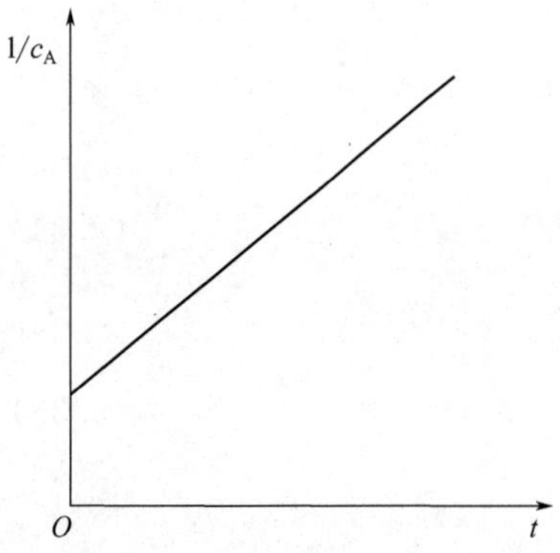

图 9.4　二级反应的直线关系

② 速率常数 k 的量纲为［浓度］$^{-1}$·［时间］$^{-1}$，通常单位为 $(\mathrm{mol\cdot m^{-3}})^{-1}\cdot \mathrm{s}^{-1}$ 或 $(\mathrm{mol\cdot dm^{-3}})^{-1}\cdot \mathrm{s}^{-1}$；

③ 对于只有一种反应物的反应或两种反应物满足 $\dfrac{c_{A,0}}{a}=\dfrac{c_{B,0}}{b}$ 的反应，一级反应的半衰期为 $t_{1/2}=\dfrac{1}{k_A c_{A,0}}$，半衰期与 k 和反应物 A 起始浓度 $c_{A,0}$ 成反比。当两种反应物 $\dfrac{c_{A,0}}{a}\neq\dfrac{c_{B,0}}{b}$ 时，由于反应物 A、B 半衰期各不相同，所以无法说出整个反应的半衰期。

以上三个特点任意一个都可以作为二级反应的判据。

例 9.4 在恒温 300K 的密闭容器中，发生如下气相反应 $A(g)+B(g)\longrightarrow Y(g)$，测知其速率方程为 $-\dfrac{dp_A}{dt}=k_A p_A p_B$，假定反应开始只有 A(g) 和 B(g)（初始体积比为 1∶1），初始总压力为 200kPa，则该反应在 300K 时的速率常数为多少？再过 10min 时容器内总压力为多少？

解：

		$A(g)$	$+B(g)\longrightarrow$	$Y(g)$
反应开始时	$t=0$	$p_{A,0}$	$p_{B,0}$	0
反应 t 时刻	$t=t$	p_A	p_B	$p_{A,0}-p_A$

则时间 t 时的总压力为 $p_t=p_A+p_B+p_{A,0}-p_A=p_B+p_{A,0}$

因为 $p_{A,0}=p_{B,0}$，符合计量系数比，所以

$$p_A=p_B$$

则

$$p_t=p_A+p_{A,0}$$

故

$$p_A=p_B=p_t-p_{A,0}$$

代入微分速率方程，得

$$-\frac{dp_A}{dt}=k_A(p_t-p_{A,0})^2$$

积分上式，得

$$\frac{1}{p_t-p_{A,0}}-\frac{1}{p_{t,0}-p_{A,0}}=k_A t$$

已知 $p_{t,0}=200\mathrm{kPa}$，$p_{A,0}=100\mathrm{kPa}$，即

$$\frac{1}{p_t-100\mathrm{kPa}}-\frac{1}{100\mathrm{kPa}}=k_A t$$

代入 $t=10\mathrm{min}$ 时，$p_t=150\mathrm{kPa}$，得 $k_A=0.001\mathrm{kPa^{-1}\cdot min^{-1}}$。同样可求得，当 $t=20\mathrm{min}$ 时，$p_t=133\mathrm{kPa}$。

例 9.5 乙酸乙酯皂化反应

$$\underset{(A)}{CH_3COOC_2H_5}+\underset{(B)}{NaOH}\longrightarrow\underset{(C)}{CH_3COONa}+\underset{(D)}{C_2H_5OH}$$

是二级反应。反应开始时（$t=0$），A 与 B 的浓度都是 $0.02\mathrm{mol\cdot dm^{-3}}$，在 21℃时，反应 25min 后，取出样品，立即终止反应进行定量分析，测得溶液中剩余 NaOH 为 $0.529\times10^{-2}\mathrm{mol\cdot dm^{-3}}$。求：(1) 此反应转化率为 90%时，所需要的时间是多少？(2) 如果 A 与 B 的初始浓度均为 $0.01\mathrm{mol\cdot dm^{-3}}$，达到同样转化率，所需要的时间是多少？

解： 在进行动力学计算以前，应先选定适合此反应的速率方程，并算出速率常数 k。按照给定条件可知：①二级反应；②$c_{A,0}=c_{B,0}$，$c_A=c_B$。所以速率方程的积分形式为

$$k_A t=\frac{1}{c_A}-\frac{1}{c_{A,0}}$$

式中

$$k_A=\frac{1}{t}\left(\frac{1}{c_A}-\frac{1}{c_{A,0}}\right)=\frac{1}{25}\times\frac{0.02-0.529\times10^{-2}}{0.02\times0.529\times10^{-2}}(\mathrm{mol\cdot dm^{-3}})^{-1}\cdot\mathrm{min^{-1}}$$
$$=5.57(\mathrm{mol\cdot dm^{-3}})^{-1}\cdot\mathrm{min^{-1}}$$

（1）当 $c_{A,0}=0.02\mathrm{mol\cdot dm^{-3}}$，$x_A=0.9$ 时，求 t。

$$t=\frac{1}{k_A}\left[\frac{1}{c_{A,0}(1-x_A)}-\frac{1}{c_{A,0}}\right]$$
$$=\frac{1}{k_A c_{A,0}}\left(\frac{1}{1-x_A}-1\right)=\frac{x_A}{k_A c_{A,0}(1-x_A)}$$
$$=\frac{0.9}{5.57\times0.02\times(1-0.9)}\mathrm{min}=80.8\mathrm{min}$$

（2）当 $c_{A,0}=0.01\mathrm{mol\cdot dm^{-3}}$，$x_A=0.9$ 时，求 t。

$$t=\frac{x}{k_A c_{A,0}(1-x)}=\frac{0.9}{5.57\times0.01\times(1-0.9)}\mathrm{min}=161.6\mathrm{min}$$

对于相同的转化率，如果初始浓度减半，则时间加倍。这是二级反应的特征。

4. *n* 级反应

对于只有一种反应物的反应 $a\mathrm{A}\longrightarrow$产物，或有几种反应物且反应物浓度符合化学计量比 $\frac{c_A}{a}=\frac{c_B}{b}=\cdots$的反应 $a\mathrm{A}+b\mathrm{B}+\cdots\longrightarrow$产物，其速率方程均可写成

$$\upsilon_A=-\frac{\mathrm{d}c_A}{\mathrm{d}t}=k_A c_A^n \tag{9.41}$$

这样的反应即为 n 级反应。

对式(9.41) 积分

$$\int_{c_{A,0}}^{c_A}\frac{\mathrm{d}c_A}{c_A^n}=-k_A\int_0^t\mathrm{d}t$$

当 $n=1$ 时，上式积分可得式(9.28)

当 $n\neq1$ 时，上式积分可得

$$\left(\frac{1}{c_A^{n-1}}-\frac{1}{c_{A,0}^{n-1}}\right)=(n-1)k_A t \tag{9.42}$$

当 $c_A=\frac{c_{A,0}}{2}$时，此时半衰期为

$$t_{1/2}=\frac{2^{n-1}-1}{(n-1)k_A c_{A,0}^{n-1}} \tag{9.43}$$

n 级反应具有如下特点

① $\frac{1}{c_A^{n-1}}$对时间 t 作图得一直线；

② 半衰期 $t_{1/2}$ 与 $c_{A,0}^{n-1}$ 成反比；

③ 速率常数的量纲为［浓度］$^{1-n}$ ·［时间］$^{-1}$，通常单位为$(\mathrm{mol\cdot m^{-3}})^{1-n}\cdot\mathrm{s^{-1}}$或$(\mathrm{mol\cdot dm^{-3}})^{1-n}\cdot\mathrm{s^{-1}}$。

例 9.6 在某反应 $A \longrightarrow B+D$ 中，反应物 A 的初始浓度 $c_{A,0}$ 为 $1mol \cdot dm^{-3}$，初速率 $\upsilon_{A,0}$ 为 $0.01mol \cdot dm^{-3} \cdot s^{-1}$，如果假定该反应为（1）零级；（2）一级；（3）二级；（4）2.5级反应，试分别求各不同级数的速率常数 k_A，标明 k_A 的单位，并求各不同级数的半衰期和反应物 A 的浓度变为 $0.1mol \cdot dm^{-3}$ 所需的时间。

解： 已知 $t=0$ 时，$c_{A,0}=1mol \cdot dm^{-3}$，$\upsilon_{A,0}=0.01mol \cdot dm^{-3} \cdot s^{-1}$

如果反应级数为

（1）零级反应

$$\upsilon_A=k_A \text{（}\upsilon_A \text{ 与 } k_A \text{ 无关，为一常数）}$$

$t=0$ 时，$\upsilon_{A,0}=k_A=0.01mol \cdot dm^{-3} \cdot s^{-1}$

半衰期 $t_{1/2}$ 为浓度减半所需的时间，所以

$$t_{1/2}=\frac{c_{A,0}}{2k_A}=\frac{1mol \cdot dm^{-3}}{2\times 0.01mol \cdot dm^{-3} \cdot s^{-1}}=50s$$

若反应到 $c_A=0.1mol \cdot dm^{-3}$ 时，所需时间为 t，则

$$t=\frac{c_{A,0}-c_A}{k_A}=\frac{(1-0.1)mol \cdot dm^{-3}}{0.01mol \cdot dm^{-3} \cdot s^{-1}}=90s$$

（2）一级反应

$$\upsilon_A=k_A c_A$$

$t=0$ 时，$\upsilon_{A,0}=k_A c_{A,0}$

$$k_A=\frac{\upsilon_{A,0}}{c_{A,0}}=\frac{0.01mol \cdot dm^{-3} \cdot s^{-1}}{1mol \cdot dm^{-3}}=0.01s^{-1}$$

$$t_{1/2}=\frac{\ln 2}{k_A}=\frac{\ln 2}{0.01}s=69.3s$$

$$t=\frac{1}{k_A}\ln\frac{c_{A,0}}{c_A}=\frac{1}{0.01}\ln\frac{1}{0.1}s=230.3s$$

（3）二级反应

$$\upsilon_A=k_A c_A^2$$

$t=0$ 时，$\upsilon_{A,0}=k_A c_{A,0}^2$

$$k_A=\frac{\upsilon_{A,0}}{c_{A,0}^2}=\frac{0.01mol \cdot dm^{-3} \cdot s^{-1}}{(1mol \cdot dm^{-3})^2}=0.01(mol \cdot dm^{-3})^{-1} \cdot s^{-1}$$

$$t_{1/2}=\frac{1}{k_A c_{A,0}}=\left(\frac{1}{0.01}\right)s=100s$$

$$t=\frac{1}{k_A}\left(\frac{1}{c_A}-\frac{1}{c_{A,0}}\right)=\frac{1}{0.01}\left(\frac{1}{0.1}-\frac{1}{1}\right)s=900s$$

（4）2.5 级反应

$$\upsilon_A=k_A c_A^{2.5}$$

$t=0$ 时，$\upsilon_{A,0}=k_A c_A^{2.5}$

$$k_A=\frac{\upsilon_{A,0}}{c_{A,0}^{2.5}}=\frac{0.01mol \cdot dm^{-3} \cdot s^{-1}}{(1mol \cdot dm^{-3})^{2.5}}=0.01(mol \cdot dm^{-3})^{-1.5} \cdot s^{-1}$$

$$t_{1/2}=\frac{2^{n-1}-1}{(n-1)k_A c_{A,0}^{n-1}}=\frac{2^{2.5-1}-1}{(2.5-1)\times 0.01\times 1^{2.5-1}}s=121.8s$$

$$t=\frac{1}{(n-1)k_A}\left(\frac{1}{c_A^{n-1}}-\frac{1}{c_{A,0}^{n-1}}\right)=\frac{1}{(2.5-1)\times 0.01}\left(\frac{1}{0.1^{2.5-1}}-\frac{1}{1^{2.5-1}}\right)s=2042s$$

从以上计算可以看出，反应级数越大，则速率随浓度变化越剧烈，当反应级数由零级变到2.5级，$t_{1/2}$由50s变到121.8s，t 由90s变到2042s。这说明当初始浓度相同时，级数越大，速率随浓度下降得越快，因而所需时间就越长。

符合通式$-\frac{dc_A}{dt}=k_A c_A^n$ 的各级反应的速率公式及其特点见表9.1。

表9.1 符合通式$-\frac{dc_A}{dt}=k_A c_A^n$ 的各级反应的速率公式及其特点

级数	速率方程式		特点		
	微分式	积分式	$t_{1/2}$	直线关系	k_A 的单位
0	$-\frac{dc_A}{dt}=k_A$	$c_{A,0}-c_A=k_At$	$\frac{c_{A,0}}{2k_A}$	c_A-t	[浓度]·[时间]$^{-1}$
1	$-\frac{dc_A}{dt}=k_Ac_A$	$\ln\frac{c_{A,0}}{c_A}=k_At$	$\frac{\ln 2}{k_A}$	$\ln c_A$-t	[时间]$^{-1}$
2	$-\frac{dc_A}{dt}=k_Ac_A^2$	$\frac{1}{c_A}-\frac{1}{c_{A,0}}=k_At$	$\frac{1}{k_Ac_{A,0}}$	$\frac{1}{c_A}$-t	[浓度]$^{-1}$·[时间]$^{-1}$
n	$-\frac{dc_A}{dt}=k_Ac_A^n$	$\frac{1}{n-1}\left(\frac{1}{c_A^{n-1}}-\frac{1}{c_{A,0}^{n-1}}\right)=k_At$ $(n\neq 1)$	$\frac{2^{n-1}-1}{(n-1)k_Ac_{A,0}^{n-1}}$	$\frac{1}{c_A^{n-1}}$-t	[浓度]$^{1-n}$·[时间]$^{-1}$

第四节 反应级数的确定

1. 积分法

积分法是利用反应速率的积分式确定反应级数。

从上节对具有简单级数的反应的速率方程式讨论中，总结出零级、一级、二级或 n 级反应的动力学方程式的积分形式都存在一个线性关系，因此，对一个未知级数的反应，可以将实验所得不同时刻的浓度分别代入这些速率方程式中，然后对 t 作图。如果 $\ln\frac{c_A}{[c]}$-t 为一直线，则此反应为一级反应；如果$\frac{1}{c_A}$-t 为一直线，则此反应为二级反应。……依此类推，这种方法就是积分法。

也可以将实验数据代入各种级数的速率方程式中求出 k 值，如果代到哪个级数公式中所求得的 k 是一个常数，那么反应就是此级数。这种方法一般只能用于具有简单级数的反应，而且不够灵敏。

例9.7 三甲基胺与溴化正丙烷溶于溶剂苯中，其起始浓度均为0.1mol·dm^{-3}，将反应物放入几个玻璃瓶中，封口后，浸于412.6K的恒温槽中，每经历一定时间，取出一瓶快速冷却，使反应“停止”，然后分析其成分，结果如下

瓶号	经历时间 t/s	反应物起作用的摩尔分数	$(c_{A,0}-c_A)/10^{-2}$mol·dm^{-3}
1	780	0.112	1.12
2	2040	0.257	2.57
3	3540	0.367	3.67
4	7200	0.552	5.52

试判断此反应是一级反应还是二级反应，并求出其速率常数 k（假定在实验范围内反应只是向右进行的）。

解： 若此反应是一级，则 $k_1=\frac{1}{t}\ln\frac{c_{A,0}}{c_A}$，若反应是二级，则 $k_2=\frac{1}{t}\left(\frac{1}{c_A}-\frac{1}{c_{A,0}}\right)$，计算结果分别列于下表

瓶号	k_1/s^{-1}	$k_2/(mol\cdot dm^{-3})^{-1}\cdot s^{-1}$
1	1.54×10^{-4}	1.67×10^{-3}
2	1.46×10^{-4}	1.70×10^{-3}
3	1.30×10^{-4}	1.64×10^{-3}
4	1.12×10^{-4}	1.71×10^{-3}
$\overline{k_2}=1.67\times10^{-3}$		

由表可见，k_1 不是常数，k_2 在实验范围内可视为常数，故此反应是二级反应，k_2 为 1.67×10^{-3} $(mol\cdot dm^{-3})^{-1}\cdot s^{-1}$。

2. 微分法

微分法是用反应速率公式的微分形式确定反应级数的方法。设反应的速率方程的积分形式为

$$-\frac{dc_A}{dt}=k_Ac_A^n$$

两个不同浓度下，速率公式是

$$-\frac{dc_{A,1}}{dt}=k_Ac_{A,1}^n,\quad -\frac{dc_{A,2}}{dt}=k_Ac_{A,2}^n$$

取对数后，得

$$\lg\left(-\frac{dc_{A,1}}{dt}\right)=\lg k_A+n\lg c_{A,1}$$

$$\lg\left(-\frac{dc_{A,2}}{dt}\right)=\lg k_A+n\lg c_{A,2}$$

两式相减，整理后得

$$n=\frac{\lg\left(-\frac{dc_{A,1}}{dt}\right)-\lg\left(-\frac{dc_{A,2}}{dt}\right)}{\lg c_{A,1}-\lg c_{A,2}} \qquad (9.44)$$

求反应级数时，先将不同时刻反应物的浓度对时间 t 作图（图 9.5），得一曲线，在 c_A-t 曲线上任取两点，作这两点的切线，其切线的斜率即为这两个浓度下的 $-\frac{dc_{A,1}}{dt}$ 和 $-\frac{dc_{A,2}}{dt}$，代入式(9.44)，即可求得反应级数 n。

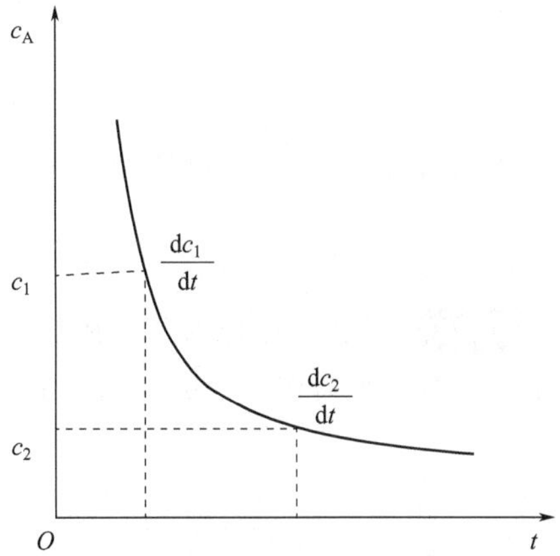

图 9.5　微分法确定反应级数

另外，对 $-\frac{dc_A}{dt}=k_Ac_A^n$ 取对数可得

$$\lg(-\frac{dc_A}{dt})=\lg k_A+n\lg c_A \tag{9.45}$$

由此式可看出，以 $\lg\left(-\frac{dc_A}{dt}\right)$ 对 $\lg c_A$ 作图应为一直线，其斜率就是反应级数 n，其截距即为 $\ln k_A$。

有时反应产物对反应速率也有影响，为了排除产物的干扰，常采用初始浓度法。这就是取若干个不同的初始浓度 $c_{A,0}$，测出若干套 c_A-t 数据，绘出若干条 c_A-t 曲线［见图 9.6(a)］。在每条曲线的初始浓度 $c_{A,0}$ 处，求出相应的斜率 $\frac{dc_A}{dt}$，然后再按上述方法求得 $\lg\left(-\frac{dc_{A,0}}{dt}\right)$ 对 $\lg c_{A,0}$ 作图直线的斜率［见图 9.6(b)］，即为反应物的级数。对于逆向也能进行的反应，初始浓度法显然更为可靠。

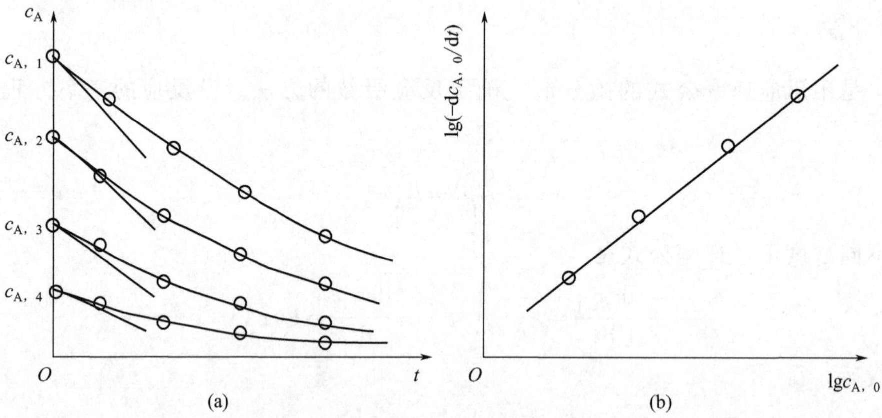

图 9.6　初始浓度法

3. 半衰期法

除一级反应外，对某反应，如以两个不同的开始浓度 $(c_{A,0})_1$、$(c_{A,0})_2$ 进行实验，分别测得半衰期为 $(t_{1/2})_1$ 及 $(t_{1/2})_2$，则由式(9.43)，有

$$\frac{(t_{1/2})_2}{(t_{1/2})_1}=\left(\frac{c_{A0,1}}{c_{A0,2}}\right)^{n-1}$$

等式两边取对数，整理后，可确定反应的级数为

$$n=1+\frac{\ln(t_{1/2})_1-\ln(t_{1/2})_2}{\ln c_{A0,2}-\ln c_{A0,1}} \tag{9.46}$$

例 9.8 某有机化合物 A，在酸的催化下发生水解反应。在 50℃、pH＝5 和 pH＝4 的溶液中进行时，半衰期分别为 138.6min 和 13.86min，且均与 $c_{A,0}$ 无关，设反应的速率方程为

$$-\frac{dc_A}{dt}=k_A c_A^a c_{H^+}^b$$

(1) 试验证 $a=1$，$b=1$；(2) 求 50℃时的 k_A；(3) 求在 50℃、pH＝3 的溶液中，A 水解 75%需要多少时间？

解：（1）因为在所给定条件下，即 pH=5 或 pH=4 时，c_{H^+} 为常数，则

$$-\frac{dc_A}{dt}=k_A c_A^a c_{H^+}^b=k_A' c_A^a$$

其中 $k_A'=k_A c_{H^+}^b$

因 $t_{1/2}$ 与 $c_{A,0}$ 无关，这是一级反应的特征，即 $a=1$，则 k_A' 为一级反应的速率系数。

$$t_{1/2}=\frac{0.693}{k_A'}=\frac{0.693}{k_A c_{H^+}^b}$$

于是

$$\frac{(t_{1/2})_1}{(t_{1/2})_2}=\frac{(k_A')_2}{(k_A')_1}=\left(\frac{c_{H^+,2}}{c_{H^+,1}}\right)^b$$

$$\frac{138.6\text{min}}{13.86\text{min}}=\left(\frac{10^{-4}}{10^{-5}}\right)^b$$

即　$b=1$

（2）因

$$k_A'=k_A c_{H^+}=\frac{0.693}{t_{1/2}}$$

故得　$k_A=\dfrac{0.693}{t_{1/2}c_{H^+}}=\dfrac{0.693}{138.6\text{min}\times10^{-5}\text{mol}\cdot\text{dm}^{-3}}=5\times10^2(\text{mol}\cdot\text{dm}^{-3})^{-1}\cdot\text{min}^{-1}$

（3）

$$t=\frac{1}{k_A'}\ln\frac{c_{A,0}}{c_A}=\frac{1}{k_A c_{H^+}}\ln\frac{1}{(1-x_A)}$$

$$=\frac{1}{5\times10^2(\text{mol}\cdot\text{dm}^{-3})^{-1}\cdot\text{min}^{-1}\times10^{-3}\text{mol}\cdot\text{dm}^{-3}}\ln\frac{1}{1-0.75}=2.77\text{min}$$

4. 隔离法

以上三种确定反应级数的方法，通常是直接应用于仅有一种反应物的简单情况。对有两种反应物，如

$$A+B\longrightarrow G+H$$

若其微分速率方程为

$$-\frac{dc_A}{dt}=k_A c_A^a c_B^b$$

则可采用隔离措施，再应用上述三种方法之一分别确定 a 及 b。

隔离法的原理是：可首先确定 a，采取的隔离措施是，实验时使 $c_{B,0}\gg c_{A,0}$，可以认为反应过程中 c_B 保持为常量，反应的微分速率方程变为

$$-\frac{dc_A}{dt}=k_A' c_A^a$$

式中 $k_A'=k_A c_B^b$

于是采用前述三种方法之一，可确定级数 a。同理，实验时再使 $c_{A,0}\gg c_{B,0}$，则可以认为反应过程中 c_A 保持为常量，反应的微分速率方程变为

$$-\frac{dc_B}{dt}=k_B'' c_B^b$$

式中 $k_B''=k_B c_A^a$

于是采用前述三种方法之一，可确定级数 b。从而可以求出总反应级数 n。

第五节　温度对反应速率的影响

温度是影响反应速率的重要因素。一般说来，温度越高反应进行得越快，温度越低反应进行得越慢。这不仅是化学实验中常见的现象，也是人们生活中的常识。例如，氢和氧化合生成水的反应，在室温下氢和氧作用极慢，以致几乎都观察不出有反应发生。如果温度升高到700℃，它们就立即起反应，甚至发生爆炸。再如，大米泡在25℃的水中做不成米饭，只有加热沸腾生米变成熟饭的过程才能很快进行，而用高压锅烧饭的速率更快，因为其中水的温度更高。但有时也有例外，例如 $2NO+O_2 \longrightarrow 2NO_2$，温度升高却引起反应速率减慢。

温度对反应速率的影响，表现在反应速率常数（k）上，由反应速率方程式可知，反应速率取决于速率常数和反应物的浓度。当反应物的浓度为定值时，改变温度，反应速率也随着改变。也就是说，反应速率常数 k 是随温度的改变而改变的。温度升高，k 值一般增大，只不过是增大的程度不同罢了。

1. 范特霍夫经验规则

范特霍夫（J. H. van't Hoff）根据实验事实总结出一条近似的经验规律：温度每升高10K，反应速率增加2~4倍，也称为反应速率的温度系数。即

$$\frac{k_{T+10\mathrm{K}}}{k_T}\approx 2\sim 4 \tag{9.47}$$

式中，k_T 为温度 T 时的速率常数；k_{T+10} 为温度 $T+10\mathrm{K}$ 时的速率常数。

范特霍夫规则是一个经验公式，虽然不很准确，但当缺乏数据时，可用它做粗略的估算。

2. 阿伦尼乌斯方程

阿伦尼乌斯（S. A. Arrhenius）在研究了大量实验数据的基础上，于1889年提出了对一般化学反应的速率常数随温度变化的关系式

$$k=k_0 \mathrm{e}^{-\frac{E_a}{RT}} \tag{9.48}$$

这就是阿伦尼乌斯方程。式中，k_0 是指（数）前因子，对指定反应，它与反应物浓度、反应温度无关；E_a 是活化能，对指定反应，它是与温度无关的常数，不同的反应，E_a 值可以不同；R 为摩尔气体常数。由于e的指数 $-\frac{E_a}{RT}$ 的分子分母都是能量单位，所以指数项本身无量纲，这样 k_0 的单位与 k 相同。

将式(9.48) 两边取对数，得

$$\ln\frac{k}{[k]}=-\frac{E_a}{R}\times\frac{1}{T}+\ln\frac{k_0}{[k]} \tag{9.49}$$

由上式可以看出，$\ln k$（$\ln k$ 是 $\ln\frac{k}{[k]}$ 的简化写法）对 $\frac{1}{T}$ 作图，可得一直线，由直线的斜率可求出 E_a，由截距可求出 k_0。

将式(9.49) 微分，得

$$\frac{\mathrm{d}\ln k}{\mathrm{d}T}=\frac{E_a}{RT^2} \tag{9.50}$$

将上式分离变数，由 T_1 积分到 T_2，得

$$\ln\frac{k_2}{k_1}=-\frac{E_a}{R}\left(\frac{1}{T_2}-\frac{1}{T_1}\right) \tag{9.51}$$

根据式(9.51)，在已知两个温度 T_1、T_2，以及对应的速率常数 k_1、k_2 的条件下，就可以求出活化能。需要注意的是式(9.51)中使用的是用浓度表示的速率常数而不是压力表示的速率常数。

例 9.9 已知某有机酸在水溶液中发生分解反应，10℃时，$k_{283}=1.08\times10^{-4}\,s^{-1}$；60℃时，$k_{333}=5.48\times10^{-2}\,s^{-1}$。试计算 30℃时的速率常数。

解：(1) 已知 $T_1=283K$、$T_2=333K$、$k_1=1.08\times10^{-4}\ s^{-1}$、$k_2=5.48\times10^{-2}\ s^{-1}$

$$\ln\frac{k_2}{k_1}=-\frac{E_a}{R}\left(\frac{1}{T_2}-\frac{1}{T_1}\right)$$

$$\begin{aligned}E_a&=R\left(\frac{T_1T_2}{T_2-T_1}\right)\ln\frac{k_2}{k_1}=\left[8.314\times\left(\frac{283\times333}{333-283}\right)\ln\left(\frac{5.48\times10^{-2}}{1.08\times10^{-4}}\right)\right]J\cdot mol^{-1}\\&=9.76\times10^{4}J\cdot mol^{-1}\end{aligned}$$

(2) 将 E_a 值和任一已知 T、k 值，以及 $T=303K$ 代入下式，即可求出 k_{303}。

$$\ln\frac{k_2}{k_1}=-\frac{E_a}{R}\left(\frac{1}{T_2}-\frac{1}{T_1}\right)$$

$$\ln\frac{1.08\times10^{-4}}{k_{303}}=-\frac{9.76\times10^{4}}{8.314}\left(\frac{1}{283}-\frac{1}{303}\right)$$

$$k_{303}=1.67\times10^{-3}\ s^{-1}$$

3. 温度对反应速率影响的类型

从实验中发现，温度对反应速率的影响大致分为下面五种类型，如图 9.7 所示。

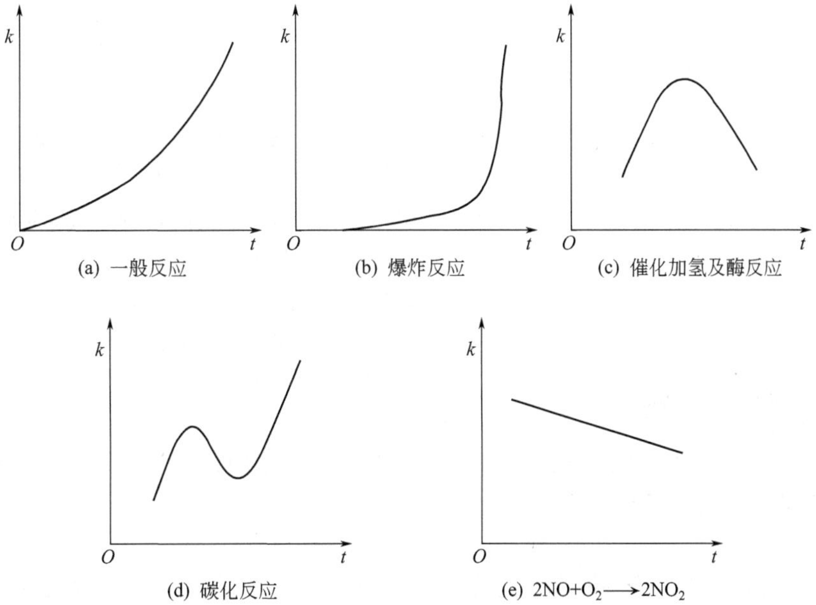

图 9.7　反应速率常数随温度变化的五种类型

第一种类型是反应速率随温度升高而逐渐加快，它们之间有指数关系，这类反应最为常见。第二种类型属于爆炸极限型的反应。开始时温度影响不大，当达到一定温度限度时，反应速率突然急剧增大，发生爆炸。第三种类型多为受吸附速率控制的多相催化反应。在温度不高的情况下，反应速率随温度升高而加快，但达到某一温度以后如再升高温度，将使反应速率下降。这是由于高温影响催化剂的性能。酶催化的反应也多属于这一类型。第四种类型是在碳的氧化反应中观察到的，当温度升高时可能有副反应发生而复杂化。第五种类型是反常的，温度升高，反应速率反而下降。

第六节　活化能和表观活化能

1. 活化能

从阿伦尼乌斯方程可知，反应速率常数不仅与温度有关，而且还与活化能有密切关系。在一定温度下，反应的活化能越大，则反应速率常数就越小，反应速率也就越小。反之，活化能越小，反应速率常数和反应速率越大。为什么活化能对反应速率会影响这么大呢？下面从活化能的角度做一下定性解释。

任何化学反应实现的先决条件是反应物分子（或原子、离子）间有相互碰撞。如果反应物分子相互不碰撞，就谈不上发生反应。但并不是每一次碰撞都能发生反应的，其中绝大多数分子是无效的弹性碰撞，只有少数能量足够高的分子间的定向碰撞才能形成产物，这种碰撞为有效碰撞。这种能发生有效碰撞的分子叫活化分子。

活化分子与其他分子的差别在于它们具有较高的能量。根据气体分子运动论，温度一定，体系内分子具有一定的平均能量。但各分子所具有的能量是不同的，有些分子的能量高些，有些分子的能量低些。其中只有很少一部分具有比平均能量高得多的分子，在碰撞时才能克服分子间的斥力而充分接近，并借助能量的传递，使反应物分子的原有化学键断裂，进而形成产物的新化学键，这样就发生了化学反应。

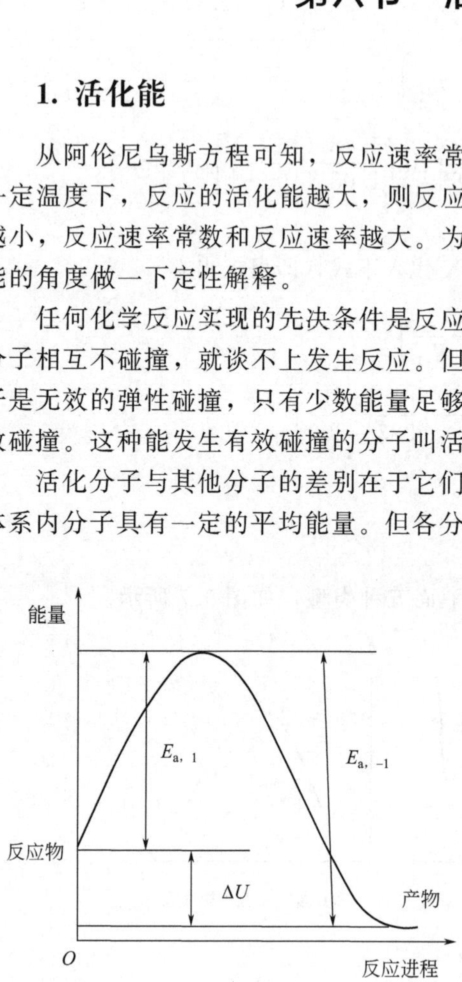

图 9.8　活化能

活化能就是反应物分子在起反应时必须克服的一个能峰，由图 9.8 可见，反应物分子必须具有（或吸收）较平均能量高出 $E_{a,1}$ 的能量才能达到活化分子状态，越过能峰变成产物分子。此例表明，尽管产物的能量比反应物低，但要使反应顺利进行，反应物首先要吸收能量以越过活化能这个能峰。能峰越高，化学反应的阻力越大，反应越难进行。

对于活化能，托尔曼（Tolman）用统计热力学进行了证明，他认为活化能是指 1mol 活化分子的平均能量与普通分子平均能量的差值。可用下式表示

$$E_a = E^{\ne} - E$$

式中，$E^{\ne}$ 表示活化分子的平均能量，$J \cdot mol^{-1}$；E 表示反应物普通分子的平均能量，$J \cdot mol^{-1}$。如对一个分子而言，则

$$\varepsilon_a=\frac{E^{\neq}-E}{L}=\varepsilon^{\neq}-\varepsilon$$

式中，L 是阿伏伽德罗常数；ε_a 就是一个具有平均能量 ε 的普通反应物分子变成具有 $\varepsilon^{\neq}$ 能量的活化分子必须获得的能量。

因为只有活化分子才有可能变成产物，普通分子只有获得相当于 E_a 的能量后方可反应，这与上述活化能的定性解释是一致的。

由图 9.8 可知，对于恒容反应，正反应和逆反应的活化能之差为

$$E_1-E_{-1}=\Delta U$$

2. 表观活化能

阿伦尼乌斯方程不仅适用于基元反应，而且也适用于多数的复合反应，但其活化能就没有像在基元反应中那样明确的意义了。

例如 H_2 和 I_2 生成 HI 的反应

$$H_2+I_2 \longrightarrow 2HI$$

经验速率方程中的速率常数也具有阿伦尼乌斯方程的形式：$k=k_0 e^{-\frac{E_a}{RT}}$

上述反应的反应机理为

$$I_2+M \underset{k_{-1}}{\overset{k_1}{\rightleftharpoons}} 2I\cdot+M \qquad \text{（快速平衡）}$$

$$H_2+2\,I\cdot \xrightarrow{k_2} 2HI \qquad \text{（慢反应）}$$

各个基元反应的阿伦尼乌斯方程分别为

$$k_1=k_{0,1}e^{-\frac{E_{a,1}}{RT}},\quad k_{-1}=k_{0,-1}e^{-\frac{E_{a,-1}}{RT}},\quad k_2=k_{0,2}e^{-\frac{E_{a,2}}{RT}}$$

快速平衡反应的正逆反应速率相等，即 $k_1c_{I_2}=k_{-1}c_{I\cdot}^2$。

可得

$$\frac{k_1}{k_{-1}}=K_c=\frac{c_{I\cdot}^2}{c_{I_2}}$$

即

$$c_{I\cdot}^2=\frac{k_1}{k_{-1}}c_{I_2}$$

反应速率由慢反应速率决定，因此有

$$-\frac{dc_{H_2}}{dt}=k_2c_{H_2}c_{I\cdot}^2=k_2\frac{k_1}{k_{-1}}c_{H_2}c_{I_2}=kc_{H_2}c_{I_2}$$

所以

$$\begin{aligned}k&=k_2\frac{k_1}{k_{-1}}=k_{0,2}e^{-\frac{E_{a,2}}{RT}}\times k_{0,1}e^{-\frac{E_{a,1}}{RT}}/k_{0,-1}e^{-\frac{E_{a,-1}}{RT}}\\&=k_{0,2}\frac{k_{0,1}}{k_{0,-1}}\exp\left(-\frac{E_{a,2}+E_{a,1}-E_{a,-1}}{RT}\right)\\&=k_0\exp\left(-\frac{E_a}{RT}\right)\end{aligned}$$

式中

$$k_{0,2}\frac{k_{0,1}}{k_{0,-1}}=k_0$$

所以

$$E_a=E_{a,1}+E_{a,2}-E_{a-1}$$

显然，阿伦尼乌斯活化能在复合反应中是各基元反应活化能的特定组合，或者说复合总反应的活化能 E_a 是各步基元反应活化能的综合表现。因此，称复合反应的活化能为表观活化能，对应的 k_0 称为表观指前因子。

第七节　典型的复合反应

所谓复合反应通常是指两个或两个以上基元反应的组合。其中典型的复合反应有三类：平行反应、对行反应和连串反应。对于由级数已知的非基元反应组合而成的复合反应，其动力学处理方法与由基元反应组合而成的复合反应动力学处理方法是一样的。

1. 平行反应

同一反应物，同时进行两个或更多个不同的反应，生成不同的产物，则这些反应称为平行反应。一般情况下，生成主要产物的反应称为主反应，其余为副反应。

在实际生产中，有很多这样的例子，如氯苯氯化生成邻、间、对三种二氯苯的三个反应，乙醇脱氢生成乙醛、脱水生成乙烯的两个反应，丙烷裂解，甲苯的取代，苯酚的硝化等都属于平行反应。根据平行反应的各反应级数确定平行反应级数，若各反应均为一级则为 1－1 级平行反应，依此类推有 1－2 级、2－1 级、2－2 级平行反应。

设有两个一级反应所组合而成的 1－1 级平行反应，反应方程式如下

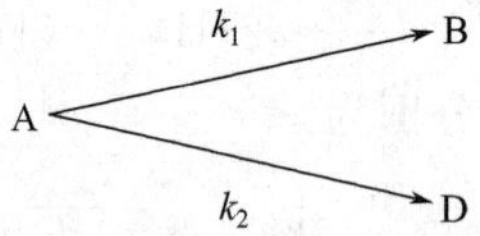

$$A \overset{k_1}{\underset{k_2}{\diagup\!\!\!\diagdown}} \begin{matrix} B \\ D \end{matrix} \tag{9.52}$$

k_1、k_2 分别是两个平行反应的消耗速率常数。根据质量作用定律，这两个平行反应的速率方程式分别为

$$v_B = \frac{dc_B}{dt} = k_1 c_A \tag{9.53}$$

$$v_D = \frac{dc_D}{dt} = k_2 c_A \tag{9.54}$$

图 9.9 所示为反应过程中 A、B、D 三种物质的浓度变化曲线。随着反应的进行，反应物 A 的浓度不断减少，产物 B、D 的浓度不断增加。由于两个反应同时进行，因此反应物 A 的总消耗速率应等于两个反应消耗速率之和，即

$$v_A = -\frac{dc_A}{dt} = v_B + v_D = k_1 c_A + k_2 c_A = (k_1 + k_2) c_A \tag{9.55}$$

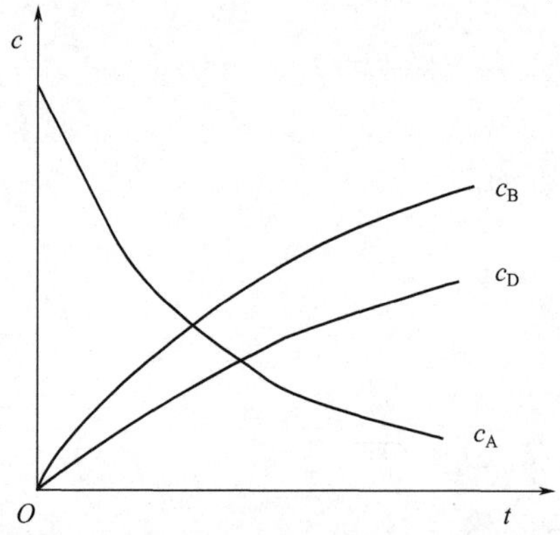

图 9.9　平行反应中物质的浓度与时间的关系

将式（9.55）积分

$$\int_{c_{A,0}}^{c_A} \frac{dc_A}{c_A} = -(k_1 + k_2) \int_0^t dt$$

得
$$\ln\frac{c_{A,0}}{c_A}=(k_1+k_2)t \tag{9.56}$$

将式(9.25) 代入式(9.56) 可得
$$\ln\frac{1}{1-x_A}=(k_1+k_2)t \tag{9.57}$$

式(9.55) 为1－1级平行反应速率方程式的微分形式，式(9.56) 和式(9.57) 为1－1级平行反应速率方程式的积分形式，其形式与简单的一级反应完全相同，只是总反应的消耗速率常数为组成平行反应的各独立反应的速率常数之和。

将式(9.53) 和式(9.54) 相除，当 $c_{B,0}=0$，$c_{D,0}=0$ 时，积分得
$$\frac{c_B}{c_D}=\frac{k_1}{k_2} \tag{9.58}$$

式(9.58) 表明，在反应的任一时间，二产物浓度之比等于二速率常数之比。在同一时间 t 时，测出二浓度之比即可得$\frac{k_1}{k_2}$，再由式(9.56) 求出 (k_1+k_2)，二者联立就能求出 k_1 和 k_2。对于级数相同的平行反应，各反应的产物浓度之比保持一个常数，而与反应物初始浓度和时间都无关，这也是平行反应的特点。

几个平行反应的活化能往往不同，温度升高有利于活化能大的反应；温度降低则有利于活化能小的反应。不同的催化剂有时只能加速某一个反应。所以生产上经常选择最适宜温度或适当催化剂，来选择性地加速人们所需要的反应。

2. 对行反应

正逆方向同时进行的反应称为对行反应，又称为对峙反应。

严格说来，任何化学反应都是对行反应。化学反应都有平衡常数，在热力学上说明了这一点。但有些反应中正反应与逆反应速率相差很多，平衡远远地偏向于一边，这就是通常所说的“完全反应”，这些反应在动力学上不作为对行反应。与平行反应相同，若各反应均为一级则为1－1级对行反应，依此类推有1－2级、2－1级、2－2级对行反应。

最简单的对行反应是1－1级对行反应，设下面的反应即为1－1级对行反应

$$A \underset{k_{-1}}{\overset{k_1}{\rightleftharpoons}} B$$

当 $t=0$	$c_{A,0}$	0
当 $t=t$	$c_A=c_{A,0}-c_x$	$c_B=c_x$
反应平衡时 $t=t_e$	$c_{A,e}=c_{A,0}-c_{x,e}$	$c_{B,e}=c_{x,e}$

式中，k_1、k_{-1}分别为正反应与逆反应的速率常数；设A的起始浓度为 $c_{A,0}$，B的起始浓度为0，$c_x=c_{A,0}-c_A$，为经过一段反应时间后反应物A所消耗掉的浓度；$c_{A,e}$、$c_{B,e}$，$c_{x,e}$分别代表反应达到平衡时，A、B的浓度和A消耗掉的浓度。

由于
$$-\frac{dc_A}{dt}=k_1c_A-k_{-1}c_B \tag{9.59}$$

根据 t 时刻的浓度，由式(9.59) 可得
$$\begin{aligned}\frac{dc_x}{dt}&=k_1(c_{A,0}-c_x)-k_{-1}c_x\\&=k_1c_{A,0}-(k_1+k_{-1})c_x\end{aligned} \tag{9.60}$$

将式(9.60) 积分

$$\int_0^{c_x}\frac{dc_x}{k_1c_{A,0}-(k_1+k_{-1})c_x}=\int_0^t dt$$

得

$$\ln\frac{k_1c_{A,0}}{k_1c_{A,0}-(k_1+k_{-1})c_x}=(k_1+k_{-1})t \tag{9.61}$$

式(9.61) 是1－1级对行反应的动力学方程式。当对行反应达到化学平衡时

$$\frac{dc_A}{dt}=0$$

即

$$k_1c_{A,e}=k_{-1}c_{B,e} \tag{9.62}$$

或

$$k_1c_{A,0}=(k_1+k_{-1})c_{x,e} \tag{9.63}$$

且

$$c_{x,e}=c_{B,e}$$

将式(9.62) 代入式(9.61) 得

$$\ln\frac{c_{x,e}}{c_{x,e}-c_x}=(k_1+k_{-1})t \tag{9.64}$$

由式(9.62) 得到

$$\frac{k_1}{k_{-1}}=\frac{c_{B,e}}{c_{A,e}}=K_c \tag{9.65}$$

K_c 称为经验平衡常数。其他级数的对行反应的速率常数可用类似方法导出。

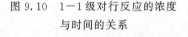

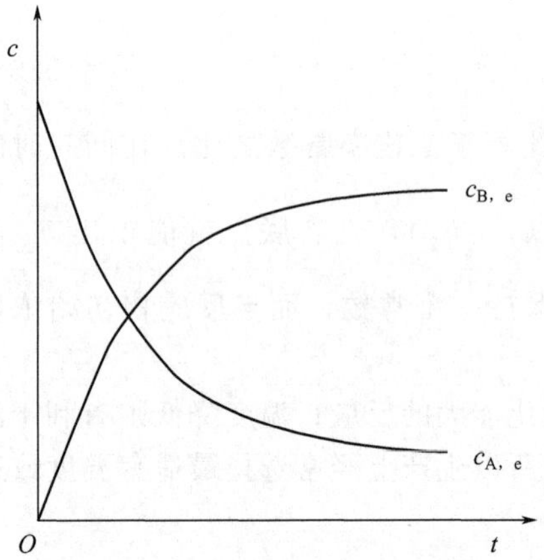

图 9.10　1－1级对行反应的浓度与时间的关系

对于 1－1 级对行反应，浓度与时间的关系如图 9.10所示，由速率方程可知，随着反应的不断进行，产物的浓度不断增加，逆向反应速率随之增加，反应的净生成速率减小，当接近平衡时，净反应速率趋近于零。

3. 连串反应

一个反应的产物是下一步反应的反应物，如此连续进行的反应系列称为连串反应。例如甲烷氯化，生成的一氯甲烷还可继续反应，生成二氯甲烷、氯仿和四氯化碳。用氯胺法进行水消毒处理时，所发生的反应即为连串反应，其反应如下

$$NH_3+HOCl \longrightarrow NH_2Cl+H_2O$$

$$NH_2Cl+HOCl \longrightarrow NHCl_2+H_2O$$

$$NHCl_2+HOCl \longrightarrow NCl_3+H_2O$$

给水及废水处理中有关生物氧化过程，河流水体自净化过程中的耗氧和溶氧过程，含氮有机物的亚硝化和硝化过程等都可看作连串反应。污水处理设备中微生物的生长和衰亡，有机物在缺氧条件下的逐步分解等，有时也应用连串反应动力学方程式加以描述。

假设一个连串反应由两个连续的一级反应构成，即

$$A \xrightarrow{k_1} B \xrightarrow{k_2} C$$

式中，k_1、k_2 分别为两个单分子反应的速率系数。则由质量作用定律，对两个元反应，有

A 的消耗速率

$$-\frac{dc_A}{dt}=k_1c_A \tag{9.66}$$

B 的生成速率　$$\frac{dc_B}{dt}=k_1c_A-k_2c_B \tag{9.67}$$

C 的生成速率　$$\frac{dc_C}{dt}=k_2c_B \tag{9.68}$$

式(9.66)～式(9.68) 为由两个一级反应组合成的连串反应的微分速率方程。将式(9.66) 分离变量积分，得

$$\ln\frac{c_{A,0}}{c_A}=k_1t \text{ 或 } c_A=c_{A,0}e^{-k_1t} \tag{9.69}$$

将式(9.67) 分离变量，并将式(9.69) 代入，得

$$\frac{dc_B}{dt}+k_2c_B=k_1c_{A,0}e^{-k_1t} \tag{9.70}$$

式(9.70) 的解为

$$c_B=\frac{k_1c_{A,0}}{k_2-k_1}(e^{-k_1t}-e^{-k_2t}) \tag{9.71}$$

而　$$c_A+c_B+c_C=c_{A,0},\quad c_C=c_{A,0}-c_A-c_B$$

于是　$$c_C=c_{A,0}-c_A-c_B=c_{A,0}\left[1-\frac{1}{k_2-k_1}(k_2e^{-k_1t}-k_1e^{-k_2t})\right] \tag{9.72}$$

式(9.70)～式(9.72) 为由两个一级反应组合成的连串反应的积分速率方程。

图 9.11 表示反应过程中 A、B、C 三种物质的浓度变化曲线。随着反应的进行，反应物 A 的浓度不断减小，产物 C 的浓度不断增加，而中间产物 B 的浓度先升后降，有一个最大值。如果 B 是所需的产物，则 B 达到最大值的时间为 t_m、浓度为 $c_{B,max}$，可通过式(9.71) 得到，式(9.71) 对时间求导，且 $dc_B/dt=0$ 可得

$$-k_1e^{-k_1t}+k_2e^{-k_2t}=0$$

$$t_m=\frac{\ln k_1-\ln k_2}{k_1-k_2} \tag{9.73}$$

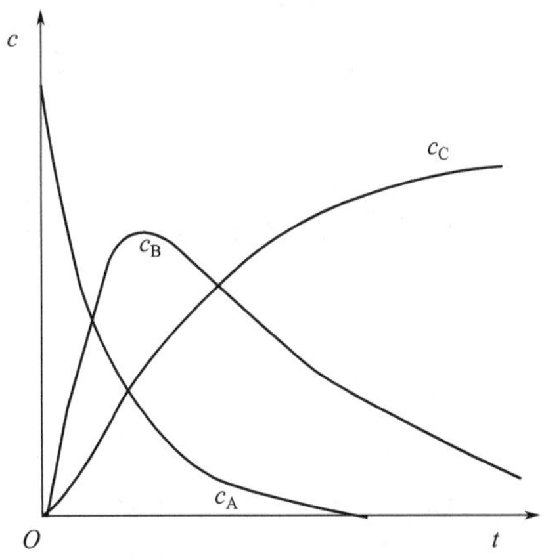

图 9.11　一级连串反应中反应物、产物浓度与时间的关系

将式(9.73) 代入式(9.71) 中整理可得

$$c_{B,max}=c_{A,0}\left(\frac{k_1}{k_2}\right)^{\frac{k_2}{k_2-k_1}}$$

在上述连串反应中，若 $k_1 \gg k_2$，则式(9.72) 可简化为

$$c_C=c_{A,0}(1-e^{-k_2t}) \tag{9.74}$$

若 $k_1 \ll k_2$，则式(9.72) 可简化为

$$c_C=c_{A,0}(1-e^{-k_1t}) \tag{9.75}$$

由式(9.74) 和式(9.75) 可以看出，如果连串反应中有一步反应的速率比其他步骤慢得多，则总反应速率主要由这一最慢步骤的速率决定，这个原理称为“瓶颈原理”。这一最慢步骤通常就称为“控速步骤”或“决速步骤”。

第八节　链反应

链反应又称连锁反应，它是一种具有特殊规律的、常见的复合反应。例如，橡胶的合成及老化、高分子化合物的制备、石油的裂解、一些有机物的热分解、爆炸反应等都是链反应。链反应可分为直链反应和支链反应（如图 9.12 所示）。

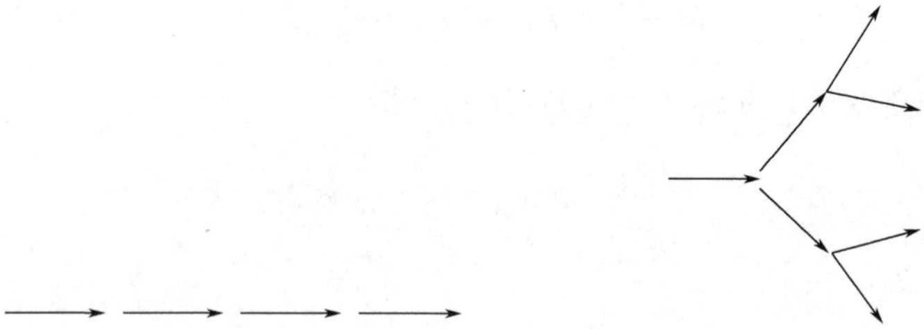

(a) 直链反应　　(b) 支链反应

图 9.12　链反应传递示意图

1. 直链反应

在链反应的过程中，一个自由基参加反应后只生成一个新的自由基，这样的反应就是直链反应。自由基是指具有不成对价电子的原子或原子团，由于它们有未配对电子，它们的能量很高，所以它们很容易与能量低的第三体相撞，把高的能量传出就会自相结合变成稳定分子，使反应进行。

链反应一般由三个步骤组成：

① 链的开始（或链的引发）　反应物分子吸收能量生成自由基的过程，这是反应的最困难的过程。

② 链的传递（或链的增长）　自由基与一般分子发生反应，在生成产物的同时，能够再生成自由基，新生成的自由基继续反应再生成自由基，使反应能够不断进行下去，这就是链的传递过程，链的传递是链反应的主体。

③ 链的终止　当自由基在反应中消失时，链就终止了。

下面以 HCl(g) 的合成反应 $H_2(g)+Cl_2(g) \longrightarrow 2HCl(g)$为例说明直链反应。

经研究其反应历程如下

(1) $Cl_2 + M \xrightarrow{k_1} 2Cl\cdot + M$

(2) $Cl\cdot + H_2 \xrightarrow{k_2} HCl + H\cdot$

(3) $H\cdot + Cl_2 \xrightarrow{k_3} HCl + Cl\cdot$

……

(4) $2Cl\cdot + M \xrightarrow{k_4} Cl_2 + M$

基元反应 (1) 是由 $Cl_2(g)$ 分子经过和其他粒子 M(M 可以是器壁或光子等) 相互作用而产生自由基 Cl·，因此这是链的引发步骤。基元反应 (2)、(3) 是反应物分子 $H_2(g)$、$Cl_2(g)$与自由基 Cl· 和 H· 相互作用的过程，这是链的传递过程。由于在每一基元反应中，一个自由基消失后只产生一个新自由基，因此这是一个直链反应。基元反应（4）是自由基相互作用消失的过程，即链的终止过程。M 是将链终止反应释放出的能量转移走的其他分子或器壁。

2. 支链反应

在链反应的过程中，一个自由基参加反应后生成两个或两个以上的新自由基，这样的反应就是支链反应。

下面以 $H_2O(g)$ 的合成反应 $2H_2(g)+O_2(g) \longrightarrow 2H_2O(g)$ 为例说明支链反应，当氢气与氧气的物质的量比为 2∶1，其反应机理如下

（1）$H_2+O_2+M \longrightarrow HO_2\cdot+H\cdot+M$

（2）$HO_2\cdot+H_2 \longrightarrow H_2O+OH\cdot$

（3）$OH\cdot+H_2 \longrightarrow H_2O+H\cdot$

（4）$H\cdot+O_2 \longrightarrow OH\cdot+O\cdot$

（5）$O\cdot+H_2 \longrightarrow OH\cdot+H\cdot$

（6）$2H\cdot+M \longrightarrow H_2+M$

（7）$H\cdot+OH\cdot+M \longrightarrow H_2O+M$

其中，基元反应（1）是链的引发；基元反应（2）、（3）、（4）、（5）是链的传递过程；基元反应（6）、（7）是链的终止过程，即自由基销毁过程（分为碰壁销毁和汽相销毁）。在基元反应（4）、（5）中，每一个自由基反应后，产生两个自由基，因此这是一个支链反应。由于基元反应（4）、（5）的存在，使反应系统中自由基的数目越来越多，反应速率越来越快，最后可能导致爆炸。

在该反应中，自由基的增长速率，即（1）、（4）、（5）三步的速率，随反应物浓度即系统压力的增加而增加，也随温度的上升而增加。而对于自由基销毁方面，反应的压力越低，分子自由路程越长，自由基碰到器壁上的机会越多，因此碰壁销毁在低压下比较容易进行。而随着反应压力的增加，自由基因在气相中运动发生碰撞的销毁速率显著增加。

当反应物压力较低、温度也不高时，自由基的增加很慢，而自由基的碰壁销毁却很容易。因此，此时爆炸不易发生。图 9.13 中第一限以下属于这种情况。

随着系统压力和温度的增加，自由基增加的速率越来越快，自由基的碰壁销毁却逐渐变得困难，同时，气相销毁还没有变得容易进行，因此，自由基增加速率大于销毁速率，出现了爆炸区。

当压力继续升高时，自由基的气相销毁速率因与浓度项成三次方关系而猛增，这样就形成了非爆炸区。

压力和温度再增高，进入爆炸区，一般认为是热爆炸。

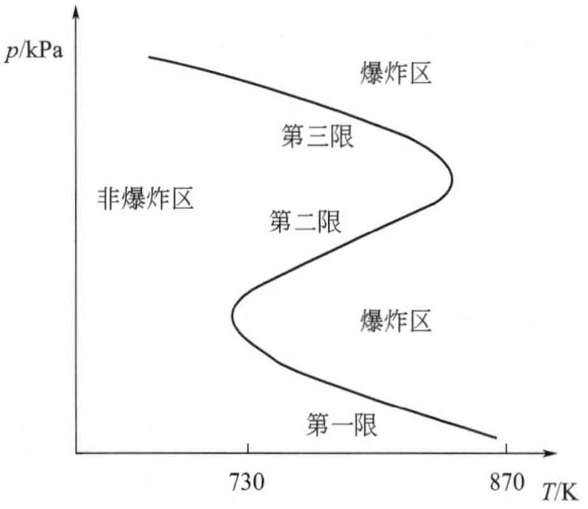

图 9.13 氢气和氧气混合系统的爆炸极限

不仅温度和压力对爆炸反应有影响，气体的组成对爆炸反应也有影响。对于氢氧混合气体，并不是说都能发生爆炸，经研究发现，当含氢在 4%～94%（体积分数）的范围内，点火就可能发生爆炸；当含氢在 4%以下，或在 94%以上，

就不会爆炸。所以4%为爆炸低限，94%为爆炸高限。氢与空气混合，则低限为4.1%，高限为74%。某些可燃气体在空气中的爆炸界限如表9.2所示。

表9.2　某些可燃气体在空气中的爆炸界限

可燃气体	在空气中的爆炸界限(体积分数)/%		可燃气体	在空气中的爆炸界限(体积分数)/%	
	低限	高限		低限	高限
H_2	4	74	C_5H_{12}	1.6	7.8
NH_3	16	27	C_2H_4	3.0	29
CS_2	1.25	44	C_2H_2	2.5	80
CO	12.5	74	C_6H_6	1.4	6.7
CH_4	5.3	14	C_2H_5OH	4.3	19
C_3H_8	2.4	9.5	$(C_2H_5)_2O$	1.9	48

第九节　复合反应速率方程的近似处理法

化学动力学研究的重要内容之一就是确定反应机理，即反应物通过什么途径，经由哪些步骤转化为产物。确定反应机理是一项艰巨繁杂的工作，对于复合反应更是如此。在农业科学和生物科学中，常常涉及许多复杂的复合反应，对这些反应要完全弄清反应机理是很困难的，有时也是不必要的。运用某些近似的处理方法，解决复合反应的动力学问题，在很多场合是方便而且适宜的。在动力学研究中，常用下面几种近似的方法，来求出各组分浓度的近似值。

1. 选取控速步骤法

在一系列的连串反应中，若其中有一步反应的速率最慢，它就控制了总反应的速率，使总反应的速率基本等于最慢步的速率。这最慢的一步就称为反应速率的控速步骤，也叫决速步骤。控速步骤与其他串联步骤的速率相差越多，则此规律就越准确。因此，要想使反应加速进行，关键在于提高控速步骤的速率。例如连串反应

$$A \xrightarrow{k_1} B \xrightarrow{k_2} C$$

根据式(9.72)

$$c_C = c_{A,0}\left[1 - \frac{1}{k_2 - k_1}(k_2 e^{-k_1 t} - k_1 e^{-k_2 t})\right]$$

如果第一步是该连串反应的最慢步骤，即控速步骤，则反应总速率等于的第一步反应的速率，即

$$\frac{dc_C}{dt} = -\frac{dc_A}{dt} = k_1 c_A = k_1 c_{A,0} e^{-k_1 t}$$

$$\int_0^{c_C} dc_C = \int_0^t k_1 c_{A,0} e^{-k_1 t} dt$$

$$c_C = c_{A,0}(1 - e^{-k_1 t})$$

由精确式(9.72)，当 $k_1 \ll k_2$ 时，可近似为

$$c_C = c_{A,0}(1 - e^{-k_1 t})$$

其结果与选取控速步骤的方法所得的结果一致，使反应速率的求解过程大大简化。尽管它存

在一定的误差，但当控速步骤的速率比连串反应其他步骤的速率慢很多时，误差就会显著减小。

需要注意的是，反应机理中各个基元反应的速率常数都是通用型的速率常数。

2. 稳态近似法

复合反应的中间产物常常是一些活泼质点（自由原子和自由基等），这些活泼质点生成较慢，而且生成后很快就发生反应而消耗掉，所以在反应过程中，其浓度很小。除刚刚开始和反应终了的极短时间外，其浓度基本不变，即$\frac{dc_R}{dt}\approx 0$（R 表示活泼质点）。在中间产物浓度基本不变的期间内，反应处于稳态。这种按中间产物活泼质点浓度不变而推出速率方程的方法称为稳态近似法。

例如，连串反应 $A \xrightarrow{k_1} B \xrightarrow{k_2} C$，解微分方程获得中间产物 B 的浓度与时间的关系为

$$c_B=\frac{k_1 c_{A,0}}{k_2-k_1}(e^{-k_1 t}-e^{-k_2 t})$$

若是中间产物 B 很活泼，迅速反应为物质 C，即 $k_1 \ll k_2$ 时，上式化简为

$$c_B=\frac{k_1 c_{A,0}}{k_2}e^{-k_1 t}$$

或

$$c_B=\frac{k_1}{k_2}c_A$$

整个反应过程中，中间产物 B 是活泼质点，浓度很小，且不随时间变化，符合稳态法处理的要求，则

$$\frac{dc_B}{dt}=k_1 c_A-k_2 c_B=0$$

即 $c_B=\frac{k_1}{k_2}c_A$，其结果与用解微分方程后化简的结果一致，避免了解微分方程的烦琐。对于每步均匀为基元反应的复合反应

$$A \underset{k_{-1}}{\overset{k_1}{\rightleftharpoons}} B \xrightarrow{k_2} C$$

依稳态法处理的必备条件，此反应必须满足 $k_1 \ll (k_2+k_{-1})$ 才能运用稳态法处理。

例 9.10 对亚硝酸根和氧的反应，有人提出反应机理为

$$(1)\quad NO_2^- + O_2 \xrightarrow{k_1} NO_3^- + O$$

$$(2)\quad O + NO_2^- \xrightarrow{k_2} NO_3^-$$

$$(3)\quad O + O \xrightarrow{k_3} O_2$$

当 $k_2 \gg k_3$ 时，试证明由上述机理推导出的反应的速率方程为

$$\frac{dc_{NO_3^-}}{dt}=2k_1 c_{NO_3^-} c_{O_2}$$

解：

$$\frac{dc_{NO_3^-}}{dt}=k_1 c_{NO_2^-} c_{O_2}+k_2 c_O c_{NO_2^-}$$

设

$$\frac{dc_O}{dt}=0,$$

即 $$\frac{dc_O}{dt}=k_1c_{NO_2^-}c_{O_2}-k_2c_Oc_{NO_2^-}-2k_3c_O^2=0$$

得 $$c_O=\frac{k_1c_{NO_2^-}c_{O_2}}{k_2c_{NO_2^-}+2k_3c_O}$$

代入前式得 $$\frac{dc_{NO_3^-}}{dt}=k_1c_{NO_2^-}c_{O_2}+k_2\frac{k_1c_{O_2}c_{NO_2^-}}{k_2c_{NO_2^-}+2k_3c_O}c_{NO_2^-}$$

$$=k_1c_{NO_2^-}c_{O_2}\left[1+\frac{k_2c_{NO_2^-}}{k_2c_{NO_2^-}+2k_3c_O}\right]$$

当 $k_2 \gg k_3$ 时

$$\frac{dc_{NO_3^-}}{dt}=2k_1c_{NO_2^-}c_{O_2}$$

3. 平衡态近似法

例如反应

$$H_2+I_2 \longrightarrow 2HI$$ 其反应步骤为

(1) $I_2 \underset{k_{-1}}{\overset{k_1}{\rightleftharpoons}} 2I\cdot$ （快）

(2) $H_2+2I\cdot \xrightarrow{k_2} 2HI$ （慢）

I·自由基为中间产物。在反应过程中，反应（1）为快速对行反应，它的产物为反应（2）的反应物，由于对行反应速率很快，可以假设它们在反应过程中始终处于化学平衡，正向和逆向反应速率相等，即

$$\upsilon_+=-\frac{dc_{I_2}}{dt}=k_1c_{I_2}$$

$$\upsilon_-=\frac{dc_{I_2}}{dt}=k_2c_{I\cdot}^2$$

则可得到 $$\frac{c_{I\cdot}^2}{c_{I_2}}=\frac{k_1}{k_2}=K_c$$

所以 $$c_{I\cdot}^2=K_cc_{I_2}$$

因为反应（2）速率很慢，它为控速步骤，故上述总反应生成速率为

$$-\frac{dc_{H_2}}{dt}=k_2c_{H_2}c_{I\cdot}^2$$

$$=k_2K_cc_{H_2}c_{I_2}$$

$$=kc_{H_2}c_{I_2}$$

从上面的讨论可以看出，在一个具有对行反应和控速步骤的连串反应中，总反应速率仅取决于控速步骤及它以前的平衡反应，控速步骤以前各快速可逆反应步骤都可近似按预先达到了平衡的方法处理。在化学动力学中称此方法为平衡态近似法。

例 9.11 光气热分解反应 $COCl_2 \longrightarrow CO+Cl_2$ 分三步完成

(1) $Cl_2 \rightleftharpoons 2Cl\cdot$

(2) $Cl\cdot+COCl_2 \xrightarrow{k_2} CO+Cl_3$

(3) $Cl_3 \rightleftharpoons Cl_2+Cl\cdot$

其中（1）、（3）是快速的对行反应，试证明反应速率为

$$-\frac{dc_{COCl_2}}{dt}=kc_{COCl_2}c_{Cl_2}^{1/2}$$

解： 反应（1）、（3）步骤能迅速平衡，第（2）步可视为控速步骤。用平衡近似法处理

$$-\frac{dc_{COCl_2}}{dt}=\frac{dc_{CO}}{dt}=k_2c_{Cl\cdot}c_{COCl_2}$$

$$\frac{c_{Cl\cdot}^2}{c_{Cl_2}}=K，c_{Cl\cdot}=\sqrt{Kc_{Cl_2}}$$ 代入上式，可得

$$-\frac{dc_{COCl_2}}{dt}=k_2K^{1/2}c_{Cl_2}^{1/2}c_{COCl_2}=kc_{COCl_2}c_{Cl_2}^{1/2}$$

第十节 反应速率理论简介

阿伦尼乌斯方程 $k=k_0e^{-\frac{E_a}{RT}}$ 较好地说明了反应速率与温度的关系，并提出了活化能 E_a 和指前因子 k_0 这两个重要的动力学参量。如果能从理论上认识这两个量的物理意义，并设法计算出它们的数值，就可以从理论上进行计算，解决反应速率的问题。在反应速率理论发展过程中，先后建立了简单碰撞理论和过渡状态理论。

1. 简单碰撞理论

简单碰撞理论是在气体分子运动论的基础上，接受了阿伦尼乌斯关于活化分子和活化能的概念而发展起来的。

对于双分子气相反应

$$A+B\longrightarrow D$$

简单碰撞理论认为在气体反应中，气体分子都是刚性小球，必须相互碰撞才可能发生反应。但是并不是每次碰撞都能发生反应，只有那些碰撞动能相对于质心的平动能大于或等于临界能（或阈能）ε_c 的活化碰撞才能反应，大多数分子相互碰撞后没有起反应就分开了，即发生弹性碰撞或无效碰撞。比如在 0℃、1atm(1atm＝101325Pa) 条件下，气体分子的平均运动速率为 $1000m\cdot s^{-1}$，平均路程为 $10^{-7}m$，这样每个分子在每秒的碰撞次数可达 10^{10} 次左右。如果每次碰撞都能引起反应，则任何气体反应都将一触即发，瞬间完成，但实际上并非如此，只有比较活泼的分子间的碰撞，才足以破坏反应物分子的化学键，形成产物分子的化学键，这样的碰撞才是一个有效碰撞，才能引起化学反应。

设在单位时间、单位体积内 A、B 分子之间碰撞的次数（碰撞频率）为 Z_{AB}，其中活化碰撞所占分数为 q，单位体积中反应掉的 A 的分子数为 N_A，则反应速率为

$$-\frac{dN_A}{dt}=Z_{AB}q$$

将上式两侧同时除以阿伏伽德罗常数 L 得

$$-\frac{dc_A}{dt}=\frac{Z_{AB}q}{L} \tag{9.76}$$

根据玻尔兹曼分布定律可获得

$$q=e^{\frac{-E_c}{RT}} \tag{9.77}$$

式中，R 为摩尔气体常数；E_c 为摩尔阈能，常称为临界能。

根据气体分子运动论，可以推导出

$$Z_{AB}=d_{AB}^2L^2\left(\frac{8\pi RT}{\mu}\right)^{1/2}c_Ac_B \tag{9.78}$$

式中，d_{AB}称为分子 A、B 的有效碰撞直径。

$$d_{AB}=\frac{d_A+d_B}{2}$$

式中，d_A、d_B 分别为分子 A、B 的直径。

μ 称为分子 A、B 的折合质量

$$\mu=\frac{m_Am_B}{m_A+m_B}$$

式中，m_A、m_B 分别为分子 A、B 的质量。

将式(9.77) 和式(9.78) 代入式(9.76) 中，得

$$-\frac{dc_A}{dt}=d_{AB}^2L\left(\frac{8\pi RT}{\mu}\right)^{1/2}e^{\frac{-E_c}{RT}}c_Ac_B \tag{9.79}$$

这就是根据简单碰撞理论推导出的计算双分子反应速率的公式。

对于基元反应，根据质量作用定律，其速率方程为

$$\upsilon=-\frac{dc_A}{dt}=kc_Ac_B \tag{9.80}$$

比较式(9.79) 和式(9.80) 有

$$k=d_{AB}^2L\left(\frac{8\pi RT}{\mu}\right)^{1/2}e^{\frac{-E_c}{RT}} \tag{9.81}$$

将式(9.81) 改写成

$$k=d_{AB}^2L\left(\frac{8\pi R}{\mu}\right)^{1/2}T^{1/2}e^{\frac{-E_c}{RT}}$$

将式两边取对数再对 T 求导得

$$\frac{d\ln k}{dT}=\frac{1}{2}\times\frac{1}{T}+\frac{E_c}{RT^2}=\frac{\frac{1}{2}RT+E_c}{RT^2}$$

与阿伦尼乌斯方程的微分式

$$\frac{d\ln k}{dT}=\frac{E_a}{RT^2}$$

对比得

$$E_a=\frac{1}{2}RT+E_c \tag{9.82}$$

在常温并且 E_a 不太小的情况下，$E_c\gg\frac{1}{2}RT$，忽略$\frac{1}{2}RT$ 得

$$E_a=E_c$$

所以一般可认为 E_a 与 T 无关，这是碰撞理论对活化能的解释。

对一些双分子气体反应，按简单碰撞理论，速率常数的计算结果与由实验测定的结果相比较，二者吻合较好；对于其他许多反应，按简单碰撞理论，速率常数的计算结果与由实验测定的结果相比较要高 $10^5\sim10^6$ 倍，有时甚至高出 10^8 倍。为了解决这一问题，在计算时又引入

了一个校正因子 P，将式(9.81) 写为

$$k=P\,d_{AB}^{2}L\left(\frac{8\pi RT}{\mu}\right)^{1/2}e^{\frac{-E_c}{RT}} \tag{9.83}$$

式(9.83) 中 P 称为概率因子。多数反应 P 的数值可以从 1 变到 10^{-9}，它包含了减少分子有效碰撞的所有因素，如方位因素、能量传递因素、空间效应因素。

令 $z_{AB}=d_{AB}^{2}L^{2}\left(\frac{8\pi RT}{\mu}\right)^{1/2}$，称为碰撞频率因子，则联立式(9.83) 与式(9.48) 可得指前因子 k_0 为

$$k_0=Pz_{AB} \tag{9.84}$$

(1) 方位因素　简单碰撞理论认为反应物分子为刚性小球，无论分子在何方向上碰撞，只要能量达到 E_c 值即可反应。然而，真实分子结构复杂，有方向性，在某一方向碰撞可能不发生反应。因而方位上的无效碰撞降低了反应速率。

(2) 能量传递因素　简单碰撞理论认为，当两个分子相互碰撞时，能量高的分子将一部分能量传递给能量低的分子，这种传递作用需要一定的碰撞延续时间。如果分子碰撞的延续时间不够长，则能量来不及彼此传递分子就分开了，因此使能量低的分子达不到活化，因而构成了无效碰撞，就不可能引起反应。或者分子碰撞后获得足够能量，但能量传递到所需的断键上还需一定时间，如果还来不及传递就碰撞了其他分子而失去能量，将致使反应不能发生。这种能量传递上导致的无效碰撞会降低反应速率。

(3) 空间效应因素　简单碰撞理论认为反应物球在碰撞时不存在空间障碍，但实际上真实的分子，当需断键的附近存在较大的原子团时，给需碰撞的方位起到阻挡和排斥作用，使反应不能发生，这种空间阻碍上的无效碰撞也会降低反应速率。

2. 过渡状态理论

过渡状态理论是在量子力学和统计力学的基础上提出来的。过渡状态理论认为从反应物变成生成物，并非一碰即成，而是经过分子间相互接近、电子云在各分子中重新分配，旧键断裂、新键形成等一系列过程。在这个过程中，当需要破坏的键已经削弱，而新键已初步形成时，会形成一种既非反应物又非生成物的过渡状态或中间状态，称为活化配合物（因而过渡状态理论也称为活化配合物理论）。形成活化配合物时，必须克服分子和原子间的各种斥力，因而活化配合物的能量很高，极不稳定。活化配合物既能与反应物很快建立热力学平衡，同时也能进一步分解为产物。过渡状态理论还认为活化配合物分解为产物的过程极为缓慢，这一反应步骤控制了整个反应的速率。

设以双分子反应为例

$$A+BC \longrightarrow AB+C$$

反应过程中随着 A、B、C 三原子相对位置的改变形成活化配合物$[A\cdots B\cdots C]^{\neq}$

$$A+BC \longrightarrow [A\cdots B\cdots C]^{\neq} \longrightarrow AB+C$$

以 $M^{\neq}$ 表示反应过程中的活化配合物$[A\cdots B\cdots C]^{\neq}$，反应应表示为

$$A+BC \overset{K^{\neq\ominus}}{\rightleftharpoons} M^{\neq} \longrightarrow AB+C$$

根据过渡状态理论有

$$K_c^{\neq\ominus}=\frac{c_{M^{\neq}}/c^{\ominus}}{(c_A/c^{\ominus})(c_{BC}/c^{\ominus})} \tag{9.85}$$

式中，$K_c^{\neq\ominus}$ 为已经分离出沿着反应途径方向振动自由度后的平衡常数；c_A、c_{BC}和$c_{M^{\neq}}$ 分

别代表反应物 A、BC 和活化配合物 $M^{\neq}$ 的浓度。

为了简便起见，设活化配合物的结构为线型的，此时这个反应系统的势能显然是与原子间的距离 r_{AB} 和 r_{BC} 有关的。可用以 r_{AB}、r_{BC} 和势能为三个坐标的立体模型直观地表示势能与原子间距离的关系。如图 9.14 所示的立体模型中，凹处表示势能较低，凸处表示势能较高。这一凸凹不平的曲面称为反应的势能面。若将势能面投影在一平面上，则像地图上表示地形高低的方法一样，可用等高线来表示势能的高低，如图 9.15 所示，称为等势能曲线图，线上的数字表示等势能曲线的能量相对高低，数字越大，代表势能越高。

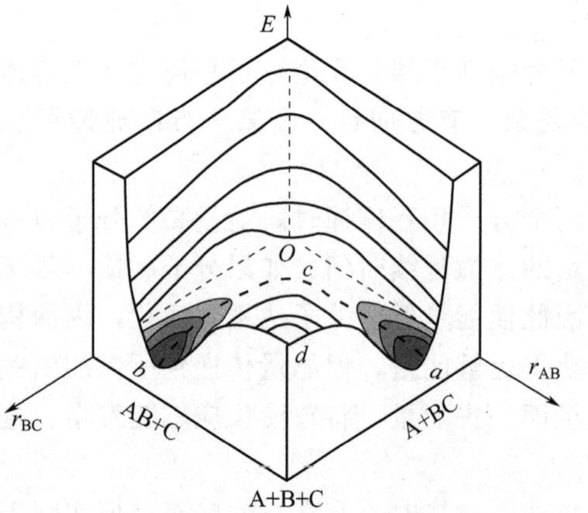

图 9.14 势能面的立体示意图

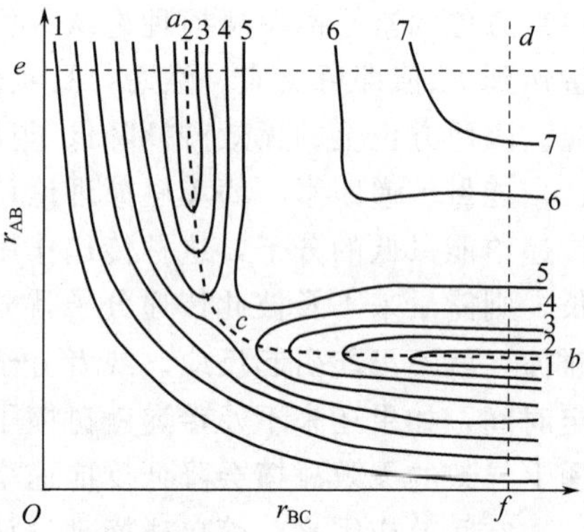

图 9.15 等势能线

图 9.14 中位于深谷中的 a 点，相当于反应系统始态 A＋BC；位于另一侧深谷中的 b 点代表终态 AB＋C；位于高峰上的 d 点代表三原子距离较大的不稳定状态 A＋B＋C；而位于两深谷间马鞍形地区的 c 点，称为马鞍点，它则代表过渡状态，即活化配合物 $[A\cdots B\cdots C]^{\neq}$。由图可见，反应系统要由 a 点到达 b 点，只有沿图中虚线所示的路径 acb 前进可能性最大。即沿 a 点附近的能谷，翻过 c 点附近的马鞍形地区，直下 b 点处的深谷。整个反应是沿着势能最低 $ac \to cb$ 虚线进行的，这个途径，称为反应途径。

图 9.14 和图 9.15 中虚线所示的 acb 途径也可以在平面图中用反应历程和势能表示出来，如图 9.16 所示，acb 路径为能量最低反应途径。

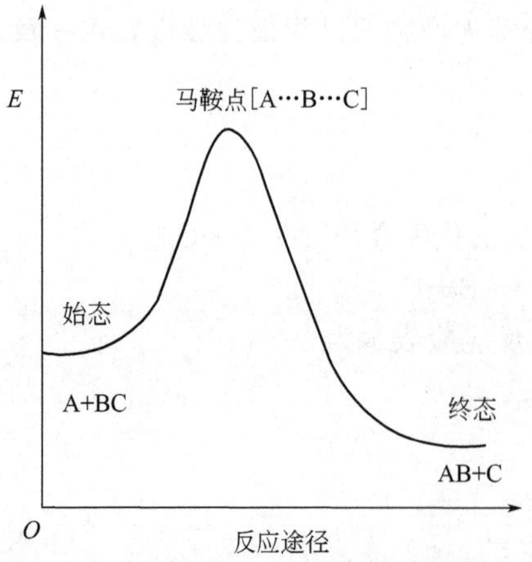

图 9.16 反应能峰示意图

根据过渡状态理论，反应速率应取决于活化配合物分解成产物的速率，用统计热力学的原理可以导出

$$\frac{dc_{AB}}{dt}=\frac{k_B T}{h}c_{M^{\neq}} \tag{9.86}$$

式中，k_B 为玻尔兹曼常数（$1.380\times10^{-23}\,J\cdot K^{-1}$）；$h$ 为普朗克常数（$6.626\times10^{-34}\,J\cdot s$）。由式(9.85) 得

$$c_{M^{\neq}}=K_c^{\neq\ominus}(c^{\ominus})^{-1}c_A c_{BC}$$

代入式(9.86) 得

$$\frac{dc_{AB}}{dt}=\frac{k_B T}{h}K_c^{\neq\ominus}(c^{\ominus})^{-1}c_A c_{BC} \tag{9.87}$$

上述双分子基元反应的速率方程为

$$\frac{dc_{AB}}{dt}=kc_A c_{BC} \tag{9.88}$$

式中，k 为反应速率常数。对比式(9.87) 和式(9.88) 得

$$k=\frac{k_{\rm B}T}{h}K_c^{\neq\ominus}(c^{\ominus})^{-1} \tag{9.89}$$

式(9.89) 即为过渡状态理论速率常数的基本公式，也称为艾林方程。

艾林方程也可以用热力学公式表示出来，将 $\Delta_{\rm r}G_{\rm m}^{\ominus}=RT\ln K^{\ominus}$ 和 $\Delta_{\rm r}G_{\rm m}^{\ominus}=\Delta_{\rm r}H_{\rm m}^{\ominus}-T\Delta_{\rm r}S_{\rm m}^{\ominus}$ 用于式(9.85)，有

$$-\Delta_{\rm r}^{\neq}G_{\rm m}^{\ominus}=RT\ln K^{\neq\ominus}$$

$$K^{\neq\ominus}={\rm e}^{-\frac{\Delta_{\rm r}^{\neq}G_{\rm m}^{\ominus}}{RT}}={\rm e}^{-\frac{\Delta_{\rm r}^{\neq}S_{\rm m}^{\ominus}}{R}}\cdot{\rm e}^{-\frac{\Delta_{\rm r}^{\neq}H_{\rm m}^{\ominus}}{RT}} \tag{9.90}$$

将式(9.90) 代入式(9.89) 得

$$k=\frac{k_{\rm B}T}{hc^{\ominus}}{\rm e}^{-\frac{\Delta_{\rm r}^{\neq}S_{\rm m}^{\ominus}}{R}}\cdot{\rm e}^{-\frac{\Delta_{\rm r}^{\neq}H_{\rm m}^{\ominus}}{RT}} \tag{9.91}$$

式(9.91) 即为双分子反应的艾林方程热力学表示式。$\Delta_{\rm r}^{\neq}G_{\rm m}^{\ominus}$、$\Delta_{\rm r}^{\neq}S_{\rm m}^{\ominus}$ 和 $\Delta_{\rm r}^{\neq}H_{\rm m}^{\ominus}$ 分别称为标准摩尔活化吉布斯函数、标准摩尔活化熵和标准摩尔活化焓。

对于一般反应式(9.89)可写成

$$k=\frac{k_{\rm B}T}{h}(c^{\ominus})^{1-n}(K_c^{\neq\ominus}) \tag{9.92}$$

对式(9.92) 取对数，有关常数归于 B 中

$$\ln k=\ln(K_c^{\neq\ominus})+\ln T+\ln B \tag{9.93}$$

式(9.93) 对 T 求导可得

$$\frac{{\rm d}\ln k}{{\rm d}T}=\frac{{\rm d}\ln(K_c^{\neq\ominus})}{{\rm d}T}+\frac{1}{T} \tag{9.94}$$

在恒温恒容时平衡常数与热力学能之间的关系为

$$\frac{{\rm d}\ln(K_c^{\neq\ominus})}{{\rm d}T}=\frac{\Delta_{\rm r}^{\neq}U_{\rm m}^{\ominus}}{RT^2} \tag{9.95}$$

将式(9.95) 和式(9.50) 代入式(9.94) 整理可得

$$\begin{aligned}E_{\rm a}&=RT^2\frac{{\rm d}\ln k}{{\rm d}T}=\Delta_{\rm r}^{\neq}U_{\rm m}^{\ominus}+RT\\&=\Delta_{\rm r}^{\neq}H_{\rm m}^{\ominus}-\Delta(pV)+RT\end{aligned} \tag{9.96}$$

对凝聚相反应 $\Delta(pV)\approx0$，代入式(9.96) 可得

$$E_{\rm a}=\Delta_{\rm r}^{\neq}H_{\rm m}^{\ominus}+RT \tag{9.97}$$

对于气相反应（设 n 为气相反应的分子数）$\Delta(pV)=(n-1)RT$，代入式(9.96) 可得

$$E_{\rm a}=\Delta_{\rm r}^{\neq}H_{\rm m}^{\ominus}+nRT \tag{9.98}$$

对双分子气相反应

$$E_{\rm a}=\Delta_{\rm r}^{\neq}H_{\rm m}^{\ominus}+2RT \tag{9.99}$$

式(9.96) ～式(9.99) 即是过渡状态理论对活化能的解释。

对双分子气相反应

$${\rm A+BC}\xrightleftharpoons{K^{\neq\ominus}}{\rm M}^{\neq}\longrightarrow{\rm AB+C}$$

将式(9.99) 代入式(9.91) 中可得

$$k=\frac{k_{\rm B}T}{hc^{\ominus}}{\rm e}^2\,{\rm e}^{\frac{\Delta_{\rm r}^{\neq}S_{\rm m}^{\ominus}}{R}}\,{\rm e}^{\frac{E_{\rm a}}{R}} \tag{9.100}$$

式(9.100) 与阿伦尼乌斯方程式(9.48) 及式(9.84) 对比可得

$$k_0=\frac{k_B T}{hc^{\ominus}}e^2 e^{\frac{\Delta_r^{\neq} S_m^{\ominus}}{R}}=Pz_{AB} \tag{9.101}$$

式(9.101) 中$\frac{k_B T}{hc^{\ominus}}e^2$ 与碰撞频率因子 z_{AB}的数量级基本相同，$e^{\frac{\Delta_r^{\neq} S_m^{\ominus}}{R}}$ 相当于概率因子 P。

① 如果 A 与 BC 生成 $M^{\neq}$时的 $\Delta_r^{\neq} S_m^{\ominus}=0$，则 $P=1$。

② 实际上 A 与 BC 生成 $M^{\neq}$时，要损失平动和转动自由度，增加振动自由度，而平动对熵的贡献比振动的贡献大，因此 $\Delta_r^{\neq} S_m^{\ominus}<0$，则 $P<1$。A 与 BC 的结构愈复杂，$M^{\neq}$愈规整，熵减小的愈多，碰撞方位愈苛刻，P 愈小于 1。

③ 有些复杂反应，由于活化熵的影响，使得概率因子可达 10^{-9}，这时尽管活化能很小，但是反应速率却很慢。

以上是过渡状态理论对阿伦尼乌斯方程的解释，可以看到反应的构型熵对反应速率的影响。

过渡状态理论可以不需要反应速率的动力学数据只需根据反应物和活化配合物的结构参数算出反应速率常数 k，因而显示了一定的预见性。过渡状态理论可以运用于气相、液相和多相反应，对一些反应计算所得结果能与实验值较好地符合。但是，因为许多反应的活化配合物的结构尚不能明确知道，而只能推理、假设，结构参数较难测定和计算，而且计算 $\Delta_r^{\neq} S_m^{\ominus}$、$\Delta_r^{\neq} H_m^{\ominus}$ 以及活化配合物配分函数的数学手续十分繁杂，所以迄今这一理论的应用受到一定限制。尽管如此，过渡状态理论把反应速率与反应物分子及过渡态物质的分子结构及内部运动情况联系了起来，这不失为一个正确的方向。

第十一节　单分子反应机理

单分子反应是指基元反应为 A ⟶产物，而反应速率服从一级反应速率公式$-\frac{dc_A}{dt}=k_A c_A$ 的一类反应，分子的分解或异构化反应基本都是单分子反应。根据碰撞理论，双分子以上的基元反应的发生都要经过足够能量的碰撞，使旧键断裂和新键生成，形成新的产物。但是单分子反应是由一个分子所实现的基元反应，如果它也是通过碰撞来完成反应，那么每次碰撞至少要两个分子，这就是说单分子反应应该是二级反应。而实验结果表明，在高压下，单分子反应为一级反应，当反应物的压力降低时，反应为二级反应。为什么会出现这些现象呢？单分子反应的机理是什么呢？为了解释这些问题，1922 年，林德曼等人提出了单分子反应碰撞理论。

该理论认为，单分子反应也要经过同种分子间的碰撞和活化过程，即一个反应物分子如果要发生分解或异构化反应，那么它的分子先与一个高能分子碰撞，该分子从高能分子获得能量而变成活化分子 A^*，活化分子并不立即分解，它需要一段时间把能量传递到需要断裂的键上，然后再发生分解，形成产物，这使得碰撞与分解的发生之间存在一个时间滞后现象。因此，在这段时间里，活化分子也可能与其他低能分子碰撞失去能量变为普通分子 A，使活化分子失活。根据该理论，单分子反应机理如下

$$A+A \underset{k_{-1}}{\overset{k_1}{\rightleftharpoons}} A^* +A$$

$$A^* \xrightarrow{k_2} D$$

假设高能分子 A^* 的浓度 $c_{A^*} \ll c_A$，且 A^* 处于稳定状态，则 $\frac{dc_{A^*}}{dt}=0$，因此

$$\frac{dc_{A^*}}{dt}=k_1c_A^2-k_{-1}c_{A^*}c_A-k_2c_{A^*}=0 \tag{9.102}$$

所以有

$$c_{A^*}=\frac{k_1c_A^2}{k_2+k_{-1}c_A} \tag{9.103}$$

对产物D来说，其生成速率

$$v=\frac{dc_D}{dt}=k_2c_{A^*} \tag{9.104}$$

将式(9.103) 代入式(9.104) 有

$$v=\frac{dc_D}{dt}=\frac{k_1k_2c_A^2}{k_2+k_{-1}c_A} \tag{9.105}$$

当压力或浓度很高时，$k_{-1}c_A \gg k_2$，即失活速率大于反应速率，$v=\frac{k_1k_2}{k_{-1}}c_A=kc_A$，式中 $k=\frac{k_1k_2}{k_{-1}}$。在高压下，c_A 值大，碰撞频率也就加大，活化分子 A^* 转化为产物分子的速率比活化和失活速率都小，这样活化与失活反应能很快建立起平衡，即 $k=\frac{k_1}{k_{-1}}=\frac{c_A^*}{c_A}$，于是 c_{A^*} 与 c_A 成正比。所以，与 c_{A^*} 成正比的反应速率就与普通分子的浓度 c_A 成正比，从而反应动力学为一级。

当压力或浓度非常低时，分子间碰撞机会减少，因而失活速率也变小，即 $k_{-1}c_A \ll k_2$

$$v=k_1c_A^2$$

在低压条件下，碰撞不能提供足以维持平衡的活化分子 A^*，反应速率由活化过程速率决定，因而反应为二级。

运用林德曼理论，能够清楚地表明，在单分子反应中，反应物分子活化的原因是分子间的碰撞，并且成功地解释了单分子反应在高压下为一级反应，压力降低时，反应由一级转化为二级这一实际现象。因此，林德曼理论在定性解释和说明上是符合实验数据的，但是在定量上还有一定的欠缺，为克服这一问题，许多学者在这方面又进行了大量的尝试，又提出一些新的理论，如欣谢伍德（Hinshelwood）修正、RRK(Rice-Ramsperger-Kassel）理论。目前与实验符合得最好的单分子反应理论是 RRKM(Rice-Ramsperger-Kassel-Marcus）理论。

第十二节　催化作用简介

1. 催化反应的一般机理

催化剂是一种能改变化学反应速率且本身的质量和化学性质在化学反应前后都没有发生改变的物质。催化剂能显著改变反应的速率，但不影响反应的平衡位置。催化剂能使反应物顺捷径路线变为生成物，但它本身的组成与数量都保持不变。凡能加快反应速率的催化剂叫正催化

剂，简称催化剂，而减慢反应速率的催化剂则称为负催化剂，也叫抑制剂。

催化剂对于降低活化能、提高反应速率作用是很大的，例如氮气、氢气合成氨气的反应，如不使用催化剂，反应十分缓慢，没有生产价值，当采用铁催化剂后，反应速率显著提高，这才有了工业生产的价值。现在大部分用于生产的化学反应都采用催化剂。下面以正催化剂为例，说明催化剂对反应速率的影响。

例如反应
$$A+B\longrightarrow AB$$

加入催化剂 K 后，该反应的催化机理为催化剂 K 首先与反应物生成一个不稳定的中间物 AK，然后 AK 分解，催化剂还原，得到最终产物 AB，其机理为

$$(1)\ A+K \underset{k_{-1}}{\overset{k_1}{\rightleftharpoons}} AK$$

$$(2)\ AK+B \xrightarrow{k_2} AB+K$$

假设反应（2）为控速步骤，利用控制法，得到反应的速率方程为

$$\frac{dc_{AB}}{dt}=k_2c_{AK}c_B$$

根据反应（1）催化剂与反应间的平衡关系，有

$$k_1c_Ac_K=k_{-1}c_{AK}$$

所以
$$c_{AK}=\frac{k_1}{k_{-1}}c_Ac_K$$

因此，有

$$\frac{dc_{AB}}{dt}=k_2\frac{k_1}{k_{-1}}c_Ac_Kc_B=kc_Ac_Bc_K$$

式中 $k=k_2\frac{k_1}{k_{-1}}$，为催化反应的速率常数。如果 k、k_1、k_{-1}、k_2 都符合阿伦尼乌斯公式，可推导出催化反应的表观活化能 E_a

$$E_a=E_{a,1}+E_{a,2}-E_{a,-1} \tag{9.106}$$

非催化反应要克服一个高的能峰，活化能为 E_0，对于一般催化反应来说，$E_{a,1}$、$E_{a,2}$ 均比 E_0 小很多，如图 9.17 所示，故有 $E_a<E_0$。在催化剂存在下，反应的途径改变了，只需要克服两个小的能峰 $E_{a,1}$ 和 $E_{a,2}$。因此，在有催化剂存在的情况下，反应活化能大大降低，从而使反应速率加快。

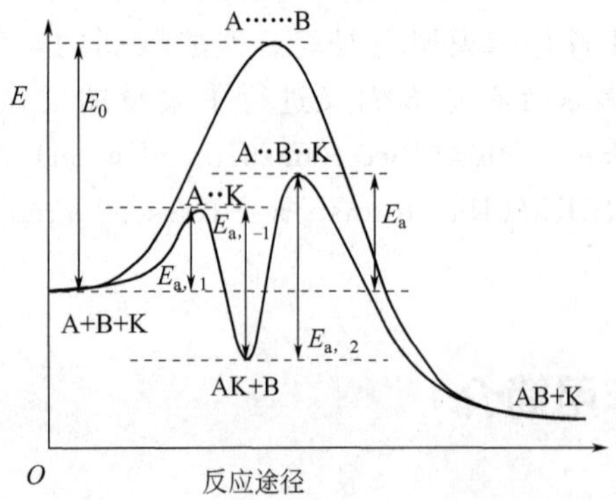

图 9.17　活化能与反应途径

从以上可以看出：

① 催化作用是一种化学作用。催化剂本身参加了反应，生成中间产物。但反应后又被恢复，形成了一个无催化剂损耗的催化循环。

② 催化剂改变了反应机理，尽管化学反应在催化作用下进行与在非催化作用下进行其总反应相同，但二者反应的途径是不相同的。

③ 由于在反应过程中催化剂参加了反应，所以催化剂的浓度对反应速率是有影响的。

由于不管催化剂存在与否总反应都是相同的，因此催化剂只能改变反应速率，不会影响化

学平衡。

催化剂是有选择性的，某种催化剂往往只对某一反应起催化作用，而不能用于其他反应。

2. 酶催化反应

在生物体内，许多生物化学过程都是在各种酶的催化作用下进行的。酶是生物细胞制造和分泌的一种物质，它具有蛋白质的特性，分子量可从一万到数百万，最小的酶也是由约 100 个氨基酸组合而成的，因此结构十分复杂。

酶催化反应具有以下四个特点：

① 酶催化具有高度的专一性，一种酶只能催化一种反应，对其他反应没有催化作用。

② 酶催化反应的效率很高，比一般的无机或有机催化剂有时高出 $10^6 \sim 10^{14}$ 倍，并且几乎无副反应，许多酶催化反应收率几乎为 100%。

③ 酶催化反应所需的条件温和，一般在常温下就能进行。

④ 酶催化反应历程复杂，主要表现在反应速率方程复杂，对酸度和离子强度十分敏感，与温度关系密切，加上酶极不稳定，易溶于水，分离和纯化都很困难，成本高，难于反复使用。

目前，酶催化理论的研究是一个十分活跃的领域，但至今酶催化理论还很不成熟。米恰里斯（Michaelis）和门顿（Menton）提出了一个很简单的酶催化反应机理。他们认为，酶（用 E 表示）先与底物（即反应物，用 S 表示）结合生成一个中间配合物（ES），然后进一步反应生成产物（P），并释放出酶。其反应机理如下

（1） $S + E \underset{k_{-1}}{\overset{k_1}{\rightleftharpoons}} ES$

（2） $ES \xrightarrow{k_2} P + E$

ES 分解为产物 P 的速率很慢时，反应（2）是整个反应的控速步骤，则反应速率为

$$\frac{dc_P}{dt} = k_2 c_{ES} \tag{9.107}$$

根据反应机理，利用稳态处理法

$$\frac{dc_{ES}}{dt} = k_1 c_S c_E - k_{-1} c_{ES} - k_2 c_{ES} = 0$$

$$c_{ES} = \frac{k_1 c_S c_E}{k_{-1} + k_2} \tag{9.108}$$

假设酶的初始浓度为 $c_{E,0}$，则达到稳态时，游离状态的酶的浓度为

$$c_E = c_{E,0} - c_{ES} \tag{9.109}$$

将式(9.109) 代入式(9.108) 得

$$c_{ES} = \frac{k_1 c_S c_{E,0}}{k_1 c_S + (k_{-1} + k_2)} = \frac{c_S c_{E,0}}{c_S + \dfrac{k_{-1} + k_2}{k_1}} \tag{9.110}$$

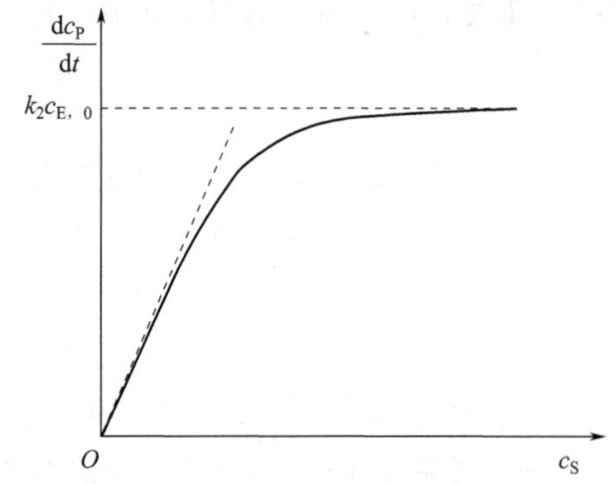

图 9.18 酶催化反应速率与底物浓度的关系

令 $k_M=\frac{k_{-1}+k_2}{k_1}$，$k_M$ 称为米恰里斯常数，故式(9.110)变为

$$c_{ES}=\frac{c_S c_{E,0}}{c_S+k_M} \tag{9.111}$$

将式(9.111)代入式(9.107)，故反应速率为

$$\frac{dc_P}{dt}=\frac{k_2 c_S c_{E,0}}{c_S+k_M} \tag{9.112}$$

式(9.112)即为米恰里斯-门顿方程。

根据式(9.112)，当 $c_S \gg k_M$ 时，$\frac{dc_P}{dt}\approx k_2 c_{E,0}$，因此反应速率与底物浓度无关，仅取决于酶的初始浓度；当 $c_S \ll k_M$ 时，$\frac{dc_P}{dt}\approx\frac{k_2}{k_M}c_S c_{E,0}$。因此在 $c_{E,0}$ 一定的情况下，反应速率与 c_S 呈线性关系。这些结论能很好地解释图 9.18 所描绘的实验事实。

第十三节 溶液中的反应

溶液中的溶质分子，如同气体分子一样，必须经过碰撞才能发生反应。但是溶质分子却不能像气体分子那样能够在空间自由运动、碰撞。溶质分子是在溶剂分子的包围之中，它必须进行扩散，才能与另一溶质分子接触后而发生反应。因此研究溶液反应时，除了考虑反应物分子之间的作用外，还要考虑到溶剂分子对反应的影响。下面按照溶剂对反应物分子有无明显作用的两种情况进行讨论。

1. 溶剂对反应物分子无明显作用

溶质分子在溶液中受到溶剂分子的包围，溶质分子间要发生碰撞进行反应，必须从周围的溶剂分子中扩散出来。从微观角度看，把溶质分子周围的溶剂分子看成一个笼，溶质分子被关在笼中，只能不停地振动，不断与周围溶剂分子碰撞。如果某一次振动积累了足够的能量，或向某方向振动时，恰好该方向的溶剂分子让开了路，于是这个溶质分子就扩散出去，但它马上又进入另一个笼中。这种溶剂分子包围溶质分子的作用称为笼罩效应。

由于笼罩效应，溶质分子减少了与远距离溶质分子间的碰撞机会，但却增加了与近距离分子的碰撞机会。尽管溶质分子扩散到同一笼中可能很慢，但如果两个溶质分子出现在同一个笼中时，它们会很快碰撞发生反应。因此，如果溶剂分子与溶质分子间无相互作用，笼罩效应的结果只是使气相中连续进行的反应改为在液相的笼中分批进行，总的反应速率和活化能不会有很大的变化。所以，溶液中的一些二级反应的速率，与按气体简单碰撞理论的计算值相当接近。溶液中的某些一级反应，如 N_2O_5、ClO_2 或 CH_2I_2 的分解速率也与气相反应速率很相近。

溶液中的反应大体上可以看作由两个步骤组成。第一，反应物分子通过扩散在同一个笼中遭遇。第二步，遭遇分子对形成产物有如下两种极端情况：

① 对于活化能小的反应，如原子、自由基的重合等，反应物分子一旦遭遇就能反应，整个反应由扩散步骤控制；

② 对于活化能相当大的反应，反应步骤的速率比扩散步骤慢得多，整个反应由反应步骤控制，叫活化控制。如反应

$$A+B \underset{k_{-1}}{\overset{k_1}{\rightleftharpoons}} (AB) \xrightarrow{k_2} Z$$

在笼中遭遇的分子对（AB）或者生成产物，或者重新分开。产物 Z 的生成速率为

$$\frac{dc_Z}{dt}=k_2c_{AB} \tag{9.113}$$

根据反应机理，分子对（AB）的浓度变化为

$$\frac{dc_{AB}}{dt}=k_1c_Ac_B-k_{-1}c_{AB}-k_2c_{AB} \tag{9.114}$$

现按稳态法处理，即设$\frac{dc_{AB}}{dt}=0$，式(9.114) 解得

$$c_{AB}=\frac{k_1}{k_{-1}+k_2}c_Ac_B \tag{9.115}$$

将式(9.115) 代入式(9.113) 可得

$$v_Z=\frac{dc_Z}{dt}=\frac{k_1k_2}{k_{-1}+k_2}c_Ac_B \tag{9.116}$$

这是一个二级反应的速率方程，速率系数 k 为

$$k=\frac{k_1k_2}{k_{-1}+k_2} \tag{9.117}$$

由式(9.117)，①若 $k_2 \gg k_{-1}$，则 $k \approx k_1$，即反应由扩散步骤控制；②若 $k_2 \ll k_{-1}$，则$k \approx k_2\left(\frac{k_1}{k_{-1}}\right)$，则总反应为活化步骤（反应步骤）控制。一般情况下 $k=\frac{k_1k_2}{k_{-1}+k_2}$，不存在由哪一步控制的问题。

表 9.3 为反应 $N_2O_5 \longrightarrow 2NO_2+\frac{1}{2}O_2$ 在不同溶剂中的分解速率、指前因子及活化能数据，该反应数据表明 N_2O_5 在气相或不同溶剂中的分解速率几乎相等。

表 9.3 N_2O_5 在不同溶剂中的分解动力学数据（25℃）

溶剂	$k/10^{-5}s^{-1}$	$\lg(k_0/s^{-1})$	$E_a/kJ \cdot mol^{-1}$
（气相）	3.38	13.6	103.3
四氯化碳	4.69	13.6	101.3
三氯甲烷	3.72	13.6	102.5
二氯乙烯	4.79	13.6	102.1
硝基甲烷	3.13	13.5	102.5
溴	4.27	13.3	100.4

2. 溶剂对反应物分子有明显作用

对于很多在液相中进行的反应，溶剂对反应物有明显作用，因而使反应速率受溶剂影响很大。由于溶剂对反应速率影响的原因比较复杂，下面只简单地做一些定性的介绍。

(1) 溶剂的介电常数对有离子参加的反应的影响　对于离子反应，溶剂的介电常数大，溶

剂与离子的相互作用也大，这样会减弱异号离子间的引力，因此，会导致异号离子间的化合反应减弱，使反应速率降低。

（2）溶剂的极性的影响　一般情况下，溶剂的极性越大，越有利于产生离子的反应；如果生成物的极性比反应物大，则在极性溶剂中反应速率较大；反之，如果反应物的极性比生成物的极性大，则极性溶剂会抑制反应的进行。

（3）溶剂化的影响　一般说来，反应物和生成物在溶液中都能与溶剂形成溶剂化物。如果反应的中间产物（活化络合物）的溶剂化程度比反应物大，则该溶剂能降低反应的活化能使反应速率加快；反之，会减慢反应速率。

表 9.4 为反应$(C_2H_5)_3N+C_2H_5I \longrightarrow (C_2H_5)_4NI$在不同溶剂中的分解速率、指前因子及活化能数据，该反应数据表明 $(C_2H_5)_4NI$ 在不同溶剂中的生成速率相差很大。

表 9.4　$(C_2H_5)_4NI$ 在不同溶剂中的生成动力学数据（100℃）

溶剂	$k\times10^5/(\mathrm{mol\cdot dm^{-3}})^{-1}\cdot s^{-1}$	$\lg[k_0/(\mathrm{mol\cdot dm^{-3}})^{-1}\cdot s^{-1}]$	$E_a/\mathrm{kJ\cdot mol^{-1}}$
乙烷	0.5	4.0	66.9
甲苯	25.3	4.0	54.4
苯	39.8	3.3	47.7
硝基苯	1383.0	4.9	48.5

第十四节　光化学反应

在光的作用下进行的化学反应，称为光化学反应或光反应。例如植物的光合作用，胶片的感光作用，染料的光照褪色，橡胶、塑料制品的光照老化等都是光化学反应。光化学反应中通常把第一步吸收光量子的过程称为初级过程，相继发生的过程为次级过程。

与热反应相比，光化学反应有自身的特点。一般情况下，光化反应的速率与反应物的浓度无关，只取决于辐射强度；光化学反应的速率受温度的影响很小，大多数的光化学反应的温度系数为 1 左右；有些光化反应在不同波长的光照射下，可以得到不同的产物，因此光化学反应具有较高的选择性。

最常见的光化学反应是植物的光合作用。植物在日光的照射下，通过叶绿素将 CO_2 和 H_2O 化合生成葡萄糖和氧气，为动物和人类提供食物和氧气，使世界具有了无限的生命力。尽管光合作用的反应机理很复杂，但总的反应可表示为

$$6CO_2+6H_2O+h\nu \xrightarrow{\text{叶绿素}} C_6H_{12}O_6+6O_2$$

卤化银的光分解反应也是光化学反应。如照相底片感光的溴化银分解反应，其反应方程式如下

$$AgBr+h\nu \longrightarrow Ag\cdot+Br\cdot$$

从 20 世纪 70 年代发展起来的利用光氧化法对污水进行处理就是一种光化学反应。一般利用 Cl_2 作为氧化剂，将水中的有机物分解掉。其反应机理如下

（1）$Cl_2+H_2O \rightleftharpoons HOCl\cdot+HCl$

（2）$HOCl\cdot \xrightarrow{\text{光}} HCl+O\cdot$

（3）$C_mH_n+\left(2m+\dfrac{n}{2}\right)O\cdot \longrightarrow mCO_2+\dfrac{n}{2}H_2O$

1. 光化学反应定律

(1) 光化学第一定律 当光照射到反应体系上时，可能透过，也可能被反射、被吸收。格罗塞斯（Grotthuss）和德雷帕（Draper）提出只有被反应物分子（或原子）吸收的光才能有效地引发光化学反应。这就是光化学第一定律，也称为 Grotthuss-Draper 定律。这是强调被吸收的光是引发光化学反应的必要条件，但不是充分条件，不是吸收了光的体系必定能发生反应。反应物吸收光子被激发，激发态分子可能发生化学反应，也可能通过其他途径耗散它所得到的能量而不发生反应。

(2) 光化学第二定律 光化学第二定律又称为光化当量定律［1908～1902 年由爱因斯坦（Einstein）和斯塔克（Stark）提出的］。它说“在光化学反应的初级过程中，系统每吸收一个光子则活化一个分子（或原子）”。

一个光子的能量是 $h\nu$，1mol 光子的能量为

$$\begin{aligned} E &= Lh\nu = \frac{Lhc}{\lambda} \\ &= \frac{6.022\times10^{23}\,\text{mol}^{-1}\times6.626\times10^{-34}\,\text{J}\cdot\text{s}\times3\times10^{8}\,\text{m}\cdot\text{s}^{-1}}{\lambda} \\ &= \frac{0.1196}{\{\lambda\}}\,\text{J}\cdot\text{mol}^{-1} \end{aligned} \tag{9.118}$$

式中，$\{\lambda\}$ 代表波长的数值；h 为普朗克常数；c 为光速。光子的能量与光的波长有关（见表 9.5）。光化学中常见的波长范围，一般在 $2\times10^{-7}\sim1\times10^{-6}$m。

表 9.5 部分不同波长的光子能量及摩尔光子能量

光的颜色	波长 $\lambda\times10^{-10}$/m	光量子的能量 $h\nu$/J	摩尔光子的能量 E/J·mol^{-1}
红外	10000	1.99×10^{-19}	11.96×10^{4}
红	7000	2.84×10^{-19}	17.08×10^{4}
橙	6200	3.20×10^{-19}	19.29×10^{4}
黄	5800	3.42×10^{-19}	20.62×10^{4}
青	5300	3.75×10^{-19}	22.59×10^{4}
蓝	4700	4.23×10^{-19}	25.45×10^{4}
紫	4200	4.73×10^{-19}	28.48×10^{4}
紫外	3000	6.63×10^{-19}	39.87×10^{4}

光化定律只适用于光化反应的初级过程，一个光子活化一个分子，但一个分子活化后不一定能引起一个分子反应。它一方面可能在随后的次级过程中引起多个分子反应（如光引发的连续反应），另一方面也可能在没有反应之前就失活。为此定义量子效率(Φ)为吸收一个光子所能发生反应的分子个数。即

$$\Phi = \frac{\text{发生反应的分子数}}{\text{吸收的光量子数}} = \frac{\text{发生反应的物质的量}}{\text{吸收光子的物质的量}} \tag{9.119}$$

一些气相反应的量子效率列于表 9.6 中。

表 9.6 某些气相光化学反应的量子效率

反应	λ/m	Φ
$2NH_3 \xlongequal{} N_2 + 3H_2$	2.1×10^{-7}	0.25
$SO_2 + Cl_2 \xlongequal{} SO_2Cl_2$	4.2×10^{-7}	1
$2HI \xlongequal{} H_2 + I_2$	$2.07\times10^{-7}\sim2.82\times10^{-7}$	2
$CH_3CHO \xlongequal{} CH_4 + CO$	$2.5\times10^{-7}\sim3.1\times10^{-7}$	≤138
$H_2 + Cl_2 \xlongequal{} 2HCl$	$4.0\times10^{-7}\sim4.36\times10^{-7}$	$\leqslant10^6$

从表中数据看到，多数光化学反应的量子效率不等于 1，有些小于 1，有些大于 1。

还应指出，光化学第二定律只适用于光强度不太大的光化学反应。如激光照射下引起的光化学反应，有的分子可吸收 2 个或更多的光子而被活化，该定律就不适用。

2. 光化学反应动力学

设有如下光化学反应

$$A_2 \xrightarrow{h\nu} 2A$$

其反应机理如下

$$(1)\ A_2 + h\nu \xrightarrow{k_1} A_2^* \quad （活化）初级过程$$

$$(2)\ A_2^* \xrightarrow{k_2} 2A \quad （解离）次级过程$$

$$(3)\ A_2^* + A_2 \xrightarrow{k_3} 2A_2 \quad （失活）次级过程$$

初级过程的速率仅取决于吸收光子的速率，即正比于吸收光的强度 I_a，对 A_2 为零级。

根据稳态近似法，结合上述反应机理，可得

$$\frac{dc_{A_2^*}}{dt} = k_1 I_a - k_2 c_{A_2^*} - k_3 c_{A_2^*} c_{A_2} = 0$$

解得

$$c_{A_2^*} = \frac{k_1 I_a}{k_2 + k_3 c_{A_2}} \tag{9.120}$$

最终产物 A 由解离反应生成，由反应（2）可得

$$\frac{dc_A}{dt} = 2k_2 c_{A_2^*} \tag{9.121}$$

将式(9.121) 代入式(9.120)，得

$$\frac{dc_A}{dt} = \frac{2k_1 k_2 I_a}{k_2 + k_3 c_{A_2}}$$

吸收光的强度 I_a 表示单位时间、单位体积内吸收光子的物质的量，一个 A_2 吸收一个光子生成 2 个 A，故此反应的量子效率为

$$\Phi = \frac{1}{2I_a} \times \frac{dc_A}{dt} = \frac{k_1 k_2}{k_2 + k_3 c_{A_2}}$$

习　题

一、选择题

1. 若反应速率系（常）数 k 的单位为浓度·时间$^{-1}$，则该反应为（　　）。

（A）三级反应　（B）二级反应　（C）一级反应　（D）零级反应

2. 有关基元反应的描述在下列诸说法中哪一个是不正确的（　　）。

（A）基元反应的级数一定是整数

（B）基元反应是“态-态”反应的统计平均结果

（C）基元反应进行时无中间产物，一步完成

（D）基元反应不一定符合质量作用定律

3. 气相反应 $A+2B \longrightarrow 2C$，A 和 B 的初始压力分别为 p_A 和 p_B，反应开始时并无 C，若 p 为体系的总压力，当时间为 t 时，A 的分压为（　　）。

（A）p_A-p_B　（B）$p-2p_A$　（C）$p-p_B$　（D）$2(p-p_A)-p_B$

4. 某放射性同位素的半衰期为 5d，则经 15d 后所剩的同位素的物质的量是原来同位素的物质的量的（　　）。

（A）1/3　（B）1/4　（C）1/8　（D）1/16

5. 二级反应 $2A \longrightarrow Y$ 其半衰期（　　）。

（A）与 A 的起始浓度无关　（B）与 A 的起始浓度成正比

（C）与 A 的起始浓度成反比　（D）与 A 的起始浓度平方成反比

6. 如果反应 $2A+B=2D$ 的速率可表示为

$$v=-\frac{1}{2}\mathrm{d}c_A/\mathrm{d}t=-\mathrm{d}c_B/\mathrm{d}t=\frac{1}{2}\mathrm{d}c_D/\mathrm{d}t$$

则其反应分子数为（　　）。

（A）单分子　（B）双分子　（C）三分子　（D）不能确定

7. 反应速率系（常）数随温度变化的阿伦尼乌斯经验式适用于（　　）。

（A）元反应　（B）元反应和大部分非元反应

（C）非元反应　（D）所有化学反应

8. 某反应，当反应物反应掉 5/9 所需时间是它反应掉 1/3 所需时间的 2 倍，则该反应是（　　）。

（A）一级反应　（B）零级反应　（C）二级反应　（D）3/2 级反应

9. 平行反应 $A\langle\begin{smallmatrix}\xrightarrow{k_1} Z\\ \xrightarrow{k_2} Y\end{smallmatrix}$ 其反应 1 和反应 2 的频率因子相同而活化能不同。E_1 为 120kJ·mol^{-1}，$E_2=160$ kJ·mol^{-1}，则当在 1000K 进行时，两个反应速率常数 k_2 与 k_1 的比是（　　）。

（A）8.138×10^{-3}　（B）1.228×10^{2}　（C）1.55×10^{-5}　（D）6.47×10^{4}

10. 反应 $2O_3 \longrightarrow 3O_2$ 的速率方程为 $-\mathrm{d}[O_3]/\mathrm{d}t=k[O_3]^2[O_2]^{-1}$，或者 $\mathrm{d}[O_2]/\mathrm{d}t=k'[O_3]^2[O_2]^{-1}$，则速率常数 k 和 k' 的关系是（　　）。

（A）$2k=3k'$　（B）$k=k'$　（C）$3k=2k'$　（D）$-k/2=k'/3$

11. 在一个连串反应 $A \rightarrow Y \rightarrow Z$ 中，如果需要的是中间产物 Y，那么为了得到产品的最高产率，应当（　　）。

（A）控制适当的反应时间　（B）控制适当的反应温度

（C）增加反应物 A 的浓度

12. 如果臭氧（O_3）分解反应 $2O_3 \longrightarrow 3O_2$ 的反应机理是

$$O_3 \longrightarrow O + O_2 \quad (1)$$

$$O + O_3 \longrightarrow 2O_2 \quad (2)$$

请指出这个反应对 O_3 而言可能是（　　）。

（A）零级反应　（B）一级反应　（C）二级反应　（D）1.5 级反应

13. 有两个都是一级的平行反应下列哪个关系是错误的？（　　）

（A）$k_{总} = k_1 + k_2$　（B）$E_{总} = E_1 + E_2$

（C）$\frac{k_1}{k_2} = \frac{c_Y}{c_z}$　（D）$t_{\frac{1}{2}} = \frac{\ln 2}{k_1 + k_2}$

14. 一个反应的活化能是 $33\text{kJ} \cdot \text{mol}^{-1}$，当 $T = 300\text{K}$ 时，温度每增加 1K，反应速率常数增加的百分数约是（　　）。

（A）4.5%　（B）90%　（C）11%　（D）50%

15. 反应 $2N_2O_5 \longrightarrow 4NO_2 + O_2$ 的速率常数单位是 s^{-1}。对该反应的下述判断哪个对？（　　）

（A）单分子反应　（B）双分子反应　（C）复合反应　（D）不能确定

16. 反应 $A \longrightarrow 2B$ 在温度 T 时的速率方程为 $d[B]/dt = k_B[A]$，则此反应的半衰期为（　　）。

（A）$\ln 2/k_B$　（B）$2\ln 2/k_B$　（C）$k_B \ln 2$　（D）$2k_B \ln 2$

17. 根据碰撞理论，温度升高反应速率提高的主要原因是（　　）。

（A）活化能降低　（B）碰撞频率提高

（C）活化分子所占比例增加　（D）碰撞数增加

18. 在碰撞理论中校正因子 P 小于 1 的主要因素是（　　）。

（A）反应体系是非理想的　（B）空间的位阻效应

（C）分子碰撞的激烈程度不够　（D）分子间的作用力

19. 下列双分子反应碰撞理论中的概率因子的大小顺序为（　　）。

（1）$Br + Br \longrightarrow Br_2$

（2）$CH_3CH_2OH + CH_3COOH \longrightarrow CH_3COOCH_2CH_3$

（3）$CH_4 + Br_2 \longrightarrow CH_3Br + HBr$

（A）$P(1) > P(3) > P(2)$　（B）$P(1) < P(2) < P(3)$

（C）$P(3) < P(1)$ 和 $P(3) < P(2)$

20. 在 $T = 300\text{K}$ 时，如果分子 A 和 B 要经过每一千万次碰撞才能发生一次反应，这个反应的临界能将是（　）。

（A）$170\text{kJ} \cdot \text{mol}^{-1}$　（B）$10.5\text{kJ} \cdot \text{mol}^{-1}$

（C）$40.2\text{kJ} \cdot \text{mol}^{-1}$　（D）$-15.7\text{kJ} \cdot \text{mol}^{-1}$

21. 某双原子分子分解反应的临界能为 $83.68\text{kJ} \cdot \text{mol}^{-1}$，在 300K 时活化分子所占的分数是（　　）。

（A）$6.17 \times 10^{13}\%$　（B）$6.17 \times 10^{-13}\%$

（C）$2.68 \times 10^{13}\%$　（D）$2.68 \times 10^{-13}\%$

22. 简单碰撞理论中临界能 E_c 有下列说法，其中正确的是（　　）。

（A）反应物分子应具有的最低能量

（B）碰撞分子对的平均能量与反应物分子平均能量的差值

（C）反应物分子的相对平动能在联心线方向上分量的最低阈值

（D）E_c 就是反应的活化能

23. 根据活化络合物理论，液相分子重排反应的活化能 E_a 和活化焓 $\Delta_r^{\ne} H_m^{\ominus}$ 之间的关系是（　　）。

（A）$E_a=\Delta_r^{\ne} H_m^{\ominus}$　　（B）$E_a=\Delta_r^{\ne} H_m^{\ominus}-RT$

（C）$E_a=\Delta_r^{\ne} H_m^{\ominus}+RT$　　（D）$E_a=\Delta_r^{\ne} H_m^{\ominus}/(RT)$

24. 稀溶液反应 $CH_2ICOOH+SCN^- \longrightarrow CH_2(SCN)COOH+I^-$ 属动力学控制反应，按照原盐效应，反应速率 k 与离子强度 I 的关系为下述哪一种？（　　）

（A）I 增大 k 变小　　（B）I 增大 k 不变

（C）I 增大 k 变大　　（D）无法确定关系

25. 已知 HI 的光分解反应机理是

$$HI+h\nu \longrightarrow H+I$$

$$H+HI \longrightarrow H_2+I$$

$$I+I+M \longrightarrow I_2+M$$

则该反应的量子效率为（　　）。

（A）1　　（B）2　　（C）4　　（D）10^6

26. 已知 $E(Cl—Cl)=243kJ\cdot mol^{-1}$，$E=436kJ\cdot mol^{-1}$，用光照引发下面的反应

$$H_2+Cl_2 \longrightarrow 2HCl$$

所用光的波长约为（　　）。

（A）4.92×10^{-4}m　　（B）4.92×10^{-7}m

（C）2.74×10^{-7}m　　（D）1.76×10^{-7}m

27. 在光的作用下，O_2 可转变为 O_3，当 1mol O_3 生成时，吸收了 3.01×10^{23} 个光子，则该反应的总量子效率为（　　）。

（A）$\Phi=1$　　（B）$\Phi=1.5$　　（C）$\Phi=2$　　（D）$\Phi=3$

（答：1D，2D，3C，4C，5C，6D，7B，8A，9A，10C，11A，12B，13B，14A，15C，16B，17C，18B，19A，20C，21D，22C，23C，24B，25B，26B，27D）

二、计算题

1. 某一级反应 A ⟶ B 的半衰期为 10min。求 1h 后剩余 A 的百分数？

答：1.56%

2. 某一级反应，反应进行 10min 后，反应物反应掉 30%。求反应掉 50%需要多少时间？

答：19.4min

3. 某二级反应 A+B ⟶ C，两种反应物的初始浓度皆为 $1mol\cdot dm^{-3}$，经过 10min 后反应掉 25%，求速率常数。

答：$0.0333\ (mol\cdot dm^{-3})^{-1}\cdot min^{-1}$

4. 某二级反应 A+B ⟶ C 初始速率为 $5\times10^{-2}mol\cdot dm^{-3}\cdot s^{-1}$，而反应物的初始浓度皆为 $0.2mol\cdot dm^{-3}$，求速率常数。

答：$1.25\ (mol\cdot dm^{-3})^{-1}\cdot s^{-1}$

5. 21℃时，将等体积的 $0.0400mol\cdot dm^{-3}$ $CH_3COOC_2H_5$ 溶液和 $0.0400mol\cdot dm^{-3}$ NaOH 溶液混合，经 25min 后，取出 $100cm^3$ 样品，测得中和该样品需 $0.125mol\cdot dm^{-3}$ 的 HCl 溶液 $4.23cm^3$。试求 21℃时二级反应 $CH_3COOC_2H_5+NaOH \longrightarrow CH_3COONa+C_2H_5OH$ 的反应速率常数。45min 后，$CH_3COOC_2H_5$ 的转化率是多少？

答：5.55 $(mol \cdot dm^{-3})^{-1} \cdot min^{-1}$；83.4%

6. 对于某一级反应和某二级反应，若反应物初始浓度相同且半衰期相等，求在下列情况下二者未反应的百分数。

(1) $t_1 = t_{1/2}/2$；

(2) $t_2 = 2t_{1/2}$。

答：(1) 70.7%，66.7%；(2) 25%，33.3%

7. 50℃时物质A在溶剂中进行分解反应，反应为一级，初始反应速率 $\upsilon_{A,0} = 1.00 \times 10^{-5}$ $mol \cdot dm^{-3} \cdot s^{-1}$，1h后反应速率 $\upsilon_A = 3.26 \times 10^{-6} mol \cdot dm^{-3} \cdot s^{-1}$，试求反应速率常数、半衰期和初浓度。

答：$3.11 \times 10^{-4} s^{-1}$；$2.23 \times 10^3 s$；$0.0322 mol \cdot dm^{-3}$

8. 人体吸入的氧气与血液中的血红蛋白(Hb)反应，生成氧络血红蛋白(HbO_2)

$$Hb + O_2 \longrightarrow HbO_2$$

此反应对Hb及O_2均为一级。在体温下的反应速率常数 $k = 2.1 \times 10^6 (mol \cdot dm^{-3})^{-1} \cdot s^{-1}$。为保持血液中Hb的正常浓度 $8.0 \times 10^{-6} mol \cdot dm^{-3}$，血液中氧的浓度必须保持为 1.6×10^{-6} $mol \cdot dm^{-3}$。试计算：

(1) 正常情况下HbO_2的生成速率及氧的消耗速率；

(2) 在某种疾病中，HbO_2的生成速率已达 $1.1 \times 10^{-4} mol \cdot dm^{-3} \cdot s^{-1}$，为保持Hb的正常浓度需输氧，使血液中氧的浓度达多高才行？

答：(1) $2.7 \times 10^{-5} mol \cdot dm^{-3} \cdot s^{-1}$，$2.7 \times 10^{-5} mol \cdot dm^{-3} \cdot s^{-1}$；

(2) $6.5 \times 10^{-6} mol \cdot dm^{-3}$

9. 1,3-氯丙醇(A)在NaOH(B)存在条件下发生环化作用生成环氧氯丙烷的反应为二级反应（对A和B均为一级），已知8.8℃时，$k_A = 3.29 (mol \cdot dm^{-3})^{-1} \cdot min^{-1}$，若反应在8.8℃进行，计算：

(1) 当A和B的初始浓度同为 $0.282 mol \cdot dm^{-3}$ 时，A转化95%所需的时间；

(2) 当A和B的开始浓度分别为 $0.282 mol \cdot dm^{-3}$ 和 $0.365 mol \cdot dm^{-3}$，反应经9.95min时，A的转化率可达多少？

答：(1) 20.5min；(2) 98.4%

10. 100℃时气相反应 $A \longrightarrow Y + Z$ 为二级反应，若从纯A开始在等容下进行反应，10min后系统总压力为24.58kPa，其中A的摩尔分数为0.1085，求：

(1) 10min时A的转化率；

(2) 反应的速率常数。

答：(1) 80.5%；(2) $0.03025 kPa^{-1} \cdot min^{-1}$

11. 反应 $A + 2B \longrightarrow Y + Z$ 的速率方程为

$$-\frac{dc_A}{dt} = k_A c_A c_B$$

已知175℃时，$k_A = 1.58 \times 10^{-3} (mol \cdot dm^{-3})^{-1} \cdot min^{-1}$，$c_{A,0} = 0.157 mol \cdot dm^{-3}$，$c_{B,0} = 12.1 mol \cdot dm^{-3}$。计算175℃下A的转化率达98%所需的时间。

答：204.6min

12. 已知反应 $2HI \longrightarrow I_2 + H_2$，在508℃下，HI的初始压力为10132.5Pa时，半衰期为135min；而当HI的初始压力为101325Pa时，半衰期为13.5min。试证明该反应为二级，并求出反应速率常数（以 $(mol \cdot dm^{-3})^{-1} \cdot s^{-1}$ 及以 $Pa^{-1} \cdot s^{-1}$ 表示）。

答：$1.22\times10^{-8}\mathrm{Pa^{-1}\cdot s^{-1}}$；$7.90\times10^{-2}\ (\mathrm{mol\cdot dm^{-3}})^{-1}\cdot\mathrm{s^{-1}}$

13. 二甲醚的气相分解反应是一级反应

$$CH_3OCH_3(g) \longrightarrow CH_4(g) + H_2(g) + CO(g)$$

504℃时，把二甲醚充入真空反应器内，测得反应到 777s 时，容器内压力为 65.1kPa；反应无限长时间，容器内压力为 124.1kPa，计算 504℃时该反应的速率常数。

答：$4.35\times10^{-4}\mathrm{s^{-1}}$

14. 已知气相反应 $2A+B\longrightarrow 2Y$ 的速率方程为 $-\dfrac{dp_A}{dt}=kp_Ap_B$。将气体 A 和 B 按物质的量比 2∶1 引入一抽空的反应器中，反应温度保持 400K。反应经 10min 后测得系统压力为 84kPa，经很长时间反应完了后系统压力为 63kPa。试求：

(1) 气体 A 的初始压力 $p_{A,0}$ 及反应经 10min 后 A 的分压力 p_A；

(2) 反应速率常数；

(3) 气体 A 的半衰期。

答：(1) 63kPa，42kPa；(2) $1.59\times10^{-3}\mathrm{kPa^{-1}\cdot min^{-1}}$；(3) 20min

15. 反应 $A+B\longrightarrow C+D$ 的速率方程 $\upsilon=kc_A^{\alpha}c_B^{\beta}$，对该反应进行了两次实验测定：

第一次的 $c_{A,0}=400\mathrm{mmol\cdot dm^{-3}}$，$c_{B,0}=0.400\mathrm{mmol\cdot dm^{-3}}$，测得数据如下：

t/s	0	120	240	360	∞
$c_c/\mathrm{mmol\cdot dm^{-3}}$	0	0.200	0.300	0.350	0.400

第二次的 $c_{A,0}=0.400\mathrm{mmol\cdot dm^{-3}}$，$c_{B,0}=1000\mathrm{mmol\cdot dm^{-3}}$，测得数据如下：

$t/10^3$s	0	70	210	497	∞
$c_c/\mathrm{mmol\cdot dm^{-3}}$	0	0.200	0.300	0.350	0.400

求此反应速率方程中的 α、β、k 值。

答：$\alpha=2$，$\beta=1$，$k=0.03610\ (\mathrm{mol\cdot dm^{-3}})^{-2}\cdot\mathrm{s^{-1}}$

16. 对于加成反应：$CH_3CH{=}CH_2+HCl\longrightarrow CH_3CHClCH_3$，实验表明，上述反应 19℃时的反应速率约为 70℃时的 3 倍（即为负温度系数），试估计此反应的活化能。

答：$-17.9\mathrm{kJ\cdot mol^{-1}}$

17. 气相反应 $4A\longrightarrow Y+6Z$ 的反应速率常数 k_A 与温度的关系为：

$\ln(k_A/\mathrm{min^{-1}})=-\dfrac{22850}{T/\mathrm{K}}+22.00$，且反应速率与产物浓度无关。求：

(1) 该反应的活化能 E_a；

(2) 在 950K 向真空等容容器内充入 A，初始压力为 10.0kPa，计算反应器内压力达 13.0kPa 需要反应的时间？

答：(1) $189.97\mathrm{kJ\cdot mol^{-1}}$；(2) 3.99min

18. 今有催化分解气相反应 $A\longrightarrow Y+Z$，实验证明其反应速率方程为：$-\dfrac{dp_A}{dt}=kp_A$。

(1) 在 675℃下，A 的转化率为 5%时，反应时间为 19.34min，试计算此温度下反应速率常数 k 及 A 转化率达 50%的反应时间。

(2) 经动力学测定 527℃下反应的速率常数 $k=7.78\times10^{-5}\mathrm{min^{-1}}$，试计算该反应的活化能。

答：(1) $2.652\times10^{-3}\mathrm{min^{-1}}$，261.3min；(2) $150.4\mathrm{kJ\cdot mol^{-1}}$

19. 某一级反应的半衰期在 65℃时 2.50min，在 80℃时为 0.50min，在什么温度下可使该反应在 1min 完成转化率达到 90%？

答：358K

20. 双光气分解反应 $ClCOOCl_3(g) \longrightarrow 2COCl_2(g)$ 为一级反应。将一定量的双光气迅速引入一个 280℃的等容容器中，751s 后测得系统压力为 2.710kPa，经很长时间反应完成后系统压力为 4.008kPa，305℃时重复实验，经过 320s 系统压力为 2.838kPa，反应完成后系统压力为 3.554kPa。求此反应的活化能。

答：$169.4kJ \cdot mol^{-1}$

21. 反应 $A+B \longrightarrow C+D$ 的速率方程与 A 和 B 的浓度有关，B 的反应级数为 1 级，当 $c_B=1mol \cdot dm^{-3}$ 时，测得数据如下：

第一次实验温度为 50℃

t/s	0	60	240	720
$c_A/mol \cdot dm^{-3}$	1	0.800	0.500	0.250

第二次实验温度为 80℃

t/s	0	30	120	360
$c_A/mol \cdot dm^{-3}$	1	0.800	0.500	0.250

试求：(1) A 的反应级数；(2) 反应的活化能；(3) 50℃、反应 28min 时反应物 B 的浓度为多少。

答：(1) $n_A=1$；(2) $E_a=21.92kJ \cdot mol^{-1}$；(3) $c_B=0.1250mol \cdot dm^{-3}$

22. 反应 $A(g)+2B(g) \longrightarrow C(g)+D(g)$

在一密闭容器中进行，假设速率方程的形式为 $\upsilon=k_p p_A^{\alpha} p_B^{\beta}$。实验发现：

(1) 当反应物的起始分压为 $p_{A,0}=26.664kPa$，$p_{B,0}=106.66kPa$ 时，反应中 $\ln p_A$ 随时间的变化率与 p_A 无关。

(2) 当反应物的起始分压分别为 $p_{A,0}=53.328kPa$、$p_{B,0}=106.66kPa$ 时，反应的 υ/p_A^2 为常数，并测得 500K 和 510K 时，该常数分别为 $1.974\times10^{-3}kPa^{-1} \cdot min^{-1}$ 和 $3.948\times10^{-3}(kPa \cdot min)^{-1}$。试求：

(1) 速率方程中的 α 和 β 的值；

(2) 反应在 500K 时的速率系数；

(3) 反应的活化能。

答：(1) $\alpha=1$，$\beta=1$；(2) $k_{p,1}=9.87\times10^{-4}kPa^{-1} \cdot min^{-1}$；(3) $E_a=151.2kJ \cdot mol^{-1}$

23. 在等温等容下测得气相反应 $A+3B \longrightarrow 2Y$ 的速率方程为：$-\frac{dp_A}{dt}=k_A p_A p_{2B}$。在 720K 时，当反应物初始压力 $p_{A,0}=1333Pa$，$p_{B,0}=3999Pa$ 时测出用总压力表示的初始反应速率为 $-\left(\frac{dp_{总}}{dt}\right)_{t=0}=200Pa \cdot min^{-1}$。试求：

(1) 上述条件下反应的初始反应速率 $-\left(\frac{dp_A}{dt}\right)_{t=0}$、$k_A$ 及气体 B 反应掉一半所需的时间；

(2) 已知该反应的活化能为 $83.14kJ \cdot mol^{-1}$，反应在 800K、$p_{A,0}=p_{B,0}=2666Pa$ 时的

初始反应速率$-\left(\frac{\mathrm{d}p_A}{\mathrm{d}t}\right)_{t=0}$。

答：（1）$-\left(\frac{\mathrm{d}p_A}{\mathrm{d}t}\right)_{t=0}=100\mathrm{Pa}\cdot\mathrm{min}^{-1}$，$k_A=4.69\times10^{-9}\mathrm{Pa}^{-2}\cdot\mathrm{min}^{-1}$，20min；

（2）$-(\mathrm{d}p_A/\mathrm{d}_t)_{t=0}=288.8\mathrm{Pa}\cdot\mathrm{min}^{-1}$

24. 某溶液含有 NaOH 和 $CH_3COOC_2H_5$，浓度均为 $0.01\mathrm{mol}\cdot\mathrm{dm}^{-3}$，25℃时，反应经过 10min 有转化率达 39%的 A 发生反应，而在 35℃时，10min 有转化率达 55%的 A 发生反应，若该反应对 A 和 NaOH 均为一级，估算 15℃、10min 内，有多少的 A 发生了反应？

答：24.2%

25. CH_4 气相热分解反应 $2CH_4 \longrightarrow C_2H_6+H_2$ 的反应机理及各元反应的活化能如下：

$CH_4 \xrightarrow{k} CH_3\cdot+H\cdot$　　$E_1=423\mathrm{kJ}\cdot\mathrm{mol}^{-1}$

$CH_3\cdot+CH_4 \xrightarrow{k_2} C_2H_6+H\cdot$　　$E_2=201\mathrm{kJ}\cdot\mathrm{mol}^{-1}$

$H\cdot+CH_4 \xrightarrow{k_3} CH_3\cdot+H_2$　　$E_3=29\mathrm{kJ}\cdot\mathrm{mol}^{-1}$

$H\cdot+CH_3\cdot \xrightarrow{k_{-1}} CH_4$　　$E_{-1}=0\mathrm{kJ}\cdot\mathrm{mol}^{-1}$

已知该总反应的动力学方程式为：$\frac{\mathrm{d}c(C_2H_6)}{\mathrm{d}t}=\left(\frac{k_1k_2k_3}{k_{-1}}\right)^{1/2}[c(CH_4)]^{3/2}$

试求总反应的表观活化能。

答：$327\mathrm{kJ}\cdot\mathrm{mol}^{-1}$

26. 平行反应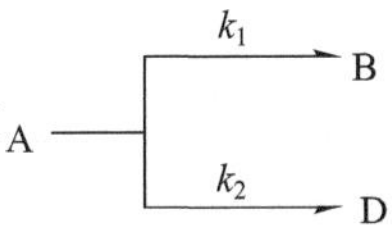

为一级反应，反应的活化能 $E_1=108.8\mathrm{kJ}\cdot\mathrm{mol}^{-1}$，$E_2=83.7\mathrm{kJ}\cdot\mathrm{mol}^{-1}$，指前因子（参量）$k_{0,1}=k_{0,2}$，试问温度由 300K 升高至 600K，反应产物中 B 与 D 的浓度之比提高了多少倍？

答：153

27. 下列平行反应，主、副反应都是一级反应：

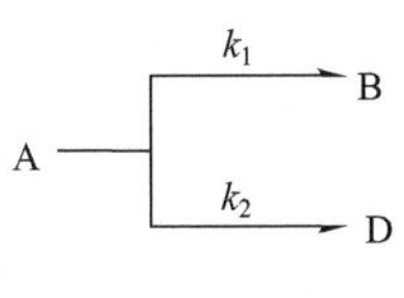

（主反应）　$\lg(k_1/\mathrm{s}^{-1})=-\frac{2000}{T/\mathrm{K}}+4.00$

（副反应）　$\lg(k_2/\mathrm{s}^{-1})=-\frac{4000}{T/\mathrm{K}}+8.00$

（1）若开始只有 A，且 $c_{A,0}=0.1\mathrm{mol}\cdot\mathrm{dm}^{-3}$，计算 400K 时，经 10s，A 的转化率为多少？B 和 D 的浓度各为多少？

（2）用具体计算说明，该反应在 500K 进行时，是否比 400K 时更为有利？

答：（1）66.7%，$0.0606\mathrm{mol}\cdot\mathrm{dm}^{-3}$，$0.00606\mathrm{mol}\cdot\mathrm{dm}^{-3}$；（2）否

28. 在 500～900℃之间，乙酸发生平行反应

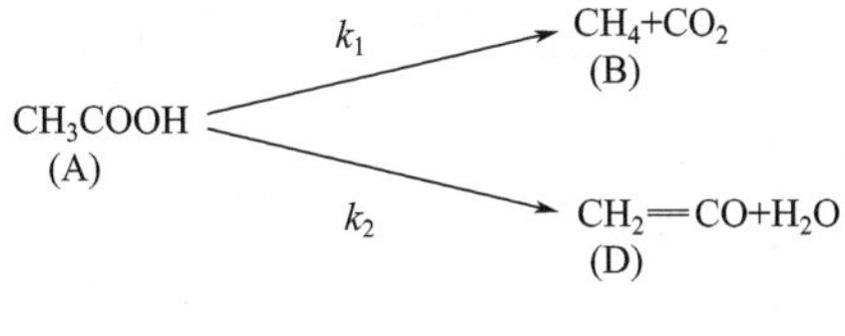

在 1189K 时，$k_1=3.74\text{s}^{-1}$，$k_2=4.85\text{s}^{-1}$，试计算转化率达 99%时 A 发生分解所需的时间，并求由 A 转变为 D 的最大百分数。

答：0.536s，56.5%

29. 在 $A \underset{k_{-1}}{\overset{k_1}{\rightleftharpoons}} B$ 的一级对行反应中，测得下列数据

t/s	180	300	420	1440	∞
$C_B/\text{mol}\cdot\text{dm}^{-3}$	0.20	0.33	0.43	1.05	1.58

A 的初始浓度是 $1.89\text{mol}\cdot\text{dm}^{-3}$，试求正、逆反应的速率常数。

答：$6.331\times10^{-4}\text{s}^{-1}$，$1.242\times10^{-4}\text{s}^{-1}$

30. 对行反应 $A \underset{k_{-1}}{\overset{k_1}{\rightleftharpoons}} B$，都为一级，$k_1=1\times10^{-2}\text{s}^{-1}$，反应平衡常数 $K_c=4$，如果 $c_{A,0}=0.01\text{mol}\cdot\text{dm}^{-3}$，$c_{B,0}=0$，计算 30s 后 B 的浓度。

答：$0.0025\text{mol}\cdot\text{dm}^{-3}$

31. 已知等温下对行反应 $A \underset{k_{-1}}{\overset{k_1}{\rightleftharpoons}} B$ 的 $k_1=0.006\text{min}^{-1}$，$k_{-1}=0.002\text{min}^{-1}$。若开始时只有反应物 A，其浓度为 $0.01\text{mol}\cdot\text{dm}^{-3}$。试求反应进行 100min 后产物 B 的浓度。

答：$0.00413\text{mol}\cdot\text{dm}^{-3}$

32. N_2O_5 分解反应 $N_2O_5 \longrightarrow 2NO_2+\frac{1}{2}O_2$ 的反应机理如下：

$$N_2O_5 \underset{k_{-1}}{\overset{k_1}{\rightleftharpoons}} NO_2+NO_3$$

$$NO_2+NO_3 \xrightarrow{k_2} NO_2+NO+O_2$$

$$NO+NO_3 \xrightarrow{k_3} 2NO_2$$

(1) 用稳态近似法证明它表观是一级反应。

(2) 298K 时 N_2O_5 分解反应的半衰期是 5h 42min，求分解掉 80%所需的时间。

答：(1) 略；(2) 794min

33. 乙醛热分解反应的机理为：

$$CH_3CHO \xrightarrow{k_1} CH_3+CHO$$

$$CH_3+CH_3CHO \xrightarrow{k_2} CH_4+CH_3CO$$

$$CH_3CO \xrightarrow{k_3} CO+CH_3$$

$$CH_3+CH_3 \xrightarrow{k_4} C_2H_6$$

试用稳态近似法导出生成甲烷的速率方程，若以上各基元反应的活化能依次为：$E_1=318\text{kJ}\cdot\text{mol}^{-1}$，$E_2=41.84\text{kJ}\cdot\text{mol}^{-1}$，$E_3=75.3\text{kJ}\cdot\text{mol}^{-1}$，$E_4=0$，求生成甲烷反应的表观活化能。

答：$\frac{dc_{CH_4}}{dt}=k_2\left(\frac{k_1}{k_4}\right)^{\frac{1}{2}}c_{CH_3CHO}^{\frac{3}{2}}=kc_{CH_3CHO}^{\frac{3}{2}}$，$200.84\text{kJ}\cdot\text{mol}^{-1}$

34. 已知反应

$$H^+ + HNO_2 + C_6H_5NH_2 \xrightarrow{Br^-\text{催化}} C_6H_5N_2^+ + 2H_2O$$

其反应历程为

(1) $H^+ + HNO_2 \underset{k_{-1}}{\overset{k_1}{\rightleftharpoons}} HNO_2^+$　　快速达到平衡

(2) $HNO_2^+ + Br^- \xrightarrow{k_2} ONBr + H_2O$　　慢

(3) $ONBr + C_6H_5NH_2 \xrightarrow{k_3} C_6H_5N_2^+ + H_2O + Br^-$　　快

试用平衡态近似法证明 $\frac{dc_{C_6H_5N_2^+}}{dt} = kc_{H^+}c_{HNO_2}$

答：略

第十章

界面现象

在实际生活中常遇到这样一些现象，荷叶上的露水呈球形，下落的液滴自动收缩成球形，水在毛细管中会自动上升，镁加到铸铁液中会使其中的石墨球化，多孔性硅胶会吸收气体中的水气等，这些现象乍看起来似乎互不相关，但深入分析，发现它们具有共同的特征，就是这些现象都是发生在两相的界面。所谓的界面是指物质的两相之间密切接触的过渡区。如气-液、气-固、液-液、液-固及固-固等相间的界面。习惯上又把两相之中一相为气体时的界面称为表面，如气-液表面、气-固表面。本章涉及的主要内容是在界面上发生的现象，但考虑到习惯，仍称之为表面现象。

由于在相界面上的分子（或原子）受力不平衡，使得物质层分子存在的状态和内部分子有所不同，因而它们的热力学性质也不同。这种在相界面所发生的物理化学现象，称为界面现象。一般情况下，当界面层的分子数只占物质总分子数很小一部分时，这种性质上的差异可以忽略；但当物质被分割成很细的颗粒时，单位质量的物质就具有巨大的表面积，相应地也具有了巨大的表面能，此时不可忽略。

对于一定量的物质而言，分散程度越大，其表面积也就越大，所产生的表面效应和表面性质也就越显著。通常用比表面积（通常也简称为比表面）a 来表示物质的分散度。比表面积的定义是每单位体积所具有的表面积。即

$$a_{\mathrm{V}}=\frac{A_{\mathrm{s}}}{V} \qquad (10.1)$$

式中，A_{s} 为物质的总表面积；V 为物质的体积。a_{V}的单位为 m^{-1}。

对于松散的聚集体或多孔性物质，通常采用单位质量物质所具有的表面积来表示比表面积。即

$$a_{\mathrm{m}}=\frac{A_{\mathrm{s}}}{m} \qquad (10.2)$$

式中，m 为物质的质量。a_{m} 的单位为 $\mathrm{m}^2\cdot\mathrm{kg}^{-1}$。

对于边长为 l 的立方体颗粒，其比表面积 a_{V} 可用下式计算

$$a_{\mathrm{V}}=\frac{A_{\mathrm{s}}}{V}=\frac{6l^2}{l^3}=\frac{6}{l}$$

当把边长为 $10^{-2}\,\mathrm{m}$ 的正方体分割成不同边长的小的正方体时，总表面积、比表面积增加的情况列于表 10.1 中。

表 10.1 $1cm^3$ 的立方体分散为小立方体时比表面积的变化

立方体边长 l/m	粒子数	总表面积 A_s/m^2	比表面积 a_V/m^{-1}
10^{-2}	1	6×10^{-4}	6×10^{2}
10^{-3}	10^{3}	6×10^{-3}	6×10^{3}
10^{-4}	10^{6}	6×10^{-2}	6×10^{4}
10^{-5}	10^{9}	6×10^{-1}	6×10^{5}
10^{-6}	10^{12}	6×10^{0}	6×10^{6}
10^{-7}	10^{15}	6×10^{1}	6×10^{7}
10^{-8}	10^{18}	6×10^{2}	6×10^{8}
10^{-9}	10^{21}	6×10^{3}	6×10^{9}

由表可见，分割得愈小，表面积愈大，当分割成边长为 10^{-9}m 时，其表面积可增加 1000 万倍。高度分散、具有巨大表面积的物质系统，往往产生明显的界面效应，因此必须充分考虑界面效应对系统性质的影响。

第一节 表面张力

1. 比表面吉布斯函数、表面功及表面张力

物质表面层中的分子与体相内部的分子所处的力场和状态是不相同的，二者在结构和能量方面均存在着差异。以最简单的气-液系统相界面为例，如图 10.1 所示。上层为气相，下层为液相。

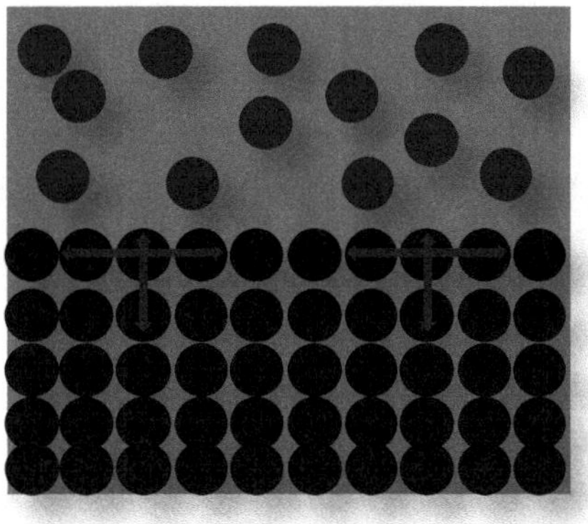

图 10.1 分子在液相内部和表面所受不同引力的示意图

在液相内部的分子受到来自周围分子的作用力，平均说来是对称的，各方向的力彼此抵消。但在液体表面，因气、液两相密度差别较大，表面分子受到来自下面液相分子的吸引力较大，而气体分子对表面分子的引力可以忽略不计。结果，表面层分子主要受到指向液体内部的拉力，使得表层分子有向液体内部迁移、液体表面积自动收缩的趋势，见图 10.1。

若要增加液体表面积，把更多的分子从体相迁移到表面相，环境就要克服体相对分子的引力做功，这意味着表面分子比体相分子具有更高的能量。扩大表面积过程中做的功称为表面功。

在等温、等压及组成不变的条件下，可逆地增加液体表面积，系统的表面功 $\delta W'$ 应与表面积的增量 dA_s 成正比，即

$$\delta W' = \gamma dA_s \tag{10.3}$$

式中，γ 为比例系数，根据热力学第二定律，等温、定压可逆过程

$$\delta W' = dG \tag{10.4}$$

结合式(10.3) 和式(10.4)

$$dG = \gamma dA_s \tag{10.5}$$

$$\gamma = \left(\frac{\partial G}{\partial A_s}\right)_{T,p,n_c} \tag{10.6}$$

可以看出，γ 是等温、等压及组成恒定的条件下，可逆地增加单位表面积时，系统的吉布斯函数的增量。也就是在上述条件下，以可逆方式增加单位表面积时，环境对系统做功，单位面积表面分子比同样数量内部分子超出的吉布斯函数。γ 称为比表面吉布斯函数，单位是 $J \cdot m^{-2}$。

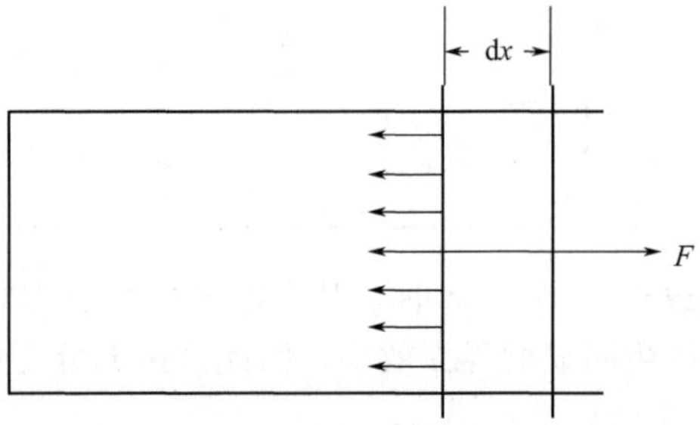

图 10.2 表面引力示意图

因为 J(焦耳)=N·m，所以 γ 的单位 $J \cdot m^{-2}$ 可以化为 $N \cdot m^{-1}$，意味着 γ 又可理解为作用于单位长度上的力，这就是 γ 的俗称物理意义即表面张力。可由下面的例子对表面张力的概念做进一步理解。

如图 10.2 所示。把活动金属框架蘸上肥皂液后，当活动金属框在外力 F 作用下移动距离 dx，金属框中肥皂液膜的两面新增加的表面积为

$$dA_s = 2l\,dx$$

其所做的表面功 $\delta W'$ 为

$$\delta W' = F\,dx$$

此功转化为表面能储藏在液体表面，在忽略摩擦力和可逆进行的条件下，这些表面能即为表面吉布斯函数 γdA_s，即

$$\delta W' = F\,dx = dG = \gamma dA_s = \gamma \times 2l\,dx$$

因为

$$F = 2l\gamma$$

所以

$$\gamma = \frac{F}{2l}$$

可见，γ 确实为沿液体表面垂直作用在单位长度上的力，即表面张力。

通过上面的推证和实验，可以得出结论：一种液态物质的比表面吉布斯函数和表面张力的数值完全相同，而且量纲也是一致的，但物理意义不同，单位也不一样。由于历史原因，习惯上常用“表面张力”一词，但固体表面张力与比表面吉布斯函数却有所不同。因为许多固体是各向异性的，它们的物理性质如压缩、伸长、传热、导电和透光等与方向有关。同样，表面张力也随方向不同而异。

从下面的实验还可以更具体地看到表面张力的作用。把一个棉线圈系在用金属丝做成的环上，然后使环上布满肥皂的薄膜。这时薄膜上的线圈是松弛的。线的两边受大小相等方向相反的力作用着，如图 10.3(a) 所示。如果用针刺破线环内的薄膜，纱线两边的作用力将不再平衡，而被拉成圆形，如图 10.3(b) 所示。

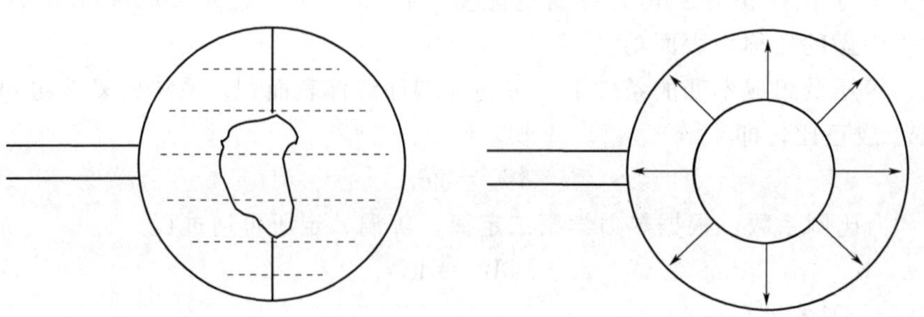

(a) (b)

图 10.3 表面张力演示图

这一现象说明表面张力是沿着液面和液面相切，使液面缩小的一种力。如果液面是水平的，表面张力也是水平的；如果液面是弯曲的，那么表面张力的方向就是这个曲面的切线方向。

2. 高度分散系统的热力学基本方程

高度分散系统具有巨大的表面积，并存在着除压力外的其他广义力即表面张力，会产生明显的表面效应，因此必须考虑系统表面积对系统状态函数的贡献。于是，对组成可变的高度分散系统，当考虑表面效应时，其热力学基本方程为

$$dU=TdS-pdV+\sum\mu_B dn_B+\gamma dA_s \tag{10.7}$$

$$dH=TdS+Vdp+\sum\mu_B dn_B+\gamma dA_s \tag{10.8}$$

$$dA=-SdT-pdV+\sum\mu_B dn_B+\gamma dA_s \tag{10.9}$$

$$dG=-SdT+Vdp+\sum\mu_B dn_B+\gamma dA_s \tag{10.10}$$

于是，可以得到 γ 的定义式为

$$\gamma=\left(\frac{\partial U}{\partial A_s}\right)_{S,V,n_C}=\left(\frac{\partial H}{\partial A_s}\right)_{S,p,n_C}=\left(\frac{\partial A}{\partial A_s}\right)_{T,V,n_C}=\left(\frac{\partial G}{\partial A_s}\right)_{T,p,n_C} \tag{10.11}$$

上式表明，在恒熵恒容及组成恒定的条件下，表面张力等于增加界面面积时所增加的热力学能，即表面张力等于比表面热力学能；在恒温恒压及组成恒定时，表面张力等于增加界面面积时所增加的吉布斯函数，即表面张力等于比表面吉布斯函数变，余下的依此类推。

3. 影响表面张力的因素

（1）物质的本性　表面张力是物质的一种特性，它是物质内部分子间相互吸引的一种表现。不同的物质，分子之间的作用力不同，对界面上的分子影响不同。

如表 10.2 所示，一般说来，固体物质分子间的相互作用力远大于液体的，所以固体的表面张力大于液体的。对于固体，以金属键相互作用的金属，其表面张力大于以离子键相互作用的物质；对于液体，以极性共价键作用的液体，其表面张力大于以非极性共价键作用的液体。所以其顺序为：$\gamma_{金属键}>\gamma_{离子键}>\gamma_{极性共价键}>\gamma_{非极性共价键}$。

表 10.2　物质的表面张力

金属键			离子键			共价键			共价键		
物质	T/K	$\gamma\times10^3$ /N·m^{-1}	物质	T/K	$\gamma\times10^3$ /N·m^{-1}	物质	T/K	$\gamma\times10^3$ /N·m^{-1}	物质	T/K	$\gamma\times10^3$ /N·m^{-1}
Fe	1833	1880	NaCl	1273	98	H_2O	293	72.75	甲醇	293	22.50
Cu	1403	1268	KCl	1173	90	Cl_2	243	25.4	氯仿	298	26.67
Zn	692	768	$BaCl_2$	1235	96	O_2	90	13.2	硝基甲烷	293	32.66
Mg	973	500	$CaCl_2$	1045	77	N_2	90	6.6	甲苯	293	28.52

（2）所接触邻相的性质　表面层分子与不同物质接触时所受的力不同，表面张力也不相同。表 10.3 给出了 20℃时，水与不同液体相接触时表面张力的数据。表中 $\gamma_{W,g}$ 表示纯水的表面张力；$\gamma_{B,g}$ 表示其他纯液体的表面张力；$\gamma_{W,B}$ 表示水与另一互不相溶的纯液体共存时的表面张力。

表 10.3　20℃时水和不同液体接触时的界面张力

W	B	$\gamma_{W,g}\times10^3$/N·m^{-1}	$\gamma_{B,g}\times10^3$/N·m^{-1}	$\gamma_{W,B}\times10^3$/N·m^{-1}
水	苯	72.75	28.9	35.0
水	四氯化碳	72.75	26.8	45.0
水	正辛烷	72.75	21.8	50.8
水	正己烷	72.75	18.4	51.1
水	汞	72.75	470.0	375.0
水	辛醇	72.75	27.5	8.5
水	乙醚	72.75	17.0	10.7

(3) 温度　一般说来，温度升高，分子热运动增强；物质体积增大，分子间距离增大，这些导致分子间作用力减弱。所以温度升高时，大多数物质的表面张力都减小。表 10.4 列出了不同温度下一些液体的表面张力。

表 10.4　不同温度下液体的表面张力　　/10^{-3}N·m^{-1}

液体	0℃	20℃	40℃	60℃	80℃	100℃
水	75.64	72.75	69.56	66.18	62.61	58.85
乙醇	24.05	22.27	20.60	19.01	—	—
甲醇	24.5	22.6	20.9	—	—	15.7
四氯化碳	—	26.8	24.3	21.9	—	—
丙酮	26.2	23.7	21.2	18.6	16.2	—
甲苯	30.74	28.43	26.13	23.81	21.53	19.39
苯	31.6	28.9	26.3	23.7	21.3	—

由热力学基本方程式(10.9) 和式(10.10)，应用全微分的性质，可得

$$\left(\frac{\partial S}{\partial A_s}\right)_{T,V,n_B}=-\left(\frac{\partial \gamma}{\partial T}\right)_{A_s,V,n_B} \tag{10.12}$$

$$\left(\frac{\partial S}{\partial A_s}\right)_{T,p,n_B}=-\left(\frac{\partial \gamma}{\partial T}\right)_{A_s,p,n_B} \tag{10.13}$$

由式(3.67) $A=U-TS$ 可得 $U=A+TS$，两边在恒温恒容及组成不变的条件下进行微分，结合式(10.12) 可得

$$\left(\frac{\partial U}{\partial A_s}\right)_{T,V,n_B}=\gamma-T\left(\frac{\partial \gamma}{\partial T}\right)_{A_s,V,n_B} \tag{10.14}$$

由式(3.77) $G=H-TS$ 可得 $H=G+TS$，两边在恒温恒压及组成不变的条件下进行微分，结合式(10.11) 和式(10.13) 可得

$$\left(\frac{\partial H}{\partial A_s}\right)_{T,p,n_B}=\gamma-T\left(\frac{\partial \gamma}{\partial T}\right)_{A_s,p,n_B} \tag{10.15}$$

式(10.14) 和式(10.15) 可以获得在相应条件下，扩大单位面积引起系统的热力学能和焓的变化值。

式(10.14) 或式(10.15) 与热力学第一定律 $dU=\delta W+\delta Q$ 相对比可知，$-T\left(\frac{\partial \gamma}{\partial T}\right)_{A_s,V,n_B}$ 或 $-T\left(\frac{\partial \gamma}{\partial T}\right)_{A_s,p,n_B}$ 在指定条件下，可逆扩大单位面积所吸收的热，所以 $\frac{d\gamma}{dT}<0$。

(4) 压力　压力对表面张力是有影响的。随着系统压力的增大，气体密度增大，同时气体分子更多地被液面吸附，并且气体在液体中的溶解度也增大，这些均使表面张力下将。因此表面张力一般随压力增加而下降。

第二节 润湿现象

1. 润湿的分类

润湿是指固体表面上的气体或液体被液体（或另一种流体）取代的过程。其热力学定义是：固体与液体接触后系统的吉布斯函数降低（即 dG）的现象。润湿可分为三类：沾附润湿、浸渍润湿和铺展润湿。

（1）沾附润湿　当固体表面与液体相接触，气-固界面及气-液界面转变为固一液界面的过程，称为沾附润湿（简称沾湿）。如图 10.4(a) 所示。发生沾附润湿时液体仅能沾附在固体的接触面上，而不能向固体表面的其他部位扩展。在恒温恒压下，单位面积的气-固界面与气-液界面被单位面积液-固界面所取代，此过程的吉布斯函数变化为：

$$\Delta G_{\mathrm{a}}=\gamma_{\mathrm{s-l}}-(\gamma_{\mathrm{s-g}}+\gamma_{\mathrm{l-g}}) \tag{10.16}$$

式中，ΔG_{a} 为沾湿吉布斯函数变；$\gamma_{\mathrm{s-l}}$、$\gamma_{\mathrm{s-g}}$、$\gamma_{\mathrm{l-g}}$分别为固-液、固-气和液-气界面的表面张力。

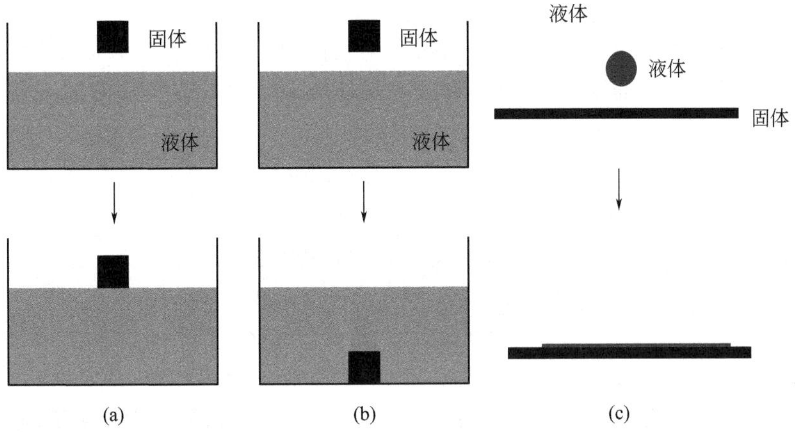

图 10.4　润湿的三种方式

（2）浸渍润湿　当固体浸入液体中时，气-液界面完全被固-液界面所取代，称为浸渍润湿（简称浸湿）。如图 10.4(b) 所示。在恒温恒压下，浸湿单位面积的固体表面时，过程的吉布斯函数变化可表示为：

$$\Delta G_{\mathrm{i}}=\gamma_{\mathrm{s-l}}-\gamma_{\mathrm{s-g}} \tag{10.17}$$

式中，ΔG_{i} 为浸湿吉布斯函数变。

（3）铺展润湿　液滴在固体表面上完全铺开形成一层薄膜的过程，称为铺展润湿（简称铺展）。如图 10.4(c) 所示。铺展过程实际上是以固-液界面取代固-气界面，同时又增大气-液界面的过程。如果忽略原来小液滴的表面积，则在恒温恒压下，铺展单位面积过程的吉布斯函数变为：

$$\Delta G_{\mathrm{s}}=\gamma_{\mathrm{s-l}}+\gamma_{\mathrm{l-g}}-\gamma_{\mathrm{s-g}} \tag{10.18}$$

令
$$S=-\Delta G_{\mathrm{s}}=\gamma_{\mathrm{s-g}}-(\gamma_{\mathrm{s-l}}+\gamma_{\mathrm{l-g}}) \tag{10.19}$$

式中，S 称为铺展系数。在恒温恒压下，S 值越大，铺展性能越好。铺展的热力学条件是 $S\geqslant0$，而当 $S<0$ 时，则不能铺展。

根据式(10.16)～式(10.18) 可知，$\Delta G_a < \Delta G_i < \Delta G_s$，因此对于指定的系统，沾湿过程最容易进行，浸湿过程其次，铺展过程最不容易进行。对于某个指定系统，在一定的温度压力下，如果能发生铺展，必能进行浸湿，更易于进行沾湿，这是热力学原理的必然结果。

2. 接触角与杨氏方程

根据式(10.19) $S=\gamma_{s-g}-(\gamma_{s-l}+\gamma_{l-g})$，如果 $S>0$，表面液体可以自动在固体表面铺展开来。但是，实际上除了 γ_{l-g} 可直接测量外，γ_{s-g} 和 γ_{s-l} 均难直接测定，所以 S 也难以获得，因此为了判断润湿的难易程度，引入了接触角的概念。

接触角是指过三相接触点液面切线与固液界面所夹的最大角（θ）。如图 10.5 所示。

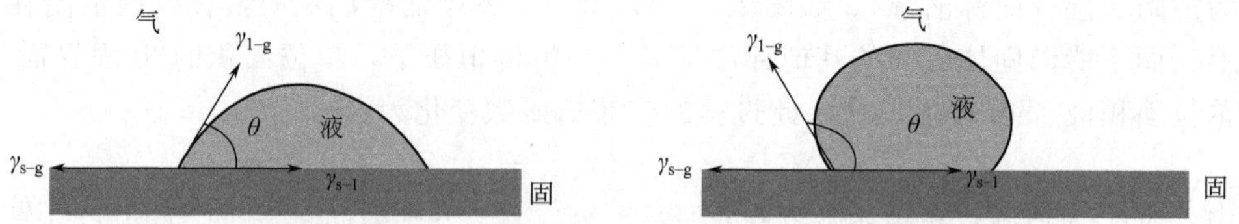

(a) 润湿　　(b) 不润湿

图 10.5　接触角与各表面张力的关系

在气、液、固三相交界处，有三种表面张力相互作用，其中 γ_{s-g} 倾向于使液面铺展开来，γ_{s-l} 则倾向于使液滴收缩，而 γ_{l-g} 在沾附润湿时是使液滴收缩，在不润湿时则使液滴铺开。当处于平衡时，可建立下列关系式：

$$\gamma_{s-g}=\gamma_{s-l}+\gamma_{l-g}\cos\theta \tag{10.20}$$

式(10.20) 称为杨氏方程。

将杨氏方程分别代入式(10.16)～式(10.18) 中，可得：

$$-\Delta G_a=\gamma_{s-g}+\gamma_{l-g}-\gamma_{s-l}=\gamma_{l-g}(\cos\theta+1) \tag{10.21}$$

$$-\Delta G_i=\gamma_{s-g}-\gamma_{s-l}=\gamma_{l-g}\cos\theta \tag{10.22}$$

$$-\Delta G_s=\gamma_{s-g}-\gamma_{s-l}-\gamma_{l-g}=\gamma_{l-g}(\cos\theta-1) \tag{10.23}$$

根据式(10.21)～式(10.23) 判断，当 $90°<\theta<180°$时，上述三式中只有 $\Delta G_a<0$，自动发生的过程为沾湿，如图 10.5(b) 所示；当 $0<\theta<90°$时，上述三式中 $\Delta G_a<0$，$\Delta G_i<0$，说明浸湿过程能够自动发生，如图 10.5(a) 所示；当 θ 趋于零时，上述三式中 $\Delta G_a<0$，$\Delta G_i<0$，$\Delta G_s=0$，即能够自动发生铺展过程。不过习惯上，直接采用杨氏方程进行判别，即当 $\theta=90°$时，依据杨氏方程有 $\gamma_{s-g}=\gamma_{s-l}$，作为润湿与否的分界线；当 $\theta>90°$时，$\gamma_{s-g}<\gamma_{s-l}$，固体不为液体所润湿；当 $\theta<90°$时，$\gamma_{s-g}>\gamma_{s-l}$，固体能被液体润湿；当 θ 趋于零时，$\gamma_{s-g}-\gamma_{s-l}-\gamma_{l-g}=0$，完全润湿。

例 10.1 已知在 20℃时，乙醚-水、汞-乙醚、汞-水的表面张力分别为 $10.7\times10^{-3}\,N\cdot m^{-1}$、$0.379N\cdot m^{-1}$ 和 $0.375N\cdot m^{-1}$，若在乙醚与汞的界面上滴一滴水，试计算该系统的沾湿吉布斯函数变、浸湿吉布斯函数变和铺展系数，并判断水能否润湿汞的表面。

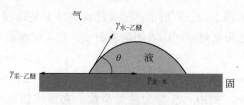

图 10.6　水对汞的润湿

解： 如图 10.6 所示，当三相接触点的合力为零时，根据杨氏方程有：

$$\gamma_{Hg-乙醚}=\gamma_{Hg-H_2O}+\gamma_{H_2O-乙醚}\cos\theta$$

所以 $$\cos\theta=(\gamma_{Hg-乙醚}-\gamma_{Hg-H_2O})/\gamma_{H_2O-乙醚}$$

$$=\frac{0.379-0.375}{10.7\times10^{-3}}$$

$$=0.374$$

所以 $$\theta=68.0°$$

于是 $$\Delta G_a=-\gamma_{H_2O-乙醚}(\cos\theta+1)=-14.7\times10^{-3}\text{J}\cdot\text{m}^{-2}$$

$$\Delta G_i=-\gamma_{H_2O-乙醚}\cos\theta=-4.00\times10^{-3}\text{J}\cdot\text{m}^{-2}$$

$$S=\gamma_{H_2O-乙醚}(\cos\theta-1)=-6.7\times10^{-3}\text{J}\cdot\text{m}^{-2}$$

从上述计算可知，$\theta=68.0°<90°$，且 $\Delta G_a<0$，$\Delta G_i<0$，$S<0$，故水能在汞表面上发生沾湿和浸湿，但不会铺展。

润湿在生产实践中有着广泛的应用。例如喷洒农药消灭害虫时，在农药中常含有少量的润湿剂，以改进药液对植物表面的润湿程度，使药液在植物表面铺展，待水分蒸发后，在叶子的表面留下均匀的薄层药剂，充分发挥农药的作用，提高杀虫的效果。又如通过对普通棉纤维的表面进行憎水的改性处理，可使水在其上的接触角 $\theta>90°$，这使水滴在布上呈球状，不易进入布的毛细孔中，具有防水作用，利用该原理可制成雨衣和防雨设备。另外，在机械设备的润滑、矿物的浮选、注水采油、金属焊接、印染及洗涤等方面皆涉及与润湿理论有密切关系的技术。

第三节 液体的界面现象

1. 弯曲液面的附加压力

在宽大容器中静止的液体表面一般是一个平面，但在细管或毛细管中的液面却呈弯曲状态。弯曲液面可分为两种，即凸液面和凹液面。无论是凸液面还是凹液面，其表面张力的合力方向都指向曲面的曲率中心。

对于凸液面，其合力指向液体，好像液面紧紧压在液体上，使弯曲液面上的液体所承受的压力 p_1 大于液面外大气的压力 p_g，如图 10.7(a) 所示。弯曲液面内外的压力差称为附加压力。因此凸液面附加压力 $\Delta p_凸$ 为

$$\Delta p_凸=p_1-p_g \tag{10.24}$$

对于凹液面，表面张力的合力指向气体空间，好像要把液面拉出来，这时弯曲液面内部的

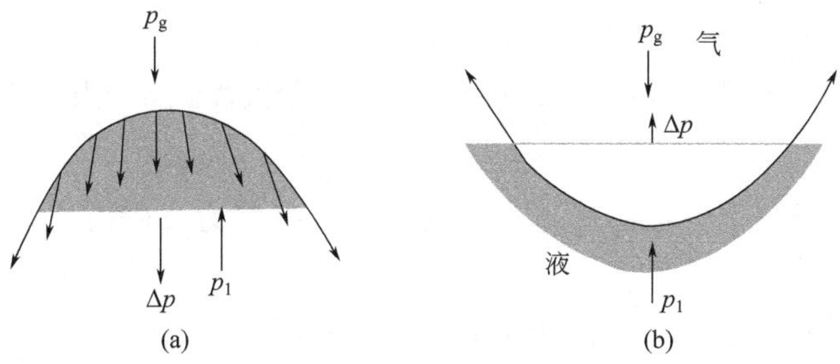

图 10.7 弯曲液面的附加压力

压力 p_1 小于液面外大气的压力 p_g，如图 10.7(b) 所示，因此凹液面的附加压力 $\Delta p_{凹}$ 为

$$\Delta p_{凹}=p_g-p_1 \tag{10.25}$$

2. 拉普拉斯方程

(1) 拉普拉斯方程　附加压力的大小与液面曲率半径及表面张力有关。推导如下：

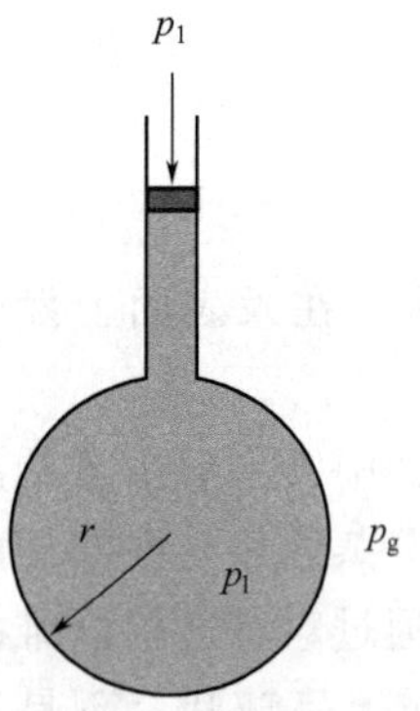

图 10.8　附加压力与曲率半径的关系

如图 10.8 所示，毛细管充满液体，管端悬一半径为 r 的液珠与之平衡（液珠为近似理想球形）。液珠的体积 $V=\frac{4}{3}\pi r^3$，液珠的表面积 $A_s=4\pi r^2$。液珠外压为 p，液珠曲面所产生的附加压力为 Δp，故液滴所承受的内部总压力为 $p+\Delta p$。在等温等压条件下，若给毛细管上方活塞稍稍加压，可逆地使液滴半径增大 dr，相应地体积增加 $dV=4\pi r^2 dr$，其表面积增加 $dA_s=8\pi r dr$，则需克服附加压力 Δp 而对系统做功 $\delta W'=\Delta p dV$，其值等于增加系统表面积所引起的表面 Gibbs 函数的增量 dG。

即
$$\delta W'=dG$$
或
$$\Delta p dV=\gamma dA_s$$
$$\Delta p\cdot 4\pi r^2 dr=\gamma\cdot 8\pi r dr$$
$$\Delta p=\frac{2\gamma}{r} \tag{10.26}$$

式(10.26) 为 Laplace（拉普拉斯）方程。

如果是一个任意曲面而非球面，一般需要两个曲率半径来描述曲面。Laplace 方程的一般式：

$$\Delta p=\gamma\left(\frac{1}{r_1}+\frac{1}{r_2}\right) \tag{10.27}$$

式中，r_1 和 r_2 分别是曲面的两个相互垂直的曲率半径，对于球面 $r_1=r_2$，即为式(10.26) 的形式。

根据拉普拉斯方程可知：

① 曲率半径越小（分散度越大），所产生的附加压力越大。

② 对于液泡（如肥皂泡），因有内外两个球形表面，故

$$\Delta p=\frac{4\gamma}{r}$$

③ 对于平面液面，$r_1=r_2=\infty$，则 $\Delta p=0$，即平面液面下不存在附加压力。

④ 若液面为凹形面形，则 r 取负值，Δp 为负值，即凹形液面的压力低于平面液面压力。

例 10.2 温度 293K，在苯液面下 10cm 深处有一半径为 5×10^{-8}m 的气泡，已知苯的密度 ρ 为 $879\text{kg}\cdot\text{m}^{-3}$，表面张力 $\gamma=0.02888\text{N}\cdot\text{m}^{-1}$，苯液面上大气压力为 101.325kPa，求此气泡内气体压力是多少？

解： 气泡内气体受三个方面的压力：苯液面上大气压力 p(气)；苯液柱静压力 p(静)；弯曲表面的附加压力 p(附)。

$$p(\text{大气})=101.325\text{kPa}$$

$$p(\text{静})=h\rho g$$
$$=0.1\text{m}\times879\text{kg}\cdot\text{m}^{-3}\times9.81\text{m}\cdot\text{s}^{-2}=862.3\text{kg}\cdot\text{m}^{-1}\cdot\text{s}^{-2}=862.3\text{Pa}$$

$$\Delta p=\frac{2\gamma}{r}=\frac{2\times 0.02888\mathrm{N\cdot m^{-1}}}{5\times 10^{-8}\mathrm{m}}=1.1552\mathrm{MPa}$$

所以
$$p=p(\text{气})+p(\text{静})+p(\text{附})$$
$$=101325\mathrm{Pa}+862.3\mathrm{Pa}+1.1552\times 10^{6}\mathrm{Pa}=1.257\mathrm{MPa}$$

（2）拉普拉斯方程的应用　利用拉普拉斯方程可以解释很多现象。

① 毛细管现象　将半径一定的毛细管插入液体后，液面沿毛细管上升或下降的现象称为毛细管现象。当毛细管中的液面呈凹形，即润湿角 $\theta<90°$，如图 10.9(a) 所示。由于附加压力 Δp 指向大气，而使凹液面下的液体所承受的压力小于管外水平液面下的液体所承受的压力。在这种情况下，液体将被压入管内，当凹液面上升 h 高度后，液柱静压力与凹液面附加压力相等而达平衡。

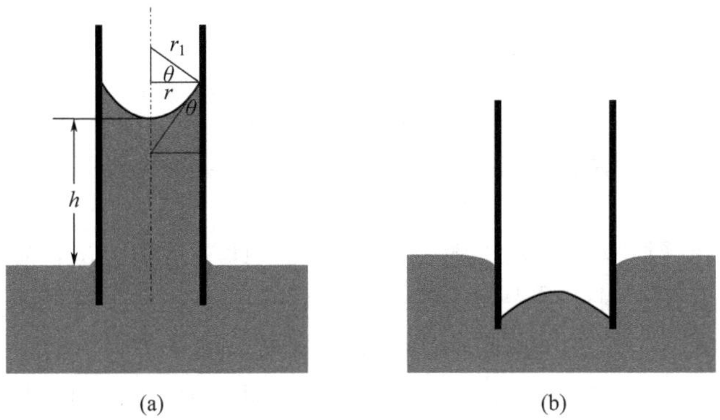

图 10.9　毛细管现象

这时
$$\Delta p=\frac{2\gamma}{r_1}=\rho g h \tag{10.28}$$

由图 10.9 中几何关系可得

$$\cos\theta=\frac{r}{r_1}$$

将其代入式(10.28) 中可得

$$h=\frac{2\gamma\cos\theta}{r\rho g} \tag{10.29}$$

由上式可知，温度一定时，毛细管半径（r）越小，液体密度（ρ）越小，液体对管壁润湿得越好，液体在毛细管中上升得越高。当液体（如汞）不能润湿管壁时，$\theta>90°$，$\cos\theta<0$，$h<0$，则表示管内凸液面下降的深度。如图 10.9(b) 所示。

根据毛细管现象的原理，可以用最大气泡压力法来测定液体的表面张力。其装置如图 10.10所示。将毛细管与液体接触，然后在毛细管内加压。随着毛细管压力逐渐加大，管口气泡慢慢增大，直至一最大值时，管端突然吹出气泡后压力降低。实验测得气泡脱离毛细管瞬间的最大压力差，即可计算液体的表面张力。若毛细管孔径很小，根据拉普拉斯方程得：

$$\Delta p=\frac{2\gamma}{r}=\rho g h$$

式中，ρ 为 U 形管压力计中液体的密度；h 是液面高度差。

对于特定的装置，上式中的 ρ、g、r 各项均为常数，将这些常数合并为 K，则：

$$\gamma = Kh$$

用已知表面张力的液体可求出仪器常数 K，则可用上式直接计算 γ 值。

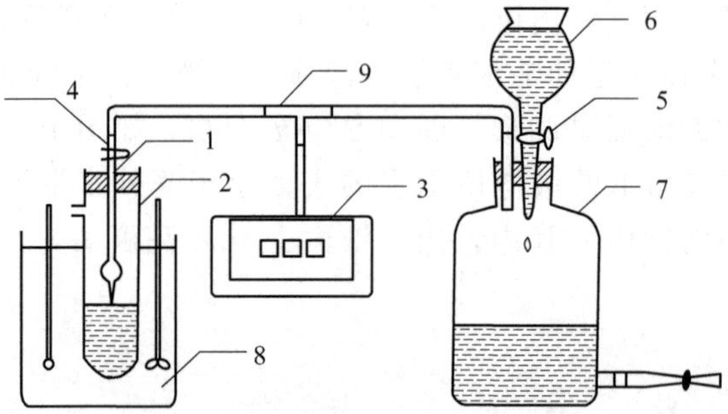

图 10.10　最大气泡压力法装置示意图

1—玻璃毛细管；2—带支管试管；3—数字式微压差测量仪；4—夹子；5—玻璃旋塞；6—滴液漏斗；7—磨口烧杯；8—恒温容器；9—T 形管

最大气泡压力法装置简单、测定迅速、计算方便。此法是动态法，随着气泡不断脱离毛细管，气液界面也不断更新。因此受表面活性杂质的影响较小，但不宜用于达到平衡速度缓慢的系统。由于方法可以遥控，故也可用来测定熔融金属的表面张力。

例 10.3 水银的密度 $\rho = 13.5 \times 10^3 \mathrm{kg \cdot m^{-3}}$，表面张力 $\gamma = 480 \times 10^{-3} \mathrm{N \cdot m^{-1}}$，问将内径为 1mm 的玻璃毛细管插入水银时，毛细管内液面会降低多少？设水银与玻璃的润湿角$\theta = 180°$。

解： 由式(10.29) 得

$$h = \frac{2\gamma \cos\theta}{r\rho g}$$

$$= \frac{2 \times 480 \times 10^{-3} \mathrm{N \cdot m^{-1}} \times \cos 180°}{0.5 \times 10^{-3} \mathrm{m} \times 1.35 \times 10^3 \mathrm{kg \cdot m^{-3}} \times 9.8 \mathrm{N \cdot kg^{-1}}}$$

$$= -1.45 \times 10^{-2} \mathrm{m}$$

负号表示水银在毛细管中下降了 1.45×10^{-2} m。

② 肥皂泡实验　如图 10.11 所示，在半径相同的毛细管两端分别吹出一大一小两个气泡，中间为两筒活塞，当转动活塞使左右相通就会发现大气泡会变得更大，小气泡变得更小。这是因为小气泡曲率半径很小，其相应的气压反而比变大气泡中的气压大。气体由小泡流向大泡，使得小泡收缩而大泡胀大。但小泡并非一直收缩下去，当它缩小到一定程度（收缩到毛细管口），其液面的曲率半径与大气泡相等为止。

③ 自由液滴或气泡均呈球形　在没有外力场影响下，自由液滴或气泡皆应呈球形。这不仅是因为在等同体积前提下，球状物体的表面积最小，而且，假若自由液滴或气泡首先呈如图 10.12所示的不规则的形状，在该性状的不同曲面处，其弯曲方向与曲率均不同，产生的附加压力的大小、方向也就不同，凸面处附加压力指向液滴内部，凹面处附加压力指向液滴外侧，这种不平衡的力必然迫使其自动调整形状，使曲面每处的曲率、附加压力相同，达稳定状态为止，所以必然呈球形。通常的液滴，由于受到重力场吸引，故略显椭扁形状，就像静置于平板上的水银滴（其曲率半径仍服从于拉普拉斯方程）那样。

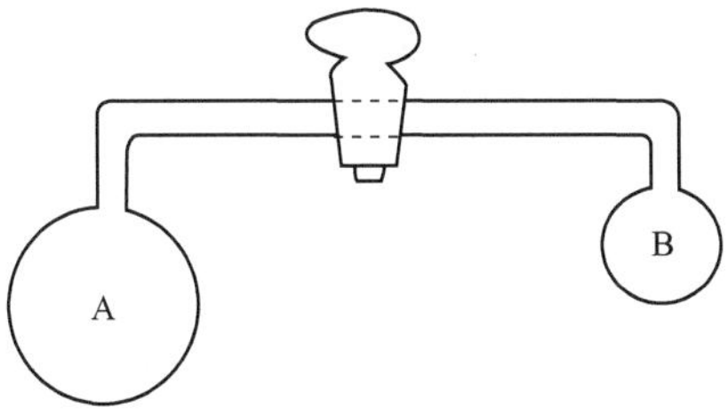

图 10.11 曲率半径大小对附加压力影响的试验

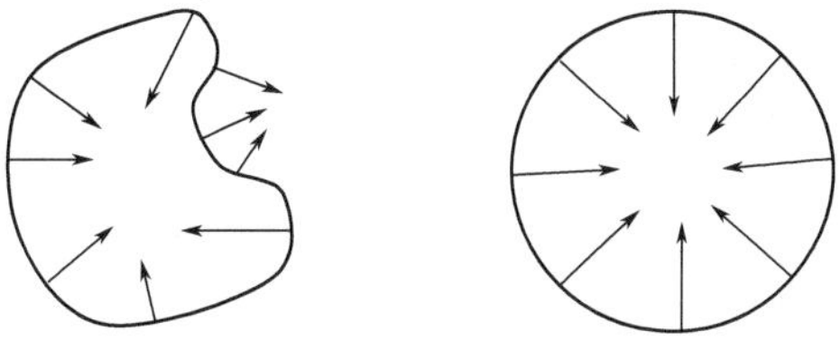

图 10.12 不规则液滴或气泡自动呈球形

3. 弯曲液面的饱和蒸气压

在一定温度下，平面液体的饱和蒸气压为一定值。当液体分散为细小液滴后，由于系统表面吉布斯函数显著增大，因而分子从液相进入气相的能力增强。即微小液滴的饱和蒸气压大于平面液体的饱和蒸气压，且液滴的曲率半径越小，相应的饱和蒸气压越大。

下面推导弯曲液面曲率半径对饱和蒸气压影响的关系式。

在一定温度下，设 1mol 纯液体的体积为 V_m，平面液体的吉布斯函数为 G_m'，化学势为 μ_1，饱和蒸气压为 p；弯曲液面液体的吉布斯函数为 G_m'，化学势为 μ_1'，饱和蒸气压为 p_r，曲率半径为 r，附加压力为 Δp。很明显，$\Delta p = p_r - p$。

在恒温条件下，由于 $\left(\dfrac{\partial G}{\partial p}\right)_T = V_m$

所以有

$$dG = V_m dp$$

将上式积分：

$$\int_{G_m}^{G_m'} dG = \int_{\mu_1}^{\mu_1'} d\mu = \int_{p}^{p_r} V_m dp = \int_{p}^{p+\Delta p} V_m dp$$

$$\text{积分得 } \mu_1 - \mu_1' = V_m \Delta p \tag{10.30}$$

根据平衡原理，当气液两相平衡时。对于平面液体有

$$\mu_1 = \mu_g = \mu_g^{\ominus} + RT\ln\frac{p}{p^{\ominus}} \tag{10.31}$$

对于弯曲液面液体有

$$\mu_1' = \mu_g' = \mu_g^{\ominus} + RT\ln\frac{p_r}{p^{\ominus}} \tag{10.32}$$

用式(10.31) 减去式(10.32) 得：

$$\mu_1 - \mu_1' = RT\ln\frac{p_r}{p} \tag{10.33}$$

联立式(10.30) 和式(10.33) 得

$$RT\ln\frac{p_r}{p} = V_m\Delta p \tag{10.34}$$

由于 $\Delta p = \dfrac{2\gamma}{r}$，$V_m = \dfrac{M}{\rho}$，式中，$M$ 为液体摩尔质量，ρ 为液体密度，将其代入式(10.34) 有

$$\ln\frac{p_r}{p} = \frac{2\gamma M}{RT\rho r} \tag{10.35}$$

式(10.35) 称为开尔文 (Kelvin) 方程。从该公式可以看出，对于温度一定的某液体，式中的 T、M、ρ 和 γ 都为定值，p_r 只是 r 的函数。

小液滴为凸液面，$r>0$，$\ln\frac{p_r}{p}>0$，则 $p_r>p$，因此小液滴的饱和蒸气压大于平面液体的饱和蒸气压。

气泡为凹液面，$r<0$，$\ln\frac{p_r}{p}<0$，则 $p_r<p$，因此凹液面的饱和蒸气压小于平面液体的饱和蒸气压。

因此可以得到以下关系：$p_{凹}<p_{平}<p_{凸}$

例 10.4 20℃时，苯的蒸气结成雾，雾滴（为球形）半径 $r=10^{-6}\,\text{m}$，20℃时苯表面张力 $\gamma=28.9\times10^{-3}\,\text{N}\cdot\text{m}^{-1}$，体积 $\rho_B=879\text{kg}\cdot\text{m}^{-3}$，苯的正常沸点为 80.1℃，摩尔气化焓 $\Delta_{vap}H_m^*=33.9\text{kJ}\cdot\text{mol}^{-1}$，且可视为常数。计算 20℃时苯雾滴的饱和蒸气压。

解： 20℃时，苯为平液面时的饱和蒸气压为 p_B^*，正常沸点时的大气压力为 101325Pa，则由克-克方程式：

$$\ln\frac{p_B^*}{101325\text{Pa}}=-\frac{\Delta_{vap}H_m^*}{R}\left(\frac{1}{293.15\text{K}}-\frac{1}{353.25\text{K}}\right)$$

将 $\Delta_{vap}H_m^*=33900\text{J}\cdot\text{mol}^{-1}$ 和 R 值分别代入上式，求出

$$p_B^*=9151\text{Pa}$$

设 20℃时，半径 $r=10^{-6}\,\text{m}$ 的雾滴表面的饱和蒸气压为 $p_{B,r}^*$，依据开尔文方程得

$$\ln\frac{p_{B,r}^*}{p_B^*}=\frac{2\gamma M_B}{rRT\rho_{B,r}}$$

所以

$$\ln\frac{p_{B,r}^*}{9151\text{Pa}}=\frac{2\times28.9\times10^{-3}\,\text{N}\cdot\text{m}^{-1}\times78.0\times10^{-3}\,\text{kg}\cdot\text{mol}^{-1}}{10^{-6}\,\text{m}\times8.3145\text{J}\cdot\text{mol}^{-1}\cdot\text{K}^{-1}\times293.2\text{K}\times879\text{kg}\cdot\text{m}^{-3}}=2.10\times10^{-3}$$

解得

$$p_{B,r}^*=9170\text{Pa}$$

利用开尔文方程可以解释许多现象，如毛细管凝结现象。假设液体在固体毛细管表面能很好地润湿，毛细管内液面应呈凹液面，其饱和蒸气压较同温度下平面液体的饱和蒸气压低，相对于平面液体液面来说，尚未达到饱和，而对毛细管内凹液面来说，却已经达到饱和，于是，蒸气凝结为液体。

4. 亚稳状态

① 过饱和蒸气　所谓过饱和蒸气是指在一定温度下，当蒸气分压超过该温度下的饱和蒸气压时仍不凝结为液体的蒸气。

过饱和气体的出现，主要是因为在蒸气凝结为液体的过程中，气体分子首先聚集在一起形成微小液滴，根据开尔文方程，微小液滴的饱和蒸气压高于平面液体的饱和蒸气压。如果蒸气的过饱和程度不是很大，对微小液滴来说并不能达到饱和状态，这时微小液滴既不可能产生，也不可能存在，只能蒸发形成过饱和气体。比如夏天经常出现有云无雨的气象，就属于这种现象，在这种情况下，人们常采用人工降雨的方法，即向天空喷射干冰或小的 AgI 颗粒，作为蒸气的凝结中心，将云转化为雨。

② 过热液体　所谓过热液体是指在一定压力下，当液体的温度高于该压力下的沸点，仍不出现沸腾现象的液体。

过热液体的产生是由于液体在沸腾时，生成微小的气泡，液面为凹液面。根据开尔

文方程，气泡中的液体饱和蒸气压比平面液体的饱和蒸气压小，并且气泡越小，饱和蒸气压越低。由拉普拉斯公式可知，微小气泡上还承受着很大的附加压力 $\Delta p=\frac{2\gamma}{r}$。所以，必须升高液体温度，使气泡凹液面的饱和蒸气压等于或超过大气压与附加压力之和，才能使液体沸腾，这就出现了过热液体现象。这种过热现象容易引起溶液暴沸，在实际操作过程中，为了避免暴沸的出现，降低过热程度，通常在加热液体时，先在液体中放入多孔沸石或素烧瓷片，这样能产生较大的气泡而避免生成微小气泡，避免液体过热。

③ 过冷液体　所谓过冷液体是指在一定压力下，当液体的温度已经低于该压力下液体的凝固点，仍不出现凝固现象的液体。

当液体凝固时，刚出现的固体必然是微小的晶体，根据开尔文方程必然会有 $p_r>p$。在正常凝固点时，液体的饱和蒸气压等于大晶体的饱和蒸气压，但小于小晶体的饱和蒸气压，所以小晶体不可能存在，凝固不可能发生，温度必须继续下降。温度下降时，液体的饱和蒸气压比固体的饱和蒸气压减小得更多。只有当液体的饱和蒸气压等于固体的饱和蒸气压时，小晶体才可能存在，凝固才可能发生。

液体在冷却过程中，其黏度随温度的降低而增大，会阻碍分子间进行有序的排列。因而在液体的过冷程度很大时，黏度很大的液体不利于结晶中心的形成和长大，而是容易过渡到非结晶的玻璃体状态。

④ 过饱和溶液　所谓过饱和溶液是指在一定温度和压力下，溶液中溶质的浓度已超过该温度、压力下的溶质的溶解度，而溶质仍不析出的溶液。

过饱和溶液的形成是由于当溶质从溶液中析出时，溶质的晶体颗粒很小，由于微小晶体颗粒的溶解度大于普通晶体颗粒的溶解度，这样对于普通晶体颗粒是饱和的溶液，对于微小晶体颗粒是不饱和的。因此，要使微小晶体颗粒产生并继续长大，溶液必须有足够的过饱和度，这时的溶液就是过饱和溶液。

在盐类的结晶操作过程中，若溶液的过饱和程度太大，将会生成很细小的颗粒，不利于过滤和洗涤，从而影响产品的质量。为了防止过饱和程度太大，通常事先采取向结晶器中投入小晶体作为结晶中心的办法，防止溶液的过饱和度过高，可以获得较大的晶体颗粒。

上述的过饱和蒸气、过热液体、过冷液体、过饱和溶液所处的状态均属亚稳状态，它们不是热力学平衡态，不能长期稳定存在，但在适当条件下能稳定存在一段时间，故称为亚稳状态。

第四节　固体表面的吸附

吸附一般是指物质在两相界面上浓集的现象。因为它发生在两相的界面，所以是一种界面现象。例如，在一个充满溴气的玻璃瓶中加入一些活性炭，可以看到棕红色的溴蒸气逐渐消失，这表明活性炭的表面有富集溴分子的能力。这种在一定条件下，一种物质的分子、原子或离子能自动地附着在某固体表面上的现象，或者在任意两相之间的界面层中某物质的浓度能自动地发生变化的现象，皆称为吸附。把具有吸附能力的物质称为吸附剂；被吸附的物质则称为吸附质。用活性炭吸附溴时，活性炭为吸附剂，溴是吸附质。

固体和液体一样，表面上的原子与固体内部的原子所处的环境不同，表面分子受力不平衡，表面有超额能量。但固体不能流动，不能像液体那样以缩小表面积的方式降低系统的能量趋于稳定。当气（液）体分子碰撞固体表面时，固体表面的过剩力场捕获气（液）

相分子，使之在固体表面发生相对聚集，改变了固体的表（界）面状态，从而使系统的比表面吉布斯函数下降。这样，在表面积不变的情况下，使具有较高能量的固体系统趋于稳定。

固体表面的吸附在生产和科学实验中有着广泛的应用。早在两千多年以前，我国劳动人民对吸附的应用已经具有相当的水平，如长沙出土的马王堆一号汉墓就采用了木炭作为防腐层和吸湿剂。现在，具有高比表面积的多孔固体如活性炭、硅胶、氧化铝、分子筛等常被人们作为吸附剂、催化剂载体等，用于化学工业中的气体纯化、催化反应、有机溶剂回收等许多过程，以及城市的环境保护、现代高层建筑和潜水艇的空气净化调节、民用和军用的防毒面具等许多方面。近年来，人们又在研究将高比表面积的吸附剂用于洁净能源甲烷、氢气等的吸附存储，以及空气、石油气的变压吸附分离等重要领域，不断将固-气界面吸附的应用扩展到更广阔的范围。

1. 物理吸附和化学吸附

根据吸附分子与固体表面的作用力的性质不同，可以把吸附分为两类，即物理吸附和化学吸附。

在物理吸附中，吸附分子与表面分子的相互作用力是分子间力，即范德华作用力。对于物理吸附而言，由于分子间力是普遍存在的，所以物理吸附没有选择性，即任何固体都可以吸附任何气体，通常越容易液化的气体越容易被吸附。如表 10.5 所示。吸附可以发生在固体表面分子与气体分子间，也可以发生在被吸附的气体分子与未被吸附的分子之间，因此物理吸附可以是单分子层也可以是多分子层。由于分子间作用力较弱，所以物理吸附的吸附热较小，吸附热的数值与气体的液化热相近。如在 298.15K 时，水蒸气在氧化铝上的吸附热为 $-45\text{kJ}\cdot\text{mol}^{-1}$，而同温度下水蒸气的冷凝热为 $-44\text{kJ}\cdot\text{mol}^{-1}$。一般情况下，物理吸附热的数值小于 $25\text{kJ}\cdot\text{mol}^{-1}$。物理吸附速率和解吸速率都很快，并且一般不受温度的影响，即物理吸附过程不需要活化能或活化能较小。

表 10.5　298.15K 时，一些气体在炭上的吸附量（标准状况下的体积）

气体	吸附量 $\Gamma/\text{dm}^3\cdot\text{kg}^{-1}$	气体的临界温度 T_c/K
H_2	4.7	33
N_2	8.0	126
CO	9.3	134
CH_4	16.2	190
CO_2	48	304
HCl	72	324
H_2S	99	373
NH_3	181	406
Cl_2	235	417
SO_2	380	430

化学吸附不同于物理吸附，在化学吸附中，气体分子与固体表面分子间形成化学键，因此化学吸附是有选择性的。其吸附热的数值很大，接近于化学反应热。一般情况下，化学吸附热的数值在 $40\sim400\text{kJ}\cdot\text{mol}^{-1}$ 之间。化学吸附只能在吸附剂和吸附质之间进行，所以化学吸附是单分子层的，且稳定性高，不容易解吸。化学吸附与化学反应相似，吸附时需要一定的活化能，吸附速率和解吸速率都较小，并且温度升高时，吸附和解吸速率都增加。因此，物理吸附

和化学吸附的性质和规律各不相同，将其列于表 10.6 中进行比较。

表 10.6　物理吸附和化学吸附的比较

项目	物理吸附	化学吸附
吸附力	范德华力	化学键力
吸附热	较小，近于液化热	较大，近于化学反应热
吸附温度	较低	较高
选择性	无选择性	有选择性
吸附稳定性	不稳定，易解吸	稳定，不易解吸
吸附分子层	单分子层或多分子层	单分子层
吸附速率	较快，不受温度影响	较慢，升温时，速率加快

2. 吸附曲线

描述吸附系统中吸附能力的大小，往往采用吸附平衡时的吸附量来标志。在一定温度和压力下，气体在固体表面达到吸附平衡（吸附速率等于解吸速率）时，单位质量的固体所吸附的气体体积，称为该气体在该固体表面上的吸附量，用符号 Γ 表示，即

$$\Gamma=\frac{V}{m} \tag{10.36}$$

式中，m 为固体的质量；V 为被吸附的气体在吸附温度和压力下的体积。吸附量 Γ 是温度和压力的函数，即 $\Gamma=f(T)$。式中有三个变量，为了便于研究其间关系，通常固定其中一个，测定其他两个变量间的关系。当吸附达到平衡时，在一定吸附平衡压力的情况下，反映吸附量 Γ 与吸附温度 T 之间关系的曲线，即 $\Gamma=f(T)$，称为吸附等压线；在指定吸附量的条件下，反映吸附平衡压力 p 与吸附温度 T 之间关系的曲线，即 $p=f(T)$，称为吸附等量线；在一定温度的情况下，反映吸附量 Γ 与吸附平衡压力 p 之间关系的曲线，即 $\Gamma=f(T)$，称为吸附等温线。

三种吸附曲线中，任一种曲线都表示了吸附规律的一个方面，三者是相互关联的，可以从一种吸附曲线得出另外两种吸附曲线。但是，三种曲线中最常用的是吸附等温线。

吸附等温线可以由实验测出。由于吸附质与吸附剂之间的作用力不同，以及吸附剂的表面形态上的差异性，因此吸附等温线的形式是多种多样的。根据实验结果，可以把吸附等温线大致分为五种类型，见图 10.13。图 10.13 中纵坐标表示吸附量，横坐标表示 p/p^*，p^* 表示吸附质的饱和蒸气压。

类型Ⅰ等温线属于单分子层的吸附等温线，也称朗谬尔型等温线，它表示气体吸附量随压力增大而很快到一个极限值的变化情况。化学吸附为单分子层吸附，其等温线属于类型Ⅰ。此外，常温下氨和氯在碳上的吸附都属于类型Ⅰ。

类型Ⅱ等温线称为 S 形等温线，是经常见到的物理吸附等温线。它表示在低压时形成单分子吸附，当随着压力的增加开始产生多分子吸附。例如 −195℃时，N_2 在铁催化剂上的吸附，−78℃下 CO_2 在硅胶上的吸附。

类型Ⅲ等温线比较少见，这类吸附一开始就是多分子层吸附。它表明单分子层的吸附作用力很弱，其起始阶段气体的吸附速率慢。

类型Ⅳ和类型Ⅴ则是反应压力较高时吸附过程中有毛细凝结现象。水或乙醇在硅胶上吸附都是先形成单分子层吸附，接着是毛细凝聚，属于类型Ⅳ，而 100℃水汽在活性炭上的吸附属于类型Ⅴ。

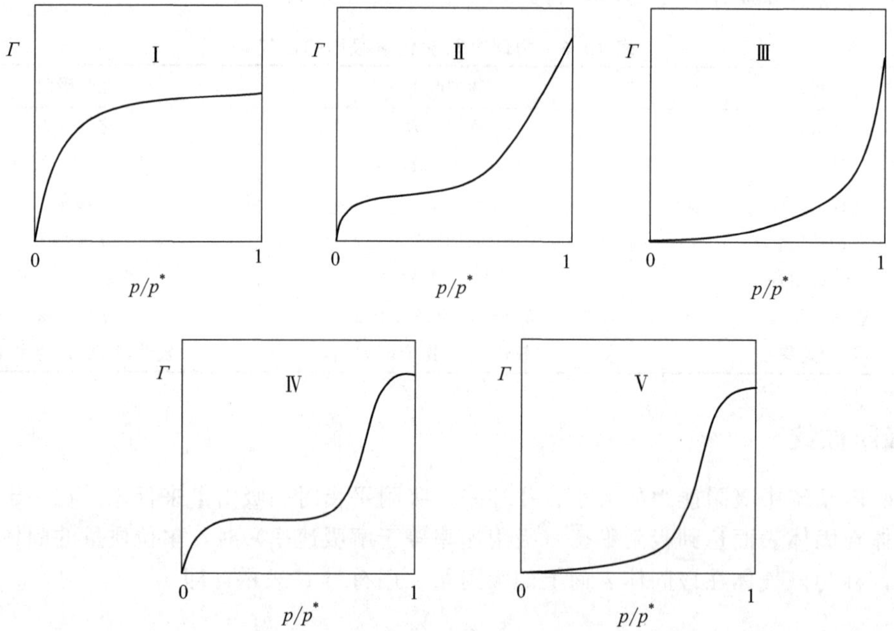

图 10.13　五种类型的吸附等温线

3. 吸附等温式

① 弗罗因德利希吸附等温式　根据大量的实验结果，弗罗因德利希（Freundlich）提出了含有两个常数项的经验公式，来描述第Ⅰ类吸附等温式。

$$\Gamma = kp^{\frac{1}{n}} \quad (n>1) \tag{10.37}$$

式中，Γ 为气体的吸附量，$m^3 \cdot kg^{-1}$；p 是气体的平衡压力；k 及 n 在一定温度下对一定的体系都是常数。

将式(10.37) 取对数

$$\lg\Gamma = \frac{1}{n}\lg p + \lg k \tag{10.38}$$

以 $\lg\Gamma$ 对 $\lg p$ 作图得一直线，则 $\lg k$ 是直线的截距，$\frac{1}{n}$是直线的斜率，从图上可求得 k 和 n 值。

弗罗因德利希经验式的形式简单，计算方便，应用相当广泛。但经验式中的常数没有明确的物理意义，在此式适用的范围内，只能概括地表达一部分实验事实，而不能说明吸附作用的机理。

② 朗缪尔吸附等温式　1916 年，朗缪尔（Langmuir）根据一些实验事实，从动力学观点出发，提出了一个简单的固体表面上的吸附模型，从而导出了吸附等温式。其基本假设如下：

a. 固体表面对气体的吸附是单分子层的（即固体表面上每个吸附位只能吸附一个分子，气体分子只有碰撞到固体的空白表面上才能被吸附）。

b. 固体表面是均匀的（即表面上所有部位的吸附能力相同）。

c. 被吸附在固体表面上的分子之间无作用力，所以已被吸附的分子从固体表面逃逸的概率不受周围被吸附分子的影响。

d. 吸附平衡是动态平衡。

当吸附达到平衡时，从宏观上看，在固体表面上气体分子不再进行吸附或脱附，实际上，被吸附的分子仍在不停地运动，若运动的分子所具有的能量足以克服固体表面对它的引力，即可脱附而重新跃回到气相，气相分子也在不停地被吸附到固体表面上。此时脱附和吸附速率相等，达到动态吸附平衡。

设 A 为吸附质气体，M 为吸附剂固体表面，AM 为吸附状态，则吸附的始末状态可表示为

$$\mathrm{A(g)+M(固体表面)} \underset{k_{-1}}{\overset{k_1}{\rightleftharpoons}} \mathrm{AM}$$

式中，k_1 表示吸附速率常数；k_{-1}表示解吸速率常数。

设 θ 为固体表面的覆盖度，即被吸附分子覆盖的表面积占固体总表面积的分数，θ 可表示为：

$$\theta=\frac{\text{被吸附分子覆盖的固体表面积}}{\text{固体总的表面积}}$$

则（$1-\theta$）表示固体表面上空白面积的分数。

由于气体的吸附速率 υ_1 与气体的压力成正比，并且只有当气体碰撞到空白表面时才可能被吸附，即与（$1-\theta$）成正比，所以有

$$\upsilon_1=k_1p(1-\theta)$$

被吸附分子脱离表面重新回到气相中的解吸速率 υ_{-1}与表面覆盖度有关，即与 θ 成正比，所以有

$$\upsilon_{-1}=k_{-1}\theta$$

当达到吸附平衡时，吸附速率与解吸速率相等，所以有

$$k_1p(1-\theta)=k_{-1}\theta$$

整理得

$$\theta=\frac{k_1p}{k_{-1}+k_1p} \tag{10.39}$$

设 $b=\frac{k_1}{k_{-1}}$，则

$$\theta=\frac{bp}{1+bp} \tag{10.40}$$

式中，b 为吸附平衡常数，也称为吸附系数，单位为 Pa^{-1}，其值与吸附剂、吸附质的本性及温度有关，它的大小反应吸附的强弱。

若用 Γ 表示吸附量，Γ_∞表示饱和吸附量，则

$$\theta=\frac{\Gamma}{\Gamma_\infty}$$

将上式代入式(10.40)，得

$$\Gamma=\Gamma_\infty\theta=\Gamma_\infty\frac{bp}{1+bp} \tag{10.41}$$

或

$$\frac{p}{\Gamma}=\frac{1}{\Gamma_\infty b}+\frac{p}{\Gamma_\infty} \tag{10.42}$$

式(10.39)～式(10.42) 均称为朗谬尔吸附等温式。

当压力很低或吸附较弱时，$bp \ll 1$，则式(10.41) 可简化为

$$\theta = bp$$

即覆盖度与压力成正比，它说明了图 10.13 中类型Ⅰ等温吸附线的开始直线段。

但压力很高或吸附较强时，$bp \gg 1$，则有

$$\theta = 1$$

说明表面已全部被覆盖，吸附达到饱和状态，吸附量达最大值，它说明了图 10.13 中类型Ⅰ等温吸附线的水平线段。

例 10.5 用活性炭吸附 $CHCl_3$ 时，0℃时最大吸附量（盖满一层）为 $93.8 dm^3 \cdot kg^{-1}$。已知该温度下 $CHCl_3$ 的分压力为 $1.34 \times 10^4 Pa$ 时的平衡吸附量为 $82.5 dm^3 \cdot kg^{-1}$。试计算：(1) 朗谬尔吸附等温式中的吸附平衡常数 b。(2) 0℃、$CHCl_3$ 分压力为 $6.67 \times 10^3 Pa$ 下，吸附平衡时的吸附量。

解：(1) 由 $\theta = \dfrac{\Gamma}{\Gamma_\infty}$，$\Gamma = \Gamma_\infty \dfrac{bp}{1+bp}$

即
$$b = \frac{\Gamma}{(\Gamma_\infty - \Gamma)p} = \frac{82.5}{(93.8-82.5) \times 1.34 \times 10^4 Pa} = 5.45 \times 10^{-4} Pa^{-1}$$

(2)
$$\Gamma = \Gamma_\infty \frac{bp}{1+bp} = \frac{93.8 dm^3 \cdot kg^{-1} \times 5.45 \times 10^{-4} Pa^{-1} \times 6.67 \times 10^3 Pa}{1 + 5.45 \times 10^{-4} Pa^{-1} \times 6.67 \times 10^3 Pa}$$

$$= 73.6 dm^3 \cdot kg^{-1}$$

如果是气体混合物在固体表面上发生竞争或混合吸附时，朗谬尔公式可写成如下通式：

$$\theta_B = \frac{b_B p_B}{1 + \sum_B b_B p_B} \tag{10.43}$$

另外，如果一个吸附分子吸附时解离成两个粒子，而且各占一个吸附中心，吸附的始末状态可表示为

$$A_2(g) + 2M(\text{固体表面}) \underset{k_{-1}}{\overset{k_1}{\rightleftharpoons}} 2AM$$

则吸附速率为

$$v_1 = k_1 p (1-\theta)^2$$

而解吸时因为两个粒子都可以解吸，所以解吸速率为：

$$v_{-1} = k_{-1}\theta^2$$

平衡时，$v_1 = v_{-1}$，则可得到

$$\theta = \frac{\sqrt{bp}}{1+\sqrt{bp}} \tag{10.44}$$

例 10.6 设 A、B 两种吸附质在同一表面上混合吸附时，都符合朗谬尔吸附，请导出吸附等温式。

解：因 A、B 两种粒子在同一表面上吸附，而且各占一个吸附中心，所以 A 的吸附速率：

$$v_1 = k_1 p_A (1 - \theta_A - \theta_B)$$

式中，k_1 为吸附质 A 的吸附速率系数；p_A 为吸附质 A 在气相中的分压；θ_A 为吸附质 A 在表面上的覆盖度；θ_B 为吸附质 B 在表面上的覆盖度。

令 k_{-1} 为吸附质 A 的解吸速率系数，则 A 的解吸速率为

$$\upsilon_{-1}=k_{-1}\theta_A$$

当吸附达平衡时　　　　　　　　$\upsilon_1=\upsilon_{-1}$

则　　　　　　　　$k_1 p_A(1-\theta_A-\theta_B)=k_{-1}\theta_A$

两边同除以 k_{-1}，且令 $b_A=\dfrac{k_1}{k_{-1}}$，则

$$\frac{\theta_A}{1-\theta_A-\theta_B}=b_A p_A$$

同理得到

$$\frac{\theta_B}{1-\theta_A-\theta_B}=b_B p_B$$

将两式联立得

$$\theta_A=\frac{b_A p_A}{1+b_A p_A+b_B p_B}$$

$$\theta_B=\frac{b_B p_B}{1+b_A p_A+b_B p_B}$$

③ BET 多分子层吸附等温式　由于大多数固体对气体的吸附都属于物理吸附，基本上都是多分子层吸附。不适用于朗谬尔吸附理论，1938 年布鲁诺尔（Brunauer）、埃米特（Emmett）和特勒（Teller）三人提出了多分子层吸附理论，简称 BET 吸附理论。该理论接受了朗谬尔理论中的吸附作用是吸附与解吸两个相反过程达到动态平衡的结果，以及固体表面是均匀的，各处的吸附能力相同，被吸附分子横向之间没有相互作用的假设，并提出了新的假设：

a. 吸附是多分子层的，表面吸附了一层分子之后，由于被吸附气体本身的范德华力，还可以继续发生多分子层吸附。

b. 第一层是气体分子与固体表面分子直接作用引起的吸附，而第二层以后则是气体分子间相互作用产生的吸附。第一层的吸附热相当于表面反应热，而第二层以后各层的吸附热都相同，接近于气体凝聚热。

c. 在一定温度下，当吸附达到平衡时，气体的吸附量 Γ 等于各层吸附量的总和。

根据上述观点，经过比较复杂的数学运算，BET 推出定温下吸附平衡时：

$$V=\frac{V_s c p}{(p^*-p)\left[1+(c-1)\dfrac{p}{p^*}\right]} \tag{10.45}$$

式中，V 为平衡压力 p 时的被吸附气体体积；V_s 为固体表面盖满单分子层时的吸附量；p^* 为实验温度下气体的饱和蒸气压；c 为与吸附热有关的常数，它反映固体表面和气体分子间作用力的强弱程度。式(10.45) 称为 BET 吸附定温式，因其中包含两个常数 c 和 V_s，所以又称为 BET 二常数公式。

BET 理论的物理图像比较形象和简单，基本上描述了吸附的一般规律，能很好地解释图 10.13 中类型Ⅰ、类型Ⅱ、类型Ⅲ的等温吸附线，为学术界普遍接受和采用，但 BET 理论没有考虑到表面的不均匀性和分子间的相互作用，不能解释图 10.13 类型Ⅳ、类型Ⅴ的等温吸附线。

第五节　溶液表面的吸附

1. 溶液表面的吸附现象

任何液体在一定温度下，都有一定的表面张力。表面张力的大小除与温度、表面性质等因素有关外，还与液体的组成有关。例如在水溶液中，表面张力随组成的变化有三种类型。第一类，无机盐、非挥发性的酸或碱以及蔗糖、甘露醇等多羟基有机物，其水溶液的表面张力随溶质浓度的增加以近似直线的关系上升，如图 10.14 中Ⅰ线。第二类，直链的醇、醛、酮、酸和胺等有机物，随浓度增大，其水溶液的表面张力起初降得较快，随后下降趋势减小而呈图 10.14 中Ⅱ线状。第三类，碳原子数为八个以上的直长链有机酸碱金属盐、磺酸盐、硫酸盐和苯磺酸盐等，少量的这些物质就能显著地降低溶液的表面张力，到一定浓度后，表面张力不再有明显改变，如图 10.14 中Ⅲ线。

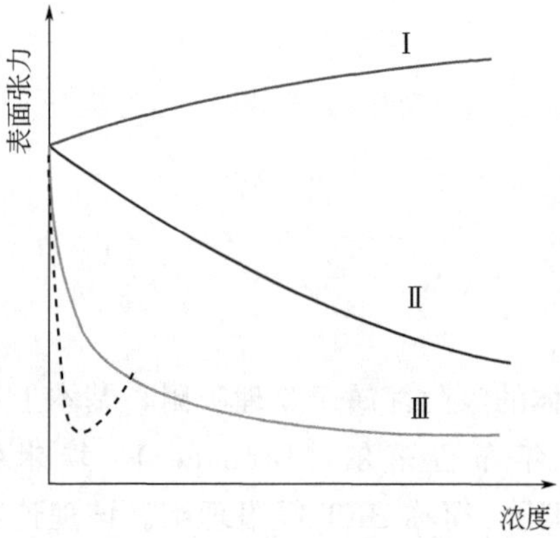

图 10.14　溶液表面张力与浓度的关系

当溶剂中加入能形成图 10.14 中Ⅱ、Ⅲ类曲线的物质后，由于它们都是有机类化合物，分子之间的相互作用较弱，当它们富集于表面时，会使表面层中分子间的相互作用减弱，使溶液的表面张力降低，进而降低表面吉布斯函数。所以这类物质会自动地富集到表面，使得它在表面的浓度高于本体浓度，这种现象称为正吸附。

与此相反，当溶剂中加入上述Ⅰ类物质后，由于它们是无机的酸、碱、盐类物质，在水中可电离为正、负离子，使溶液中分子之间的相互作用增强，使溶液的表面张力升高，进而使表面吉布斯函数升高（多羟基类有机化合物作用类似）。为减低这类物质的影响，使溶液的表面张力升高得少一些，这类物质会自动地减小在表面的浓度，使得它在表面层的浓度低于本体浓度，这种现象称为负吸附。

一般说来，凡是能使溶液表面张力升高的物质，皆称为表面惰性物质；凡是能使溶液表面张力降低的物质，皆称为表面活性物质。但习惯上，只把那些溶入少量就能显著降低溶液表面张力的物质，称为表面活性物质或表面活性剂。

2. 吉布斯吸附等温式

一个多组分系统有 α、β 两相，如图 10.15(a) 所示，两相之间的界面是一个具有几个分子厚度的界面层，而非几何平面，设任一组分 B 在两个体相中的物质的量浓度是均匀的，分别为 c_B^α、c_B^β，但在界面层中 B 组分的物质的量浓度是由 c_B^α 沿着垂直界面层的方向连续变化至 c_B^β，如图 10.15(b) 所示，为了说明界面层与体相之间 B 的物质的量的差别，吉布斯在界面层选择了一个平行于 AA' 和 DD' 的平面 SS'，这个平面被称为表面相，是一个假想的几何平面，用符号 σ 表示，SS' 平面将系统的总体积分为 V^α 和 V^β，按照 SS' 平面分割后计算 B 物质的量为 $c_B^\alpha V^\alpha + c_B^\beta V^\beta$，如图 10.15(c) 所示，由于 B 物质的量浓度在界面层中是不均匀的，这样计算的结果与实际系统总 B 的物质的量 n_B 的差值用 n_B^σ 表示，即

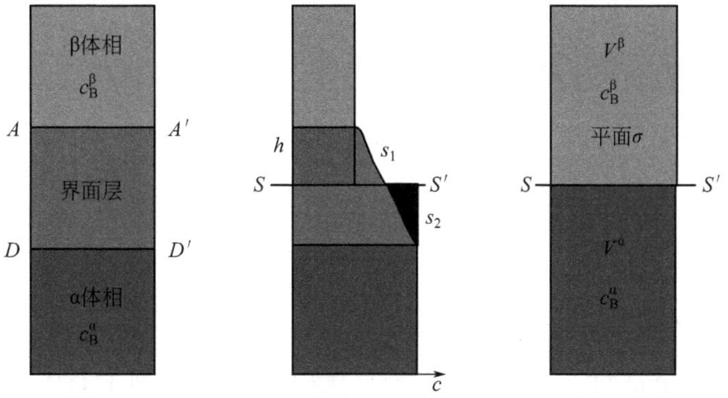

(a) 实际系统 (b) B组分浓度在界面层中的分布 (c) 吉布斯模型

图 10.15 两相平衡系统的吉布斯吸附模型

$$n_B^\sigma = n_B - (c_B^\alpha V^\alpha + c_B^\beta V^\beta) \tag{10.46}$$

定义

$$\Gamma_B = \frac{n_B^\sigma}{A_s} \tag{10.47}$$

式中，Γ_B 称为 B 物质的表面过剩物质的量，常称为吸附量。

当表面相发生一个微小的可逆变化时，应用式(10.10)

$$dG^\sigma = -SdT + \gamma dA_S + \sum_B \mu_B dn_B^\sigma \tag{10.48}$$

对于恒温恒压下的系统，达到平衡时 $\mu_B^\alpha = \mu_B^\beta = \mu_B^\sigma$，式(10.48) 可写为

$$dG^\sigma = \gamma dA_S + \sum_B \mu_B dn_B^\sigma \tag{10.49}$$

在恒温恒压和组成不变时，γ 和 μ_B 都不变，积分式(10.49) 可得

$$G^\sigma = \gamma A_S + \sum_B \mu_B n_B^\sigma \tag{10.50}$$

对式(10.50) 微分得

$$dG^\sigma = \gamma dA_S + A_S d\gamma + \sum_B \mu_B dn_B^\sigma + \sum_B n_B^\sigma d\mu_B \tag{10.51}$$

比较式(10.50) 与式(10.51) 可得

$$A_S d\gamma + \sum_B n_B^\sigma d\mu_B = 0 \tag{10.52}$$

结合式(10.47) 可得

$$d\gamma = -\sum_B \Gamma_B d\mu_B \tag{10.53}$$

如所讨论的是二组分系统，式(10.53) 可写成

$$d\gamma = -\Gamma_1 d\mu_1 - \Gamma_2 d\mu_2 \tag{10.54}$$

吉布斯在选择 SS' 平面时使得溶剂 1 的吸附量为零，如图 10.15(b) 对于溶剂 1，选择 SS' 平面时使得 s_1 和 s_2 的面积相等，所含的溶剂的物质的量相等，计算溶剂的物质的量时，按照图 10.15(c) 所示分割方式计算，少算了 s_1 多算了 s_2 代表的物质的量，溶剂的计算量与实际的量相等，因此按照式(10.47) 可得 $\Gamma_1 = 0$。对于溶质 2，选择 SS' 平面时 s_1 和 s_2 的面积不相等，所含的溶质 2 的物质的量不相等，Γ_2 代表溶质 2 的表面过剩物质的量，这时

式(10.54)变为

$$d\gamma = -\Gamma_2 d\mu_2 \tag{10.55}$$

将 $\mu_2=\mu_2^{\ominus}+RT\ln a_2$ 代入式(10.55) 整理可得

$$\Gamma_2 = -\frac{a_2}{RT}\times\frac{d\gamma}{da_2} \tag{10.56}$$

对于理想稀溶液，可用溶质的浓度 c_2 代替 a_2，上式变为

$$\Gamma = -\frac{c}{RT}\times\frac{d\gamma}{dc} \tag{10.57}$$

式(10.56) 和式(10.57) 称为吉布斯吸附等温式。

由吉布斯吸附等温式可知，如果$\left(\frac{\partial\gamma}{\partial c}\right)_T>0$（图 10.13 中类型Ⅰ的情况），则 $\Gamma<0$，即发生负吸附；如果$\left(\frac{\partial\gamma}{\partial c}\right)_T<0$（图 10.13 中类型Ⅱ、Ⅲ的情况），则 $\Gamma>0$，即发生正吸附。

应当明确，吸附量 Γ 并非是溶液表面浓度，而是溶液单位表面上与溶液内部相比时溶质的过剩量。但对于表面活性物质来说，溶液浓度很小，表面过剩量与溶液内部相比要大得多，这使吸附量可近似看作表面浓度。

3. 表面活性剂

表面活性剂为能够使表面张力降低的物质，它的分子是由具有亲水性的极性基团和具有憎水性的非极性基团所组成的有机化合物。它的非极性憎水基团一般是 8～18 碳的直链烃（也可能是环烃），因而表面活性剂都是两亲分子，吸附在水表面时采取极性基团向着水（头浸在水中）。非极性基团脱离水（尾竖在水面上）的表面定向。这种定向排列使表面上不饱和的力场得到某种程度上的平衡，从而降低了表面张力。图 10.16 为表面活性剂分子的结构简图。

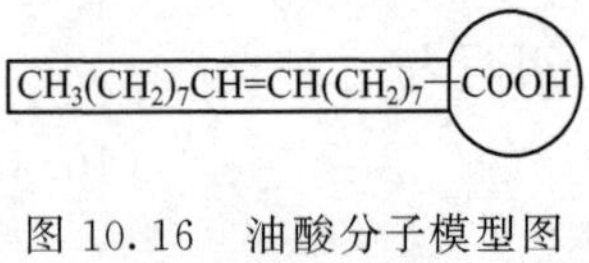

图 10.16　油酸分子模型图

当浓度很稀时，表面活性剂分子主要聚集在水的表面定向排列，使空气和水的接触面减小，引起水的表面张力显著地按比例降低，如图 10.17(a) 所示。当浓度逐渐增大到某浓度时，不但表面聚集增多，开始形成单分子层，而且在溶液中表面活性剂分子亦增多，它们的憎

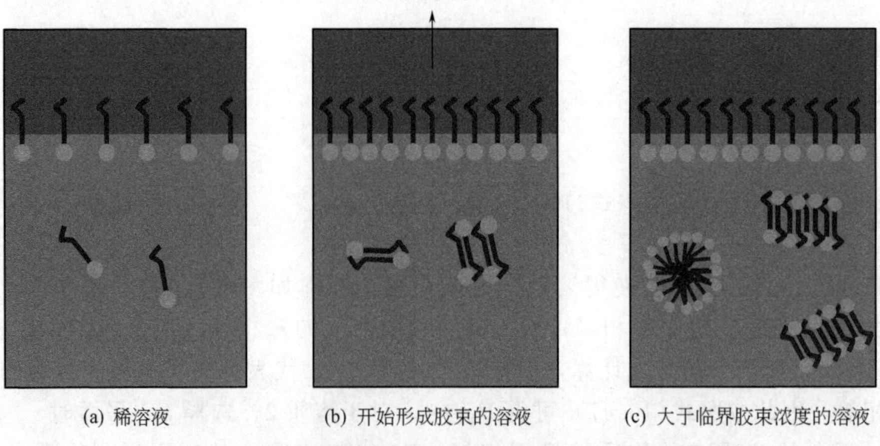

(a) 稀溶液　(b) 开始形成胶束的溶液　(c) 大于临界胶束浓度的溶液

图 10.17　表面活性物质的分子在溶液本体及表面层中的分布

水基互相靠拢，聚集在一起形成胶束，如图 10.17(b) 所示，这个形成胶束的最低浓度称为临界胶束浓度，常以 CMC 值表示。如果再增加溶液浓度，由于表面已被占满，所以增加的表面活性剂分子只能存在于水中，用于增加溶液中胶束的数量，如图 10.17(c) 所示。此时，溶液的表面张力不再下降，在表征表面张力与表面活性剂浓度关系的曲线上出现水平线段。

临界胶束浓度的存在已被 X 射线衍射谱所证实。值得注意的是：在临界胶束浓度前后，溶液的表面张力、电导率、渗透压、摩尔电导率、去污能力、光学性质等均有较大的变化。所以常利用测定溶液的这些性质来确定 CMC 值，不过所用的方法不同，测得的 CMC 值略有不同。因此，一般提到 CMC 值是指临界胶束浓度的一个范围。

表面活性剂的分类方法有多种，一般认为按化学结构分类比较合适。即当表面活性剂溶于水时，凡能电离生成离子的就叫离子型表面活性剂，凡在水中不电离的就叫非离子型表面活性剂。离子型的表面活性剂还按生成的活性基团是阳离子、阴离子或阴阳离子再分类为阳离子型或阴离子型以及两性表面活性剂（见表 10.7）。

表 10.7 表面活性剂的分类

类别		实例
离子型表面活性剂	阴离子型	羧酸盐 $RCOO^- M^+$，硫酸酯盐 $ROSO_3^- M^+$， 磺酸盐 $RSO_3^- M^+$，磷酸酯盐 $ROPO_3^- M^+$
	阳离子型	伯胺盐 $RNH_3^+ X^-$，季铵盐 $RN^+(CH_3)_3X^-$
	两性离子型	氨基酸型 $RN^+H_2CH_2CH_2COO^-$， 甜菜碱型 $RN^+(CH_3)_2CH_2COO^-$
非离子型表面活性剂		聚氧乙烯醚 $RO(CH_2CH_2O)_nH$， 聚氧乙烯酯 $RCOO(CH_2CH_2O)_nH$， 多元醇型 $RCOOCH_2C(CH_2OH)_3$

值得注意的是：如某表面活性剂是阴离子型，它就不能与阳离子型混合使用，否则会生成沉淀而达不到应有的效果。

表面活性剂的种类很多，应用非常广泛，不同的表面活性剂具有不同的作用。

表面活性剂具有润湿作用，将固体表面用表面活性剂处理后可改变其对某种液体的润湿程度，表面活性剂可以使亲水性固体变为憎水性固体，反之亦然；表面活性剂具有增溶作用，溶剂中添加表面活性剂后，能明显使溶质的溶解度增大，这时表面活性剂为增溶剂；表面活性剂具有乳化作用，在两种互不相溶的液体中加入表面活性剂，可以使液体以极细小的液滴分散到另一种液体里，即使液体乳化，这时表面活性剂为乳化剂。另外，表面活性剂还具有气泡作用、洗涤作用、助磨作用等多种作用。

习 题

一、选择题

1. 液体的表面张力 γ 可以表示为（　　）。

(A) $(\partial H/\partial A_s)_{T,p,n}$　　(B) $(\partial A/\partial A_s)_{T,p,n}$

(C) $(\partial U/\partial A_s)_{S,V,n}$　　(D) $(\partial G/\partial A_s)_{T,V,n}$

2. 298K 时，水-空气的表面张力 $\gamma=7.17\times10^{-2}\,N\cdot m^{-1}$，若在 298K 标准压力 $p^\ominus$ 下可逆地增加 $4\times10^{-4}\,m^2$ 水的表面积，环境对体系应做的功 W 为（　　）。

(A) 2.868×10^{-5}J　　(B) -2.868×10^{-5}J

(C) 7.17×10^{-5}J　　(D) -7.17×10^{-5}J

3. 在相同温度下固体冰和液体水的表面张力哪个大？（　　）

（A）冰的大　　（B）水的大　　（C）一样大　　（D）无法比较

4. 在下图的毛细管内装入普通不润湿性液体，当将毛细管右端用冰块冷却时，管内液体将（　　）。

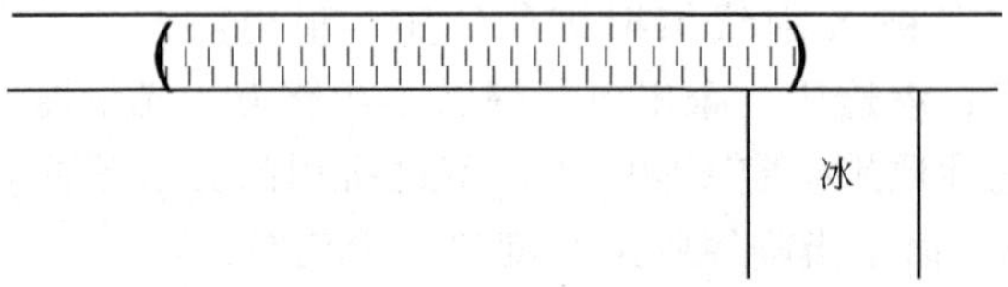

（A）向左移动　　（B）向右移动　　（C）不移动　　（D）左右来回移动

5. 单组分气-液平衡体系，在孤立条件下界面发生了 $dA_s>0$ 的微小变化，体系相应的熵变 dS 变化如何？（　　）

（A）$dS>0$　　（B）$dS=0$　　（C）$dS<0$　　（D）不能确定

6. 把玻璃毛细管插入水中，凹面下液体所受的压力 p 与平面液体所受的压力 p_0 相比（　　）。

（A）$p=p_0$　　（B）$p<p_0$　　（C）$p>p_0$　　（D）不确定

7. 有两根半径相同的玻璃毛细管插入水中，水面上升高度为 h，其中一根在 $1/2h$ 处使其弯曲向下，试问水在此毛细管端的行为是（　　）。

（A）水从毛细管端滴下　　（B）毛细管端水面呈凸形弯月面

（C）毛细管端水面呈凹形弯月面　　（D）毛细管端水面呈水平面

8. 用同一支滴管滴下水的滴数和滴相同体积苯的滴数哪个多？（　　）

（A）水的多　　（B）苯的多

（C）一样多　　（D）随温度而改变

9. 在相同温度下，同一液体被分散成具有不同曲率半径的物系时，将具有不同的饱和蒸气压。以 p(平)、p(凹)、p(凸) 分别表示平面、凹面和凸面液体上的饱和蒸气压，则三者之间的关系是（　　）。

（A）p(平)>p(凹)>p(凸)　　（B）p(凹)>p(平)>p(凸)

（C）p(凸)>p(平)>p(凹)　　（D）p(凸)>p(凹)>p(平)

10. 微小晶体与普通晶体相比较，哪一种性质不正确？（　　）

（A）微小晶体的饱和蒸气压大　　（B）微小晶体的溶解度大

（C）微小晶体的熔点较低　　（D）微小晶体的溶解度较小

11. 气固相反应 $CaCO_3(s) \rightleftharpoons CaO(s)+CO_2(g)$ 已达平衡。在其他条件不变的情况下，若把 $CaCO_3(s)$ 的颗粒变得极小，则平衡（　　）。

（A）向左移动　　（B）向右移动　　（C）不移动　　（D）来回不定移动

12. 当将表面活性物质加入溶剂后，所产生的结果是（　　）。

（A）$d\gamma/da<0$，正吸附　　（B）$d\gamma/da<0$，负吸附

（C）$d\gamma/da>0$，正吸附　　（D）$d\gamma/da>0$，负吸附

13. 对于亲水性固体表面，其表面张力间的关系是（　　）。

（A）γ(固－水)>γ(固－空气)　　（B）γ(固－水)<γ(固－空气)

（C）γ(固－水)=γ(固－空气)　　（D）不能确定

其液固间的接触角 θ 是（　　）。

（A）$\theta>90°$　　（B）$\theta=90°$　　（C）$\theta=180°$　　（D）$\theta<90°$

14. 朗缪尔吸附等温式(　　)。

(A) 只适用于化学吸附

(B) 只适用于物理吸附

(C) 对单分子层的物理吸附及化学吸附均适用

(D) 对单分子层和多分子层吸附均适用

15. 对于物理吸附的描述中，哪一条是不正确的?(　　)

(A) 吸附力来源于范德华力，其吸附一般不具有选择性

(B) 吸附层可以是单分子层或多分子层

(C) 吸附热较小

(D) 吸附速度较小

16. 设 θ 为表面覆盖度，根据 Langmuir 理论，其吸附速率为(　　)。

(A) $a\theta$　　(B) $a\theta p$　　(C) $a(1-\theta)p$　　(D) $a(1-\theta)$

17. 低压下气体 A 在表面均匀的催化剂上进行催化转化反应，其机理为

$$A(g)+K \rightleftharpoons AK \longrightarrow B(g)+K$$

第一步是快平衡，第二步是速控步，则该反应表观为几级?(　　)

(A) 零级　　(B) 一级　　(C) 二级　　(D) 无级数

18. 在催化剂表面上进行的双分子气相反应，其机理为

$A+K \rightleftharpoons AK$　　Q_A 为 A 的吸附热

$B+K \rightleftharpoons BK$　　Q_B 为 B 的吸附热

$AK+BK \rightarrow C+D+2K$　　E_2 为表面反应的活化能

已知催化剂表面是均匀的，A、B 吸附皆很弱，且表面反应为控制步骤，该反应的活化能 E(表) 为(　　)。

(A) E(表)$=E_2$　　(B) E(表)$=E_2-Q_A-Q_B$

(C) E(表)$=E_2-Q_A$　　(D) E(表)$=E_2+Q_B$

(答：1C，2A，3A，4A，5C，6B，7C，8B，9C，10D，11B，12A，13B、D，14C，15D，16C，17B，18B)

二、计算题

1. 已知 25℃时，水的表面张力为 $72\times10^{-3}\text{N}\cdot\text{m}^{-1}$，试求 25℃时，1g 水成一个球形水滴时的表面积和表面吉布斯函数变；若把它分散成直径为 2nm 的微小水滴时，则总表面积和表面吉布斯函数变又为多少?

答：$4.837\times10^{-4}\text{m}^2$；$3.5\times10^{-5}\text{J}$；$3\times10^3\text{m}^2$；216.1J

2. 在 20℃时，用超声探测针 (ultrasonic probe) 将苯分散于水中悬浮，已知 20℃时苯的表面张力为 $28.9\times10^{-3}\text{N}\cdot\text{m}^{-1}$，密度为 $0.8788\text{g}\cdot\text{cm}^{-3}$，摩尔质量为 $78\text{g}\cdot\text{mol}^{-1}$，试计算使 1mol 苯产生粒径为 $0.1\mu\text{m}$ 的悬浮液时所需对体系做功多少?

答：$153.9\text{J}\cdot\text{mol}^{-1}$

3. 在 293.15K 时，将 1g 水分散成半径为 10^{-9}m 的微小液滴，已知在此温度下水的密度为 $998.3\text{kg}\cdot\text{m}^{-3}$，表面张力为 $72.75\times10^{-3}\text{N}\cdot\text{m}^{-1}$，试计算：

(1) 分散的小液滴的比表面积及总表面积。

(2) 在恒温恒压下此分散过程所需最小表面功和表面吉布斯函数变。

答：(1) $3\times10^9\text{m}^{-1}$；$3.005\times10^3\text{m}^2$；(2) 218.6J；218.6J

4. 20℃时汞的表面张力 $\gamma=4.85\times10^{-1}\text{N}\cdot\text{m}^{-1}$，若在此温度及 101.325kPa 时，将半径

$r_1=1\text{mm}$ 的汞滴分散成半径为 $r_2=1\times10^{-5}\text{mm}$ 的微小液滴，请计算环境所做的最小功。

答：0.609J

5. 在 298.15K 时，水与空气的表面张力为 $71.97\times10^{-3}\text{N}\cdot\text{m}^{-1}$，表面张力的温度系数 $\left(\dfrac{\partial\gamma}{\partial T}\right)_{A,p}$ 为 $-0.157\times10^{-3}\text{N}\cdot\text{m}^{-1}\cdot\text{K}^{-1}$，试计算在 298.15K 及 101.325kPa 下可逆地增大 2cm^2 的表面积时，系统所做的功（假设只做表面功）及系统的吉布斯函数变、熵变、焓变、系统所吸收的热量。

答：$W'=\Delta G=143.9\times10^{-7}\text{J}$，$\Delta S=0.314\times10^{-7}\text{J}\cdot\text{K}^{-1}$，
$\Delta H=237.5\times10^{-7}\text{J}$，$Q_r=93.6\times10^{-7}\text{J}$

6. 已知 20℃时酒精的表面张力为 $0.0220\text{N}\cdot\text{m}^{-1}$，汞的表面张力为 $0.4716\text{N}\cdot\text{m}^{-1}$，汞与酒精间的界面张力为 $0.3643\text{N}\cdot\text{m}^{-1}$，试问酒精能否在汞面上铺展。

答：能铺展

7. 25℃及 101.325kPa 下，将内直径为 $d=1\times10^{-6}\text{m}$ 的毛细管插入水中，请计算刚好抑制住毛细管液面上升的外压力为多大？25℃时水的表面张力 $\gamma=71.97\times10^{-3}\text{N}\cdot\text{m}^{-1}$。

答：288kPa

8. 室温下假想植物中树根的毛细管直径为 0.01mm，树液的密度为 $1.3\text{g}\cdot\text{cm}^{-3}$，其表面张力为 $0.065\text{N}\cdot\text{m}^{-1}$。若树液渗入时与根壁夹角为 0°，且假定表面张力是引起树液上升的原因，试计算树根毛细管产生的附加压力，并求出树液可沿毛细管上升的高度。

答：26kPa；2.04m

9. 某肥皂水溶液的表面张力为 $0.01\text{N}\cdot\text{m}^{-1}$，若用此肥皂水溶液吹成直径分别为 1cm 和 0.5cm 的两个肥皂泡，求每个肥皂泡内外的压力差分别是多少？

答：8Pa，16Pa

10. 已知在某温度下水银的表面张力为 $0.48\text{N}\cdot\text{m}^{-1}$，密度为 $1.35\times10^4\text{kg}\cdot\text{m}^{-3}$，重力加速度为 $9.8\text{m}\cdot\text{s}^{-2}$，假设接触角为 180°。将内径为 $1\times10^{-4}\text{m}$ 的毛细管插入水银中，问管内液面将下降多少？

答：0.145m

11. 将正丁醇（$M=0.074\text{kg}\cdot\text{mol}^{-1}$）蒸气骤冷至 273K，发现其过饱和度（即 p_r/p）为 4 时方能自行凝结为液滴。在 273K，正丁醇的表面张力为 $0.0261\text{N}\cdot\text{m}^{-1}$，密度为 $1000\text{kg}\cdot\text{m}^{-3}$。试计算：

（1）在此饱和度下开始凝结的液滴的半径；

（2）每一液滴中所含正丁醇的分子数。

答：（1）$1.228\times10^{-9}\text{m}$；（2）63 个

12. 在 293K 时，水-正十六烷的表面张力为 $52.1\times10^{-3}\text{N}\cdot\text{m}^{-1}$，水和正十六烷的表面张力分别为 $72.75\times10^{-3}\text{N}\cdot\text{m}^{-1}$ 和 $30\times10^{-3}\text{N}\cdot\text{m}^{-1}$，在水面上加一滴正十六烷液体后，试计算其接触角，并判断正十六烷能否在水面上铺展。

答：46.5°；正十六烷不能在水面上铺展

13. 在 293.15K 时，水的饱和蒸气压为 2.337kPa，密度为 $998.3\text{kg}\cdot\text{m}^{-3}$，表面张力为 $72.75\times10^{-3}\text{N}\cdot\text{m}^{-1}$，试求半径为 10^{-9}m 的小水滴在 293.15K 时的饱和蒸气压为多少？

答：6.865kPa

14. 已知乙醇的表面张力与温度的关系为 $\gamma/(10^{-3}\,\mathrm{N\cdot m^{-1}})=24.05-0.0832(t/℃)$，密度与温度的关系为 $\rho/(\mathrm{kg\cdot dm^{-3}})=0.78506-0.8519\times10^{-3}(t/℃-25)-0.56\times10^{-6}(t/℃-25)^2$。今将 10kg 液体乙醇在 35℃、101.325kPa 下恒温恒压可逆分散为半径为 $1\times10^{-7}\,\mathrm{m}$ 的小液滴。求：

（1）环境消耗的非体积功；

（2）过程的熵变；

（3）小液滴表面下的附加压力；

（4）78.3℃时小液滴表面的饱和蒸气压；

（5）若用加热的办法使液体的饱和蒸气压达到上述小液滴的水平，液体温度是多少？（已知乙醇的正常沸点为 78.3℃，汽化焓 $\Delta_{\mathrm{vap}}H_{\mathrm{m}}=37.52\,\mathrm{kJ\cdot mol^{-1}}$）

答：（1）8167.4J；（2）$32.14\,\mathrm{J\cdot K^{-1}}$；（3）422.80kPa；（4）102.048kPa；（5）351.64K

15. 在 273.15K 时，每千克活性炭在不同压力下吸附氮气的体积数 V（0℃，1atm 下）的数据如下表所示：

p/kPa	0.524	1.731	3.058	4.534	7.497
$V/\mathrm{dm^{-3}}$	0.987	3.043	5.082	7.047	10.31

试根据朗谬尔吸附等温式作图，并求出吸附平衡常数 b 和饱和吸附量 V_{m}。

答：$0.05535\,\mathrm{kPa^{-1}}$，$35.00\,\mathrm{dm^3\cdot kg^{-1}}$

16. 在 473.15K 时，测定氧在某催化剂表面上的吸附作用，当平衡压力分别为 101.325kPa 和 1013.25kPa 时，每千克催化剂的表面吸附氧的体积分别为 $2.5\times10^{-3}\,\mathrm{m^3}$ 及 $4.2\times10^{-3}\,\mathrm{m^3}$（0℃，1atm 下），假设该吸附作用服从朗谬尔吸附等温式，试计算当氧气的吸附量为饱和吸附量 V_{m} 的一半时，氧气的平衡压力为多少？

答：82.81kPa

17. 298.15K 时，将少量的某表面活性剂物质溶解在水中，当溶液的表面吸附达到平衡后，实验测得该溶液的浓度为 $0.20\,\mathrm{mol\cdot m^{-3}}$。用一很薄的刀片快速地刮去已知面积的该溶液的表面薄层，测得在表面薄层中活性物质的吸附量为 $3\times10^{-6}\,\mathrm{mol\cdot m^{-2}}$。已知 298.15K 时纯水的表面张力为 $71.97\,\mathrm{mN\cdot m^{-1}}$。假设在很稀的浓度范围溶液的表面张力与溶液浓度呈线性关系，试计算上述溶液的表面张力。

答：$0.06453\,\mathrm{N\cdot m^{-1}}$

18. 292.15K 时，丁酸水溶液的表面张力可以表示为 $\gamma=\gamma_0-a\ln(1+bc)$，式中 γ_0 为纯水的表面张力，a 和 b 皆为一常数。

（1）试求该溶液中丁酸的表面吸附量 Γ 和浓度 c 的关系；

（2）若已知 $a=13.1\,\mathrm{mN\cdot m^{-1}}$，$b=19.62\,\mathrm{dm^3\cdot mol^{-1}}$，试计算当 $c=0.20\,\mathrm{mol\cdot dm^{-3}}$ 时 Γ 为多少；

（3）当丁酸的浓度足够大，达到 $bc\gg1$ 时，饱和吸附量 Γ_{m} 为多少？设此时表面上丁酸呈单分子层吸附，计算在液面上每个丁酸分子所占的截面积为多少？

答：（1）$\Gamma=\dfrac{c}{RT}\times\dfrac{ab}{1+bc}$；（2）$4.298\times10^{-6}\,\mathrm{mol\cdot m^{-2}}$；（3）$0.308\,\mathrm{nm^2}$

19. 液体 A(l) 的正常沸点为 423.15K，表面张力为 $26\times10^{-3}\,\mathrm{N\cdot m^{-1}}$，密度和分子量分别为 $800\,\mathrm{kg\cdot m^{-3}}$ 和 $64\times10^{-3}\,\mathrm{kg\cdot mol^{-1}}$。在 423.15K 下，用服从朗缪尔吸附的吸附剂吸附气体 A(g)，其饱和吸附量为 $93.0\,\mathrm{dm^3\cdot kg^{-1}}$，当液体 A(l) 处于半径为 $10^{-8}\,\mathrm{m}$ 的凹液面状态

时，吸附量为 $60dm^3 \cdot kg^{-1}$。计算当吸附量为 $64.8dm^3 \cdot kg^{-1}$ 时，液体 A(l) 处于凹液面还是凸液面状态，半径是多少？

答：液体应为凸液面；半径为 $1.0\times10^{-8}m$

20. 某液体 A(l) 的正常沸点为 110.60℃，表面张力为 $30.9\times10^{-3}N \cdot m^{-1}$，密度和分子量分别为 $800kg \cdot m^{-3}$ 和 $92kg \cdot mol^{-1}$。在 110.60℃下，用服从朗缪尔吸附的吸附剂吸附气体 A(g)，其饱和吸附量为 $86.0dm^3 \cdot kg^{-1}$，当液体 A(l) 处于附加压力为 $6.18\times10^3 kPa$ 球形液滴状态时，吸附量为 $60dm^3 \cdot kg^{-1}$。计算此吸附剂吸附气体 A(g) 的吸附系数 b。

答：$b=0.01823kPa^{-1}$

第十一章

胶体化学

第一节　胶体分散系统及其制备

以上几章讨论了液体表面、固体表面以及固-液界面的基本性质和有关的知识。从本章开始介绍一类具有巨大界面的系统——胶体。远在1861年英国科学家格雷厄姆（Graham）就提出了“胶体”的概念，他将物质按扩散能力分为两类：一类易扩散，如蔗糖、食盐、硫酸镁及其他无机盐类，并在溶液中能透过半透膜；另一类难扩散，如蛋白质、$Al(OH)_3$、$Fe(OH)_3$及其他大分子化合物，在溶液中不能透过半透膜。当蒸去水分后前类物质析出晶体，而后类物质得到胶状物。因此他认为可以把物质区分为晶体和胶体两类。在胶体的制备过程中，他发现有许多通常不溶解的物质在适当的条件下可以分散在溶剂中形成貌似均匀的溶液，从其外表上看和通常的真溶液无什么差别，但从其扩散速率、渗透能力等来看则属于胶体物质的范围，因此他称之为溶胶。格雷厄姆虽然首次认识到物质的胶体性质，但他把物质分为晶体和胶体则是不正确的。后来的学者如俄国科学家维伊曼（Веймарн，1905年）对多种化合物进行试验，结果证明任何典型的晶体物质都可以用降低其溶解度或选用适当分散介质的方法而制成溶胶。如把NaCl分散在苯中就可以形成溶胶。这样人们认识到胶体只是物质以一定分散程度存在的一种状态，而不是一种特殊类型的物质的固有状态。自从1903年Zsigmondy和Siedentopf发明了超倍显微镜，第一次成功地观察到溶胶中粒子的运动，证明了溶胶的超微不均匀性，认识到溶胶中存在相界面的重大意义，也认识到胶体化学和表面化学之间的密切联系。

胶体化学是物理化学的一个重要分支。它所研究的领域是化学、物理学、材料科学、生物化学等诸学科的交叉和重叠，是这些学科的重要基础理论。胶体化学与工农业生产、日常生活密切相关，胶体及其研究方法对于浮选、冶金、材料、食品加工、水质的净化、废水处理、石油化工等有着重要意义。

1. 胶体分散系统的分类及其基本特性

（1）分散系统的分类　胶体化学所研究的对象是高度分散的多相系统。将一种或几种物质分散在另一种物质之中所形成的系统称为分散系统。人们每天总要接触各种分散系统，如盐水、糖水等各种溶液就是常见的分散系统。另外，水滴分散在空气中形成的云雾、颜料分散在油中形成油漆、气体分散在液体中形成泡沫以及固体颗粒分散在空气中形成烟尘等都是分散系统。通常，将被分散的物质称为分散相（或称分散质），而其他呈连续分布的分散分散相的物质称为分散介质。因此，在分散系统中分散相总是被分散在分散介质中。

分散系统具有广泛的含义，甚至可以说，自然界是由分散系统构成的。如果按照分散程度的高低（即分散相粒子的大小）来分类，则分散系统可分为如下三类：

① 分子分散系统　系统内分散相粒子的半径小于 1nm，相当于单个分子或单个离子的大小。这类分散系统分散程度最高，这就是通常所说的溶液，也称真溶液。此时的分散相称为溶质，而分散介质称为溶剂，溶液中溶质与溶剂之间无相界面存在，故为均相系统，有关这类分散系统的知识已在前面一些章节中较详细介绍了。

② 胶体分散系统　系统内分散相粒子的半径在 1～1000nm 范围内，比单个分子或离子要大得多，分散相的每一个粒子都是由许许多多分子或离子组成的集合体构成，称这类分散系统为胶体分散系统，简称胶体。用肉眼或普通显微镜来观察胶体，与真溶液一样透明，二者几乎没什么区别，其实不然，在高倍显微镜下可以发现，胶体的分散相和分散介质是不同的两相，换言之，胶体是高度分散的多相系统，与水亲和的难溶性固体物质高度分散在水中所形成的胶体常称作溶胶，例如 AgI 溶胶、SiO_2 溶胶、硫溶胶、金溶胶等，以下各节所讨论的胶体就是这种溶胶。

③ 粗分散系统　系统内分散相粒子半径大于 1000nm，用普通显微镜甚至用肉眼已能分辨出是多相系统，称为粗分散系统。例如泥浆、牛奶等就属于粗分散系统。由于它与胶体有许多共同的特性，故也在胶体化学研究对象之列。

三种分散系统的外观、热力学性质及动力学性质都有较大的差别。但仅从粒子的大小分类，往往会忽略其他性质的综合，因而并非十分恰当。例如，大分子化合物（蛋白质、橡胶等）的溶液，分散相是以分子形式分散在介质中，但其离子半径又在 1～1000nm 之间，因而大分子溶液既具有胶体分散系统的一些性质，又具有许多特殊的性质。

另外，还按照分散相与分散介质的不同聚集状态对分散系统进行分类，可将多相分散系统分为八种类型，如表 11.1 所示。

表 11.1　多相分散系统的分类

分散相	分散介质	名称	实例
固体 液体 气体	液	液溶胶	金溶胶和悬浊液（如油漆、泥浆） 乳状液 泡沫（如灭火泡沫）
固体 液体 气体	固	固溶胶	有色玻璃、某些合金 珍珠、某些宝石 泡沫塑料
液体 固体	气	气溶胶	云、雾、喷雾 烟尘、粉尘

胶体介于分子分散系统与粗分散系统之间，它貌似均匀而实际不均匀，并非均相，但又明显不同于粗分散系统的多相。

通过对胶体溶液稳定性和胶体粒子的结构研究，人们发现胶体系统至少包含了性质很不相同的两大类：①由难溶物分散在分散介质中所形成的憎液溶胶（lyophobic sol），其中的粒子都是由很大数目的分子构成，这种系统具有很大的相界面，极易被破坏而聚沉，聚沉之后往往不能恢复原态，因而是热力学不稳定的，是不可逆系统。②大（高）分子化合物的溶液，其分子的大小已经达到胶体的范围，因此具有胶体的一些特性（如扩散较慢、不透过半透膜等），但是它却是分子分散的真溶液。大分子化合物在适当的介质中可以自动溶解而形成均相溶液，若设法使它沉淀，则当除去沉淀剂，重加溶剂后大分子化合物又可以自动再分散，因而它是热力学稳定的，是可逆的系统。由于被分散物和分介质之间亲和能力很强，所以过去曾被称为亲液溶胶（lyophilic sol），但是显然使用“大分子溶液”名称更确切。由于大分子溶液和憎液溶胶在性质上有显著不同，因此近几年大分子化合物已经逐渐形成一门独立的学科。这样胶体化学所研究的就只是超微不均匀系统的物理化学了。

可见只有憎液溶胶才能全面反应胶体的特性，所以以下所谈胶体均指这类憎液溶胶，简称溶胶。胶体分散相特有的分散程度使得胶体具有许多独特性质。

（2）胶体的基本特性　胶体具有以下三个基本特性：

① 多相性　在胶体系统中，分散相粒子由众多分子或离子组成，离子内部与外面分散介质之间的许多物理性质和化学性质都不相同，所以性质是不均匀的，因而是多相系统。一个系统的相数只能以无性质突变的界面为判断依据，决不可凭直观的感觉。事实证明包围胶体离子的界面是相界面。

② 高分散性　胶体与一般的多相系统不同。一般的多相系统（如气-液平衡系统、泥浆等）中的每一个相都是明显的，而胶体的一相（例如溶胶中的固相）被分散到肉眼不可发现的程度，以至许多溶胶被人误认为溶液。溶胶也常被称为胶体溶液。但这类“溶液”系统并不是均相，是高度分散的多相系统。

③ 聚结不稳定性　由于胶体是具有高分散性的多相系统，因而具有很高的界面能，是热力学的不稳定系统。分散相粒子将自动地相互合并，小粒子变成大粒子而最终下沉，此时的系统就不再是胶体。由此可见，许多胶体虽然能稳定地存在相当长的时间，但这种稳定总是暂时的和相对的，最终它必然被一个能量较低的系统代替。

胶体的许多性质，如光学性质、动力性质和电学性质等都是由这三个基本特征引起的。高分子溶液本来是真溶液，但由于分子大小恰在胶体分散系统范围内，故有许多性质与胶体相同。

2. 溶胶的制备

要制得比较稳定的溶胶，需满足两个条件，一是颗粒大小在合适的范围内，二是颗粒在液体介质中保持分散而不聚结，为满足后一个条件，一般需加稳定剂。欲得一定大小的固体颗粒，原则上有两种方法，一是将大块固体研细，称为分散法。二是将分子或离子聚结成一定大小的固体颗粒，称为凝聚法。现将生产和实验室里常用的制备方法简介如下：

（1）分散法　将大块固体分散成胶体颗粒，可以通过机械方法（研磨法与超声波法）或化学方法（溶胶法）而制得，前法所得的粒子较粗，一般大于 1μm，因此常用来制备悬浮液。

① 研磨法　常用设备有胶体磨、球磨机等，它们都是利用刚性材料与欲分散物质的相互摩擦作用而将物质磨细。球磨机的粉碎能力较差，一般用来制备分散度不太高的物体。胶体磨由两片靠得很近的磨盘或磨刀，用坚硬耐磨的合金或碳化硅制成。当磨板与磨刀以高速（5000～10000r/min）反向转动时，粗粒固体就在其间磨细。经初步研细的物质，使其悬浮在分散介质中。此悬浮液由入口进入，经两盘的强大压力作用后，所形成的胶体系统受离心力作用由出口处喷出。通常胶体磨可将颗粒磨细到 1μm 左右，为防止颗粒聚结，一般需加入一些稳定剂，如丹宁、明胶等。

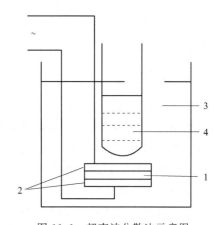

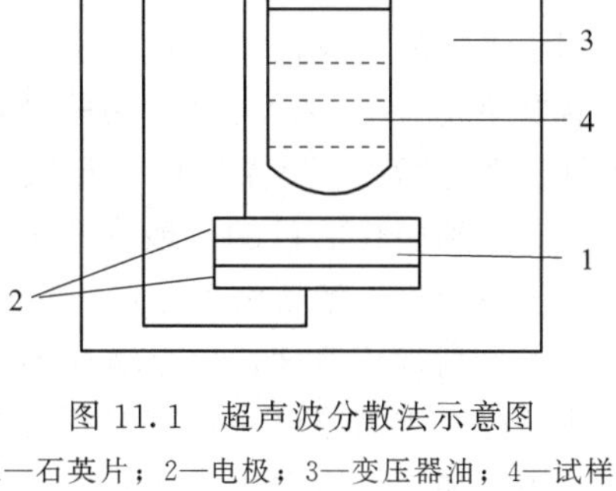

图 11.1　超声波分散法示意图

1—石英片；2—电极；3—变压器油；4—试样

② 超声波分散法　见图 11.1 实验室常用超声波

发生器，使固体分散，其振动频率在10^6周/秒左右，将高频的高压电加在电极上后，石英片即发生相同频率机械振荡。高频率的机械波传入介质，对介质产生相同频率的疏密交替的振动，对被分散物质产生很大的撕碎力，从而使分散相均匀分散。

③ 溶胶法　已沉淀的物质，经摇动能分散成溶胶的方法，称溶胶法。它是在某些物质的沉淀中加入第三种物质，使沉淀转化为胶体溶液。所加入的第三种物质叫作胶溶剂，胶溶剂大都是电解质。实验室中常用此法制备溶胶。例如新形成的洗涤过的 $Fe(OH)_3$ 沉淀，加少量的稀 $FeCl_3$ 溶液后，经过搅拌，沉淀就转化成红棕色的氢氧化铁溶胶，$FeCl_3$ 则称为溶胶剂。

有时粒子聚成沉淀是由于电解质过多，设法除去过量的电解质也会使沉淀转变为溶胶。利用这些方法使沉淀转化成溶胶的过程称为胶溶作用。在浮选中，胶溶剂就是分散剂。浮选中有时需要向矿浆里加水玻璃（$Na_2O \cdot mSiO_2$）或苏打（Na_2CO_3）、焦磷酸钠（$Na_4P_2O_7$）等，作为矿泥的分散剂，以减轻矿泥的有害影响。

（2）凝聚法　这个方法的一般特点是先制成难溶物的分子（或离子）的饱和溶液，再使之互相结合成胶体粒子而得到溶胶。通常可以分成两种：

① 化学凝胶法　通过化学反应（如复分解反应、水解反应、氧化或还原反应等）使生成物呈饱和状态，然后粒子再结合成溶胶，最常用的是复分解反应，例如制备硫化砷溶胶就是一个典型的例子。将 H_2S 通入足够稀释的 As_2O_3 溶液，则可得到高分散的硫化砷溶胶，其反应为：

$$As_2O_3 + 3H_2S \longrightarrow As_2S_3(\text{溶胶}) + 3H_2O$$

再如制备溴化银溶胶，其反应为

$$AgNO_3 + KBr \longrightarrow AgBr(\text{溶胶}) + KNO_3$$

贵金属的溶胶常可以通过还原反应来制备。例如

$$2HAuCl_4(\text{稀溶液}) + 3HCHO(\text{少量}) + 11KOH \longrightarrow 2Au(\text{溶胶}) + 3HCOOK + 8KCl + 8H_2O$$

铁、铝、铜、钒等的金属氧化物溶胶，可以通过盐类的水解而制得。例如：

$$FeCl_3(\text{稀溶液}) + 3H_2O \longrightarrow Fe(OH)_3(\text{溶胶}) + 3HCl$$

以上制备胶体的例子中都没有外加稳定剂。反应生成的胶粒因选择吸附了离子而带电，因而变得稳定。但溶液中离子的浓度对溶胶的稳定性有直接影响。电解质浓度太大，反而会引起溶胶的聚沉。所以制备溶胶时，要注意外加稳定剂。

②物理凝聚法　最简单方便的物理凝聚方法是改换溶剂法。此法是利用一种物质在不同溶剂中溶解度相差悬殊的特性来制备溶胶。例如将松香的酒精溶液滴入水中，由于松香在水中的溶解度低，溶质以胶粒大小析出，形成松香的水溶胶。这种方法是利用同一种物质在不同溶剂中溶解度相差很大的特性来制备溶胶。

3. 溶胶的净化

刚刚得到的溶胶往往会有大量的电解质或其他杂质，过量的电解质会影响溶胶的稳定性，因此需要净化（purify）。最常用的净化方法是渗析（dialysis）。利用胶粒不能透过半透膜（如羊皮纸、动物膀胱、硝酸纤维、醋酸纤维等），而离子、分子能透过膜的性质，将溶胶装在半透膜内，达到净化的目的。最常用的半透膜有火棉胶膜、动物膀胱膜等。将整个膜袋浸于水中，由于膜内外电解质浓度不同，膜内的离子或其他能透过的小分子就向膜外迁移，使溶胶纯化。为了提高渗析速度，可以增加半透膜的面积或使膜两边的液体有很高的浓度梯度，也可稍稍加热，但由于高温会破坏溶胶的稳定性，因此升高的温度应有一定的限制。还可用电渗析法，利用外加电场增大离子迁移速度，常用的电渗析膜是醋酸纤维。此法特别适用于用普通渗

析法难以除去的少量电解质，使用时所用的电流密度不宜太高，以免因受热使溶胶变质。

除了用渗析法外，也可用超滤法（ultrafiltration）。用孔径细小（约 10～100nm）的半透膜在加压或吸滤情况下，使溶胶分散系统的胶粒与介质分开的方法称超滤法。可溶性的杂质能透过半透膜滤板而被除去。有时可将胶粒加到纯分散介质中再过滤，如此反复进行，也可达到净化的目的。最后所得胶粒应立即分散在新的分散介质中，以免聚结成块。如果超滤时在半透膜的两边安放电极，加上一定的电压，则称为电超滤法。这样可以降低超滤的压力，而且可以较快地除去溶胶中的多余电解质。

第二节 胶体的光学性质

由于胶体粒子具有特定的大小，决定了它对光的强烈散射作用。另外，许多胶体溶液表现出对光的特殊吸收作用，使溶胶显示出丰富多彩的颜色。利用这些光学现象，可以观察胶体粒子的大小和形状。但由于对光的吸收作用主要取决于化学组成，并非胶体溶液的光学通性，所以这里主要介绍胶体对光的散射作用。

1. 丁达尔效应

如果有一束可见光通过胶体溶液，在与光束前进方向垂直的侧向上观察，可以看到溶胶中显出一个浑浊发亮的光柱，如图 11.2 所示。这种乳光现象称为 Tyndall（丁达尔）效应。Tyndall 效应是由于胶体粒子对光的散射而引起的，当光线照射到不均匀的介质时，如果粒子的直径大于光的波长，则粒子表面对光产生反射作用，例如粗分散的悬浮液就属这种情况。如果粒子直径小于光的波长，则粒子对光产生散射作用，如溶胶粒子比可见光波长（约为 400～700nm）小，因而散射明显，产生丁达尔效应。这是因为光是一种电磁波，在传播过程中入射光的电磁波使粒子中的电子发生与入射光同频率的强迫振动，致使粒子本身像一个新的光源一样向各个方向发射与入射光同频率的光波。由于粒子的直径比可见光波要短，因而对入射光产生散射，所以看到的溶胶中的发光柱正是这种光散射的结果。

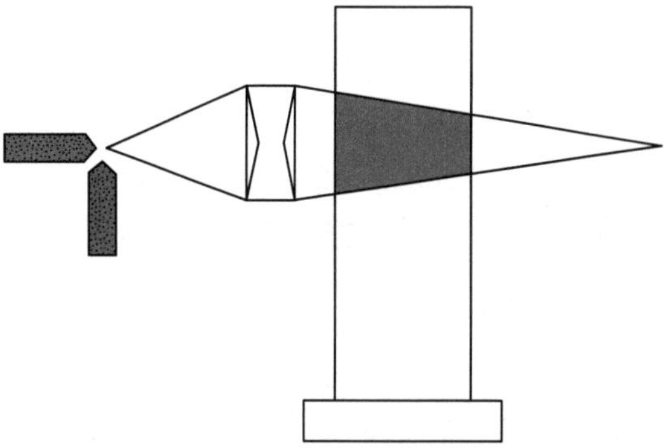

图 11.2 Tyndall 效应

2. 雷利公式

Rayleigh（雷利）曾提出散射光强度的定量关系式为

$$I=\frac{9\pi^2V^2c}{2\lambda^4}\left(\frac{n_1^2-n_0^2}{n_1^2+n_0^2}\right)I_0 \tag{11.1}$$

式中，I_0 和 I 分别为入射光和散射光的强度；λ 为入射光波长；n_0 和 n_1 分别为分散介质和分散相的折射率；c 为胶体粒子的浓度（即单位体积的溶胶中的胶体粒子数）；V 为单个粒子的体积。由该式可以看出，散射光强度与入射光波长的四次方成反比。因此波长越短的光散射越强。在可见光中，蓝光和紫光的波长最短，有较强的散射，而红光波长最大，散射较弱，大部分透过溶胶。因此，当用可见光照射无色溶胶时，在入射光的对面可以看到近于红色的光，而在侧面会观察到近于蓝紫色的光。对于纯液体，$n_1=n_0$，则可知散射光强度 $I=0$，即可以认为纯液体对光无散射现象。对于真溶液，一则由于溶质只有较厚的溶剂化层，使分散介质和分散相的折射率 n_1 和 n_0 相差不大，二则由于溶质粒子的体积 V 很小，所以散射光也相当弱。只有溶胶，其 n_1 和 n_0 相差较大，且粒子体积 V 也有适当大小，因此有较强的光散射现象，所以 Tyndall 效应是溶胶特有的光学性质，它常被用于鉴别一个液体是溶胶还是真溶液。光散射的强度与浓度 c 成正比，若在相同条件下，比较两种同一物质形成的溶胶，则从式(11.1)得

$$I_1/I_2=c_1/c_2 \tag{11.2}$$

因此，在上述条件下比较两种同物质所形成的光散射强度，就可以得知其粒子浓度的相对比值。若其中一种溶胶的浓度已知，则可求出另一种溶胶的浓度，这就是浊度分析的原理，这类测定仪器称为浊度仪（turbidometer）。反过来知道了浓度和散射光强，并利用式(11.2)可求出粒子的体积，由此了解粒子的大小。

胶体的光散射性质具有极重要的科学意义，从光散射的测量可以得到粒子的大小、质量以及扩散系数等许多有用性质。目前，光散射方法已成为研究胶体及高分子溶液不可缺少的工具。

第三节　胶体的动力性质

胶体质点可以有多种运动形式，像分子一样，胶体质点要进行热运动，在微观上表现为布朗运动，宏观上表现为扩散；在外电场中做定向运动，例如在重力场或离心力场中沉降；在外加力场中质点与介质间做相对运动等。这些构成了胶体特殊的动力性质，在研究胶体时，胶体粒子的大小、质量甚至形状都是重要的资料，这些重要数据主要来源于胶体动力性质。

1. 布朗运动

在真溶液中，分散相粒子是溶质分子或离子，它们在溶液中做无规则热运动，在溶液中均匀分布。在粗分散系统中，分散相粒子较大，若分散相密度大于分散介质，则在重力场中将表现为沉降运动，一杯泥浆静止一段时间后其中的泥沙便会沉到水底。而胶体粒子具有特定大小，介于真溶液和粗分散系统之间，从而热运动和沉降运动兼而有之。

图 11.3　布朗运动

胶体粒子的热运动，在微观上表现为 Brownian(布朗) 运动，在宏观上表现为扩散。1826 年英国植物学家 Brownian 在显微镜下观察在水中的花粉时，发现这些小颗粒在不停地乱动。后来发现不仅花粉如此，其他细粉（如煤粉、矿粉等）也是如此，至 1903 年 Zsigmondy 发明了显微镜，用于观察比花粉更小的胶体粒子时，同样发现胶体粒子在介质中做无规则运动。对于一个粒子，若每隔一段时间记录它的位置，则可得到类似图 11.3 所示的完全不规则的运动轨迹。这种运动叫作胶体粒子的 Brownian 运动。若一个比胶体粒子大得多的固体颗粒处于水中，它每一时刻都将受到四周水分子来自各个方向的撞击。一是由于这种撞击次数数以万

计，不同方向的撞击力相互抵消；二则由于颗粒质量较大，致使分子的撞击力引起固体颗粒的明显运动，直至根本不动。但是对于溶胶中的胶体粒子来说情况就不相同了，首先由于粒子很小，每一时刻所受周围水分子的撞击次数明显减少，于是不能相互抵消，所以粒子不断从不同方向受到不同的撞击力。这种撞击力足以推动质量不大的胶体粒子，因而形成了不停的无规则运动。可见粒子的 Brownian 运动是分子的热运动的结果，它实际是比分子大得多的胶体粒子的热运动。所以它不需要消耗能量，是系统中分子固有热运动的表现。借助超倍显微镜人们发现，Brownian 运动的速度取决于粒子的大小、介质的温度和黏度等，粒子越小，温度越高，黏度越小，则运动就越激烈。

尽管 Brownian 运动是粒子的无规则热运动，但 Einstein（爱因斯坦）利用统计的观点最终导出了有名的 Brownian 运动公式，定量地描述了 Brownian 运动平均位移与时间的关系，进而导出了运动的平均速率。

$$X=\left(\frac{RT}{L}\times\frac{t}{3\pi\eta r}\right)^{1/2} \tag{11.3}$$

式中 X——t 时间内粒子的平均位移；

t——间隔的时间；

r——粒子的半径；

η——介质的黏度；

L——阿伏伽德罗常数。

胶粒的布朗运动，实质上是粒子的热运动，因此与稀溶液一样，溶胶也应该具有扩散作用和渗透压。

2. 扩散

扩散是指胶粒可以自发地从高浓度处向低浓度处迁移的过程。爱因斯坦导出了扩散系数 D 和时间 t 与胶粒的平均位移 X 之间的关系式

$$X^2=2Dt \tag{11.4}$$

式(11.4) 即 Einstein 的布朗运动公式。该式指出了 X 与 t 和 D 成比例关系，揭示了扩散与布朗运动的宏观表现，而布朗运动则是扩散的微观基础，正因为布朗运动才使胶粒能实现扩散。由式(11.3) 得

$$X^2=\frac{RT}{L}\times\frac{t}{3\pi\eta r} \tag{11.5}$$

与 (11.4) 式比较又得：

$$D=\frac{RT}{L}\times\frac{1}{6\pi\eta r} \tag{11.6}$$

由式(11.5) 和式(11.6) 知，胶粒越小，介质黏度越小，温度越高，则 X 越大，扩散系数 D 亦越大。换言之，D 越大，粒子越容易扩散。

在一定时间 t 内，利用超倍显微镜观察胶粒的平均位移 X，再利用式(11.4) 可求出 D。从而进一步求得胶粒的半径和摩尔质量 M

$$M=\frac{3}{4}\pi r^3\rho L \tag{11.7}$$

既然胶体粒子有 Brownian 运动，因此只要有浓度差存在，它必然由高浓区域向低浓区域扩散。Brownian 运动和扩散运动是胶体粒子热运动的不同表现形式，两种运动具有内在联系，

扩散是 Brownian 运动的宏观表现，而 Brownian 运动是扩散的微观基础。

扩散系数 D 是溶胶动力性质的重要参数，它是扩散强弱的标志，其值可以用多种方法进行测量，表 11.2 列出了一些溶胶在 293K 时的扩散系数值。

扩散系数的测量十分有用。由式(11.6) 可知，对于球形粒子，当 D 值测定之后可以计算出粒子的半径

$$r=\frac{kT}{6\pi\eta D} \tag{11.8}$$

其中 $k=\frac{R}{L}$，为玻尔兹曼常数。

若分散相密度为 ρ，则单个球形粒子的质量 m 为：

$$m=\frac{4}{3}\pi r^3\rho \tag{11.9}$$

将式(11.8) 和式(11.9) 合并并整理得

$$m=\frac{\rho}{162\pi^2}\left(\frac{kT}{\eta D}\right)^3 \tag{11.10}$$

表 11.2　293K 时一些溶胶的扩散系数

物质	分子质量或粒子半径	$D\times10^{10}/m^2\cdot s$
核糖核酸酶	半径为 1.3×10^{-9}m	1.068
胶态金	相对质量为 66500	0.63
牛血清白蛋白	相对质量为 330000	0.197
纤维蛋白原	半径为 4.0×10^{-8}m	0.049
胶态硒	半径为 5.6×10^{-8}m	0.038

在应用上式计算胶体粒子半径和质量时应注意：式中的 r 是指球形粒子的流体力学半径。所以在有溶剂化时，r 应指溶剂化粒子的半径；若胶体粒子的大小不同，求出的 r 和 m 是平均值。除上述用途之外，还可由扩散系数估算最大溶剂化数，对非球形粒子还可确定其大致形状等，因此，测定扩散系数成为研究溶胶的一个重要方法。

与真溶液中的溶质分子相同，胶体粒子具有明显的热运动，所不同的是胶体粒子热运动的剧烈程度远比不上分子，Brownian 运动的平均速率远小于分子热运动的速率。所以真溶液分子扩散远远快于胶体粒子，一般情况下真溶液的扩散系数约为溶胶的几百倍。

3. 溶胶的渗透压

溶胶中的布朗运动虽然使胶粒具有扩散性，但胶粒透不过半透膜，当半透膜隔开的溶胶两部分有浓差存在时，溶剂分子可以从较稀的一方渗过膜进入较浓的一方，形成渗透压，从而使浓度趋于均匀。溶胶的渗透压可以借用稀溶液的公式来计算，即

$$\Pi=\frac{n}{V}\times RT=\frac{W}{M}\times\frac{RT}{V} \tag{11.11}$$

式中　V——溶胶的体积；

n——胶粒的物质的量；

W——胶粒的质量。

4. 沉降与沉降平衡

热运动是粒子本身所固有的无规则运动，而沉降运动则是在外力场作用下的运动。通常引起沉降的是重力场。溶液中的分子热运动是十分剧烈的，它足以克服重力的作用而不沉降。但胶体粒子毕竟是大量粒子的集合体，一般这种粒子的密度大于分散介质的密度，于是粒子在重力场作用下有向下沉降的趋势。沉降的结果是底部粒子浓度大于上部，造成上下的浓差，产生扩散，而粒子的扩散又促使浓度趋于均一。由此可见，重力作用下的沉降与浓差作用下的扩散是两种作用相反的效应。作为沉降动力的重力是不变的，而沉降过程使上下浓差逐渐增大，即使扩散的推动力不断增大，当这两种效果相反的推动力等值时，粒子随高度的分布便形成一定的浓度梯度，并达平稳状态。即：一定高度的粒子浓度不再随时间而变化，这种状态称为沉降平衡，如图 11.4 所示。

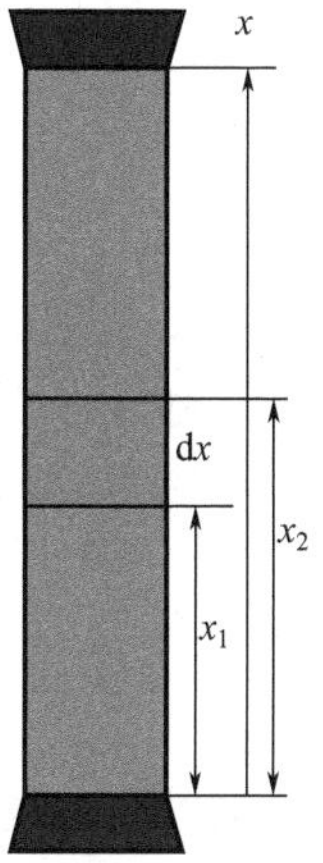

图 11.4　沉降平衡

因粒子在重力场中的分布服从 Boltzmann 分布，因此用统计力学的方法处理。若胶体粒子的半径为 r，粒子和分散介质的密度分别为 ρ 和 ρ_0，则在重力场作用下粒子所受到下沉的净力为

$$f_{沉}=\frac{4}{3}\pi r^3(\rho-\rho_0)g \tag{11.12}$$

沉降平衡即是在此力场下粒子的平衡分布。若将溶胶中不同高度处粒子的沉降能视为各种不同的能级，则 x_1 处的能级为

$$\varepsilon_1=f_{沉x_1}=\frac{4}{3}\pi r^3(\rho-\rho_0)gx_1$$

x_2 处的能级为

$$\varepsilon_2=f_{沉x_2}=\frac{4}{3}\pi r^3(\rho-\rho_0)gx_2$$

设 x_1 处的粒子浓度（即单位体积中包含的粒子数）为 N_1，x_2 处为 N_2。根据 Boltzmann 分布定律，N_1 与 N_2 之比等于相应两个能级以上的 Boltzmann 因子之比

$$\frac{N_2}{N_1}=\exp\left[-(\varepsilon_2-\varepsilon_1)L\frac{1}{RT}\right]$$

式中，L 为 Avogadro 常数。将 ε_1、ε_2 代入上式得

$$\frac{N_2}{N_1}=\exp\left[-\frac{4}{3}\pi r^3(\rho-\rho_0)gL(x_2-x_1)\frac{1}{RT}\right]$$

上式可简化为

$$\ln\frac{C_2}{C_1}=-\frac{Mg}{RT}\left(1-\frac{\rho_0}{\rho}\right)(x_2-x_1) \tag{11.13}$$

式(11.13) 中 $C=\frac{N}{V}$，为粒子数浓度；$M=\frac{4}{3}\pi r^3\rho L$，为 1mol 粒子的质量。

式(11.13) 即胶体粒子的高度分布定律公式。式(11.13) 也适用于气体的高度分布，这表明气体分子的热运动与胶体的 Brownian 运动本质上是相同的。柏林曾制备大小均匀的藤黄溶胶，用超倍显微镜观察在不同高度处的粒子数目，代入上式求得 $L=6.023\times10^{23}\,mol^{-1}$，它采用的高度差（$x_2-x_1$）只有 10^{-4} m。Westgren（韦斯特格林）用金溶胶进行类似的实验，高度差提高到 10^{-3} m，求得 $L=6.023\times10^{23}\,mol^{-1}$，这些结果证明了该式是正确的。

对于一定高度差 $(x_2 - x_1)$，比值 N_1/N_2 标志粒子浓度梯度的大小。胶体粒子越大，粒子与分散介质的密度差越大，则平衡时的粒子浓度梯度也越大。如果粒子比较大，或以足够大的离心力来代替重力场以加大沉降力，以至 Brownian 运动不足以克服沉降力作用，便不可能达到沉降平衡，粒子将沉降到容器底部，例如粗分散的泥浆即是如此。

在重力场中，当胶体粒子在分散介质中沉降时必须受阻力，实验表明，这种阻力与沉降速率成正比

$$f_{阻} = f_0 \upsilon$$

式中，υ 为沉降速度；比例常数 f_0 称为阻力系数，意义是以单位速度沉降时的阻力。由此可见，随粒子沉降速度的加快，阻力 $f_{阻}$ 也将逐渐加大。粒子所受的沉降力可由式(11.12)得出，由于沉降运动的推动力 f_0 是个不变的常量，故当沉降速度达到某个值时，两力达平衡

$$f_{沉} = f_{阻}$$

即

$$\frac{4}{3}\pi r^3 (\rho - \rho_0) g = f\upsilon$$

此时粒子受力平衡，将以恒定速率沉降。事实上，粒子到达这种恒定速率所用的时间极短，一般只需要 $10^{-6} \sim 10^{-3}$ s。通常所说的沉降速率，即是指这种恒速沉降的速率。

由 Stodes（斯托克斯）定律知，对于半径为 r 的球形粒子，其阻力系数为

$$f = 6\pi\eta r$$

式中，η 为分散介质的黏度。可见粒子越大、介质黏度越大，则阻力越大，代入上式

$$\frac{4}{3}\pi r^3 (\rho - \rho_0) g = 6\pi\eta r\upsilon$$

整理得

$$\upsilon = \frac{2r^2}{9\eta}(\rho - \rho_0) g$$

此即重力场中的沉降公式，此式表明：沉降速率对粒子大小有明显的依赖关系，工业上用沉降分析法（见图 11.5）测定颗粒的粒度分布即以此为依据；可以通过调节密度差或介质黏度，从而控制沉降速率，这在生产及分析过程中都有许多具体应用。由于粒子的沉降速率可由实验测定，对于一个确定的系统可以通过测定 υ 来求粒子大小（即粒子半径），进而还可求出粒子质量，即

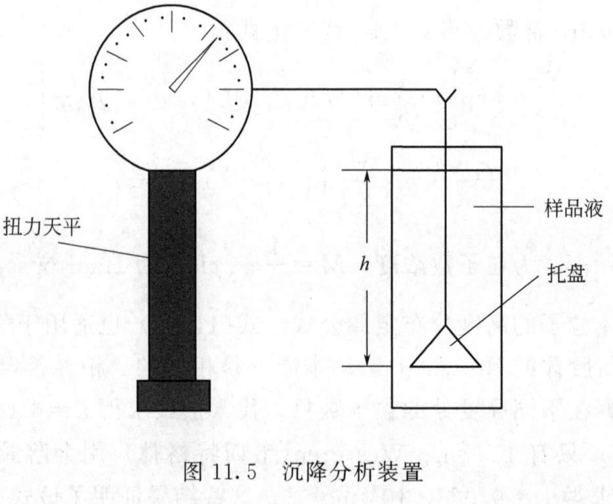

图 11.5 沉降分析装置

$$r=\left[\frac{9v\eta}{2(\rho-\rho_0)g}\right]^{1/2} \tag{11.14}$$

$$m=\frac{4}{3}\pi r^3\rho \tag{11.15}$$

一般说来，胶体粒子较小，在重力场中的沉降十分缓慢，以致难于测定沉降速率。为此，可以利用超离心机所产生的离心力场代替重力场，它产生的离心力可以达到重力的数千倍乃至百万倍，将大大加速胶体粒子的沉降速率，便于测量。

第四节　胶体的电学性质

1. 胶团结构和电动现象

溶胶和其他分散系统的差异不仅只是粒子大小不同，还要注意到胶粒构造的复杂性。在真溶液中，分子或离子一般是较简单的个体，而溶胶中的胶团结构较为复杂。从真溶液到溶胶是从均相到开始具有相界面的超微不均匀相，且由于分散相的颗粒小，表面积大，其表面能高，这就是使得胶粒处于不稳定状态，它们有相互聚结起来变成较大的粒子而聚沉的趋势。因此胶体溶液中除了分散相和分散介质以外，还需要第三种物质和稳定剂（通常是少量的电解质）存在。稳定剂起保护粒子的作用，离子吸附在胶核表面上形成双电层的结构，由于带电和溶剂化作用，胶体粒子才能够相对稳定地存在于溶液中。

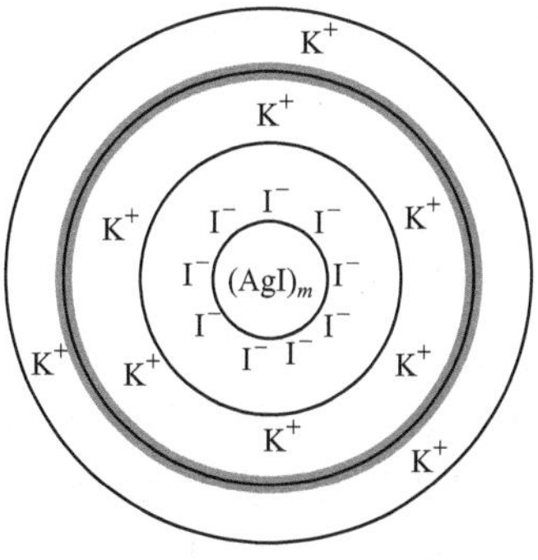

图 11.6　胶团结构示意图

以 AgI 的水溶胶为例，若稳定剂是 KI，则其结构可表示成图 11.6 所示，此处 AgI 形成胶核，m 表示胶核中所含 AgI 的分子数，通常是一个很大的数值（在 10^3 左右）。若溶液中有 KI 存在，则 I^- 在胶核表面上优先吸附。n 表示胶核所吸附的 I^- 数，因此胶核带负电（n 的数值比 m 的数值要小得多）。溶液中的 K^+ 又可以部分地吸附在其周围，$(n-x)$ 为吸附层的相反电荷离子数（此处为 K^+），x 是扩散层中的反号离子数。胶核连同吸附在其上的离子，包括吸附层中的相反电荷离子，称为胶粒，胶粒连同周围介质中的相反电荷离子则构成胶团。由于粒子的溶剂化，因此胶粒和胶团也是溶剂化的。在溶胶中胶粒是独立运动单位，通常所说溶胶带正电或负电是指胶粒而言，整个胶团是电中性的。胶粒比分散介质的分子大得多，而且由难溶物构成的胶核又保持其原有的结构，所以尽管表面看来溶胶貌似均匀的溶液，而实际上胶粒和介质之间存在着明显的物理分界面，是超微不均匀的系统。由于高度分散又是多相，所以从热力学的角度来看是不稳定系统。胶核粒子有互相聚结降低其表面积的趋势，即具有聚结不稳定性，这就是形成溶胶时必须有稳定剂的原因。

胶体是热力学的不稳定系统，有自发聚结最终下沉的趋势。但有的溶胶能够稳定地存在很久，其主要原因之一是胶体粒子是带电颗粒，胶体粒子间的静电排斥力减少了它们相互碰撞的频率，使聚结的机会大大降低，从而增加了相对稳定性。所以胶体的带电性质除了本身的许多实际应用之外，还为胶体稳定性理论的发展奠定了基础。

1803 年俄国科学家列依斯（Peucc）将两根玻璃管插到湿黏土团中，玻璃管中加一些水并插上电极，通电之后发现黏土粒子朝正极方向移动，后来他又设法将黏土固定，通电时则介质

（水）向负极方向移动。此实验结果表明，黏土粒子带负电，而介质水带正电。后来人们的进一步实验证明，不仅黏土，其他悬浮粒子（包括胶体粒子）也都有类似的情况。所不同的是，有的粒子带负电，有的粒子带正电。总之，胶体粒子是带电颗粒，这是胶体的重要特征之一。

由于胶体粒子带电，因而在电场作用下将定向移动，这种现象称为电泳。整个溶胶是电中性的，所以分散介质必带与分散相粒子等量的异号电荷。因此，在电场的作用下，若将胶粒固定不动，则介质将定向移动，这种现象称为电渗。图 11.7 所示的实验现象就是电泳和电渗。

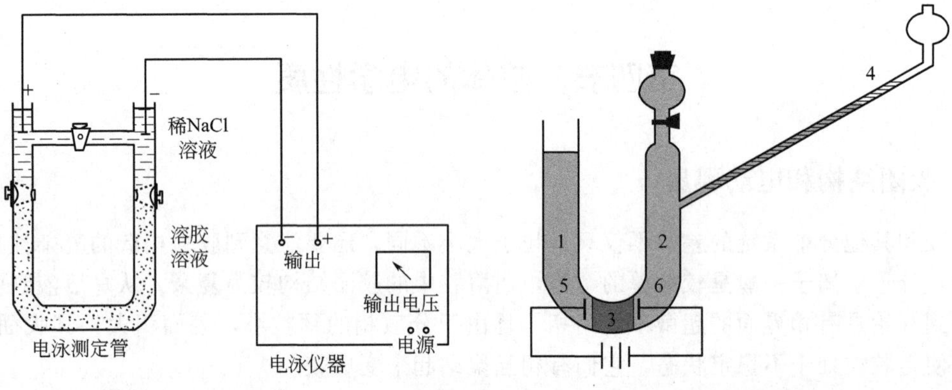

(a) 电泳测量装置　　(b) 电渗测量装置

图 11.7　电泳和电渗

图 11.7(b) 中 3 为多孔膜，可以用滤纸、玻璃或棉花等构成；也可以用氧化铝、碳酸钡、AgI 等物质构成。如果多孔膜吸附阴离子，则介质带正电，通电时向阴极移动；反之，多孔膜吸附阳离子，带负电的介质向阳极移动。在 U 形管 1、2 中盛电解质溶液，将电极 5、6 接通直流电后，可从有刻度的毛细管 4 中，准确地读出液面的变化。

电泳和电渗现象是胶粒带电的最有力证明，而胶粒带电是产生电泳和电渗的根本原因。

电泳和电渗与电解质溶液中的电迁移都是带电物质在电场中的定向迁移，但它们并不完全相同：离子的电迁移是同一相中的不同离子分别向两极方向运动，而电泳和电渗却是固体与液体不同两相的相对运动。电泳和电渗都是在电场作用下相互接触的固、液两相之间发生相对运动的现象，只不过电泳是固体粒子的运动，而电渗则是固体不动而液体运动。可以想见，如果在外力作用下使溶胶的固、液两相发生相对运动，则可能形成电场。1886 年 Quincke 发现，若用压力将液体挤过粉末压成的多孔塞，则在塞的两侧产生电位差，即所谓流动电势，是电渗的反过程。1880 年又发现电泳的反过程：粉末在液相中下沉时，液体中产生电位降，称为沉降电势，或称 Dorn 效应。电泳、电渗、流动电势和沉降电势统称电动现象。它们或是由于电而动（电泳和电渗），或是由于动而生电（流动电势和沉降电势），都是胶粒带电的必然结果。

对于以水为分散介质的溶胶，引起胶体粒子带电的原因有以下两点：

（1）吸附　胶体系统具有巨大的比表面积，因而胶体粒子有将介质中的 H^+、OH^- 或其他离子吸附到自己表面上的趋势，由于这种吸附有选择性，故吸附的结果使胶体粒子表面带电。若吸附正离子，则胶体粒子带正电，称为正溶胶；若吸附负离子，则胶体粒子带负电，称为负溶胶。在通常情况下，由于正离子的水化能力比负离子大得多，因此悬于水中的胶体粒子容易吸附负离子而带负电。对于由难溶的离子晶体构成的胶体粒子，Fajans 指出，能与晶体组成离子形成不溶物的粒子将优先被吸附，这称为 Fajans 规则。例如，通常用 $AgNO_3$ 与 KI 溶液反应来制备 AgI 溶胶。若制备溶胶时 $AgNO_3$ 过量，则介质中有过量的 Ag^+ 和 NO_3^-，此时 AgI 胶体粒子将吸附 Ag^+ 而带正电；若过量的是 KI，则 AgI 胶体粒子将吸附过量的 I^- 而带负电。表面吸附是胶体粒子带电的主要原因。

（2）电离　胶体粒子表面上的分子与水接触时会发生电离，其中一种离子进入介质水中，结果胶体粒子带电。例如硅溶胶的粒子（SiO_2）表面分子发生水化作用

$$SiO_2 + H_2O \longrightarrow H_2SiO_3$$

若溶液显酸性，则

$$H_2SiO_3 \longrightarrow HSiO_2{}^+ + OH^-$$

生成的 OH^- 进入溶液，结果胶体粒子带正电。若溶液显碱性，则

$$H_2SiO_3 \longrightarrow HSiO_3^- + H^+$$

H^+ 进入溶液，结果胶体粒子带负电。

对有些高分子溶液，大分子本身往往含有电离的基团，例如蛋白质分子中有可以离子化的羧基与氨基，在低 pH 值时氨基的离子化占优势，形成 NH_4^+ 使蛋白质分子带正电；在高 pH 值时羧基的电离占优势，结果使蛋白质分子带负电。可见，介质条件（如上例中的 pH）不同的胶体粒子的带电情况不同，即介质条件改变时胶体粒子的带电程度都可能发生变化。在某个特定条件下，也可能不带电，此时称溶胶处在等电状态。一般情况下的溶胶都不是等电状态。

以上所说的“胶体粒子”（即胶粒）并非单指固体颗粒，它由三部分组成：

① 胶核　它是构成胶粒的固体分子集合体，也就是通常所说的固体粒子，它是胶粒的中心部分。

② 表面吸附离子　它是胶核为了降低表面能而从介质中吸附的离子，这些被吸附离子紧紧贴在固体表面上，它们是粒子表面电荷的主要来源。这些粒子的电荷总量叫作表面电量。

③ 紧密层　表面带电的粒子将对其周围介质中电性相反的粒子（称反离子）产生静电引力，加上范德华力吸引作用，使得邻近胶核表面的那些反离子因受到强烈吸引而与表面牢牢地结合在一起。另外，由于溶剂化效应还会有一层溶剂包围固体表面，该溶剂化层与上述邻近表面的反离子一起构成一层厚度约为两三个分子直径的壳层，称为紧密层，紧密层与固体粒子结合牢固，随固体一起运动。

胶核、吸附离子和紧密层一起构成胶粒，胶粒是溶胶中的独立运动单位。在一般情况下，由于紧密层中的反离子电荷总数小于表面吸附离子（即小于表面电量），所以作为整体的胶粒总是带电的。不难看出，胶粒带电的符号取决于被吸附离子的符号，而带电的程度则取决于表面吸附离子与紧密层中反离子的电荷之差。

由于胶粒带电，它还会吸引周围介质中的反离子，这些反离子所受静电的吸引与扩散到溶液中去的趋势呈平衡，因此胶粒周围的这层反离子是扩散的，分布在紧密层之外，称扩散层。扩散层所带的电量等于胶粒的带电量，它跟随胶粒运动。胶粒与它外面的扩散层一起组成胶团，可见，胶团是电中性的，但它不是独立运动的实体。

2. 扩散双电层理论

既然胶粒带电，则胶粒与介质间将存在电位降或电势，从而产生各种电动现象，因此这些电动现象与胶粒和介质之间的电势是密切联系的。1924 年斯特恩在古依-查普曼等前人的研究基础之上，提出了修正的扩散双电层理论，他认为，离子与固体表面除了静电作用之外，还有范德华力，这些力共同作用的结果，在溶液中一部分与固体表面离子电荷相反的离子（称为反离子）紧密地吸附在表面，距离约 1～2 个离子的厚度，形成一个紧密吸附层，这些反离子的中心构成了斯特恩层；另一部分反离子与固体表面的距离从紧密层开始一直分散到本体溶液之

中，构成双电层的扩散层，斯特恩双电层模型见图 11.8。

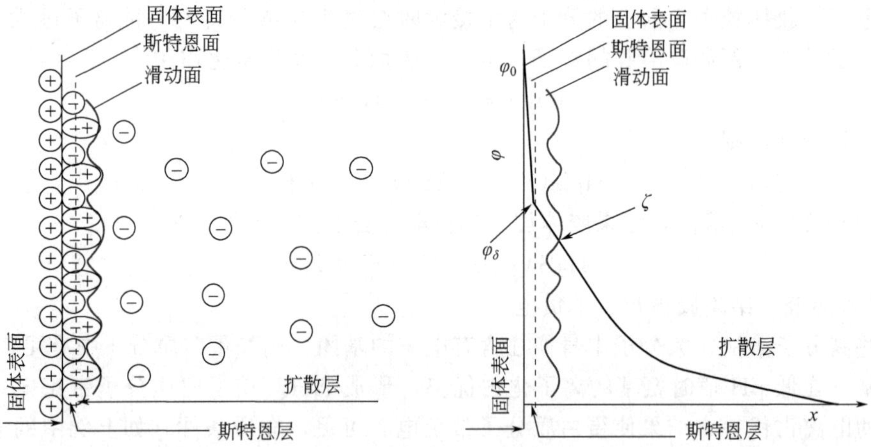

图 11.8　斯特恩双电层模型

固体表面电势 φ_0（即热力学电势）在斯特恩层直线下降至 φ_δ，由于离子的溶剂化，紧密层结合一定数量的溶剂分子，在电场的作用下，它和固体质点作为一个整体一起运动，因此滑动面的位置略比斯特恩层厚，滑动面与本体溶液之间的电势称为 ζ 电势，ζ 电势也相应略低于 φ_δ。只有在滑动面处发生相对移动时，才能呈现出 ζ 电势。

ζ 电势不等于固体表面电势 φ_0，而是 φ_0 的一部分。斯特恩双电层模型见图 11.8，画出了正溶胶的表面电势 φ_0 和 ζ 电势。

介质中外加电解质的种类及浓度会明显影响 ζ 电势，不仅影响其大小，还会影响它的符号。ζ 电势具有以下几方面的意义：

① ζ 电势值的大小是胶粒带电程度的标志。ζ 值越大，表明滑移界面处的电势与溶液内部的差异越大，即胶粒带电量越大；反之，ζ 值越小，表明胶粒带电量越少。在图 11.9 中，$\zeta_1>\zeta_2$。所以状态 1 的胶粒带电量多于状态 2。当 $\zeta=0$ 时，表明滑移界面处的电位与溶液内部相等，此时胶粒不带电，即等电状态。在等电状态，紧密层中的反离子电荷等于表面吸附离子的电荷。

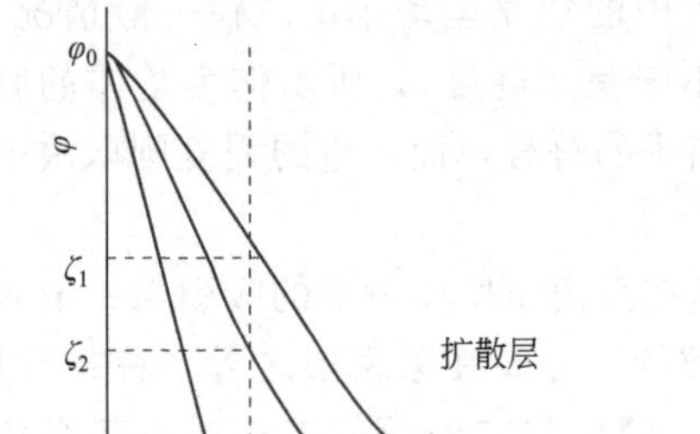

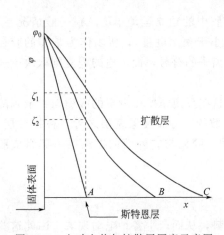

图 11.9　电动电势与扩散层厚度示意图

② ζ 电势的符号标志胶粒的带电性质（即电荷的正负）。

③ ζ 电势值的大小还可以反映扩散层的厚度。ζ 值增大，则扩散层变厚，反之，则扩散层变薄。例如 $\zeta_2<\zeta_1$，在图 11.9 中不难看出状态 2 时的扩散层 AB 较状态 1 时 AC 更薄些。

由以上分析可知，在电场强度和介质条件固定的情况下 ζ 决定着胶粒的电泳速率 υ。可以想象，ζ 值越大，υ 必越大。Smoluchowski 和 Hückel 等人都从理论上证明了二者的正比关系，具体结果如下：

$$\upsilon=\frac{\varepsilon E\zeta}{K\eta}$$

式中，E 是电场强度；ε 是介质的介电常数；η 为黏度；K 是与胶粒形状有关的常数。电渗速率与 ζ 电势的关系也有类似此式的关系。上式不仅告诉人们电动速率对 ζ 电势的依赖关系，还为人们提供了一种测定 ζ 电势的方法：通过测定电泳或电渗的速率来求取 ζ 值。

第五节　溶胶的稳定性和聚沉作用

1. 溶胶的稳定性

溶胶是热力学不稳定系统，胶粒有相互聚结而降低其表面能的趋势，即具有聚结不稳定性，因此在制备溶胶时必须有稳定剂存在。另外由于溶胶粒子小，布朗运动激烈，因此在重力场中不易沉降，具有动力稳定性。稳定的溶胶必须同时兼备聚结稳定性和动力稳定性。其中以聚结稳定性更为重要，因为布朗运动固然使溶胶具有动力稳定性，但也促使离子之间不断地相互碰撞。如果离子一旦失去聚结稳定性，则互碰后就会引起聚结，其结果是离子增大，布朗运动速度降低，最终也会成为动力不稳定的系统。无机电解质和高分子物质都能对溶胶的稳定性产生很大影响，但影响机理不同。通常把电解质使溶胶沉淀的作用称为聚沉作用，把高分子物质使溶胶沉淀的作用称为絮凝作用。此外，胶体系统的相互作用、溶胶的浓度、温度等因素都在一定程度上影响溶胶的稳定性。

2. 电解质的聚沉作用及其影响因素

由溶胶的胶团结构可知，当胶体粒子相互靠近时，将会发生扩散层的重叠。由于同一溶胶中粒子的电性相同，并存在 ζ 电势，所以粒子间会产生静电斥力而彼此分开，在一定程度上保持了溶胶的稳定性。

当向溶胶中加入无机电解质时，因双电层的扩散层受到压缩，ζ 电势降低，粒子间的静电斥力减小，因而会失去稳定性而发生聚沉作用。

通常用聚沉值表示电解质的聚沉能力。聚沉值是指在规定条件下使溶胶聚沉所需要的电解质的最低浓度，单位为 $mol \cdot dm^{-3}$。聚沉值越小，聚沉能力越强。电解质的聚沉能力一般有以下试验规律：

(1) 反号离子的影响

① 电解质中能使溶胶聚沉的主要是反号离子（以下也称反离子），反离子价数越高，聚沉能力越强。反离子分别为一、二、三价时，其聚沉值分别为 $25\sim150mmol \cdot dm^{-3}$、$0.5\sim2mmol \cdot dm^{-3}$ 和 $0.01\sim0.1mmol \cdot dm^{-3}$，其聚沉值的比例大体为 $1/1:1/2:1/3$，一般聚沉值大致与反离子价数的六次方成反比。

② 相同价数的反离子聚沉值虽然相近，但也有差别。同价的正离子对负电胶体的聚沉能力随着离子水化半径减小而增加，如碱金属对负电胶体的聚沉能力顺序为：

$$H^+ > Cs^+ > Rb^+ > NH_4^+ > K^+ > Na^+ > Li^+$$

二价正离子的聚沉能力顺序为：

$$Ba^{2+} > Sr^{2+} > Ca^{2+} > Mg^{2+}$$

一价负离子的聚沉能力顺序为：

$$1/2SO_4^{2-} > Ac^- > F^- > Cl^- > Br^- > NO_3^- > I^- > SCN^-$$

以上即为舒尔采－哈迪（Schulze－Hardy）价数规则。该规则值适用于不与溶胶发生任何特殊反应的电解质，溶胶的决定电势离子和特性吸附离子等都不应包含在内。

（2）同号离子的影响　一些同号离子，特别是高价离子或有机离子，由于强烈的范德华吸引力作用而在粒子表面吸附，从而改变了胶粒的表面性质，降低了反离子的聚沉能力，对溶胶有稳定作用。例如对于 As_2S_3 负溶胶，KCl 的聚沉值是 $49.5mmol \cdot dm^{-3}$，KNO_3 是 $50mmol \cdot dm^{-3}$，甲酸钾是 $85mmol \cdot dm^{-3}$，乙酸钾是 $110mmol \cdot dm^{-3}$。

（3）不规则聚沉　当高价反离子或有机反离子为聚沉剂时，可能发生不规则聚沉的现象，即少量的电解质使溶胶聚沉，浓度高时沉淀又重新分散成溶胶，而浓度再高时，又使溶胶再聚沉。不规则聚沉的发生是由于高价或大的反离子在胶粒表面的强烈吸附。电解质浓度超过聚沉值时溶胶聚沉，此时胶粒的电势降至零附近。浓度再大，胶粒会吸附过量的高价或大粒子而重新带电，于是溶胶又重新稳定，但此时所带电荷与原来相反。再加入电解质，由于相应的反离子作用又使溶胶聚沉，此时粒子表面对大粒子的吸附已经饱和，故再增加电解质也不会使沉淀重新分散。

利用加电解质使胶体聚沉的实例很多，日常生活中用卤水加入豆浆中而生成豆腐就是一例。豆浆是蛋白质的负电溶胶，而卤水中的阳离子有 Mg^{2+}、Ca^{2+}、K^+、Na^+ 等，它们的加入破坏了负溶胶的稳定性。

带电正负号不同的胶体也有相互聚沉作用。常用的明矾净水就是这个原理。在水中有带负电的胶体污物（主要是 SiO_2 溶胶），加入明矾［$KAl(SO_4)_2 \cdot 12H_2O$］在水中可以水解为 $Al(OH)_3$ 的正电胶体，正负电胶体相互中和，即发生聚积，聚积时产生的絮状物表面积并不减小，称为絮凝。

3. 溶胶稳定的 DLVO 理论简介

胶体的聚结稳定性是胶体是否稳定的关键，因此一直是胶体化学中的一个重要研究课题。大量研究表明，胶体质点之间存在着范德华吸引作用，而质点在相互接近时又因双电层的重叠而产生排斥作用，胶体的稳定性就取决于质点间的吸引与排斥作用的相对大小。20 世纪 40 年代，苏联学者 Deijiaguin 和 Landau 与荷兰学者 Verwey 和 Overbeek 分别提出了关于各种形状质点之间的相互吸引能与双电层排斥能的计算方法，并根据此对溶胶的稳定性进行了定量处理，形成了能比较完善地解释胶体稳定性和电解质影响的理论，称之为 DLVO 理论。

在讨论溶胶的稳定性时，要考虑两种势能，胶体的胶粒之间存在着促使其相互聚结的吸引能量 E_A，又有阻碍其聚结的相互排斥能量 E_R，胶体的稳定性就取决于胶体之间这两种能量的相对大小。引力势能主要是由范德华引力形成的，分子间的范德华引力包括诱导力、偶极力和色散力，其大小与分子间距的六次方成反比。对于大多数分子，色散力在三种力中占主导地位。胶粒间存在的斥力势能，是带电胶粒接近时扩散层交联所产生的，与扩散层厚薄及 ζ 电势有关。双电层的带电质点和双电层中的反离子作为一个整体是电中性的，只要彼此的双电层不重叠，两带电质点间并不存在静电斥力。但当质点接近到它们的双电层发生重叠，改变了双电层的电荷与电势分布时，便产生排斥作用。

设一对分散相胶粒间的相互吸引作用的总势能为 E，是斥力势能 E_R 和引力势能 $E_A(<0)$ 的加和，即 $E=E_R+E_A$，E_R 与 E_A 的相对大小决定胶体的稳定性，当 $E_R>|E_A|$时，$E>0$，

胶体处于稳定状态；相反，$E<0$，胶粒相吸而聚集。

图 11.10 为势能曲线图，给出了 E、E_A、E_R 随粒子间距离 x 变化的示意图。当两胶粒距离较远时，双电层未重叠，吸引能起主要作用，因此 E 为负值；当离子靠近到一定距离使双电层重叠时，则 $E_R>|E_A|$，排斥能起主要作用，势能显著增加；但同时离子间的吸引能随距离的缩短而增大，当距离缩短到一定程度时，吸引能又占优势，总势能 E 又随之下降。其斥力是质点间距离 x 的负指数（e^{-kx}），而引力与 x 的 2～3 次方成反比，从图中可以看出，要离子相互聚结在一起，必须克服一定的势垒 E_{max}，胶粒聚沉必须越过这一势垒。若势垒足够高，则阻止粒子相互接近，溶胶不会发生聚沉。这就是稳定的溶胶中离子不会相互聚结的原因，E 有两低谷，只落在第一极小值上，聚集才是永久的。

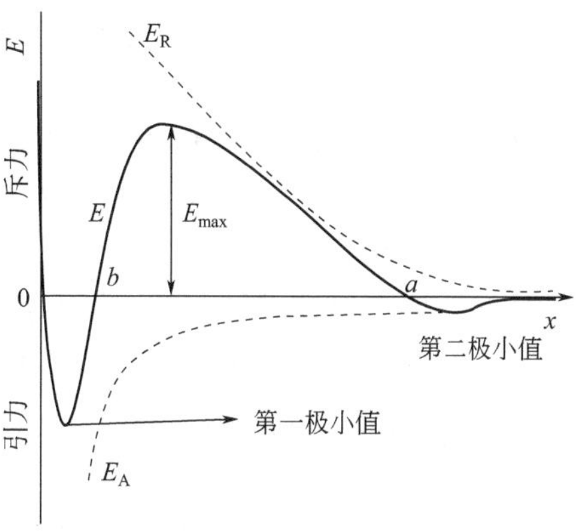

图 11.10　斥力势能、引力势能与总势级曲线

第六节　乳状液

1. 两种乳状液

乳状液（emulsion）是由两种（或以上）不互溶（或部分互溶）的液体所构成的分散系统。乳状液的一个特点是对于指定的“油”和水而言，可以形成“油”分散在水中即水包油乳状液（oil in water emulsion），用符号油/水（O/W）表示；也可以形成水分散在“油”中即油包水乳状液（water in oil emulsion），用符号水/油（W/O）表示。乳状液中分散性粒子的大小约为 100nm，用显微镜可以清楚地观察到。因此应属于粗分散系统，但由于它具有多相和聚结不稳定等特点，所以也是胶体化学的研究对象。两种乳状液从外观上并无多大区别。要确定它究竟属于哪一种乳状液一般有稀释、染色和电导等几种方法。通常将形成乳状液时被分散的相称为内相，而作为分散介质的相称为外相，显然内相是不连续的，而外相是连续的。乳状液能被与外相相同的液体所稀释，例如牛奶能被水稀释是 O/W 型乳状液。这个特性可用来测定区分两种乳状液。例如如果将水溶性染料如亚甲基蓝等加入乳状液中，整个溶液呈蓝色，说明水是外相，乳状液是 O/W 型；若将油溶性染料如苏丹红等加入乳状液，如果整个溶液带色，说明油是外相，乳状液是 W/O 型，如果只是星星点点液滴带色，则是 O/W 型。测定乳状液的电导也能判断其类型，以水为外相的乳状液电导较高，反之以油为外相的乳状液一般说来导电能力较差。

2. 乳化剂的作用

当直接把水和“油”共同振摇时，虽可以使其相互分散，但静置后很快又会分成两层，如果加入少量洗涤剂再摇动，就会得到较稳定的乳白色的液体——乳状液。为了形成稳定的乳状液所必须加入的第三组分通常称为乳化剂（emulsifying agent）。乳化剂的作用在于使由机械分散所得的液滴不相互聚结。乳化剂的种类很多，可以是蛋白质、树胶、明胶、皂素、磷脂等天然产物，这类乳化剂能形成牢固的吸附膜，易水解和被微生物或细菌分解，且表面活性很低；乳化剂也可以是人工合成的表面活性剂，它们可以是阴离子型、阳离子型或非离子型。对于粒子较粗大的乳状液，可以用具有亲水性的二氧化硅、蒙脱石及氢氧化物的粉末等作制备 O/W 型乳状液的乳化剂，或者用憎水性的固体粉末如石墨、炭黑等作为 W/O 型乳状液的乳化剂。

乳化剂之所以能使乳状液稳定，主要是由于：①再分散相液滴的周围形成坚固的保护膜；②降低界面张力；③形成双电层。少量的“油”分散在水中形成稀乳状液，则少量的电解质就可以作为乳化剂。此时液滴带有电荷，形成双电层，因而稳定。和溶胶类似，如果多加电解质，反而会使稳定性遭到破坏，导致液滴间的聚结。对于浓的乳状液，则必须加入表面活性物质使其在液滴周围形成坚固的薄膜，并降低“油”一水之间的界面张力。

3. 乳状液的转化和破坏

乳状液的转化是指 O/W 型乳状液变成 W/O 型乳状液，或者相反的过程。这种转化通常是由外加物质使乳化剂的性质改变而引起的。例如用钠肥皂可以形成 O/W 型的乳状液，但如加入足量的氯化钙，则可以形成钙肥皂而使乳状液成为 W/O 型。

如需要使乳状液的两相分离，就是所谓破乳（deemulsification）。为破乳而加入的物质称为破乳剂（deemulsifier）。例如石油原油和橡胶类植物乳浆的脱水、牛奶中提取奶油、污水中除去油沫等都是破乳过程。破坏乳状液就是破坏乳化剂的保护作用，最终使油、水两相分层析出。常用的有以下几种方法：①用不能生成牢固的保护膜的表面活性物质来代替原来的乳化剂。②用试剂破坏乳化剂。例如用皂类作乳化剂时，若加无机酸，则皂类变成脂肪酸而析出。③加入适当数量起相反效应的乳化剂，也可以起破坏作用。

第七节　凝胶

1. 凝胶的基本特性和凝胶的分类

凝胶是一种特殊的分散系统，其中胶体颗粒或高聚物分子互相联结，形成空间网状结构，在网状结构的空隙中充满了液体，可见凝胶不过是胶体的一种存在形式。物质的凝胶状态相当普遍，例如豆浆是流体，加电解质（卤水、$CaSO_4$ 等）后变成豆腐，后者即是凝胶。

凝胶的性质介于固体和液体之间，它和溶胶不同，在溶胶中胶体质点或大分子是独立的运动单位，可以自由运动，溶胶具有很好的流动性。而凝胶系统中的粒子形成网状结构，液体包裹在内部，它不仅失去流动性，而且显示出固体的力学性质，有一定的弹性、强度等。凝胶和真正的固体也不一样，它由固液两相组成，属于胶体分散系统，其结构强度往往有限，易于破坏。

按凝胶分散相质点刚性大小，可分为刚性凝胶和弹性凝胶两类。大多数无机凝胶如 SiO_2、TiO_2、V_2O_5、Fe_2O_3 等是刚性凝胶，因质点本身和骨架具有刚性，活动性小，故凝胶吸收或释出液体时自身体积变化很小，属于非膨胀性。通常此类凝胶具有多孔性，液体只要能润湿，均能被其吸收，吸收时无选择性。柔性的线型高聚物分子所形成的凝胶，例如橡胶、明胶等属于弹性凝胶，因分散相质点本身具有柔性，故此类凝胶具有弹性，变形后能恢复原状。它吸收或释放出液体时往往改变体积，表现出膨胀性质。对液体的吸收有明显的选择性，例如橡胶能吸收苯而膨胀，但在水中则不膨胀，明胶则恰恰相反。

有时也可以根据凝胶中含液体的多少，将凝胶分为冻胶与干胶。在冻胶中液体含量常在 90%以上，冻胶多数是由柔性的大分子构成，具有弹性。液体含量少的凝胶称为干胶，市售明胶的含水量约为 15%。半透膜也属于干胶，高聚物分子构成的干胶在吸收合适的液体后变成冻胶。

也可将凝胶分为可逆凝胶和不可逆凝胶。亲液溶胶在胶凝后，加温或加溶剂，能恢复成原来的分散状态，是可逆溶胶；而憎液溶胶一经聚沉，再加溶剂也不可能恢复原状，是不可逆溶胶。

2. 凝胶的制备

由溶胶转变为凝胶的过程称为胶凝作用（gelation）。从固体制备凝胶比较简单，干胶吸收液体膨胀即成，通常为弹性凝胶。从液体制备凝胶的方法是：先冷却胶体溶液，使之成为过饱和溶液，再加入非溶剂液体。如在果胶水溶液中加入适量酒精后就可形成凝胶。若将适量的电解质加入胶粒亲水性较强的憎液溶胶中，即可形成凝胶。此外，利用化学反应产生不溶物，并控制反应条件也能得到凝胶。

3. 凝胶的性质

（1）凝胶的膨胀作用　弹性凝胶由线型高分子构成，因分子链有柔性，故吸附或释出液体时很容易改变自身的体积，这种现象称为膨胀作用。

（2）凝胶的脱水收缩作用　凝胶在老化过程中会发生特殊的分层现象，称为脱水收缩作用或离浆作用。析出的一层仍为凝胶，只是浓度比原来的大；另一层不是纯溶剂，而是稀溶胶或大分子溶液。一般来说，弹性凝胶的离浆作用是可逆作用，它是膨胀作用的逆过程；刚性凝胶的离浆作用是不可逆的。

（3）凝胶中的扩散和化学反应　凝胶和液体一样可作为一种介质，各种物理和化学过程都可在其中进行。物理过程主要是电导和扩散作用，当凝胶浓度低时，电导值与扩散速度和纯溶剂几乎没有区别，随着凝胶浓度的增加两者的值都降低。凝胶骨架由许多空隙，它类似于分子筛，可以分离大小不同的分子。

在凝胶中也可以发生化学反应，由于没有对流存在，化学反应中所生成的不溶物在凝胶中具有周期性分布的特点，最早研究此现象的是里根（Liesegang，1896 年），故凝胶中所得层状或环状沉淀称为里根环。一个典型的例子是：在盛有明胶凝胶的浅盘中，先滴上 $AgNO_3$ 溶液，明胶凝胶中含有事先溶解的 $K_2Cr_2O_7$ 沉淀。沉淀在凝胶中呈同心环形分布。这是因为高浓度的 $AgNO_3$ 由中央向四周扩散，遇到 $K_2Cr_2O_7$ 则生成 $Ag_2Cr_2O_7$ 沉淀。第一层沉淀生成后，附近地区的 $K_2Cr_2O_7$ 浓度降低，于是出现空白，过此地带后又能满足过饱和的条件，因此又出现第二环，以此类推。里根环的形成并不限于在凝胶中，在多孔介质中或其他无对流的环境中，都可以形成里根环。自然界中有很多类似的现象，如天然矿石中的玛瑙和宝石上的花纹、树木上的年轮、动物体内的胆石等都具有这种周期性的结构。

习　　题

一、选择题

1. 大分子溶液分散质的粒子尺寸为（　　）。

（A）$>1\mu m$　　（B）$<1nm$　　（C）$1nm\sim1\mu m$

2. 溶胶和大分子溶液（　　）。

（A）都是单相多组分系统

（B）都是多相多组分系统

（C）大分子溶液是单相多组分系统，溶胶是多相多组分系统

（D）大分子溶液是多相多组分系统，溶液是单相多组分系统。

3. 下面属于溶胶光学性质的是（　　）。

（A）唐南（Donnan）平衡　　（B）丁达尔（Tyndall）效应　　（C）电泳

4. 通常所说胶体带正电或负电是指（　　）而言。

（A）胶核　　（B）胶粒　　（C）胶团

5. 在等电点上，两性电解质（如蛋白质、血浆、血清等）和溶胶在电场中（　　）。

（A）不移动　　（B）移向正极　　（C）移向负极

6. 将 $12cm^3$ $0.02mol \cdot dm^{-3}$ 的 NaCl 溶液和 $100cm^3$ $0.005mol \cdot dm^{-3}$ 的 $AgNO_3$ 溶液混合以制备 AgCl 溶胶，胶粒所带电荷的符号为（　　）。

（A）正　　（B）负　　（C）不带电

7. 电动现象直接与（　　）有关。

（A）固体表面电势　（B）斯特恩电势　（C）动电电势 ζ　（D）表面电荷密度

8. 对于 AgI 的水溶胶，当以 KI 为稳定剂时，其结构式可以写成 $[(AgI)_m \cdot nI^-, (n-x)K^+]^{x-} \cdot xK^+$，则被称为胶粒的是指（　　）。

（A）$(AgI)_m \cdot nI^-$

（B）$(AgI)_m$

（C）$[(AgI)_m . nI^- \cdot (n-x)K^+]^{x-} \cdot xK^+$

（D）$[(AgI)_m . nI^- \cdot (n-x)K^+]^{x-}$

9. 溶胶（憎液溶胶）在热力学上是（　　）。

（A）不稳定、可逆的体系　　（B）不稳定、不可逆体系

（C）稳定、可逆体系　　（D）稳定、不可逆体系

10. 在稀的砷酸溶液中，通入 H_2S 以制备硫化砷溶胶（As_2S_3），该溶胶的稳定剂是 H_2S，则其胶团结构式是（　　）。

（A）$[(As_2S_3)_m \cdot nH^+ \cdot (n-x)HS^-]^{x-} \cdot xHS^-$

（B）$[(As_2S_3)_m \cdot nHS^- \cdot (n-x)H^+]^{x-} \cdot xH^+$

（C）$[(As_2S_3)_m \cdot 2nH^+ \cdot (n-x)S^{2-}]^{x-} \cdot 2xHS^-$

（D）$[(As_2S_3)_m \cdot nS^{2-} \cdot 2(n-x)H^+]^{x-} \cdot 2xH^+$

11. 下列物系中为非胶体的是（　　）。

（A）灭火泡沫　　（B）珍珠　　（C）雾　　（D）空气

12. 溶胶的动力性质是由于粒子的不规则运动而产生的，在下列各种现象中，不属于溶胶动力性质的是（　　）。

（A）渗透　　（B）扩散　　（C）沉降平衡　　（D）电泳

13. Tyndall 现象是发生了光的什么的结果（　　）。

（A）散射　　（B）反射　　（C）折射　　（D）　透射

14. 对电动电位的描述错误的是（　　）。

（A）电动电位表示了胶粒溶剂化层界面到均匀相内的电位

（B）电动电位的值易随少量外加电解质而变化

（C）电动电位的绝对值总是大于热力学电位

（D）电动电位一般不等于扩散电位

15. 将含 0.012mol NaCl 和 0.02mol KCl 的溶液和 $100dm^3$ $0.005mol \cdot dm^{-3}$ 的 $AgNO_3$ 溶液混合制备溶胶，其胶粒在外电场的作用下电泳的方向是（　　）。

（A）向正极移动　　（B）向负极移动　（C）不做定向运动　　（D）静止不动

16. 外加直流电场于胶体溶液，向某一电极做定向运动的是（　　）。

（A）胶核　　（B）胶粒　　（C）胶团　　（D）紧密层

17. 对于有过量的KI存在的AgI溶胶，下列电解质中聚沉能力最强者是（　　）。

（A） NaCl　　（B） $K_3[Fe(CN)_6]$（C） $MgSO_4$　　（D） $FeCl_3$

18. 将2滴 $K_2[Fe(CN)_4]$ 水溶液滴入过量的 $CuCl_2$ 水溶液中形成亚铁氰化铜正溶液，下列三种电解质聚沉值最大的是（　　）。

（A） KBr　　（B） K_2SO_4　　（C） $K_4[Fe(CN)_6]$

（答：1C，2C，3B，4B，5A，6A，7C，8D，9B，10B，11D，12D，13A，14C，15B，16B，17D，18A）

二、计算题

1. 在碱性溶液中用HCHO还原 $HAuCl_4$ 以制备金溶胶，反应可表示为

$$HAuCl_4 + 5NaOH \longrightarrow NaAuO_2 + 4NaCl + 3H_2O$$

$$2NaAuO_2 + 3HCHO + NaOH \longrightarrow 2Au + 3HCOONa + 2H_2O$$

此处 $NaAuO_2$ 是稳定剂，试写出胶团结构式。

答：略

2. 某一球形胶体粒子，20℃时扩散系数为 $7\times10^{-11}m^2\cdot s^{-1}$，已知胶粒密度为 $1334kg\cdot m^{-3}$，水的黏度系数为 $0.0011Pa\cdot s$，求胶粒半径及摩尔质量。

答：$2.8\times10^{-9}m$；$M=73.9kg\cdot mol^{-1}$

3. 在内径为0.02m的管中盛油，使直径为 $1.588\times10^{-3}m$ 的钢球从其中落下，下降0.15m需时16.7s。已知油和钢球的密度分别为 $960kg\cdot m^{-3}$ 和 $7650kg\cdot m^{-3}$。试计算在实验温度时油的黏度为多少？

答：$\eta=1.023Pa\cdot s$

4. 今测得某一球形胶粒在20℃时的扩散系数为 $7.0\times10^{-7}cm^2\cdot s^{-1}$。求胶团的半径及胶团质量。已知胶粒的密度为 $1.33kg\cdot dm^{-3}$ 及溶胶黏度为 $0.011Pa\cdot s$。

答：$r=2.8\times10^{-8}m$；$m=1.223\times10^{-25}kg$

5. 290.2K时，某憎液溶胶粒子的半径 $r=2.12\times10^{-7}m$，分散介质的黏度为 $1.10\times10^{-3}Pa\cdot s$。在电子显微镜下观测粒子的布朗运动，试验得出60s的间隔内，粒子的平均位移 $x=1.046\times10^{-7}m$。求阿伏伽德罗常数 L 及该溶胶的扩散系数 D。

答：$L=6.08\times10^{23}mol^{-1}$；$D=9.12\times10^{-13}m^2\cdot s^{-1}$

6. 当胶体颗粒较大和电解质浓度较高时，由电泳速率计算电势的公式为 $\zeta=\upsilon\eta/(\varepsilon E)$。20℃时，在 $Fe(OH)_3$ 溶胶的电泳试验中，两电极的距离为30cm，电势差为150V，20min内胶粒移动距离为2.4cm。已知水的相对电容率 ε_r 为81，黏度为 $1.002\times10^{-3}Pa\cdot s$，真空电容率 $\varepsilon_0=8.854\times10^{-12}F\cdot m^{-1}$，试求 $Fe(OH)_3$ 胶粒的 ζ 电势。

答：$\zeta=0.0559V$

7. 在三个试管中盛 $0.02dm^3$ 的 $Fe(OH)_3$ 溶胶，分别加入三种电解质使其聚沉，不同浓度所需量如下：

	NaCl	$NaSO_4$	Na_3PO_4
$c/mol\cdot dm^{-3}$	1.00	0.005	0.033
V/dm^3	0.021	0.125	7.4×10^{-3}

试计算各电解质聚沉值、聚沉值之比。

答：聚沉值为 $0.512mol\cdot dm^{-3}$、$4.31\times10^{-3}mol\cdot dm^{-3}$、$8.91\times10^{-4}mol\cdot dm^{-3}$；聚沉值之比为1∶119∶570

附　　录

附录一　某些物质的标准摩尔生成焓、标准摩尔生成吉布斯函数、标准摩尔熵及摩尔定压热容

（标准压力 $p^{\ominus}=100\text{kPa}$，25℃）

物质	$\Delta_f H_m^{\ominus}$/kJ·mol^{-1}	$\Delta_f G_m^{\ominus}$/kJ·mol^{-1}	$S_m^{\ominus}$/J·mol^{-1}·K^{-1}	$C_{p,m}$/J·mol^{-1}·K^{-1}
Ag(s)	0	0	42.55	23.35
AgCl(s)	−127.06	−109.79	96.2	50.79
Ag_2O(s)	−31.0	−11.2	121.3	65.86
Al(s)	0	0	28.33	24.35
Al_2O_3(α-刚玉)	−1675.7	−1582.3	50.92	79.04
Br_2(l)	0	0	152.231	75.689
Br_2(g)	30.907	3.110	245.463	36.02
HBr(g)	−36.40	−53.45	198.70	29.14
Ca(s)	0	0	41.42	25.31
CaC_2(s)	−59.8	−64.9	69.96	62.72
$CaCO_3$(方解石)	−1206.92	−1128.79	92.9	81.88
CaO(s)	−635.09	−604.03	39.75	42.80
$Ca(OH)_2$(s)	−986.09	−898.49	83.39	87.49
C(石墨)	0	0	5.740	8.527
C(金刚石)	1.895	2.900	2.377	6.113
CO(g)	−110.52	−137.17	197.67	29.14
CO_2(g)	−393.51	−394.36	213.74	37.11
CS_2(l)	89.70	65.27	151.34	75.7
CCl_4(l)	−135.44	−65.21	216.40	131.75
CCl_4(g)	−102.9	−60.6	309.8	83.30
HCN(l)	108.87	124.97	112.84	70.63
HCN(g)	135.1	124.7	201.8	35.86
Cl_2(g)	0	0	223.066	33.907
Cl(g)	121.679	105.680	165.198	21.840
HCl(g)	−92.307	−95.299	186.908	29.12
Cu(s)	0	0	33.15	24.43
CuO(s)	−157.3	−129.7	42.63	42.30

续表

物质	$\Delta_f H_m^\ominus$/kJ·mol^{-1}	$\Delta_f G_m^\ominus$/kJ·mol^{-1}	$S_m^\ominus$/J·mol^{-1}·K^{-1}	$C_{p,m}$/J·mol^{-1}·K^{-1}
Cu_2O(s)	−168.6	−146.0	93.14	63.64
F_2(g)	0	0	202.78	31.30
HF(g)	−271.1	−273.2	173.78	29.13
Fe(s)	0	0	27.28	25.10
$FeCl_2$(s)	−341.79	−302.30	117.95	76.65
$FeCl_3$(s)	−399.49	−334.00	142.3	96.65
Fe_2O_3(赤铁矿)	−824.2	−742.2	87.40	103.85
Fe_3O_4(磁铁矿)	−1118.4	−1015.4	146.4	143.43
$FeSO_4$(s)	−928.4	−820.8	107.5	100.6
H_2(g)	0	0	130.684	28.824
H(g)	217.965	203.247	114.713	20.786
H_2O(l)	−285.83	−237.13	69.91	75.291
H_2O(g)	−241.82	−228.57	188.83	33.58
I_2(s)	0	0	116.135	54.438
I_2(g)	62.438	19.327	260.69	36.90
I(g)	106.84	70.26	180.79	20.79
HI(g)	26.48	1.70	206.594	29.158
Mg(s)	0	0	32.68	24.89
$MgCl_2$(s)	−641.32	−591.79	89.62	71.38
MgO(s)	−601.70	−569.43	26.94	37.15
$Mg(OH)_2$(s)	−924.54	−833.51	63.18	77.03
Na(s)	0	0	51.21	28.24
Na_2CO_3(s)	−1130.68	−1044.44	134.98	112.30
$NaHCO_3$(s)	−950.81	−851.0	101.7	87.61
NaCl(s)	−411.153	−384.138	72.13	50.50
$NaNO_3$(s)	−467.85	−367.00	116.52	92.88
NaOH(s)	−425.609	−379.494	64.455	59.54
Na_2SO_4(s)	−1387.08	−1270.16	149.58	128.20
N_2(g)	0	0	191.61	29.125
NH_3(g)	−46.11	−16.45	192.45	35.06
NO(g)	90.25	86.55	210.761	29.844
NO_2(g)	33.18	51.31	240.06	37.20
N_2O(g)	82.05	104.20	219.85	38.45
N_2O_3(g)	83.72	139.46	312.28	65.61
N_2O_4(g)	9.16	97.89	304.29	77.28
N_2O_5(g)	11.3	115.1	355.7	84.5
HNO_3(l)	−174.10	−80.71	155.60	109.87
HNO_3(g)	−135.06	−74.72	266.38	53.35
NH_4NO_3(s)	−365.56	−183.87	151.08	139.3
O_2(g)	0	0	205.138	29.355
O(g)	249.170	231.731	161.055	21.912
O_3(g)	142.7	163.2	238.93	39.20

续表

物质	$\Delta_f H_m^\ominus$/kJ·mol^{-1}	$\Delta_f G_m^\ominus$/kJ·mol^{-1}	$S_m^\ominus$/J·mol^{-1}·K^{-1}	$C_{p,m}$/J·mol^{-1}·K^{-1}
P(α-白磷)	0	0	41.09	23.840
P(红磷,三斜晶系)	−17.6	−12.1	22.80	21.21
P_4(g)	58.91	24.44	279.98	67.15
PCl_3(g)	−287.0	−267.8	311.78	71.84
PCl_5(g)	−374.9	−305.0	364.58	112.80
H_3PO_4(s)	−1279.0	−1119.1	110.50	106.06
S(正交晶系)	0	0	31.80	22.64
S(g)	278.81	238.25	167.82	23.67
S_8(g)	102.30	49.63	430.98	156.44
H_2S(g)	−20.63	−33.56	205.79	34.23
SO_2(g)	−296.83	−300.19	248.22	39.87
SO_3(g)	−395.72	−371.06	256.76	50.67
H_2SO_4(l)	−813.989	−690.003	156.904	138.91
Si(s)	0	0	18.83	20.00
$SiCl_4$(l)	−687.0	−619.8	239.7	145.31
$SiCl_4$(g)	−657.01	−616.98	330.73	90.25
SiH_4(g)	34.3	56.9	204.6	42.84
SiO_2(α-石英)	−910.94	−856.64	41.84	44.43
SiO_2(s,无定形)	−903.49	−850.70	46.9	44.4
Zn(s)	0	0	41.63	25.40
$ZnCO_3$(s)	−812.78	−731.52	82.4	79.71
$ZnCl_2$(s)	−415.05	−369.398	111.46	71.34
ZnO(s)	−348.28	−318.30	43.64	40.25
CH_4(g) 甲烷	−74.81	−50.72	186.264	35.309
C_2H_6(g) 乙烷	−84.68	−32.82	229.60	52.63
C_2H_4(g) 乙烯	52.26	68.15	219.56	43.56
C_2H_2(g) 乙炔	226.73	209.20	200.94	43.93
CH_3OH(l) 甲醇	−238.66	−166.27	126.8	81.6
CH_3OH(g) 甲醇	−200.66	−161.96	239.81	43.89
C_2H_5OH(l) 乙醇	−277.69	−174.78	160.7	111.46
C_2H_5OH(g) 乙醇	−235.10	−168.49	282.70	65.44
$(CH_2OH)_2$(l) 乙二醇	−454.80	−323.08	166.9	149.8
$(CH_3)_2O$(g) 二甲醚	−184.05	−112.59	266.38	64.39
HCHO(g) 甲醛	−108.57	−102.53	218.77	35.40
CH_3CHO(g) 乙醛	−166.19	−128.86	250.3	57.3
HCOOH(l) 甲酸	−424.72	−361.35	128.95	99.04
CH_3COOH(l) 乙酸	−484.5	−389.9	159.8	124.3
CH_3COOH(g) 乙酸	−432.25	−374.0	282.5	66.5
$(CH_2)_2O$(l) 环氧乙烷	−77.82	−11.76	153.85	87.95
$(CH_2)_2O$(g) 环氧乙烷	−52.63	−13.01	242.53	47.91
$CHCl_3$(l) 氯仿	−134.47	−73.66	201.7	113.8
$CHCl_3$(g) 氯仿	−103.14	−70.34	295.71	65.69

续表

物质	$\Delta_f H_m^\ominus$/kJ·mol^{-1}	$\Delta_f G_m^\ominus$/kJ·mol^{-1}	$S_m^\ominus$/J·mol^{-1}·K^{-1}	$C_{p,m}$/J·mol^{-1}·K^{-1}
$C_2H_5Cl(l)$ 氯乙烷	−136.52	−59.31	190.79	104.35
$C_2H_5Cl(g)$ 氯乙烷	−112.17	−60.39	276.00	62.8
$C_2H_5Br(l)$ 溴乙烷	−92.01	−27.70	198.7	100.8
$C_2H_5Br(g)$ 溴乙烷	−64.52	−26.48	286.71	64.52
$CH_2CHCl(g)$ 氯乙烯	35.6	51.9	263.99	53.72
$CH_3COCl(l)$ 氯乙酰	−273.80	−207.99	200.8	117
$CH_3COCl(g)$ 氯乙酰	−243.51	−205.80	295.1	67.8
$CH_3NH_2(g)$ 甲胺	−22.97	32.16	243.41	53.1
$(NH_3)_2CO(s)$ 尿素	−333.51	−197.33	104.60	93.14

附录二 某些有机化合物的标准摩尔燃烧焓

（标准压力 $p^\ominus$=100kPa，25℃）

物质	$-\Delta_c H_m^\ominus$/kJ·mol^{-1}	物质	$-\Delta_c H_m^\ominus$/kJ·mol^{-1}
$CH_4(g)$ 甲烷	890.31	$C_2H_5CHO(l)$ 丙醛	1816.3
$C_2H_6(g)$ 乙烷	1559.8	$(CH_3)_2CO(l)$ 丙酮	1790.4
$C_3H_8(g)$ 丙烷	2219.9	$CH_3COC_2H_5(l)$ 甲乙酮	2444.2
$C_5H_{12}(l)$ 正戊烷	3509.5	$HCOOH(l)$ 甲酸	254.6
$C_5H_{12}(g)$ 正戊烷	3536.1	$CH_3COOH(l)$ 乙酸	874.54
$C_6H_{14}(l)$ 正己烷	4163.1	$C_2H_5COOH(l)$ 丙酸	1527.3
$C_2H_4(g)$ 乙烯	1411.0	$C_3H_7COOH(l)$ 正丁酸	2183.5
$C_2H_2(g)$ 乙炔	1299.6	$CH_2(COOH)_2(s)$ 丙二酸	861.15
$C_3H_6(g)$ 环丙烷	2091.5	$(CH_2COOH)_2(s)$ 丁二酸	1491.0
$C_4H_8(l)$ 环丁烷	2720.5	$(CH_3CO)_2O(l)$ 乙酸酐	1806.2
$C_5H_{10}(l)$ 环戊烷	3290.9	$HCOOCH_3(l)$ 甲酸甲酯	979.5
$C_6H_{12}(l)$ 环己烷	3919.9	$C_6H_5OH(s)$ 苯酚	3053.5
$C_6H_6(l)$ 苯	3267.5	$C_6H_5CHO(l)$ 苯甲醛	3527.9
$C_{10}H_8(s)$ 萘	5153.9	$C_6H_5COCH_3(l)$ 苯乙酮	4148.9
$CH_3OH(l)$ 甲醇	726.51	$C_6H_5COOH(s)$ 苯甲酸	3226.9
$C_2H_5OH(l)$ 乙醇	1366.8	$C_6H_4(COOH)_2(s)$ 邻苯二甲酸	3223.5
$C_3H_7OH(l)$ 正丙醇	2019.8	$C_6H_5COOCH_3(l)$ 苯甲酸甲酯	3957.6
$C_4H_9OH(l)$ 正丁醇	2675.8	$C_{12}H_{22}O_{11}(s)$ 蔗糖	5640.9
$CH_3OC_2H_5(g)$ 甲乙醚	2107.4	$CH_3NH_2(l)$甲胺	1060.6
$(C_2H_5)_2O(l)$ 二乙醚	2751.1	$C_2H_5NH_2(l)$ 乙胺	1713.3
$HCHO(g)$ 甲醛	570.78	$(NH_3)_2CO(s)$ 尿素	631.66
$CH_3CHO(l)$ 乙醛	1166.4	$C_5H_5N(l)$吡啶	2782.4

附录三　某些气体的摩尔定压热容与温度的关系

$$C_{p,m}=a+bT+cT^2$$

物质	a/J·mol^{-1}·K^{-1}	$b\times10^3$/J·mol^{-1}·K^{-2}	$c\times10^6$/J·mol^{-1}·K^{-3}	温度范围/K
H_2 氢	26.88	4.347	−0.3265	273～3800
Cl_2 氯	31.696	10.144	−4.038	300～1500
Br_2 溴	35.241	4.075	−1.487	300～1500
O_2 氧	28.17	6.297	−0.7494	273～3800
N_2 氮	27.32	6.226	−0.9502	273～3800
HCl 氯化氢	28.17	1.810	1.547	300～1500
H_2O 水	29.16	14.49	−2.022	273～3800
H_2S 硫化氢	26.71	23.87	−5.063	298～1500
NH_3 氨	27.55	25.627	9.901	273～1500
CO 一氧化碳	26.537	7.6831	−1.172	300～1500
CO_2 二氧化碳	26.75	42.258	−14.25	300～1500
CH_4 甲烷	14.15	75.496	−17.99	298～1500
C_2H_6 乙烷	9.401	159.83	−46.229	298～1500
C_2H_4 乙烯	11.84	119.67	−36.51	298～1500
C_3H_6 丙烯	9.427	188.77	−57.488	298～1500
C_2H_2 乙炔	30.67	52.810	−16.27	298～1500
C_3H_4 丙炔	26.50	120.66	−39.57	298～1500
C_6H_6 苯	−1.71	324.77	−110.58	298～1500
$C_6H_5CH_3$ 甲苯	2.41	391.17	−130.65	298～1500
CH_3OH 甲醇	18.40	101.56	−28.68	273～1000
C_2H_6OH 乙醇	29.25	166.28	−48.898	298～1500
$(C_2H_5)_2O$ 二乙醚	−103.9	1417	−248	300～400
HCHO 甲醛	18.82	58.379	−15.61	291～1500
CH_3CHO 乙醛	31.05	121.46	−36.58	298～1500
$(CH_3)_2CO$ 丙酮	22.47	205.97	−63.521	298～1500
HCOOH 甲酸	30.7	89.20	−34.54	300～700
CH_3COOH 乙酸	8.540	234.57	−142.624	300～1500
$CHCl_3$ 氯仿	29.51	148.94	−90.734	273～773

附录四　某些气体的范德瓦耳斯常数

气体		$a\times10^3$/Pa·m^6·mol^{-2}	$b\times10^6$/m^3·mol^{-1}
Ar	氩	135.5	32.0
H_2	氢	24.52	26.5
N_2	氮	137.0	37.8

续表

气体		$a\times10^3$/Pa·m^6·mol^{-2}	$b\times10^6$/m^3·mol^{-1}
O_2	氧	138.2	31.9
Cl_2	氯气	634.3	54.2
H_2O	水	553.7	30.5
NH_3	氨	422.5	37.1
HCl	氯化氢	370.0	40.6
H_2S	硫化氢	454.4	43.4
CO	一氧化碳	147.2	39.5
CO_2	二氧化碳	365.8	42.9
SO_2	二氧化硫	686.5	56.8
CH_4	甲烷	230.3	43.1
C_2H_6	乙烷	558.0	65.1
C_3H_8	丙烷	939	90.5
C_2H_4	乙烯	461.2	58.2
C_3H_6	丙烯	842.2	82.4
C_2H_2	乙炔	451.6	52.2
$CHCl_3$	氯仿	1534	101.9
CCl_4	四氯化碳	2001	128.1
CH_3OH	甲醇	947.6	65.9
C_2H_5OH	乙醇	1256	87.1
$(C_2H_5)_2O$	乙醚	1746	133.3
$(CH_3)_2CO$	丙酮	1602	112.4
C_6H_6	苯	1882	119.3

附录五　某些物质的临界参数常数

物质		临界温度 T_c/℃	临界压力 p_c/MPa	临界密度 ρ_c/kg·m^{-3}	临界压缩因子 Z_c
He	氦	−267.96	0.227	69.8	0.301
Ar	氩	−122.4	4.87	533	0.291
H_2	氢	−239.9	1.297	31.0	0.305
N_2	氮	−147.0	3.39	313	0.290
O_2	氧	−118.57	5.043	436	0.288
F_2	氟	−128.84	5.215	574	0.288
Cl_2	氯	144	7.7	573	0.275
Br_2	溴	311	10.3	1260	0.270
H_2O	水	373.91	22.05	320	0.23
NH_3	氨	132.33	11.313	236	0.242
HCl	氯化氢	51.5	8.31	450	0.25
H_2S	硫化氢	100.0	8.94	346	0.284
CO	一氧化碳	−140.23	3.499	301	0.295

续表

物质		临界温度 T_c/℃	临界压力 p_c/MPa	临界密度 ρ_c/kg·m^{-3}	临界压缩因子 Z_c
CO_2	二氧化碳	30.98	7.375	468	0.275
SO_2	二氧化硫	157.5	7.884	525	0.268
CH_4	甲烷	−82.62	4.596	163	0.286
C_2H_6	乙烷	32.18	4.872	204	0.283
C_3H_8	丙烷	96.59	4.254	214	0.285
C_2H_4	乙烯	9.19	5.039	215	0.281
C_3H_6	丙烯	91.8	4.62	233	0.275
C_2H_2	乙炔	35.18	6.139	231	0.271
$CHCl_3$	三氯甲烷	262.9	5.329	491	0.201
CCl_4	四氯化碳	283.16	4.558	557	0.272
CH_3OH	甲醇	239.43	8.10	272	0.224
C_2H_5OH	乙醇	240.77	6.148	276	0.240
C_6H_6	苯	288.95	4.898	306	0.268
$C_6H_5CH_3$	甲苯	318.57	4.109	290	0.266

附录六　希腊字母表

名称	正体		斜体	
	大写	小写	大写	小写
alpha	Α	α	A	α
bata	Β	β	B	β
gamma	Γ	γ	Γ	γ
delta	Δ	δ	Δ	δ
epsilon	Ε	ε	E	ε
zeta	Ζ	ζ	Z	ζ
eta	Η	η	H	η
theta	Θ	θ	Θ	θ
iota	Ι	ι	I	ι
kappa	Κ	κ	K	κ
lambda	Λ	λ	Λ	λ
mu	Μ	μ	M	μ
nu	Ν	ν	N	ν
xi	Ξ	ξ	Ξ	ξ
omicron	Ο	ο	O	o
pi	Π	π	Π	π
rho	Ρ	ρ	P	ρ
sigma	Σ	σ	Σ	σ
tau	Τ	τ	T	τ

续表

名称	正体		斜体	
	大写	小写	大写	小写
upsilon	ϒ	υ	*ϒ*	*υ*
phi	Φ	φ	*Φ*	*φ*
chi	Χ	χ	*Χ*	*χ*
psi	Ψ	ψ	*Ψ*	*ψ*
omega	Ω	ω	*Ω*	*ω*

参考文献

[1] 天津大学物理化学教研室．物理化学．6 版．北京：高等教育出版社，2017.

[2] 胡英，吕曾振，刘国杰，等．物理化学．4 版．北京：高等教育出版社，1999.

[3] 傅献彩，沈文霞，姚天扬．物理化学．5 版．北京：高等教育出版社，2006.

[4] 姚允斌，朱志昂．物理化学教程．长沙：湖南教育出版社，1984.

[5] 傅玉普，郝策，蒋山．物理化学．3 版．大连：大连理工大学出版社，2001.

[6] 韩德刚，高执棣．化学热力学．北京：高等教育出版社，2010.

[7] 龚昌德．热力学与统计物理学．北京：高等教育出版社，1982.

[8] 唐敖庆，赵成大，梁春余．统计热力学导论．长春：吉林人民出版社，1983.

[9] 唐有祺．统计力学及其在物理化学中的应用．北京：科学技术出版社，1964.

[10] 克洛兹，罗森伯格．化学热力学．鲍银堂，苏企华，译．北京：人民教育出版社，1982.

[11] DENBIGH K G. 化学平衡原理．戴冈夫，谭曾振，韩德刚，译．北京：化学工业出版社，1985.

[12] MOORE W J. Basic Physical Chemistry. London：Prentic Hall International，INC，1982.

[13] MARON S H，LANDO J B. Fundamentals of Physical Chemsitry. USA：Macmillan Publishing Co，INC，1974.